分析化学

中南民族大学　组编

沈静茹　李春涯　王　献　池　泉　主编

科学出版社

北京

内 容 简 介

本书共 17 章，包括绪论、分析化学数据的质量保证、分析测量中的样品制备及常用的分离方法、化学分析概述、酸碱滴定法、配位滴定法、氧化还原滴定法、沉淀分析法、紫外-可见吸收光谱法、红外吸收光谱法、分子发光分析法、原子光谱分析法、电化学分析法、色谱分析法、核磁共振波谱法、质谱法和其他仪器分析方法简介。每章有精选的思考题、习题及部分答案，另附有相关的符号及缩写、参考文献和附录。

本书可作为高等理工类院校化学、应用化学、化工、材料、生物、医药、环境、地质、农林等专业的分析化学教材及考研参考书，也可供相关师生及分析测试工作者、自学者阅读参考。

图书在版编目（CIP）数据

分析化学 / 沈静茹等主编；中南民族大学组编. —北京：科学出版社，2019.1

ISBN 978-7-03-059967-4

Ⅰ. ①分… Ⅱ. ①沈… ②中… Ⅲ. ①分析化学-高等学校-教材 Ⅳ. ①O65

中国版本图书馆 CIP 数据核字（2018）第 285000 号

责任编辑：丁　里 / 责任校对：何艳萍
责任印制：张　伟 / 封面设计：迷底书装

科 学 出 版 社 出版
北京东黄城根北街 16 号
邮政编码：100717
http://www.sciencep.com

北京九州迅驰传媒文化有限公司印刷
科学出版社发行　各地新华书店经销

*

2019 年 1 月第 一 版　开本：787×1092　1/16
2024 年 12 月第七次印刷　印张：29 1/2
字数：774 000

定价：79.00 元
（如有印装质量问题，我社负责调换）

前　　言

分析化学不断接受着材料科学、生命科学、环境科学和信息科学飞速发展带来的新挑战。当代计算机信息技术的成就使分析化学进入了一个崭新时代，也为现代分析化学提供了新的发展机遇。分析化学研究手段和研究对象众多，已扩展到空间结构和生物活性、时间、性能、温度等多维空间。

分析化学是化学专业的基础课程之一，在材料科学、生命科学、药学、环境科学等相关领域中形成了多样化的内容，因此在化学总课程中的时间分配和对适用教材的需求显得越来越重要。此即编者设计本版分析化学教材的初衷，期望为分析化学课程形成通用的、模块化的教学打下基础。

为贯彻落实国家关于教育、科技、人才三位一体布局的战略要求，高等教育要把发展科技第一生产力、培养人才第一资源、增强创新第一动力更好地结合起来，努力培养堪当民族复兴重任的时代新人。为了培养适应现代分析化学高速发展需要的人才，世界各国都在进行分析化学教学改革。近年来，随着本科化学课程学时在各专业中的不断调整，各大高校对分析化学教学也进行了系统的改革。编者在改革中不断更新教学观念、教育思想和教学内容，根据教育部化学类专业教学指导委员会颁布的关于化学教学基本内容的要求，将化学分析、仪器分析和波谱分析进行优化整合，精选内容，突出重点，着重阐述各类分析方法的基本原理和应用，具体体现在以下几方面：

（1）本书在布局和内容编排上保留了传统化学分析各章节所要求的深度，给学生提供了一个严密的、特别重要的分析化学原理背景，帮助学生打下牢固的学科基础，为后续学习创造条件。

（2）"量"是分析化学的核心之一。分析化学的"产品"是分析测试数据。分析测试数据的可信度即为该产品的质量。为了提高分析测试质量，增强分析数据的可靠性，在第 2 章"分析化学数据的质量保证"中加强了理论与实际应用的结合，深入浅出、简明扼要。

（3）对仪器分析中的光化学分析、电化学分析、色谱分析部分也做了较为详尽的阐述。例如，紫外-可见吸收光谱法的编写，既有分光光度法的必要内容，又融合了光化学分析的相关知识，为教师教学提供了便利，既可合并统一讲述，也可针对不同程度的教学需求各有侧重地选择教学内容；除了常规紫外-可见吸收光谱法、荧光和磷光、化学发光、原子光谱等，还选编了拉曼光谱、电子能谱和热分析等介绍性章节供使用者选择。

（4）继续深造和社会实际需求对学生在物质定性、结构鉴定方面能力的要求越来越高，因此本书将波谱分析课程中红外光谱、核磁共振波谱和质谱等部分在原理和具体谱图解析方面的内容进行了强化。

（5）在取材方面，秉承精选内容、强化基础、注重应用、兼顾前沿的原则，简明扼要地讲透各类方法的基本原理及其特点。

本书还配有相关知识点的数字化资源，读者可扫描二维码查看以辅助学习。

　　本书为高等理工类院校中开设分析化学、仪器分析和波谱分析等课程的学生系统学习相关知识提供了便利,针对学时有限又对内容有要求的专业是非常实用的一本教材,也是编写组成员认真准备、精心编写的一本内容紧凑、基础全面的教材。本书理工通用。理科(专业)化学分析 48 学时,仪器分析 48 学时,波谱分析 36 学时,讲授全书内容;工科(非专业)可选择性讲授教材中相关章节。

　　本书是中南民族大学化学与材料科学学院分析化学教研室全体一线教师共同努力的结果。参加编写的人员有:沈静茹(第 1、2、4、8 章)、蔡冬梅(第 3、11、17 章)、池泉(第 5～7 章、符号及缩写、附录)、李海燕(第 5 章)、李春涯(第 9、13 章)、王献(第 10、16 章)、方怀防(第 12 章)、张慧娟(第 14 章)、叶晓雪(第 15 章)。李春涯仔细阅改了仪器分析部分,王献仔细阅改了波谱分析部分,池泉仔细阅改了化学分析部分并做了大量的文案工作,沈静茹对全书进行了策划和统稿。

　　在本书编写过程中,编者参考了国内外出版的优秀教材、参考书和网络资源,以及李步海、潘祖亭、柳畅先和詹国庆等在之前的辛苦付出;科学出版社的编辑为此付出了辛勤的工作,中南民族大学也提供了大力支持,谨向他们表示由衷的感谢。

　　由于编者对分析化学教学改革的理解和教学经验有限,书中难免存在不妥或疏漏之处,恳请专家和读者批评指正,不胜感激。

编　者

2023 年 7 月于中南民族大学

符号及缩写

1. 英文

a	1. activity	活度
	2. titration fraction	滴定分数
a	acid	酸
A	absorbance	吸光度
A_r	relative atomic mass	相对原子质量
AR	analytical reagent	分析(纯)试剂
b	base	碱
[B]	equilibrium concentration of species B	型体 B 的平衡浓度
c_B	analytical concentration of substance B	物质 B 的分析浓度
CBE	charge balance equation	电荷平衡方程
CV	coefficient of variation	变异系数(相对标准偏差 RSD)
$\bar{d}$	mean deviation	平均偏差
D	distribution ratio	分配比
e^-	electron	电子
ep	end point	滴定终点
E	extraction rate	萃取率
E_a	absolute error	绝对误差
E_r	relative error	相对误差
E_t	1. end point error	终点误差
	2. titration error	滴定误差
EBT	Eriochrome black T	铬黑 T
EDTA	ethylenediamine tetraacetic acid	乙二胺四乙酸
f	degree of freedom	自由度
F	stoichiometric factor	化学因数(换算因数)
GR	guaranteed reagent	保证(纯)试剂
I	1. ionic strength	离子强度
	2. electric current	电流
	3. luminous intensity	光强度
In	indicator	指示剂
K	equilibrium constant	平衡常数
K'	conditional equilibrium constant	条件平衡常数

K^0	thermodynamic constant	热力学常数
K^c	concentration constant	浓度常数
K^{mix}	mixed constant	混合常数
K_t	titration constant	滴定常数
K_D	distribution coefficient	分配系数
m_B	mass of substance B	物质 B 的质量
M	molar mass	摩尔质量
M_r	relative molecular mass	相对分子质量
MBE	material balance equation	物料平衡方程
MO	methyl orange	甲基橙
MR	methyl red	甲基红
n	1. amount of substance	物质的量
	2. sample capacity	样本容量
Ox	oxidation state	氧化态
P	1. probability	概率
	2. confidence level	置信水平
PBE	proton balance equation	质子平衡方程
PP	phenolphthalein	酚酞
R	range	极差
Red	reduced state	还原态
Redox	reduction-oxidation	氧化还原
RMD	relative mean deviation	相对平均偏差
RSD	relative standard deviation	相对标准偏差
s	sample	试样
s	1. standard deviation	标准偏差
	2. solubility	溶解度
sp	stoichiometric point	化学计量点
t	1. time	时间
	2. student distribution	t 分布
T	1. thermodynamic temperature	热力学温度
	2. transmittance	透射比
V	volt	伏特
V	volume	体积
w	mass fraction	质量分数
$\bar{x}$	mean (average)	平均值
x_m	median	中位数
x_t	true value	真值
XO	xylenol orange	二甲酚橙

2. 希文

α	1. side reaction coefficient	副反应系数
	2. significance level	显著性水平
β	1. buffer capacity	缓冲容量
	2. cumulative stability constant	累积稳定常数
γ	activity coefficient	活度系数
δ	1. distribution fraction	分布系数
	2. population mean deviation	总体平均偏差
ε	molar absorption coefficient	摩尔吸光系数
λ	wavelength	波长
μ	population mean	总体平均值
ρ	mass density	质量浓度
σ	population standard deviation	总体标准偏差
φ	electrode potential	电极电位
$\varphi^{\ominus}$	standard electrode potential	标准电极电位
$\varphi^{\ominus\prime}$	conditional electrode potential	条件电位

目　　录

第1章 绪 论

"分析化学是发展和应用各种方法、仪器和策略，以获得有关物质在空间和时间方面组成和性质信息的科学分支"——欧洲化学会联合会(FECS)对现代分析化学的定义得到了广泛认同。分析化学是测量物质的组成、含量和结构的学科，也是研究分析方法的学科，新的进展认为分析化学是通过测量提供化学信息的。科学技术的进步，要求分析化学工作者提高灵敏度和选择性，扩展时空多维信息，以提供物质的更多化学信息，要求进行价态或状态分析、结构分析和成分分布分析；要求作微型化与微环境分析、表面分析及三维立体分析、生物分析和活体分析等。面对越来越高的要求，分析化学家需要不断创新理论、手段和方法，去解决更少、更复杂的样品、更低的组分含量以及在更短的时间内完成化学测量，以达到提供更多物质化学信息的目的。

1.1 分析化学的任务和作用

分析化学是一门测量科学，在科学、工程和医学的各个领域都有应用。在探索火星过程中美国国家航空航天局(NASA)的火星探测器所携带分析仪器送回关于岩石和土壤化学成分的信息，获得火星曾一度温暖潮湿、表面有液态水、大气中有水蒸气的信息。2004年从探测器携带的 α 粒子 X 射线光谱仪发现硅的集中沉积和高浓度的碳酸盐。2012年8月6日飞船携带了包括一个激光诱导击穿光谱和远程微缩翻拍的大量分析仪器，可提供无样品制备的许多主要微量元素的特征和含量，并能探测含水矿物。样品分析软件包还包含了四极杆质谱仪、气相色谱仪和可调谐激光光谱仪等。通过研究有机化合物的重要来源，揭示化学多元素同位素状态来确定火星大气的成分和稀有气体及进行同位素搜索。另外，每天从数以百万计的血液样本中检测出氧和二氧化碳的浓度，用于诊断和治疗疾病。测量汽车尾气中碳氢化合物、氮氧化物和一氧化碳的含量，以确定排放控制装置的有效性。血清中钙离子定量测定有助于诊断人类甲状旁腺疾病。食品中定量测定氮可建立蛋白质含量和营养价值的关联。在生产过程中钢的分析可调整碳、镍和铬等元素的浓度，以达到产品预期的强度、硬度、耐腐蚀性和延展性。通过对家庭燃气供应的硫醇含量不断监测，以警告气体泄漏。农民在生长季节调整施肥和灌溉时间表以满足不断变化的植物需求，从植物和土壤的定量分析来衡量这些需求等。

许多化学家、生物化学家和药物化学家花大量的时间在实验室中收集有关重要的、有趣的和系统的定量信息。分析化学在许多方面起着核心作用。化学的所有分支都借鉴分析化学的思想和技术。化学分析的跨学科性质使其成为全世界医疗、工业、政府和学术实验室的重要工具。分析化学是科学技术的眼睛。化学学科的所有分支都利用分析化学的思路、技术和手段。同时，分析化学对物理学、生物学、环境科学、材料科学、考古学、刑侦学及地球物理学等学科的发展也做出了应有的贡献。

1.2 分析方法的分类

根据分析任务、分析对象、测定原理、操作方法和具体要求的不同,分析方法可有多种分类方式。

1.2.1 定性分析、定量分析和结构分析

定性分析(qualitative analysis):鉴定物质由哪些元素、原子团或化合物所组成。定量分析(quantitative analysis):测定物质中有关成分的含量。结构分析(structure analysis):研究物质的分子结构或晶体结构及综合形态。化学分析中需要定性、定量及结构信息。定性分析确定样本中物种的化学同一性。定量分析以数值的方式确定这些物种或分析物的相对数量。定性分析通常是分离步骤的一个组成部分,定性分析是定量分析的必要补充。定量分析测量在化学、生物化学、地质学、生态学、物理学和其他许多学科的研究领域中起着至关重要的作用。有些仪器如色谱仪将分离步骤作为分析过程的必要部分,使得试样中各物质的化学分离显得不是很有必要,因为方法提供了高选择性的信息。例如,生理学家通过研究动物体液中钾、钙的定量测量,获得这些离子在神经信号传导以及肌肉收缩和放松作用中的允许浓度。化学家通过反应速率研究揭示化学反应的机理。化学反应中反应物的消耗或产物的生成速率可以从精确时间间隔的定量测量计算出来。材料科学家在很大程度上依赖于定量分析晶体硅和锗中 $1×10^{-9}\%\sim1×10^{-6}\%$ 浓度范围内的杂质来研究半导体器件。考古学家通过测量从不同地点采集的样品中微量元素的浓度来识别火山玻璃(黑曜岩)的来源。反过来,这一知识使人们能够追踪史前贸易路线,寻找用黑曜石制成的工具和武器。

1.2.2 无机分析和有机分析

无机分析(inorganic analysis):组成无机物的元素种类较多,要求鉴定物质的组成和测定各成分的含量。有机分析(organic analysis):组成有机物的元素种类不多,但结构相当复杂,分析的重点是官能团分析和结构分析。

1.2.3 化学分析和仪器分析

化学分析法(chemical analysis):以物质的化学反应及其计量关系为基础的分析方法,又称经典分析法,有重量分析法(gravimetric analysis)和滴定分析法(titrimetric analysis)。仪器分析法(instrumental analysis):以物质的物理和化学性质为基础的分析方法,又称为物理(physical)和物理化学分析法(physicochemical analysis)。这类方法需要特殊的仪器,有光学分析法、电化学分析法、热分析法和色谱分析法等。在结构分析中显现优势的仪器分析法有红外吸收光谱法、质谱法和核磁共振波谱法等。

1.2.4 常量分析、半微量分析、微量分析和超微量分析

以分析过程中所取的试样量及被分析组分的相对含量为依据的分类方法分别如表 1-1 及表 1-2 所示。

表 1-1 分析方法按试样量分类

分析方法	试样用量/g	试液体积/mL
常量(macro)分析	>0.1	>10
半微量(semimicro)分析	0.01~0.1	1~10
微量(micro)分析	10^{-4}~0.01	0.01~1
超微量(ultramicro)分析	<10^{-4}	<0.01

表 1-2 分析方法按被分析组分含量分类

分析方法	被测组分含量/%	被测组分含量/($\mu g \cdot g^{-1}$)
常量(macro)组分分析	>1	10^{4}~10^{6}
微量(micro)组分分析	0.01~1	10^{2}~10^{4}
痕量(trace)组分分析	10^{-4}~0.01	1~10^{2}
超痕量(ultratrace)组分分析	<10^{-4}	<1

1.2.5 例行分析和仲裁分析

例行分析(routine analysis)：一般分析实验室对日常生产中的分析。仲裁分析(arbitral analysis)：不同单位对分析结果有争论时，请权威的单位进行裁判的分析工作。

1.3 典型的定量分析步骤

一般从两类测量值计算出一个典型的定量分析结果，一是要分析样本的质量或体积；二是测量与样本中分析量成比例的一些量来完成分析，即测定组分的方法可分为绝对方法与相对方法两类，通常根据最终测量的性质对分析方法进行分类。在重量分析法中，测定分析物的质量或与之相关的某种化合物，属绝对的方法。但是很多方法是相对的，如在滴定分析法中，测量含有足够试剂的溶液与分析物完全反应的体积，需要与已知浓度溶液对照，才能得到测定结果。大多数仪器分析方法都是相对的方法。仪器记录的是源于溶液的某物理性质信号，组分浓度必须通过同一组分已知浓度的物理性质信号来对照。换句话说，仪器分析必须要用标准溶液校正。例如，在电化学分析方法中，测量的电学性能如电位、电流、电阻和电荷量；在光谱学方法中，探索电磁辐射与被分析物原子或分子之间的相互作用或被分析物辐射之间的相互作用；通过一组繁杂的离子衰变率、反应热、反应速率、样品热导率、光学活性和折射率等测量离子的质量与电荷比等量来进行质谱分析等。

一个典型的定量分析包括选择方法，获得、处理和溶解样品，确定测定元素性质(若此时测不了，则需改变化学形态)，消除干扰，测定未知物性质或含量，计算结果，结果可靠性评价等步骤。在某些情况下，有些步骤可以省略。例如，如果样品已经是液体，可以省去溶解步骤。

1.3.1 选择方法

任何定量分析的第一步是选择方法。可供选用的方法较多，各方法所能达到的选择性、灵敏度、精密度、准确度、分析成本及分析速度也是大不相同的。选用组分的定量测定方法中主要考量的是待测组分的含量、所需的准确度及精密度。表1-3比较了具有代表性的、典型的应用对象不同分析方法的各参数。例如，滴定分析法可测定较低浓度物质，却需要使用某种仪器手段来确定滴定终点。

表 1-3　不同分析方法的对比

方法	大致范围 /(mol·L^{-1})	大致准确度 (相对误差/%)	灵敏度	分析速度	成本	对象
重量分析法	$10^{-2}\sim10^{-1}$	0.1	差～中等	慢	低	无机物
滴定分析法	$10^{-4}\sim10^{-1}$	0.1～1	差～中等	中等	低	无机物、有机物
电位法	$10^{-6}\sim10^{-1}$	2	好	快	低	无机物
比色法，伏安法	$10^{-10}\sim10^{-3}$	2～5	好	中等	中等	无机物、有机物
分光光度法	$10^{-6}\sim10^{-3}$	2	好～中等	快～中等	低～中等	无机物、有机物
荧光法	$10^{-9}\sim10^{-6}$	2～5	中等	中等	中等	有机物
原子吸收法	$10^{-9}\sim10^{-3}$	2～10	好	快	中等～高	无机物(多元素)
色谱法	$10^{-9}\sim10^{-3}$	2～5	好	快～中等	中等～高	无机物、有机物

选择有时很困难，需要丰富的经验。必须考虑在选择过程中要求的精度水平。高可靠性几乎总是需要大量的时间投入。所选方法通常为所需精准度与分析所需时间和金钱之间的折中。与经济因素相关的第二个考虑是要分析的样本数量。如果有许多样品，会在初步操作中花费大量时间，如组装和校准仪器和设备、准备标准溶液等。如果只有几个样本，选择避免或减少这些初步操作的程序可能更为合适。当然，样本的复杂性和样本中的成分数目总是在一定程度上影响方法的选择。

1.3.2 采集样品

定量分析的第二步是获取样本。为了产生有意义的信息，必须使样品的分析与所采集材料的组成成分相同，这就需要得到有代表性的样品。例如，一辆装有25 t银矿的火车，矿石的买方和卖方必须在价格上达成协议，而这一价格将主要取决于装运货物的银含量。矿石本身具有差异，由许多不同大小和银含量的块状物组成。对这批货物的检验将按质量约1 g的样品(样本)进行。为了保证分析具有重要意义，这个小样本的组成必须代表装运的25 t矿石。所选的1 g材料准确地代表近25 000 000 g散装样品的平均成分是一项艰巨的任务，需要仔细、系统地处理整个装运。取样是收集小部分物质的过程，其成分需准确地代表被取样物质的大部分。

人体血液采样测定显示了从复杂生物系统中获取具有代表性样本的困难。血液中氧和二氧化碳的浓度取决于各种生理和环境变量。例如，病人使用不正确的止血带或手弯曲，可能导致血氧浓度波动。医生需根据血气分析的结果做出决定，因此已经制定了严格的程序，将标本运送到临床实验室。这些程序确保样品在收集时是病人血液中血气的代表，并且保存也需确保完整性，直到样品被分析为止。

许多采样问题比前述的更容易解决。不管取样是简单的还是复杂的，分析人员必须确保实验室样品在进行分析之前是整体分析对象的代表。取样通常是分析中最困难的一步，也是误差的最大来源。具体采样内容第 3 章有详细讨论，请参阅。

1.3.3 样品处理

分析的第三步是样品处理过程。某些情况下，测量步骤之前不需要进行样品处理。例如，一旦水样从河流、湖泊或海洋中被抽取出来，就可以直接测量样品的 pH。大多数情况下，必须用几种不同的方法来处理样品。处理样品的第一步通常是实验室样品的制备。

1. 准备实验室样品

固体实验室样品被磨碎以降低颗粒大小，混合以确保均一性，并在分析开始之前储存不同的时间。在每个步骤中，水的吸收或解吸都可能发生，这取决于环境的湿度。因为任何水分的损失或增加都会改变固体的化学成分，所以在开始分析之前先干燥样品是必备的。或者样品的水分含量可以在单独分析过程中确定。在准备步骤中，如果液体样品被放在敞口的容器中，溶剂可能蒸发，并改变被分析物的浓度。如果分析物是溶解在液体中的气体，样品容器必须保存在第二个密封容器内，在整个分析过程中，需防止大气的污染。为了保持样品的完整性，可能需要采取特别措施，包括在惰性气体氛围中进行样品操作和测量。

2. 确定重复的样本

大多数的化学分析是在重复样的质量或体积已用分析天平或准确量器小心确定的基础上进行的。重复样可以提高结果的质量，也提供了测定的可靠性。重复样的定量测量通常是平均的，并对结果进行各种统计检验以确定其可靠性。

3. 实验室样品的制备方法

大多数分析是样品在一个合适溶剂的溶液中进行。理想情况下，溶剂应迅速、彻底地溶解整个样品，包括分析物。溶解的条件应该足够温和，不能发生分析物的损失。要求溶剂的选择是样品可溶的。若分析的材料在普通溶剂中是不可溶的，如硅酸盐矿物、高相对分子质量聚合物和动物组织标本，则需进行一些相当苛刻的化学反应。将这些物质中的分析物转化成可溶的形式，这通常是分析过程中较困难也是较耗时的任务。样品可能需要用强酸、强碱、氧化剂、还原剂或一些此类试剂组合的水溶液加热。可能需要在空气或氧气中点燃样品，或在各种焊剂存在下对样品进行高温熔化。一旦被分析物可溶，就要求样品具有与分析物浓度成比例的特性，可以测量。如果不行，则需要将分析物转化为合适的形式。在这一点上分析有可能直接进入测量步骤，通常情况下，在测量之前，还必须消除样品中的干扰。

1.3.4 消除干扰

掩蔽是定量分析中常用的消除干扰的有效手段。向待测组分的体系中加入掩蔽剂，以改变干扰组分的存在形式，使其减少或失去与待测组分的竞争。掩蔽消除干扰的方法只是将干扰组分的有效浓度降到对待测组分影响可以忽略的程度。因此，掩蔽也可称为"均相分离"。

分离也是消除干扰的有效方法,可分离基体成分,消除基体干扰;还可去除主要干扰组分;也可提取待测组分含量低于测定方法检出限时的待测组分,通过分离可富集待测组分。总之,通过分离,减少杂质,富集被测组分,降低空白,达到提高分析准确性的目的。

若进行了分离或掩蔽,仍不能消除干扰影响,达不到预期的测定效果,还可采用标准物质与标准分析方法进行对照分析,综合消除干扰的影响。例如,采用分光光度法、原子吸收法、电化学分析法及色谱法等进行痕量组分的分析时,校正曲线法和加标回收法是对待测组分的测定值给出评估的重要方法。

1.3.5 计算结果

从实验数据计算分析物浓度通常是比较容易的,特别是结合计算机技术。这些计算是基于原始实验数据收集的测量步骤,测量和分析反应的化学计量特征。具体计算内容第 4 章有详细讨论,请参阅。

1.3.6 结果的可靠性评估

可靠性评估是定量分析的最后一步,只有当数据可靠性已估计,分析的结果才是完整的。针对任何数据值,实验者都必须提供一些与计算结果相关的不确定性度量。第 2 章介绍了在分析过程中执行这一重要步骤的详细方法。

1.4　累积作用的化学分析:反应控制系统

分析化学的目的通常不是其本身,而是在于其分析结果可以用来帮助调控病人健康指标、控制鱼类含汞量、检测产品的质量、测定一个合成的状态,或者给出火星上是否存在生命等,化学分析是在这些情况下测量要素。以测定和控制血液中葡萄糖浓度方面定量分析所起作用为例,人体血液中正常葡萄糖浓度范围为 $65 \sim 100\ mg \cdot dL^{-1}$($1\ L = 10\ dL$),血糖胰岛素依赖型糖尿病患者会发生高血糖症,表现为血糖浓度高于 $100\ mg \cdot dL^{-1}$ 的水平,许多病人必须通过定期向临床实验室提交样品进行分析或使用手持式电子血糖监测仪测量血糖水平来监测。监测过程首先是通过收集血样和测量血糖水平来确定实际值,然后将实际状态与期望状态进行比较,显示结果,因为病人的胰岛素水平是可控的,若显示超出正常范围,则通过注射或口服给药等方式加以控制。在这些方式生效后,再次测量血糖水平,以确定是否达到了所需的状态。一个合适的延迟时间后,再测量一次血糖水平,并重复循环。这样,病人血液中的胰岛素水平和血糖水平就维持在正常范围内,使病人的代谢得到控制。连续测量和控制过程通常称为一个反馈系统,而测量、比较和控制周期则称为一个反馈回路。在可穿戴设备中这一系统的开发显得尤为重要。从钢中锰浓度的测量到保持在游泳池中氯的适当水平控制,化学分析在一个广泛的系统中起着核心作用,这些理念被广泛应用于生物学和生物医学系统、机械系统、电子系统等。

总之,分析化学工作者从接受分析项目到完成,所经历的分析步骤一般是:明确分析项目的任务和要求;据此选择测定方法;获得有代表性的样品与制备分析样品;进行必要的化学分离、富集与掩蔽;测定与计算分析结果并写出报告。

一个典型的定量分析步骤应包含如下程序:试样的采集、处理与分解,试样的分离与富集,分析方法的选择与分析测定，分析结果的计算，必要的数理统计、可靠性评价和分析报告的撰写。在某些情况下，可以省略这些步骤中的一个或多个。

思考题与习题

1. 化学学科中如何定义分析化学？它的任务和作用有哪些？如何达到分析目的？
2. 分别阐述分析化学按分析任务、分析对象、测定原理和操作方法如何分类。
3. 一个完整的定量分析步骤一般包含哪些内容？

第2章 分析化学数据的质量保证

2.1 误差及数据处理

2.1.1 基本概念

分析结果常用于疾病诊断、危险废物和污染的评估以及工业产品的质量控制中，这些结果中的误差会对个人和社会造成严重的影响。完全不出错情况下进行化学分析是不可能的，人们所希望的是尽量减少这些误差，并以可接受的精度估计其大小。为获取试样中待测组分的准确含量，需要实施一系列分析步骤。即使是技术熟练的分析人员，相同条件下用同一方法对同一试样进行多次测量，得出的数据也存在波动性，说明误差是客观存在的，不可能完全避免或消除。研究误差的目的是为了解其统计规律性，了解分析过程中产生误差的原因及其特点，有助于采取相应措施减少误差对分析结果的影响以及科学地处理和评价所测得的数据，即要对所测得数据的可靠性做公正合理的评价，使分析结果达到一定的准确度。

1. 准确度与误差

准确度(accuracy)表示测定结果(measured value，x)与真实值(true value，x_t)相符的程度，常用误差来衡量。分析方法结果的评价首先要看准确度如何，准确度常与系统误差相联系。

实际工作中，真值x_t往往是不知道的，严格地说，任何物质中各组分的真实含量是无法用测量的方法得到的。分析化学中真值常用以下方式来处理：①理论真值，如某化合物的理论组成；②计量学约定真值，如国际计量大会上确定的质量、物质的量单位；③相对真值，采用各种可靠的分析方法和精密仪器，经过不同实验室或不同分析人员进行平行测定，再用数理统计方法对分析结果进行处理，确定出各组分相对准确的含量，称为标准值，一般用标准值代表该物质中各组分的真实含量。此类真值是相对的，如标准试样及管理试样中组分的含量等。

测量值x与真实值x_t之间的差值是绝对误差(absolute error，E)，即

$$E = x - x_t \tag{2-1}$$

绝对误差单位与测量值的单位是相同的，误差越小，表示测量值x与真实值x_t越接近，准确度越高；反之，误差越大，准确度越低。测量值大于真实值时，误差为正值，表示测定结果偏高；反之，误差为负值，表示测定结果偏低。绝对误差概念只能表示误差的绝对量大小，对于某两个同样大小的绝对误差所蕴含的意义往往不同，必须引入相对误差的概念。相对误差有大小、正负之分，不仅与绝对差值有关，还与真值的大小有关。在绝对误差相同时，待测组分含量越高，相对误差越小；反之，相对误差越大。

相对误差(relative error，E_r)是指绝对误差相对于真实值的百分数，即

$$E_r = \frac{E}{x_t} \times 100\% = \frac{x - x_t}{x_t} \times 100\% \tag{2-2}$$

假设用200 mL洗涤液冲洗掉0.50 mg沉淀物。若沉淀重量为500 mg，溶解性损失的相对误差为(0.50/500)×100%=-0.1%。从50 mg沉淀物中损失相同的量，结果相对误差为-1%。

2. 精密度与偏差

精密度(precision)表示平行测定一系列数据的靠近程度，用偏差来衡量。精密度用来表示分析结果的优劣，常与随机误差相联系。

精密度越好，偏差越小。一般用平均偏差和标准偏差等参数来评价。有时用同一分析人员在同一条件下所得分析结果的精密度(重现性，repeatability)和不同分析人员或不同实验室之间各自条件下所得结果的精密度(再现性，reproducibility)表示不同情况下分析结果的精密度。分析结果的精密度是指对试样进行多次平行测定结果相互接近的程度，其值高低用偏差来衡量。

测量值(x)与平均值(mean，$\bar{x}$)的差值称为绝对偏差(deviation，d)，即

$$d = x - \bar{x} \tag{2-3}$$

n 次平行测定数据为 x_1、x_2、$\cdots$、x_n，则 n 次测量数据的算术平均值为

$$\bar{x} = \frac{x_1 + x_2 + \cdots + x_n}{n} = \frac{1}{n}\sum_{i=1}^{n} x_i \tag{2-4}$$

数理统计中常使用中位数(median，x_m)，即将一组测量数据从小到大排列起来，测量值的个数 n 是奇数时，排在正中间的那个数据即为中位数；n 为偶数时，中间相邻两个测量值的平均值是中位数。与平均值相比，中位数的优点是受离群值的影响较小，当 n 很大时，求中位数就简单多了，其缺点是不能充分利用数据。

一组数据中各单次测定的偏差 d_i 分别为 $d_1=x_1-\bar{x}$，$\cdots$，$d_i=x_i-\bar{x}$，$\cdots$，$d_n=x_n-\bar{x}$。偏差有正、负及零。如果将各单次测定的偏差相加，其和应为零或接近零，即

$$\sum_{i=1}^{n} d_i = 0 \tag{2-5}$$

单次测定结果的平均偏差($\bar{d}$)为

$$\bar{d} = \frac{1}{n}(|d_1| + |d_2| + \cdots + |d_n|) = \frac{1}{n}\sum_{i=1}^{n}|d_i| \tag{2-6}$$

平均偏差 $\bar{d}$ 代表一组测量值中任何一个数据的偏差，无正负号，故能表示一组数据间的重现性。平行测定次数不多时，常用平均偏差来表示分析结果的精密度。

相对偏差(relative deviation，d_r)是指绝对偏差相对于平均值的百分数，表示为

$$d_r = \frac{d}{\bar{x}} \times 100\% = \frac{x_i - \bar{x}}{\bar{x}} \times 100\% \tag{2-7}$$

单次测定结果相对平均偏差($\bar{d}_r$)为

$$\bar{d}_r = \frac{\bar{d}}{\bar{x}} \times 100\% \tag{2-8}$$

较多测定次数情况下，常用标准偏差(standard deviation，s)或相对标准偏差(relative standard deviation，RSD，s_r)来表示一组平行测定值的精密度。

单次测定的标准偏差的表达式为

$$s = \sqrt{\frac{\sum_{i=1}^{n}(x_i - \bar{x})^2}{n-1}} \tag{2-9}$$

相对标准偏差也称变异系数(CV)，为

$$s_r = \frac{s}{\bar{x}} \times 100\% \tag{2-10}$$

例如，比较三组测定数据的 $\bar{x}$、$\bar{d}$ 和 s 值可看出：

第一组　　10.02，10.02，9.98，9.98；$\bar{x} = 10.00$，$\bar{d} = 0.02$，$s = 0.020$；

第二组　　10.01，10.01，10.02，9.96；$\bar{x} = 10.00$，$\bar{d} = 0.02$，$s = 0.027$；

第三组　　10.02，10.02，9.98，9.98，10.02，10.02，9.98，9.98；$\bar{x} = 10.00$，$\bar{d} = 0.02$，$s = 0.021$。

标准偏差能表现出较大的偏差，能更好地反映测定值的精密度。实际工作中，用 RSD 表示分析结果的精密度。

偏差也用全距(range，R)或极差表示，简单直观，便于运算，但没有利用全部测量数据。它是指一组测量数据中最大值与最小值之差。

$$R = x_{max} - x_{min} \tag{2-11}$$

相对极差为

$$R_r = \frac{R}{\bar{x}} \times 100\% \tag{2-12}$$

测定结果的质量应从准确度与精密度两个方面进行评价。如图 2-1(a)所示，A 组精密度和准确度都较差；B 组精密度虽高，但平均值与真值相差较远，准确度较差，显然是存在较大的系统误差所致；C 组精密度很差，尽管由于正负误差的抵消作用使平均值与真值较为接近，但这纯属巧合，其结果是不可靠的；D 组 10 次测定的精密度和准确度都很好，无疑其结果可靠、精确。说明：精密度低，测定结果不可靠，这种情况考虑准确度就没有意义了。准确度高则要求精密度一定高，即精密度是保证准确度的先决条件。确认消除了系统误差的情况下，可用精密度表达测定的准确度。

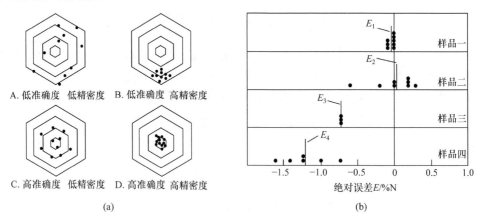

图 2-1　四组平行测定的精密度和准确度

图 2-1(a)说明了准确度和精密度之间的区别。准确度表示测量接近其真实值或接受值，并用误差表示。准确度是测量结果与真实值之间的一致性。精密度描述了用相同方法测量的几个结果之间的一致性。精密度是通过简单地重复测量来确定的。准确度用绝对误差或相对误差表示。

3. 误差的种类

定量分析中，对于各种原因导致的误差，根据误差的来源和性质不同，可分为系统误差 (systematic error) 和随机误差 (random error) 两大类。

1) 系统误差

系统误差又称可测误差，是由某种固定原因造成的，决定测定结果的准确度，具有重复性、单向性，即大小及其符号在同一实验中是恒定的，重复测定时会重复出现，若能发现系统误差产生的原因，可以设法避免和校正。系统误差产生的具体原因有以下几种。

(1) 方法误差：这种误差是分析方法本身不完善所造成的。例如，重量分析中沉淀的溶解损失、共沉淀和后沉淀、灼烧时沉淀的分解或挥发等；滴定分析中反应不完全、有副反应发生、干扰离子的影响等，都会使分析结果偏高或偏低。

(2) 仪器和试剂误差：仪器误差来源于仪器本身不够精确，如长期使用造成磨损引起仪器精度下降、仪器未调到最佳状态、未校正等。试剂误差来源于试剂或蒸馏水不纯，如试剂和蒸馏水中含有少量的被测组分或干扰物质。

(3) 操作误差：分析人员的操作不正确所引起的误差。例如，称样前对试样的预处理不当；对沉淀的洗涤次数过多或不够；灼烧沉淀时温度过高或过低；滴定终点判断不当等。

(4) 主观误差：又称个人误差，是分析人员的主观因素造成的。例如，辨别滴定终点颜色时，有人偏深，有人偏浅；读滴定管刻度时习惯性地偏高或偏低等。后一次读数受前一次读数的影响，希望两次测定结果相同或相近等都易引起主观误差。

2) 随机误差

随机误差也称偶然误差，是由于测定过程中一系列有关因素微小的随机波动而形成的具有相互抵偿性的误差，是一些难以控制且无法避免的不确定因素造成的。例如，滴定管最后一位读数的不确定性；测定过程中环境条件(温度、湿度、气压等)的微小变化；分析人员在操作上的微小差别等。其值或大或小，符号或正或负。因此，随机误差是无法测量、不可避免的，也不能加以校正。随机误差的产生无法找出确定的原因，然而从多次测量结果误差整体看随机误差是服从统计分布规律的，故可以用数理统计的方法来处理。

图 2-1 表明化学分析受到至少两种误差的影响。一种称为随机(或不确定)误差，使数据在平均值附近对称地或多或少地分散。图 2-1(b) 可看到数据的分散性，样品一和样品三的随机误差显著低于样品二和样品四。一般来说，测量中的随机误差是由其精密度所反映的。第二种称为系统(或确定)误差，导致一组数据的平均值与真值不同。例如，图 2-1(b) 的样品一和样品二的结果几乎没有系统误差，但是样品三和样品四的数据显示了大约-0.7% 和-1.2%的氮含量测定误差。一般来说，系统误差导致一系列重复测量结果全部偏高或全部偏低。

3) 过失

过失与随机误差和系统误差不同，只是偶尔发生，通常是大的，而且不导致结果是高或低。过失导致离群值的结果似乎与所有其他数据在一组重复测量中显著不同。没有证据显示图 2-1(a) 和(b) 中出现严重错误，出现离群值(异常值)。需要指出的是，分析过程中往往会遇到由于疏忽或差错引起的所谓"过失"，实质就是一种错误，不能称为误差，如操作中沉淀的溅失或沾污；试样溶解不完全或转移损失；试样洒落；读错刻度；记录和计算错误；加错试剂等，这主要是操作者主观上责任心不强造成的。必须予以避免。一旦发现有过失，该测定值应弃去，以保证原始测量数据的可靠性。

4. 公差

国家及有关主管机构或行业对一些重要的产品质量鉴定制定了统一的标准方法，同时还规定了分析的"允许误差"，即对分析结果误差允许的一种限定量值，称为公差。若误差超出允许的公差范围，称为超差，该项分析工作就应重做。公差范围的确定先依实际情况对分析结果准确度的要求而定，还会依试样组成及待测组分含量而不同。工业分析中，待测组分含量与公差范围的关系如下：

待测组分的质量分数/%	90	80	40	20	10	5	1.0	0.1	0.01	0.001
公差(相对误差)/%	±0.3	±0.4	±0.6	±1.0	±1.2	±1.6	±5.0	±20	±50	±100

由于各种分析方法所能达到的准确度不同，则公差的范围也不同。比色法、极谱法和光谱分析法的相对误差较大，重量分析法和滴定分析法的相对误差较小。

5. 误差的传递

分析结果通常是经过一系列测量步骤来完成的，每一步测量的误差都会反映到分析结果中。结果也称为间接测量值。每个直接测量值都有各自的误差，各测量值的误差或多或少地影响分析结果的准确度。误差传递(error propagation)规律依系统误差和随机误差有所不同，与运算方法也有关，下面分别说明它们是如何传递和影响的。设测量值为 A、B、C，其绝对误差为 E_A、E_B、E_C，相对误差为 E_A/A、E_B/B、E_C/C，标准偏差为 s_A、s_B、s_C，计算结果用 R 表示，R 的绝对误差为 E_n，相对误差为 E_n/R，标准偏差为 s_R。

1)系统误差的传递

加减法运算中，分析结果用绝对系统误差表示；乘除法等运算中，分析结果用相对系统误差表示。具体计算公式见表2-1。

表 2-1　系统误差传递的计算公式

计算类型	例子	公式	公式编号
①加减法	$R = A + mB - C$	$E_n = E_A + mE_B - E_C$	(2-13)
②乘除法	$R = m\dfrac{AB}{C}$	$\dfrac{E_R}{R} = \dfrac{E_A}{A} + \dfrac{E_B}{B} - \dfrac{E_C}{C}$	(2-14)
③指数关系	$R = mA^n$	$\dfrac{E_R}{R} = n\dfrac{E_A}{A}$	(2-15)
④对数关系	$R = m\lg A$	$\dfrac{E_R}{R} = 0.434m\dfrac{E_A}{A}$	(2-16)

2)随机误差的传递

随机误差用标准偏差 s 来表示为好，故均以标准偏差来传递。具体计算公式见表2-2。

表 2-2　随机误差传递的计算公式

计算类型	例子	公式	公式编号
①加减法	$R = aA + bB - cC$	$s_R^2 = a^2 s_A^2 + b^2 s_B^2 + c^2 s_C^2$	(2-17)
②乘除法	$R = m\dfrac{AB}{C}$	$\dfrac{s_R^2}{R^2} = \dfrac{s_A^2}{A^2} + \dfrac{s_B^2}{B^2} + \dfrac{s_C^2}{C^2}$	(2-18)
③指数关系	$R = mA^n$	$\left(\dfrac{s_R}{R}\right)^2 = n^2\left(\dfrac{s_A}{A}\right)^2$ 或 $\dfrac{s_R}{R} = n\dfrac{s_A}{A}$	(2-19)
④对数关系	$R = m\lg A$	$s_R = 0.434m\dfrac{s_A}{A}$	(2-20)

例 2-1　设某试样的质量(m_s)是先称总重(m_{s+b})，再称空称量瓶重(m_b)，相减得来的，即$m_s = m_{s+b} - m_b$，假定天平称量时的标准偏差是±1.0 mg，计算s_m。

解　称取试样时，无论是用差减法称量，还是将试样（或空皿）置于适当的称样器皿中进行指定质量法称量，都需要称量两次，读取两次平衡点（包括零点）。试样质量m是两次称量所得质量m_1与m_2之差值，即$m = m_1 - m_2$ 或 $m = m_2 - m_1$。读取称量m_1和m_2时平衡点的偏差都要反映到m中。

$$s_{m_b}^2 = s_{m_{s+b}}^2 = s^2 = m_1^2 + m_2^2 = (\pm 1\,\text{mg})^2 + (\pm 1\,\text{mg})^2 = 2\,(\text{mg})^2$$

因此，根据式(2-17)，求得

$$s_m = \sqrt{s_{m_b}^2 + s_{m_{s+b}}^2} = \sqrt{2s^2} = \sqrt{2\times 1}\,\text{mg} = 1.4\,\text{mg}$$

例 2-2　用 0.1000 mol·L⁻¹(c_2)HCl 标准溶液标定 20.00 mL(V_1)NaOH 溶液的浓度，耗去 HCl 25.00 mL(V_2)，已知用移液管量取溶液时的标准偏差为$s_1=0.02$ mL，每次读取滴定管读数时的标准偏差$s_2=0.01$ mL，假设 HCl 溶液的浓度是准确的，计算 NaOH 溶液的浓度。

解　首先计算 NaOH 溶液的浓度(c_1)

$$c_1 = \frac{c_2 V_2}{V_1} = \frac{0.1000\,\text{mol·L}^{-1} \times 25.00\,\text{mL}}{20.00\,\text{mL}} = 0.1250\,\text{mol·L}^{-1}$$

V_1、V_2的偏差对c_1浓度的影响以随机误差的乘除法运算方式传递，且滴定管有两次读数误差。移液管体积V_1的标准偏差$s_{V_1} = s_1 = 0.02$，滴定管体积V_2的标准偏差$s_{V_2}^2 = s_2^2 + s_2^2 = 0.01^2 + 0.01^2 = 2\times 0.01^2$。以上两项标准偏差传递至计算结果$c_1$的标准偏差$s_{c_1}$为

$$\frac{s_{c_1}^2}{c_1^2} = \frac{s_{V_1}^2}{V_1^2} + \frac{s_{V_2}^2}{V_2^2} = \frac{0.02^2}{20.00^2} + \frac{2\times 0.01^2}{25.00^2} = 1.32\times 10^{-6}$$

$$s_{c_1}^2 = c_1^2 \times 1.32\times 10^{-6} = 0.1250^2 \times 1.32\times 10^{-6} = 2.06\times 10^{-8}$$

$$s_{c_1} = 0.0001\,\text{mol·L}^{-1}, \quad c_1 = (0.1250 \pm 0.0001)\,\text{mol·L}^{-1}$$

例 2-3　计算 $\dfrac{[14.3(\pm 0.2) - 11.6(\pm 0.2)] \times 0.050(\pm 0.001)}{[820(\pm 10) + 1030(\pm 5)] \times 42.3(\pm 0.4)} = 1.725(\pm?)\times 10^{-6}$

解　$s_a = \sqrt{(\pm 0.2)^2 + (\pm 0.2)^2} = \pm 0.283$ ；　$s_b = \sqrt{(\pm 10)^2 + (\pm 5)^2} = \pm 11.2$

$$\frac{2.7(\pm 0.283) \times 0.050(\pm 0.001)}{1850(\pm 11.2) \times 42.3(\pm 0.4)} = 1.725(\pm?)\times 10^{-6}$$

$$\frac{s_y}{y} = \sqrt{\left(\pm\frac{0.283}{2.7}\right)^2 + \left(\pm\frac{0.001}{0.050}\right)^2 + \left(\pm\frac{11.2}{1850}\right)^2 + \left(\pm\frac{0.4}{42.3}\right)^2} = \pm 0.107$$

$$s_y = 1.725\times 10^{-6} \times (\pm 0.107) = \pm 0.185\times 10^{-6}$$

结果以 $1.7(\pm 0.2)\times 10^{-6}$ 报出。

例 2-4　计算 $y=\lg[2.00(\pm0.02)\times10^{-4}]=-3.699\pm?$

解　根据式 (2-20)
$$s_y=\pm0.434\times\frac{0.02\times10^{-4}}{2.00\times10^{-4}}=0.004$$

$$y=\lg[2.00(\pm0.02)\times10^{-4}]=-3.699\pm0.004$$

3) 极值误差的传递

分析化学中，需要通过简单的方法估计整个过程可能出现的最大误差时，可用极值误差来表示。这是假设在最不利的情况下各种误差都是最大的，是相互累积的。实际工作中不一定会出现这种最极端的情况，作为一种粗略的估计还是较方便的。

例如，分析天平绝对误差为 $\pm0.1\,\text{mg}$，称量时要读取两次平衡点（包括零点），估计的最大可能误差即为 $0.2\,\text{mg}$。滴定操作中，若滴定管一次读数误差为 $\pm0.01\,\text{mL}$，滴定前调一次零点，滴定至终点时读取一次体积。读取滴定体积最大可能误差即为 $0.02\,\text{mL}$。

加减法运算中，分析结果可能的极值误差是各测量值绝对误差的绝对值相加。乘除法运算中，分析结果的极值相对误差等于各测量值相对误差的绝对值之和。具体计算公式见表 2-3。

表 2-3　极值误差传递的计算公式

计算类型	例子	公式	公式编号
①加减法	$R=A+B-C$	$\left\|E_R\right\|_{max}=\left\|E_A\right\|+\left\|E_B\right\|+\left\|E_C\right\|$	(2-21)
②乘除法	$R=\dfrac{AB}{C}$	$\left\|\dfrac{E_R}{R}\right\|_{max}=\left\|\dfrac{E_A}{A}\right\|+\left\|\dfrac{E_B}{B}\right\|+\left\|\dfrac{E_C}{C}\right\|$	(2-22)

例 2-5　滴定管的初始读数为 $(0.08\pm0.01)\,\text{mL}$，末读数为 $(28.60\pm0.01)\,\text{mL}$，则滴定剂的体积可能在多大范围内波动？

解　极值误差 $R=\Delta V=|\pm0.01|+|\pm0.01|=0.02\,\text{mL}$，故滴定体积为
$$(28.60-0.08)\,\text{mL}\pm0.02\,\text{mL}=(28.52\pm0.02)\,\text{mL}$$

例 2-6　用滴定分析法测定矿石中铁的含量，若天平称量测量误差为 $\pm0.1\%$，滴定剂体积测量误差为 $\pm0.2\%$，则分析结果的极值相对误差为多少？

解　矿石中铁的质量分数的计算式为 $w_{\text{Fe}}=\dfrac{cVM_{\text{Fe}}}{m_s}\times100\%$，只考虑 m_s 和 V 的测量误差，按式 (2-22)，求得

分析结果极值相对误差为 $\dfrac{E_x}{x}=\left|\dfrac{E_V}{V}\right|+\left|\dfrac{E_{m_s}}{m_s}\right|=0.001+0.002=0.3\%$。

这是考虑在最不利的情况下，各步测量误差的互相累加。实际工作中，个别测量误差对分析结果的影响可能是相反的，彼此部分地抵消，定量分析中经常会遇到这种情况。

2.1.2　有效数字及其运算规则

分析测试时为了得到准确的分析结果，不仅要准确测量，还要正确地记录和计算。一个有效的测量数据，既要表示出测量值的大小，又要表示出测量的精确程度。实验数据记录和结果计算中，保留几位数字要根据测量仪器、分析方法的准确度来决定，记录一个测定结果提供的是量值和误差。这就涉及有效数字的概念。

1. 有效数字

反映测量准确程度，表示量多少的各数字称为有效数字(significant figure)，也指以不丧失准确性为前提，用科学表示法表示的所需最小数字。具体来说，有效数字就是指在分析工作中实际能测量到的数字。

科学实验中物理量的测定，其准确度都有一定限度。例如，分析天平称量一试样的质量得 1.2637 g，可以确定前 4 位数字都很准确，第 5 位数字至少有±1 的误差，给出的绝对误差至少是±0.0001 g，相对误差至少是 $\frac{\pm 0.0001 \text{ g}}{1.2637 \text{ g}} \times 100\% = \pm 0.0079\% \approx \pm 0.01\%$。假设通过测量矿物的质量(4.635±0.002 g)和体积(1.13±0.05 mL)来确定矿物的密度。密度为单位体积质量：4.635 g/1.13 mL=4.1018 g·mL^{-1}。测量质量和体积的绝对误差分别为 0.002 g 和 0.05 mL，此时计算密度的误差是多少？密度又应该保留多少位有效数字？

有效数字的位数直接影响测定的相对误差。在测量准确度的范围内，有效数字位数越多，测量也越准确，超过了测量准确度的范围，过多的位数是没有意义的，而且是错误的。确定有效数字位数时应遵循以下原则：

(1)一个量值只保留一位不确定的数，记录测量值时必须计一位不确定的数，且只能计一位。

(2)数字 0~9 都是有效数字，0 只作为定位小数点位置时，并不是有效数字。例如，25.060 是五位有效数字，0.0068 则是两位有效数字。

(3)不能因为变换单位而改变有效数字的位数。例如，0.0116 g 是三位有效数字，用毫克(mg)表示时应为 11.6 mg，用微克(μg)表示时则应写成 1.16×10^4 μg，不能写成 11 600 μg，这样表示有效数字位数不确定。数字 142.7 有四位有效数字，可以写成 1.427×10^{-2}，如果写 1.4270×10^{-2}，就意味着知道数字 7 之后数字的值，就有五位有效数字了。数字 6.302×10^{-6} 有四位有效数字，可以写 0.000 006 302，左边的零只是为确定小数点位置。92 500 这个数字是模棱两可的，它可能意味着以下任何一种情况：9.25×10^4；9.250×10^4；9.2500×10^4。

(4)分析化学计算中，常遇到倍数、分数关系。这些数据都是自然数，不是测量所得到的，其有效数字位数可以认为没有限制。

(5)分析化学中还经常遇到 pH、pM、lg$K$ 等对数值，其有效数字位数取决于小数部分(尾数)数字的位数，整数部分(首数)只代表该数的方次。例如，pH=11.02，换算为 H$^+$浓度时，应为[H$^+$]=9.5×10^{-12} mol·L^{-1}，有效数字的位数是两位，不是四位。

2. 有效数字的修约规则

处理数据过程中，涉及各测量值的有效数字位数可能不同，需要按一定的计算规则，确定各测量值的有效数字位数。有效数字位数确定之后，就要舍弃多余的数字。修约的原则是既不因保留过多的位数使计算复杂，也不因舍掉任何位数使准确度受损。舍弃多余数字的过程称为"数值修约"，按照国家标准(GB/T 8170—2008)采用"四舍六入五成双"规则，即测量值中被修约数字≤4 时，该数字舍去；≥6 时，则进位；等于 5 时，5 后面数字不为"0"，一律进位；5 后面无数字或为"0"，采用 5 前是奇数则进位，是偶数则舍掉的原则。例如，将下列测量值修约为四位有效数字，结果应为：1.6442→1.644；1.4867→1.487；16.1250→16.12；16.0150→16.02；16.0251→16.03。修约数字时，只允许对原测量值一次修约到所要求的位数，不能分几次修约。例如，将 7.3457 修约为两位有效数字，不能 7.3457→7.346→7.35→7.4，应一次修约为 7.3。

3. 有效数字的运算规则

有效数字的运算遵循以下规则。

1)加减法运算

数值相加减，有效数字位数的保留应以小数点后位数最少的数据为准，其他的数均修约到这一位。依据是小数点后位数最少的那个数，绝对误差最大。例如，3.4+0.020+7.31=? 由于每个数据中最后一位数有±1 的绝对误差，即 3.4±0.1，0.020±0.001，7.31±0.01，其中以 3.4 的绝对误差最大，加和的结果中总的绝对误差取决于该数，所以有效数字位数应以它为准，先修约再计算，3.4+0.0+7.3=10.7。

2)乘除法运算

数值相乘除，有效数字位数应以有效数字位数最少的数据为准。依据是有效数字位数最少的那个数，相对误差最大。例如，5.21×0.2000×1.0432=? 三个数的相对误差分别为：$\pm \dfrac{0.01}{5.21} \times 100\% = \pm 0.2\%$；$\pm \dfrac{0.0001}{0.2000} \times 100\% = \pm 0.05\%$；$\pm \dfrac{0.0001}{1.0432} \times 100\% = \pm 0.01\%$。5.21 的相对误差最大，以此数位数为标准将其他各数均修约为三位有效数字，然后相乘，即 5.21×0.200×1.04=1.08。

乘除法的运算中，经常会遇到 9 以上的大数，如 9.26、9.68 等，其相对误差绝对值约为 0.1%，与 10.06 和 12.08 这些四位有效数字数值相对误差绝对值接近，通常将其作为四位有效数字的数值处理。

计算过程中，为提高计算结果的可靠性，可暂时多保留一位数字，得到最后结果时，应舍弃多余的数字，使最后计算结果恢复与准确度相适应的有效数字位数。由于普遍使用计算器运算，在运算过程中虽不必对每一步计算结果进行修约，但应注意根据其准确度要求，正确保留最后计算结果的有效数字位数。

计算分析结果时，高含量(>10%)组分的测定，一般要求四位有效数字；含量为 1%～10% 的一般要求三位有效数字；含量小于 1%的组分只要求两位有效数字。分析中的各类误差通常取 1～2 位有效数字。

4. 有效数字在分析测定中的应用

1)正确地记录数据

在万分之一电子天平上称得某物质的质量为 0.2500 g，不能记录为 0.250 g 或 0.25 g。在滴定管上读取的体积为 24.00 mL，不能记录为 24 mL 或 24.0 mL。

2)正确地选取用量和适当的仪器

若称取的样品质量为 2～3 g，就不需要用万分之一天平，用千分之一的天平即可。因为千分之一的天平已满足称量准确度的要求：$\pm \dfrac{0.001 \times 2}{2.000} \times 100\% = \pm 0.1\%$。

若称取 0.01 g 试样，就不能在万分之一天平上称取，因为其相对误差为 $\pm \dfrac{0.0001 \times 2}{0.0100} \times 100\% = \pm 2\%$，不能满足分析上的要求，应在十万分之一天平上称量，其相对误差为 $\pm \dfrac{0.00001 \times 2}{0.01000} \times 100\% = \pm 0.2\%$。故要根据分析要求正确选择天平，称取用量。

2.1.3 分析数据的统计处理

系统误差可以测量和校正，消除或校正了系统误差之后，可用精密度来评价分析结果的可靠程度。精密度越高，平均值越可靠，若进行无限次测定，其平均值越接近真实值。分析化学中越来越广泛地采用统计学方法来处理各种分析数据。可以根据少量实验数据，运用统计学的方法，对分析结果的可靠性作出判断。确定各种方法的误差，可以对比不同人、不同实验室以及用不同实验方法得到的结果，对测量的可疑值或离群值有根据地进行取舍。

在分析数据的统计处理中，常会遇到总体、样本和个体等术语。将所考察对象的某特性值的全体称为总体(或母体)。自总体中随机抽取的一组测量值称为样本(或子样)。样本中所含测量值的数目称为样本容量。分析某批矿石中的钛含量，经取样、粉碎、混匀、缩分后，得到 500 g 的试样供分析用，即为分析试样，是供分析用的总体。如果从中称取 8 份试样进行平行分析，得到 8 个分析结果，则这一组分析结果就是该试样总体中的一个随机样本，样本容量为 8。

1. 随机误差的正态分布

随机误差是由大量非常微弱的随机因素综合作用和叠加影响的，即由某些难以控制且无法避免的偶然因素造成的，具有随机性。单个随机误差的出现毫无规律，多次重复测定，会发现随机误差是服从一定统计规律的，可用数理统计的方法研究随机误差的分布规律。

1) 频数分布

以一个班学生共 40 人在相同条件下测定工业纯碱中碳酸钠的含量为例，共得数据 113 个。按大小顺序排列，分为 9 组，为避免骑墙值跨在两个组中重复计算，各组界值比测量值多取一位数字。频数是指每组中测量值出现的次数，频数与数据总数之比为相对频数，即概率密度(frequency density)。将其一一对应列出，得到频数分布表(表 2-4)。

表 2-4 频数分布表

分组	频数	相对频数	分组	频数	相对频数
73.105~73.505	3	0.026	75.105~75.505	25	0.221
73.505~73.905	3	0.026	75.505~75.905	3	0.026
73.905~74.305	12	0.106	75.905~76.305	3	0.026
74.305~74.705	25	0.221	⋮	⋮	⋮
74.705~75.105	38	0.336	77.905~78.305	1	0.009

观察相对频数分布直方图(图 2-2)，会发现它有两个特点。

a. 离散特性

全部数据是分散的、各异的，具有波动性，这种波动是在平均值周围波动，离散特性应用偏差来表示，较好的表示方法是标准偏差 s，它更能反映出大的偏差，也即离散程度。当测量次数为无限多次时，标准偏差称为总体标准偏差(population standard deviation)，用符号 σ 表示，计算公式为

$$\sigma = \sqrt{\dfrac{\sum\limits_{i=1}^{n}(x_i - \mu)^2}{n-1}} \tag{2-23}$$

式中的 μ 为总体平均值 (population mean)，将在下面予以解释。

b. 集中趋势

各数据虽然是分散的、随机出现的，但当数据多到一定程度时，就会有向某个中心值集中的趋势，这个中心值通常是算术平均值。数据无限多时，将无限多次测定的平均值称为总体平均值，用符号 μ 表示，则有

$$\lim_{n \to \infty} \frac{1}{n} \sum_{i=1}^{n} x_i = \mu \tag{2-24}$$

确认消除系统误差的前提下总体平均值就是真值 x_t。此时总体平均偏差 δ 为

$$\delta = \frac{\sum_{i=1}^{n} |x_i - \mu|}{n} \tag{2-25}$$

统计学方法可以证明，当测定次数非常多 (大于 20) 时，总体标准偏差与总体平均偏差有下列关系：$\delta = 0.797\sigma \approx 0.80\sigma$。

2) 正态分布

分析测定中的随机误差遵从正态分布 (normal distribution，德国数学家高斯提出) 的规律，又称高斯曲线 (Gaussian curve)。图 2-3 即为正态分布曲线，其数学表达式为

$$y = f(x) = \frac{1}{\sigma\sqrt{2\pi}} e^{\frac{(x-\mu)^2}{2\sigma^2}} \tag{2-26}$$

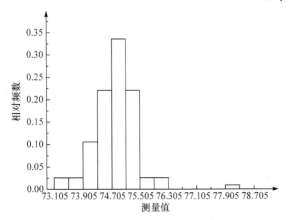

图 2-2　相对频数分布直方图

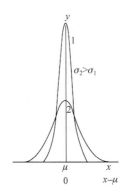

图 2-3　两组精密度不同的测量值的正态分布曲线

式中，y 为概率密度；x 为测量值；μ 为总体平均值；σ 为总体标准偏差。μ 是正态分布曲线最高点的横坐标值，决定曲线在 x 轴的位置，σ 是从总体平均值 y 到曲线拐点间的距离。μ、σ 不同，就有不同的正态分布，如果 σ 相同 (等精度测量)、μ ($\mu_1 < \mu_2$) 不同时，曲线形状不变，只在 x 轴的正态分布曲线平移。如果 μ 值一定，σ 值不同 ($\sigma_1 < \sigma_2$) 决定曲线的形状，σ 小，数据的精密度好，曲线瘦高；σ 大，数据分散，曲线较扁平。μ 和 σ 的值一定，曲线的形状和位置就固定了，正态分布就确定了，这种正态分布曲线以 $N(\mu, \sigma^2)$ 表示，$x-\mu$ 表示随机误差。若以 $x-\mu$ 作横坐标，则曲线最高点对应的横坐标为零，这时曲线成为随机误差的正态分布曲线。

由式 (2-26) 及图 2-3 可知：① $x = \mu$ 时，y 值最大，为分布曲线的最高点，说明误差为零的测

量值出现的概率最大,即大多数测量值集中在算术平均值附近;②曲线以通过$x=\mu$这一点的垂直线为对称轴,表明绝对值相等的正、负误差出现的概率相等;③当x趋向于$-\infty$或$+\infty$时,曲线以x轴为渐近线,说明小误差出现概率大,大误差出现概率小。

无论σ为何值,分布曲线和横坐标之间所夹的总面积是各种大小偏差的样本值出现概率的总和,是概率密度$f(x)$在$-\infty<x<+\infty$区间的定积分值,其值为1,即概率为

$$P(-\infty \leqslant x \leqslant +\infty) = \frac{1}{\sigma\sqrt{2\pi}} \int_{-\infty}^{+\infty} e^{\frac{(x-\mu)^2}{2\sigma^2}} dx = 1 \tag{2-27}$$

3)标准正态分布

由于式(2-27)的积分计算同μ和σ有关,计算烦琐,数学上经过一个变量转换。令

$$u = \frac{x-\mu}{\sigma} \tag{2-28}$$

代入式(2-27)得到

$$y = f(x) = \frac{1}{\sigma\sqrt{2\pi}} e^{\frac{u^2}{2}}$$

由式(2-28),$du = \dfrac{dx}{\sigma}$,$dx = \sigma du$,则有

$$f(x)dx = \frac{1}{\sqrt{2\pi}} e^{\frac{u^2}{2}} du = \phi(u) du$$

这时概率密度函数可简化为

$$y = \phi(u) = \frac{1}{\sqrt{2\pi}} e^{\frac{u^2}{2}} \tag{2-29}$$

曲线横坐标是以σ为单位的$x-\mu$值,即变为u,纵坐标为概率密度,用u和概率密度表示的正态分布曲线称为标准正态分布曲线(图 2-4),用符号$N(0,1)$表示。曲线形状与σ值无关,无论原来正态分布曲线是陡峭的还是平坦的,都得到相同的标准正态分布曲线。

4)随机误差的区间概率

标准正态分布曲线与横坐标由$-\infty$到$+\infty$之间所夹面积即为正态分布密度函数在区间$-\infty<u<+\infty$的

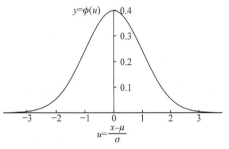

图 2-4　标准正态分布曲线

积分值,代表了所有数据出现概率的总和,其值应为1,即概率P为

$$P = \int_{-\infty}^{+\infty} \phi(u) du = \int_{-\infty}^{+\infty} \frac{1}{\sqrt{2\pi}} e^{\frac{u^2}{2}} du \tag{2-30}$$

用不同u值对应的积分值(面积)做成表,称为正态分布概率积分表(简称u表)。由u值可查表得面积,即某一区间测量值或某一范围随机误差出现的概率。因积分上下限不同,有多种形式的表,一般用阴影部分指示面积,查表时要认真核对。本书采用的正态分布概率积分表如表 2-5 所示。

表 2-5 正态分布概率积分表

$|u|$	面积	$|u|$	面积	$|u|$	面积
0.0	0.0000	1.0	0.3413	2.0	0.4773
0.1	0.0398	1.1	0.3643	2.1	0.4821
0.2	0.0793	1.2	0.3849	2.2	0.4861
0.3	0.1179	1.3	0.4032	2.3	0.4893
0.4	0.1554	1.4	0.4192	2.4	0.4918
0.5	0.1915	1.5	0.4332	2.5	0.4938
0.6	0.2258	1.6	0.4452	2.6	0.1953
0.7	0.2580	1.7	0.4554	2.7	0.4965
0.8	0.2881	1.8	0.4641	2.8	0.4974
0.9	0.3159	1.9	0.4713	2.9	0.4987

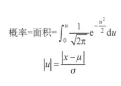

$$概率=面积=\int_0^u \frac{1}{\sqrt{2\pi}} e^{-\frac{u^2}{2}} du$$

$$|u|=\frac{|x-\mu|}{\sigma}$$

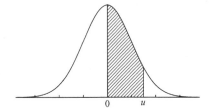

随机误差出现的区间 （以 σ 为单位）	测量值出现的区间	概率
$\sigma=\pm1.0$	$x=\mu\pm1\sigma$	68.3%
$\sigma=\pm1.96$	$x=\mu\pm1.96\sigma$	95.0%
$\sigma=\pm2.0$	$x=\mu\pm2\sigma$	95.5%
$\sigma=\pm2.58$	$x=\mu\pm2.58\sigma$	99.0%
$\sigma=\pm3.0$	$x=\mu\pm3\sigma$	99.7%

一组测量值中，随机误差超过 $\pm1\sigma$ 的测量值出现的概率为 31.7%，超过 $\pm3\sigma$ 的测量值出现的概率很小，仅为 0.3%，说明多次重复测量中，出现特别大误差的概率很小。实际工作中，如果多次重复测量中个别数据误差的绝对值大于 3σ，则这个极端值可以舍去。

例 2-7 计算 $1<u<2$ 区间的概率。

解 $P=\int_1^2 \frac{1}{\sqrt{2\pi}} e^{-\frac{u^2}{2}} du=\int_0^2 \frac{1}{\sqrt{2\pi}} e^{-\frac{u^2}{2}} du-\int_0^1 \frac{1}{\sqrt{2\pi}} e^{-\frac{u^2}{2}} du=0.4773-0.3413=0.1360$

若随机误差在 $u\pm1$ 区间，同理可以计算出测量值 x 在 $\mu\pm1\sigma$ 区间的概率是 $2\times0.3413=68.26\%$，也可求出测量值出现在其他区间的概率。

例 2-8 已知某试样中 Cu 质量分数的标准值为 1.48%，$\sigma = 0.10\%$，已知测量时没有系统误差，计算分析结果落在 $(1.48\pm0.10)\%$ 范围内的概率。

解 $|u|=\frac{|x-\mu|}{\sigma}=\frac{|x-1.48\%|}{0.10\%}=\frac{0.10\%}{0.10\%}=1.0$

查表 2-5，求得概率为 $2\times0.3413=0.6826=68.26\%$。

例 2-9 求例 2-8 中计算分析结果大于 1.70% 的概率。

解　本例只讨论分析结果大于 1.70% 的分布情况，属于单边问题

$$|u| = \frac{|x - \mu|}{\sigma} = \frac{|1.70\% - 1.48\%|}{0.10\%} = \frac{0.22\%}{0.10\%} = 2.2$$

查表 2-5，求得此时阴影部分的概率为 0.4861。整个正态分布曲线右侧的概率为 0.5000，故阴影部分以外的概率为 0.5000−0.4861=0.0139=1.39%，即分析结果大于 1.70% 的概率为 1.39%。

2. 总体平均值的估计

处理分析测定所得到的结果，希望能获知精密度、准确度、可信度等。好的方法是对总体平均值进行估计，在一定的置信度下给出一个包含总体平均值的范围，用数理统计的方法来获知。

1）平均值的标准偏差

处理分析数据时常用到平均值的标准偏差。从总体中分别抽出 m 个样本（通常进行分析只是从总体中抽出一个样本进行若干次平行测量），每个样本各进行 n 次平行测量。就有 m 个平均值 $\bar{x}_1$、$\bar{x}_2$、$\cdots$、$\bar{x}_m$，由它们计算得到的平均值的标准偏差 $s_{\bar{x}}$ 一定比单个样本内作 n 次测量所得的标准偏差 s 小，即 m 个样本的平均值之间的接近程度一定比单次测量的要好些，精密度高些。

数理统计学可以证明：用 m 个样本，每个样本作 n 次测量的平均值的标准偏差 $s_{\bar{x}}$ 与单次测量结果的标准偏差 s 的关系为

$$s_{\bar{x}} = \frac{s}{\sqrt{n}} \qquad (2\text{-}31)$$

对于无限次测量，有

$$\sigma_{\bar{x}} = \frac{\sigma}{\sqrt{n}} \qquad (2\text{-}32)$$

平均值的标准偏差（standard deviation of mean）与测量次数的平方根成反比，测量次数增加，平均值的标准偏差减小，说明平均值的精密度会随着测量次数的增加而提高（图 2-5）。

由图 2-5 可见，开始时随着测量次数 n 的增加，$s_{\bar{x}}$ 的相对值迅速减小；当 $n>5$ 时，$s_{\bar{x}}$ 的相对值减小的趋势就较慢了；$n>10$ 时，$s_{\bar{x}}$ 的相对值改变已很小了。分析化学实际工作中，一般平行测量 3～4 次即可，要求较高时，可测量 5～9 次。

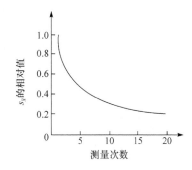

图 2-5　平均值的标准偏差与测量次数的关系

由式（2-31）可以得出平均值的平均偏差 δ（或 $\delta_{\bar{x}}$）与单次测量的平均偏差 $\bar{d}$（或 $\bar{d}_x$）之间同样也有下列关系存在（平均值的平均偏差很少用）：

$$\delta_{\bar{x}} = \frac{\delta}{\sqrt{n}} \qquad (2\text{-}33)$$

$$\bar{d}_x = \frac{\bar{d}}{\sqrt{n}} \qquad (2\text{-}34)$$

2）少量实验数据的统计处理

正态分布是建立在无限次测量基础上的。实际分析工作中，测量次数都是有限的，通常只

是少量几次。有限测量数据的随机误差分布不可能与正态分布规律完全相同。

a. t 分布曲线

英国统计学家和化学家戈塞特(Gosset)对标准正态分布进行了修正,以 Student 为笔名,提出了有限测量数据的误差分布规律——t 分布规律,引入了参数 t,称为置信因子。其定义式为

$$\pm t = \frac{\overline{x} - \mu}{s_{\overline{x}}} = (\overline{x} - \mu)\frac{\sqrt{n}}{s} \tag{2-35}$$

t 分布可说明当 n 不大时 ($n<20$) 随机误差分布的规律性。t 分布曲线的纵坐标仍为概率密度,横坐标则为统计量 t。图 2-6 为 t 分布曲线。

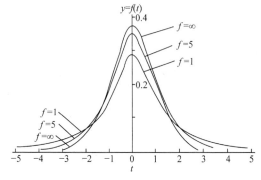

图 2-6　t 分布曲线(f=1, 5, ∞)

t 分布曲线与正态分布曲线相似,只是 t 分布曲线形状与自由度(degree of freedom)f(f=n-1)有关。f<10 时,与正态分布曲线差别较大;f>20 时,与正态分布曲线很近似;f→∞时,t 分布曲线与正态分布曲线完全重合。

t 分布曲线与正态分布曲线不同的是,对于正态分布曲线,u 值一定,相应概率一定;对于 t 分布曲线,t 值一定,f 值不同,相应曲线所包括的面积也不同,表 2-6 列出了常用的部分 t 值。表中置信度用 P 表示,表示在某一 t 值时,测量值落在($\mu \pm ts$)范围内的概率。测量值落在此范围之外的概率为($1-P$),称为显著性水准,用 α 表示。由于 t 值与置信度及自由度有关,一般表示为 $t_{\alpha, f}$。例如,$t_{0.05, 5}$ 表示置信度为 95%,自由度为 5 时的 t 值。f 小时,t 值较大。理论上,只有当 f=∞时,各置信度对应的 t 值才与相应的 u 值一致。

表 2-6　$t_{\alpha, f}$ 值表(双边)

f	置信度,显著性水平			
	P=0.90	P=0.95	P=0.99	P=0.999
	α=0.10	α=0.05	α=0.01	α=0.001
1	6.31	12.71	63.66	637
2	2.92	4.30	9.92	31.6
3	2.35	3.18	5.84	12.9
4	2.13	2.78	4.60	8.60
5	2.02	2.57	4.03	6.86
6	1.94	2.45	3.71	5.96
7	1.90	2.36	3.50	5.40
8	1.86	2.31	3.36	5.04
9	1.83	2.26	3.25	4.78
10	1.81	2.23	3.17	4.59
11	1.80	2.20	3.11	4.44
12	1.78	2.18	3.06	4.32

f	置信度，显著性水平			
	$P=0.90$	$P=0.95$	$P=0.99$	$P=0.999$
	$\alpha=0.10$	$\alpha=0.05$	$\alpha=0.01$	$\alpha=0.001$
13	1.77	2.16	3.01	4.22
14	1.76	2.14	2.98	4.14
20	1.72	2.09	2.84	3.85
∞	1.64	1.96	2.58	3.29

b. 平均值的置信区间

已知 σ 时，用单次测量结果 (x) 来估计总体平均值 μ 的范围，由式 (2-28)，考虑 u 的符号时，推出以下数学表达式：

$$\mu = x \pm u\sigma \tag{2-36}$$

不同置信度的 u 值可查表得到。

若以样本平均值来估计总体平均值可能存在的区间，可用式 (2-37) 表示：

$$\mu = \bar{x} \pm \frac{u\sigma}{\sqrt{n}} \tag{2-37}$$

对于少量测量数据，必须根据 t 分布进行统计处理，按 t 的定义式可得出

$$\mu = \bar{x} \pm ts_{\bar{x}} = \bar{x} \pm t\frac{s}{\sqrt{n}} \tag{2-38}$$

表示在某一置信度下，以平均值为中心，包括总体平均值 μ 在内的可靠性范围称为平均值的置信区间。例如，$\mu=26.86\%\pm0.12\%$（置信度为 95%），应当理解为在 $26.86\%\pm0.12\%$ 的区间内包括总体平均值 μ 的概率为 95%。μ 是个客观存在的恒定值，没有随机性。

例 2-10　测定某合金试样中一成分的含量，6 次测定结果分别为 49.69%、50.90%、48.49%、51.75%、51.47%、48.80%，计算置信度为 90%、95% 和 99% 时，总体平均值 μ 的置信区间。

解　$\bar{x} = \frac{1}{n}\sum_{i=1}^{n} x_i = 50.18\%$，$s = \sqrt{\dfrac{\sum_{i=1}^{n}(x-\bar{x})^2}{n-1}} = 1.39\%$

置信度为 90% 时，$t_{0.10,5} = 2.02$，$\mu = \bar{x} \pm t_{\alpha,f}\dfrac{s}{\sqrt{n}} = \left(50.18 \pm 2.02 \times \dfrac{1.39}{\sqrt{6}}\right)\% = (50.18 \pm 1.15)\%$

置信度为 95% 时，$t_{0.05,5} = 2.57$，$\mu = \bar{x} \pm t_{\alpha,f}\dfrac{s}{\sqrt{n}} = \left(50.18 \pm 2.57 \times \dfrac{1.39}{\sqrt{6}}\right)\% = (50.18 \pm 1.46)\%$

置信度为 99% 时，$t_{0.01,5} = 4.03$，$\mu = \bar{x} \pm t_{\alpha,f}\dfrac{s}{\sqrt{n}} = \left(50.18 \pm 4.03 \times \dfrac{1.39}{\sqrt{6}}\right)\% = (50.18 \pm 2.29)\%$

实际工作中，置信度不能定得过高或过低。若置信度过高会使置信区间过宽，这种判断就失去意义了；置信度定得太低，判断可靠性就不能保证。一般将置信度定为 95% 或 90%。

2.1.4　显著性检验

分析测试中有误差存在，数据之间存在差异，分析结果之间存在"显著性差异"就认为它

们之间有明显的系统误差；否则就认为没有系统误差，纯属随机误差引起的，认为是正常的。例如，对标准试样或纯物质进行测定时，将所得到平均值与标准值比较；不同分析人员、不同实验室和采用不同分析方法对同一试样进行分析时，两组分析结果的平均值之间的比较；生产工艺改造后的产品分析指标与原用指标的比较等，在分析化学中常用统计检验的显著性检验方法来处理这类问题，即 t 检验法和 F 检验法。

1. t 检验法

1) 平均值与标准值的比较

检验一种新方法是否可靠，可用此法对标准试样或基准物质进行分析，将测定结果的平均值与公认真值 μ 比较，由式 (2-35) 计算所得 t 与所确定置信度（通常取 95%）相对应的表 2-6 中 $t_{\alpha,f}$ 值比较，是否存在显著性差异。若 $t > t_{\alpha,f}$，则认为 x 与 μ 之间存在显著性差异，说明该分析方法存在系统误差；反之，可认为 x 与 μ 之间的差异是由随机误差引起的正常差异。

例 2-11　采用一种新方法测定标准试样中硫含量，4 次测定结果为 0.112%、0.118%、0.115%、0.119%，已知 μ =0.123%。试评价采用新方法后，是否引起系统误差（置信度 95%）。

解　n=4，f=n–1=4–1=3

$$\bar{x} = \frac{0.112 + 0.118 + 0.115 + 0.119}{4}\% = 0.116\%$$

$$s = \sqrt{\frac{(0.004)^2 + (0.002)^2 + (0.001)^2 + (0.003)^2}{4-1}}\% = 0.0032\%$$

$$t = \frac{|\bar{x} - \mu|}{s}\sqrt{n} = \frac{|0.116\% - 0.123\%|}{0.0032\%} \times \sqrt{4} = 4.38$$

查表 2-6，P =0.95，f=3 时，$t_{0.05,3}$=3.18。$t > t_{0.05,3}$，故 x 与 μ 之间存在显著性差异，即采用新方法后，引起明显的系统误差，据此推断该新方法不可靠。

2) 两组平均值的比较

对不同分析人员、不同实验室或同一分析人员采用不同方法分析同一试样，比较所得到这两组数据的平均值，判断是否存在显著性差异，也可采用 t 检验法。

设两组分析数据为 n_1、s_1、…、$\bar{x}_1$ 和 n_2、s_2、…、$\bar{x}_2$，这种情况下两个平均值都是实验值，需要先用 F 检验法检验两组精密度 s_1 和 s_2 之间有无显著性差异。如证明无显著性差异，则可认为 $s_1 \approx s_2$，再用 t 检验法检验两组平均值有无显著性差异。

用 t 检验法检验两组平均值有无显著性差异时，首先要计算合并标准偏差

$$s = \sqrt{\frac{\sum(x_{1i} - \bar{x}_1)^2 + \sum(x_{2i} - \bar{x}_2)^2}{(n_1 - 1) + (n_2 - 1)}}$$

或

$$s = \sqrt{\frac{s_1^2(n_1 - 1) + s_2^2(n_2 - 1)}{(n_1 - 1) + (n_2 - 1)}}$$

然后计算 t 值

$$t = \frac{|x_1 - x_2|}{s}\sqrt{\frac{n_1 n_2}{n_1 + n_2}} \tag{2-39}$$

在置信度一定时，查出表 2-6 中对应 $t_{\alpha,f}$ 值（总自由度 f=n_1+n_2–2），若 $t < t_{\alpha,f}$，说明两组数

据的平均值不存在显著性差异，可以认为两个平均值属于同一总体，即$\mu_1=\mu_2$；若$t>t_{\alpha,f}$，则存在显著性差异，说明两个平均值不属于同一总体，两组平均值之间存在系统误差。

2. F检验法

F检验法是通过比较两组数据的方差s^2，以检验两组数据的精密度是否有显著性差异的方法。统计量F的定义为两组数据方差的比值，大的方差为分子，小的方差为分母，即

$$F=\frac{s_{大}^2}{s_{小}^2} \tag{2-40}$$

计算所得F值与表 2-7 所列F值进行比较。在一定的置信度及自由度时，若F值大于所列表值，则认为这两组数据的精密度之间存在显著性差异（置信度 95%），否则不存在显著性差异。表中列出的F值是单边值，引用时应加以注意。若用于单边检验，置信度若为 95%（显著性水平为 0.05），进行双边检验时，显著性水平为单侧检验时的两倍，即 0.10。因此，此时的置信度$P=1-0.10=0.90$，即 90%。

表 2-7　置信度 95%时的F值（单边）

$f_大$ / $f_小$	2	3	4	5	6	7	8	9	10	∞
2	19.00	19.16	19.25	19.30	19.33	19.36	19.37	19.38	19.39	19.5
3	9.55	9.28	9.12	9.01	8.94	8.88	8.84	8.81	8.78	8.53
4	6.94	6.59	6.39	6.26	6.16	6.09	6.04	6.00	5.96	5.63
5	5.79	5.41	5.19	5.05	4.95	4.88	4.82	4.78	4.74	4.36
6	5.14	4.76	4.53	4.39	4.28	4.21	4.15	4.10	4.06	3.67
7	4.74	4.35	4.12	3.97	3.87	3.79	3.73	3.68	3.63	3.23
8	4.46	4.07	3.84	3.69	3.58	3.50	3.44	3.39	3.34	2.93
9	4.26	3.86	3.63	3.48	3.37	3.29	3.23	3.18	3.13	2.71
10	4.10	3.71	3.48	3.33	3.22	3.14	3.07	3.02	2.97	2.54
∞	3.00	2.60	2.37	2.21	2.10	2.01	1.94	1.88	1.83	1.00

注：$f_大$是大方差数据的自由度，$f_小$是小方差数据的自由度。

例 2-12　用两种不同方法测定某试样中硅的质量分数，所得结果如下。方法 1：$\bar{x}_1=71.26\%$，$s_1=0.13\%$，$n_1=6$。方法 2：$\bar{x}_2=71.38\%$，$s_2=0.11\%$，$n_2=9$。两种方法之间是否有显著性差异（置信度 95%）？

解
$$F=\frac{s_{大}^2}{s_{小}^2}=\frac{0.13^2}{0.11^2}=1.40$$

查表 2-7，$f_大=6-1=5$，$f_小=9-1=8$，$F_表=3.69$。$F<F_表$，说明两种数据的精密度没有显著性差异。

再用t检验法计算，得合并标准偏差为

$$s=\sqrt{\frac{(6-1)\times0.13^2+(9-1)\times0.11^2}{(9-1)+(6-1)}}\%=0.12\%$$

$$t=\frac{|\bar{x}_1-\bar{x}_2|}{s}\sqrt{\frac{n_1n_2}{n_1+n_2}}=\frac{|71.26-71.38|}{0.12}\times\sqrt{\frac{6\times9}{6+9}}=1.90$$

查表 2-6，当$P=0.95$，$f=n_1+n_2-2=13$时，$t_{0.05,13}=2.16$，$t<t_{0.05,13}$，故两种方法间不存在显著性差异。

例 2-13　鉴定一个有机化合物可测定其在色谱柱上的保留时间，如与标准物质的保留时间相等，则可以假

定两个物质相同，再以其他方法确证之，否则可否定两物质等同。设某未知物通过柱 3 次，测得保留时间 t_{R1}(s) 分别为 10.20、10.35、10.25；标准物正辛烷通过柱 8 次，测得保留时间 t_{Rs}(s) 分别为 10.24、10.28、10.31、10.32、10.34、10.36、10.37、10.36。这一未知物是否可能是正辛烷(s_1 与 s_2 之间无显著性差异)？

解　$\mu_1 = \mu_2$，$\bar{x}_1 = 10.27$，$\bar{x}_2 = 10.32$，$s_1 = 0.076$，$s_2 = 0.045$

$$s^2 = \sqrt{\frac{s_1^2(n_1-1) + s_2^2(n_2-1)}{(n_1-1)+(n_2-1)}} = \sqrt{\frac{2\times 0.076^2 + 7\times 0.045^2}{2+7}} = 0.053$$

$$t = \frac{|\bar{x}_1 - \bar{x}_2|}{s}\sqrt{\frac{n_1 n_2}{n_1 + n_2}} = \frac{|10.27 - 10.32|}{0.053} \times \sqrt{\frac{3\times 8}{3+8}} = 1.39$$

查表 2-6，当 $P=0.95$，$f=n_1+n_2-2=9$ 时，$t_{0.05,9}=2.26$，$t<t_{0.05,9}$，与假设相同，未知物可能是正辛烷。

例 2-14　在吸光光度分析中，用一台旧仪器测定溶液的吸光度 6 次，得标准偏差 $s_1=0.055$；再用一台性能稍好的新仪器测定 4 次，得标准偏差 $s_2=0.022$。新仪器的精密度是否显著地优于旧仪器的精密度？

解　在本例中，已知新仪器的性能较好，它的精密度不会比旧仪器的差，因此这属于单边检验问题。

$$F = \frac{s_{大}^2}{s_{小}^2} = \frac{0.055^2}{0.022^2} = \frac{0.0030}{0.00048} = 6.25$$

查表 2-7，$f_{大}=6-1=5$，$f_{小}=4-1=3$，$F_{表}=9.01$，$F<F_{表}$，故有 95% 的把握认为两种仪器的精密度之间不存在统计学上的显著性差异，即不能得出新仪器显著地优于旧仪器的结论。

例 2-15　采用两种不同的方法分析某种试样。用第一种方法分析 11 次，得标准偏差 $s_1=0.21\%$；用第二种方法分析 9 次，得标准偏差 $s_2=0.60\%$。试判断两种分析方法的精密度之间是否存在显著性差异。

解　在本例中，无论是第一种方法的精密度显著地优于或劣于第二种方法的精密度，都认为它们之间有显著性差异，因此这属于双边检验问题。

$$F = \frac{s_{大}^2}{s_{小}^2} = \frac{0.60^2}{0.21^2} = \frac{0.36}{0.044} = 8.2$$

查表 2-7，$f_{大}=9-1=8$，$f_{小}=11-1=10$，$F_{表}=3.07$，$F>F_{表}$，故有 90% 的把握认为两种方法的精密度之间存在显著性差异。

2.1.5　可疑值取舍

一组平行测量值中，有时会出现个别偏离较大的可疑值(也称离群值或极端值)出现。如果确定是过失造成的，可以弃去不要，否则不能随意舍弃或保留。可疑数据的舍弃实质上是区分随机误差和过失的问题，应该用统计检验的方法。统计学中对可疑值取舍有几种方法，下面介绍处理方法较简单的 $4\bar{d}$ 法、Q 检验法及处理效果较好的格鲁布斯(Grubbs)法。

1. $4\bar{d}$ 法

根据正态分布规律，偏差超过 3σ 的测量值概率小于 0.3%，故这一测量值通常可以舍去。而 $\delta=0.80\sigma$，$3\sigma\approx 4\delta$，即偏差超过 4δ 的个别测量值可以舍去。

对于少量实验数据，可以用 s 代替 σ，用 $\bar{d}$ 代替 δ，故可粗略地认为，偏差大于 $4\bar{d}$ 的个别测量值可以舍去。采用 $4\bar{d}$ 法判断可疑值取舍虽然存在较大误差，但该法简单，不必查表，至今仍采用。$4\bar{d}$ 法与其他检验法判断结果发生矛盾时，以其他法为准。

采用 $4\bar{d}$ 法判断可疑值取舍时，应先求出除可疑值外数据的平均值 $\bar{x}$ 和平均偏差 $\bar{d}$，若可疑值与平均值的绝对差值大于 $4\bar{d}$，则将可疑值舍去，否则保留。

2. 格鲁布斯法

首先将一组数据按由小到大的顺序排列为 x_1、x_2、$\cdots$、x_n，并求出平均值 $\bar{x}$ 和标准偏差 s，根据统计量 T 进行判断。若 x_1 为可疑值

$$T = \frac{\bar{x} - x_1}{s} \tag{2-41}$$

若 x_n 为可疑值

$$T = \frac{x_n - \bar{x}}{s} \tag{2-42}$$

再将计算所得 T 值与表 2-8 中查得的 $T_{\alpha, n}$（对应于某一置信度）相比较。若 $T > T_{\alpha, n}$，则应舍去可疑值，否则保留。

表 2-8　$T_{\alpha, n}$ 值表

n	显著性水准 α		
	0.05	0.025	0.01
3	1.15	1.15	1.15
4	1.46	1.48	1.49
5	1.67	1.71	1.75
6	1.82	1.89	1.94
7	1.94	2.02	2.10
8	2.03	2.13	2.22
9	2.11	2.21	2.32
10	2.18	2.29	2.41
11	2.23	2.36	2.48
12	2.29	2.41	2.55
13	2.33	2.46	2.61
14	2.37	2.51	2.63
15	2.41	2.55	2.71
20	2.56	2.71	2.88

　　格鲁布斯法的最大优点是在判断可疑值的过程中引入了正态分布中的两个重要的样本参数——平均值 $\bar{x}$ 和标准偏差 s，因而该方法的准确性较好。

　　例 2-16　某一标准溶液的四次标定值（mol·L^{-1}）分别为 0.1014、0.1012、0.1025、0.1016，其中可疑值 0.1025 mol·L^{-1} 是否可以舍去（置信度 95%）？

　　解　求得 $\bar{x}$ =0.1017 mol·L^{-1}，s=0.00057 mol·L^{-1}

$$T = \frac{x_n - \bar{x}}{s} = \frac{0.1025 - 0.1017}{0.00057} = 1.40$$

　　查表 2-8，$T_{0.05, 4}$=1.46，$T < T_{0.05, 4}$，故数据 0.1025 mol·L^{-1} 应保留。此结论与用 $4\bar{d}$ 法判断所得结论不同。这种情况下，一般取格鲁布斯法的结论，因为这种方法的可靠性较高。

3. Q 检验法

首先将一组数据按由小到大的顺序排列为 x_1、x_2、$\cdots$、x_n，若 x_n 为可疑值，则统计量 Q 为

$$Q = \frac{x_n - x_{n-1}}{x_n - x_1} \tag{2-43}$$

若 x_1 为可疑值，则统计量 Q 为

$$Q = \frac{x_2 - x_1}{x_n - x_1} \tag{2-44}$$

统计学家已计算出不同置信度时的 $Q_{\text{表}}$ 值（表 2-9）。当计算所得 Q 值大于表中的 $Q_{\text{表}}$ 值时，则可疑值应舍去，反之则保留。

表 2-9　Q 值表

测定次数 n		3	4	5	6	7	8	9	10
置信度	90%($Q_{0.90}$)	0.94	0.76	0.64	0.56	0.51	0.47	0.44	0.41
	96%($Q_{0.96}$)	0.98	0.85	0.73	0.64	0.59	0.54	0.51	0.48
	99%($Q_{0.99}$)	0.99	0.93	0.82	0.74	0.68	0.63	0.60	0.57

例 2-17　例 2-16 中的实验数据，用 Q 检验法判断时，0.1025 这个数据是否应保留（置信度 90%）？

解
$$Q = \frac{0.1025 - 0.1016}{0.1025 - 0.1012} = 0.69$$

已知 $n=4$，查表 2-9，$Q_{0.90}=0.76$。$Q < Q_{0.90}$，故数据 0.1025 mol·L^{-1} 应保留。

2.1.6　标准曲线的回归分析法

分析化学（尤其是仪器分析）中，常需要作标准曲线（也称校正曲线或工作曲线）来获得未知溶液的浓度。通常标准曲线都是直线。由于测量仪器本身的精密度及测量条件的微小变化，即使同一浓度的溶液，两次测量结果也不一定完全一致。依据各实验点所建立的直线往往有一定的偏离，而运用回归分析可以获得一条最接近各测量点的直线，对所有测量点来说误差是最小的，这条回归直线是最佳的标准曲线。分析化学中主要讨论一元线性回归。

1. 一元线性回归方程及回归直线

回归直线可用如下方程表示：

$$y = a + bx$$

式中，a 为直线的截距；b 为直线的斜率。设作标准曲线时取 n 个实验点 (x_1, y_1)、(x_2, y_2)、$\cdots$、(x_n, y_n)，则每个实验点与回归直线的误差可用式(2-45)定量描述：

$$Q_i = [y_i - (a + bx_i)]^2 \tag{2-45}$$

回归直线与所有实验点的误差即为

$$Q = \sum_{i=1}^{n} Q_i = \sum_{i=1}^{n} [y_i - (a + bx_i)]^2 \tag{2-46}$$

要使所确定的回归方程(regression equation)和回归直线最接近实验点的真实分布状态，则 Q 必然取极小值。分析校正时，取不同的 x_i 和 y_i 值，用最小二乘法估计 a 与 b 值，使 Q 值达到极小值。用数学上求极值的方法，即 $\frac{\partial Q}{\partial a} = 0$ 和 $\frac{\partial Q}{\partial b} = 0$，可推出 a 和 b 的计算式。

$$a = \frac{\sum\limits_{i=1}^{n} y_i - b\sum\limits_{i=1}^{n} x_i}{n} = \overline{y} - b\overline{x} \tag{2-47}$$

$$b = \frac{\sum\limits_{i=1}^{n}(x_i - \overline{x})(y_i - \overline{y})}{\sum\limits_{i=1}^{n}(x_i - \overline{x})^2} \tag{2-48}$$

式中，$\overline{y}$ 和 $\overline{x}$ 分别为 y 和 x 的平均值，当直线的截距 a 和斜率 b 确定之后，一元线性回归方程及回归直线就确定了。

2. 相关系数

实际工作中，有时两个变量间并不是非常严格的线性关系，这时虽然也可以求得一条回归直线，但这条回归直线是否有意义，需用相关系数(correlation coefficient)r 检验。

相关系数的定义式为

$$r = b\sqrt{\frac{\sum\limits_{i=1}^{n}(x_i - \overline{x})^2}{\sum\limits_{i=1}^{n}(y_i - \overline{y})^2}} = \frac{\sum\limits_{i=1}^{n}(x_i - \overline{x})(y_i - \overline{y})}{\sqrt{\sum\limits_{i=1}^{n}(x_i - \overline{x})^2 \sum\limits_{i=1}^{n}(y_i - \overline{y})^2}} \tag{2-49}$$

相关系数的物理意义如下：①当两个变量之间存在完全线性关系，所有 y_i 值都在回归线上时，$r=1$；②当两个变量 y 与 x 之间完全不存在线性关系，$r=0$；③当 $0<|r|<1$ 时，表示两变量 y 与 x 之间存在相关关系。r 值越接近 1，线性关系越好。以相关系数判断线性关系好或不好时，应考虑测量次数及置信水平。表 2-10 列出了不同置信水平及自由度时的相关系数。若 $r>r_{表}$，则表示两变量间是显著相关的，所求的回归直线有意义；反之，则无意义。

表 2-10　检验相关系数的临界值

$f=n-2$	置信度			
	90%	95%	99%	99.9%
1	0.988	0.997	0.9998	0.999999
2	0.900	0.950	0.990	0.999
3	0.805	0.878	0.959	0.991
4	0.729	0.811	0.917	0.974
5	0.669	0.755	0.875	0.951
6	0.622	0.707	0.834	0.925
7	0.582	0.666	0.798	0.898
8	0.549	0.632	0.765	0.872
9	0.521	0.602	0.735	0.847
10	0.497	0.576	0.708	0.823

例 2-18　用色谱法测定烃类混合物中异辛烷的含量，标准曲线数据如下：

x_i, 异辛烷含量(摩尔分数)/%	0.352	0.803	1.08	1.38	1.75
y_i, 峰面积/cm²	1.09	1.78	2.60	3.03	4.01

试求：(1)标准曲线的回归方程；(2)相关系数并作相关检验(99%置信度)。

解 先按式(2-47)计算回归系数 a、b 值，$n=5$。

(1)
$$\bar{x} = \frac{0.352+0.803+1.08+1.38+1.75}{5} = \frac{5.365}{5} = 1.073$$

$$\bar{y} = \frac{1.09+1.78+2.60+3.03+4.01}{5} = \frac{12.51}{5} = 2.502$$

$$\sum_{i=1}^{5} x_i y_i = 0.383\,68+1.429\,34+2.808\,00+4.181\,40+7.017\,50 = 15.819\,92$$

$$\sum_{i=1}^{5} x_i^2 = 6.902\,01 \qquad \sum_{i=1}^{5} y_i^2 = 36.3775$$

$$b = \frac{n\sum_{i=1}^{5} x_i y_i - \left(\sum_{i=1}^{5} x_i\right)\left(\sum_{i=1}^{5} y_i\right)}{n\sum_{i=1}^{5} x_i^2 - \left(\sum_{i=1}^{5} x_i\right)^2} = \frac{5 \times 15.819\,92 - 5.365 \times 12.51}{5 \times 6.902\,01 - 5.365^2} = 2.0925 \approx 2.09$$

$$a = \frac{\sum_{i=1}^{n} y_i - b\sum_{i=1}^{n} x_i}{n} = \bar{y} - b\bar{x} = 2.502 - 2.0925 \times 1.073 = 0.2567 \approx 0.26$$

该标准曲线的回归方程为

$$y = 0.26 + 2.09x$$

(2) $r = \dfrac{\sum_{i=1}^{5} x_i y_i - n\bar{x}\bar{y}}{\sqrt{\left(\sum_{i=1}^{5} x_i^2 - n\bar{x}^2\right)\left(\sum_{i=1}^{5} y_i^2 - n\bar{y}^2\right)}} = \dfrac{15.819\,92 - 5 \times 1.073 \times 2.502}{\sqrt{(6.902\,01 - 5 \times 1.073^2) \times (36.3775 - 5 \times 2.502^2)}} = 0.9938 \approx 0.994$

查表 2-10，$f=5-2=3$，99%置信度下，$r_{99\%,5}=0.959<r$，表明该标准曲线的回归方程是有意义的。

2.1.7 提高分析结果准确度的方法

分析测定过程中不可避免地存在误差。要减少分析过程中的误差，可从以下几个方面来考虑。

1. 根据具体情况和要求选择分析方法

各种分析方法在准确度和灵敏度两方面是各有侧重、互不相同的。例如，某试样含镍的质量分数为 36.86%：若用重量分析法测定，方法相对误差为±0.2%，则镍的质量分数范围是 36.93%～36.79%；若用比色法测定，方法相对误差为±2%，则镍的质量分数范围是 37.6%～36.1%。显然，化学分析法测定结果相当准确，而仪器分析法的结果不能令人满意。含量为 0.60%的标样则应用分光光度法进行测定，方法的相对误差约为±2%，测得镍的质量分数范围是 0.61%～0.59%，则分析结果的绝对误差为±0.02×0.60%=±0.012%。对于低含量铁的测定，如此大小的误差是允许的，故选择分析方法时要考虑试样中待测组分的相对含量。此外，还要考虑试样组成、共存组分等，选择的方法要尽量使干扰少，以保证一定的准确度。在这样的前提下再考虑步骤少、操作简单和快速。当然，所用试剂易得、价格便宜等也是选择方法时需要考虑的。

1)减少测量误差

为了保证分析测试结果的准确度，必须尽量减少测量误差。例如，分析天平的一次称量误差为±0.0001 g，无论直接称量还是间接称量，都要读两次平衡点，可能引起的最大可能误差为±0.0002 g。为了使称量的相对误差小于±0.1%，试样质量不能太小。从相对误差的计算中可得到

$$相对误差 = \frac{绝对误差}{试样质量} \times 100\%$$

$$试样质量 = \frac{绝对误差}{相对误差} = \frac{0.0002}{0.001} = 0.2(g)$$

可见试样质量必须在 0.2 g 以上。

滴定管一次读数误差为±0.01 mL，在一次滴定中，需要读数两次(包括零点读数)，造成的最大可能绝对误差是±0.02 mL。为使滴定时的相对误差小于 0.1%，消耗滴定剂的体积必须大于 20 mL，最好使体积在 25 mL 左右，以减小相对误差。

应该指出，不同分析方法的准确度要求不同，应根据具体情况控制各测量步骤的误差，使测量的准确度与分析方法的准确度相适应。若用比色法测定镍，该法的相对误差为±2%，则在称取 0.6 g 试样时，试样的称量误差小于±0.6×0.02=±0.012 (g) 即可，为了使称量误差可以忽略不计，最好将称量的准确度提高约一个数量级，即称准至±0.001 g，不必强调准至±0.0001 g。

2) 消除系统误差

系统误差是由某种固定原因造成的。检验和消除测定过程中的系统误差通常采用如下方法：

(1)对照试验：用于校正方法误差。对照试验有以下几种类型：①选择与试样组成相近的标准试样进行对照分析,将所得测定结果与标准值进行比较,用 t 检验法确定是否有系统误差,由于标准试样种类有限,有时也用有可靠结果的试样或自己制备的"人工合成试样"、"管理样"来代替标准试样进行对照试验；②选用国家颁布的标准分析方法或公认的经典分析方法和所选方法同时测定某一试样,用 F 检验和 t 检验法判断是否有系统误差,有时也采取不同分析人员、不同实验室用同一方法对同一试样进行对照试验,这样也能检查试剂药品、环境等的影响；③对试样的组成不完全清楚时,可采用"加入回收法"进行对照试验,即取两份等量的试样,向其中一份加入已知量的被测组分,进行平行试验,看看加入的被测组分是否被定量回收,以判断分析过程是否存在系统误差。对回收率的要求主要根据待测组分的含量而异。对常量组分回收率要求高,一般为 99%以上；对微量组分回收率可要求为 90%～110%。

(2)空白试验：空白试验可消除试剂、去离子水、器皿等带入杂质所造成的系统误差。空白试验就是在不加待测组分的情况下，按照与待测组分相同的分析条件和步骤进行试验，把所得结果作为空白值，从试样的分析结果中扣除空白值后，就得到比较可靠的分析结果。微量分析时空白试验是必不可少的。

(3)校准仪器：校准仪器可以减少或消除由仪器不准确引起的系统误差。在要求精确的分析中，必须对砝码、移液管、滴定管、容量瓶等计量仪器进行校准，并在计算结果时采用校正值。

(4)分析结果的校正：分析过程的系统误差，有时可采用适当的方法进行校正。例如，用电重量法测定纯度为 99.9%以上的铜，要求分析结果非常准确，但可能存在因电解不很完全而引起负的系统误差。为此，可用光度法测定溶液中未被电解的残余铜量，将光度法得到的结果加上电重量分析法的结果，即可得到试样中铜的较准确结果。

2. 减少随机误差

在消除系统误差的前提下，增加平行测定次数可减少随机误差，平行测定次数越多，平均值就越接近真值，准确度得以提高。由图 2-5 可知，测定次数超过 10 次，不仅收效甚微，而且耗费太多。一般化学分析工作中平行测定三四次即可。

2.2　质量保证和质量控制的一般原则

当分析方法应用于实际问题时,分析方法所获得测定结果的质量以及用来完成测量的工具和仪器性能的质量必须不断地评估。为了增强对质量保证需求的认识,明白建立质量管理体系的重要性,知道一些国际质量标准进行相关内容的学习就显得尤为必要。

质量管理系统是组织实施的一套程序和职责,以确保设备和资源能够高效地开展工作。为了使质量管理系统得到正式认可和审计,必须基于国际公认的标准,这对客户和世界各地的其他组织都有意义。一个良好的管理体系应该落实到位,包括质量政策声明、实验室一般组织、角色和职责、质量程序、文件控制和报告结果、审计、审查等。质量保证和质量控制是实验室质量管理体系的组成部分。在讨论测定分析质量时,一般需要了解三个术语:质量保证、质量控制和质量评估。

质量保证:常称为质量保证系统,是一种动态系统,其目的是向产品或服务的生产者或用户提供满足用户需要的保证。质量保证是在影响数据有效性的所有方面采取一系列有效措施,将误差控制在一定的允许范围内,是对整个分析过程的全面质量管理,包括了保证分析数据正确可靠的全部活动和措施。质量保证是质量管理的一部分,是在质量体系内实施的所有计划和系统的活动,并在需要的时候证明,提供足够的信心,分析服务将满足质量的要求。质量保证是支持所有可靠的分析度量的基本组织基础设施,包含了许多不同的活动,包括人员培训、记录保存、特定活动的适当实验室环境、适当的储存设施,以确保样品的完整性、试剂和溶剂、仪器的维护和校准时间表以及技术验证和文件化方法的使用等。

质量控制:也是指整个动态系统,其目的是控制产品或服务的质量,使其满足用户的需要。其目的是提供令人满意、充分和可靠的质量。质量控制是质量管理体系的一部分,重点是满足质量要求,旨在验证测量的质量,如分析空白或已知浓度的样本。质量控制有两种类型:内部质量控制和外部质量评价(也称为外部质量控制)。内部质量控制为实验室管理提供了保障,而外部质量评价则为客户提供了保障。

质量评估:同样指整个动态体系,其目的是确保全面控制工作得到有效执行。包括对生产的产品和生产系统的性能进行持续评估。

在做出重要决定时,分析者要提供科学证据,如果只考虑测量过程和报告结果,分析者的工作是贬值的。当被证明结果的产生是在一个运行质量管理体系的机构中获得的,就有一些增值了。这也是确保质量工作重要的原因,这意味着所有必需的步骤都做到了,确保考虑了一些影响最终结果的因素。

分析全过程的质量保证和质量控制涵盖了分析前、分析中和分析后各类具体内容。分析化学为分析物质组成和性质,评价材料和产品质量;控制生产过程;评价产品和生产过程对环境的影响;指导和改进生产过程等方面提供依据。常用以下五个步骤来解决问题:①提出问题;②设计实验步骤;③进行实验和收集数据;④分析实验数据;⑤提出解决方法。分析过程就是一个从提出问题到解决问题的过程。分析过程很少有现成的例行程序,即使规定的生产过程,小心地跟踪,有用数据的获得也是有限的。分析过程一个重要特征是"反馈回路"的存在,一个步骤的结果也许导致另外两个步骤的重新求值。例如,标准化分光光度分析法分析铁后,也许会发现灵敏度没有满足原始设计的标准,考虑到这个信息应该选择不同的方法去改变原始设计标准或提高灵敏度。

分析过程中，"反馈回路"是由质量保证程序所支持的(图 2-7)。目标是控制系统误差和随机误差的来源，质量保证过程的最优化设想是分析体系在标准控制状态下，以所获得无偏差的结果和具有清晰的置信区间为特征的。应用该分析系统时，需要建立一个实际的质量保证系统程序，纳入统计监控，如果系统值落在统计控制内，允许按程序测定；系统值超出统计控制则建议实施校正作用的过程。

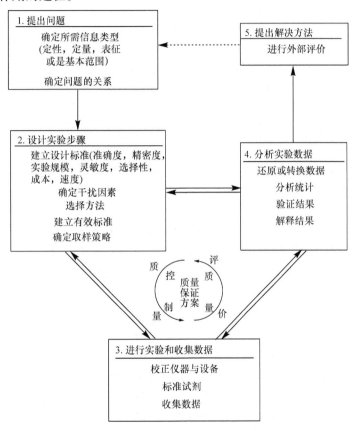

图 2-7　展示质量保证过程原则，解决分析问题原理

2.2.1　质量控制

质量控制指一个程序系统进入统计控制的所有行为。质量控制最重要的是用一整套已成型的指令来规定有关实验室、技术、样品、方法和协议特殊性的操作。

完善的实验室条例(good laboratory practices，GLPs)：制定在一些分析中必须遵从的实验室常规操作、条例等。包括适当的记录资料和档案维护；对提交供分析用的样品用保管链的方式；确定和纯化化学试剂；制备常用试剂；清洁和校准玻璃器皿；培训实验人员和维护试验设备和常规实验仪器。

完善的测定条例(good measurement practices，GMPs)：针对单个技术的操作特殊性，为维修、校准和使用仪器，为特殊技术装备提供使用说明等。例如，一个 GMP 是为滴定描述怎样校准滴定管(如果是必需的)，怎样用滴定剂装满滴定管，怎样用正确的方式读滴定管中滴定剂的体积，怎样用正确的方式配制滴定剂。

当一个特殊分析物在特定范畴被分析时，必须完成的操作由标准操作步骤(standard operations procedure，SOP)所规定。SOP 描述所有分析中采用的步骤，包括样品如何被处理，如何与潜在干扰物分离，选用何种标准方法，如何测定如何将数据转化成预期结果等。质量控制的保持，依赖于质量评价工具。如果实验室担负着取样的任务，那么 SOP 将会制定实验室前处理方法，包括怎样收集样品、如何保持样品自然特性等。具体实验室会根据需要应用或改进 SOP，对具体步骤，有一些权威组织或协会认可的标准 SOP 步骤，如美国材料与试验协会(ASTM)和美国食品药品监督管理局(FDA)等。下面的实例就是典型的 SOP。

例 2-19　提供一个 SOP 用原子吸收标准曲线光度法测定湖沉积物中的镉。

解　湖沉积物样品用挖泥抓斗取样器收集，保存在 4 ℃酸洗的聚乙烯瓶中运输回实验室，样品在 105 ℃干燥恒重，磨碎成均匀粒径，1 g 沉积物中的镉被萃取(沉积物和 25 mL 0.5 mol·L⁻¹ HCl 加入 100 mL 酸洗的聚乙烯瓶中振荡 24 h)，过滤后，样品用原子吸收光谱(AAS)分析(空气-乙炔焰，228.8 nm 波长测定，狭缝宽度 0.5 nm)，用 5 个浓度分别为 0.20 μg·g⁻¹、0.50 μg·g⁻¹、1.00 μg·g⁻¹、2.00 μg·g⁻¹和 3.00 μg·g⁻¹的标准品制作标准曲线，标准曲线的准确度用 1.00 μg·g⁻¹标样周期性地分析核对，准确度在可接受的±10%内。

虽然 SOP 有规定的书面标准步骤，但只要认为修正步骤是对的，还可以修改。另外，一些特殊目的协议(protocol for a specific purpose，PSP)，公认的包括质量控制指令大部分的书面条款是正确的，分析结果就一定要遵从。很多情况下，PSP 必须要确定分析的代理保证人，如实验室工作是在与环境保护部门签订合同的条件下开展 PSP：包括确定取样和试样保管条款、校准频(数)率、预留设备维修和使用仪器费用和质量保证程序的管理等。

质量控制过程首先是对样品的实际检验。个体担负的收集和分析样品以及测定结果都要仔细检查。例如，沉积物样品在收集期间也许被过筛；样品包含"外物"，一些金属未进行分析就被丢弃；另外的样取代了被丢弃的样；当一个突然的变化在仪器性能上被观察到，分析者应选择重复测定，排除这个影响；当结果明显不合理时，分析者应决定废除结果和重新分析样品；识别样品、测定和接受过失误差结果等，都需要通过检验来控制分析质量。

其次，质量控制过程需要证明分析者履行分析职责的能力。允许分析者执行新的分析方法前，必须能成功地分析一个独立的对照样品，获得可接受的准确度和精密度。对照样品应与分析者例行公事遇到的样品组成相似，浓度是方法检出限的 5～50 倍。

2.2.2　质量评价

质量控制过程的书面指令是必要的，虽然质量控制指令解释了一个分析如何执行，但并不能给出体系是否在满意的控制条件下。这是质量保证过程第二个要素——质量评价的任务。

质量评价的目的是当体系达到满意控制状态时才测定；发现体系超出满意控制状态时，对低于满意控制状态给出解释，并给出校正措施的建议。质量评价方法被划分为：调整实验室内各步骤的内部方法和可靠的外部代理机构及个体的外部方法。这些方法的结合构成质量保证。

1. 质量评价的内部方法

质量评价大多数有用的方法是由实验室整理后提供给分析者，用来及时反馈关于体系的满意控制状态。质量评价的内部方法包括：副样的分析，空白分析，标准分析，加标回收。

(1)存验样品(副样)的分析：测定分析精密度的有效方法是分析副样，大多数情况下，副样是从单一总样中来(也称分离样)，副样中有两个结果 x_1、x_2，求两样品间的偏差、相对偏差或标准偏差，对比获得值的结果，选一种合适的表达方式。水和废水的分析结果如表 2-11 所示，n 个副样分析结果被合并成分析的估计标准偏差。

表 2-11　水和废水分析质量评价限的选择

分析物	加标回收率范围/%	分析物相对偏差<±20MDL*/%	分析物相对偏差>±20MDL/%
酸	60~140	40	20
阴离子	80~120	25	10
碱或中性	70~130	40	20
氨基甲酸盐杀虫剂	50~150	40	20
除草剂	40~160	40	20
金属	80~120	25	10
另外无机物	80~120	25	10
挥发性有机物	70~130	40	20

*方法的检出限：$s = \sqrt{\dfrac{\sum d_r^2}{2n}}$。

(2)空白分析：空白分析作为校正测定信号的方法，对来源不同的分析物进行修正。①试剂空白是指在常规分析样品中的蒸馏水，分析用到的试剂、玻璃器皿和装置等；②方法空白是指识别和修正由于杂质在试剂、玻璃器皿或装置中污染等带来的系统误差，收集一定范围内样品，方法空白就会在现场空白和运输空白上增强；③现场空白是指任一分析样品从实验室被带往取样点，取样点空白被传递到干净样品容器，暴露在地方环境，保存，运输回实验室分析；④运输空白是指任一分析样品从实验室被带往取样点，又带回实验室，不打开。运输空白用来确定和校正在运输、处理、存储和分析中交叉污染带来的系统误差。

(3)标准分析：标准分析指分析物浓度属于系统统计控制状态的监测范围内。理论上，有一个标准文献资料(standard reference material，SRM)提供。多种适当的 SRM 可从国家标准和权威部门、技术协会(NIST)得到。如果无合适的 SRM，能得到已知纯度的试剂，会用单独制备的合成样品(标准合成样)或标准物质测定。但要有标准化方法校准和周期性分析复核这些"标准物质"。如果体系在统计控制下，分析物标准化实验中被测定的浓度应在预定值内。

(4)加标回收：加标回收是最重要的质量评价工具之一，是在现场空白或样品分析物中，测定一个已知加入量样品的回收率，即测定加标回收率。空白和样品均按照平行加标分成两部分，其中一部分加入已知量标准溶液，分别测定这两部分中分析物的浓度，加标部分 F 和未加标部分 I，回收率 R，A 为分析物加标部分的浓度。计算如下：

$$R = \frac{F - I}{A} \times 100\% \tag{2-50}$$

例 2-20　测定氯离子在井水中的加标回收。加入 5 mL 25 000 μg·g⁻¹ 的 Cl⁻ 于 500 mL 容量瓶中，用样品稀释至刻度，样品分析和加标样品分析的氯离子浓度分别为 183 μg·g⁻¹ 和 409 μg·g⁻¹，测定加标回收率。

解　考虑稀释加标浓度为

$$A = 25\,000 \ \mu g \cdot g^{-1} \times \frac{5.00 \, \text{mL}}{500.0 \, \text{mL}} = 250 \ \mu g \cdot g^{-1}$$

因而回收率为

$$R = \frac{409 - 183}{250} \times 100\% = 90.4\%$$

　　加标回收在方法空白和现场空白方面常用来评价分析过程的一般性能,分析物加入空白的浓度一般是方法检出限的 5～50 倍。采样和运输中产生的系统误差产生不能接受的回收率是对现场空白而言的,不是对方法空白。实验室产生的系统误差将会影响现场空白和方法空白。样品的加标回收,习惯上用来测定由于样品收集后样品基质或样品不稳定带来的系统误差。理想的情况是在现场采样的浓度是分析物期望浓度的 1～10 倍或方法检出限的 5～50 倍,都是较大的限定值。

　　若现场加标的回收率不理想,实验室加标后应立即分析。若实验室加标回收率是理想的,则现场不良回收率有可能是样品储存时变化所造成的。当实验室加标回收率不理想,很大可能性是样品基底与分析信号或分析物浓度有相关性的影响因素导致的。在这种情况下,试样将用标准加入法分析,水和废水理想回收率范围如表 2-11 所示。

　　2. 质量评价的外部方法

　　质量评价的内部方法常因执行和解释中潜在的偏差而受到质疑,因此质量评价的外部方法在质量保证程序中也起着重要的作用。质量评价的外部方法是由实验室主要研究规划部门来认证的,认证是对一整套由主要研究规划部门准备好的成熟标准进行成功分析。例如,实验室涉及环境分析时,就一定要对由环境保护机构准备的标准样品进行分析。质量评价的外部方法另一个例子是由主管部门指定分析专业机构组织发起的协作实验中实施后,个体与实验室签订合同。对任一存验样品和标准样品的实验室分析,都能够执行外部质量评价。对质量评价不理想的样品,会有充足的理由怀疑实验室提供的其他样品结果。

　　1) 评测质量保证数据

　　合并实验测得数字信息,进入质量保证程序的书面指令中,通常是由两个质量保证程序步骤来完成:一个是说明性步骤,用来规定质量评价正确方法;另一个是以执行为基础的步骤,这是用在理想的质量评价中,并提供一个有满意控制水平的步骤。

　　a. 说明性步骤

　　质量评价的说明性步骤中,副样、空白、标准和加标回收测定按照一个特殊的协议执行,每一个分析结果与单一的预测值相比较,超出限定值范围就要适当的校正。说明性步骤是通过实验室程序执行各项已有法规来实现质量保证。例如,FDA 特殊质量保证实践一定要遵从 FDA 的实验室分析产品规则。

　　说明性步骤好的实验对质量评价而言如图 2-8 所示,环境保护机构为实验室监测水和污水研究出版的协议大纲,在采样地同时收集独立样 A 和 B,样 A 分成两个等体积样本,标记为 A_1 和 A_2,样 B 也分成两个等体积样本,其中一个为 B_{SF},加入已知的分析物量,一个现场空白 D_F 也加入同样的分析物量,保存五个样(A_1, A_2, B, B_{SF}, D_F)是必需的,然后运输到实验室分析。

　　第一个分析的样品是现场空白。若加标回收不理想,说明系统误差是存在的,然后是实验室方法空白 D_L,如果方法空白的加标回收也是不满意的,那么引起系统误差是在实验室,方法空白有理想的加标回收率,说明系统误差的原因在现场或在运输到实验室的途中。可以修正实验室的系统误差,继续分析,若系统误差出现在现场,因为样品量的消耗是不确定的,必须收集新的样品。

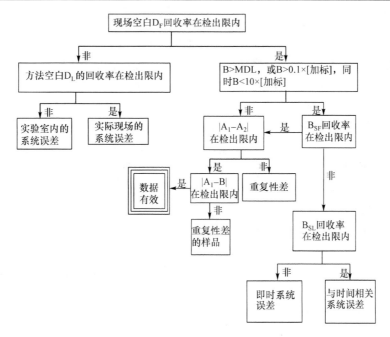

图 2-8　质量保证的说明性步骤

　　如果现场空白结果是满意的，样品 B 被分析，如果 B 的结果超出方法的检出限，或者在 $0.1 \sim 10$ 倍加标于 B_{SF} 中的分析物总量，测定 B_{SF} 的加标回收率，若不理想则说明包括样品在内存在系统误差，需测定系统误差来源，即一个实验室的加标 B_{SL}，准备和分析样品 B，如果 B_{SL} 的加标回收率是理想的，在加标回收方面需要一个长时间值得注意的系统误差影响存在，可能的原因是分析物没有适当地保存或保存超过了允许的时间，B_{SL} 的加标回收率不理想，暗示有一个暂时的系统误差(如样品基质的影响)，系统误差是致命的，样品再分析前一定要修正。

　　如果 B_{SF} 的加标回收是理想的，B 的结果低于方法的检出限或者超出加标在 B_{SF} 中的分析物总量的 10 倍，需分析副样 A_1、A_2。A_1、A_2 之间的差值，过多，舍弃此值，如果在可接受的范围内，比对 A_1 和 B 的结果，样品从同样采样地点收集，放置同样时间，组成方面应该是一样的，若差值是不满意的，说明结果重现性差，数据就该舍弃，如果差值是满意的，就保留此数据。

　　对单一样品获得能被接受的结果前，获得 $4 \sim 5$ 个质量评价估值是必需的协议。对每个样和每个分析物重复测定是必需的过程。说明性步骤在质量保证中的优点是所有实验室用于控制分析结果的质量，都有一整套一致的指导方针。缺点是测定、收集和分析质量评价数据频数时，无法考虑实验室给出质量结果的能力。在质量评价方面，有的实验室产生高质量分析结果，需要比必需的花费投入更多的时间和金钱。同样时间，实验室产生低质量结果质量评价的频率也许是不足的，从而显示出经验和积累的不足。

　　b. 基于执行的步骤

　　质量保证基于执行的步骤中，实验室可用经验来确定好的收集和监测质量评价数据的方式，质量评价方法若保持一致，从副样、空白、标准、加标回收中提供的关于精密度和偏差的必需信息，实验室能控制和分析质量评价样的频率。当显示分析系统不再在统计控制状态中，而且质量评价基于执行的步骤允许实验室去测定，在更多问题出现之前应采用调整措施。

(1)质控图。质量评价基于执行步骤的主要工具是控制图。将质量评价样品分析结果绘制在控制图中，在被收集的提供分析体系统计状态的连续记录命令中。以时间与结果的平均值或标准偏差方式收集质量评价数据。分析系统在统计控制中时，控制图应用后的基本假设是质量评价数据将仅仅显示围绕平均值的随机变化。分析系统超出统计控制时，质量评价数据受改变标准偏差或平均值的其他误差来源影响。20 世纪 20 年代，质控图最早作为质量保证工具用于工业产品的控制中，在质量保证中常用两种类型的控制图：对单一测量结果和几个重复测量平均值按顺序绘制的(特性控制)质控图；对标准偏差或范围按顺序绘制的精密度控制图。任何一种情况，控制图包括表现测定特性和精密度平均值的线，两个或更多界限的位置由测定过程的精密度所确定，数据位置指出测定的界线，显示体系是否在统计控制范围内。

(2)构建特性控制图。特性控制图的最简单形式是每一个表示特性监测测定点的点序列。为构建质控图，首先必须测定特性平均值和标准偏差。被测定的统计数据至少要 7～15 个样品(30 个以上的样更好)，体系要在已知的统计控制下获得，控制图的中心线(center line，CL)由 n 个点的测定平均值获得。

$$CL = \bar{x} = \frac{\sum x_i}{n}$$

界线的位置由测定中线点的标准偏差 s 测定，上或下警告限(UWL 或 LWL)，上或下控制限(UCL 或 LCL)由下式给出：UWL=CL+2s；LWL=CL−2s；UCL=CL+3s；LCL=CL−3s。

特性控制图也可用一套单一样的 r 次平行测定平均值 $\bar{x}_{ij}$ 的点来构筑。第 i 个样的平均值为

$$\bar{x}_i = \frac{\sum_{j=1}^{r} x_{ij}}{j}$$

x_{ij} 的位置是第 j 次平行测定，因此控制图的中心线是 $CL = \bar{x} = \dfrac{\sum \bar{x}_i}{n}$；为警告限和控制限测定标准偏差，必须要计算每个样的方差，$s_i^2 = \sqrt{\dfrac{\sum_{j=1}^{r}\left(x_{ij} - \bar{x}_i\right)^2}{n-1}}$ 全部标准偏差，s 是为样品建立控制图，

$s = \sqrt{\dfrac{\sum s_i^2}{n}}$。最终，警告限和控制限是

$$UWL = CL + \frac{2s}{\sqrt{r}}, \quad LWL = CL - \frac{2s}{\sqrt{r}}$$

$$UCL = CL + \frac{3s}{\sqrt{r}}, \quad LCL = CL - \frac{3s}{\sqrt{r}}$$

(3)构建精密度控制图。惯常构建精密度控制图用最普通的精密度测定指标极差 R，对一个样品 j 次平行测定数据最大和最小结果的差值。

$$R = X_{大} - X_{小}$$

构建控制图，至少要 15～20 个样品(30 个以上的样也是值得的)。当体系在已知的统计控制下，对平均极差的 $\bar{R}$，由 n 个样的平均值测定。

$$\overline{R} = \frac{\sum R_i}{n}$$

上控制限和上警告限由下式给出：$UCL = f_{UCL} \times \overline{R}$，$UWL = f_{UWL} \times \overline{R}$。$f_{UCL}$ 和 f_{UWL}（表 2-12）是被测定的常规测定极差平行次数的统计因数，极差是大于或等于零的，故没有下警告限和下控制限。

表 2-12　上警告限和上控制限的统计因数

平行测定/次	f_{UWL}	f_{UCL}
2	2.512	3.267
3	2.050	2.575
4	1.855	2.282
5	1.743	2.115
6	1.669	2.004

例 2-21　根据下列加标回收数据构建一个特性控制图（所有数据是加标回收率）：

样品	1	2	3	4	5	6	7	8	9	10
结果	97.3	98.1	100.3	99.4	100.9	98.6	96.9	99.6	101.1	100.4
样品	11	12	13	14	15	16	17	18	19	20
结果	100.0	95.9	98.3	99.2	102.1	98.5	101.7	100.4	99.1	100.3

解　20 个数据点的平均值和标准偏差分别是 99.4 和 1.6，给出 UCL 为 104.2，UWL 为 102.6，LWL 为 96.2，LCL 为 94.6。特性控制图的结果如图 2-9 所示。

例 2-22　用下面的 20 个极差构建精密度控制图，每个测定结果是从一个 $10\ \mu g \cdot g^{-1}$ 校准基准双份分析：

样品	1	2	3	4	5	6	7	8	9	10
结果	0.36	0.09	0.11	0.06	0.25	0.15	0.28	0.27	0.03	0.28
样品	11	12	13	14	15	16	17	18	19	20
结果	0.21	0.19	0.06	0.13	0.37	0.01	0.19	0.39	0.05	0.05

解　20 个双份样的极差平均值是 0.177，因为每个点常规是两次平行测定，上警告限和上控制限分别是 $UWL = 2.512 \times 0.177 = 0.44$；$UCL = 3.267 \times 0.177 = 0.58$。完整的精密度控制图如图 2-10 所示。

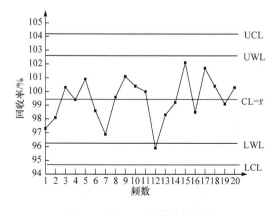

图 2-9　例 2-21 的特性控制图

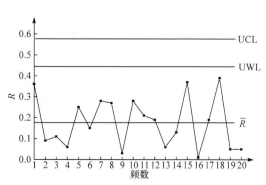

图 2-10　例 2-22 的精密度控制图

精密度控制图严密地仅适用于同一样品的平行测定，如校准用基准和标准参考物质；用在不同样品的分析上，如一系列临床或环境样品是复杂的，面对的极差通常 $X_\text{大}$ 和 $X_\text{小}$ 的值不是独立不受干扰的。例如，表 2-13 显示 $\overline{R}$ 和水中铬浓度的关系。显然，铬浓度平均极差差异明显，在单一精密度控制图中却是不可能的。每一个覆盖浓度极差 $\overline{R}$ 近似为一常数（图 2-10）。

表 2-13　不同浓度含铬水样的复验样品平均极差范围

Cr 的浓度/(ng·g⁻¹)	复验样品数	$\overline{R}$
5～<10	32	0.32
10～<25	15	0.57
25～<50	16	1.12
50～<150	15	3.80
150～<500	8	5.25
>500	5	76.0

(4)解释控制图。如果体系在统计控制范围内，控制图的目的是测定。测定是通过检验单独点在警告限和控制限关系中的位置和点围绕中心线的分布方式来表示的。如果假定分布是正常的，平均值一些点的概率从正态分布曲线中就能确定。对特性控制图上、下控制限，若±3 s 是限定值，如果标准偏差 s 是理想的，近似于 σ，包含了数据的 99.74%，超出上下控制限的概率点仅 0.26%，当点超出控制限很可能是系统误差或测量过程精密度恶化引起的。任一情况，体系都被假定为超出统计控制（图 2-11）。

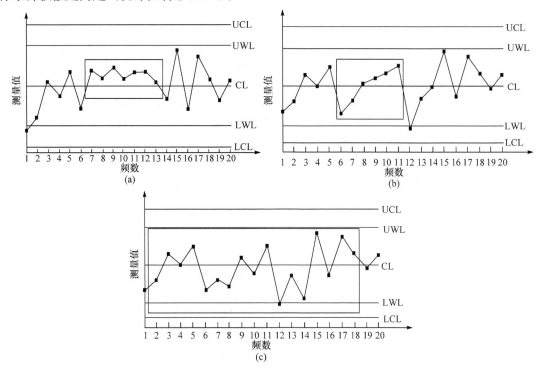

图 2-11　数据运行特性控制图(方框内显示系统超出统计控制)

规则 1：如果单一点超出了上、下控制限，体系被认为超出统计控制。上、下警告限位于

±2*s*，仅有 5%的数据超出。规则 2：三个连续点中有两个在上控制限和上警告限之间或在下控制限和下警告限之间，体系被认为超出统计控制。体系在统计控制中，数据点会任意地分布在中心线周围，数据中不可能图形的出现是体系不再在统计控制中的另一种表示。规则 3：如果 7 个连续点的运行完全高于或完全低于中心线，体系被认为超出统计控制[图 2-11(a)]。规则 4：如果 6 个连续点在数值上都增加或都减小，点可能分布在中心线的两边，体系被认为超出统计控制[图 2-11(b)]。规则 5：如果 14 个连续点在数值上交替增加或交替减小，点可能分布在中心线的两边，体系被认为超出统计控制[图 2-11(c)]。规则 6：如果一些明显的"非随机"图形被观察到，体系被认为超出统计控制(图 2-12)。同样的规则适用于特殊的无下警告限和下控制限的精密度控制图中。

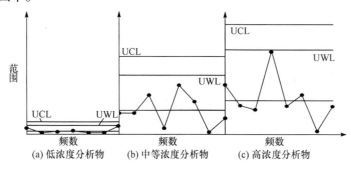

图 2-12　不同分析物浓度精密度控制图

c. 为质量保证运用控制图

控制图在基于特性程序的质量保证中扮演一个重要的角色，其提供一个容易解释的分析系统统计状态图。质量评价样，如空白、标准和加标回收被特性控制图所监测，精密度控制图常用来监测重复样。

用控制图的第一步是为在统计控制下体系质量评价数据测定平均值和标准偏差(除了用极差时)。这些值一定是在同样条件下确定，控制图正常应用下显现。初始数据一定是全天任意收集的，而且超出几天，说明短期和长期的变异性。用原始数据来构筑初始控制图，测定差异点，用规则讨论。控制图被应用后，如果要调整原始限，新数据点数量与用于构建原始控制图数据的数量至少相当，要重新计算控制限。例如，最初用 15 个点，要收集多于 15 个补充点，控制限才能被重新评定。第二次修正要收集多于 30 个点。若很少有点超出警告限也是控制图需要修正的指示，此时要用最后 20 个点重新计算新的控制限。一旦控制图在用，确定体系保持在统计控制内，才能加入新的质量评价数据。质量保证的说明性过程中，发现质量评价样超出统计控制，自最后一次成功检验后的所有样品都要重新分析。实验室可利用经验，根据控制图收集质量评价样测定频数。当体系稳定时，质量评价样频数需要的很少。

2.2.3　不确定度和溯源性

1. 不确定度的定义

分析结果的正确性或准确性的可疑程度即测量的不确定度，简称不确定度，又称"可疑程度"、"不可靠程度"，用于表达分析质量优劣和表征测量值或其误差离散的程度，还可定量地说明实验室(包括所用设备和条件)分析能力水平，常作为计量认证、质量认证以及实验室认可等活动的重要依据之一。通常真实值是未知的，分析结果是分析组分真实值的一个估计值。

只有在得到不确定度值后，才能衡量分析所得数据的质量，指导数据在技术、商业、安全和法律等方面的具体应用。

溯源性是指根据记录下来的数据，追溯某项目或活动的过程、操作或地点的能力。也认为是"通过一条具有规定不确定度的不间断比较链，使测量结果或测量标准值能与规定的参考标准，通常是与国家测量标准或国际测量标准联系起来的特性"。

由于实验室间的一致性，不确定度在一定程度上受每个实验室溯源性链所带来的不确定度限制。溯源性与不确定度紧密联系。溯源性提供了一种将所有有关的测量放在同一测量尺度上的方法，而不确定度则表征了校准链链环的"强度"以及从事同类测量的实验室间所期望的一致性。在所有测量领域中，溯源性是一个重要的概念。

2. 不确定度的分类

分析结果的完整表述中应包括不确定度。不确定度可用标准偏差或其倍数，或者一定置信水平下的区间(置信区间)来表示，分为两大类：标准不确定度和扩展不确定度。

(1)标准不确定度：即用标准偏差表示的分析结果不确定度。根据计算方法，标准不确定度又分为三类：①用统计分析方法计算的不确定度；②用不同于前一类的其他方法计算的，以估计的标准偏差表示；③所有分量的合成称为合成标准不确定度，其标准偏差也是一个估计值。

(2)扩展不确定度：又称为总不确定度，其提供了一个区间，分析值以一定的置信水平落在这个区间内。扩展不确定度一般是这个区间的半宽。

3. 不确定度来源

实际分析工作中，分析结果的不确定度来源于很多方面。典型的来源包括：对试样的定义不完整或不完善；分析方法不理想；采样代表性不够；对分析过程中环境影响的认识不周全，或对环境条件的控制不完善；对仪器的读数存在偏差；分析仪器计量性能(灵敏度、分辨力、稳定性等)的局限性；标准物质的标准值不准确，引进数据或其他参量的不确定度；与分析方法和分析程序有关的近似性和假定性；在表面上看来完全相同的条件下，分析时重复观测值的变化等。

4. 不确定度的评估过程

不确定度的评估原理上很简单，分为四个步骤：第一步，开始后进入说明分析对象环节；第二步，识别不确定度来源；第三步，将现有数据的不确定度来源分级以简化评估，这一步中还需量化各组分量，量化其他分量，将分量转化为标准偏差；第四步，计算合成不确定度，这一步还需复核，如必要，重新评估较大的分量，计算扩展不确定度。

5. 误差和不确定度

误差和不确定度是两个完全不同的概念。不确定度是理念上的，误差是实际存在的。误差是本，没有误差，就没有误差的分布，就无法估计分析的标准偏差，也就不会有不确定度。不确定度分析实质上是误差分析中对误差分布的分析。误差分析更具广义性，包含的内容更多，如系统误差的消除与减少等。误差和不确定度紧密相关，也有区别，误差是单一值，表示分析结果相对真实值的偏离，有正负，客观存在，由于真实值未知，不能准确得到，但可估计，可用已知系统误差的估计值修正分析结果；不确定度是用区间形式表示分析结果的离散性，用标准偏差或标准偏差的倍数或置信区间的半宽表示,是无符号的参数,与人们对分析对象、影响因素及分析过程的认识有关,可由人们根据实验、资料、经验等信息评定,从而可以定量估计。一般不区分误差和不确定度的性质,只有由随机效应引起还是系统效应引起之分。两者都不能用于修正分析结果,在已修正结果的不确定度中还要考虑修正不完善引入的不确定度。

6. 提高分析结果的准确度、减少不确定度的措施

分析结果的准确度是指分析结果与真实值之间的一致程度。定量分析工作中,为了使分析结果和数据有意义,要尽量提高分析结果的准确度。定量分析必须对所测的数据进行归纳、取舍等一系列分析处理;还需根据具体分析任务,对准确度的要求合理判断,正确表述分析结果的可靠性与精密度以及分析的不确定度。为此,分析人员应该了解分析过程中产生误差的原因及误差出现的规律,并采取相应的措施减小误差,使分析结果尽量地接近客观的真实值。通过选择合适的分析方法,减少测定误差;增加平行测定次数,减少随机误差;消除测量过程中系统误差;标准曲线的回归等措施减小分析误差和分析的不确定度,提高分析结果的准确度。

7. 分析过程结果溯源性的建立

完整分析过程的结果溯源性应通过下列步骤的综合使用来建立:①使用可溯源标准来校准测量仪器;②使用基准方法或与基准方法的结果比较;③使用纯物质的标准物质(RM);④使用含有合适基体的有证标准物质(CRM);⑤使用公认的、规定严谨的程序。

思考题与习题

1. 下列情况下,会引起哪种误差? 若是系统误差,应该采用什么方法减免?
(1)砝码被腐蚀;(2)容量瓶和移液管不配套;(3)试剂中含有微量的被测组分;(4)天平的零点有微小变动;(5)读取滴定体积时最后一位数字估计不准;(6)滴定时不慎从锥形瓶中溅出一滴溶液;(7)标定 HCl 溶液用的 NaOH 标准溶液中吸收了 CO_2。

2. 若分析天平的称量误差为±0.2 mg,拟分别称取试样 0.1 g 和 1 g 左右,称量的相对误差各为多少? 这些结果说明了什么问题?

3. 滴定管的读数误差为±0.02 mL。如果滴定中用去标准溶液的体积分别为 2 mL 和 20 mL 左右,读数的相对误差各是多少? 相对误差的大小说明了什么问题?

4. 解释两者之间的区别:(1)随机误差和系统误差;(2)绝对误差和相对误差。

5. 说出系统误差的三种类型,怎样检验系统误差?

6. 一种分析方法,使黄金的质量低 0.3 mg。计算样品中的金的质量为以下值时,由这种不确定性引起的相对误差:(1)800 mg;(2)500 mg;(3)100 mg;(4)25 mg。

7. 将 6 题中所描述的方法用于分析含金量约 1.2% 的矿石。如果以 0.3 mg 金的损失造成的相对误差不超过以下值来考量的话,样品最小质量各为多少? (1)−0.2%;(2)−0.5%;(3)−0.8%;(4)−1.2%。

8. 一种化学指示剂颜色比需要的滴过了 0.03 mL。计算滴定液总体积(mL)分别为 50.00、10.00、25.00、40.00 时的相对误差。

9. 在元素的分析过程中发生了 0.4 mg 的锌损失。如果样品中锌的质量是下列各项,则计算由于这一损失而产生的相对误差:(1)40 mg;(2)175 mg;(3)400 mg;(4)600 mg。

10. 两位分析者同时测定某一试样中硫的质量分数,称取试样均为 3.5 g,分别报告结果如下:甲为 0.042%、0.041%;乙为 0.040 99%、0.042 01%。哪一份报告是合理的? 为什么?

11. 两位学生使用相同的分析仪器标定某溶液的浓度(mol·L⁻¹),结果如下:甲为 0.12、0.12、0.12(相对平均偏差 0.00%);乙为 0.1243、0.1237、0.1240(相对平均偏差 0.16%)。如何评价他们的实验结果的准确度和

精密度?

12. 下列数据各包括了几位有效数字?

(1) 0.0330; (2) 10.030; (3) 0.01020; (4) 8.7×10^{-5}; (5) $pK_a = 4.74$; (6) pH=10.00

13. 根据有效数字的运算规则进行计算:

(1) $7.9936 \div 0.9967 - 5.02 = ?$　(2) $0.0325 \times 5.103 \times 60.06 \div 139.8 = ?$　(3) $(1.276 \times 4.17) + 1.7 \times 10^{-4} - (0.0021764 \times 0.0121) = ?$

(4) pH=1.05, $[H^+] = ?$

14. 将 0.089 g $Mg_2P_2O_7$ 沉淀换算为 MgO 的质量,则计算时在下列换算因数($2MgO/Mg_2P_2O_7$)中取哪个数值较为合适: 0.3623, 0.362, 0.36? 计算结果应以几位有效数字报出?

15. 用返滴定法测定软锰矿中 MnO_2 的质量分数,其结果按下式进行计算:

$$w_{MnO_2} = \frac{\left(\dfrac{0.8000}{126.07} - 8.00 \times 0.1000 \times 10^{-3} \times \dfrac{5}{2}\right) \times 86.94}{0.5000} \times 100\%$$

测定结果应以几位有效数字报出?

16. 标定浓度约为 0.1 $mol \cdot L^{-1}$ 的 NaOH 溶液,欲消耗 NaOH 溶液 20 mL 左右,应称取基准物质 $H_2C_2O_4 \cdot 2H_2O$ 多少克? 其称量的相对误差能否达到 0.1%? 若不能,可用什么方法加以改善? 若改用邻苯二甲酸氢钾为基准物,结果又如何?

17. 置信度为 0.95 时,测得 Al_2O_3 的 μ 置信区间为 $(35.21 \pm 0.10)\%$,其意义是(　　): A. 在测定的数据中有 95% 在此区间内; B. 若再进行测定,将有 95% 的数据落入此区间内; C 总体平均值 μ 落入此区间的概率为 0.95; D. 在此区间内包含 μ 值的概率为 0.95。

18. 测定某铜矿试样,其中铜的质量分数为 24.87%、24.93% 和 24.69%。若真值为 25.06%,计算: (1)测定结果的平均值; (2)中位值; (3)绝对误差; (4)相对误差。

(24.83%; 24.87%; −0.23%; −0.92%)

19. 测定铁矿石中铁的质量分数(以 $w_{Fe_2O_3}$ 表示),5 次结果分别为 67.48%、67.37%、67.47%、67.43% 和 67.40%。计算: (1)平均偏差; (2)相对平均偏差; (3)标准偏差; (4)相对标准偏差; (5)极差。

(0.04%; 0.06%; 0.05%; 0.07%; 0.11%)

20. 某铁矿石中铁的质量分数为 39.19%,若甲的测定结果(%)为 39.12、39.15、39.18;乙的测定结果(%)为 39.19、39.24、39.28。试比较甲乙两人测定结果的准确度和精密度(精密度以标准偏差和相对标准偏差表示)。

(甲高)

21. 现有一组平行测定值,符合正态分布 $N(\mu = 20.40, \sigma^2 = 0.04^2)$。计算: (1) $x = 20.30$ 和 $x = 20.46$ 时的 u 值; (2)测定值在 20.30~20.46 区间出现的概率。

(−2.5, 1.5; 0.9270)

22. 已知某金矿中金含量的标准值为 12.2 $g \cdot t^{-1}$,$\delta = 0.2$,求测定结果大于 11.6 $g \cdot t^{-1}$ 的概率。

(0.9987)

23. 对某标样中铜的质量分数(%)进行了 150 次测定,已知测定结果符合正态分布 $N(43.15, 0.23^2)$。求测定结果大于 43.59% 时可能出现的次数。

(约 4 次)

24. 测定钢中铬的质量分数,5 次测定结果的平均值为 1.13%,标准偏差为 0.022%。计算: (1)平均值的标准偏差; (2) μ 的置信区间; (3)如使 μ 的置信区间为 $1.13\% \pm 0.01\%$,则至少应平行测定多少次(P 均为 0.95)?

(0.01%; 1.13%±0.02%)

25. 测定试样中蛋白质的质量分数(%),5 次测定结果的平均值为 34.92、35.11、35.01、35.19 和 34.98。(1)经统计处理后的测定结果应如何表示(报告 n、$\bar{x}$ 和 s)? (2)计算 P=0.95 时 μ 的置信区间。

(35.04%±0.14%)

26. 6 次测定某钛矿中 TiO_2 的质量分数,平均值为 58.60%,$s = 0.70\%$,(1)计算置信区间; (2)若上述数据均为 3 次测定的结果,置信区间又为多少? 比较两次计算结果可得出什么结论(P 均为 0.95)?

(58.60%±0.73%; 58.60%±1.74%)

27. 测定石灰中铁的质量分数(%),4 次测定结果为: 1.59, 1.53, 1.54 和 1.83。(1)用 Q 检验法判断第四个结果应否弃去；(2)如第 5 次测定结果为 1.65，此时情况又如何(Q 均为 0.90)？

28. 用 $K_2Cr_2O_7$ 基准试剂标定 $Na_2S_2O_3$ 溶液的浓度($mol \cdot L^{-1}$)，4 次结果分别为 0.1029、0.1056、0.1032 和 0.1034。(1)用格鲁布斯法检验上述测定值中有无可疑值(P=0.95)；(2)比较置信度为 0.90 和 0.95 时 μ 的置信区间，计算结果说明了什么？

29. 已知某清洁剂有效成分的质量分数标准值为 54.46%，测定 4 次所得的平均值为 54.26%，标准偏差为 0.05%。当置信度为 0.95 时，平均值与标准值之间是否存在显著性差异？

(存在)

30. 某药厂生产含铁药剂，要求每克药剂中含铁 48.00 mg。对一批药品测定 5 次，结果($mg \cdot g^{-1}$)分别为 47.44、48.15、47.90、47.93 和 48.03。这批产品含铁量是否合格(P=0.95)？

(合格)

31. 分别用硼砂和碳酸钠两种基准物质标定某 HCl 溶液的浓度($mol \cdot L^{-1}$)，结果如下。用硼砂标定：$\bar{x}_1$=0.1017，s_1=3.9×10^{-4}，n_1=4。用碳酸钠标定：$\bar{x}_2$=0.1020，s_2=2.4×10^{-4}，n_2=5。当置信度为 0.90 时，两种物质标定的 HCl 溶液浓度是否存在显著性差异？

32. 用电位滴定法测定铁精矿中铁的质量分数(%)，6 次测定结果分别为 60.72、60.81、60.70、60.78、60.56、60.84。(1)用格鲁布斯法检验有无应舍去的测定值(P=0.95)；(2)已知此标准试样中铁的真实含量为 60.75%，则上述方法是否可靠(P=0.95)？

33. 考虑以下几组重复测量：

A	B	*C	D	E	F
2.4	69.94	0.0902	2.3	69.65	0.624
2.1	69.92	0.0884	2.6	69.63	0.613
2.1	69.80	0.0886	2.2	69.64	0.596
2.3		0.1000	2.4	69.21	0.607
1.5			2.9		0.582

计算这六个数据集的平均值和标准偏差，计算出每组数据的 95% 置信区间。这些置信区间意味着什么？

34. 在 33 题中，每组数据的最后一个结果可能是异常值。应用 Q 检验法和格鲁布斯法(95% 置信水平)确定是否存在抛弃的统计依据。

35. 用某标准分析方法分析还原糖质量浓度为 0.250 $mg \cdot L^{-1}$ 的标准物质溶液，得到下列 20 个分析结果($mg \cdot L^{-1}$)：0.251、0.250、0.250、0.263、0.235、0.240、0.260、0.290、0.262、0.234、0.229、0.250、0.283、0.300、0.262、0.270、0.225、0.250、0.256、0.250。试绘制分析数据的质控图。

36. 什么是不确定度？典型的不确定度来源包括哪些方面？误差和不确定度有什么关系？怎样提高分析测试的准确度，减少不确定度？

37. 分析结果的溯源性是什么？

第 3 章　分析测量中的样品制备及常用的分离方法

3.1　分析试样的采集与制备

3.1.1　分析试样的采集

通常分析操作仅取待测定物料的很小部分样品进行，为使采集的这少量样本能够准确反映原待测物料的真实情况，样品的采集是十分重要的问题。为使分析结果准确可靠，样品的采集必须注意遵循一些基本原则。首先样品必须具有代表性。采样前应根据待测样品的性质和测定要求确定采样数量。其次，采集的样品在储存和运输过程中应注意避免被测定组分的存在形态或含量发生变化。

很多行业针对不同的分析对象，如各种金属或合金材料、化学品、土壤、生物材料等，对采取样品有明确的操作规范。

1. 固体样品

物料的不均匀性使固体样品的采集比其他物料困难得多。由于固体物料在形态、硬度和组成上的差异，应从物料的不同部位、不同深度分别采取，对表面的、内部的、上层的、底层的、颗粒大的和颗粒小的都要采到，样品采集的数量、份数就要有所增加。如果物料是包装成桶、袋、箱、捆等，则首先从一批包装中按 1/50 或 1/100 选取若干件，再从每件不同部位取出若干份。如果是大块的矿石样品，则先用粉碎机破碎成小的颗粒，按要求过筛。按上述方法取得的样品量大，可按四分法进行缩分。将试样堆成圆锥形，压平，成为扁圆堆，然后用相互垂直的两直径将试样堆分成四份。弃去对角的两份，收集其余的对角两份混合。反复用四分法缩分，最后得到数百克均匀的实验室试样。

2. 液体样品

如果液体材料组成是均匀的，则采取样品比较容易，可以直接取样。但很少的情况下样品是均匀的，采取样品方法必须视具体的样品和被分析物而定。如果样品是不均匀的，且少量样品已足够，则将带沉淀颗粒的液体振荡后，立即取样。对于大体积的液体，动态取样是最好的，如通过泵充分混合之后，在管中取样。大量静态的液体，则应用取样器按对角线在不同的深度取样。所取得的液体各部分样品可单独分析，然后综合处理结果；也可以把各部分样品混合，重复分析，得到精密度好的结果。

对于血液和尿液等生物流体样品，定时采集十分重要。因为饮食和代谢的影响，餐前和餐后血液的组成差别显著，往往都是在患者禁食若干时间后取样。

对于液体样品，在采取后若不能立即测定，其化学成分还可能受化学和物理等条件变化的影响。因此，在样品采集后，应针对不同样品和分析对象的性质分别采取合适的保存方法，如控制 pH 或温度，密封或避光保存，有时还需要加入一些化学防腐剂。表 3-1 给出了分析水样中部分分析物前水样的保存方法以及允许保存时间。

表 3-1　分析水样中部分分析物前水样的保存方法及时间

分析物	保存方法	保存时间
氨	4 ℃；pH<2(H_2SO_4)	28 天
氯	不需要特殊保存条件	28 天
Cr(Ⅵ)	4 ℃	24 小时
金属 Hg	pH 2(HNO_3)	28 天
其他金属	pH 2(HNO_3)	6 个月
硝酸根	不需要特殊保存条件	48 小时
有机氯杀虫剂	1 mL 10 mg·mL^{-1} $HgCl_2$；或加入萃取剂	无萃取剂 7 天，有萃取剂 40 天
待测 pH	不需要特殊保存条件	需立即测定

3. 气体样品

由于气体样品存放不便，现很多采用吸收液或固体吸附剂来采集气体样品。分析前可通过溶剂洗脱或加热脱附等方法将气体释放出。

通常，测定某些被分析物在气体样品中的浓度比测定其存在的量更合适。为使浓度值可靠，测定气体样品的体积时，样品的温度和压力是十分重要的参数。此时采集气体样品常用的方法是液体置换法。选用的液体必须使气体样品在其中的溶解度很小，并不与其发生反应。通常选用汞，气体可从顶部引入，汞则从容器的底部滴流。该过程能采集到均匀的气体样品，但相对耗时。也可用排空的袋子采取间断的气体样品，如将汽车尾气采集在排空的样品袋中。

气体样品一般比较稳定，不需要特殊保存。

3.1.2　样品的制备

样品的制备是将分析试样制成适合分析方法的存在形式，包括样品的干燥、试样的分解和溶解等步骤。目前绝大多数分析方法都需在溶液中进行。

1. 样品的干燥

固体样品通常都吸附有不同量的水分。无机材料样品在称量前都必须干燥。将样品置于 105～110 ℃烘箱中干燥 1～2 h，即可完成这一操作。要去除非吸附水，如结晶水，则需要更高的温度。

干燥时，要注意样品的分解或副反应。加热条件下不稳定的材料可置于干燥器进行干燥，若用真空干燥器则可加快干燥过程。如果不干燥称量，所得结果是不可靠的。

2. 样品的溶解

测定前，大多数分析方法都要求将被测组分转入溶液中，对于生物样品，则要求在样品制备过程中，将蛋白质等有机干扰组分去除。样品制备方式有完全破坏样品、不破坏或部分破坏样品两种。当测定组分是无机物或能转变成无机衍生物时，可将样品完全破坏（如凯氏定氮法中，是将有机氮转变成铵离子测定）。如果被测组分是有机物，则通常用第二种方式处理。

1) 无机固体样品的溶解

无机强酸是很多无机物的优良溶剂。盐酸能溶解电位系列中氢之前的金属。硝酸是强氧化酸，能溶解大多数金属、不含铁的合金及硫化物。

加热去除水分后，脱水状态的高氯酸成了很强和有效的氧化酸，能溶解大多数金属和破坏痕量的有机物。但使用时要格外小心，它能与很多易氧化的物质，特别是有机物质发生爆炸性的反应。

有些无机物质不能用酸溶解，必须与酸性或碱性熔剂熔融成熔化态，促使它溶解。样品与熔剂的比例一般是 1 : （10 或 20)，将混合物置于适当的坩埚中，加热至熔剂熔化。一般约 30 min 后，熔化物变得清澈，表示反应已经完成。然后将冷却的固形物溶解在稀酸或水中。熔融过程中，不溶物质与熔剂反应形成了可溶的产物。碳酸钠是最常用的碱性熔剂之一，熔融后可将难溶组分转化成可酸溶的碳酸盐。

常用的溶剂、熔剂及性质请查阅相关书籍或手册。

2) 用于无机分析的有机材料样品的制备

动植物组织、生物体的流液以及有机化合物的分解常用煮沸的氧化酸或混合酸湿式消化，或在马弗炉中高温（400～700 ℃）干式灰化。湿式消化时，酸将有机物质氧化成挥发的二氧化碳、水及其他产物，留下的是无机组分的盐或酸。干式灰化时，大气中的氧作为氧化剂，将有机物质灼烧挥发，留下的是无机残留物。助氧化剂可用于干式灰化。

(1) 干式灰化法：虽然不同类型的干式灰化法和湿式消化法均常用于有机和生物材料的样品制备，但不用化学手段的简单的干式灰化法可能是最普遍使用的技术。痕量的铅、锌、钴、锑、铬、钼、锶和铁，在处理过程中残留和挥发的损失很小，可以回收。通常使用瓷坩埚。血液或尿液中的铅，当温度超过 500 ℃，尤其有氯化物存在时会挥发。铂坩埚可减小铅的残留损失。

样品中加入氧化物质，会提高灰化效果。硝酸镁是最常用的助氧剂之一，可用于砷、铜、银等元素的回收。

液体或湿组织在转入马弗炉前，要水浴或缓慢加热蒸干。马弗炉要阶段升至最终温度，以避免速燃和起泡。

干式灰化后，通常用 1～2 mL 热浓盐酸或 6 mol·L^{-1} 盐酸处理残留物并过滤，滤液转入烧杯中进行下一步处理。

(2) 湿式消化法：用硝酸和硫酸混合进行湿消化是另一个常用的氧化过程。通常是用少量的硫酸（如 5 mL）和大量的硝酸（20～30 mL）。湿式消化一般在长颈烧瓶中进行。硝酸能破坏大部分有机物质，但它所能达到的温度不足以破坏少量的剩余物。它在消化过程中沸腾挥发，直到仅剩下硫酸起作用，同时冒三氧化硫白烟并在烧瓶中回流。此时，溶液温度很高，硫酸作用于剩余的有机物质，会烧焦难以消化的剩余物。若还有未消化物，则可再加入一些硝酸，继续消化至溶液清澈。消化操作一定要在通风橱中进行。

硝酸、高氯酸和硫酸按 3 : 1 : 1（体积比）混合，是用于消化更有效的混酸。10 mL 混酸通常可处理 10 g 新鲜组织或血液。脱水的热高氯酸是更强的氧化剂，更容易破坏剩余的少量有机物质。若在混酸中加入少量的钼，则会更有效。当水和硝酸挥发后，鼓泡的氧化过程强烈进行，几秒钟内可完成消化。

也可使用硝酸和高氯酸混酸。硝酸首先被煮沸逸出，此时不能将高氯酸蒸发至近干，否则会发生强烈爆炸。不能直接将高氯酸加到有机或生物材料上，要先加入过量的硝酸。高氯酸引发的爆炸一般都与生成了过氧化物有关，一旦酸的颜色变暗(如黄褐色)就会发生爆炸。某些有机化合物，如乙醇、纤维素及多元醇会引起热浓高氯酸发生猛烈的爆炸，这可能是生成了高氯酸乙基盐的缘故。

(3)两种方法的比较：已深入研究过两种氧化方法的优缺点。干式灰化法操作简便，并能相对避免来自污染物的绝对误差，因为在操作过程中几乎没有加入任何试剂。可能的误差来自元素的挥发以及保留在容器壁上的损失。容器上吸附的金属又可能污染下一步待灰化的样品。湿式消化法快速、所需温度相对较低，并可避免保留造成的损失。来自反应所需加入试剂中的杂质是湿式消化法的主要误差来源。使用经特殊制备的商品高纯度酸可使这一问题的影响降至最低。两种方法所需的操作时间取决于样品的性质及操作者的技能。干式灰化法一般需要 2～4 h，湿式消化法通常仅需 0.5～1 h。

(4)样品的微波制备：微波炉广泛用于样品的快速有效干燥和酸分解。微波消化可将样品分解的时间由数小时减少到几分钟，并且因减少所需试剂的加入量而降低了空白值。

与家用微波炉相比，实验室处理样品量少，一般使用专用微波炉。

酸消化通常在密封的聚四氟乙烯或聚碳酸酯塑料容器中进行，可避免酸在微波炉中冒烟，同时酸的压力和沸点都提高了，成了过热酸，使消化速度更快。易挥发的金属也不会损失。因此，微波消化处理样品得到越来越广泛的应用。

生物样品的消化是微波应用最早的领域，处理样品包括动物、植物、食品和医学样品等。微波消化克服了传统干法或湿法的高温、使易挥发元素损失、费时等缺点。结合众多分析手段(如原子吸收法、ICP-AES、ICP-MS、FAAS 等)，可以对微量元素及痕量元素进行分析。采用微波消化人发样品，可测定元素包括 Al、Bi、Ca、Cd、Cr、Cu、Fe、Ge、Hg、Mg、Mn、Mo、Ni、Pb、Se、Sr、Zn 及稀土元素。

3.2　常用分离方法

为了减少干扰，提高测定的选择性，或为了满足测定灵敏度和准确度的要求，有时必须进行一步或多步分离步骤。有时试样中的待测组分含量很低，而测定的灵敏度难以达到要求，必须对分散在试样中的待测组分进行富集。富集也是一种分离。目前虽然有很多灵敏度高、选择性较好的仪器分析方法，但由于基体效应和其他各种干扰，难以得到准确度高的结果。因此，在大多数情况下，分离和富集是分析测定过程中必不可少的步骤。为了减少待测组分的损失，应该优先考虑把它从样品基体中分离出来。常用的分离富集方法有：沉淀分离法、溶剂及固相萃取分离法、平面色谱分离法、离子交换色谱分离法及其他分离方法。

3.2.1　沉淀分离法

根据溶解度不同，控制溶液条件使其中化合物或离子分离的方法统称为沉淀分离法。

1. 无机沉淀剂分离法

无机沉淀剂所形成的沉淀大部分是无定形的，不易过滤和洗涤。最有代表性的无机沉淀剂有 NaOH、NH_3、H_2S 等。

可形成氢氧化物沉淀的离子种类很多，除碱金属与碱土金属离子外，大多数金属离子都能生成氢氧化物沉淀。氢氧化物沉淀的形成与溶液中的[OH⁻]有直接关系。由于各种氢氧化物沉淀的溶度积有很大差别，故可通过控制酸度改变溶液中的[OH⁻]使某些金属离子彼此分离。理论上知道金属离子浓度及其氢氧化物的溶度积，就可以算出该金属氢氧化物开始沉淀及沉淀完全的pH。但实际上，金属离子可能形成多种羟基配合物(包括多核配合物)及其他配合物，有关常数也不齐全；沉淀的溶度积又随沉淀的晶形而改变(如刚析出的与陈化后的，沉淀的晶态会有变化，溶度积就不同)。因此，金属离子分离的最适宜pH范围与计算值常会有出入，必须由实验确定。

采用 NaOH 作沉淀剂可使两性元素与非两性元素分离，两性元素以含氧酸阴离子形态保留在溶液中，非两性元素则生成氢氧化物沉淀。

在铵盐存在下：以氨水为沉淀剂(pH 8～9)可使高价金属离子 Th^{4+}、Al^{3+}、Fe^{3+} 等与大多数一、二价金属离子分离。此时，Ag^+、Cu^{2+}、Ni^{2+}、Zn^{2+}、Cd^{2+} 等以氨配合物存于溶液中，而 Ca^{2+}、Mg^{2+} 因其氢氧化物溶解度较大，也会留在溶液中。

硫化物沉淀法与氢氧化物沉淀法相似，不少金属离子硫化物溶度积相差很大，可以控制硫离子的浓度使金属离子彼此分离。硫化物沉淀大多是胶体，共沉淀现象比较严重，分离效果往往不够理想。

2. 有机沉淀剂分离法

大多数有机沉淀的溶解度较无机沉淀小得多，易于过滤洗涤；有机沉淀剂的结构决定了它吸附性小，很少产生共沉淀现象；此外还具有高选择性与高灵敏度的特点。因此，有机沉淀剂在沉淀分离中的应用日益广泛。

有机沉淀剂种类繁多，根据形成沉淀反应机理的不同，一般可将有机沉淀剂分为螯合物沉淀剂、离子缔合物沉淀剂和三元配合物沉淀剂。这类沉淀有一个共同的特点，即不溶于水，但能溶于有机溶剂。因此，沉淀剂可作萃取剂用于有机溶剂萃取体系(见 3.2.2 小节讨论)。

在水溶液中，当金属离子遇到螯合剂时，一摩尔的金属离子往往与几摩尔的螯合剂相互作用形成难溶于水的螯合物。例如，丁二酮肟在氨性溶液中，在酒石酸存在下，能与镍(Ⅱ)发生特效反应，生成鲜红色的丁二酮肟镍沉淀。

有些相对分子质量较大的有机试剂在水溶液中以阳离子或阴离子形式存在，它们与带相反电荷的离子反应后可能生成微溶的电中性离子缔合物沉淀。例如，氯化四苯砷($(C_6H_5)_4AsCl$)在水溶液中以 $(C_6H_5)_4As^+$ 及 Cl^- 形式存在，能与某些含氧酸根(如 MnO_4^-)或金属配阴离子(如 $HgCl_4^{2-}$)反应生成离子缔合物沉淀，反应式如下：

$$(C_6H_5)_4AsCl == (C_6H_5)_4As^+ + Cl^-$$
$$(C_6H_5)_4As^+ + MnO_4^- == (C_6H_5)_4AsMnO_4$$
$$2(C_6H_5)_4As^+ + HgCl_4^{2-} == [(C_6H_5)_4As]_2HgCl_4$$

金属离子与两种官能团所形成的配合物称为三元配合物。其特点是灵敏度高，选择性好，而且生成的沉淀组成稳定，摩尔质量大。能形成三元配合物的有机试剂很少。例如，吡啶在 SCN^- 存在下，可与 Ca^{2+}、Co^{2+}、Mn^{2+}、Cd^{2+}、Zn^{2+}、Ni^{2+} 等离子形成三元配合物沉淀 $[M(C_6H_5N)(SCN)_2]$。又如，在 Cl^- 存在下，1,10-邻二氮菲与 Pd^{2+} 形成三元配合物沉淀。

3. 共沉淀分离法

共沉淀通常是指在目标物沉淀反应发生的同时，由于某种原因，非目标物跟随目标物一起沉淀的现象。虽然共沉淀在有些定量分析中被认为是影响分析准确度的干扰因素，但在分离富集中恰恰是利用了选择性共沉淀的特性，将浓度小单独无法产生沉淀的离子与共存离子一同沉淀而得以浓缩富集。例如，测定水中的痕量铅时，由于 Pb^{2+} 浓度太低，无法直接测定，加入沉淀剂也无法使其沉淀。但如果在样液中加入适量的 Ca^{2+} 之后，再加入沉淀剂 Na_2CO_3，生成 $CaCO_3$ 沉淀，则痕量的 Pb^{2+} 也同时沉淀下来。共沉淀的实现通常是先在要沉淀富集的溶液中加入一定量的化合物（称为载体），当这种物质发生沉淀的同时，溶液中的痕量组分一同沉淀下来，得以富集分离。依据所加入的载体组分是无机物还是有机物，将共沉淀分为无机共沉淀和有机共沉淀两类。

载体的选择要满足以下几个要求：所产生的沉淀溶解度小，沉淀速度快；沉淀便于与母液分离和洗涤；能够很方便地消除或本身对待测元素的后续测定不产生影响；根据单元素或多元素同时分离选择载体；尽量减少载体用量。

3.2.2　溶剂及固相萃取分离法

溶剂萃取、固相萃取及相应的其他分离技术常用于将被分析组分从复杂的样品中分离，以便进一步测定。溶剂萃取是基于溶质在互不相溶的两液相之间分配系数的差异。该技术特别适用于有机物质或无机物质快速而有效的分离，作为一种实用的分离方法早已被人们应用到实践中，在稀土分离、湿法冶金、无机化工、有机化工、医药、食品及环境等领域不断得到广泛应用。最常见的是将溶质从水溶液萃取到不相溶的有机溶剂中。溶液振荡约 1 min 后，会分成两相，分相后，底层（水相）可从漏斗中放出，实现两相分离。

固相萃取是将疏水的功能团键合到固体颗粒表面构成萃取相，从而不需要使用大体积、对人体和环境有害的有机溶剂。

1. 分配系数

溶质 S 接触两相，在振荡和相分离后，在一定条件下，其在两相间的浓度比是一常数：

$$K_D = \frac{[S]_1}{[S]_2} \tag{3-1}$$

式中，K_D 为溶质在溶剂 1（如有机溶剂）与溶剂 2（如水）中的分配系数。如果分配系数大，则溶质能定量分配至溶剂 1 中。定义中，分配系数 K_D 只有在一定温度下，溶液中溶质的浓度很低，以及溶质在两相中的存在形式相同时才是个常数。

如果物质是弱酸，其在水溶液中会解离，则必须考虑 pH 对萃取的影响。例如，从水溶液中萃取苯甲酸，在水溶液中苯甲酸是一个弱酸，其酸式解离常数为 K_a，分配系数如下：

$$K_D = \frac{[HBz]_e}{[HBz]_a} \tag{3-2}$$

式中，e 和 a 分别表示乙醚和水溶液。苯甲酸在水溶液中部分解离，以酸根形式 Bz 存在，其在水相中的浓度取决于 K_a 及水相 pH。因此，分离平衡将依条件而建立。

2. 分配比

在实际的萃取工作中，被萃取的物质往往在一相或两相中发生解离、聚合以及与其他组分发生化学反应等。此外，分析工作者主要关心的通常是存在于两相中溶质的总量。因此，更有意义的是要引入分配比 D 这个概念，它是指溶质在两相中以各种形式存在的总浓度的比值：

$$D = \frac{c_{有}}{c_{水}} \tag{3-3}$$

仍以苯甲酸在乙醚和水中的分配为例：

$$D = \frac{[HBz]_e}{[HBz]_a + [Bz^-]_a} \tag{3-4}$$

根据苯甲酸的解离常数是 K_a

$$K_a = \frac{[H^+]_a [Bz^-]_a}{[HBz]_a} \tag{3-5}$$

得到

$$[Bz^-]_a = \frac{K_a [HBz]_a}{[H^+]_a} \tag{3-6}$$

从式(3-2)可得到

$$[HBz]_e = K_D [HBz]_a \tag{3-7}$$

将式(3-6)与式(3-7)代入式(3-4)中，可以得出 D 与 K_D 之间的关系

$$D = \frac{K_D [HBz]_a}{[HBz]_a + K_a [HBz]_a / [H^+]_a} \tag{3-8}$$

$$D = \frac{K_D}{1 + K_a / [H^+]_a} \tag{3-9}$$

从式(3-9)可以推测，当 $K_D \gg K_a$，$D \approx K_D$，K_D 很大时，苯甲酸会被萃入乙醚相中，在此条件下，D 将达到最大值。当 $[H^+] \ll K_D$，D 减小为 $K_D [H^+]_a / K_a$，变得很小，此时苯甲酸将留在水相。这表明，在碱溶液中，苯甲酸解离，不可能被萃取；反之，在酸溶液中，苯甲酸绝大部分不会解离而被萃入乙醚相中。这些结论都可以从化学平衡中推断出来。

分析式(3-9)，同式(3-1)一样，分配比与溶质的初始浓度无关，这正是溶剂萃取的优势之一。只要控制条件，溶质溶解在某一相中的量不要太大，同时被萃取溶质不会发生如聚合之类的副反应，该技术可用于痕量(如放射性物质)至微量水平含量物质的分离或纯化。很显然，改变氢离子浓度，分配比(D)会改变。如果不加入酸碱缓冲溶液使溶液中氢离子浓度保持稳定，则氢离子浓度会随着苯甲酸的浓度提高而提高。但还要注意到，浓度较高的苯甲酸会形成容易进入有机相的二聚物，按式(3-4)，苯甲酸的分配比 D 会提高。因此，在苯甲酸浓度较高时，可以提高其萃取效果。

综上所述，分配比是随着萃取条件的变化而改变的。改变萃取条件，可使分配比按所需方向改变，从而使萃取分离进行完全。

3. 萃取百分数

萃取百分数又称萃取率。分配比是在一定条件下与两相的体积比无关的常数。但是，被萃取溶质的比例与两溶剂的体积比相关。若用大体积的有机溶剂，更多的溶质会溶解在有机相，以保持浓度比即分配比是一个常数。

被萃取溶质的比例等于溶质在有机相的物质的量除以其总物质的量。物质的量等于物质的

量浓度乘以体积。因此，可得到萃取百分数的表达式：

$$E\% = \frac{[S]_o V_o}{[S]_o V_o + [S]_a V_a} \times 100 \tag{3-10}$$

式中，V_o 和 V_a 分别为有机相和水相的体积。如果分子、分母同除以 $[S]_a V_o$，则得到

$$E\% = \frac{100D}{D + (V_a / V_o)} \tag{3-11}$$

从式(3-11)可以看出，萃取百分数由分配比和体积比决定。如果等体积萃取，即 $V_a = V_o$，则

$$E\% = \frac{100D}{D + 1} \tag{3-12}$$

在等体积情况下，若 $D < 0.001$，则可认为溶质定量保留在水相；若 $D > 1000$，则通常认为溶质被定量萃取到有机相。D 从 200 提高到 1 000，萃取百分数仅从 99.5%提高到 99.9%。

例 3-1　20 mL 0.1 mol·L^{-1} 丁酸水溶液与 10 mL 乙醚振荡分相后，以滴定法测得有 0.5 mmol 丁酸保留在水相中，求分配比和萃取百分数。

解　原有 2.0 mmol 丁酸，1.5 mmol 被萃取，乙醚相的浓度：1.5 mmol/10 mL = 0.15 mol·L^{-1}；水相中的浓度：0.5 mmol/20 mL=0.025 mol·L^{-1}。则有

$$D = 0.15/0.025 = 6.0$$

$$E\% = 1.5/2.0 \times 100 = 75$$

或

$$E\% = \frac{100 \times 6.0}{6.0 + (20/10)} = 75$$

从式(3-11)中可以看出，可通过降低 V_a/V_o 的值，如增加有机溶剂的体积来提高被萃取的比例。更有效的方法是用同体积的有机溶剂，但少量多次的萃取方法。例如，D 为 10，$V_a/V_o = 1$，其萃取百分数约为 91%，降低 $V_a/V_o = 0.5$，即用 2 倍的有机溶剂，E 会提高到 95%，但保持 $V_a/V_o = 1$，分两次萃取，E 将提高到 99%。

例 3-2　用 8-羟基喹啉氯仿溶液从 pH 7.0 的水溶液中萃取 La^{3+}。已知其在两相中的分配比 $D = 43$，今取 1.0 mg·mL^{-1} La^{3+}的水溶液 20 mL,计算用萃取液 10.0 mL 一次萃取和用同量萃取液分两次萃取的萃取百分数。

解　由式(3-11)

$$E\% = \frac{100 \times 43}{43 + 20/10} = 95.6$$

分两次萃取，每次用萃取液 5 mL

$$E_1\% = \frac{100 \times 43}{43 + 20/5} = 91.5$$

两次萃取后

$$E_2\% = 91.5 + (1 - 0.915) \times 91.5 = 99.3$$

由例 3-2 可见，用相同体积的萃取溶剂，少量多次萃取，可达到更好的萃取效果。

4. 萃取过程的本质

大多数无机物质在水溶液中，在水分子偶极矩的作用下电离成离子，并与水分子形成水合离子，因而它们容易溶解在水中，是亲水性物质。而萃取过程却要用非极性或弱极性的有机溶

剂，从强极性的水溶液中直接萃取出已水合的阳离子或阴离子，显然是不可能的。为了实现萃取，必须在萃取过程中加入某种试剂，与被萃取溶质形成不带电荷、难溶于水而易溶于有机溶剂的物质，即疏水性物质。这类加入的试剂称为萃取剂。例如，用氯仿从水溶液中萃取 Al^{3+} 时，常用 8-羟基喹啉作萃取剂，形成 8-羟基喹啉铝。这是一种螯合物，难溶于水，易溶于氯仿中，可用氯仿作萃取溶剂。

总之，欲萃取水溶液中溶解的物质，必须使亲水性物质转变成易溶于有机溶剂的疏水性物质，才能从水相转入有机溶剂相中，被有机溶剂所萃取。反之，欲将有机相中的物质再转入水相，则必须将疏水性物质转变成易溶于水的亲水性物质，这一过程称为反萃取。例如，上述 8-羟基喹啉铝螯合物，在一定浓度的 HCl 溶液中，螯合物完全被破坏，Al^{3+} 恢复其水合离子状态，返回水溶液中。根据分离的需要，萃取与反萃取可联合使用。

5. 金属离子的溶剂萃取

分离金属离子是溶剂萃取的最重要应用之一。应用这项技术，金属离子通过适当的化学反应，从水相分配到不相溶的有机相中。金属离子的溶剂萃取可用于金属离子与其他干扰物质的分离，也适用于性质相近的金属离子之间选择性分离。由于可选择与金属离子完全反应生成有色物质的试剂作为萃取剂，萃取后的有机相可直接用于光度法测定，称为萃取光度法。

几种方式可使水溶液中亲水的金属离子转变成疏水性的物质被有机溶剂所萃取，构成了几种金属离子萃取体系。

1) 金属离子螯合物萃取体系

萃取金属离子用得最多的方法是将金属离子与有机螯合剂分子形成被萃取的螯合物。

所用萃取剂一般为有机弱酸。常用的有：8-羟基喹啉、二硫腙、N-亚硝基苯胲铵（铜铁试剂）、乙酰基丙酮、二乙基胺二硫代甲酸钠和丁二酮肟等。8-羟基喹啉铝、二硫腙汞、丁二酮肟镍等都是典型的螯合物萃取体系。螯合剂一般含有两个以上的螯合基团。所形成的螯合物越稳定，螯合剂在两相中的分配系数越小，螯合物在两相中的分配系数越大，则萃取分配比越大。另外，螯合剂的解离常数越大，即酸性越强，则形成的螯合物萃取分配比越大。

由于螯合剂一般为弱酸，因此萃取率与水相酸度关系很大，这是金属离子螯合物萃取体系的突出特点。以 8-羟基喹啉为萃取剂，以氯仿为萃取溶剂，萃取 Ga^{3+}、In^{3+}、Al^{3+} 时的萃取酸度曲线见图 3-1。

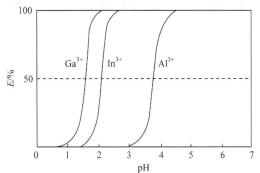

图 3-1　8-羟基喹啉萃取 Ga^{3+}、In^{3+}、Al^{3+} 的
萃取酸度曲线

从图 3-1 可以看出，当控制水相 pH 在 2.5 左右时，Ga^{3+}、In^{3+} 的螯合物完全进入了有机相，而 Al^{3+} 则完全留在水相，从而实现了分离。当 Ga^{3+} 萃取率达到 100% 时，已有大量的 In^{3+} 进入了有机相，因此控制水相的酸度使 Ga^{3+}、In^{3+} 相互分离难度很大。可通过加入掩蔽剂的方式将其中的一种离子进行掩蔽，另一种离子不变，使 Ga^{3+}、In^{3+} 萃取酸度曲线彼此相对产生移动，达到分离的目的。

在选择萃取溶剂时，应考虑金属离子螯合物在萃取溶剂中有较大的溶解度。一般根据螯合物的结构，选择结构相似的溶剂会收到良好的效果。例如，含烷基的螯合物可用卤代烷烃（如

CCl_4、$CHCl_3$ 等)作萃取溶剂;含芳香基的螯合物可用芳香烃(如苯、甲苯等)作萃取溶剂等。氯仿、四氯化碳、苯、环己烷、乙醚、异丙醚、甲基异丁基酮等与水互不相溶的溶剂常用于螯合物萃取体系中。

2)离子缔合物萃取体系

阳离子和阴离子通过静电引力相结合而形成电中性的化合物称为离子缔合物。该缔合物具有疏水性。通常离子的体积越大,所带电荷越少,越容易形成疏水性离子缔合物而被萃取。常见的离子缔合物有以下几种:

(1)金属配阳离子的离子缔合物:金属阳离子与大体积的配位剂作用,形成没有或很少配位水分子的配阳离子,然后与适当的阴离子缔合,形成疏水性离子缔合物。例如,Fe^{2+} 与邻二氮菲的螯合物带正电荷,能与 I^-、ClO_4^- 等形成离子缔合物而被氯仿等有机溶剂萃取。

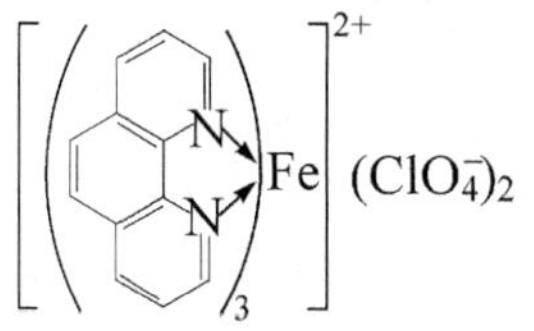

$$\left[Fe \right]^{2+}_3 (ClO_4^-)_2$$

(2)金属配阴离子的离子缔合物:金属离子与溶液中简单配位阴离子形成配阴离子,然后与大体积的有机阳离子形成疏水性离子缔合物。一些含有氨基的大分子有机染料,如三苯甲烷类试剂常用作萃取剂。例如,Sb(V)在 HCl 溶液中形成配阴离子 $SbCl_6^-$,结晶紫在酸性溶液中形成的大阳离子可与其缔合,而被甲苯萃取:

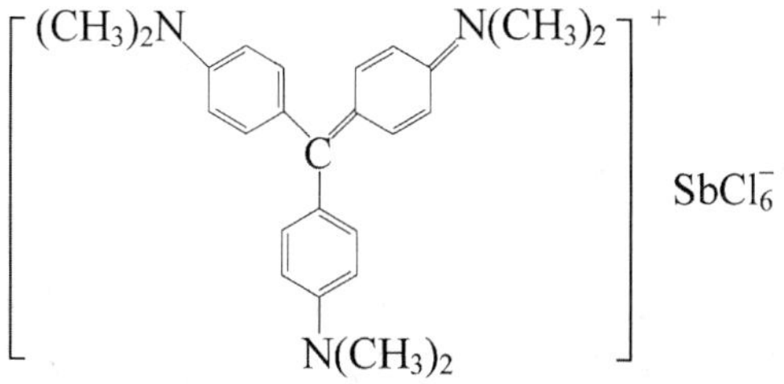

$$\left[(CH_3)_2N C N(CH_3)_2 \right]^+ SbCl_6^-$$

$$N(CH_3)_2$$

(3)形成𬭩盐的缔合物:含氧的有机溶剂,如醚、醇、酮和酯等,能结合 H^+ 而形成𬭩离子,再与金属配阴离子形成离子缔合物(又称𬭩盐),而被有机溶剂萃取。例如,在盐酸介质中,Fe^{3+} 与 Cl^- 可形成 $FeCl_4^-$,乙醚与 H^+ 结合成𬭩离子,这两者可结合为𬭩盐型缔合物 $(C_2H_5)_2OH^+FeCl_4^-$ 而被乙醚萃取。这里乙醚既是萃取剂又是萃取溶剂。可以看出,𬭩离子和𬭩盐的形成均需在较高的酸度下进行,常用不含氧的强酸(如盐酸等)调节酸度。实验表明,含氧的有机溶剂形成𬭩离子的能力按下列次序增强:

$$R_2O < ROH < RCOOH < RCOOR < RCOR'$$
$$\text{醚} \quad \text{醇} \quad \text{酸} \quad \text{酯} \quad \text{酮}$$

𬭩盐萃取体系的萃取溶剂的选择往往由实验确定。该体系的特点是萃取能力较强,但选择性较差,通常用于大量基体物质的分离。

6. 固相萃取

液-液萃取应用非常广泛,但也存在局限性。对水溶性样品,所用的萃取溶剂仅限于与水不相溶的有机溶剂;当萃取操作振荡时,易产生乳化现象;使用大量对人体和环境有害的有机溶剂会带来环境污染问题；通常是人工操作，并往往需要反萃取。

使用固相萃取可解决上述液-液萃取体系存在的问题，并已成为纯化和富集样品组分的新技术，尤其在色谱分析中应用更广泛。在这一技术中，疏水的有机官能团化学键合在固体表面，如粉状硅胶等。C_{18}链键合在粒径约 40 μm 的硅胶上是通常的例子。这些官能团靠范德华力同疏水的有机化合物作用，并从固体表面接触的水样液中实现组分的萃取。用在高效液相色谱中的固定相也可用于固相萃取。

图 3-2　固相萃取装置

粉末固相填装在类似塑料注射器的装置中(图 3-2)。样液装在管筒中，采取推动活塞产生压力(正压)、或抽真空(负压)、或离心等手段，使样液透过固相萃取剂，痕量有机分子被萃取富集在柱中，并与样液分离。可选用甲醇等溶剂进行洗脱，然后用色谱等方法分析测定。也可蒸发溶剂浓缩洗脱液，再进行分析。

在硅胶表面键合的萃取相可以变化，以便能萃取不同类型的化合物。不同的键合萃取相可通过范德华力、氢键或静电吸引等作用力与被萃取化合物作用。

硅胶微粒键合疏水的萃取相后，变成了不透水的，就必须考虑如何使其与水样液作用。用甲醇或类似的溶剂处理吸附床，可解决这一问题。这些溶剂穿透键合床后，水分子及被分析组分就能扩散进入键合相。处理后，在加样液之前，用水洗去多余的溶剂。

7. 固相微萃取

固相微萃取是只用微量溶剂或完全不用溶剂的萃取技术。它通常基于萃取相的吸附，一般用于气相色谱测定的分析组分富集。用固体吸附剂、固定的聚合物或两者联用负载在熔制的硅纤维上，典型的硅纤维尺寸为 1 cm×110 μm。硅纤维置于类似注射器装置的针管中。固体、液体或气体样品均可通过制样用于固相微萃取。使用时，固定时间和温度，将针管中硅纤维置于气体或液体样中，搅拌样可提高分析组分吸附效果。吸附后，将针管中硅纤维直接插入气相色谱的进样室，分析组分被解吸并导入色谱柱。

3.2.3　平面色谱分离法

平面色谱一般包括纸色谱和薄层色谱。这里主要介绍薄层色谱。

薄层色谱广泛用于扫描式的定性分析，也可用于定量分析。固定相是粉碎的吸附剂，涂敷在玻璃、铝板或塑料片上成薄层。凡用于液相柱色谱的固定相均可使用，但必须要有适当的制作工艺，使其能很好地附着在平板上。

用微量吸管在平板上点样(原点)，然后将平板或薄片点有样斑点的一端放入适当溶剂中展开(图 3-3)。溶剂(展开剂)靠毛细作用沿平板向上迁移，而样品中化合物依据其在溶剂中的溶解度及固定相对其的保留程度，以不同的速率沿平板向上移动，不同的组分移动的距离不同。因此，溶剂沿薄层上升过程中，便使不同组分得到分离。展开后溶质斑点的标记可用某种试剂处理，使其生成有色衍生物或可视标记(色斑)，或用其他方法处理，使其成为可检测的样斑。被分离后各组分的斑点在薄层中的位置可用比移值 R_f 来表征：

$$R_f = \frac{原点至组分斑点中心的距离}{原点至溶剂前沿的距离}$$

展开后溶剂上升到达的位置称为前沿。在一定温度下，对于给定的固定相、溶剂和展开条件，溶质的 R_f 是特定的，也就是说是一个常数。但由于材料或制作工艺不完全一致，R_f 会有小的变化，因此应测定每一批薄层板的 R_f。

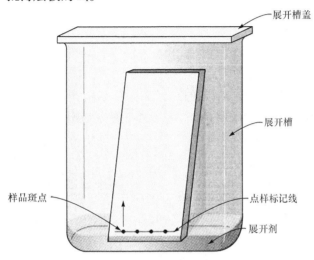

图 3-3 薄层色谱装置

1. 薄层色谱的展开

典型的薄层色谱装置见图 3-3。在距薄层板底部几厘米处用铅笔画一条细线，样液点在线上，以便下一步测定 R_f 值。为实现溶质的最大分离和减少拖尾，点样时应使样斑尽可能小。点样后用热风将每个样斑吹干。将薄层板置于展开槽中，底部浸入展开剂中。展开操作前或展开过程中，要注意加盖密封展开槽，使溶剂在槽中饱和，以避免展开时溶剂从薄层板表面挥发。展开需 10～60 min，其时间长短主要取决于待分离组分混合样液的复杂程度。如果用宽板，则可在板底点几个分析样和对照的标准物样，同时展开。

使用小的显微镜载玻片作薄层色谱板，5 min 可完成展开，可方便地用于探索最佳展开条件的预分离。很典型的是点样量为每个斑点 10～100 μg(1%样液 1～10 μL)，样斑的直径 2～5 mm。

该项技术的进展是使用双向展开薄层色谱，能实现较高效率的分离。用大面积的薄层板，样品点在薄层板下角上。用选定的溶剂体系展开一次后，薄层板旋转 90°，载有组分斑点一端朝下，用第二种溶剂体系再展开一次。如果有两种或更多组分第一次未被溶剂体系溶解，则用第二种溶剂体系就有可能将它们移动。

2. 斑点的测定

如果组分是荧光物质，薄层板可用紫外光照射；如果能选择到合适的显色剂，能使样斑显色则很方便。例如，氨基酸或氨基化合物通常用能形成蓝色或紫色斑点的茚三酮喷射。对于无荧光或不能显色的薄层板，可用碘蒸气熏斑点的方法，碘蒸气与组分化合物或是发生化学反应，或是被溶解形成有色产物。对于有机化合物，最普通的方法是用硫酸溶液喷射薄层板，加热使化合物焦化成黑色斑点。

3. 薄层色谱固定相

最常用的固定相是吸附剂，如硅胶、氧化铝和粉状纤维素等。硅胶凝胶颗粒表面含有能与极性分子形成氢键的羟基。吸附的水会阻止其他极性分子在其表面吸附，加热去除吸附的水可使硅胶凝胶活化。氧化铝也含羟基或氧原子，其主要用于分离弱极性的化合物，硅胶凝胶则主要用于分离极性的化合物，如氨基酸及糖类等。

4. 薄层色谱流动相

在吸附色谱中，溶剂的洗脱能力按其极性顺序而提高（正己烷＜丙酮＜乙醇＜水）。依据被分离组分的极性，选择吸附剂的种类和展开剂（流动相）的极性，即展开剂、被分离组分的极性和吸附剂的活性是相互关联、相互制约的。为了获得良好的分离，必须正确处理这三者的关系。极性大的组分，应选用极性大的展开剂。针对相关组分的样品，适宜的展开剂必须经多次实验才能确定。

在展开剂选择过程中，首选单一展开剂，只有无法用单一展开剂或使用单一展开剂影响分离或无定性方法时，才选择混合溶剂作展开剂。

展开剂必须是高纯度的，含有少量的水或其他杂质都会导致不真实的色谱分离结果。

3.2.4　离子交换色谱分离法

与其他主要用于分离复杂有机化合物的色谱不同，离子交换色谱主要适用于无机离子的分离，包括阳离子和阴离子，因为这种方法是基于固定相的离子交换。该方法也适用于氨基酸等在一定条件下可带电的小分子或大分子的分离。

离子交换色谱的固定相通常由二乙烯苯交联的聚苯乙烯球构成。交联聚合物（树脂）苯环的碳链上连有离子功能团。用于分析化学中的离子交换树脂主要有四种类型（表 3-2）。色谱操作一般可在开口的管子（交换柱）中进行，流动相依靠重力向下流动。微小颗粒的离子交换树脂可用于高效液相色谱（HPLC）中。

表 3-2　离子交换树脂类型

树脂类型		树脂功能团	商品树脂名称
阳离子	强酸性	磺酸基（—SO_3H）	强酸 42；Dowex50；Amberlite
	弱酸性	羧酸基（—COOH）	弱酸阳 101×4；Amberlite IRC5
阴离子	强碱性	季铵基[$N^+(CH_3)_3Cl^-$]	强碱阴 717；强碱阴 202；Amberlite IRC400
	弱碱性	氨基（—NH_2、—NHR、—NR_2）	弱碱阴 704、303；Amberlite IR45

1. 阳离子交换树脂

该树脂芳香环上含有酸性功能团。强酸性阳离子交换剂含有像硫酸一样强酸性的磺酸基（—SO_3H）。弱酸性阳离子交换剂含有羧酸基（—COOH），它仅能在一定条件下部分解离。在这些基团上的质子可同其他阳离子交换。

$$n\mathrm{RzSO_3^-H^+} + M^{n+} \Longrightarrow (\mathrm{RzSO_3})_nM + n\mathrm{H^+} \tag{3-13}$$

和

$$nRzCO_2^-H^+ + M^{n+} \Longrightarrow (RzCO_2)_nM + nH^+ \tag{3-14}$$

式中，Rz 表示树脂。对一定量的树脂，增加或降低［H^+］或［M^{n+}］，均能使平衡向左或向右移动。

阳离子交换树脂常用氢离子型，用钠盐处理很容易转换成钠离子型，钠离子再与其他阳离子进行交换。树脂的交换容量是指单位体积或单位质量交换剂所能交换的离子的总量，单位为 $mmol \cdot mL^{-1}$ 或 $mmol \cdot g^{-1}$，通常用滴定法测定。离子交换容量影响离子的保留。高容量的交换剂常用于分离复杂的混合物。

弱酸性阳离子交换树脂只能在一定酸度范围内才能使用，一般是在 pH 5～14，而强酸性阳离子交换树脂可在 pH 1～14 使用。在低 pH 时，弱酸性阳离子交换树脂对质子有很强的亲和力，不易与其他离子进行交换。

2. 阴离子交换树脂

阴离子交换树脂上的碱性基团羟基阴离子能与其他阴离子交换。有含强碱性基团(季铵基)和弱碱性基团(氨基)两种。其交换反应如下所示：

$$nR_zNR_3^+OH^- + A^{n-} \Longrightarrow (R_zNR_3)_nA + nOH^- \tag{3-15}$$

和

$$nR_zNH_3^+OH^- + A^{n-} \Longrightarrow (R_zNH_3)_nA + nOH^- \tag{3-16}$$

式中，R 表示有机基团，一般是甲基。

强碱性阴离子交换树脂可在 pH 0～12 使用，弱碱性阴离子交换树脂只能在 pH 0～9 使用。很弱的酸保留在弱碱性阴离子交换树脂上难以洗脱，但它常用于磺酸盐之类的强酸离子的分离，因为类似的阴离子在强碱性阴离子交换树脂上保留太强，不易洗脱。

3. 交联度

树脂的交联度越大，则其选择性差别越大。合成时可通过提高二乙烯苯的百分数提高交联度，交联度的提高也提高了树脂的硬度，降低了膨胀性和孔隙度，同时也降低了树脂的可溶性。中等孔隙度的材料常用于分离低相对分子质量的离子型物质，高孔隙度的材料常用于分离高相对分子质量的离子型物质。交联度可用合成时所用二乙烯苯的百分数表示。通常用的树脂交联度为 8%～10%。

4. pH 对分离的影响

很多物质存在的离子型态受溶液中 pH 的影响。金属离子及弱酸、弱碱盐的水解受 pH 的控制。在高浓度酸中，弱酸不会解离也不会产生离子交换。在高浓度碱中，弱碱也同样如此。因为氨基酸是两性物质(在不同条件下分别起酸或碱的作用)，所以在分离氨基酸时，控制 pH 起特别重要的作用。氨基酸有三种可能的型态(A、B、C)：

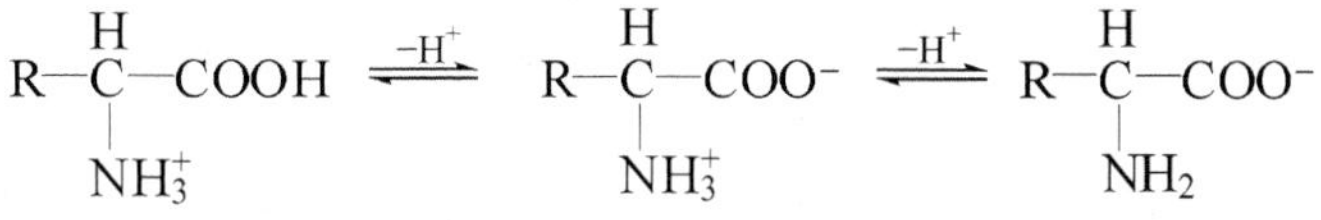

B 称为两性离子，是氨基酸在对应等电点 pH 时所表现的型态。等电点是分子的净电荷为零时所对应的 pH。在 pH 小于等电点的溶液中，—CO_2^- 被质子化，形成了阳离子（型态 A）；在 pH 大于等电点的溶液中，—NH_3^+ 失去质子，形成了阴离子（型态 C）。每种氨基酸的等电点是不相同的，这主要取决于氨基酸分子中羧基的酸性与氨基的碱性。因此，控制 pH 就有可能实现基于等电点的氨基酸组分离。在给定的 pH 条件下，试液流过一个阳离子交换柱和一个阴离子交换柱，可将氨基酸分为三组。不带电荷的中性氨基酸能流过两个交换柱，同时带正电荷与带负电荷的氨基酸分别保留在相应的交换柱上。每组的氨基酸再通过改变 pH 进行细分。

5. 配位剂对分离的影响

靠配位作用转变成阴离子，金属离子可在阴离子交换柱上实现分离。氯离子、溴离子、氟离子等阴离子是常用的配位剂。如果在交换前金属离子能形成可分离的配合物，或能改变配合物分子的大小，不带电荷的配位剂也能影响平衡。很多配位剂是弱酸、弱碱或它们的盐，因此 pH 和配位作用有很复杂的相互依赖关系。

3.2.5 液膜分离法

液膜分离分为乳化液膜和支撑液膜两种。这里主要介绍乳化液膜分离法。

乳化液膜分离法是近年来发展很快的一种膜分离方法。其分离原理主要依靠组分在两个互不相溶的两液相间选择性地渗透、萃取、吸附而进行分离。待分离组分从膜的外相透过液膜，在膜内被富集。它把液-液萃取中的萃取与反萃取两个步骤结合在一起，因液膜薄、传质速度快，故其分离效率比溶剂萃取高。

各种乳化膜液滴的直径为 0.1～0.3 mm，膜厚 5～100 μm，其示意图如图 3-4 所示。

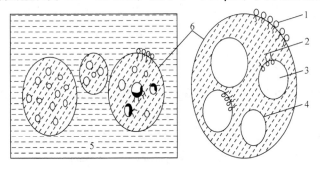

图 3-4　液膜的结构与分离原理示意图

1. 表面活性剂; 2. 膜相(油相); 3. 内相(接受相); 4. 膜相与内相界面; 5. 外相(连续相, 如废水); 6. 乳滴

由图 3-4 可见，所谓液膜是悬浮在液体(外相)中的一些直径约为 0.1 mm 的微小乳滴，这种乳滴主要由表面活性剂、膜溶剂、流动载体及膜的稳定剂组成。

表面活性剂是调节膜稳定性的主要成分。根据不同的膜体系，如油包水型(W/O，又称油膜)和水包油型(O/W，又称水膜)，可选用不同类型的表面活性剂。油膜常用的是 Span-80(失水山梨醇单油酸酯)，水膜常用的是皂角苷。

膜溶剂是膜的基体。选择膜溶剂的依据主要是考虑液膜对溶质的溶解度和液膜的稳定性。对于无流动载体的液膜，溶剂应对需要分离的组分有较高的选择性溶解；在有流动载体的液膜体系中，溶剂应容易溶解载体，而不溶解溶质；此外，溶剂应不溶于膜的内相与外相。常用的有煤油、戊醇等。

流动载体是可与溶质生成稳定性适当的配合物的试剂。例如，与无机金属离子生成的配合物，这种配合物易溶于油膜，而不溶于膜的内外相，并不产生沉淀。而且在膜外侧生成的配合物能在膜中扩散，转移到膜内侧后又能分解。因此，流动载体是实验分离传质的关键。许多能与金属离子生成配合物的试剂都可选作载体，如冠醚、硫冠醚等已成功地用于痕量金属离子的富集与分离。在有机物分离中主要用于生化物质分离的生物膜系统已成为生化分离中的热门话题。

思考题与习题

1. 什么是分配系数？什么是分配比？

2. 设计用有机溶剂萃取法从硝基苯 $C_6H_5NO_2$ 中分离苯胺 $C_6H_5NH_2$ 的方案。

3. 讨论在金属离子螯合物萃取体系中，pH 和试剂浓度对金属离子螯合物萃取的影响。

4. 试讨论影响离子交换树脂选择性的因素。

5. 什么是 R_f 值？影响 R_f 值的因素有哪些？

6. 在薄层色谱法点样后薄板展开时，为什么要使展开槽内溶剂蒸气饱和？要采取什么措施做到这一点？

7. 用某种有机溶剂萃取 100 mL 某溶质的水溶液两次，每次体积 50 mL，得溶质萃取率为 96%，计算溶质的分配比。

(8)

8. $PdCl_2$ 在 3 mol · L^{-1} HCl 和 3-n-丁基磷酸间的分配比为 2.3，现用 10.0 mL 3-n-丁基磷酸萃取 25.0 mL 7.0×10^{-4} mol · L^{-1} $PdCl_2$，计算溶质的萃取率。

(47.9%)

9. 用等体积的有机溶剂萃取某金属离子螯合物的萃取率为 90%，若用 2 倍有机溶剂萃取，萃取率是多少？

(94.7%)

10. 用等体积的甲苯从 7 mol · L^{-1} HCl 萃取 As(Ⅲ)，萃取率为 70%，现用等体积甲苯分成三次萃取，未被萃取的百分数是多少？

(18.1%)

11. 可用通过氢型阳离子交换柱，滴定法测定流出液的方法测定碱金属离子。流出液中含等物质的量置换出的氢离子可被滴定。如果 5.00 mL 阳离子交换柱流出液消耗 0.0506 mol · L^{-1} 的 NaOH 溶液 26.7 mL，每升溶液中含多少摩尔钾离子？

(0.299 mol)

12. 200 mL 10 g · L^{-1} NaCl 溶液中的钠离子置换了氢型阳离子交换柱中的氢离子。如果树脂的交换容量为 5.1 mmol · g^{-1} 干树脂，最少所需干树脂多少克？

(66.6 g)

13. 用下列物质的稀溶液分别流过氢型阳离子交换柱：(1) NaOH；(2) $FeSO_4$；(3) $HClO_4$；(4) $(NH_4)_2SO_4$，它们流出液的组成分别是什么？

(HCl；H_2SO_4；$HClO_4$；H_2SO_4)

第4章 化学分析概述

化学分析法包括滴定分析法和重量分析法。滴定分析法是将一种已知准确浓度的滴定剂（标准溶液）滴加到被测物质的溶液中，直到按一定的化学计量关系反应完全为止，依据所消耗标准溶液的浓度和体积，计算被测物质的含量。重量分析法通常以沉淀反应为基础，根据称量反应生成物的重量测定物质含量。因此，化学分析法是以化学反应为基础，通过实验测定的体积或质量，利用化学计量关系确定某成分含量的方法。该法是分析化学的基础，又称为经典分析法。化学分析法具有以下特点：

(1) 分析的准确度高。通常可以控制相对误差小于 0.1%，适用于常量组分（被测组分的含量＞1%）的分析。

(2) 分析的灵敏度低，选择性差，不适于微量组分的分析，而这又恰是仪器分析的优势所在。

(3) 所用仪器简单、价廉。

化学分析是分析化学的基础，与仪器分析和波谱分析构成分析化学的三大领域，有各自适用的范围和优缺点，发挥着各自的优势。

4.1 分析结果的表示方法

4.1.1 浓度、活度和活度系数

溶液中离子的活度（activity）是指其在化学反应中表现出来的有效浓度，由于溶液中离子间存在静电作用，它们的自由运动和反应活性受此影响。反应中表现出的浓度与其实际浓度间存在一定差异。关于活度和浓度（concentration），分析化学主要关心的问题有：①测定的结果用活度还是用浓度来表示；②判断离子强度的变化是否对计算或测量结果产生无法忽略的影响；③如果这种影响是不可忽视的，选择如何校正。

如果为了说明化学反应速率或反应能力等，就应该按被测物质的活度而不是浓度报出。如果为了确定某物质的品位、矿产的含量等，则应以浓度报出，或从浓度转换为物质的量。分析化学所涉及的关于溶液离子强度改变幅度较大，从无限稀释到浓盐体系，在这一范围内，离子性质改变也很大。实际工作中，应在标定及相应的测定过程中尽量采用相同或相近的溶液条件，从而克服由于离子强度改变对测量结果准确度和精密度的影响。

用 c 代表 i 离子的浓度，a 代表活度，则它们之间的关系为

$$a = \gamma_i c \tag{4-1}$$

式中，比例系数 γ_i 称为离子 i 的活度系数，表达实际溶液和理想溶液之间偏差大小。对于强电解质溶液，当溶液的浓度极稀时，离子之间的距离很大，以致离子之间的相互作用力小至可以忽略不计，这时活度系数就可以视为1，即 $a=c$。

对于高浓度电解质溶液中离子的活度系数，目前还没有令人满意的定量计算公式。对于 AB 型电解质稀溶液（＜0.1 mol · L⁻¹），德拜-休克尔（Debye-Hückel）公式能给出较好的结果：

$$-\lg\gamma_i = 0.512Z_i^2\left[\frac{\sqrt{I}}{1+B\mathring{a}\sqrt{I}}\right] \tag{4-2}$$

式中，γ_i 为离子 i 的活度系数；Z_i 为其电荷；B 为常数，25 ℃时为 0.003 28；$\mathring{a}$ 为离子体积系数，约等于水化离子的有效半径，以 $\mathrm{pm}(10^{-12}\ \mathrm{m})$ 计；I 为溶液的离子强度。

离子强度较小时，可不考虑水化离子的大小，活度系数可按德拜-休克尔极限公式计算

$$-\lg\gamma_i = 0.5Z_i^2\sqrt{I} \tag{4-3}$$

离子强度与溶液中各种离子的浓度及电荷有关，计算式为

$$I = \frac{1}{2}\sum_i c_i Z_i^2 \tag{4-4}$$

式中，c_i 和 Z_i 分别为溶液中 i 离子的浓度和电荷。一些离子的 $\mathring{a}$ 值列于附表 1 中。

例 4-1　计算 0.10 mol · L^{-1} HCl 溶液中 H$^+$ 的活度。

解
$$a_{\mathrm{H^+}} = \gamma_{\mathrm{H^+}}[\mathrm{H^+}] = \gamma_{\mathrm{H^+}}\times 0.10\ \mathrm{mol\cdot L^{-1}}$$

$$I = \frac{1}{2}\sum_i c_i Z_i^2 = \frac{1}{2}([\mathrm{H^+}]Z_{\mathrm{H^+}}^2 + [\mathrm{Cl^-}]Z_{\mathrm{Cl^-}}^2) = \frac{1}{2}\times 0.10\ \mathrm{mol\cdot L^{-1}}\times 1^2 + \frac{1}{2}\times 0.10\ \mathrm{mol\cdot L^{-1}}\times 1^2 = 0.10\ \mathrm{mol\cdot L^{-1}}$$

由附表 1 查得 H$^+$ 的 $\mathring{a}$ 值为 900，当 $I=0.10$ mol · L^{-1} 时，$\gamma_{\mathrm{H^+}} = 0.83$。所以

$$a_{\mathrm{H^+}} = 0.83\times 0.10\ \mathrm{mol\cdot L^{-1}} = 0.083\ \mathrm{mol\cdot L^{-1}}$$

例 4-2　计算 0.050 mol · L^{-1} AlCl$_3$ 溶液中 Cl$^-$ 和 Al^{3+} 的活度。

解
$$a_{\mathrm{Cl^-}} = \gamma_{\mathrm{Cl^-}}[\mathrm{Cl^-}] = 3\times 0.050\times \gamma_{\mathrm{Cl^-}}$$

$$I = \frac{1}{2}\sum_i c_i Z_i^2 = \frac{1}{2}(0.050\ \mathrm{mol\cdot L^{-1}}\times 3^2 + 3\times 0.050\ \mathrm{mol\cdot L^{-1}}\times 1^2) = 0.30\ \mathrm{mol\cdot L^{-1}}$$

已知 Cl$^-$ 的 $\mathring{a}=300$，$B=0.003\ 28$，由德拜-休克尔公式计算 $\gamma_{\mathrm{Cl^-}}$

$$-\lg\gamma_{\mathrm{Cl^-}} = 0.512\times 1^2\left(\frac{\sqrt{0.30}}{1+0.003\ 28\times 300\times\sqrt{0.30}}\right) = 0.1822$$

$$\gamma_{\mathrm{Cl^-}} = 0.66$$

$$a_{\mathrm{Cl^-}} = 3\times 0.050\ \mathrm{mol\cdot L^{-1}}\times 0.66 = 0.099\ \mathrm{mol\cdot L^{-1}}$$

对于 Al^{3+}，$\mathring{a}=900$。

$$-\lg\gamma_{\mathrm{Al^{3+}}} = 0.512\times 3^2\times\left(\frac{\sqrt{0.30}}{1+0.003\ 28\times 900\times\sqrt{0.30}}\right) = 0.9644$$

$$\gamma_{\mathrm{Al^{3+}}} = 0.11$$

$$a_{\mathrm{Al^{3+}}} = 0.050\ \mathrm{mol\cdot L^{-1}}\times 0.11 = 0.0055\ \mathrm{mol\cdot L^{-1}}$$

比较 $\gamma_{\mathrm{Al^{3+}}}$ 和 $\gamma_{\mathrm{Cl^-}}$，可见对于相同的离子强度，高价离子所受的影响要大得多。

对于中性分子的活度系数，溶液的离子强度改变时，会有所变化，不过这种变化很小，可以认为中性分子的活度系数近似地等于 1。

4.1.2　分析化学相关量的表示方法

根据试样质量、测量所得数据和分析过程中有关反应的化学计量关系，计算试样中有关组分的含量或浓度。分析结果常以待测组分实际存在形式的含量表示。

1. 分析化学中常用的量及单位

按国际单位制(SI)和相关国家标准(如 GB 3100—1993、GB 3101—1993),分析化学常用的量及单位列于表 4-1 中。

表 4-1　分析化学常用的量及单位

物理量		单位(符号)
量的名称	量的符号	
物质的量	n	摩[尔](mol),毫摩[尔](mmol)
摩尔质量	M	克每摩尔(g·mol^{-1})
物质的量浓度	c	摩[尔]每升(mol·L^{-1})
质量	m	克(g),毫克(mg)
体积	V	升(L),毫升(mL)
质量分数	w	量纲为一(%,mg·g^{-1})
质量浓度	ρ	克每升(g·L^{-1})

2. 待测组分含量或浓度的表示方法

1)固体试样

通常用质量分数表示固体试样中待测组分的含量。

$$w_A = \frac{m_A}{m_S} \tag{4-5}$$

式中,m_A 为试样中待测物质 A 的质量;m_S 为试样的质量;w_A 为物质 A 在试样中的质量分数,实际工作中通常以小数或百分数表示。待测组分含量很低时,可采用μg·g^{-1}(μg·mL^{-1})、ng·g^{-1}(ng·mL^{-1})和 pg·g^{-1}(pg·mL^{-1})等表示。

2)气体试样

气体试样中常量或微量组分的含量常用体积分数表示。

3)液体试样

液体试样中待测组分的含量或浓度可用下列几种方式表示:

(1)物质的量浓度 c,简称浓度,单位为 mol·L^{-1} 或 mmol·mL^{-1}。物质 A 的浓度(c_A)定义为:物质 A 的物质的量 n_A 除以溶液的体积 V_A。需要注意的是,涉及物质的量浓度时必须指明基本单元。

(2)质量摩尔浓度,常用单位为 mol·kg^{-1},表示待测组分物质的量除以溶剂的质量。

(3)质量浓度 ρ,表示单位体积中某种物质的质量,以 mg·L^{-1}、μg·L^{-1} 或 ng·mL^{-1} 等表示。

此外,还有质量分数(表示待测组分的质量除以试液的质量)、体积分数(表示待测组分的体积除以试液的体积)和摩尔分数(表示待测组分物质的量除以试液物质的量)等表示方法。它们的量纲均为一。

4.2　滴定分析概述

滴定分析法是定量化学分析中最重要的分析方法，主要包括酸碱滴定法、配位滴定法、氧化还原滴定法和沉淀滴定法，有关的基本原理与实际应用将在第 5~8 章中分别讨论。

4.2.1　滴定分析法的特点

滴定分析法是以测量溶液体积为基础的分析方法。控制适宜的反应条件，将一种已知准确浓度的试剂溶液(标准溶液，standard solution)滴加到被测物质的溶液中，或者将被测物质的溶液滴加到标准溶液中，直到所加的试剂与被测物质按化学计量关系定量反应为止，这时称反应达到化学计量点(stoichiometric point)，简称计量点(以 sp 表示)，这一操作过程称为滴定(titration)。根据滴定反应的化学计量关系、试剂溶液或标准溶液的浓度和用量，计算出被测组分的含量。一般来说，由于在计量点时试液的外观并无明显变化，实际测定中一般依据指示剂(indicator)的变色来确定(或用仪器进行检测)，此时称为滴定终点(titration end point)，简称终点(以 ep 表示)。滴定终点(实测值)与化学计量点(理论值)往往并不相同，由此引起测定结果的误差称为终点误差(end point error, E_t)，又称滴定误差。此外，滴定终点与指示剂的理论变色点多不相同。终点误差的大小，不仅取决于滴定反应的完全程度，还与使用的指示剂恰当与否有关，这是滴定分析中误差的主要来源之一。

滴定分析法主要用于组分含量在 1%以上(称为常量组分)物质的测定；有时用微量滴定管也能进行微量分析。该法的特点是准确度高，能满足常量分析的要求；操作简便、快速；使用的仪器简单、成本低；可应用多种化学反应类型进行广泛的分析测定。

4.2.2　滴定分析法对滴定反应的要求

适用于滴定分析法的化学反应必须符合下列条件：

(1)被测物质与标准溶液之间的反应按照确定的化学计量关系(由确定的化学反应式表示)定量进行。通常要求在化学计量点时，反应的完全程度应达到 99.9%以上，这是定量计算的基础。

(2)反应速率快，最好在滴定剂加入后即可完成；或者能够采取某些措施(如加热或加入催化剂等)加快反应速率。

(3)有简便可行的方法确定滴定终点，如用指示剂或仪器方法等。

(4)具有较好的选择性，共存物不干扰测定或可消除干扰。

4.2.3　滴定分析法分类

1. 按滴定反应类型分类

根据标准溶液与待测物质间反应类型的不同，滴定分析法分为
酸碱滴定(acid-base titration)

$$H^+ + OH^- \rightleftharpoons H_2O$$

配位滴定(complex titration)

$$Zn^{2+} + H_2Y^{2-} \Longrightarrow ZnY^{2-} + 2H^+$$

氧化还原滴定(redox titration)

$$Cr_2O_7^{2-} + 6Fe^{2+} + 14H^+ \Longrightarrow 2Cr^{3+} + 6Fe^{3+} + 7H_2O$$

沉淀滴定(precipitation titration)

$$Ag^+ + Cl^- \Longrightarrow AgCl\downarrow$$

2. 按滴定方式分类

1)直接滴定法

凡是符合 4.2.2 小节中条件的化学反应,可直接采用标准溶液对试样溶液进行滴定,称为直接滴定法(direct titration)。这是最常用、最基本的滴定方式,其特点是简便、快速,引入的误差较小。若某些反应不能完全满足以上要求,在可能的条件下,还可以采用下列其他滴定方式进行滴定。

2)返滴定法

当滴定反应速率缓慢,滴定固体物质反应不能迅速完成或者没有合适的指示剂时,可采用返滴定法(back titration)进行测定。返滴定法是先加入一定量且过量的标准溶液,待其与被测物质反应完全后,再用另一种标准溶液滴定剂测定剩余的标准溶液,从而计算被测物质的量。返滴定法又称回滴法。例如,EDTA 配位滴定法测定 Al^{3+},酸碱滴定法测定固体试样中 $CaCO_3$ 的含量等。

3)置换滴定法

当被测物质所参与的滴定反应不按一定反应式进行或伴有副反应,没有确定的化学计量关系时,则不能用直接滴定法测定。可先用适当试剂与被测物质反应,使其定量地置换为另一种物质,再用标准溶液滴定这种物质,这种滴定方法称为置换滴定法(replacement titration)。例如,标定 $Na_2S_2O_3$ 溶液浓度时,$Na_2S_2O_3$ 不能直接滴定 $K_2Cr_2O_7$ 或其他强氧化剂,因为强氧化剂不仅将 $S_2O_3^{2-}$ 氧化为 $S_4O_6^{2-}$,还会将其部分地氧化为 SO_4^{2-},反应没有确定的计量关系。采用置换滴定法时,在酸性 $K_2Cr_2O_7$ 溶液中加入过量 KI 溶液,$K_2Cr_2O_7$ 被定量置换为 I_2,然后用 $Na_2S_2O_3$ 溶液滴定 I_2,$S_2O_3^{2-}$ 被定量氧化为 $S_4O_6^{2-}$,可用淀粉作指示剂。

$$Cr_2O_7^{2-} + 6I^- + 14H^+ \Longrightarrow 2Cr^{3+} + 3I_2 + 7H_2O$$

$$I_2 + 2S_2O_3^{2-} \Longrightarrow 2I^- + S_4O_6^{2-}$$

4)间接滴定法

不能与滴定剂直接反应的物质,有时可以通过另外的化学反应间接地进行滴定,称为间接滴定法(indirect titration)。例如,溶液中的 Ca^{2+} 无法用氧化还原滴定法测定。可将 Ca^{2+} 定量沉淀为 CaC_2O_4,过滤洗净后用 H_2SO_4 溶解,即可用 $KMnO_4$ 标准溶液滴定与 Ca^{2+} 相当量的 $C_2O_4^{2-}$,从而间接测定 Ca^{2+} 的含量。

以上非直接滴定的方法,扩展了滴定分析的应用范围,提高了滴定分析的选择性。

4.3 基准物质和标准溶液

4.3.1 基准物质

用于直接配制标准溶液或用来确定(标定)某一溶液准确浓度的化学试剂(物质)称为基准

物质(primary standard substance)。作为基准物质，必须符合以下条件：

（1）试剂的实际组成与其化学式完全符合。若含结晶水（如硼砂 $Na_2B_4O_7 \cdot 10H_2O$），则其结晶水的含量也要与化学式相符。

（2）试剂的纯度高。试剂主成分的含量一般应在 99.9% 以上，所含杂质不影响分析的准确度。

（3）试剂稳定。例如，不易吸收空气中的水分或 CO_2，不易被空气氧化，加热干燥时不易分解等。

（4）试剂的摩尔质量较大。

应注意，有些高纯试剂和光谱纯试剂虽然纯度很高，但只能说明其中金属杂质的含量很低。由于可能含有组成不定的水分和气体杂质，其组成与化学式不一定准确相符，且主要成分的含量也可能达不到 99.9%，就不能用作基准物质。应将基准试剂与高纯试剂或专用试剂加以区分。

分析化学中，常用的基准物质有纯金属和纯化合物。表 4-2 中列出了一些滴定分析中常用的基准物质及其应用范围等，使用时应按规定进行妥善保存和干燥处理等。

表 4-2 滴定分析常用基准物质

标定对象	基准物质		干燥后组成	干燥条件/℃
	名称	化学式		
酸	十水合碳酸钠	$Na_2CO_3 \cdot 10H_2O$	Na_2CO_3	270～300
	无水碳酸钠	Na_2CO_3	Na_2CO_3	270～300
	碳酸氢钠	$NaHCO_3$	Na_2CO_3	270～300
	碳酸氢钾	$KHCO_3$	K_2CO_3	270～300
	硼砂	$Na_2B_4O_7 \cdot 10H_2O$	$Na_2B_4O_7 \cdot 10H_2O$	放在装有 NaCl 和蔗糖饱和溶液的干燥器中
碱	邻苯二甲酸氢钾	$KHC_8H_4O_4$	$KHC_8H_4O_4$	105～110
碱或 $KMnO_4$	二水合乙二酸	$H_2C_2O_4 \cdot 2H_2O$	$H_2C_2O_4 \cdot 2H_2O$	室温空气干燥
还原剂	重铬酸钾	$K_2Cr_2O_7$	$K_2Cr_2O_7$	120
	溴酸钾	$KBrO_3$	$KBrO_3$	180
	碘酸钾	KIO_3	KIO_3	180
	铜	Cu	Cu	室温干燥器中保存
氧化剂	三氧化二砷	As_2O_3	As_2O_3	硫酸干燥器中保存
	草酸钠	$Na_2C_2O_4$	$Na_2C_2O_4$	105
EDTA	碳酸钙	$CaCO_3$	$CaCO_3$	110
	锌	Zn	Zn	室温干燥器中保存
	氧化锌	ZnO	ZnO	800
$AgNO_3$	氯化钠	NaCl	NaCl	500～550
	氯化钾	KCl	KCl	500～550
氯化物	硝酸银	$AgNO_3$	$AgNO_3$	硫酸干燥器中保存

4.3.2　标准溶液

标准溶液是指已知准确浓度的溶液,在滴定分析中常用作滴定剂,即标准滴定溶液,中国国家标准为《化学试剂 标准滴定溶液的制备》(GB/T 601—2016)。配制标准溶液的方法有直接配制法和间接配制法两种。

1. 直接配制法

在分析天平上准确称取一定质量的某基准物质,溶解后定量转入容量瓶中,然后稀释、定容并摇匀。根据溶质的质量 $m_B(g)$ 和容量瓶的体积 $V_B(L)$,即可计算出该溶液的准确浓度 c_B。

$$m_B = c_B V_B M_B \tag{4-6}$$

2. 间接配制法

许多化学试剂不完全符合基准物质的必备条件。例如,NaOH 易吸收空气中的水分和 CO_2,纯度不高;市售的盐酸中 HCl 准确含量难以确定且易挥发;$KMnO_4$ 和 $Na_2S_2O_3$ 等均不易提纯且见光易分解。这类物质只能采用间接配制法(标定法)配制。先将这类物质配制成近似于所需浓度的溶液,然后利用该物质与某基准物质或另一种标准溶液之间确定的化学反应来确定其准确浓度,这一操作过程称为标定。例如,欲标定某 NaOH 溶液的浓度,需先准确称取一定质量的基准试剂邻苯二甲酸氢钾,将其溶解后,用待标定的 NaOH 溶液进行滴定,至二者定量反应完全,再根据滴定中消耗 NaOH 溶液的体积计算出其准确浓度。大多数标准溶液的准确浓度是通过标定的方法确定的。

正确配制和标定标准溶液,妥善保存和正确使用标准溶液,对提高滴定分析准确度尤为重要。实际工作中,应选用与被测分析试样组成相似的标样来标定标准溶液,以消除共存物质的影响,减小系统误差。

3. 滴定度

滴定度 T 也是标准溶液浓度的一种表示方法。在生产部门的例行分析中,为简化计算,应用滴定度 T 较为方便。滴定度是指每毫升标准溶液(滴定剂)相当于被测物质的质量(g 或 mg),用符号 $T_{B/A}$ 表示,其中 A、B 分别表示标准溶液的溶质、被测物质的化学式,单位为 $g \cdot mL^{-1}$(或 $mg \cdot mL^{-1}$)。例如,$T_{Fe/K_2Cr_2O_7} = 0.006\,687\ g \cdot mL^{-1}$,表示与 1.00 mL 该 $K_2Cr_2O_7$ 标准溶液反应的 Fe 为 0.006 687 g。若在滴定中消耗该 $K_2Cr_2O_7$ 标准溶液 V mL,则该样品中铁的质量 $m_{Fe} = TV$(g)。

滴定度还可以用每毫升标准溶液相当于被测组分的质量分数(%)来表示。例如。$T_{Fe/K_2Cr_2O_7} = 2.69\% \cdot mL^{-1}$,表明固定称量试样为某一质量时,滴定中每消耗 1.00 mL 该 $K_2Cr_2O_7$ 标准溶液,相当于与 2.69%含 Fe 量的试样中的 Fe 发生了反应。

4.4　滴定分析计算

4.4.1　计算依据和常用公式

在直接滴定法中,设标准溶液(滴定剂)中的溶质 D 与被滴定物质(被测组分)B 之间的化学

反应为

$$dD + bB \rightleftharpoons cC + eE \tag{4-7}$$

式中，C 和 E 为滴定产物。当上述反应定量完成达到化学计量点时，b mol 的物质 B 恰与 d mol 的物质 D 完全作用，生成了 c mol 的物质 C 和 e mol 的物质 E，即滴定剂 D 的物质的量 n_D 与被测物质 B 的物质的量 n_B 之间的反应计量比为

$$n_B : n_D = b : d$$

于是 D 的物质的量 n_D 为

$$n_D = \frac{d}{b} n_B \tag{4-8}$$

根据物质的量与物质的量浓度及体积之间的关系，可以得出以下两个公式：

$$c_D V_D = \frac{d}{b} c_B V_B \tag{4-9}$$

$$\frac{m_D}{M_D} = \frac{d}{b} c_B V_B \tag{4-10}$$

式中，c_D 和 V_D 分别为滴定剂 D 的浓度和体积；c_B 和 V_B 分别为被滴定物质 B 的浓度和体积；m_D 和 M_D 分别为物质 D 的质量和摩尔质量。在式(4-10)中，c_B 的单位为 $mol \cdot L^{-1}$，V_B 的单位为 L，M_D 的单位为 $g \cdot mol^{-1}$，m_D 的单位为 g。在滴定中，滴定剂的体积 V_D 常以 mL 为单位，代入式(4-9)计算时，应注意相关量单位的换算。

4.4.2　滴定分析计算类型

滴定分析法的计算包括标准溶液的配制(直接配制法)、标定溶液的浓度和待测组分含量的计算等。

1. 标准溶液的配制(直接配制法)、稀释与浓缩

基本公式为

$$m_B = c_B V_B M_B \quad 及 \quad c_A V_A = c_A' V_A' \tag{4-11}$$

式中，c_A、V_A 和 c_A'、V_A' 分别代表稀释或浓缩前后溶液的浓度、体积。

例 4-3　欲配制 $0.010\,00\ mol \cdot L^{-1}\ K_2Cr_2O_7$ 标准溶液 100.0 mL，应称取基准物质 $K_2Cr_2O_7$ 多少克？

解　用直接法配制该标准溶液，需准确称取基准物质 $K_2Cr_2O_7$，溶解、定量转移并定容于 100.00 mL 容量瓶中，摇匀。

$$m_{K_2Cr_2O_7} = c_{K_2Cr_2O_7} V_{K_2Cr_2O_7} M_{K_2Cr_2O_7} = 0.010\,00 \times 0.1000 \times 294.18 = 0.2942(g)$$

例 4-4　已知浓盐酸的密度为 1.19 $g \cdot mL^{-1}$，其中 HCl 含量约为 37%。(1)计算每升浓盐酸中所含 HCl 的物质的量和浓盐酸的浓度；(2)欲配制浓度为 0.10 $mol \cdot L^{-1}$ 的稀盐酸 1.0×10^3 mL，需量取上述浓盐酸多少毫升？

解　(1)已知 $M_{HCl} = 36.46\ g \cdot mol^{-1}$，则 1.0 L 浓盐酸中

$$n_{HCl} = \left(\frac{m}{M}\right)_{HCl} = \frac{1.19\ g \cdot mL^{-1} \times 1.0 \times 10^3\ mL \times 0.37}{36.46\ g \cdot mol^{-1}} = 12\ mol$$

$$c_{HCl} = \left(\frac{n}{V}\right)_{HCl} = \frac{12\ mol}{1.0\ L} = 12\ mol \cdot L^{-1}$$

(2)稀释前 $c_{HCl} = 12\ mol \cdot L^{-1}$，稀释后 $c_{HCl}' = 0.10\ mol \cdot L^{-1}$，$V_{HCl}' = 1.0 \times 10^3$ mL。依据公式 $c_A V_A = c_A' V_A'$，得

$$V_{\text{HCl}} = \frac{c'_{\text{HCl}} V'_{\text{HCl}}}{c_{\text{HCl}}} = \frac{0.10 \text{ mol} \cdot \text{L}^{-1} \times 1.0 \times 10^3 \text{ mL}}{12 \text{ mol} \cdot \text{L}^{-1}} = 8.3 \text{ mL}$$

例 4-5　现有 $0.0778 \text{ mol} \cdot \text{L}^{-1}$ H_2SO_4 溶液 500 mL，欲使其浓度增至 $0.1000 \text{ mol} \cdot \text{L}^{-1}$，需加入 $0.1500 \text{ mol} \cdot \text{L}^{-1}$ H_2SO_4 溶液多少毫升？

解　设需加入 $0.1500 \text{ mol} \cdot \text{L}^{-1}$ H_2SO_4 溶液 $V(\text{mL})$，根据溶液增浓前后物质的量相等的原理，则

$$0.0778 \times 500 \times 10^{-3} + 0.1500 \times V \times 10^{-3} = 0.1000 \times (500 + V) \times 10^{-3}$$

$$V = 222(\text{mL})$$

例 4-6　计算溶液中含有 2.30 g C_2H_5OH $(46.07 \text{ g} \cdot \text{mol}^{-1})$ 的乙醇在 3.50 L 水溶液中的物质的量浓度。

解　因为物质的量浓度是每升溶液中溶质的物质的量，所以用 C_2H_5OH 的物质的量除以体积，有

$$c_{\text{乙醇}} = \frac{2.30 \times \dfrac{1}{46.07}}{3.50} \text{ mol} \cdot \text{L}^{-1} = 0.0143 \text{ mol} \cdot \text{L}^{-1}$$

2. 标定溶液浓度的计算

$$\frac{m_D}{M_D} = \frac{d}{b} c_B V_B$$

式中，D 表示基准物质。上式可计算待标定溶液中溶质 B 的浓度，估算基准物质的称量范围和滴定剂的体积。

例 4-7　0.2121 g 纯 $Na_2C_2O_4$ $(134.00 \text{ g} \cdot \text{mol}^{-1})$ 的滴定需要消耗 43.31 mL $KMnO_4$ 标准溶液，计算 $KMnO_4$ 溶液的浓度。

解　滴定反应为

$$2MnO_4^- + 5C_2O_4^{2-} + 16H^+ \Longrightarrow 2Mn^{2+} + 10CO_2 + 8H_2O$$

$$c_{\text{KMnO}_4} = \frac{\left(\dfrac{0.2121}{134.00} \times \dfrac{2}{5}\right) \times 1000}{43.31} \text{ mol} \cdot \text{L}^{-1} = 0.014\,62 \text{ mol} \cdot \text{L}^{-1}$$

例 4-8　滴定 50.00 mL HCl 溶液需要消耗 29.71 mL $0.019\,63 \text{ mol} \cdot \text{L}^{-1}$ $Ba(OH)_2$ 标准溶液（以溴甲酚绿为指示剂），计算 HCl 的物质的量浓度。

解　滴定反应为

$$Ba(OH)_2 + 2HCl \Longrightarrow BaCl_2 + 2H_2O$$

$$c_{\text{HCl}} = \frac{29.71 \times 0.019\,63 \times 2}{50.00} \text{ mol} \cdot \text{L}^{-1} = 0.023\,33 \text{ mol} \cdot \text{L}^{-1}$$

3. 待测物质(组分)质量分数的计算

若以被测物质的质量表示测定结果，可直接运用式(4-10)进行计算，即

$$m_B = \frac{b}{d} c_D V_D M_B$$

式中，B 表示待测物质；D 表示标准溶液中的溶质。

若此时试样的质量为 $m_s(\text{g})$，则待测组分 B 在试样中的质量分数为

$$w_B = \frac{m_B}{m_s} = \frac{\dfrac{b}{d} c_D V_D M_B}{m_s} \tag{4-12}$$

式(4-12)中的 w_B 也可用百分数表示,即乘以 100%。也可用两个不相等的质量单位之比来表示,如 mg·g^{-1} 等。待测组分含量的计算还可参见滴定分析法各章的应用示例。

例 4-9 将 0.8040 g 铁矿石样品溶于酸中,然后将铁还原为 Fe^{2+},用 0.022 42 mol·L^{-1} KMnO$_4$ 溶液滴定,消耗 47.22 mL。计算铁矿石中铁的含量,分别用 Fe 和 Fe$_3$O$_4$ 的形式表示。已知 M_{Fe}=55.845 g·mol^{-1}, $M_{Fe_3O_4}$ = 231.55 g·mol^{-1}。

解 滴定反应为

$$MnO_4^- + 5Fe^{2+} + 8H^+ \Longrightarrow Mn^{2+} + 5Fe^{3+} + 4H_2O$$

$$w_{Fe} = \frac{5 \times 0.022\,42 \times 47.22 \times 10^{-3} \times 55.845}{0.8040} \times 100\% = 36.77\%$$

$$w_{Fe_3O_4} = \frac{\frac{5}{3} \times 0.022\,42 \times 47.22 \times 10^{-3} \times 231.55}{0.8040} \times 100\% = 50.82\%$$

例 4-10 用 HNO$_3$ 分解 3.776 g 含汞软膏样品。将处理后的样品稀释,用 0.1144 mol·L^{-1} NH$_4$SCN 标准溶液滴定其中的 Hg^{2+},耗去 21.30 mL。计算药膏中 Hg 的含量。已知 M_{Hg}=200.592 g·mol^{-1}。

解 这个滴定涉及一个稳定的中性复合物 Hg(SCN)$_2$ 的形成

$$Hg^{2+} + 2SCN^- \Longrightarrow Hg(SCN)_2$$

$$w_{Hg} = \frac{\frac{1}{2} \times 21.30 \times 0.1144 \times 10^{-3} \times 200.592}{3.776} \times 100\% = 6.472\% \approx 6.47\%$$

例 4-11 0.4755 g 某样品包含 (NH$_4$)$_2$C$_2$O$_4$ 和惰性材料,将其用水溶解,加入 KOH,蒸馏释放出的 NH$_3$ 被 50 mL 0.050 35 mol·L^{-1} H$_2$SO$_4$ 吸收。过量的 H$_2$SO$_4$ 用 11.13 mL 0.1214 mol·L^{-1} NaOH 回滴定。计算样品中 N 和 (NH$_4$)$_2$C$_2$O$_4$ 的含量。已知 M_N=14.007 g·mol^{-1}, $M_{(NH_4)_2C_2O_4}$ =124.10 g·mol^{-1}。

解 H$_2$SO$_4$ 与 NH$_3$ 和 NaOH 反应

$$w_N = \frac{\left(0.050\,35 \times 50.00 - 0.1214 \times 11.13 \times \frac{1}{2}\right) \times 2 \times \frac{14.007}{1000}}{0.4755} \times 100\% = 10.85\%$$

$$w_{(NH_4)_2C_2O_4} = \frac{\left(0.050\,35 \times 50.00 - 0.1214 \times 11.13 \times \frac{1}{2}\right) \times \frac{124.10}{1000}}{0.4755} \times 100\% = 48.07\%$$

例 4-12 在 150 ℃ 下,将 20.3 L 气体样本通过五氧化二碘,其中的 CO 将转化为 CO$_2$。在此温度下蒸馏出的碘用 8.25 mL 0.011 01 mol·L^{-1} Na$_2$S$_2$O$_3$ 吸收剂吸收,I$_2$ + 2S$_2$O$_3^{2-}$ $\Longrightarrow$ 2I$^-$ + S$_4$O$_6^{2-}$,过量的 Na$_2$S$_2$O$_3$ 以 0.009 47 mol·L^{-1} I$_2$ 溶液回滴定,耗去 2.16 mL。计算每升样品所含 CO 的质量。已知 M_{CO}=28.01 g·mol^{-1}。

解 反应如下:

$$5CO + I_2O_5 \Longrightarrow I_2 + 5CO_2$$

每升样品所含 CO 的质量为

$$\frac{(8.25 \times 0.011\,01 - 2.16 \times 0.009\,47 \times 2) \times \frac{5}{2} \times 28.01}{20.3} \text{ mg} = 0.172 \text{ mg}$$

例 4-13 K$_2$Cr$_2$O$_7$ 标准溶液的 $T_{Fe/K_2Cr_2O_7}$ = 0.011 17 g·mL^{-1}。测定 0.5000 g 含铁试样时,用去该标准溶液 24.64 mL。计算 $T_{Fe_2O_3/K_2Cr_2O_7}$ 和试样中以 Fe$_2$O$_3$ 形式表示的铁的质量分数。已知 M_{Fe}=55.845 g·mol^{-1}, $M_{Fe_2O_3}$ = 159.69 g·mol^{-1}。

解　滴定反应为

$$6Fe^{2+} + Cr_2O_7^{2-} + 14H^+ = 6Fe^{3+} + 2Cr^{3+} + 7H_2O$$

因为 $Fe_2O_3 \sim 2Fe$，故

$$T_{Fe_2O_3/K_2Cr_2O_7} = T_{Fe/K_2Cr_2O_7} \frac{M_{Fe_2O_3}}{2M_{Fe}} = 0.011\ 17\ \text{g} \cdot \text{mL}^{-1} \times \frac{159.69\ \text{g} \cdot \text{mol}^{-1}}{2 \times 55.845\ \text{g} \cdot \text{mol}^{-1}} = 0.015\ 97\ \text{g} \cdot \text{mL}^{-1}$$

所以

$$w_{Fe_2O_3} = \frac{m_{Fe_2O_3}}{m_s} = \frac{T_{Fe_2O_3/K_2Cr_2O_7}V_{K_2Cr_2O_7}}{m_s} = \frac{0.015\ 97\ \text{g} \cdot \text{mL}^{-1} \times 24.64\ \text{mL}}{0.5000\ \text{g}} = 0.7870$$

思考题与习题

1. 在硫酸溶液中，离子活度系数的大小次序为 $\gamma_{H^+} > \gamma_{HSO_4^-} > \gamma_{SO_4^{2-}}$，试加以说明。

2. 解释名词术语：滴定分析法，滴定，滴定方式，标准溶液(滴定剂)，标定，化学计量点，滴定终点，滴定误差，指示剂，基准物质。

3. 滴定度 $T_{B/A}$ 的结果可以如何表示？滴定度与物质的量浓度之间如何换算？试举例说明。

4. 基准试剂(1)$H_2C_2O_4 \cdot 2H_2O$ 因保存不当而部分风化；(2)Na_2CO_3 因吸潮带有少量的湿存水。用(1)标定 NaOH 或用(2)标定 HCl 溶液的浓度时，结果是偏高还是偏低？用此 NaOH(HCl)溶液测定某有机酸(有机碱)的摩尔质量时，结果偏高还是偏低？

5. 分析纯(A.R.)物质 H_2SO_4、KOH、硫代硫酸钠、无水碳酸钠，用什么方法将它们配制成标准溶液？如需标定，应该选用哪些相应的基准物质？

6. 下列情况将对分析结果产生何种影响？请选择：A. 正误差；B. 负误差；C. 无影响；D. 结果混乱。

(1)标定 HCl 溶液浓度时，使用的基准物质 Na_2CO_3 中含有少量 $NaHCO_3$；

(2)加热使基准物质溶解后，溶液未经冷却即转移至容量瓶中并稀释至刻度，摇匀，立即标定；

(3)使用递减法称量试样时，第一次读数时使用了磨损的砝码；

(4)配制标准溶液时，未将容量瓶内溶液摇匀；

(5)用移液管移取试样溶液时，事先未用待移取溶液润洗移液管；

(6)称量时，盛接试样的锥形瓶潮湿。

7. 用基准物质 $Na_2B_4O_7 \cdot 10H_2O$ 标定 HCl 溶液的浓度，称取 0.4806 g 硼砂，滴定至终点时消耗 HCl 溶液 25.20 mL，计算 HCl 溶液的浓度。已知 $M_r(Na_2B_4O_7 \cdot 10H_2O) = 381.37$。

(0.1000 mol · L^{-1})

8. 高锰酸钾溶液浓度为 $T_{CaCO_3/KMnO_4} = 0.005\ 005\ \text{g} \cdot \text{mL}^{-1}$，求高锰酸钾溶液的物质的量浓度及它对铁的滴定度。已知 $M_r(CaCO_3) = 100.09$，$A_r(Fe) = 55.85$。

(0.020 00 mol · L^{-1}，0.005 585 g · mL^{-1})

9. 已知浓硝酸相对密度为 1.42，HNO_3 含量约 70%。求其浓度。欲配制 1 L 0.25 mol · L^{-1} HNO_3 溶液，取这种浓硝酸多少毫升？已知 $M_r(HNO_3) = 63.01$。

(16 mol · L^{-1}，约 16 mL)

10. 已知浓硫酸的相对密度为 1.84，其中 H_2SO_4 含量约为 96%。如欲配制 1 L 0.20 mol · L^{-1} H_2SO_4 溶液，应取这种浓硫酸多少毫升？已知 $M_r(H_2SO_4) = 98.08$。

(11.1 mL)

11. 有一 NaOH 溶液，其浓度为 0.5450 mol · L^{-1}，取该溶液 100.0 mL，需加水多少毫升方能配成浓度为 0.5000 mol · L^{-1} 的溶液？

(9.0 mL)

12. 欲配制 0.2500 mol · L^{-1} HCl 溶液，现有 0.2120 mol · L^{-1} 溶液 1000 mL，应加入 1.121 mol · L^{-1} HCl 溶液多少毫升？

(43.63 mL)

13. 硫酸介质中，称取基准物质 $Na_2C_2O_4$ 0.2030 g 标定 $KMnO_4$ 溶液的浓度。若消耗 $KMnO_4$ 溶液 30.00 mL 至终点，计算 $KMnO_4$ 溶液的浓度。已知 $M_r(Na_2C_2O_4)=134.00$。

(0.020 20 mol·L^{-1})

14. 酒石酸 $(H_2C_4H_4O_6)$ 是一种二元弱酸，它的 $pK_{a_1}=3.0$、$pK_{a_2}=4.4$。假设有一不纯酒石酸样品(纯度 > 80%)，用 0.1 mol·L^{-1} NaOH 确定它的纯度，使用指示剂确定终点。请描述如何完成这一任务。特别注意所用的样品的量和选用指示剂的 pH 变化范围，并给出酒石酸的质量分数的计算公式(本题也可在第 5 章中作为分析方案设计题)。

15. 称取基准物质 $K_2Cr_2O_7$ 0.4903 g，用水溶解并在 100 mL 容量瓶中稀释定容，摇匀。移取此 $K_2Cr_2O_7$ 溶液 25.00 mL，加入 H_2SO_4 和过量 KI，用待标定的 $Na_2S_2O_3$ 标准溶液滴定至终点(以淀粉为指示剂)，消耗 24.95 mL。求 $Na_2S_2O_3$ 标准溶液的浓度。已知 $M_r(K_2Cr_2O_7)=294.18$。

(0.1002 mol·L^{-1})

16. 已知在酸性溶液中，$KMnO_4$ 和 Fe^{2+} 反应时，1.00 mL $KMnO_4$ 溶液相当于 0.1117 g Fe^{2+}；而 10.00 mL $H_2C_2O_4\cdot KHC_2O_4$ 溶液在酸性介质中恰好与 2.00 mL 上述 $KMnO_4$ 溶液完全反应。计算 c_{KMnO_4}、$c_{H_2C_2O_4\cdot KHC_2O_4}$ 及需要多少毫升 0.200 mol·L^{-1} NaOH 溶液才能与 1.00 mL $H_2C_2O_4\cdot KHC_2O_4$ 溶液完全中和? 已知 $A_r(Fe)=55.85$。

(0.4000 mol·L^{-1}, 0.1000 mol·L^{-1}, 1.50 mL)

17. 在 1.000×10^3 mL 0.2500 mol·L^{-1} HCl 溶液中加入多少毫升纯水，才能使稀释后的 HCl 标准溶液对 $CaCO_3$ 的滴定度 0.010 01 g·mL^{-1}? 已知 $M_r(CaCO_3)=100.09$。

(250.0 mL)

18. 称取 4.710 g 含 $(NH_4)_2SO_4$ 和 KNO_3 的混合试样，溶解后转入 250.0 mL 容量瓶中，稀释至刻度并摇匀，从容量瓶中移取 50.00 mL 溶液两份，一份加 NaOH 溶液后蒸馏，用 H_3BO_3 吸收，用 0.096 10 mol·L^{-1} HCl 溶液滴定，用去 10.24 mL；另一份用铅合金还原 NO_3^- 为 NH_4^+，加 NaOH 后，蒸馏，用 H_3BO_3 吸收，按与第一份相同的方法滴定，用去 HCl 溶液 32.07 mL。求样品中 $(NH_4)_2SO_4$ 和 KNO_3 的质量分数。已知 $M_r(KNO_3)=101.10$，$M_r[(NH_4)_2SO_4]=132.15$。

(0.069 02, 0.2252)

19. 称取 Pb_3O_4 试样 0.1000 g，用 HCl 溶解后使其完全转化为 $PbCrO_4$ 沉淀。经过滤、洗涤，再溶于酸后，加入过量 KI，与 $Cr_2O_7^{2-}$ 反应析出 I_2，用 0.1000 mol·L^{-1} $Na_2S_2O_3$ 标准溶液滴定，以淀粉作指示剂，消耗 13.00 mL。求试样中 Pb_3O_4 的质量分数($2PbCrO_4+2H^+ \rightleftharpoons 2Pb^{2+}+Cr_2O_7^{2-}+H_2O$)。已知 $M_r(Pb_3O_4)=685.60$。

(0.9903)

20. 称取硫酸铝的试样 0.3734 g，加水溶解后用 $BaCl_2$ 定量沉淀 SO_4^{2-} 为 $BaSO_4$。将沉淀过滤、洗涤后溶于 50.00 mL 0.021 21 mol·L^{-1} EDTA 中，过量的 EDTA 用 11.74 mL 0.025 68 mol·L^{-1} $MgCl_2$ 标准溶液滴定至终点。计算试样中 $Al_2(SO_4)_3$ 的质量分数。已知 $M_r[Al_2(SO_4)_3]=342.15$。

(23.18%)

21. 测定工业纯碱中 Na_2CO_3 的含量时，称取 0.2457 g 试样，用 0.2071 mol·L^{-1} HCl 标准溶液滴定，以甲基橙指示终点，用去 HCl 标准溶液 21.45 mL。求纯碱中 Na_2CO_3 的质量分数。已知 $M_r(Na_2CO_3)=105.99$。

(95.82%)

22. 有一 $KMnO_4$ 标准溶液，已知其浓度为 0.020 10 mol·L^{-1}，求 $T_{Fe/KMnO_4}$ 和 $T_{Fe_2O_3/KMnO_4}$。如果称取试样 0.2718 g，溶解后将溶液中的 Fe^{3+} 还原成 Fe^{2+}，然后用 $KMnO_4$ 标准溶液滴定，用去 26.30 mL，求试样中 Fe、Fe_2O_3 的质量分数。已知 $A_r(Fe)=55.85$，$M_r(Fe_2O_3)=159.69$。

(0.005 613 g·mL^{-1}, 0.008 025 g·mL^{-1}, 0.5431, 0.7765)

23. 称取某碘化钾试样 0.5394 g，溶于水，然后加入 20.00 mL 0.049 86 mol·L^{-1} KIO_3 溶液处理。除去反应产生的 I_2 后，再加入过量 KI 溶液，使其与剩余的 KIO_3 反应。反应析出的 I_2 需用 21.10 mL 0.1008 mol·L^{-1} $Na_2S_2O_3$ 滴定至淀粉终点。计算试样中 KI 的质量分数。已知 $M_r(KI)=166.0$。

(0.9890)

24. 含有 Ni、Fe、Cr 的镍铬(电阻)合金试样采用 EDTA 滴定剂进行配位滴定分析。0.7176 g 试样用 HNO_3 溶解后稀释至 250 mL 容量瓶中，用水稀释至刻度并摇匀。准确量取 50.00 mL 试液，以焦磷酸掩蔽其中的 Fe^{3+} 和 Cr^{3+}，以紫脲酸铵作指示剂，需 26.14 mL 0.058 61 $mol \cdot L^{-1}$ EDTA 溶液滴定至终点；第二份 50.00 mL 试液以六亚甲基四胺掩蔽其中的 Cr^{3+}，以紫脲酸铵作指示剂，需上述浓度的 EDTA 溶液 35.64 mL 滴定至终点；第三份 50.00 mL 试液中加入 50.00 mL 上述浓度的 EDTA 溶液，仍以紫脲酸铵作指示剂，需 6.21 mL 0.063 16 $mol \cdot L^{-1}$ Cu^{2+} 标准溶液返滴定至终点。计算此合金试样中 Ni、Fe 和 Cr 的质量分数。已知 $A_r(Ni)=58.69$，$A_r(Fe)=55.85$，$A_r(Cr)=52.00$。

(0.6265，0.2167，0.1628)

25. 将 15.68 L(标准状况)氯气通入 70 ℃、500 mL 氢氧化钠溶液中，发生了两个自身氧化还原反应，其氧化产物为次氯酸钠和氯酸钠。若吸取此溶液 25 mL 稀释至 250 mL，再吸取此稀释液 25 mL 用乙酸酸化后，加入过量碘化钾溶液充分反应，此时只有次氯酸钠氧化碘化钾。用浓度为 0.20 $mol \cdot L^{-1}$ 的硫代硫酸钠滴定析出的碘，消耗硫代硫酸钠溶液 5.0 mL 恰好到终点。将滴定后的溶液用盐酸调至强酸性，此时氯酸钠也能氧化碘化钾，析出的碘用上述硫代硫酸钠溶液再滴定至终点，需要硫代硫酸钠溶液 30.0 mL。(1)计算发生了两个自身氧化还原反应后溶液中次氯酸钠和氯酸钠的物质的量之比；(2)写出 Cl_2 与 NaOH 总的反应方程式；(3)求溶液中各生成物的物质的量浓度。

($c_{NaClO} = 0.2$ $mol \cdot L^{-1}$，$c_{NaClO_3} = 0.4$ $mol \cdot L^{-1}$，$c_{NaCl} = 2.2$ $mol \cdot L^{-1}$)

26. 设计基于酸碱滴定的元素分析方案。N(转化形式 NH_3)，S(转化形式 SO_2)，C(转化形式 CO_2)，Cl(Br)(转化形式 HCl 或 HBr)，F(转化形式 SiF_4)，P(转化形式 H_3PO_4)，吸收或沉淀产物为何物？如何滴定？

27. 有生理盐水 10.00 mL，加入 K_2CrO_4 指示剂，以 0.1043 $mol \cdot L^{-1}$ $AgNO_3$ 标准溶液滴定至出现砖红色，用去 14.58 mL。计算此生理盐水中 NaCl 的质量浓度($g \cdot mL^{-1}$)。已知 $M_r(NaCl)=58.44$。

(8.887×10^{-3} $g \cdot mL^{-1}$)

28. 实验室定量分析某样品中亚硫酸钠的一种方法是：

① 在 1.520 g 样品中加入碳酸氢钾溶液、0.13% I_2 的氯仿溶液、在分液漏斗中振荡 15 min。离子方程式为

$$SO_3^{2-} + I_2 + 2HCO_3^- \rightleftharpoons SO_4^{2-} + 2I^- + 2CO_2 \uparrow + H_2O$$

② 取①中所得水溶液，加入一定量乙酸、足量的饱和溴水溶液，充分振荡，其中碘离子被氧化成碘酸根离子，得 250 mL 溶液。

③ 在②所得溶液中取 25 mL，滴加甲酸，除去其中过量的 Br_2。

④ 将③所得溶液中加适量的乙酸钠，再加入足量的碘化钾溶液，振荡溶液。离子方程式为

$$6H^+ + IO_3^- + 5I^- \rightleftharpoons 3I_2 + 3H_2O$$

⑤ 用标准硫代硫酸钠溶液滴定④中所得溶液，共消耗 0.1120 $mol \cdot L^{-1}$ $Na_2S_2O_3$ 溶液 15.10 mL。离子方程式为

$$I_2 + 2S_2O_3^{2-} \rightleftharpoons 2I^- + S_4O_6^{2-}$$

(1)写出②③步操作中所发生反应的离子方程式；(2)①中为什么要用 0.13% I_2 的氯仿溶液，而不直接用 I_2 的水溶液？(3)计算样品中亚硫酸钠的质量分数。已知 $M_r(Na_2SO_3)=126.0$。

(0.1169)

29. 称取含砷试样 0.5000 g，溶解后在弱碱性介质中将砷处理为 AsO_4^{3-}，然后沉淀为 Ag_3AsO_4。将沉淀过滤、洗涤，最后将沉淀溶于酸中。以 0.1000 $mol \cdot L^{-1}$ NH_4SCN 溶液滴定其中的 Ag^+ 至终点，消耗 45.45 mL。试计算试样中砷的含量。已知 $A_r(As)=74.92$。

(22.70%)

30. 测定氮肥中的 N 含量，称取试样 1.616 g，溶解后在 250.0 mL 容量瓶中定容。移取 25.00 mL，加入过量 NaOH 溶液，将产生的 NH_3 导入 40.00 mL 0.050 10 $mol \cdot L^{-1}$ H_2SO_4 标准溶液吸收，剩余的 H_2SO_4 需 17.00 mL 0.096 00 $mol \cdot L^{-1}$ NaOH 标准溶液滴定至终点，计算此氮肥试样中 N 的含量。已知 $A_r(N)=14.01$。

(20.60%)

31. 某 25.00 mL 含 Tl（Ⅰ）的溶液用 K_2CrO_4 溶液处理，对产生的 Tl_2CrO_4 进行过滤、洗涤，再将纯净的 Tl_2CrO_4 沉淀溶于稀 H_2SO_4，形成的 $Cr_2O_7^{2-}$ 需 40.60 mL 0.1004 mol·L^{-1} Fe^{2+} 标准溶液滴定。求此试液 25.00 mL 中 Tl（Ⅰ）的质量。已知 A_r(Tl)=204.38。

(0.5554 g)

32. 称取 2.100 g $KHC_2O_4 \cdot H_2C_2O_4 \cdot 2H_2O$，用水溶解并定容于 250 mL 容量瓶中，移取 25.00 mL，用 NaOH 溶液滴定，消耗 24.00 mL；移取 25.00 mL 于酸性介质中，用 $KMnO_4$ 溶液滴定，消耗 30.00 mL。求此 NaOH 和 $KMnO_4$ 溶液的浓度。若用此 $KMnO_4$ 标准溶液测定样品中 Fe 含量，称取 0.500 g 样品，消耗 $KMnO_4$ 21.00 mL，求样品中 Fe_2O_3 的质量分数。已知 M_r($KHC_2O_4 \cdot H_2C_2O_4 \cdot 2H_2O$)=254.19，$M_r$($Fe_2O_3$)=159.69。

(0.1033 mol·L^{-1}，0.022 03 mol·L^{-1}，0.3694)

第 5 章　酸碱滴定法

5.1　概　述

酸碱平衡是溶液中普遍存在的化学平衡，影响溶液中物质的存在形式，是各类化学反应的重要影响因素之一。酸碱滴定是依据酸碱反应建立起来的分析方法，该法简单、方便，是应用广泛的化学分析方法之一。

5.1.1　酸碱质子理论

从不同的视角研究酸碱平衡，对酸和碱给出的定义也不同。目前，得到认可的定义有 10 余种。例如，电离理论、溶剂理论、电子理论和质子理论等，每种理论都有各自的优缺点和适用范围。酸碱滴定中采用布朗斯特(Brönsted)在 1923 年提出的质子理论。根据质子理论，凡是能给出质子(H^+)的物质是酸，凡是能接受质子的物质是碱，相互之间的关系如下所示：

$$酸 \rightleftharpoons 质子 + 碱$$

例如

$$HAc \rightleftharpoons H^+ + Ac^-$$

上式中，乙酸(HAc)给出质子，为酸；解离生成的乙酸根(Ac^-)具有接受质子的能力，为碱。这种因一个质子的得失而互相转变的一对酸碱称为共轭酸碱对。乙酸是乙酸根的共轭酸，乙酸根是乙酸的共轭碱。其他的共轭酸碱对如下：

$$HCN \rightleftharpoons H^+ + CN^-$$
$$酸 \qquad\qquad 碱$$
$$NH_4^+ \rightleftharpoons H^+ + NH_3$$
$$酸 \qquad\qquad 碱$$
$$H_2PO_4^- \rightleftharpoons H^+ + HPO_4^{2-}$$
$$酸 \qquad\qquad 碱$$

5.1.2　酸碱的解离平衡

分析化学经常采用布朗斯特的质子理论，因为该理论对酸碱强弱的量化程度最高(如 pK_a、pK_b)，便于定量计算，其缺点是不适用于无质子存在的酸碱体系。

在酸碱质子理论中，酸解离给出质子的能力越强，酸性越强，其共轭碱的碱性就越弱；反之，碱接受质子的能力越强，碱性越强，其共轭酸的酸性就越弱。酸碱解离常数的大小反映了酸碱强弱的程度。酸碱的解离举例如下：

乙酸 HAc

$$HAc + H_2O \rightleftharpoons H_3O^+ + Ac^-$$

$$K_a = \frac{[H_3O^+][Ac^-]}{[HAc]} \tag{5-1}$$

乙酸根 Ac^-

$$H_2O + Ac^- \Longrightarrow HAc + OH^-$$

$$K_b = \frac{[HAc][OH^-]}{[Ac^-]} \tag{5-2}$$

共轭酸碱的解离常数间存在如下关系:

$$K_a K_b = [H^+][OH^-] = K_w \quad \text{或} \quad pK_a + pK_b = pK_w = 14.00 \quad (25\ ℃)$$

例如,水分子(H_2O)的质子自递

$$H_2O + H_2O \Longrightarrow H_3O^+ + OH^-$$

简写为

$$H_2O \Longrightarrow H^+ + OH^-$$

有

$$K_a K_b = K_w \quad \text{或} \quad K_a = K_b = [H^+] = [OH^-] = 10^{-7} \quad (25\ ℃)$$

水为两性物质,既可给出质子,又可接受质子。

例 5-1 求两性物质 HPO_4^{2-} 的 K_b 和 pK_b。

解 HPO_4^{2-}为两性物质,现要求其 K_b,故视为碱,它的共轭酸为 $H_2PO_4^-$,解离常数为 H_3PO_4 的 K_{a_2},查附表 2 知 $K_{a_2} = 6.3 \times 10^{-8}$

$$K_b = \frac{K_w}{K_{a_2}} = \frac{10^{-14}}{6.3 \times 10^{-8}} = 1.6 \times 10^{-7}$$

$$pK_b = -\lg K_b = 6.80$$

酸碱反应达到平衡时,其反应的完全程度可用平衡常数(K_t)表示,不同强弱的酸碱反应,其平衡表达式不同。

例如,强碱与强酸的反应

$$H^+ + OH^- \Longrightarrow H_2O$$

$$K_t = \frac{1}{[H^+][OH^-]} = K_w^{-1} = 10^{14.00} \tag{5-3}$$

强碱滴定某弱酸 HB

$$HB + OH^- \Longrightarrow B^- + H_2O$$

$$K_t = \frac{[B^-]}{[HB][OH^-]} = (K_b)^{-1} = \frac{K_a}{K_w} \tag{5-4}$$

强酸滴定弱碱 B^-

$$H^+ + B^- \Longrightarrow HB$$

$$K_t = \frac{[HB]}{[H^+][B^-]} = (K_a)^{-1} = \frac{K_b}{K_w} \tag{5-5}$$

上面讨论的弱酸的解离常数有时是用反应物及产物的活度来表示。例如,反应

$$HB \rightleftharpoons H^+ + B^-$$

$$K^0 = \frac{a_{H^+} a_{B^-}}{a_{HB}} \tag{5-6}$$

式中，K^0 称为活度常数，它除了与 HB 的性质有关外，还是温度的函数。但在分析化学中，经常涉及的是各组分的浓度。若用浓度表示上述平衡关系，就得到浓度常数 K^c

$$K^c = \frac{[H^+][B^-]}{[HB]} = \frac{a_{H^+} a_{B^-}}{a_{HB}} \frac{\gamma_{HB}}{\gamma_{H^+} \gamma_{B^-}} = \frac{K^0}{\gamma_{H^+} \gamma_{B^-}} \tag{5-7}$$

式 (5-7) 中的浓度常数 K^c 和活度常数 K^0 可以通过活度系数 γ 互相换算。

在使用酸碱解离常数时，要注意具体的溶液条件与手册上给出解离常数的溶液条件是否一致，主要的溶液条件包括离子强度和温度。

5.2　溶液中酸碱组分的分布

酸的浓度与酸度在概念上是不相同的。酸度是指溶液中 H^+ 的浓度或活度，多用 pH 表示。同样，碱的浓度和碱度在概念上也是不同的。碱度用 pH 表示，有时也用 pOH 表示。从酸(或碱)的解离反应式可知，当共轭酸碱对达到解离平衡状态后，溶液中存在 H^+(或 OH^-)和不同的酸碱形式。这时，某一种酸碱形式的浓度称为平衡浓度，各种酸碱形式的平衡浓度之和称为分析浓度或总浓度。某一种存在形式的平衡浓度占总浓度的分数，即为该存在形式的分布分数(distribution fraction)，以 δ 表示。分布分数的大小能定量说明溶液中各种酸碱组分的分布情况。

本书用 c 表示酸或碱的总浓度，用 [X] 表示某种存在形式的平衡浓度。例如，浓度为 c 的乙酸溶液中，以 HAc 形式存在的浓度用 [HAc] 表示，即 HAc 的平衡浓度。

5.2.1　一元酸溶液

例如，乙酸在溶液中只能以 HAc 和 Ac^- 两种形式存在。设 c 为乙酸及其共轭碱的总浓度，[HAc] 和 [Ac^-] 分别为 HAc 和 Ac^- 的平衡浓度，δ_{HAc} 和 δ_{Ac^-} 分别为 HAc 和 Ac^- 的分布分数，则

$$\delta_{HAc} = \frac{[HAc]}{c} = \frac{[HAc]}{[HAc]+[Ac^-]} = \frac{1}{1+\frac{[Ac^-]}{[HAc]}} = \frac{1}{1+\frac{K_a}{[H^+]}} = \frac{[H^+]}{K_a+[H^+]}$$

$$\delta_{Ac^-} = \frac{[Ac^-]}{c} = \frac{[Ac^-]}{[HAc]+[Ac^-]} = \frac{K_a}{K_a+[H^+]}$$

另外，上述两组分分布分数之和等于 1，即 $\delta_{HAc} + \delta_{Ac^-} = 1$。

例 5-2　计算 pH = 5.00 时，HAc 和 Ac^- 的分布分数 δ。已知 $K_a(HAc) = 1.8 \times 10^{-5}$。

解

$$\delta_{HAc} = \frac{[H^+]}{K_a+[H^+]} = \frac{10^{-5.00}}{1.8 \times 10^{-5} + 10^{-5.00}} = 0.36$$

$$\delta_{Ac^-} = 1 - 0.36 = 0.64$$

图 5-1 表明了 δ_{HAc} 和 δ_{Ac^-} 与溶液 pH 的关系。δ_{Ac^-} 随 pH 的升高而增大，δ_{HAc} 随 pH 的升高而

减小；当 pH = pK_a(4.74)时，$\delta_{HAc} = \delta_{Ac^-} = 0.5$，即溶液中 HAc 和 Ac$^-$各占一半；pH < p$K_a$时，主要存在形式是 HAc，pH > p$K_a$时，主要存在形式是 Ac$^-$。

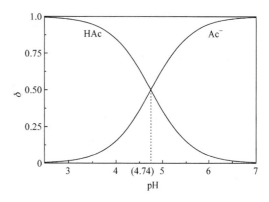

从上面讨论可知，对于某种酸(或碱)溶液，分布分数与酸(或碱)的总浓度 c 无关，溶液中某种存在形式的分布分数仅与 pH 有关。由分布分数和总浓度可计算出对应形式的平衡浓度。乙酸溶液中，$[HAc] = c\delta_{HAc}$，$[Ac^-] = c\delta_{Ac^-}$。

5.2.2　多元酸溶液

图 5-1　HAc 和 Ac$^-$的分布分数与溶液 pH 的关系

例如，草酸在溶液中以 $H_2C_2O_4$、$HC_2O_4^-$和 $C_2O_4^{2-}$三种形式存在。设草酸的总浓度为 c，则

$$c = [H_2C_2O_4] + [HC_2O_4^-] + [C_2O_4^{2-}]$$

如果以 δ_0、δ_1 和 δ_2 分别表示 $H_2C_2O_4$、$HC_2O_4^-$和 $C_2O_4^{2-}$的分布分数，得到

$$[H_2C_2O_4] = c\delta_0, \quad [HC_2O_4^-] = c\delta_1, \quad [C_2O_4^{2-}] = c\delta_2$$

而且

$$\delta_0 + \delta_1 + \delta_2 = 1$$

$$\delta_0 = \frac{[H_2C_2O_4]}{c} = \frac{[H_2C_2O_4]}{[H_2C_2O_4] + [HC_2O_4^-] + [C_2O_4^{2-}]}$$

$$= \frac{1}{1 + \dfrac{[HC_2O_4^-]}{[H_2C_2O_4]} + \dfrac{[C_2O_4^{2-}]}{[H_2C_2O_4]}} = \frac{1}{1 + \dfrac{K_{a_1}}{[H^+]} + \dfrac{K_{a_1}K_{a_2}}{[H^+]^2}}$$

$$= \frac{[H^+]^2}{[H^+]^2 + K_{a_1}[H^+] + K_{a_1}K_{a_2}}$$

同样可以求得

$$\delta_1 = \frac{K_{a_1}[H^+]}{[H^+]^2 + K_{a_1}[H^+] + K_{a_1}K_{a_2}}$$

$$\delta_2 = \frac{K_{a_1}K_{a_2}}{[H^+]^2 + K_{a_1}[H^+] + K_{a_1}K_{a_2}}$$

例5-3　计算 pH = 5.00 时，0.10 mol·L^{-1}草酸溶液中 $C_2O_4^{2-}$ 的浓度。已知 $H_2C_2O_4$ 的 $K_{a_1} = 5.9 \times 10^{-2}$，$K_{a_2} = 6.4 \times 10^{-5}$。

解

$$\delta_2 = \frac{[C_2O_4^{2-}]}{c} = \frac{K_{a_1}K_{a_2}}{[H^+]^2 + K_{a_1}[H^+] + K_{a_1}K_{a_2}}$$

$$= \frac{5.9 \times 10^{-2} \times 6.4 \times 10^{-5}}{(10^{-5.00})^2 + 5.9 \times 10^{-2} \times 10^{-5.00} + 5.9 \times 10^{-2} \times 6.4 \times 10^{-5}}$$

$$= 0.86$$

$$[C_2O_4^{2-}] = c\delta_2 = 0.86 \times 0.10 \text{ mol·L}^{-1} = 0.086 \text{ mol·L}^{-1}$$

图 5-2 是草酸的三种型体在不同 pH 时的分布图。由图可知，当 pH＜pK_{a_1}(1.22)时，溶液中以 $H_2C_2O_4$ 为主要存在形式；当 pH＞pK_{a_2}(4.19)时，溶液中以 $C_2O_4^{2-}$ 为主；当 pK_{a_1}＜pH＜pK_{a_2} 时，溶液中以 $HC_2O_4^-$ 为主。

计算表明，当 pH 为 2.2～3.2 时，出现三种组分共存的现象，即使在 pH = 2.71，$HC_2O_4^-$ 分布分数最大，占 93.8%时，仍有一定量的 $H_2C_2O_4$ 和 $C_2O_4^{2-}$ 存在，各占 3.1%。

如果是三元酸，如 H_3PO_4，情况会更复杂一些，但可采用同样的方法处理，得到

$$\delta_0 = \frac{[H_3PO_4]}{c} = \frac{[H^+]^3}{[H^+]^3 + K_{a_1}[H^+]^2 + K_{a_1}K_{a_2}[H^+] + K_{a_1}K_{a_2}K_{a_3}}$$

$$\delta_1 = \frac{[H_2PO_4^-]}{c} = \frac{K_{a_1}[H^+]^2}{[H^+]^3 + K_{a_1}[H^+]^2 + K_{a_1}K_{a_2}[H^+] + K_{a_1}K_{a_2}K_{a_3}}$$

$$\delta_2 = \frac{[HPO_4^{2-}]}{c} = \frac{K_{a_1}K_{a_2}[H^+]}{[H^+]^3 + K_{a_1}[H^+]^2 + K_{a_1}K_{a_2}[H^+] + K_{a_1}K_{a_2}K_{a_3}}$$

$$\delta_3 = \frac{[PO_4^{3-}]}{c} = \frac{K_{a_1}K_{a_2}K_{a_3}}{[H^+]^3 + K_{a_1}[H^+]^2 + K_{a_1}K_{a_2}[H^+] + K_{a_1}K_{a_2}K_{a_3}}$$

图 5-3 是磷酸的四种型体在不同 pH 时的分布图。应该指出，当 pH = 4.7 时，$H_2PO_4^-$ 的 δ_1 = 0.994 时，$\delta_0 = \delta_2 = 0.003$，共存现象不明显；当 pH = 9.8 时，$HPO_4^{2-}$ 的 δ_2 = 0.994 时，$\delta_1 = \delta_3 = 0.003$，共存现象也不明显。

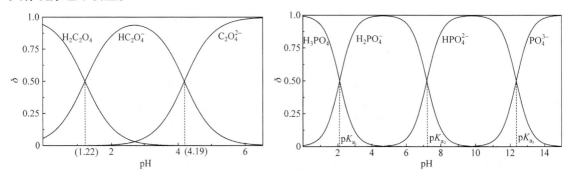

图 5-2 草酸的三种型体的分布分数与 pH 的关系　　图 5-3 磷酸的四种型体的分布分数与 pH 的关系

n 元酸将会有 $(n+1)$ 种分布，其他多元酸的分布分数可依此类推。

5.3 酸碱溶液 pH 的计算

5.3.1 质子条件

按照酸碱质子理论，酸碱反应的实质为质子的转移。酸碱反应达到平衡时，酸失去的质子数等于碱得到的质子数。反映平衡体系中质子转移的数量关系式称为质子条件，又称质子平衡方程(PBE)。由质子条件可得到溶液中 H^+浓度与有关组分浓度的关系式，这是处理酸碱平衡有关计算问题的基本关系式。

根据溶液中得质子后产物与失质子后产物的浓度，可直接列出质子条件。在判断谁得失质

子时，首先要确定质子参考水准。选择大量存在且参与质子转移的物质为质子参考水准(或称"质子参考水平")，通常为加入的原始组分和溶剂。

例如，在 HAc 水溶液中，大量存在并参与质子转移的物质为 HAc 和 H_2O，选择二者为质子参考水准。体系中存在下列两个反应：

HAc 的解离反应

$$HAc + H_2O \rightleftharpoons H_3O^+ + Ac^-$$

H_2O 的质子自递反应

$$H_2O + H_2O \rightleftharpoons H_3O^+ + OH^-$$

溶液中除 HAc 和 H_2O 外，还存在 Ac^-、H_3O^+ 和 OH^-，对照参考水准可知，H_3O^+(简写为 H^+)是得质子后的产物，而 Ac^- 和 OH^- 是失质子后的产物。总得失质子的物质的量相等，以浓度形式表示等量关系，质子条件如下：

$$[H^+] = [Ac^-] + [OH^-]$$

又如，对 $NaHCO_3$ 的水溶液，选择 HCO_3^- 和 H_2O 为参考水准，得质子的产物为 H_3O^+ 和 H_2CO_3，失质子的产物为 CO_3^{2-} 和 OH^-，总得失质子的物质的量相等，故质子条件如下：

$$[H^+] + [H_2CO_3] = [CO_3^{2-}] + [OH^-]$$

对 $NH_4H_2PO_4$ 的水溶液，选择 $H_2PO_4^-$、NH_4^+ 和 H_2O 为参考水准，得质子的产物为 H_3O^+ 和 H_3PO_4，失质子的产物为 HPO_4^{2-}、PO_4^{3-}($H_2PO_4^-$失去 2 个质子)、NH_3 和 OH^-，总得失质子的物质的量相等，故质子条件如下：

$$[H^+] + [H_3PO_4] = [HPO_4^{2-}] + 2[PO_4^{3-}] + [NH_3] + [OH^-]$$

对于酸碱共轭体系，只能选取其中一种(酸或碱)作为质子参考水准。也可将其视为由弱酸与强碱或弱碱与强酸反应而来，相应选择弱酸与强碱或弱碱与强酸作为参考水准。

例如，对酸碱组分浓度均为 c 的 HAc-NaAc 溶液，其质子参考水准可选 HAc、H_2O 或 Ac^-、H_2O，质子条件为

$$[H^+] = [Ac^-] - c + [OH^-]$$

或

$$[H^+] + [HAc] - c = [OH^-]$$

5.3.2　各类酸碱溶液 pH 的计算

常用 pH 计测量溶液的 pH。如果已知某酸(碱)的浓度及其 $K_a(K_b)$，也可以用计算的方法求得其溶液的 pH。酸碱的种类繁多，如强酸碱、一元弱酸碱、多元弱酸碱、混合酸碱及两性物质等。下面简要介绍常见酸碱溶液的 pH 计算方法。本书以酸为例进行 pH 计算的推导，有关碱的 pH 计算，读者可自行推导。

1. 强酸(强碱)溶液

强酸在溶液中全部解离，酸度的计算很便捷。例如，$1.0 \text{ mol} \cdot L^{-1}$ HCl 溶液，$[H^+] = 1.0 \text{ mol} \cdot L^{-1}$，pH = 0.00。但是，当其浓度很低时(如在强碱滴定强酸的计量点附近)，除考虑由 HCl 解离出来的 H^+，还要考虑由水解离出来的 H^+。

例 5-4　计算 $1.0 \times 10^{-7} \text{ mol} \cdot L^{-1}$ HCl 溶液的 pH。

解 因为盐酸浓度很低，不能忽略水解离出的 H^+。$[Cl^-] = c_{HCl} = 1.0 \times 10^{-7}$ mol $\cdot$ L^{-1}。质子条件：

$$[H^+] = [Cl^-] + [OH^-] = c_{HCl} + K_w / [H^+]$$

$$[H^+]^2 - c_{HCl}[H^+] - K_w = 0$$

$$[H^+] = 1.62 \times 10^{-7} \text{mol} \cdot L^{-1}, \quad pH = 6.79$$

2. 一元弱酸(弱碱)溶液

设弱酸 HB 解离常数为 K_a，溶液的浓度为 c(mol $\cdot$ L^{-1})，质子条件为

$$[H^+] = [B^-] + [OH^-] = \frac{cK_a}{[H^+] + K_a} + \frac{K_w}{[H^+]}$$

整理后得到

$$[H^+]^3 + K_a[H^+]^2 - (K_a c + K_w)[H^+] - K_a K_w = 0$$

此方程用代数法求解，数学处理较烦琐，且在实际工作中也没必要如此精确。通常根据计算 H^+ 浓度时的允许误差，视弱酸的 K_a 和 c 值的大小，采用近似方法进行计算。

若 $[H^+] \geq 10K_a$，$[H^+] + K_a \approx [H^+]$，则有 $[H^+]^2 = K_a c + K_w$，有近似式

$$[H^+] = \sqrt{K_a c + K_w} \tag{5-8}$$

式(5-8)中，若 $K_a c \geq 10K_w$，忽略 K_w，得最简式

$$[H^+] = \sqrt{K_a c} \tag{5-9}$$

由此可知，若 $[H^+] \geq 10K_a$，即 $\sqrt{K_a c} \geq 10K_a$，所以还要求 $c/K_a \geq 100$ 时才可用最简式。

若 $K_a c \geq 10K_w$，$c/K_a < 100$，此时质子条件中仍忽略 K_w 项，有

$$[H^+] = [B^-] = \frac{cK_a}{[H^+] + K_a}$$

即

$$[H^+]^2 + K_a[H^+] - K_a c = 0$$

可得近似式

$$[H^+] = \frac{-K_a + \sqrt{K_a^2 + 4K_a c}}{2} \tag{5-10a}$$

质子条件中的 $[B^-]$ 也可根据解离平衡关系进行替换，$[B^-] = K_a[HB]/[H^+]$，然后进行推导。

$$[H^+] = \frac{K_a[HB]}{[H^+]} + \frac{K_w}{[H^+]}$$

即

$$[H^+] = \sqrt{K_a[HB] + K_w}$$

当满足相关条件时，可得计算 $[H^+]$ 的近似式和最简式。

例如，若 $K_a c \geq 10K_w$，$c/K_a < 100$，此时忽略 K_w，$[HB] = c - [B^-] = c - [H^+]$，有

$$[H^+] = \sqrt{K_a(c - [H^+])} \tag{5-10b}$$

解此方程，同样得到式(5-10a)。

同上推导，对于一元弱碱

$$[OH^-] = \sqrt{K_b c} \qquad (K_b c \geq 10K_w, \ c/K_b \geq 100) \tag{5-11}$$

$$[OH^-] = \sqrt{K_b(c-[OH^-])} \qquad (K_bc \geqslant 10K_w，c/K_b < 100) \qquad (5\text{-}12)$$

$$[OH^-] = \sqrt{K_bc+K_w} \qquad (K_bc < 10K_w，c/K_b \geqslant 100) \qquad (5\text{-}13)$$

例 5-5　计算 $0.010\ mol \cdot L^{-1}$ HAc 溶液的 pH。

解　已知 HAc 的 $K_a = 1.8 \times 10^{-5}$，$K_ac > 10K_w$，且 $c/K_a > 100$，故采用最简式计算，得到

$$[H^+] = \sqrt{K_ac} = \sqrt{1.8 \times 10^{-5} \times 0.010} = 4.2 \times 10^{-4}(mol \cdot L^{-1})$$

$$pH = 3.38$$

例 5-6　计算 $0.10\ mol \cdot L^{-1}$ 一氯乙酸($CH_2ClCOOH$)溶液的 pH。

解　已知一氯乙酸的 $K_a = 1.4 \times 10^{-3}$，$K_ac > 10K_w$，但此时 $c/K_a < 100$，故采用近似式计算，得到

$$[H^+] = \frac{-K_a + \sqrt{K_a^2 + 4K_ac}}{2}$$

$$= \frac{-1.4 \times 10^{-3} + \sqrt{(1.4 \times 10^{-3})^2 + 4 \times 1.4 \times 10^{-3} \times 0.10}}{2}$$

$$= 1.1 \times 10^{-2}(mol \cdot L^{-1})$$

$$pH = 1.96$$

例 5-7　计算 $1.0 \times 10^{-4}\ mol \cdot L^{-1}$ H_3BO_3 溶液的 pH。

解　已知 H_3BO_3 的 $K_a = 5.8 \times 10^{-10}$，$K_ac < 10K_w$，$c/K_a > 100$，代入式 (5-8) 计算，得

$$[H^+] = \sqrt{K_ac+K_w} = \sqrt{5.8 \times 10^{-10} \times 1.0 \times 10^{-4} + 1.0 \times 10^{-14}} = 2.6 \times 10^{-7}(mol \cdot L^{-1})$$

$$pH = 6.59$$

若按最简式计算，得

$$[H^+] = \sqrt{K_ac} = \sqrt{5.8 \times 10^{-10} \times 1.0 \times 10^{-4}} = 2.4 \times 10^{-7}(mol \cdot L^{-1})$$

采用最简式求得的[H^+]与采用近似式求得的[H^+]相比较，计算结果的相对误差高达-8%。由此可见正确选择计算式的重要性。

例 5-8　计算 $0.10\ mol \cdot L^{-1}$ NH_3 溶液的 pH。

解　NH_3 在水中的酸碱平衡为

$$NH_3 + H_2O \Longrightarrow NH_4^+ + OH^-$$

已知 $K_b = 1.8 \times 10^{-5}$，$K_bc > 10K_w$，且 $c/K_b > 100$，可以采用最简式计算，求得

$$[OH^-] = \sqrt{K_bc} = \sqrt{1.8 \times 10^{-5} \times 0.10} = 1.3 \times 10^{-3}(mol \cdot L^{-1})$$

$$pOH = 2.89$$

$$pH = 14.00 - pOH = 11.11$$

例 5-9　计算 $1.0 \times 10^{-4}\ mol \cdot L^{-1}$ NaCN 溶液的 pH。

解　CN^- 在水中的酸碱平衡为

$$CN^- + H_2O \Longrightarrow HCN + OH^-$$

已知 HCN 的 $K_a = 6.2 \times 10^{-10}$，故 CN^- 的 $K_b = K_w/K_a = 1.6 \times 10^{-5}$，$K_bc > 10K_w$，但 $c/K_b < 100$，故应采用式 (5-12) 计算，求得

$$[OH^-] = \frac{-K_b + \sqrt{K_b^2 + 4K_bc}}{2}$$

$$= \frac{-1.6 \times 10^{-5} + \sqrt{(1.6 \times 10^{-5})^2 + 4 \times 1.6 \times 10^{-5} \times 1.0 \times 10^{-4}}}{2}$$

$$= 3.3 \times 10^{-5}(mol \cdot L^{-1})$$

$$pOH = 4.48$$
$$pH = 14.00 - pOH = 9.52$$

pH 计算在离子平衡中处于重要地位。有时溶液的组成比较复杂，有时某组分的总浓度也是未知或不准确的，而计算中所采用的解离常数本身有一定误差，且常忽略了离子强度的影响，因此进行这类计算时一般允许有±5%的误差。另外，在实际中，当溶液的酸碱性不是太强时(如 $2<pH<12$)，其酸度一般由 pH 计测得，用仪器测量也有±5%左右的误差。因此，计算时对代数式进行适当简化是合理的。某些教材中以 $K_ac \geqslant 20K_w$，且 $c/K_a \geqslant 500$(或 $c/K_a \geqslant 400$)为应用最简式的判断依据，此时所得结果与采用近似式计算的结果相对误差为±2%～±3%，而不是±5%的预期值。

3. 多元酸碱溶液

以二元酸为例，设二元弱酸 H_2B 的浓度为 $c(mol \cdot L^{-1})$，解离常数为 K_{a_1}、K_{a_2}，此溶液的质子条件为

$$[H^+] = [HB^-] + 2[B^{2-}] + [OH^-]$$

根据平衡关系，可得

$$[H^+]^2 = [H_2B]K_{a_1}\left(1 + \frac{2K_{a_2}}{[H^+]}\right) + K_w$$

若 $\frac{2K_{a_2}}{[H^+]} \approx \frac{2K_{a_2}}{\sqrt{K_{a_1}c}} \leqslant 0.1$，则上式可简化为

$$[H^+] = \sqrt{[H_2B]K_{a_1} + K_w}$$

与一元弱酸的计算公式类似，此时二元酸可按一元酸处理。

4. 两性物质溶液

较重要的两性物质有酸式盐、弱酸弱碱盐和氨基酸等。两性物质溶液中的酸碱平衡比较复杂，可视具体条件合理简化处理，以便于计算。

以酸式盐的 pH 计算为例。浓度为 $c(mol \cdot L^{-1})$ 的 NaHB 溶液，其质子条件为

$$[H_2B] + [H^+] = [B^{2-}] + [OH^-]$$

根据平衡关系，可得

$$\frac{[H^+][HB^-]}{K_{a_1}} + [H^+] = \frac{K_{a_2}[HB^-]}{[H^+]} + \frac{K_w}{[H^+]}$$

$$[H^+] = \sqrt{\frac{K_{a_1}(K_{a_2}[HB^-] + K_w)}{K_{a_1} + [HB^-]}}$$

当 $K_{a_1} \gg K_{a_2}$ 时，溶液中 $[HB^-] \approx c$，故

$$[H^+] = \sqrt{\frac{K_{a_1}(K_{a_2}c + K_w)}{K_{a_1} + c}} \tag{5-14}$$

若 $K_{a_2}c \geqslant 10K_w$, $c \geqslant 10K_{a_1}$, 得最简式[1]

$$[H^+] = \sqrt{K_{a_1}K_{a_2}} \tag{5-15}$$

若 $K_{a_2}c \geqslant 10K_w$, $c < 10K_{a_1}$, 有

$$[H^+] = \sqrt{\frac{K_{a_1}K_{a_2}c}{K_{a_1}+c}} \tag{5-16}$$

若 $K_{a_2}c < 10K_w$, $c \geqslant 10K_{a_1}$, 有

$$[H^+] = \sqrt{\frac{K_{a_1}(K_{a_2}c+K_w)}{c}} \tag{5-17}$$

例 5-10 计算 0.033 mol·L^{-1} Na$_2$HPO$_4$ 溶液的 pH。

解 已知 H$_3$PO$_4$ 的 $K_{a_1} = 7.6 \times 10^{-3}$, $K_{a_2} = 6.3 \times 10^{-8}$, $K_{a_3} = 4.4 \times 10^{-13}$。因 $K_{a_3}c < 10K_w$, $c > 10K_{a_2}$, $K_{a_2} \gg K_{a_3}$, 故

$$[H^+] = \sqrt{\frac{K_{a_2}(K_{a_3}c+K_w)}{c}} = \sqrt{\frac{6.3 \times 10^{-8} \times (4.4 \times 10^{-13} \times 0.033 + 1.0 \times 10^{-14})}{0.033}} = 2.2 \times 10^{-10} (\text{mol·L}^{-1})$$

$$\text{pH} = 9.66$$

弱酸弱碱盐(如 NH$_4$Ac)、氨基酸溶液以及弱酸和弱碱的混合溶液都属于两性物质溶液, 同样可由质子条件推出计算公式。

另外, 常见的还有混合酸溶液(两弱酸混合、强酸和弱酸混合), 其 pH 的计算请读者自行推导。

5.4 酸碱缓冲溶液

酸碱缓冲溶液(buffer solution)是维持溶液酸度稳定的溶液。当外加少量酸、碱或因化学反应产生少量酸、碱或溶液稀释时, 其 pH 不发生显著变化。

缓冲溶液一般由浓度较大的弱酸及其共轭碱组成, 如 HAc-Ac$^-$、NH$_4^+$-NH$_3$ 等。此外, 在高浓度的强酸或强碱溶液中, 由于 H$^+$ 及 OH 的浓度本来就很高, 外加少量酸或碱不会对溶液的酸碱度产生太大的影响, 在这种情况下, 强酸(pH<2)和强碱(pH>12)也是缓冲溶液, 但这类缓冲溶液不具有抗稀释的作用。

酸碱缓冲溶液对化学、生命科学等具有十分重要的作用。例如, 在配位滴定分析中, 必须加入适当的缓冲溶液, 以保持滴定过程中溶液的 pH 稳定在一定范围内。健康人体血液 pH 必须保持在 7.36~7.44(37 ℃), 否则容易造成酸中毒或碱中毒。人体血液是由多种缓冲体系组成的缓冲溶液, 除 H$_2$CO$_3$-HCO$_3^-$、H$_2$PO$_4^-$-HPO$_4^{2-}$ 外, 还有血红蛋白 H$_2$b-Hb$^-$、血浆蛋白 HPr-NaPr 等多种共轭酸碱对。

5.4.1 缓冲溶液 pH 的计算

假设缓冲溶液是由弱酸 HB 及其共轭碱 NaB 组成, 浓度分别为 c_{HB} 和 c_{B^-}。根据其质子条

---

[1] $[HB^-] = \dfrac{cK_{a_1}[H^+]}{[H^+]^2 + K_{a_1}[H^+] + K_{a_1}K_{a_2}}$, 若 $K_{a_1}[H^+] \geqslant 10([H^+]^2 + K_{a_1}K_{a_2})$, 有 $[HB^-] \approx c$。利用最简式 $[H^+] = \sqrt{K_{a_1}K_{a_2}}$, 可导出 $K_{a_1}/K_{a_2} \geqslant 400$。因此, 最简式的使用条件为 $K_{a_2}c \geqslant 10K_w, c \geqslant 10K_{a_1}, K_{a_1}/K_{a_2} \geqslant 400$。

件和解离平衡关系式，得到计算缓冲溶液 H^+ 浓度的精确公式为

$$[H^+] = \frac{K_a[HB]}{[B^-]} = K_a \frac{c_{HB} - [H^+] + [OH^-]}{c_{B^-} + [H^+] - [OH^-]} \qquad (5\text{-}18)$$

分析化学用到很多缓冲溶液，多数为控制溶液的 pH，还有一些是测量溶液 pH 时用作参照标准，称为标准缓冲溶液。一般控制酸度用的缓冲溶液，因缓冲剂本身的浓度较大，对计算结果不要求十分准确，可忽略水电离出的 H^+，采用近似方法进行计算。

平衡浓度 [HB] 和 [B$^-$] 可以认为分别等于其初始浓度 c_{HB} 和 c_{B^-}，即

$$[H^+] = K_a \frac{c_{HB}}{c_{B^-}} \quad 或 \quad pH = pK_a + \lg\frac{c_{B^-}}{c_{HB}} \qquad (5\text{-}19)$$

例 5-11　计算 $0.10\ mol \cdot L^{-1}$ NH_4Cl 和 $0.20\ mol \cdot L^{-1}$ NH_3 缓冲溶液的 pH。

解　已知 NH_3 的 $K_b = 1.8 \times 10^{-5}$，NH_4^+ 的 $K_a = K_w / K_b = 5.6 \times 10^{-10}$，由于 $c_{NH_4^+}$ 和 c_{NH_3} 均较大，故可采用式(5-19)计算，求得

$$pH = pK_a + \lg\frac{c_{NH_3}}{c_{NH_4^+}} = 9.26 + \lg\frac{0.20}{0.10} = 9.56$$

例 5-12　$0.30\ mol \cdot L^{-1}$ 吡啶和 $0.10\ mol \cdot L^{-1}$ HCl 等体积混合，是否为缓冲溶液？计算溶液的 pH。

解　吡啶为有机弱碱，与 HCl 作用生成吡啶盐酸盐

生成吡啶盐的物质的量和加入 HCl 的物质的量相等，两溶液等体积混合后，吡啶盐酸盐的浓度为 $0.10\ mol \cdot L^{-1}/2 = 0.050\ mol \cdot L^{-1}$，未作用的吡啶的浓度为 $(0.30 - 0.10)\ mol \cdot L^{-1}/2 = 0.10\ mol \cdot L^{-1}$。溶液中同时存在吡啶盐及吡啶，且彼此浓度都很大，所以该溶液是缓冲溶液。

吡啶的 $K_b = 1.7 \times 10^{-9}$，吡啶盐酸盐的 $K_a = K_w/K_b = 5.9 \times 10^{-6}$，用式(5-19)计算，得到

$$pH = pK_a + \lg\frac{c_{C_5H_5N}}{c_{C_5H_5NH^+}} = 5.23 + \lg\frac{0.10}{0.050} = 5.53$$

标准缓冲溶液的 pH 是由精确的实验测定的，如果要用理论计算加以核对，必须校正离子强度。

例 5-13　考虑离子强度的影响，计算 $0.025\ mol \cdot L^{-1}$ KH_2PO_4-$0.025\ mol \cdot L^{-1}$ Na_2HPO_4 缓冲溶液的 pH，并与标准值(pH = 6.86)相比较。

解　不考虑离子强度的影响。

$$[H^+] = K_{a_2}\frac{c_{H_2PO_4^-}}{c_{HPO_4^{2-}}} = K_{a_2} \times \frac{0.025}{0.025} = 6.3 \times 10^{-8}\ (mol \cdot L^{-1})$$

$$pH = 7.20$$

计算结果与标准值相差较大，产生偏差的原因是实测得到的是 H^+ 的活度，而用上式计算的是 H^+ 的浓度，必须转换为活度才行。

$$I = \frac{1}{2}\sum c_i Z_i^2 = \frac{1}{2}(c_{K^+} \times 1^2 + c_{Na^+} \times 1^2 + c_{H_2PO_4^-} \times 1^2 + c_{HPO_4^{2-}} \times 2^2)$$

$$= \frac{1}{2} \times (0.025 + 2 \times 0.025 + 0.025 + 0.025 \times 4)$$

$$= 0.10\ (mol \cdot L^{-1})$$

由附表 1 查得 $\gamma_{H_2PO_4^-} = 0.78$，$\gamma_{HPO_4^{2-}} = 0.355$。

$$a_{H^+} = K_{a_2} \frac{a_{H_2PO_4^-}}{a_{HPO_4^{2-}}} = K_{a_2} \frac{\gamma_{H_2PO_4^-}[H_2PO_4^-]}{\gamma_{HPO_4^{2-}}[HPO_4^{2-}]} = 6.3 \times 10^{-8} \times \frac{0.78 \times 0.025}{0.355 \times 0.025} = 1.4 \times 10^{-7} (mol \cdot L^{-1})$$

$$pH = -\lg a_{H^+} = 6.86$$

计算结果与标准值一致。

5.4.2 缓冲容量与缓冲范围

任何缓冲溶液的缓冲能力都是有一定限度的，若加入的(或化学反应中产生的)酸(或碱)的量太多，或是稀释的倍数太大，其 pH 将不再保持基本不变。缓冲溶液的缓冲能力的大小常用缓冲容量来衡量，以 β 表示，定义为

$$\beta = \left| \frac{dc}{dpH} \right| \tag{5-20}$$

它表示在缓冲溶液中加入强酸或强碱的浓度为 dc 时，溶液 pH 的变化为 dpH，即缓冲溶液的 pH 增加(或降低)dpH 单位所需强碱(或强酸)的浓度为 dc。其物理意义是相关酸碱组分分布曲线的斜率。

现以 HB-B$^-$ 缓冲体系为例来说明缓冲组分的比例和总浓度对缓冲容量的影响。设 HB 和 B$^-$ 的浓度分别为 c_{HB} 和 c_{B^-}，总浓度为 c，加入强碱的浓度为 c_b，则质子条件(以 HB 和 H$_2$O 为质子参考水准)为

$$[H^+] = [OH^-] - c_b + [B^-] - c_{B^-}$$

$$c_b = -[H^+] + [OH^-] + [B^-] - c_{B^-} = -[H^+] + \frac{K_w}{[H^+]} + \frac{cK_a}{K_a + [H^+]} - c_{B^-}$$

$$dc_b = \left[-1 - \frac{K_w}{[H^+]^2} - \frac{cK_a}{(K_a + [H^+])^2} \right] d[H^+]$$

$$dpH = d(-\lg[H^+]) = -\frac{d[H^+]}{2.3[H^+]}$$

$$\beta = \frac{dc_b}{dpH} = 2.3 \left\{ [H^+] + [OH^-] + \frac{cK_a[H^+]}{([H^+] + K_a)^2} \right\} \tag{5-21}$$

当 pH 不是太高或太低时

$$\beta \approx 2.3 \frac{cK_a[H^+]}{([H^+] + K_a)^2}$$

即

$$\beta = 2.3c\delta_{HB}\delta_{B^-} \tag{5-22}$$

可见 β 是 c 和 [H$^+$] 的函数，当 [H$^+$] = K_a，即 $\delta_{HB} = \delta_{B^-} = 0.5$ 时，有极大值

$$\beta_{max} = 2.3c/4 = 0.575c$$

由此可见，当缓冲组分的浓度比相同时，总浓度越大，缓冲容量越大。总浓度一定时，缓冲组分的浓度比越接近 1:1，缓冲容量越大。

根据式(5-22)，当 [HB]/[B$^-$] 为 10 或 0.1 时，$\beta = 0.19c$，约为 β_{max} 的 1/3。若缓冲组分的浓度差别进一步加大，缓冲容量更小，溶液的缓冲能力逐渐消失。一般来说，缓冲溶液有效缓冲范围的 pH 约为 p$K_a \pm 1$。配制缓冲溶液时，所选缓冲剂的 pK_a 应尽量与所需 pH 接近，这样所得

溶液的缓冲能力较强。图 5-4 中实线是 $0.10\ \text{mol} \cdot \text{L}^{-1}$ HAc-Ac$^-$ 缓冲溶液在不同 pH 时的缓冲容量,虚线表示强酸(pH<3)和强碱(pH>11)溶液的缓冲容量($\beta_{H^+} = 2.3[H^+]$,$\beta_{OH^-} = 2.3[OH^-]$)。曲线的极大点就是乙酸缓冲溶液的最大缓冲容量 β_{max}。

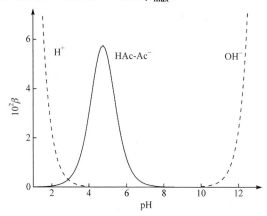

图 5-4　$0.10\ \text{mol} \cdot \text{L}^{-1}$ HAc-Ac$^-$ 缓冲溶液在不同 pH 时的缓冲容量

有些教材将 β 称为缓冲指数,而将下式称为缓冲容量:

$$\Delta c = \int_{pH_1}^{pH_2} \beta \, dpH$$

式中 Δc 的意义是:向 1 L 缓冲溶液中加入的强碱或强酸的物质的量,其使 pH 由 pH_1 变为 pH_2。

5.4.3　缓冲溶液的选择

缓冲溶液通常分为常用缓冲溶液、标准缓冲溶液和生理缓冲溶液等。附表 3 和附表 4 分别列出了几种常用的酸碱缓冲溶液和标准缓冲溶液。

选择缓冲溶液的原则是:

(1)缓冲溶液对分析过程没有干扰。例如,需配制 pH = 5.0 左右的缓冲溶液,可选择 HAc-NaAc($pK_a = 4.74$)或六亚甲基四胺-HCl 体系($pK_a = 5.15$)。若配位滴定测定 Pb^{2+},则宜选择后者,因 Pb^{2+} 与 Ac$^-$ 能发生反应。

(2)所需控制的 pH 应在缓冲溶液的缓冲范围之内。如果缓冲溶液是由弱酸及其共轭碱组成的,pK_a 值应尽量与所需控制的 pH 一致,即 $pK_a \approx pH$。

(3)缓冲溶液应有足够的缓冲容量。通常缓冲组分的浓度为 $0.01 \sim 1\ \text{mol} \cdot \text{L}^{-1}$。

关于缓冲溶液的配制可参考有关手册或参考书上的配方,也可以根据计算结果进行配制。

5.5　酸碱滴定终点的判断方法

滴定分析中判断终点的方法分两类,即指示剂法和电位滴定法。本节以酸碱滴定为例讨论上述两种方法,但其基本原理对于其他的滴定分析,如配位滴定及氧化还原滴定等都是有用的。

5.5.1　指示剂法

1. 酸碱指示剂原理

酸碱指示剂(acid-base indicator)一般是弱的有机酸或有机碱,它们的颜色与其共轭碱或共轭酸相比明显不同。当溶液的 pH 改变时，指示剂失去质子由酸式转变为碱式，或得到质子由碱式转变为酸式，结构上的改变引起颜色的变化。

酚酞(PP)为二元弱酸，在酸性溶液中为无色，随着 pH 的升高，其分子结构和溶液颜色发生如下变化：

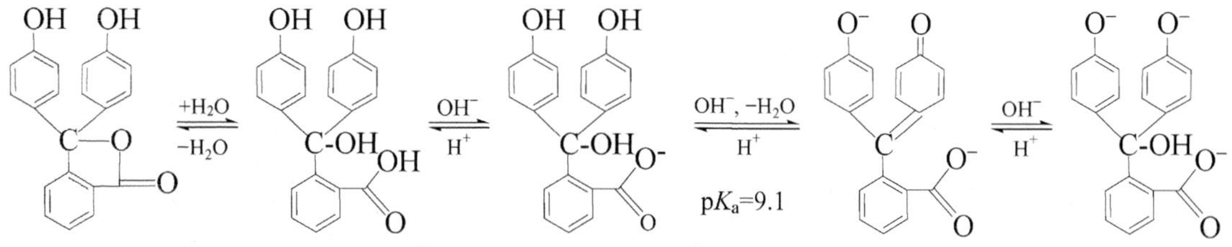

无色分子   无色分子   无色离子   红色离子(醌式)   无色离子

酚酞为单色指示剂，在 pH<8 的溶液中，酚酞以各种无色形式存在；在 pH>10 的溶液中，转化为醌式后显红色。

甲基橙(MO)为一元弱酸，在溶液中存在如下平衡：

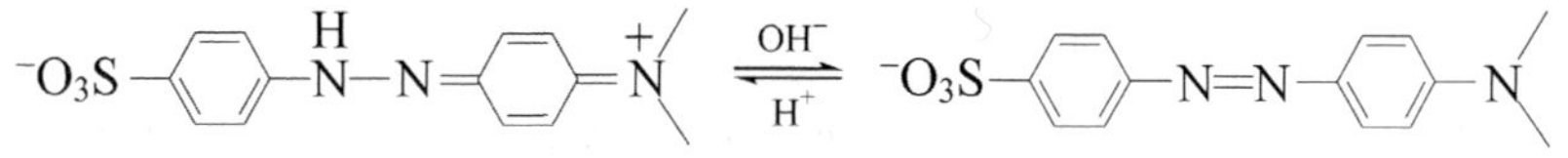

红色(醌式) $pK_a=3.4$ 黄色(偶氮式)

甲基橙是双色指示剂。由平衡关系可以看出，增大酸度，甲基橙以醌式双极离子形式存在，溶液呈橙红色；降低酸度，以偶氮形式存在，溶液显黄色。甲基红(MR)与甲基橙相似，结构上处于偶氮基对位的磺酸基变为邻位的羧基。

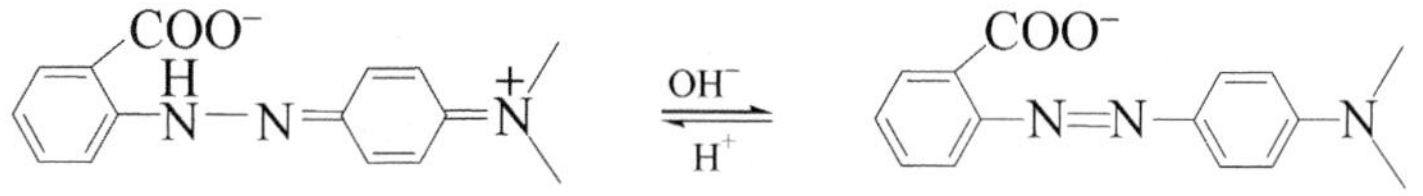

红色(醌式) $pK_a=5.2$ 黄色(偶氮式)

双色指示剂的酸式 HIn(甲色)和碱式 In⁻(乙色)在溶液中达到平衡：

$$HIn \rightleftharpoons H^+ + In^-$$

甲色   乙色

$$K_a = \frac{[H^+][In^-]}{[HIn]} \tag{5-23}$$

或

$$\frac{[In^-]}{[HIn]} = \frac{K_a}{[H^+]} \tag{5-24}$$

$[In^-]/[HIn]$ 值是 $[H^+]$ 的函数。一般来说，当 $[In^-]/[HIn] \geq 10$ 时，看到乙色；当 $[In^-]/[HIn] \leq 0.1$ 时，看到甲色；当 $[In^-]/[HIn] = 1$ 时，溶液为甲、乙色的混合色，此时 $pH = pK_a$，称为指示剂的理论变色点。习惯上，把溶液从甲色变到乙色对应的 pH 范围称为指示剂的变色范围。

$$pH = pK_{a(HIn)} \pm 1$$

理论上指示剂的变色范围为两个 pH 单位。由于人眼对各种颜色的敏感度不同，并且两种颜色互相掩盖，影响观察，所以实际观察结果小于理论计算值。此外，不同人的观察结果也不尽相同。例如，甲基橙的变色 pH 范围，有人报道为 3.1～4.4，也有人报道为 3.2～4.5 或 2.9～4.2。附表 5 列出了常见的酸碱指示剂及其变色范围，大多数指示剂的变色范围为 1.6～1.8 pH 单位。

2. 指示剂的用量

由指示剂的解离平衡可以看出，对于双色指示剂，如甲基橙等，变色点仅与 $[In^-]/[HIn]$ 值有关，与用量无关。因此，指示剂用量多一点或少一点都可以。但指示剂的用量不宜太多，否则颜色的变化不明显，而且指示剂本身也会消耗一些滴定剂，带来误差。

对于单色指示剂，指示剂用量的多少对其变色点有一定影响。例如，酚酞的酸式为无色，碱式为红色。设人眼能观察到红色时所要求的最低碱式酚酞浓度为 a，它应该是固定不变的。若指示剂的总浓度为 c，由指示剂的解离平衡式可知

$$\frac{K_a}{[H^+]} = \frac{[In^-]}{[HIn]} = \frac{a}{c-a}$$

因为 K_a 和 a 都是定值，所以如果 c 增大了，维持溶液中碱式酚酞浓度为 a 所要求的 H^+ 浓度就要相应增大。也就是说，酚酞会在较低 pH 时变色。若在 50～100 mL 溶液中加 2～3 滴 0.1% 酚酞，pH≈9 时出现微红，而在同样情况下加 10～15 滴酚酞，则在 pH≈8 时出现微红。

3. 混合指示剂

在酸碱滴定中，有时需要将滴定终点限制在很窄的"变色区间"内，这时可采用混合指示剂。混合指示剂有两类：

(1)同时使用两种指示剂，利用彼此颜色之间的互补作用，使变色更加敏锐。例如，溴甲酚绿($pK_a = 4.9$)和甲基红($pK_a = 5.2$)，前者的酸色为黄色，碱色为蓝色；后者的酸色为红色，碱色为黄色。当它们混合后，由于共同作用的结果，在酸性条件下显橙色(黄+红)，在碱性条件下显绿色(蓝+黄)。在化学计量点附近 pH≈5.1 时，溴甲酚绿的碱性成分较多，呈绿色，甲基红的酸性成分较多，呈橙红色，两种颜色互补，溶液近乎无色，色调变化极为敏锐。

(2)由指示剂与惰性染料(如亚甲基蓝、靛蓝二磺酸钠)组成，其作用原理也是利用颜色的互补作用来提高变色的敏锐度。

附表 6 列出常见的混合酸碱指示剂及其变色点。

5.5.2　电位滴定法

在滴定分析中，当遇到有色溶液或浑浊溶液时，用指示剂难以指示终点，采用电位滴定可以准确判断终点。在电位滴定过程中，随着滴定反应的进行，溶液中 H^+ 浓度不断变化，引起指示电极的电位变化。在化学计量点附近，溶液中 H^+ 浓度的变化可达几个数量级，出现 pH 突跃(5.6 节详细论述)，从而引起电位突跃，以此指示滴定终点的到达。

5.6　酸碱滴定原理

酸碱滴定是以酸碱反应为基础的滴定分析方法。在酸碱滴定中，滴定剂应选用强酸或强碱，如 HCl、NaOH 等。待测的则是具有适当强度的酸碱物质，如 NaOH、NH_3、Na_2CO_3、HAc、

H_3PO_4 和 HCl 等。酸碱滴定时，必须了解滴定过程中 H^+ 浓度的变化规律，才有可能选择合适的指示剂或以电位滴定法确定终点。不同类型的酸碱在滴定过程中 H^+ 浓度的变化规律不尽相同，下面介绍几种不同类型的滴定。

5.6.1　强酸强碱的滴定

以 $0.1000\ \text{mol}\cdot\text{L}^{-1}$ NaOH 溶液滴定同浓度的 20.00 mL HCl 溶液为例，进行强碱滴定强酸的讨论。用滴定分数 a 来衡量滴定反应进行的程度

$$a = \frac{滴入碱的物质的量}{酸起始的物质的量}$$

(1) 滴定开始前：溶液中只有 HCl 存在，$[H^+] = 0.1000\ \text{mol}\cdot\text{L}^{-1}$，pH = 1.00。

(2) 滴定开始至计量点前：因加入的 NaOH 中和了部分 HCl，溶液组成为剩余的 HCl 和生成的 NaCl，其中 NaCl 对溶液的 pH 无影响[①]，故可根据剩余 HCl 的量计算 pH。

$$[H^+] = \frac{c_{HCl}V_{HCl} - c_{NaOH}V_{NaOH}}{V_{HCl} + V_{NaOH}}$$

例如，滴加 NaOH 溶液体积为 18.00 mL 时，还剩余 2.00 mL HCl 溶液未被中和，此时

$$[H^+] = \frac{0.1000 \times 20.00 - 0.1000 \times 18.00}{20.00 + 18.00} = 5.3 \times 10^{-3}\,(\text{mol}\cdot\text{L}^{-1})$$

$$pH = 2.28$$

(3) 化学计量点时：当加入 NaOH 溶液体积为 20.00 mL 时，HCl 被 NaOH 全部中和，生成 NaCl 溶液，这时 pH = 7.00。

(4) 化学计量点后：因加入过量的 NaOH，HCl 被全部中和，溶液组成为过量的 NaOH 和生成的 NaCl，这时溶液的 pH 取决于过量的 NaOH，溶液中 $[OH^-]$ 的计算方法与"(2)"中 $[H^+]$ 的计算相似。

$$[H^+] = \frac{c_{NaOH}V_{NaOH} - c_{HCl}V_{HCl}}{V_{HCl} + V_{NaOH}}$$

例如，滴定到加入 NaOH 溶液体积为 20.02 mL 时，HCl 被完全中和，溶液中过量 0.02 mL 的 NaOH，根据过量 NaOH 的浓度，此时 $[OH^-] = 5.0 \times 10^{-5}\ \text{mol}\cdot\text{L}^{-1}$，pOH = 4.30，pH = 9.70。

如此逐一计算，将结果列入表 5-1 中。以滴定分数 a（或加入 NaOH 溶液的量）为横坐标，溶液的 pH 为纵坐标，绘制关系曲线，得到如图 5-5 所示的滴定曲线。

表 5-1　用 0.1000 mol·L⁻¹ NaOH 滴定 20.00 mL 同浓度的 HCl

加入标准 NaOH V/mL	滴定分数 a	剩余 HCl 或过量 NaOH V/mL	pH
0.00	0.000	20.00	1.00
18.00	0.900	2.00	2.28
19.80	0.990	0.20	3.30
19.96	0.998	0.04	4.00
19.98	0.999	0.02	4.30

---

① 计算中不考虑活度的问题，所以认为其他离子对 $[H^+]$ 无影响。

续表

加入标准 NaOH V/mL	滴定分数 a	剩余 HCl 或过量 NaOH V/mL	pH
20.00	1.000	0.00	7.00
20.02	1.001	0.02	9.70
20.04	1.002	0.04	10.00
20.20	1.010	0.20	10.70
22.00	1.100	2.00	11.70
40.00	2.000	20.00	12.52

曲线刚开始时较平坦，因为 HCl 浓度较大，其本身就是缓冲剂，加入少量 NaOH 对溶液 pH 的影响不大；接近化学计量点时，HCl 的浓度已经很小，失去缓冲能力，溶液 pH 发生突变；NaOH 过量较多时，NaOH 本身也是缓冲剂，曲线又变得平坦。由表 5-1 可见，当加入的 NaOH 体积从 19.98 mL（化学计量点前-0.1%）变到 20.02 mL（化学计量点后+0.1%）时，溶液的 pH 从 4.30 增加到 9.70，变化 5.4 个单位，即在化学计量点附近，仅加入 0.04 mL（约 1 滴）的 NaOH 溶液就引起溶液 pH 的突变，形成了滴定曲线中的"突跃"部分。滴定分数从 0.999 到 1.001（化学计量点前后±0.1%）所对应的 pH 变化范围称为滴定突跃范围，简称滴定突跃。

滴定突跃范围具有重要的实际意义。一方面这是选择指示剂的依据，酸碱滴定所选指示剂的 pK_a 应落在滴定突跃范围内。突跃范围太小，会限制指示剂的选择。另一方面也反映了滴定反应的完全程度，滴定突跃越大，滴定反应越完全。

图 5-6 为不同浓度 NaOH 滴定等浓度 HCl 的滴定曲线。由图可见，随浓度的减小，pH 滴定突跃随之减小。要使 0.01 mol·L^{-1}NaOH 滴定 0.01 mol·L^{-1} HCl 的误差小于 0.1%，已不能选择甲基橙作指示剂。若溶液的浓度太大，考虑到化学计量点附近加入一滴溶液的物质的量较大，也会引起较大的误差，因此酸碱滴定中溶液的浓度一般为 0.01～1.0 mol·L^{-1}，常采用 0.1 mol·L^{-1} 的溶液进行滴定。

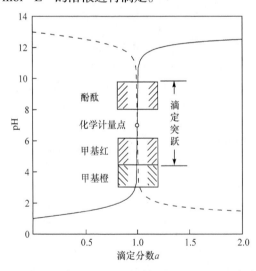

图 5-5　0.1000 mol·L^{-1}NaOH 滴定同浓度 HCl 的滴定曲线
虚线为 0.1000 mol·L^{-1} HCl 滴定同浓度 NaOH 的滴定曲线

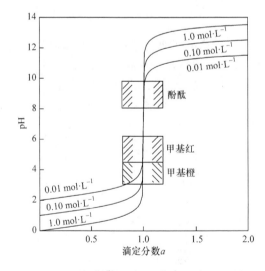

图 5-6　不同浓度 NaOH 滴定同浓度 HCl 时的滴定曲线

强酸滴定强碱的原理与强碱滴定强酸的原理相同, 只是滴定过程中 pH 的变化与之相反, 图 5-5 中虚线为 0.1000 mol·L^{-1} HCl 溶液滴定同浓度 NaOH 溶液的滴定曲线。

5.6.2　一元弱酸弱碱的滴定

以 0.1000 mol·L^{-1} NaOH 溶液滴定 20.00 mL 同浓度的 HAc 溶液为例, 进行强碱滴定弱酸的讨论。与强酸强碱的滴定相似, 滴定过程按照不同的溶液组成也分为四个阶段, 每个阶段按溶液的组成进行 pH 计算。

(1)滴定开始前: 溶液中只有 HAc 存在, 按一元弱酸即可求得溶液的 pH。0.1000 mol·L^{-1} HAc 的 pH = 2.87, 与同等浓度 HCl 相比 pH 升高, 酸度降低。

(2)滴定开始至计量点前: 因加入的 NaOH 与部分 HAc 反应, 溶液由未反应的 HAc 和生成的 NaAc 组成缓冲体系, 按缓冲溶液可求得溶液的 pH。由于缓冲体系的存在, 在强碱滴定弱酸的过程中, pH 变化较为缓慢, 化学计量点前的突跃明显减小。

(3)化学计量点时: HAc 被 NaOH 中和, 反应生成 NaAc 溶液, 按一元弱碱即可求得溶液中的[H$^+$]和 pH。

(4)化学计量点后: 因 NaOH 过量, 影响溶液 pH 的主要是过量的 NaOH, 因此按过量的 NaOH 来计算溶液中的[H$^+$]和 pH。化学计量点后, 强碱滴定弱酸的滴定曲线与强碱滴定强酸的滴定曲线基本相同。

如此逐一计算, 把最终 pH 计算结果列入表 5-2 中。以滴定分数 a(或加入 NaOH 溶液的量)为横坐标, 对应溶液的 pH 为纵坐标, 绘制关系曲线, 得到如图 5-7 所示的强碱滴定弱酸的滴定曲线。

表 5-2　用 0.1000 mol·L^{-1} NaOH 滴定 20.00 mL 同浓度的 HAc

加入标准 NaOH V/mL	滴定分数 a	剩余 HAc 或过量 NaOH V/mL	pH
0.00	0.000	20.00	2.87
18.00	0.900	2.00	5.70
19.80	0.990	0.20	6.73
19.96	0.998	0.04	7.44
19.98	0.999	0.02	7.74
20.00	1.000	0.00	8.72
20.02	1.001	0.02	9.70
20.04	1.002	0.04	10.00
20.20	1.010	0.20	10.70
22.00	1.100	2.00	11.70
40.00	2.000	20.00	12.52

用 0.1000 mol·L^{-1} NaOH 滴定同浓度但不同强度的弱酸的滴定曲线见图 5-8, 酸越弱, 滴定突跃范围越小。如果要求测量误差不大于±0.2%, $cK_a \geq 10^{-8}$ 是目测法准确滴定弱酸的界限(见例 5-16)。也就是说, 当 $cK_a < 10^{-8}$ 时, 用目测法不可能得到准确度高于±0.2%的测量结果。

强酸滴定一元弱碱与强碱滴定一元弱酸非常相似, 所不同的是溶液的 pH 是由大到小, 滴定曲线的形状刚好相反。图 5-9 是 0.1000 mol·L^{-1} HCl 溶液滴定同浓度的 NH$_3$ 溶液的滴定曲线。同样, 当 $cK_b \geq 10^{-8}$ 时才能进行准确滴定。

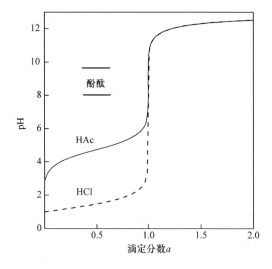

图 5-7　0.1000 mol · L^{-1} NaOH 滴定同浓度 HAc 的
滴定曲线

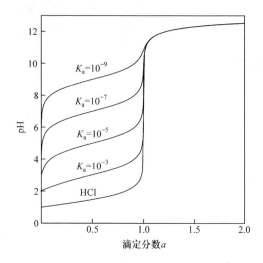

图 5-8　0.1000 mol · L^{-1} NaOH 滴定同浓度、不同
强度弱酸的滴定曲线

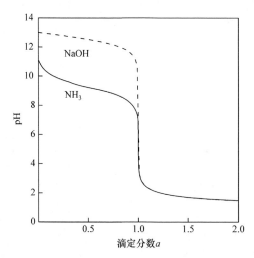

图 5-9　0.1000 mol · L^{-1} HCl 滴定同浓度 NH$_3$ 的滴定曲线

5.6.3　多元酸碱的滴定

用强碱滴定多元酸。例如，用 0.1000 mol · L^{-1} NaOH 滴定同浓度的 H$_3$PO$_4$，H$_3$PO$_4$ 各级解离常数为 $K_{a_1} = 7.6 \times 10^{-3}$，$K_{a_2} = 6.3 \times 10^{-8}$，$K_{a_3} = 4.4 \times 10^{-13}$，按准确滴定条件有 $cK_{a_1} \geqslant 10^{-8}$，$cK_{a_2} \approx 10^{-8}$，$cK_{a_3} \ll 10^{-8}$（如分步滴定，被滴物浓度 c 由 0.1 mol · L^{-1} 变化到 0.05 mol · L^{-1}，再变化到 0.033 mol · L^{-1}）。在滴定过程中，各反应间是否存在互相干扰，即 NaOH 是否在全部中和 H$_3$PO$_4$ 后再与 NaH$_2$PO$_4$ 反应？

首先 H$_3$PO$_4$ 被中和，生成 H$_2$PO$_4^-$，出现第一个化学计量点；然后 H$_2$PO$_4^-$ 继续被中和，生成 HPO$_4^{2-}$，出现第二个化学计量点；HPO$_4^{2-}$ 的 K_{a_3} 太小，不能直接滴定。结合 H$_3$PO$_4$ 的分布曲线发现，在第一化学计量点和第二化学计量点，NaH$_2$PO$_4$ 和 Na$_2$HPO$_4$ 及 Na$_2$HPO$_4$ 和 Na$_3$PO$_4$ 的共存现象都不明显，均只有 0.3% 的共存。NaOH 滴定 H$_3$PO$_4$ 的滴定曲线见图 5-10。

准确计算多元酸的滴定曲线,涉及比较烦琐的数学处理,这里不予介绍。下面只讨论化学计量点 pH 的计算和指示剂的选择。

第一化学计量点:用 NaOH 滴定 H_3PO_4 至第一化学计量点时,产物是 $H_2PO_4^-$,浓度为 $0.050\ mol \cdot L^{-1}$,这是两性物质,计算求得 pH = 4.69。

若以甲基橙为指示剂,终点由红变黄,测定结果的误差约为-0.5%。

第二化学计量点:H_3PO_4 被滴定产物是 HPO_4^{2-},也是两性物质,浓度为 $0.033\ mol \cdot L^{-1}$,计算求得 pH = 9.67。

应选用百里酚酞(变色点 pH≈10)作指示剂,终点颜色由无色变为浅蓝,误差约为+0.3%。

第三化学计量点: 由于 H_3PO_4 的 K_{a_3} 太小,

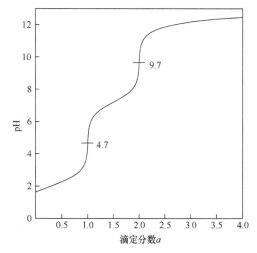

图 5-10　$0.1000\ mol \cdot L^{-1}$ NaOH 滴定同浓度 H_3PO_4 的滴定曲线

HPO_4^{2-} 不能用常规方法滴定,但若加入 $CaCl_2$ 溶液,形成 $Ca_3(PO_4)_2$ 沉淀,则可将 H^+ 释放出来,这样 HPO_4^{2-} 也就可以滴定了。为不使 $Ca_3(PO_4)_2$ 溶解,选用酚酞作指示剂。

$$2HPO_4^{2-} + 3Ca^{2+} = Ca_3(PO_4)_2\downarrow + 2H^+$$

在多元酸(H_nB)的滴定中,化学计量点附近 pH 突跃的大小除了与酸的浓度和强度有关外,还与相邻两级解离常数的比值有关。如果 $K_{a_n}/K_{a_{(n+1)}}$ 太小,第 n 级解离的 H^+ 尚未被中和完全时,第($n+1$)级解离的 H^+ 就开始参与反应,致使化学计量点附近 H^+ 浓度没有明显的突变,因而无法确定化学计量点。如果检测终点的误差约 0.3 pH 单位,要保证滴定误差约为±0.5%,$K_{a_n}/K_{a_{(n+1)}}$ 必须大于 10^5。这一结论可通过计算化学计量点附近终点误差而得到(见 5.7 节)。

对于多元酸的滴定,根据 $cK_a \geq 10^{-8}$ 和 $K_{a_n}/K_{a_{(n+1)}} \geq 10^5$,可判断滴定多元酸的各级 H^+ 是否能够分别准确滴定。若滴定允许误差为±1%,则 $K_{a_n}/K_{a_{(n+1)}} \geq 10^4$ 即可。

例如,$H_2C_2O_4$ 的 $K_{a_1} = 5.9 \times 10^{-2}$,$K_{a_2} = 6.4 \times 10^{-5}$,$K_{a_1}/K_{a_2} \approx 10^3$,不能准确进行分步滴定。但草酸的 K_{a_1} 和 K_{a_2} 均大于 10^{-8},只要其浓度不是太低,可按二元酸一次被滴定,化学计量点附近有较大突跃。大多数有机多元弱酸如酒石酸、柠檬酸情况相同。

混合酸滴定的情况和多元酸相似。设有两种弱酸 HA 和 HB,浓度分别为 c_{HA} 和 c_{HB},解离常数分别为 K_{HA} 和 K_{HB},且 $K_{HA} > K_{HB}$。若 $c_{HA}K_{HA} \geq 10^{-8}$,且 $c_{HA}K_{HA}/(c_{HB}K_{HB}) \geq 10^5$,则可以准确滴定 HA,HB 不干扰滴定。如果两种弱酸的浓度较大且相等,在第一化学计量点时,溶液中的 H^+ 浓度可按下式计算(弱碱和弱酸混合,视作两性物质):

$$[H^+] = \sqrt{K_{HA}K_{HB}}$$

多元碱分步滴定的界限和多元酸的相同。若满足 $cK_b \geq 10^{-8}$,且 $K_{b_n}/K_{b_{(n+1)}} \geq 10^5$,则多元碱能够分步滴定,滴定误差约为±0.5%。若滴定允许误差为±1%,则要求 $K_{b_n}/K_{b_{(n+1)}} \geq 10^4$。

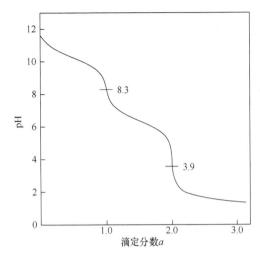

图 5-11　0.1000 mol · L⁻¹ HCl 滴定

0.1000 mol · L⁻¹ Na₂CO₃ 的滴定曲线

例如,用 $0.1000\ mol \cdot L^{-1}$ HCl 滴定 $0.1000\ mol \cdot L^{-1}$ Na₂CO₃,其滴定曲线见图 5-11。Na₂CO₃ 的 $K_{b_1}=1.8\times10^{-4}$,$K_{b_2}=2.4\times10^{-8}$,在浓度 c 不太小的情况下,Na₂CO₃ 可被 HCl 滴定到 NaHCO₃,然后 NaHCO₃ 被滴定到 H₂CO₃(饱和溶液浓度为 $0.04\ mol \cdot L^{-1}$)。第一化学计量点和第二化学计量点 pH 分别为 8.3 和 3.9,可分别选择酚酞和甲基橙作指示剂。但因 $\Delta pK_b=3.9$,滴定到 HCO_3^- 这一步的突跃并不明显,准确度不高。若用同浓度的 NaHCO₃ 作参比,采用混合指示剂指示终点,准确度可以提高,滴定误差约为 0.5%。在第二化学计量点时,因 K_{b_2} 不够大,滴定突跃也不明显。Na₂HCO₃ 的浓度较大时,溶液中存在大量的 CO₂,影响指示剂的变色。要求在接近终点时,除将溶液剧烈摇动外,用 HCl 滴至溶液刚显橙色,煮沸除去 CO₂,溶液变为黄色,冷却后,再用极少量的 HCl 滴定至橙色,即为终点。

5.7　终点误差

在酸碱滴定中,一般采用指示剂来确定滴定终点。滴定终点与化学计量点往往不一致,这就产生滴定误差,称为终点误差。终点误差一般以百分数表示,它不包括滴定操作本身所引起的误差。可用式(5-25)定义终点误差 E_t:

$$E_t=\frac{过量(或不足)OH^-(或H^+)的量}{被滴定的H^+(或OH^-)的总量}\times100\% \tag{5-25}$$

5.7.1　强酸(碱)的滴定

设用浓度为 c 的 NaOH 溶液滴定体积为 V_0、浓度为 c_0 的 HCl 溶液。滴定至终点时,消耗 NaOH 溶液的体积为 V,则过量(或不足)的 NaOH 的量为 $(cV-c_0V_0)$,滴定终点误差 E_t 为

$$E_t=\frac{n_{NaOH}-n_{HCl}}{n_{HCl}}=\frac{cV-c_0V_0}{c_0V_0}=\frac{(c_{NaOH}^{ep}-c_{HCl}^{ep})V_{ep}}{c_{HCl}^{ep}V_{ep}}=\frac{c_{NaOH}^{ep}-c_{HCl}^{ep}}{c_{HCl}^{ep}}$$

式中,V_{ep} 为终点时的体积;c^{ep} 为终点时的浓度。滴定终点时的溶液相当于浓度为 c_{NaOH}^{ep} 的 NaOH 和浓度为 c_{HCl}^{ep} 的 HCl 的混合溶液,其质子条件(电荷平衡)为

$$[Na^+]_{ep}+[H^+]_{ep}=[OH^-]_{ep}+[Cl^-]_{ep}$$

即

$$c_{NaOH}^{ep}-c_{HCl}^{ep}=[OH^-]_{ep}-[H^+]_{ep}$$

所以

$$E_t=\frac{c_{NaOH}^{ep}-c_{HCl}^{ep}}{c_{HCl}^{ep}}=\frac{[OH^-]_{ep}-[H^+]_{ep}}{c_{HCl}^{ep}} \tag{5-26}$$

若终点与化学计量点 pH 的差为 ΔpH,有

$$\Delta pH = pH_{ep} - pH_{sp} = -lg[H^+]_{ep} - (-lg[H^+]_{sp}) = -lg\frac{[H^+]_{ep}}{[H^+]_{sp}}$$

即

$$\frac{[H^+]_{ep}}{[H^+]_{sp}} = 10^{-\Delta pH}, \quad [H^+]_{ep} = [H^+]_{sp} \times 10^{-\Delta pH}$$

而

$$\Delta pOH = pOH_{ep} - pOH_{sp} = (pK_w - pH_{ep}) - (pK_w - pH_{sp}) = -(pH_{ep} - pH_{sp}) = -\Delta pH$$

所以

$$\frac{[OH^-]_{ep}}{[OH^-]_{sp}} = 10^{\Delta pH}, \quad [OH^-]_{ep} = [OH^-]_{sp} \times 10^{\Delta pH}$$

终点误差为

$$E_t = \frac{[OH^-]_{ep} - [H^+]_{ep}}{c_{HCl}^{ep}} \times 100\% = \frac{[OH^-]_{sp} \times 10^{\Delta pH} - [H^+]_{sp} \times 10^{-\Delta pH}}{c_{HCl}^{ep}} \times 100\%$$

而

$$[OH^-]_{sp} = [H^+]_{sp} = \sqrt{K_w}$$

故

$$E_t = \frac{\sqrt{K_w}(10^{\Delta pH} - 10^{-\Delta pH})}{c_{HCl}^{ep}} \times 100\% = \frac{10^{\Delta pH} - 10^{-\Delta pH}}{\sqrt{\frac{1}{K_w}} \times c_{HCl}^{ep}} \times 100\% \tag{5-27}$$

　　通常把这种形式的误差计算式称为林邦(Ringbom)误差公式。显然，林邦误差公式的形式会因滴定体系不同而异。

例 5-14　计算以甲基橙为指示剂时，$0.10 \text{ mol} \cdot L^{-1}$ NaOH 滴定同浓度 HCl 的终点误差。

　　解　强碱滴定强酸的化学计量点的 pH = 7.0，设终点为甲基橙的变色点，pH ≈ 4.0，所以 $\Delta pH = 4.0 - 7.0 = -3.0$。而 $c_{HCl}^{ep} = 0.050 \text{ mol} \cdot L^{-1}$，代入式(5-27)中，得

$$E_t = \frac{10^{-3.0} - 10^{-(-3.0)}}{(1.0 \times 10^{14})^{1/2} \times 0.050} \times 100\% = -0.2\%$$

5.7.2　一元弱酸(碱)的滴定

　　用强碱滴定一元弱酸 HB，滴定反应为

$$OH^- + HB \Longrightarrow B^- + H_2O$$

　　滴定反应常数 K_t 为

$$K_t = \frac{[B^-]}{[OH^-][HB]} = \frac{K_a}{K_w}$$

　　强碱 OH^- 滴定弱酸 HB 的终点误差的定义

$$E_t = \frac{[OH^-]_{ep} - [HB]_{ep}}{c_{HB}^{ep}}$$

经推导后得到相应的终点误差公式

$$E_t = \frac{10^{\Delta pH} - 10^{-\Delta pH}}{\sqrt{K_t \times c_{HB}^{ep}}} \times 100\% = \frac{10^{\Delta pH} - 10^{-\Delta pH}}{\sqrt{\dfrac{K_a}{K_w} c_{HB}^{ep}}} \times 100\% \qquad (5-28)$$

例 5-15　用 0.1 mol·L⁻¹ NaOH 滴定等浓度的 HAc，以酚酞为指示剂($pK_{HIn}=9.1$)，计算终点误差。

解　$pH_{ep}=9.1$，$pH_{sp}=8.72$，$\Delta pH=9.1-8.72=0.38$。$K_t=\dfrac{K_a}{K_w}=10^{9.26}$，$c_{HAc}^{ep}=0.05$ mol·L⁻¹，将以上数据代入式(5-28)，得

$$E_t = \frac{10^{0.38} - 10^{-0.38}}{\sqrt{10^{9.26} \times 0.05}} \times 100\% = 0.02\%$$

例 5-16　用 NaOH 滴定等浓度弱酸 HB，目测法检测终点时的 $\Delta pH=0.3$，若希望 $E_t \leqslant 0.2\%$，则此时 $c_{HB}^{ep}K_a$ 应等于何值?

解　由式(5-28)得到

$$\left(c_{HB}^{ep}K_t\right)^{\frac{1}{2}} = \frac{10^{\Delta pH} - 10^{-\Delta pH}}{E_t}$$

$$c_{HB}^{ep}K_a = \left(\frac{10^{0.3} - 10^{-0.3}}{0.002}\right)^2 \times 10^{-14} = 5 \times 10^{-9}$$

由于弱酸 HB 的初始浓度 $c_{HB}=2c_{HB}^{ep}$，所以 $c_{HB}K_a=2c_{HB}^{ep}K_a \geqslant 10^{-8}$，这就是对一元弱酸 HB 能否进行准确滴定的判据。

5.7.3　多元弱酸的滴定

强碱滴定多元弱酸 H_3B 的第一终点，终点误差公式为

$$E_t = \frac{10^{\Delta pH} - 10^{-\Delta pH}}{\sqrt{\dfrac{K_{a_1}}{K_{a_2}}}} \times 100\% \qquad (5-29)$$

在第二终点

$$E_t = \frac{10^{\Delta pH} - 10^{-\Delta pH}}{2\sqrt{\dfrac{K_{a_2}}{K_{a_3}}}} \times 100\% \qquad (5-30)$$

式(5-30)的等号右边除以 2，是由于在第二化学计量点时，滴定反应涉及 2 个质子。

例 5-17　计算用 0.10 mol·L⁻¹ NaOH 滴定 0.10 mol·L⁻¹ H_3PO_4 至(1)甲基橙变黄(pH=4.4)和(2)百里酚酞显蓝色(pH=10.0)的终点误差。

解　(1)在第一化学计量点，pH=4.69，所以

$$\Delta pH = 4.4 - 4.69 = -0.29$$

将有关数据代入式(5-29)，有

$$E_t = \frac{10^{-0.29} - 10^{0.29}}{\sqrt{10^{-2.12+7.20}}} \times 100\% = -0.41\%$$

(2)在第二化学计量点，pH=9.67，所以

$$\Delta pH = 10.0 - 9.67 = 0.33$$

将有关数据代入式(5-30)，有

$$E_t = \frac{10^{0.33} - 10^{-0.33}}{2 \times \sqrt{10^{-7.20+12.36}}} \times 100\% = 0.22\%$$

由于涉及逐级解离，强碱滴定多元弱酸的终点误差从定义到计算公式都很复杂，式(5-29)和式(5-30)是经过数次简化才得到的，因此对实际工作的指导作用要小一些。

5.8　酸碱滴定的应用

许多化工产品及原材料，如烧碱、纯碱、硫酸铵和碳酸氢铵等，常采用酸碱滴定测定其主要成分的含量。除酸碱性物质外，许多非酸碱性的物质还可用间接的酸碱滴定法测定，如有机合成工业和医药工业中的原料、中间产品及其成品等。酸碱滴定的应用范围相当广泛。

5.8.1　混合碱的测定

烧碱中 NaOH 和 Na_2CO_3 含量的测定。

氢氧化钠俗称烧碱，在生产和储藏过程中会吸收空气中的 CO_2 而生成 Na_2CO_3，因此要经常对烧碱进行 NaOH 和 Na_2CO_3 的测定。常用的有以下两种方法：

(1)氯化钡法。准确称取一定量试样，将其溶解于已除去了 CO_2 的蒸馏水中，稀释到指定体积，分成两等份进行滴定。

第一份溶液用甲基橙作指示剂，用标准 HCl 溶液滴定，测定其总碱度，反应如下：

$$NaOH + HCl == NaCl + H_2O$$
$$Na_2CO_3 + 2HCl == 2NaCl + CO_2 + H_2O$$

终点为橙色，消耗 HCl 的体积为 V_1。

第二份溶液加 $BaCl_2$，使 Na_2CO_3 转化为微溶的 $BaCO_3$，即

$$Na_2CO_3 + BaCl_2 == BaCO_3\downarrow + 2NaCl$$

用 HCl 标准溶液滴定该溶液中的 NaOH，酚酞作指示剂，消耗 HCl 的体积为 V_2。滴定第二份溶液显然不能用甲基橙作指示剂，因为甲基橙变色点在 pH = 4 左右，此时将有部分 $BaCO_3$ 溶解，使滴定结果不准确。从 V_2 可得 NaOH 的质量分数为

$$w_{NaOH} = \frac{c_{HCl}V_2M_{NaOH}}{m_s} \times 100\%$$

混合碱中 Na_2CO_3 所消耗 HCl 的体积为 $(V_1 - V_2)$，所以

$$w_{Na_2CO_3} = \frac{\frac{1}{2}c_{HCl}(V_1 - V_2)M_{Na_2CO_3}}{m_s} \times 100\%$$

(2)双指示剂法。准确称取一定量试样，溶解后，以酚酞为指示剂，用 HCl 标准溶液滴定至红色刚消失，记下用去 HCl 的体积 V_1。这时 NaOH 全部被中和，而 Na_2CO_3 仅被中和到 $NaHCO_3$。向溶液中加入甲基橙，继续用 HCl 滴定至橙色(为了使观察终点明显，在终点前可加热除去 CO_2)，记下用去 HCl 的体积 V_2，V_2 是滴定 $NaHCO_3$ 所消耗 HCl 的体积。

由计量关系可知，Na_2CO_3 被中和至 $NaHCO_3$ 以及 $NaHCO_3$ 被中和至 H_2CO_3 所消耗 HCl 的体积是相等的。所以

$$w_{Na_2CO_3} = \frac{\frac{1}{2}c_{HCl} \times 2V_2M_{Na_2CO_3}}{m_s} \times 100\%$$

$$w_{NaOH} = \frac{c_{HCl}(V_1 - V_2)M_{NaOH}}{m_s} \times 100\%$$

常见混合碱除 NaOH 和 Na_2CO_3 外，还有 Na_2CO_3 和 $NaHCO_3$、Na_3PO_4 和 Na_2HPO_4 等。双指示剂法既可如上述进行连续滴定，也可分别加入酚酞和甲基橙分开滴定。根据上述原理和方法，请读者思考如何进行其他混合碱的测定。

5.8.2　极弱酸(碱)的测定

对于一些极弱的酸(碱)，有时利用生成稳定的配合物可以使弱酸强化，从而可以较准确地进行滴定。例如，硼酸为极弱酸，在水溶液中按下式解离：

$$B(OH)_3 + 2H_2O \Longleftrightarrow H_3O^+ + [B(OH)_4]^-$$

也可简写为

$$H_3BO_3 \Longleftrightarrow H^+ + H_2BO_3^-$$

由于硼酸太弱，$pK_a = 9.24$，不能用 NaOH 准确滴定。如果于硼酸溶液中加入一些甘油或甘露醇，使其与硼酸根形成稳定的配合物，从而增加硼酸在水溶液中的解离，使硼酸转变为中强酸。例如，当溶液中有较大量甘露醇存在时，硼酸将按下式生成配合物：

$$\begin{array}{c} \text{H} \\ | \\ \text{R}-\text{C}-\text{OH} \\ | \\ \text{R}-\text{C}-\text{OH} \\ | \\ \text{H} \end{array} + H_3BO_3 \Longleftrightarrow \left[\begin{array}{ccc} \text{H} & & \text{H} \\ | & & | \\ \text{R}-\text{C}-\text{O} & & \text{O}-\text{C}-\text{R} \\ & \text{B} & \\ \text{R}-\text{C}-\text{O} & & \text{O}-\text{C}-\text{R} \\ | & & | \\ \text{H} & & \text{H} \end{array} \right]^- H^+ + 3H_2O$$

该配合物的酸性很强，$pK_a = 4.26$，可用 NaOH 标准溶液准确滴定。

利用沉淀反应，有时也可以使弱酸强化。例如，H_3PO_4 的 $K_{a_3} = 4.4 \times 10^{-13}$，通常只能按二元酸被分步滴定。如果加入钙盐，由于生成 $Ca_3(PO_4)_2$ 沉淀，因此可继续对 HPO_4^{2-} 进行较为准确的滴定。

对于极弱酸的滴定，有时也可利用氧化还原法使弱酸转变为强酸。例如，用碘、过氧化氢或溴水，可将 H_2SO_3 氧化为 H_2SO_4。此外，还可以在浓盐体系或非水介质中对极弱酸(碱)进行测定。

5.8.3　铵盐中氮的测定

铵盐的测定常用的有以下两种方法。

1. 蒸馏法

在试样中加入浓 NaOH 将铵盐 NH_4^+ 转化成 NH_3，加热将 NH_3 蒸出，可用 H_3BO_3 溶液将 NH_3 吸收，以甲基红和溴甲酚绿为混合指示剂，用标准硫酸溶液滴定生成的 $[B(OH)_4]^-$，近无色透明时为终点。H_3BO_3 的酸性极弱，既可以吸收 NH_3，又不影响滴定，无需定量加入。

蒸出的 NH_3 也可用过量的标准 HCl 或 H_2SO_4 溶液吸收，过量的酸用 NaOH 标准溶液返滴定，以甲基红或甲基橙为指示剂，用 H_2SO_4 溶液吸收时需要特别注意相应的计量关系。

2. 甲醛法

甲醛与铵盐作用，生成等物质的量的酸(质子化的六亚甲基四胺和 H^+)

$$4NH_4^+ + 6HCHO \Longleftrightarrow (CH_2)_6N_4H^+ + 3H^+ + 6H_2O$$

通常采用酚酞作指示剂，用 NaOH 标准溶液滴定。如果试样中含有游离酸，则需事先以甲基红作指示剂，用 NaOH 进行中和。此时不能用酚酞作指示剂，否则部分待测 NH_4^+ 也会被中和。

5.8.4　有机化合物中氮的测定

常采用凯氏 (Kjeldahl) 定氮法测定含氮有机物中氮的含量，以确定其氨基态氮或蛋白质等的含量。

凯氏定氮法测定时在有机试样中加入硫酸和硫酸钾溶液进行共煮消化，并加入铜盐催化剂催化有机物的分解，使有机物中的氮定量转化为 NH_4HSO_4 或 $(NH_4)_2SO_4$。

$$C_mH_nN \xrightarrow[\text{CuSO}_4]{\text{H}_2\text{SO}_4,\ \text{K}_2\text{SO}_4} CO_2\uparrow + H_2O + NH_4^+$$

在消解后的溶液中加入浓 NaOH 碱化后，再用蒸馏法测定 NH_4^+。凯氏定氮法适用于蛋白质、胺类、酰胺类及尿素等有机化合物中氮含量的测定。各种蛋白质中氮的含量大体相同，因此将氮的质量换算为蛋白质的换算因数为 6.25（蛋白质中含 16% 的氮），若蛋白质的大部分为白蛋白，则换算因数为 6.27。尽管该法操作较为烦琐费时，但在最新 2015 版的《中华人民共和国药典》中，仍确认凯氏定氮法为标准检验方法。

例 5-18　称取尿素试样 0.3000 g，采用凯氏定氮法测定试样的含氮量。将蒸馏出来的氨收集于饱和硼酸溶液中，加入溴甲酚绿和甲基红混合指示剂，用 0.2000 mol·L⁻¹ HCl 溶液滴定至近无色透明为终点，消耗 37.50 mL，计算试样中尿素的质量分数。

解　吸收反应

$$NH_3 + H_3BO_3 == NH_4^+ + H_2BO_3^-$$

滴定反应

$$H^+ + H_2BO_3^- == H_3BO_3$$

尿素的相对分子质量为 60.05，由于 1 mol 尿素 $[CO(NH_2)_2]$ 相当于 2 mol NH_3，所以

$$w_{尿素} = \frac{\frac{1}{2}\times 0.2000\ \text{mol·L}^{-1}\times 37.50\times 10^{-3}\ \text{L}\times 60.05\ \text{g·mol}^{-1}}{0.3000\ \text{g}}\times 100\% = 75.06\%$$

例 5-19　奶粉中蛋白质含量的国家标准为每 100 g 奶粉中含蛋白质不少于 18.5 g。称取 1.0500 g 某奶粉试样，采用凯氏定氮法测定蛋白质的含量。用 0.1000 mol·L⁻¹ HCl 溶液滴定至终点，消耗 21.20 mL，计算该奶粉中的氮含量，并判断该奶粉中蛋白质的含量是否符合国家标准。

解　已知将氮的质量换算为蛋白质的换算因数为 6.25，所以

$$w_N = \frac{0.1000\ \text{mol·L}^{-1}\times 21.20\times 10^{-3}\ \text{L}\times 14.01\ \text{g·mol}^{-1}}{1.0500\ \text{g}}\times 100\% = 2.83\%$$

$$w_{蛋白质} = 6.25\times 2.83\% = 17.69\% \approx 17.7\%$$

由于 100 g 该奶粉中蛋白质低于国家标准规定的 18.5 g，故不符合国家标准。

2008 年发生的"三鹿奶粉事件"是在牛奶中加入三聚氰胺（$C_3H_6N_6$）以"提高蛋白质的含量"，属于严重的食品安全事件。各种蛋白质中氮含量约为 16%，每 100 g 牛乳含蛋白质为 3.1 g 左右，折算成有机氮约为 0.5 g，三聚氰胺中氮含量高达 66.7%，约 0.75 g 三聚氰胺的氮含量就相当于 100 g 奶中的氮含量。

5.8.5 磷的测定

钢铁和矿石等试样中的磷有时也采用酸碱滴定法进行测定。在硝酸介质中,磷酸与钼酸铵反应,生成黄色磷钼酸铵沉淀

$$PO_4^{3-} + 12MoO_4^{2-} + 2NH_4^+ + 25H^+ \rightleftharpoons (NH_4)_2H[PMo_{12}O_{40}] \cdot H_2O \downarrow + 11H_2O$$

过滤后,用水洗涤沉淀,然后将其溶解于定量且过量的 NaOH 标准溶液中,溶解反应为

$$(NH_4)_2H[PMo_{12}O_{40}] \cdot H_2O + 27OH^- \rightleftharpoons PO_4^{3-} + 12MoO_4^{2-} + 2NH_3 + 16H_2O$$

过量的 NaOH 再用 HNO_3 标准溶液返滴定,至酚酞恰好褪色为终点(pH ≈ 8),这时有下列三个反应发生:

$$OH^- (过剩的NaOH) + H^+ \rightleftharpoons H_2O$$
$$PO_4^{3-} + H^+ \rightleftharpoons HPO_4^{2-}$$
$$NH_3 + H^+ \rightleftharpoons NH_4^+$$

由上述几步反应可看出,溶解 1 mol 磷钼酸铵沉淀,消耗 27 mol NaOH。用 HNO_3 返滴定至 pH ≈ 8 时,沉淀溶解后所产生的 PO_4^{3-} 转变为 HPO_4^{2-},需要消耗 1 mol NaOH;2 mol NH_3 滴定至 NH_4^+ 时,消耗 2 mol HNO_3。这时 1 mol 磷钼酸铵沉淀实际只消耗 27-3 = 24 (mol) NaOH,因此磷对 NaOH 的化学计量比为 1/24。由于此计量比较小,本方法可用于微量磷的测定。

试样中磷的含量为

$$w_P = \frac{(c_{NaOH}V_{NaOH} - c_{HNO_3}V_{HNO_3}) \times \frac{1}{24} \times M_P}{m_s} \times 100\%$$

5.8.6 氟硅酸钾滴定法测定硅

硅酸盐试样中 SiO_2 含量的测定过去都是采用重量法,虽然测定结果准确,但耗时太长,因此目前生产上的例行分析多采用氟硅酸钾滴定法。

试样用 KOH 熔融,使其转化为可溶性硅酸盐,如 K_2SiO_3 等;硅酸钾在钾盐存在下与 HF 作用(或在强酸性溶液中加 KF,HF 有剧毒,必须在通风橱中操作),转化成微溶的氟硅酸钾 K_2SiF_6,其反应如下:

$$K_2SiO_3 + 6HF \rightleftharpoons K_2SiF_6 \downarrow + 3H_2O$$

由于沉淀的溶解度较大,还需加入固体 KCl 以降低其溶解度。过滤,用氯化钾-乙醇溶液洗涤沉淀,将沉淀放入原烧杯中,加入氯化钾-乙醇溶液,用 NaOH 中和游离酸至酚酞变红,再加入沸水,使氟硅酸钾水解而释放出 HF,其反应如下:

$$K_2SiF_6 + 3H_2O \rightleftharpoons 2KF + H_2SiO_3 + 4HF$$

用 NaOH 标准溶液滴定释放出的 HF,以求得试样中 SiO_2 的含量。

由反应式可知,1 mol K_2SiF_6 释放出 4 mol HF,即消耗 4 mol NaOH,所以试样中 SiO_2 对 NaOH 的化学计量比为 1/4。

试样中 SiO_2 的含量为

$$w_{SiO_2} = \frac{c_{NaOH}V_{NaOH} \times \frac{1}{4}M_{SiO_2}}{m_s} \times 100\%$$

5.8.7 醛和酮含量的测定

醛、酮、醇和酯类物质带有羟基或羰基,也可用酸碱滴定法测定其含量。因有机反应速度较慢,故通常采用返滴定的方法进行。醛和酮的测定方法有两种。

(1)盐酸羟胺法:向醛或酮的溶液中加入过量的盐酸羟胺,反应生成游离酸。待反应充分后,用标准碱溶液滴定反应生成的游离酸。因加入的盐酸羟胺过量,多余的盐酸羟胺使滴定终点的溶液显酸性,故采用溴酚蓝作指示剂指示终点。相关反应式如下:

$$R—CHO + NH_2OH \cdot HCl\,(过量) \Longrightarrow R—CHNOH + HCl + H_2O$$
$$R—CO—R' + NH_2OH \cdot HCl\,(过量) \Longrightarrow R—CNOH—R' + HCl + H_2O$$
$$NaOH(滴定剂) + HCl \Longrightarrow NaCl + H_2O$$

(2)亚硫酸钠法:与盐酸羟胺法相反,向醛或酮的溶液中加入过量的亚硫酸钠,反应生成游离碱。反应生成的游离碱用标准酸溶液滴定,百里酚酞作指示剂。相关反应式如下:

$$R—CHO + Na_2SO_3(过量) + H_2O \Longrightarrow R—CH\,(OH)\,SO_3Na + NaOH$$
$$R—CO—R' + Na_2SO_3(过量) + H_2O \Longrightarrow R—CR'\,(OH)\,SO_3Na + NaOH$$
$$HCl(滴定剂) + NaOH \Longrightarrow NaCl + H_2O$$

两种方法滴定的反应式均相同,但因加入的还原剂不同,滴定终点时溶液的酸碱性不同,且与单纯的强碱强酸的互相滴定也不同,故选择的指示剂均不相同。

盐酸羟胺法

$$w_{醛(酮)} = \frac{c_{NaOH}V_{NaOH} \times M_{醛(酮)}}{m_s} \times 100\%$$

亚硫酸钠法

$$w_{醛(酮)} = \frac{c_{HCl}V_{HCl} \times M_{醛(酮)}}{m_s} \times 100\%$$

由于测定方法简单易行,常用该法测定多种醛的含量,如甲醛的含量、医用消毒液中戊二醛的含量等。

思考题与习题

1. 在草酸溶液中加入大量强电解质,草酸的浓度常数 $K_{a_1}^c$ 和 $K_{a_2}^c$ 之间的差别是增大还是减小?对其活度常数 $K_{a_1}^0$ 和 $K_{a_2}^0$ 的影响又怎样?

2. 写出下列酸碱组分的质子条件:

(1) $c_1(mol \cdot L^{-1})NH_3 + c_2(mol \cdot L^{-1})NaOH$;

(2) $c_1(mol \cdot L^{-1})HAc + c_2(mol \cdot L^{-1})H_3BO_3$;

(3) $c_1(mol \cdot L^{-1})H_3PO_4 + c_2(mol \cdot L^{-1})HCOOH$。

3. 在下列各组酸碱物质中,哪些属于共轭酸碱对?

(1) $H_3PO_4\text{-}H_2PO_4^-$;   (2) $H_2SO_4\text{-}SO_4^{2-}$;

(3) $H_2CO_3\text{-}CO_3^{2-}$;   (4) $^+NH_3CH_2COOH\text{-}NH_2CH_2COO^-$;

(5) $H_2Ac^+\text{-}Ac^-$;   (6) $(CH_2)_6N_4H^+\text{-}(CH_2)_6N_4$。

4. 判断下列情况对测定结果的影响:

(1)标定 NaOH 溶液时,作为基准物质的邻苯二甲酸氢钾中混有邻苯二甲酸;

(2) 用吸收了 CO_2 的 NaOH 标准溶液滴定 H_3PO_4 至第一化学计量点,情况怎样? 若滴定至第二化学计量点时,情况又怎样?

(3) 已知某 NaOH 标准溶液吸收了 CO_2,约有 0.4% 的 NaOH 转变成 Na_2CO_3。有不知情者用此溶液作为"标准"测定 HAc 的含量,估计会对结果产生多大的影响?

5. 指示剂的变色范围与指示剂的变色区间这两个概念有何区别和联系?

6. 有人试图用酸碱滴定法测定 NaAc 的含量,先加入定量且过量的标准 HCl 溶液,加入合适的指示剂,然后用 NaOH 标准溶液返滴定过量的 HCl。上述设计是否合理? 试述其理由。

7. 用 HCl 中和 Na_2CO_3 溶液,分别至 pH=10.50 和 pH=6.00 时,溶液中各有哪些型体? 其中主要型体是什么? 当中和至 pH<4.0 时,主要型体是什么?

8. 增加电解质的浓度,会使酸碱指示剂 HIn^-($HIn^- \rightleftharpoons H^+ + In^{2-}$)的理论变色点变大还是变小?

9. 若下列混合溶液分别用 NaOH 溶液或 HCl 溶液滴定,在滴定曲线上会出现几个突跃?

(1) $H_3PO_4 + H_2SO_4$; 　　　　　(2) $HCl + H_3BO_3$;

(3) $HF + HAc$; 　　　　　(4) $Na_3PO_4 + NaOH$;

(5) $Na_2HPO_4 + Na_2CO_3$; 　　　　　(6) $Na_2HPO_4 + NaH_2PO_4$。

10. 有 5 份碱液,每份碱液中含有 NaOH、Na_2CO_3 和 $NaHCO_3$ 三种成分中的一种或两种。今用 HCl 溶液滴定,以酚酞为指示剂时,消耗 HCl 体积为 V_1;再加入甲基橙指示剂,继续用 HCl 溶液滴定,又消耗 HCl 体积为 V_2。当出现下列情况时,分别判断这 5 份溶液的组成:

(1) $V_1 > V_2$, $V_2 > 0$; 　　　　　(2) $V_2 > V_1$, $V_1 > 0$;

(3) $V_1 = V_2$; 　　　　　(4) $V_1 = 0$, $V_2 > 0$;

(5) $V_1 > 0$, $V_2 = 0$。

11. 计算下列各溶液的 pH:

(1) 0.050 $mol \cdot L^{-1}$ 的 NaAc; 　　　　　(2) 0.050 $mol \cdot L^{-1}$ 的 NH_4NO_3;

(3) 0.10 $mol \cdot L^{-1}$ 的 NH_4CN; 　　　　　(4) 0.050 $mol \cdot L^{-1}$ 的 KH_2PO_4;

(5) 0.050 $mol \cdot L^{-1}$ 的氨基乙酸; 　　　　　(6) 0.10 $mol \cdot L^{-1}$ 的 Na_2S;

(7) 0.050 $mol \cdot L^{-1}$ 的 H_2O_2 溶液;

(8) 0.050 $mol \cdot L^{-1}$ 的 $CH_3CH_2NH_3^+$ 和 0.050 $mol \cdot L^{-1}$ 的 NH_4Cl 的混合溶液;

(9) 含有 $c_{HA} = c_{HB} = 0.10$ $mol \cdot L^{-1}$ 的混合溶液($pK_{HA} = 5.0$, $pK_{HB} = 9.0$)。

(8.72; 5.28; 9.23; 4.70; 5.97; 12.97; 6.49; 5.27; 3.00)

12. 计算 pH 为 8.0 和 12.0 时 0.10 $mol \cdot L^{-1}$ KCN 溶液中 CN^- 的浓度。

(5.8×10^{-3} $mol \cdot L^{-1}$, 0.10 $mol \cdot L^{-1}$)

13. 含有 $c_{HCl} = 0.10$ $mol \cdot L^{-1}$, $c_{NaHSO_4} = 2.0 \times 10^{-4}$ $mol \cdot L^{-1}$, $c_{HAc} = 2.0 \times 10^{-6}$ $mol \cdot L^{-1}$ 的混合溶液。(1) 计算此混合溶液的 pH; (2) 加入等体积 0.10 $mol \cdot L^{-1}$ 的 NaOH 溶液,计算溶液的 pH。

(1.00; 4)

14. 将 0.12 $mol \cdot L^{-1}$ 的 HCl 和 0.10 $mol \cdot L^{-1}$ 的氯乙酸钠($ClCH_2COONa$)溶液等体积混合,计算 pH。

(1.84)

15. 欲使 100 mL 0.10 $mol \cdot L^{-1}$ HCl 溶液的 pH 从 1.00 增加至 4.44,需加入固体 NaAc 多少克(忽略溶液体积的变化)?

(1.23 g)

16. 今由某弱酸 HB 及其共轭碱 B^- 配制缓冲溶液,其中 HB 的浓度为 0.25 $mol \cdot L^{-1}$。于此 100 mL 缓冲溶液中加入 200 mg NaOH(忽略溶液体积的变化),所得溶液的 pH 为 5.60。原缓冲溶液的 pH 为多少(设 HB 的 $K_a = 5.0 \times 10^{-6}$)?

(5.44)

17. 欲配制 pH 为 3.0 和 4.0 的 HCOOH-HCOONa 缓冲溶液,应分别往 200 mL 0.20 $mol \cdot L^{-1}$ HCOOH 溶液中加多少毫升 1.0 $mol \cdot L^{-1}$ NaOH 溶液?

(6.1 mL, 25.7 mL)

18. 称取 CCl_3COOH 16.34 g 和 NaOH 2.0 g,溶解于 1 L 水中。(1) 所配制缓冲溶液的 pH 为多少? (2) 要配

制 pH=0.64 的缓冲溶液，还需加入多少摩强酸(HCl)？

（1.44，0.18 mol HCl）

19. 配制总浓度为 0.10 mol · L^{-1} 的氨基乙酸缓冲溶液(pH=2.0)100 mL，需氨基乙酸多少克？需 1 mol · L^{-1} 的盐酸多少毫升？

（0.75g，7.9 mL）

20. 25.0 mL 0.40 mol · L^{-1} H_3PO_4 与 30.0 mL 0.50 mol · L^{-1} Na_3PO_4 溶液相混合，然后稀释至 100.0 mL，计算此缓冲溶液的 pH 和缓冲容量。若取上述混合溶液 25.0 mL，需加入多少毫升 1.00 mol · L^{-1} NaOH 溶液，才能使混合溶液的 pH 等于 9.00？

（7.80，0.092 mol · L^{-1}，1.2 mL）

21. 20 g 六亚甲基四胺加浓 HCl(按浓度为 12 mol · L^{-1} 计)4.0 mL，稀释至 100 mL，溶液的 pH 是多少？此溶液是否是缓冲溶液？

（5.45，是）

22. 计算下列标准缓冲溶液的 pH(考虑离子强度的影响)，并与标准值相比较：
(1)饱和酒石酸氢钾(0.034 mol · L^{-1})；
(2)0.050 mol · L^{-1} 邻苯二甲酸氢钾；
(3)0.010 mol · L^{-1} 硼砂。

（3.56；4.01；9.18）

23. 用 0.20 mol · L^{-1} $Ba(OH)_2$ 滴定 0.10 mol · L^{-1} HAc 至化学计量点，计算溶液的 pH。

（8.83）

24. 某试样含有 Na_2CO_3 和 $NaHCO_3$，称取 0.3010 g，用酚酞作指示剂，滴定时用去 0.1060 mol · L^{-1} HCl 20.10 mL，继续用甲基橙作指示剂，共用去 HCl 47.70 mL。计算试样中 Na_2CO_3 和 $NaHCO_3$ 的质量分数。

（22.19%，75.03%）

25. 二元弱酸 H_2B，已知 pH = 1.92 时，$\delta_{H_2B} = \delta_{HB^-}$，pH = 6.22 时，$\delta_{HB^-} = \delta_{B^{2-}}$。计算：(1)$H_2B$ 的 K_{a_1} 和 K_{a_2}；(2)HB^- 具有极大值的 pH；(3)若用 0.100 mol · L^{-1} NaOH 溶液滴定 0.1 mol · L^{-1} H_2B，滴定至第一和第二化学计量点时溶液的 pH。

（1.2×10^{-2}，6.02×10^{-7}；4.07；4.12，9.37）

26. 已知 0.1 mol · L^{-1} 一元弱酸 HB 溶液的 pH = 3.0，其等浓度的共轭碱 NaB 溶液的 pH 为多少？

（9.0）

27. 在 0.10 mol · L^{-1} Na_2CO_3 溶液中加入草酸固体，使草酸总浓度为 0.020 mol · L^{-1}，求该溶液的 pH。

（10.38）

28. 称取 Na_2CO_3 和 $NaHCO_3$ 的纯品 0.6850 g，溶于适量水中。以甲基橙为指示剂，用 0.200 mol · L^{-1} HCl 溶液滴定至终点时，消耗 50.0 mL。重复上述滴定，仅把指示剂改为酚酞，将消耗多少毫升 HCl 溶液？

（12.5 mL）

29. 称取一元弱酸 HB 纯品 0.8150 g，溶于适量水中。以酚酞为指示剂，用 0.1100 mol · L^{-1} NaOH 溶液滴定至终点，消耗 24.60 mL。另外还知道，当滴定至 11.00 mL 时，溶液的 pH = 4.80，计算该弱酸 HB 的 pK_a 值。

（4.89）

30. 用 0.10 mol · L^{-1} NaOH 滴定 0.10 mol · L^{-1} HAc 至 pH = 8.00，计算终点误差。

（−0.05%）

31. 用 0.10 mol · L^{-1} HCl 滴定 0.10 mol · L^{-1} NH_3 至 pH = 4.00，计算终点误差。

（−0.20%）

32. 用 0.10 mol · L^{-1} NaOH 滴定 0.10 mol · L^{-1} H_3PO_4 至第一化学计量点，若终点 pH 较化学计量点 pH 高 0.50 单位，计算终点误差。

（+0.82%）

33. 用 0.10 mol · L^{-1} NaOH 滴定含有约 0.1 g NH_4Cl 的 0.100 mol · L^{-1} 羟胺盐酸盐 ($NH_3^+OH \cdot Cl^-$)。(1)化学计量点时溶液的 pH 为多少？(2)在化学计量点有多少 NH_4Cl 被滴定？

（7.61；2.2%）

34. 称取一元弱酸 HA 试样 1.00 g，溶于 60.0 mL 水中，用 0.0250 mol·L^{-1} NaOH 溶液滴定。已知中和 HA 至 50%时，溶液的 pH = 5.00；当滴定至化学计量点时，pH = 9.00。计算试样中 HA 的质量分数（设 HA 的摩尔质量为 82.00 g·mol^{-1}）。

(82.0%)

35. 称取钢样 1.000 g，溶解后，将其中的磷沉淀为磷钼酸铵。用 0.1000 mol·L^{-1} NaOH 20.00 mL 溶解沉淀，过量的 NaOH 用 0.2000 mol·L^{-1} HNO$_3$ 滴定至酚酞刚好褪色，耗去 7.50 mL。计算钢样中 P 和 P$_2$O$_5$ 的质量分数。

(0.065%, 0.150%)

36. 面粉中粗蛋白质含量与氮含量的比例系数为 5.7，称取 2.449 g 面粉经消化后，用 NaOH 处理，将蒸发出的 NH$_3$ 用 100.0 mL 0.010 86mol·L^{-1} HCl 溶液吸收，然后用 0.012 28 mol·L^{-1} NaOH 溶液滴定，耗去 15.30 mL。计算面粉中粗蛋白质的质量分数。

(2.93%)

37. 阿司匹林的有效成分是乙酰水杨酸，现称取阿司匹林试样 0.250 g，加入 50.00 mL 0.1020 mol·L^{-1} NaOH 溶液，煮沸 10 min，冷却后，以酚酞为指示剂，用 H$_2$SO$_4$ 标准溶液滴定其中过量的碱，消耗 0.050 50 mol·L^{-1} H$_2$SO$_4$ 溶液 25.00 mL。计算试样中乙酰水杨酸的质量分数（M=180.16 g·mol^{-1}）。

(0.928)

38. 设计测定下列混合物中各组分含量的方法，并简述其理由。
(1) HCl + H$_3$BO$_3$；　　　　　　　(2) H$_3$PO$_4$ + H$_2$SO$_4$；
(3) HCl+ NH$_4$Cl；　　　　　　　(4) Na$_3$PO$_4$ + Na$_2$HPO$_4$；
(5) Na$_3$PO$_4$ + NaOH；　　　　　　(6) NaHSO$_4$ + NaH$_2$PO$_4$。

39. 半胱氨酸(cysteine)是氨基酸之一，可用 H$_2$C 表示，其可进一步质子化为 H$_3$C$^+$，K_{a_1} =0.0195，K_{a_2} = 4.4×10^{-9}，K_{a_3} =1.7×10^{-11}。
(1) 溶解适量半胱氨酸钾(K$_2$C)于水中，制得浓度为 0.0300 mol·L^{-1} 的溶液。移取此溶液 40.0 mL，用浓度为 0.0600 mol·L^{-1} 的 HClO$_4$ 滴定。计算第一化学计量点的 pH。
(2) 计算 0.0500 mol·L^{-1} 溴化半胱氨酸(H$_3$C$^+$Br$^-$)溶液中[C^{2-}]/[HC$^-$]的值。

(9.56；7.4×10^{-10})

第6章　配位滴定法

配位滴定法是以配位反应为基础的一种滴定分析方法。配位反应除应用于配位滴定外，在分析化学中还广泛应用于显色、萃取、沉淀及掩蔽反应等。

配位滴定所涉及的平衡关系比较复杂。为了定量处理各种因素的影响，引入了副反应系数的概念，并导出了条件稳定常数。这种处理方法也广泛应用于涉及复杂平衡的其他体系。

6.1　配位滴定中的滴定剂

6.1.1　无机配位剂和有机配位剂

配位反应极具普遍性，如金属离子在溶液中多以配合物的形式存在，最常见的是水合物。

配位滴定中常用的滴定剂，即配位剂(complexing agent)可分为两类：无机配位剂和有机配位剂。通常无机配位剂 L 分子中仅含 1 个配位原子，与金属离子 M 配位时是逐级地形成 ML_n 型简单配合物。这类配合物中配位剂分子之间没有联系，配合物的逐级稳定常数数值一般较小且比较接近，配合物不太稳定，且溶液中通常存在多种形式的配离子，无恒定的化学计量关系。例如

$$Cd^{2+} \xrightarrow{+CN^-} [Cd(CN)]^+ \xrightarrow{+CN^-} Cd(CN)_2 \xrightarrow{+CN^-} [Cd(CN)_3]^- \xrightarrow{+CN^-} [Cd(CN)_4]^{2-}$$

$K_{稳}$ 　　　　　3.02×10^5 　　　　3.38×10^5 　　　　3.63×10^5 　　　　3.80×10^5

因此，无机配位剂多用作显色剂、掩蔽剂等，很少用于滴定分析，仅有 Ag^+ 和 CN^-、Hg^{2+} 和 Cl^- 等少数反应可用于滴定分析。用 $AgNO_3$ 标准溶液滴定 CN^- 的反应为

$$Ag^+ + 2CN^- \rightleftharpoons [Ag(CN)_2]^-$$

滴定到达化学计量点后，过量的 Ag^+ 与 $[Ag(CN)_2]^-$ 形成白色 $Ag[Ag(CN)_2]$ 沉淀，指示终点的到达。Hg^{2+} 和 Cl^- 可生成稳定的 $1:2$ 型配合物，以二苯卡巴腙为指示剂，与 Hg^{2+} 形成有色配合物指示终点。

有机配位剂分子可含有 2 个或 2 个以上配位原子，与金属离子配位时能形成低配位比的具有环状结构的螯合物，比同种配位原子形成的简单配合物稳定得多。表 6-1 中列出了 Cu^{2+} 与 NH_3、乙二胺和三乙撑四胺形成的配合物的稳定常数。由于减少甚至消除了逐级配位现象，以及配合物稳定性的增加，这类配位反应可用于滴定分析。

表 6-1　N 原子配位形成螯合物后稳定性的比较

配位剂	NH_3	乙二胺	三乙撑四胺
配合物			

续表

配位剂	NH₃	乙二胺	三乙撑四胺
配位比	$1:4$	$1:2$	$1:1$
螯环数	0	2	3
稳定常数	$\lg K_1 = 4.1$ $\lg K_2 = 3.5$ $\lg K_3 = 2.9$ $\lg K_4 = 2.1$	$\lg K_1 = 10.6$ $\lg K_2 = 9.0$	$\lg K = 20.6$

配位滴定中常用的有机配位剂是氨羧类配位剂，多含有氨基二乙酸$[-N(CH_2COOH)_2]$基团。氨羧类配位剂分子中含有氨氮($\diagdown\!\!\underset{|}{\overset{\cdot\cdot}{N}}\!\!\diagup$)和羧氧($-\overset{\overset{\textstyle O}{\|}}{C}-\overset{\cdot\cdot}{\underset{\cdot\cdot}{O}}-$)两种配位原子，配位能力强，能与除碱金属离子外的多种金属离子形成稳定的可溶性配合物。氨羧类配位剂的种类很多，表 6-2 列出了常见的几种氨羧类配位剂。

表 6-2　常见的几种氨羧类配位剂

配位剂	英文缩写	化学结构
乙二胺四乙酸	EDTA	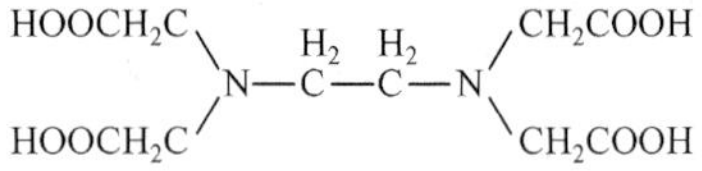
环己烷二胺四乙酸	CyDTA (DCyTA, CDTA)	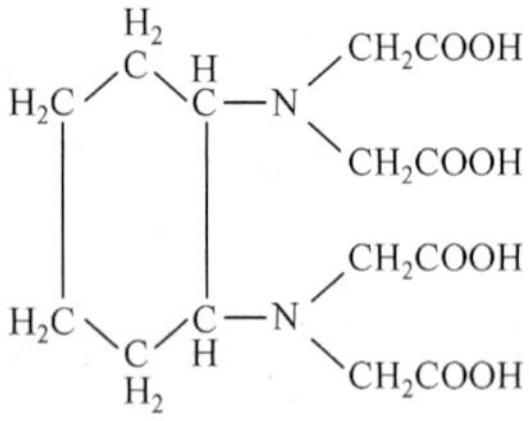
乙二醇二乙醚二胺四乙酸	EGTA	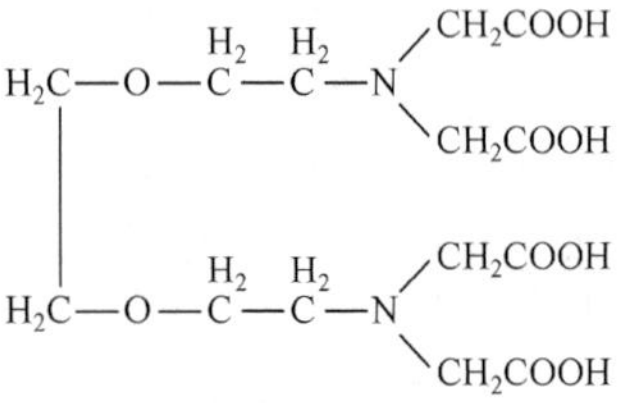
二乙三胺五乙酸	DTPA	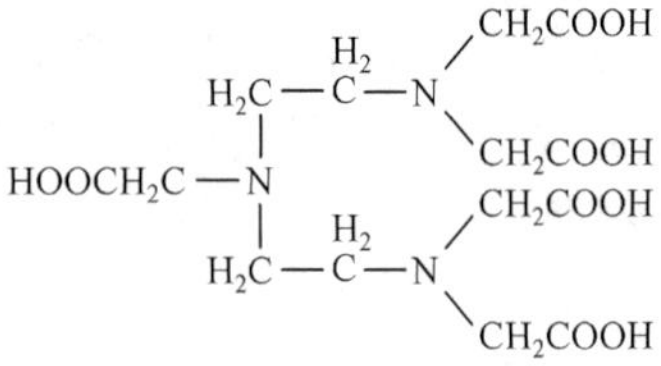
N-羟乙基乙二胺三乙酸	HEDTA	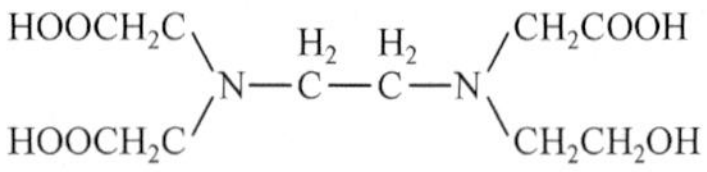
氨三乙酸	NTA	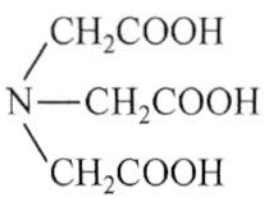

氨羧类配位剂中应用最广泛的是 EDTA，它可以直接或间接滴定几十种金属离子。本章主要讨论以 EDTA 为配位剂滴定金属离子的配位滴定法。

6.1.2　EDTA 及其配位反应的特点

1. EDTA 的性质

乙二胺四乙酸(ethylene diamine tetraacetic acid, EDTA)是一种多元酸，可用 H_4Y 表示。EDTA 在水中溶解度很小(22 ℃时，每 100 mL 水中溶解 0.02 g)，也难溶于酸和一般的有机溶剂，易溶于氨溶液和 NaOH 溶液，形成相应的盐。实际使用时，常用其二钠盐，即乙二胺四乙酸二钠($Na_2H_2Y \cdot 2H_2O$)，一般也简称 EDTA，其在水溶液中的溶解度较大(22 ℃时，每 100 mL 水中能溶解 11.1 g，浓度约为 0.3 mol·L^{-1}，pH 约为 4.4)。

在 EDTA 的分子结构中，两个羧基上的 H^+ 可转移到 N 原子上，形成双偶极离子。

$$\text{HOOCH}_2\text{C} \qquad \text{H}_2 \quad \text{H}_2 \qquad \text{CH}_2\text{COO}^-$$
$$\text{N}-\text{C}-\text{C}-\text{N}$$
$$^-\text{OOCH}_2\text{C} \quad \overset{}{\underset{\text{H}^+}{|}} \qquad \overset{}{\underset{\text{H}^+}{|}} \quad \text{CH}_2\text{COOH}$$

若 EDTA 在酸溶液中，它的两个羧基可以再接受 H^+ 而形成 H_6Y^{2+}，相当于一个六元酸。因此，在水溶液中 EDTA 存在六级解离平衡：

$$H_6Y^{2+} \underset{+H^+}{\overset{-H^+}{\rightleftharpoons}} H_5Y^+ \underset{+H^+}{\overset{-H^+}{\rightleftharpoons}} H_4Y \underset{+H^+}{\overset{-H^+}{\rightleftharpoons}} H_3Y^- \underset{+H^+}{\overset{-H^+}{\rightleftharpoons}} H_2Y^{2-} \underset{+H^+}{\overset{-H^+}{\rightleftharpoons}} HY^{3-} \underset{+H^+}{\overset{-H^+}{\rightleftharpoons}} Y^{4-}$$

逐级解离常数为：$pK_{a_1} = 0.9$，$pK_{a_2} = 1.6$，$pK_{a_3} = 2.0$，$pK_{a_4} = 2.67$，$pK_{a_5} = 6.16$，$pK_{a_6} = 10.26$，前四个值对应羧基的解离，后两个值是氨基质子化的结果。在水溶液中 EDTA 以 H_6Y^{2+}、H_5Y^+、H_4Y、H_3Y^-、H_2Y^{2-}、HY^{3-}、Y^{4-} 七种形式存在，其分布曲线如图 6-1 所示。在 pH<1 的强酸性溶液中，EDTA 主要以 H_6Y^{2+} 形式存在；在 pH 为 2.67～6.16 的溶液中，主要存在形式是 H_2Y^{2-}；在 pH>10.26 的溶液中，主要存在形式是 Y^{4-}；在 pH>12 时才几乎完全以 Y^{4-} 的形式存在。

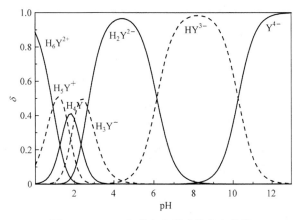

图 6-1　EDTA 各种存在形式的分布曲线

2. EDTA 配位反应的特点

(1)EDTA 具有广泛的配位性能，能与绝大多数金属离子形成稳定的配合物。

EDTA 分子有 6 个配位原子(2 个氨基氮和 4 个羧基氧)，可与金属离子形成配位数为 6 的具有多个五元环的螯合物。通常 EDTA-M 螯合物的立体结构如图 6-2 所示。具有五元环或六元环的螯合物很稳定,而且所形成的环越多,螯合物越稳定。表 6-3 列出了一些金属离子的 EDTA 配合物的稳定常数。

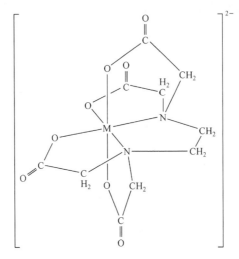

图 6-2　EDTA-M 螯合物的立体结构

表 6-3　某些金属离子与 EDTA 配合物的 $\lg K_{MY}$

离子	$\lg K_{MY}$	离子	$\lg K_{MY}$	离子	$\lg K_{MY}$
Na^+	1.7	Zn^{2+}	16.5	Hg^{2+}	21.8
Mg^{2+}	8.7	Cd^{2+}	16.5	Th^{4+}	23.2
Ca^{2+}	10.7	Pb^{2+}	18.0	Fe^{3+}	25.1
La^{3+}	15.4	Ni^{2+}	18.6	Bi^{3+}	27.9
Al^{3+}	16.1	Cu^{2+}	18.8	ZrO^{2+}	29.9

由表 6-3 可见,除一价碱金属离子的配合物不太稳定外,3 价、4 价金属离子及大多数 2 价金属离子所形成的配合物都相当稳定,其 $\lg K$ 值一般大于 15。

(2)EDTA 与金属离子通常形成配位比为 1∶1 的配合物。例如

$$Ca^{2+} + H_2Y^{2-} \rightleftharpoons CaY^{2-} + 2H^+$$

$$Al^{3+} + H_2Y^{2-} \rightleftharpoons AlY^- + 2H^+$$

$$Sn^{4+} + H_2Y^{2-} \rightleftharpoons SnY + 2H^+$$

反应中无逐级配位现象,反应定量关系明确。只有极少数高价金属离子与 EDTA 配位时,不是形成 1∶1 配合物。例如,Mo(V) 与 EDTA 形成 2∶1 的配合物 $(MoO_2)_2Y^{2-}$。

(3)EDTA 与金属离子反应迅速,形成的配合物大多带电荷,水溶性好。

(4)无色金属离子与 EDTA 形成的配合物仍无色,但有色金属离子与 EDTA 形成的配合物颜色将加深。例如

$$Cu^{2+}(蓝) \quad CuY^{2-}(深蓝)$$

$$Ni^{2+}(绿) \quad NiY^{2-}(蓝绿)$$

$$Co^{2+}(红) \quad CoY^{2-}(紫红)$$

滴定有色金属离子时,试液的浓度不宜过大,否则用指示剂确定终点将发生困难。

上述特点说明 EDTA 与金属离子的配位反应符合滴定分析对反应的要求。

6.2　溶液中配合物的解离平衡

6.2.1　配合物的稳定常数

金属离子 M 和 EDTA(Y)反应大多形成 1∶1 配合物，表示如下(为简化书写，略去所有离子的电荷)：

$$M + Y \rightleftharpoons MY$$

反应的平衡常数表达式为

$$K_{MY} = \frac{[MY]}{[M][Y]} \tag{6-1}$$

式中，K_{MY} 为金属离子 EDTA 配合物的稳定常数(或称形成常数，用 K_f 表示)。K_{MY} 越大，则配合物越稳定，也即越容易形成。K_{MY} 的倒数为配合物的不稳定常数(或称解离常数，用 K_d 表示)。

金属离子还能与其他配位剂 L 形成 ML_n 型配合物，而 ML_n 型配合物是逐级形成的，其逐级形成反应及相应的逐级稳定常数如下：

$$M + L \rightleftharpoons ML \qquad K_{f_1} = \frac{[ML]}{[M][L]}$$

$$ML + L \rightleftharpoons ML_2 \qquad K_{f_2} = \frac{[ML_2]}{[ML][L]}$$

$$\vdots \qquad\qquad\qquad \vdots$$

$$ML_{n-1} + L \rightleftharpoons ML_n \qquad K_{f_n} = \frac{[ML_n]}{[ML_{n-1}][L]} \tag{6-2}$$

若将逐级稳定常数 $K_{f_1} \sim K_{f_n}$ 渐次相乘，就得到各级累积稳定常数($\beta_1 \sim \beta_n$)。

$$\beta_1 = K_{f_1} = \frac{[ML]}{[M][L]}$$

$$\beta_2 = K_{f_1}K_{f_2} = \frac{[ML_2]}{[M][L]^2}$$

$$\vdots$$

$$\beta_n = K_{f_1}K_{f_2}\cdots K_{f_n} = \frac{[ML_n]}{[M][L]^n} \tag{6-3}$$

各级累积稳定常数将各级配合物的浓度直接与游离金属离子浓度及游离配位剂浓度联系起来。

$$[ML] = \beta_1[M][L]$$

$$[ML_2] = \beta_2[M][L]^2$$

$$\vdots$$

$$[ML_n] = \beta_n[M][L]^n \tag{6-4}$$

6.2.2　溶液中各级配合物的分布

在处理酸碱平衡时，经常要考虑 pH 对酸碱各种存在形式分布的影响。同样，在配位平衡中，也要考虑配体浓度对配合物各级存在形式分布的影响。金属离子各级配合物的平衡浓度占金属离子总浓度的分数可用分布分数 δ 表示。若金属离子的分析浓度为 c_M，可得

$$c_M = [M] + [ML] + [ML_2] + \cdots + [ML_n]$$
$$= [M] + \beta_1[M][L] + \beta_2[M][L]^2 + \cdots + \beta_n[M][L]^n \qquad (6\text{-}5)$$
$$= [M](1 + \beta_1[L] + \beta_2[L]^2 + \cdots + \beta_n[L]^n)$$

$$\delta_M = \frac{[M]}{c_M} = \frac{1}{1 + \sum_{i=1}^{n} \beta_i[L]^i} \qquad (6\text{-}6)$$

$$\delta_{ML_i} = \frac{[ML_i]}{c_M} = \frac{\beta_i[L]^i}{1 + \sum_{i=1}^{n} \beta_i[L]^i} \qquad (6\text{-}7)$$

由此可见，各级配合物的分布分数 δ 仅是溶液中游离配位剂浓度[L]的函数，与金属离子的分析浓度 c_M 无关。而各级配合物的浓度可由相应的分布分数求得：

$$[ML_i] = c_M \delta_{ML_i} \qquad (6\text{-}8)$$

以铜氨溶液为例，按式(6-6)和式(6-7)计算 pL 为 0～6 时各级配合物的分布分数，绘制铜氨配合物的分布曲线，如图 6-3 所示。

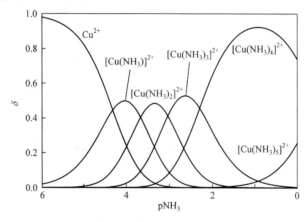

图 6-3 铜氨配合物的分布曲线

铜氨配合物的分布与多元酸溶液中各种型体的分布类似，相邻两级配合物分布曲线的交点所对应的 pL 值即为此两级配合物相关的 $\lg K_{稳}$ 值。由于相邻两级配合物的逐级稳定常数差别不大，当[NH₃]在相当大的范围内变化时，都是几种配合物同时存在，没有一种配合物存在形式的分布分数接近 1，因此不可能用 NH₃ 作滴定剂滴定 Cu^{2+}，无机配位剂大多如此。但 Hg^{2+}-Cl^- 体系是个例外，其 $\lg K_1 \sim \lg K_4$ 分别为 6.7、6.5、0.9 和 1.0。由于 $\lg K_2$ 和 $\lg K_3$ 差别较大，由图 6-4 可知，当 pCl 为 3～5 时，可用 Hg^{2+} 滴定 Cl^-，计量点时生成 $HgCl_2$。

例 6-1 已知 $M(NH_3)_4^{2+}$ 的 $\lg\beta_1 \sim \lg\beta_4$ 为 2.0、5.0、7.0、10.0，$M(OH)_4^{2-}$ 的 $\lg\beta_1 \sim \lg\beta_4$ 为 4.0、8.0、14.0、15.0。在 pH = 9.00，浓度为 0.10 mol·L⁻¹ 的 M^{2+} 溶液中，滴加氨水使游离 NH₃ 浓度为 0.010 mol·L⁻¹，溶液中 M 的主要存在形式是哪一种？浓度为多大？

解 $[NH_3] = 10^{-2}$ mol·L⁻¹，$[OH^-] = 10^{-14.00}/10^{-9.00} = 10^{-5.00}$(mol·L⁻¹)

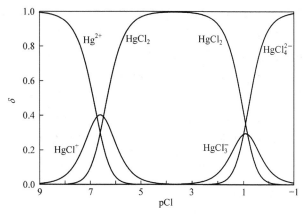

图 6-4　汞（Ⅱ）氯配合物的分布曲线

$$1+\sum_{i=1}^{4}\beta_{i}^{NH_3}[NH_3]^i+\sum_{i=1}^{4}\beta_{i}^{OH}[OH^-]^i$$

$$=1+10^{2.0}\times10^{-2.00}+10^{5.0}\times10^{-4.00}+10^{7.0}\times10^{-6.00}+10^{10.0}\times10^{-8.00}$$

$$+10^{4.0}\times10^{-5.00}+10^{8.0}\times10^{-10.00}+10^{14.0}\times10^{-15.00}+10^{15.0}\times10^{-20.00}$$

$$=1+1+10+10+100+10^{-1}+10^{-2}+10^{-1}+10^{-5}=122$$

$$\{1,\beta_{i}^{NH_3}[NH_3]^i,\beta_{i}^{OH}[OH^-]^i\}_{max}=\beta_{4}^{NH_3}[NH_3]^4$$

$$\delta_{max}=\delta_{M(NH_3)_4^{2+}}$$

$$[M(NH_3)_4^{2+}]=c_{M^{2+}}\delta_{M(NH_3)_4^{2+}}=0.10\times\frac{100}{122}=0.082\,(mol\cdot L^{-1})$$

6.3　副反应系数和条件稳定常数

在配位滴定中，被测金属离子 M 与 EDTA 配位，生成配合物 MY，此为主反应。反应物 M、Y 及反应产物 MY 都可能与溶液中其他组分发生副反应，促使主反应的平衡移动，从而使 MY 的稳定性受到影响，如下所示：

$$
\begin{array}{ccccc}
 & M & + & Y & \xrightleftharpoons{\qquad} & MY & & \text{主反应} \\
\end{array}
$$

L	OH⁻	H⁺	N	H⁺	OH⁻	
ML	MOH	HY	NY	MHY	M(OH)Y	副反应
ML₂	M(OH)₂	H₂Y				
⋮	⋮	⋮				
MLₙ	M(OH)ₙ	H₆Y				

配位效应　　　酸效应　共存离子　混合配位
　　　　　　　　　　效应　　　效应

式中，L 为除 EDTA 外的其他配位剂；N 为共存离子。

金属离子与 OH 或配体 L 发生副反应，EDTA 与 H⁺ 或共存离子 N 发生副反应，均促使主反应平衡左移，不利于主反应的进行。而反应产物 MY 在酸度较高时生成酸式配合物 MHY，在碱度较高时生成碱式配合物 M(OH)Y，这些副反应称为混合配位效应。混合配位效应使

EDTA 对金属离子总配位能力增强，主反应平衡右移，有利于主反应的进行。但酸式和碱式配合物不太稳定，对配位滴定影响很小，可以忽略不计。若不利于主反应的副反应的影响程度较大，则金属离子不能被 EDTA 准确滴定，那么如何衡量副反应对主反应的影响程度呢？

20 世纪 60 年代，芬兰化学家林邦提出了副反应系数(side reaction coefficient)和条件稳定常数(conditional stability constant)的概念，使得处理这种复杂的平衡体系变得清晰而简单。根据平衡关系计算副反应的影响，即求未参加主反应的组分 M 或 Y 的总浓度与平衡浓度[M]或[Y]的比值，得到副反应系数。由副反应系数，对配合物 MY 的稳定常数进行修正，可得条件稳定常数。

6.3.1　金属离子的副反应系数 α_M

当 M 与 Y 反应时，如有另一配体 L 存在，而 L 也能与 M 形成配合物，则主反应会受到影响。这种由于其他配体的存在使金属离子参加主反应能力降低的现象称为配位效应。配体 L 存在时，未与滴定剂 Y 反应的金属离子，除了游离的 M，还有 ML、ML_2、…、ML_n，设未与 Y 结合的 M 的总浓度为[M′]，则

$$[M'] = [M] + [ML] + [ML_2] + \cdots + [ML_n] \tag{6-9}$$

配体 L 对金属离子的副反应系数 $\alpha_{M(L)}$ 定义为

$$\alpha_{M(L)} = \frac{[M']}{[M]} \tag{6-10}$$

将式(6-4)代入式(6-9)，有

$$[M'] = [M] + \beta_1[M][L] + \beta_2[M][L]^2 + \cdots + \beta_n[M][L]^n \tag{6-11}$$

再代入式(6-10)，可得

$$\alpha_{M(L)} = 1 + \beta_1[L] + \beta_2[L]^2 + \cdots + \beta_n[L]^n \tag{6-12}$$

当[M′] = [M]时，无副反应，有 $\alpha_{M(L)}=1$。配位效应越严重，则[M′]越大，$\alpha_{M(L)}$也就越大。由式(6-12)可知，配体 L 的浓度越大，或它与 M 形成的各级配合物越稳定，则配位效应越严重。当 M 和 L 确定后(如 M 为 Zn^{2+}，L 为 NH_3)，各级 β 均为常数，则 $\alpha_{M(L)}$ 只是[L]的函数。

如果溶液中同时存在两种配体 L 和 A，都能与 M 配位，则未与 Y 配位的金属离子 M 的浓度为

$$[M'] = [M] + [ML] + \cdots + [ML_n] + [MA] + \cdots + [MA_m]$$

代入式(6-10)

$$\begin{aligned}\alpha_M &= \frac{[M']}{[M]} = \frac{[M]+[ML]+\cdots+[ML_n]+[MA]+\cdots+[MA_m]}{[M]}\\&= \frac{[M]+[ML]+\cdots+[ML_n]}{[M]} + \frac{[M]+[MA]+\cdots+[MA_m]}{[M]} - \frac{[M]}{[M]}\\&= \alpha_{M(L)} + \alpha_{M(A)} - 1\end{aligned} \tag{6-13}$$

同样，若溶液中有多种配体 L_1、L_2、…、L_n 同时与金属离子 M 发生副反应，则 M 的总副反应系数为

$$\alpha_M = \alpha_{M(L_1)} + \alpha_{M(L_2)} + \cdots + \alpha_{M(L_n)} - (n-1) \tag{6-14}$$

通常只有一两种配体的影响是主要的，而其他配体的影响均可忽略不计。值得注意的是，

溶液中存在的 OH⁻ 也是一种配体，它可与多种金属离子生成羟基配合物，特别是在碱性溶液中，往往不能忽略。这种影响称为金属离子的水解效应或羟基配位效应，用副反应系数 $\alpha_{M(OH)}$ 表示。一些金属离子在不同 pH 条件下的 $\lg\alpha_{M(OH)}$ 值见附表 10。

例 6-2 计算 pH = 10.00，NH₃ 的浓度为 0.10 mol·L⁻¹ 时的 α_{Zn} [已知 Zn-NH₃ 配离子的 $\lg\beta_1 \sim \lg\beta_4$ 为：2.37、4.81、7.31 和 9.46；pH=10.0 时，$\lg\alpha_{Zn(OH)} = 2.4$；$K_a(NH_4^+) = 5.6 \times 10^{-10}$]。

解
$$[NH_3] = c\delta_{NH_3} = 0.10 \times \frac{5.6 \times 10^{-10}}{5.6 \times 10^{-10} + 1 \times 10^{-10}} = 10^{-1.07} (mol \cdot L^{-1})$$

$$\alpha_{Zn(NH_3)} = 1 + \beta_1[NH_3] + \beta_2[NH_3]^2 + \beta_3[NH_3]^3 + \beta_4[NH_3]^4$$
$$= 1 + 10^{2.37} \times 10^{-1.07} + 10^{4.81} \times (10^{-1.07})^2 + 10^{7.31} \times (10^{-1.07})^3 + 10^{9.46} \times (10^{-1.07})^4$$
$$= 1 + 10^{1.30} + 10^{2.67} + 10^{4.10} + 10^{5.18} = 10^{5.22}$$

$$\alpha_{Zn} = \alpha_{Zn(NH_3)} + \alpha_{Zn(OH)} - 1 = 10^{5.22} + 10^{2.4} - 1 = 10^{5.22}$$

6.3.2 EDTA 的副反应系数 α_Y

1. 酸效应系数 $\alpha_{Y(H)}$

EDTA 与金属离子的反应实质上是 Y⁴⁻ 与金属离子的反应。EDTA 与金属离子 M 结合的同时，也会与溶液中的 H⁺ 结合，形成 HY、H₂Y、…、H₆Y，这样就降低了 Y 的平衡浓度，影响主反应的进行。这种由于 H⁺ 的存在使 EDTA 参加主反应能力降低的现象称为 EDTA 的酸效应，用酸效应系数 $\alpha_{Y(H)}$ 表示。

设未与 M 结合的 EDTA 的总浓度为 [Y']，则
$$[Y'] = [Y] + [HY] + [H_2Y] + \cdots + [H_6Y]$$

酸效应系数
$$\alpha_{Y(H)} = \frac{[Y']}{[Y]} \tag{6-15}$$

当 [Y'] = [Y] 时，无副反应，有 $\alpha_{Y(H)} = 1$。酸效应越严重，即与 H⁺ 结合的 EDTA 越多，[Y'] 越大，$\alpha_{Y(H)}$ 越大。

由于 [Y'] 是参与酸碱平衡的 EDTA 的总浓度，根据酸碱组分分布分数的定义，δ_Y 应为
$$\delta_Y = \frac{[Y]}{[Y']}$$

也即 $\alpha_{Y(H)}$ 是 δ_Y 的倒数。EDTA 可看作六元酸，因此
$$\delta_Y = \frac{K_{a_1}K_{a_2}\cdots K_{a_6}}{[H^+]^6 + K_{a_1}[H^+]^5 + \cdots + K_{a_1}K_{a_2}\cdots K_{a_6}}$$
$$\alpha_{Y(H)} = \frac{1}{\delta_Y} = 1 + \frac{[H^+]}{K_{a_6}} + \frac{[H^+]^2}{K_{a_6}K_{a_5}} + \cdots + \frac{[H^+]^6}{K_{a_6}K_{a_5}\cdots K_{a_1}} \tag{6-16}$$

根据溶液中 H⁺ 的浓度和 EDTA 的各级解离常数，可以算出 $\alpha_{Y(H)}$ 值。

H₆Y 也可视为 Y 逐级质子化而形成，就如同 ML_n 的形成，按 $\alpha_{M(L)}$ 的计算方法
$$\alpha_{Y(H)} = 1 + \beta_1^H[H^+] + \beta_2^H[H^+]^2 + \cdots + \beta_6^H[H^+]^6 \tag{6-17}$$

式中，β_i^H 为 EDTA 的累积质子化常数，其为逐级质子化常数 K_i^H 的乘积

$$\beta_i^H = K_1^H K_2^H \cdots K_i^H \tag{6-18}$$

EDTA 的质子化常数与解离常数的关系如下:

$$K_1^H = \frac{1}{K_{a_6}}, \ K_2^H = \frac{1}{K_{a_5}}, \ \cdots, \ K_6^H = \frac{1}{K_{a_1}}$$

$$\beta_1^H = \frac{1}{K_{a_6}}, \ \beta_2^H = \frac{1}{K_{a_6} K_{a_5}}, \ \cdots, \ \beta_6^H = \frac{1}{K_{a_6} K_{a_5} \cdots K_{a_1}} \tag{6-19}$$

除 EDTA 外,其他有酸式解离的配体物质也可按上述方法计算其酸效应系数。设配体 L 可形成的最高级酸为 H_nL,则其酸效应系数 $\alpha_{L(H)}$ 为

$$\alpha_{L(H)} = 1 + \sum_{i=1}^{n} \beta_i^H [H^+]^i \tag{6-20}$$

例 6-3 计算 pH = 2.00 时,CN^- 的 $\alpha_{CN(H)}$ 及 $\lg \alpha_{CN(H)}$(已知 HCN 的 pK_a 为 9.21)。

解 pH = 2.00,$[H^+] = 1.0 \times 10^{-2}$ mol · L^{-1}

$$\alpha_{CN(H)} = 1 + K^H [H^+] = 1 + 10^{9.21} \times 10^{-2.00} = 10^{7.21}$$

$$\lg \alpha_{CN(H)} = 7.21$$

例 6-4 计算 pH = 4.00 时,EDTA 的 $\alpha_{Y(H)}$ 及 $\lg \alpha_{Y(H)}$(已知 EDTA 的 $\lg \beta_1^H \sim \lg \beta_6^H$ 分别为 10.26、16.42、19.09、21.09、22.69 和 23.59)。

解 pH = 4.00,$[H^+] = 1.0 \times 10^{-4}$ mol · L^{-1}

$\alpha_{Y(H)} = 1 + \beta_1^H [H^+] + \beta_2^H [H^+]^2 + \cdots + \beta_6^H [H^+]^6$

$= 1 + 10^{10.26} \times 10^{-4.00} + 10^{16.42} \times 10^{-8.00} + 10^{19.09} \times 10^{-12.00} + 10^{21.09} \times 10^{-16.00} + 10^{22.69} \times 10^{-20.00} + 10^{23.59} \times 10^{-24.00}$

$= 1 + 10^{6.26} + 10^{8.42} + 10^{7.09} + 10^{5.09} + 10^{2.69} + 10^{-0.41}$

$= 10^{8.44}$

$$\lg \alpha_{Y(H)} = 8.44$$

由于 α 值的变化范围较大,取其对数值使用较方便。EDTA 在不同 pH 条件下的 $\lg \alpha_{Y(H)}$ 值见附表 9。

2. 共存离子效应系数 $\alpha_{Y(N)}$

若溶液中除金属离子 M 外,共存离子 N 也能与 EDTA 形成配合物 NY,则有如下副反应:

$$N + Y \rightleftharpoons NY$$

其稳定常数 K_{NY} 为

$$K_{NY} = \frac{[NY]}{[N][Y]}$$

由于 N 的存在,降低了 Y 的平衡浓度,影响了主反应的进行。这种由于共存离子 N 的存在使 EDTA 参加主反应能力降低的现象称为 EDTA 的共存离子效应,用共存离子效应系数 $\alpha_{Y(N)}$ 表示。在这种情况下,如不考虑酸效应,则未与 M 配位的 Y 的总浓度 [Y'] 为

$$[Y'] = [Y] + [NY] = [Y] + K_{NY}[N][Y] \tag{6-21}$$

共存离子效应系数

$$\alpha_{Y(N)} = \frac{[Y']}{[Y]} \tag{6-22}$$

将式(6-21)代入，有

$$\alpha_{Y(N)} = 1 + K_{NY}[N] \tag{6-23}$$

当$[Y'] = [Y]$时，无副反应，有$\alpha_{Y(N)} = 1$。而 N 的浓度越大，与 EDTA 形成的螯合物越稳定，共存离子效应越严重。

3. EDTA 的总副反应系数α_Y

当溶液中既有共存离子 N，又有酸效应时，EDTA 的总副反应系数为

$$\alpha_Y = \alpha_{Y(H)} + \alpha_{Y(N)} - 1 \tag{6-24}$$

当溶液中酸效应为主时，$\alpha_Y \approx \alpha_{Y(H)}$；当溶液中共存离子效应为主时，$\alpha_Y \approx \alpha_{Y(N)}$。当溶液中有多种共存离子 N_1、N_2、$\cdots$、N_n 存在，则可导出

$$\alpha_Y = \alpha_{Y(H)} + \alpha_{Y(N_1)} + \alpha_{Y(N_2)} + \cdots + \alpha_{Y(N_n)} - n \tag{6-25}$$

但一般只有一种或少数几种金属离子的影响是主要的，其他均可忽略不计。

例 6-5　在 pH = 5.00 时，于含 Pb^{2+} 和 Ca^{2+} 的混合液中滴定 Pb^{2+}，两种离子的浓度均为 0.020 mol·L^{-1}，计算以同浓度 EDTA 进行滴定时的$\alpha_{Y(Ca)}$和α_Y[lgK_{PbY} = 18.04, lgK_{CaY} = 10.69, pH = 5.0 时, lg$\alpha_{Y(H)}$ = 6.45]。

解　计量点时$[Ca^{2+}]$ = 1.0×10^{-2} mol·L^{-1}

$$\alpha_{Y(Ca)} = 1 + K_{CaY}[Ca^{2+}] = 1 + 1.0×10^{-2}×10^{10.69} = 10^{8.69}$$

$$\alpha_Y = \alpha_{Y(H)} + \alpha_{Y(Ca)} - 1 = 10^{6.45} + 10^{8.69} - 1 = 10^{8.69}$$

由计算可知，Y 在此条件下基本上只受到共存离子效应的影响。

6.3.3　条件稳定常数

对于金属离子 M 和 EDTA 的螯合反应

$$M + Y \rightleftharpoons MY$$

有稳定常数

$$K_{MY} = \frac{[MY]}{[M][Y]}$$

附表 8 给出的金属离子 EDTA 螯合物的稳定常数是无任何副反应的数值。但由于溶液中副反应的影响，当反应达到平衡时，实际上未与 EDTA 结合的 M 的总浓度为$[M']$；未与 M 结合的 Y 的总浓度为$[Y']$；M 与 Y 结合的总浓度为$[(MY)']$，因此实际稳定常数发生了变化。定义 K'_{MY} 为

$$K'_{MY} = \frac{[(MY)']}{[M'][Y']} \tag{6-26}$$

$[M']$、$[Y']$和$[(MY)']$的大小与溶液中 H^+、OH^-、共存金属离子和配体的浓度有关，即随溶液的条件而变化，因此 K'_{MY} 称为条件稳定常数，也称表观稳定常数或有效稳定常数。而 K_{MY} 是热力学稳定常数，仅与温度有关。

由前面副反应系数的讨论可知

$$[M'] = \alpha_M[M]$$

$$[Y'] = \alpha_Y[Y]$$

$$[(MY)'] = \alpha_{MY}[MY]$$

代入式(6-26)，得到

$$K'_{MY} = \frac{[(MY)']}{[M'][Y']} = \frac{\alpha_{MY}[MY]}{\alpha_M[M]\alpha_Y[Y]} = K_{MY}\frac{\alpha_{MY}}{\alpha_M\alpha_Y} \tag{6-27}$$

将其写成对数形式，有

$$\lg K'_{MY} = \lg K_{MY} - \lg\alpha_M - \lg\alpha_Y + \lg\alpha_{MY} \tag{6-28}$$

可见，M 和 Y 的副反应使条件稳定常数减小，MY 的副反应使条件稳定常数增大。由于 MY 副反应的影响一般可忽略，故式(6-28)可简化为

$$\lg K'_{MY} = \lg K_{MY} - \lg\alpha_M - \lg\alpha_Y \tag{6-29}$$

例 6-6　计算在 pH = 2.00 和 pH = 5.00 时,ZnY 的条件稳定常数[已知 $\lg K_{ZnY}$ = 16.50;pH = 2.00 时,$\lg\alpha_{Y(H)}$= 13.51；pH = 5.00 时，$\lg\alpha_{Y(H)}$= 6.45]。

解　$\lg K'_{ZnY} = \lg K_{ZnY} - \lg\alpha_{Y(H)}$

pH = 2.00 时，$\lg K'_{ZnY}$ = 16.50 − 13.51 = 2.99

pH = 5.00 时，$\lg K'_{ZnY}$ = 16.50 − 6.45 = 10.05

计算结果说明：pH 提高，EDTA 的酸效应降低，ZnY 的条件稳定常数增大。

例 6-7　计算在 pH = 5.00 的 0.10 mol·L^{-1} AlY 溶液中，游离 F$^-$ 浓度为 0.010 mol·L^{-1} 时 AlY 的条件稳定常数[$\lg K_{AlY}$ = 16.3；Al-F 配合物的 $\lg\beta_1 \sim \lg\beta_6$ 分别为 6.1、11.2、15.0、17.8、19.4 和 19.8；pH = 5.0 时，$\lg\alpha_{Y(H)}$= 6.45]。

解　$\alpha_{Al(F)}$= 1+10$^{6.1}$×10$^{-2.00}$+10$^{11.2}$×10$^{-4.00}$+10$^{15.0}$×10$^{-6.00}$+10$^{17.8}$×10$^{-8.00}$+10$^{19.4}$×10$^{-10.00}$+10$^{19.8}$×10$^{-12.00}$

$\quad$= 1+10$^{4.1}$+10$^{7.2}$+10$^{9.0}$+10$^{9.8}$+10$^{9.4}$+10$^{7.8}$ = 10$^{10.0}$

$$\lg K'_{AlY} = \lg K_{AlY} - \lg\alpha_{Al(F)} - \lg\alpha_{Y(H)} = 16.3 - 10.0 - 6.45 = -0.15$$

由计算可知，由于 F$^-$ 对 Al^{3+} 的配位效应，极大地降低了 AlY 的条件稳定常数，即在此条件下 AlY 配合物实际不可能形成。

例 6-8　在 Pb^{2+} 和 Bi^{3+} 的混合溶液中，两种离子的浓度均为 0.020 mol·L^{-1}，于 pH = 1.00 时用同浓度的 EDTA 滴定 Bi^{3+}，计算 $\lg K'_{BiY}$ 值[已知 $\lg K_{BiY}$ = 27.94，$\lg K_{PbY}$ = 18.04，pH = 1.0 时，$\lg\alpha_{Y(H)}$= 18.01]。

解　滴定 Bi^{3+} 至计量点时[Pb^{2+}] = 1.0×10^{-2} mol·L^{-1}

$$\alpha_{Y(Pb)} = 1 + K_{PbY}[Pb^{2+}] = 1 + 1.0\times10^{-2}\times10^{18.04} = 10^{16.04}$$

$$\alpha_Y = \alpha_{Y(H)} + \alpha_{Y(Pb)} - 1 = 10^{18.01} + 10^{16.04} - 1 = 10^{18.01}$$

$$\lg K'_{BiY} = \lg K_{BiY} - \lg\alpha_Y = 27.94 - 18.01 = 9.93$$

由计算可知，Y 在此条件下基本上只受到酸效应的影响，因为 K_{BiY} 很大，所以即使在高酸度下 Bi^{3+} 与 EDTA 也能形成稳定的配合物。

例 6-9　在 pH = 6.00 的溶液中，含有 0.020 mol·L^{-1} 的 Zn^{2+} 和 0.020 mol·L^{-1} 的 Cd^{2+}，游离酒石酸根(Tart) 的浓度为 0.20 mol·L^{-1}，加入等体积的 0.020 mol·L^{-1} EDTA，计算 $\lg K'_{CdY}$ 值[已知 Cd^{2+}-Tart 的 $\lg K$ = 2.8；Zn^{2+}-Tart 的 $\lg\beta_1$ = 2.4，$\lg\beta_2$ = 8.32；酒石酸在 pH = 6.0 时的酸效应可忽略不计；$\lg K_{CdY}$ = 16.46，$\lg K_{ZnY}$ = 16.50；pH = 6.0 时，$\lg\alpha_{Y(H)}$= 4.65]。

解　加入 EDTA 后，$c_{Cd^{2+}} = c_{Zn^{2+}}$ = 0.010 mol·L^{-1}，[Tart] = 0.10 mol·L^{-1}

$$\alpha_{Cd} = \alpha_{Cd(Tart)} = 1 + K[Tart] = 1 + 10^{2.8}\times0.10 = 10^{1.8}$$

$$\alpha_{Zn(Tart)} = 1 + \beta_1[Tart] + \beta_2[Tart]^2 = 1 + 10^{2.4}\times0.10 + 10^{8.32}\times0.10^2 = 10^{6.32}$$

$$\alpha_{Y(Zn)} = 1 + K_{ZnY}[Zn^{2+}] = 1 + K_{ZnY}\frac{[Zn']}{\alpha_{Zn(Tart)}} \approx K_{ZnY}\frac{c_{Zn}}{\alpha_{Zn(Tart)}} = 10^{16.50}\times\frac{0.010}{10^{6.32}} = 10^{16.50}\times10^{-8.32} = 10^{8.18}$$

$$\alpha_Y = \alpha_{Y(H)} + \alpha_{Y(Zn)} - 1 = 10^{4.65} + 10^{8.18} - 1 = 10^{8.18}$$

$$\lg K'_{CdY} = \lg K_{CdY} - \lg\alpha_{Cd} - \lg\alpha_Y = 16.46 - 1.8 - 8.18 = 6.48$$

由计算可知，酒石酸的掩蔽效应使 Zn^{2+} 的浓度降低，减弱了 Zn^{2+} 对 Y 的共存离子效应，有利于主反应，Cd^{2+} 与 EDTA 能形成稳定的配合物。

6.4　配位滴定基本原理

6.4.1　滴定曲线

配位滴定中，随着配位剂 EDTA 的加入，被滴定金属离子的浓度[M]不断减小，与酸碱滴定情况类似，在化学计量点附近 pM(= –lg[M])将发生突跃。配位滴定过程中 pM 的变化规律可用 pM 对 EDTA 的加入量所绘制的滴定曲线来表示。

对滴定反应

$$M + Y \rightleftharpoons MY$$

设滴定分数为 a，滴定过程中 EDTA 和金属离子的分析浓度分别为 c_Y 和 c_M，有

$$a = \frac{c_Y}{c_M} \tag{6-30}$$

由物料平衡和配位平衡，有如下关系：

$$[Y] + [MY] = c_Y = ac_M$$

$$[M] + [MY] = c_M$$

$$K_{MY} = \frac{[MY]}{[M][Y]}$$

经推导得配位滴定曲线的表达式如下：

$$K_{MY}[M]^2 + [K_{MY}c_M(a-1)+1][M] - c_M = 0 \tag{6-31a}$$

或

$$[M] = \frac{K_{MY}c_M(1-a)-1+\sqrt{[K_{MY}c_M(a-1)+1]^2+4K_{MY}c_M}}{2K_{MY}} \tag{6-31b}$$

如考虑副反应，式(6-31)中的[M]和 K_{MY} 则需用[M′]和 K'_{MY} 替换。c_M 随滴定分数 a 的增大而逐渐减小[等浓度滴定时，$c_M = c_M^0 /(1+a)$，c_M^0 为金属离子初始浓度]，$K_{MY}(K'_{MY})$ 为稳定常数(条件稳定常数)，[M]([M′])仅为 a 的函数。令 a 在 0～2 取值，可得 pM(pM′)-a 滴定曲线。

设用 0.010 mol · L⁻¹ EDTA 溶液滴定 20.00 mL 0.010 mol · L⁻¹ Ca²⁺溶液，且滴定过程中保持溶液的 pH 为 10.00。该条件下 CaY 的条件稳定常数为

$$\lg K'_{CaY} = \lg K_{CaY} - \lg \alpha_{Y(H)} = 10.69 - 0.45 = 10.24$$

按式(6-31b)计算出不同滴定分数时的 pCa 值，列于表 6-4。

表 6-4　0.010 mol · L⁻¹ EDTA 滴定 20.00 mL 0.010 mol · L⁻¹ Ca²⁺ ($\lg K'_{CaY}$ = 10.24)

加入 EDTA/mL	滴定分数 a	$[\text{Ca}^{2+}]/(\text{mol} \cdot \text{L}^{-1})$	pCa
0.00	0.000	0.010	2.00
18.00	0.900	5.3×10^{-4}	3.28
19.80	0.990	5.0×10^{-5}	4.30
19.98	0.999	5.1×10^{-6}	5.30
20.00	1.000	5.4×10^{-7}	6.27

续表

加入 EDTA/mL	滴定分数 a	$[Ca^{2+}]/(mol \cdot L^{-1})$	pCa
20.02	1.001	5.7×10^{-8}	7.24
20.20	1.010	5.8×10^{-9}	8.24
22.00	1.100	5.8×10^{-10}	9.24
40.00	2.000	5.8×10^{-11}	10.24

EDTA 滴定分数为 0.999～1.001，pCa 值由 5.30 增至 7.24，形成滴定突跃。化学计量点时，$a = 1$，式(6-31b)可简化为

$$[M']_{sp} = \sqrt{\frac{c_M^{sp}}{K'_{MY}}} \qquad (6\text{-}32a)$$

或

$$pM'_{sp} = \frac{1}{2}(pc_M^{sp} + \lg K'_{MY}) \qquad (6\text{-}32b)$$

此时

$$c_{Ca}^{sp} = \frac{1}{2} \times 0.010 = 0.0050\,(mol \cdot L^{-1})$$

按式(6-32b)计算

$$pCa_{sp} = \frac{1}{2}(pc_{Ca}^{sp} + \lg K'_{CaY}) = \frac{1}{2}(-\lg 0.0050 + 10.24) = 6.27$$

设金属离子的初始浓度为 $0.010\ mol \cdot L^{-1}$，用等浓度 EDTA 滴定，改变 $\lg K'_{MY}$，得到如图 6-5 所示的一系列滴定曲线。当 $\lg K'_{MY} = 10$，改变金属离子的初始浓度，用等浓度的 EDTA 滴定，得到如图 6-6 所示的一系列滴定曲线。

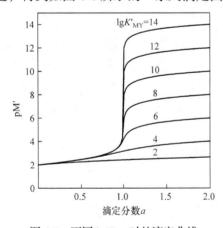

图 6-5　不同 $\lg K'_{MY}$ 时的滴定曲线

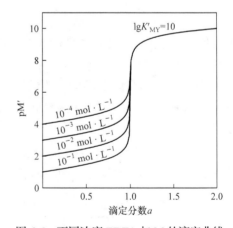

图 6-6　不同浓度 EDTA 与 M 的滴定曲线

由图可知，影响配位滴定中的 pM' 突跃大小的主要因素是 K'_{MY} 和 c_M。若金属离子和滴定剂的浓度一定，K'_{MY} 越大，则滴定突跃范围越大。因 K'_{MY} 随条件变化，所以影响滴定突跃的因素除了配合物自身的稳定性以外，还取决于引起 M 和 Y 副反应的条件，如溶液酸度的高低、其他配位剂或共存离子是否存在等。若 K'_{MY} 一定，c_M 和 c_Y 越大，则滴定突跃范围越大（相同的终点，c_M 越大，起点越低）。

6.4.2 金属离子指示剂

1. 作用原理

金属离子指示剂简称金属指示剂，是指一些有机显色剂，可与金属离子形成和其本身颜色不同的配合物。

$$M + In \rightleftharpoons MIn$$

甲色   乙色

滴定时，加入金属指示剂后，溶液呈现 MIn 的颜色。滴入 EDTA 溶液，其先与游离的 M 结合，到化学计量点附近，再夺取 MIn 中的 M，游离出 In，溶液呈现 In 的颜色。

$$MIn + Y \rightleftharpoons MY + In$$

一般来说，金属指示剂必须满足下列要求：①In 与 MIn 颜色明显不同；②In 与 M 反应迅速、可逆；③MIn 的稳定性适当。要求 $K'_{MIn} < K'_{MY}$，但 K'_{MIn} 也不能太小。若 MIn 稳定性过高，在化学计量点附近，Y 不易与 MIn 中的 M 结合，终点拖后，甚至不变色；若 MIn 稳定性过低，则会提前出现终点，且变色不敏锐。此外，还要求金属指示剂易溶于水，不易变质，便于使用和保存。

金属指示剂可与被测金属离子形成配合物，因此对滴定反应也产生配位效应，但因其使用浓度很低，其影响可以忽略不计。

2. 指示剂的选择

若金属指示剂与金属离子形成 1 : 1 配合物

$$M + In \rightleftharpoons MIn$$

MIn 的稳定常数为

$$K_{MIn} = \frac{[MIn]}{[M][In]}$$

由于一般的金属指示剂具有酸碱性，在溶液中会有酸效应，因此其条件稳定常数为

$$K'_{MIn} = \frac{[MIn]}{[M][In']} \tag{6-33}$$

$$\lg K'_{MIn} = \lg K_{MIn} - \lg \alpha_{In(H)} \tag{6-34}$$

$\alpha_{In(H)}$ 为金属指示剂的酸效应系数，可按式(6-20)进行计算。

将式(6-33)改写为

$$\lg K'_{MIn} = pM + \lg \frac{[MIn]}{[In']}$$

与酸碱指示剂类似，$[MIn] = [In']$ 时为金属指示剂的理论变色点，通常作为滴定的终点，这时金属离子浓度的负对数为 pM_t。

$$pM_t = \lg K'_{MIn} = \lg K_{MIn} - \lg \alpha_{In(H)} \tag{6-35}$$

附表 11 列出了金属指示剂铬黑 T 和二甲酚橙的 $\lg \alpha_{In(H)}$ 值和理论变色点的 pM_t 值。

到达滴定终点时，如果不考虑 M 的副反应，In 也只受酸度影响，则有 $pM_{ep} = pM_t$；如果考虑 M 的副反应，则

$$K'_{MIn} = \frac{[MIn]}{[M'][In']} \tag{6-36}$$

$$\lg K'_{MIn} = \lg K_{MIn} - \lg \alpha_M - \lg \alpha_{In(H)} \tag{6-37}$$

此时，金属离子浓度的负对数为 pM'_{ep}，有

$$pM'_{ep} = \lg K'_{MIn} = \lg K_{MIn} - \lg \alpha_M - \lg \alpha_{In(H)} \tag{6-38}$$

比较式(6-35)和式(6-38)可知

$$pM'_{ep} = pM_t - \lg \alpha_M \tag{6-39}$$

在选择指示剂时，必须考虑体系的酸度，使 pM'_{ep} 与 pM'_{sp} 尽量一致。

例 6-10　钙镁特(CMG)是一种有机三元酸，第一级解离常数很大，$pK_{a_2} = 8.1$，$pK_{a_3} = 12.4$，在 pH 9～11 的条件下本身显蓝色，而与金属离子的配合物显红色。其与 Mg^{2+} 的 $\lg K_{Mg\text{-}CMG} = 8.1$，计算在 pH 10.0 滴定 Mg^{2+} 时的 pMg_{ep}。

解　CMG 的第一级解离常数很大，则相当于二元弱酸

$$\alpha_{CMG(H)} = 1 + \frac{[H^+]}{K_{a_3}} + \frac{[H^+]^2}{K_{a_3}K_{a_2}} = 1 + \frac{10^{-10}}{10^{-12.4}} + \frac{10^{-20}}{10^{-12.4} \times 10^{-8.1}} = 10^{2.4}$$

$$pMg_{ep} = \lg K'_{Mg\text{-}CMG} = \lg K_{Mg\text{-}CMG} - \lg \alpha_{CMG(H)} = 8.1 - 2.4 = 5.7$$

3. 金属指示剂的封闭、僵化现象

配位滴定中金属指示剂在化学计量点附近应有敏锐的颜色变化，但实际工作中有时会发生 MIn 配合物颜色不变或变色缓慢的现象，前者称为指示剂的封闭，后者称为指示剂的僵化。

指示剂封闭的原因可能是溶液中某些金属离子与指示剂生成了十分稳定的配合物，致使被滴定的金属离子到达化学计量点附近时，滴定剂 Y 不能使 In 从 MIn 中游离出来。通常可采用适当的掩蔽剂加以消除。例如，以铬黑 T 作指示剂测定 Ca^{2+} 和 Mg^{2+} 时，溶液中的 Al^{3+}、Fe^{3+} 的存在会使指示剂发生封闭现象，可用三乙醇胺与氰化钾或硫化物掩蔽 Al^{3+}、Fe^{3+} 而消除。

指示剂僵化的原因是金属离子与指示剂生成的有色配合物 MIn 难溶于水，滴定剂 Y 与其交换缓慢，终点拖长。一般加入适当有机溶剂或加热以增大溶解度和加快反应速度。例如，用 PAN 作指示剂时，加入乙醇或丙酮或加热，可使指示剂颜色变化明显。

4. 常用的金属指示剂

1) 铬黑 T

铬黑 T(Eriochrome black T, EBT) 的化学名为 1-(1-羟基-2-萘偶氮)-6-硝基-2-萘酚-4-磺酸，常用其钠盐，其与二价金属离子配位前后的结构如下：

铬黑 T 是三元酸，通常使用时主要涉及后两级的解离：

$$H_2In^- \xrightarrow{pK_{a_2}=6.3} HIn^{2-} \xrightarrow{pK_{a_3}=11.55} In^{3-}$$

　　　　(紫红)　　　　　　　(蓝)　　　　　　　(橙)

铬黑 T 与很多金属离子形成红色配合物，其适用的 pH 范围为 6.3～11.5，此时铬黑 T 呈蓝色，与配合物的颜色有明显差别。pH 低于 6.3 和高于 11.5 时，铬黑 T 的颜色和配合物的红色接近，不能用于滴定。实际常在 pH = 10 时用于直接滴定 Mg^{2+}、Pb^{2+}、Zn^{2+}、Cd^{2+}、Hg^{2+} 等离子，尤其适用于 Mg^{2+} 的滴定。Al^{3+}、Fe^{3+}、Co^{2+}、Ni^{2+}、Cu^{2+}、Ti^{4+} 等离子会封闭铬黑 T。

铬黑 T 的水溶液很不稳定，会发生聚合反应和氧化还原反应，加入三乙醇胺或乙二胺可防止聚合，加入盐酸羟胺或抗坏血酸可防止被空气氧化。常用其与 NaCl 的比例为 1∶100 的固体混合物，可长期稳定。

2) 二甲酚橙

二甲酚橙 (xylenol orange, XO) 的化学名为 3, 3′-双 (二羧甲基氨甲基)-邻甲酚磺酞，其与二价金属离子配位前后的结构如下：

二甲酚橙为六元酸，可表示为 H_6In，其解离产物中，除 HIn^{5-} 和 In^{6-} 是红色外，其余的形式均为黄色。作为酸碱指示剂，其变色点的 pH 为 6.3。

$$H_2In^{4-} \xrightarrow{pK_{a_5}=6.3} H^+ + HIn^{5-}$$
(黄)　　　　　　　　　　(红紫)

二甲酚橙与很多金属离子形成红紫色配合物，适合在 pH<6 的酸性溶液中使用。pH<1 时可测定 ZrO^{2+}，pH 范围为 1～2 时可测定 Bi^{3+}，pH 范围为 2.5～3.5 时可测定 Th^{4+}，pH 范围为 3～3.2 时可测定 Tl^{3+}，pH 范围为 5～6 时可测定 Zn^{2+}、Cd^{2+}、Hg^{2+}、Pb^{2+}、Sc^{3+}、Y^{3+} 和稀土离子等。Al^{3+}、Fe^{3+}、Co^{2+}、Ni^{2+}、Cu^{2+}、Ti^{4+} 和 pH 范围为 5～6 时的 Th^{4+} 对二甲酚橙有封闭作用。

常用的金属离子指示剂见表 6-5。

表 6-5　常用的金属离子指示剂

指示剂	pH 范围	In 颜色	MIn 颜色	直接滴定的离子
铬黑 T (EBT)	8～10	蓝	红	Mg^{2+}、Zn^{2+}、Pb^{2+}
二甲酚橙 (XO)	<6	黄	红	Bi^{3+}、Pb^{2+}、Zn^{2+}、Th^{4+}
磺基水杨酸 (Ssal)	1.5～2.5	无	紫红	Fe^{3+}
酸性铬蓝 K	8～13	蓝	红	Ca^{2+}、Mg^{2+}、Zn^{2+}、Mn^{2+}
钙指示剂	12～13	蓝	红	Ca^{2+}
1-(2-吡啶偶氮)-2-萘酚 (PAN)	2～12	黄	红	Cu^{2+}、Co^{2+}、Ni^{2+}

6.4.3　终点误差

1. 终点误差的计算

与酸碱滴定类似，配位滴定的终点误差可由下式表示：

$$E_t = \frac{\text{过量或不足滴定剂的物质的量}}{\text{被滴定金属离子的物质的量}} \times 100\%$$

即

$$E_t = \frac{[Y']_{ep} - [M']_{ep}}{c_M^{ep}} \times 100\% \tag{6-40}$$

式中，$[Y']_{ep}$ 和 $[M']_{ep}$ 分别为终点时 Y 和 M 的表观浓度；c_M^{ep} 为终点时 M 的总浓度。

MY 的条件稳定常数可用化学计量点或终点时各组分的表观浓度表示：

$$K'_{MY} = \frac{[MY]_{sp}}{[M']_{sp}[Y']_{sp}} = \frac{[MY]_{ep}}{[M']_{ep}[Y']_{ep}}$$

而 $[MY]_{ep} \approx [MY]_{sp}$，故有

$$\frac{[M']_{ep}}{[M']_{sp}} = \frac{[Y']_{sp}}{[Y']_{ep}}$$

左式为

$$\frac{[M']_{ep}}{[M']_{sp}} = \frac{10^{-pM'_{ep}}}{10^{-pM'_{sp}}} = 10^{-(pM'_{ep} - pM'_{sp})} = 10^{-\Delta pM'}$$

或

$$[M']_{ep} = [M']_{sp} \times 10^{-\Delta pM'} \tag{6-41}$$

右式为

$$\frac{[Y']_{sp}}{[Y']_{ep}} = 10^{-\Delta pM'}$$

即

$$[Y']_{ep} = \frac{[Y']_{sp}}{10^{-\Delta pM'}} = [Y']_{sp} \times 10^{\Delta pM'} \tag{6-42}$$

化学计量点时，$[Y']_{sp} = [M']_{sp}$，式(6-42)可写成

$$[Y']_{ep} = [M']_{sp} \times 10^{\Delta pM'} \tag{6-43}$$

将式(6-41)和式(6-43)代入式(6-40)，得

$$E_t = \frac{[M']_{sp}(10^{\Delta pM'} - 10^{-\Delta pM'})}{c_M^{ep}} \times 100\%$$

而 $[M']_{sp}$ 可根据式(6-32a)计算，即

$$[M']_{sp} = \sqrt{\frac{c_M^{sp}}{K'_{MY}}}$$

且 $c_M^{ep} \approx c_M^{sp}$，因此有

$$E_t = \frac{10^{\Delta pM'} - 10^{-\Delta pM'}}{\sqrt{K'_{MY} c_M^{sp}}} \times 100\% \tag{6-44}$$

式(6-44)称为林邦误差公式。由此可见，MY 的条件稳定常数 K'_{MY} 越大，M 的初始浓度 c_M 越大，以及终点和化学计量点越接近($\Delta pM'$ 越小)，则终点误差 E_t 越小。

例 6-11　在 pH=10 的氨性溶液中，以铬黑 T 为指示剂，用 0.020 mol · L^{-1} EDTA 滴定 0.020 mol · L^{-1} Ca^{2+} 溶液，计算终点误差。若滴定的是 0.020 mol · L^{-1} Mg^{2+} 溶液，终点误差为多少[已知：pH = 10 时，$\lg \alpha_{Y(H)} = 0.45$，$\lg K_{CaY} = 10.69$，$\lg K_{MgY} = 8.7$，EBT 的 $pK_{a_1} = 6.3$，$pK_{a_2} = 11.6$，$\lg K_{CaEBT} = 5.4$，$\lg K_{MgEBT} = 7.0$]？

解　(1) $\lg K'_{CaY} = \lg K_{CaY} - \lg \alpha_{Y(H)} = 10.69 - 0.45 = 10.24$

$$pCa_{sp} = \frac{1}{2}(pc_{Ca}^{sp} + \lg K'_{CaY}) = \frac{1}{2}\left(-\lg \frac{0.020}{2} + 10.24\right) = 6.1$$

$$\alpha_{EBT(H)} = 1 + \frac{[H^+]}{K_{a_2}} + \frac{[H^+]^2}{K_{a_2}K_{a_1}} = 1 + 10^{11.6} \times 10^{-10} + 10^{11.6+6.3} \times 10^{-20} = 1 + 10^{1.6} + 10^{-2.1} = 10^{1.6}$$

$$pCa_{ep} = \lg K_{CaEBT} - \lg \alpha_{EBT(H)} = 5.4 - 1.6 = 3.8$$

$$\Delta pCa = pCa_{ep} - pCa_{sp} = 3.8 - 6.1 = -2.3$$

$$E_t = \frac{10^{\Delta pCa} - 10^{-\Delta pCa}}{\sqrt{K'_{CaY} c_{Ca}^{sp}}} \times 100\% = \frac{10^{-2.3} - 10^{2.3}}{\sqrt{10^{10.24} \times 10^{-2}}} \times 100\% = -1.5\%$$

(2) $\lg K'_{MgY} = 8.7 - 0.45 = 8.25$

$$pMg_{sp} = \frac{1}{2}\left(-\lg \frac{0.020}{2} + 8.25\right) = 5.1$$

$$pMg_{ep} = 7.0 - 1.6 = 5.4$$

$$\Delta pMg = 5.4 - 5.1 = 0.3$$

$$E_t = \frac{10^{0.3} - 10^{-0.3}}{\sqrt{10^{8.25} \times 10^{-2}}} \times 100\% = 0.1\%$$

2. 准确滴定判别式

判断滴定金属离子 M 能否达到所要求的准确度，即能否准确滴定，可由林邦误差公式进行推导。对于给定的 $\Delta pM'$ 值和所要求的准确度，可按下式计算出准确滴定所需的 $K'_{MY} c_M^{sp}$ 的取值范围：

$$K'_{MY} c_M^{sp} \geqslant \left(\frac{10^{\Delta pM'} - 10^{-\Delta pM'}}{E_t}\right)^2$$

一般目测指示剂变色时，$\Delta pM'$ 至少有 ± 0.2 单位的不确定性。如果要求准确度达到 0.1%，则可计算出准确滴定要求的条件为

$$K'_{MY} c_M^{sp} \geqslant 10^6 \quad 或 \quad \lg(K'_{MY} c_M^{sp}) \geqslant 6 \tag{6-45a}$$

若 $c_M^{sp} = 0.01 \text{ mol} \cdot \text{L}^{-1}$，则有

$$\lg K'_{MY} \geqslant 8 \tag{6-45b}$$

式(6-45)为准确滴定的判别式。若改变 $\Delta pM'$ 值或改变对准确度的要求，则对 $\lg(K'_{MY} c_M^{sp})$ 或 $\lg K'_{MY}$ 的要求也会随之改变。

3. 混合离子的选择滴定判别式

在分析试样中，经常遇到的情况是多种金属离子共存。因此，能否准确滴定其中某种金属离子或连续滴定几种金属离子，就涉及滴定的选择性问题。

设溶液中有 M、N 两种金属离子，且 $K_{MY} > K_{NY}$，在化学计量点时的分析浓度分别为 c_M^{sp} 和 c_N^{sp}。若要选择性地滴定 M 而 N 不干扰的条件是什么呢？

混合离子的选择性滴定可允许稍大的误差，设 $\Delta pM' = 0.2$，$E_t = 0.3\%$，由林邦误差公式可得

$$\lg(K'_{MY} c_M^{sp}) \geqslant 5 \qquad (6\text{-}46a)$$

若 $c_M^{sp} = 0.01 \ mol \cdot L^{-1}$，则有

$$\lg K'_{MY} \geqslant 7 \qquad (6\text{-}46b)$$

若金属离子 M 无副反应

$$\lg(K'_{MY} c_M^{sp}) = \lg(K_{MY} c_M^{sp}) - \lg \alpha_Y = \lg(K_{MY} c_M^{sp}) - \lg[\alpha_{Y(H)} + \alpha_{Y(N)}]$$

$\alpha_{Y(H)} \ll \alpha_{Y(N)}$ 时，N 的干扰最严重，若将此情况下 N 不干扰的极限条件求出来，就可以不加掩蔽剂或不分离 N 而准确地滴定 M。当 $\alpha_{Y(N)} \gg \alpha_{Y(H)}$ 时，有

$$\alpha_Y \approx \alpha_{Y(N)} = 1 + K_{NY}[N]_{sp} \approx K_{NY} c_N^{sp}$$

$$\lg(K'_{MY} c_M^{sp}) = \lg(K_{MY} c_M^{sp}) - \lg(K_{NY} c_N^{sp}) \geqslant 5$$

或

$$\Delta \lg(Kc) \geqslant 5 \qquad (6\text{-}47a)$$

式 (6-47a) 就是混合离子的选择滴定判别式，表示滴定体系满足此条件时，只要有合适的指示终点的方法，在适宜的酸度范围内，都可选择滴定 M，而 N 离子不干扰，此时终点误差 $E_t \leqslant 0.3\%$（$\Delta pM' = \pm 0.2$）。若 $c_M^{sp} = c_N^{sp}$，则式 (6-47a) 可写成

$$\Delta \lg K \geqslant 5 \qquad (6\text{-}47b)$$

若金属离子 M 有副反应，则选择滴定的判别式用条件稳定常数表示。应注意，因已考虑共存离子效应，此处的条件稳定常数仅需考虑金属离子 M 的副反应，可表示为 $K_{M'Y}$（$\lg K_{M'Y} = \lg K_{MY} - \lg \alpha_M$），以示区别。判别式表示如下：

$$\lg(K_{M'Y} c_M^{sp}) - \lg(K_{N'Y} c_N^{sp}) \geqslant 5 \qquad (6\text{-}47c)$$

6.5 配位滴定中酸度的控制

配位滴定时，一般用 EDTA 二钠盐的溶液作滴定剂。随着配合物的生成，不断有 H^+ 释放出来，溶液的酸度增大，K'_{MY} 变小，pM′ 突跃随之减小；同时指示剂的变色点也随 pH 的改变而变化，这些都会影响滴定误差。因此，在配位滴定中要得到准确的结果，要用适当的缓冲溶液来控制溶液的 pH。

6.5.1 单一离子滴定的适宜酸度范围

假设 EDTA 无共存离子效应，金属离子 M 无副反应，按准确滴定判别式 (6-45b)，有

$$\lg K'_{MY} = \lg K_{MY} - \lg\alpha_{Y(H)} \geqslant 8$$

$$\lg\alpha_{Y(H)} \leqslant \lg K_{MY} - 8 \tag{6-48}$$

查 EDTA 的酸效应系数表(附表 9),$\lg\alpha_{Y(H)}$ 所对应的 pH 即滴定的最低 pH(最高酸度)。例如,$\lg K_{PbY} = 18.04$,$\lg\alpha_{Y(H)} \leqslant 10.04$,$pH_{min} = 3.3$;$\lg K_{CaY} = 10.69$,$\lg\alpha_{Y(H)} \leqslant 2.69$,$pH_{min} = 7.7$。

若滴定时溶液的酸度高于最高酸度,由于 EDTA 的酸效应,金属离子 M 不能被准确滴定。因为各金属离子的 K_{MY} 值不同,所以准确滴定的最低 pH 也就不同。绘制金属离子配位滴定最低 pH 与 $\lg K_{MY}$ 的关系曲线,如图 6-7 所示,此图也是 EDTA 的酸效应曲线图。从图上可查出滴定不同金属离子的最低 pH,此时所要求的条件为:$c_M^{sp} = 0.01 \text{ mol} \cdot L^{-1}$,$\Delta pM = \pm 0.2$,$E_t = \pm 0.1\%$。如果条件发生变化,则应根据终点误差公式重新进行计算。

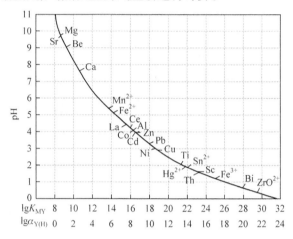

图 6-7　配位滴定最低 pH 与 $\lg K_{MY}$ 的关系曲线

pH 越高,$\alpha_{Y(H)}$ 越小,但 pH 升高会使金属离子水解,甚至沉淀,同样使滴定反应不能进行,因此配位滴定时溶液的酸度必须高于金属离子的水解酸度。一般粗略计算时,可直接应用氢氧化物的溶度积求水解酸度,忽略氢氧根配合物、离子强度等因素的影响。

由上面计算得到的金属离子滴定的最低 pH 和最高 pH 所包括的范围称为配位滴定的适宜酸度范围。

例 6-12 用 $0.020 \text{ mol} \cdot L^{-1}$ EDTA 滴定同浓度 Zn^{2+},若 ΔpM 为 ± 0.2,E_t 绝对值在 0.1% 以内,求滴定的适宜酸度范围[$\lg K_{ZnY} = 16.5$,$Zn(OH)_2$ 的 $pK_{sp} = 16.92$]。

解 计算最低 pH。$\lg(K'_{ZnY} c_{Zn}^{sp}) \geqslant 6$,$\lg K'_{ZnY} \geqslant 8$

$$\lg\alpha_{Y(H)} = 16.5 - 8 = 8.5,\ pH \approx 4.0$$

计算最高 pH。考虑到滴定开始时就不能有沉淀,用 Zn^{2+} 的初始浓度进行计算。

$$[OH^-] = \sqrt{\frac{K_{sp}}{[Zn^{2+}]}} = \sqrt{\frac{10^{-16.92}}{0.020}} = 10^{-7.6}(\text{mol} \cdot L^{-1}),\quad pH = 6.4$$

故滴定的适宜酸度范围为 pH 4.0~6.4。

例 6-13 若 ΔpM 为 ± 0.2,E_t 绝对值在 0.1% 以内,计算用 $0.010 \text{ mol} \cdot L^{-1}$ EDTA 滴定同浓度 Fe^{3+} 的适宜酸度范围[$\lg K_{FeY} = 25.1$,$Fe(OH)_3$ 的 $pK_{sp} = 37.4$]。

解 sp 时 $c_{Fe} = 5.0 \times 10^{-3} \text{ mol} \cdot L^{-1}$,$\lg(K'_{FeY} c_{Fe}^{sp}) \geqslant 6$,$\lg K'_{FeY} \geqslant 8.3$

$$\lg\alpha_{Y(H)} = 25.1 - 8.3 = 16.8,\ pH \approx 1.3\text{(最高酸度)}$$

$$[OH^-] = \sqrt[3]{\frac{10^{-37.4}}{0.010}} = 10^{-11.8}(\text{mol} \cdot L^{-1}), \quad pH = 2.2(\text{水解酸度})$$

故滴定的适宜酸度范围为 pH 1.3～2.2。

6.5.2　混合离子选择滴定的适宜酸度范围

在滴定金属离子 M 时，若有另一金属离子 N 共存，假定 M 无副反应，按准确滴定判别式(6-45b)，要求

$$\lg K'_{MY} = \lg K_{MY} - \lg \alpha_Y \geqslant 8$$
$$\lg \alpha_Y \leqslant \lg K_{MY} - 8$$

即

$$\lg (\alpha_Y)_{max} = \lg K_{MY} - 8 \tag{6-49}$$

如允许较大的误差，也可按 $\lg K'_{MY} > 7$ 计算。

考虑共存离子效应，EDTA 的副反应系数为

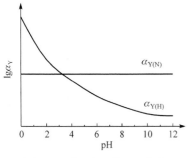

图 6-8　副反应系数-pH 曲线

$$\alpha_Y = \alpha_{Y(H)} + \alpha_{Y(N)} - 1$$

共存离子效应系数在一定 pH 范围内为一定值，如图 6-8 所示。

若 $\alpha_{Y(N)} > (\alpha_Y)_{max}$，说明 N 与 Y 的副反应严重，这时不能准确滴定 M。

若 $\alpha_{Y(N)} \leqslant (\alpha_Y)_{max}$，则可用式(6-49)计算出滴定允许的酸效应系数的最高值

$$\alpha_{Y(H)} = \alpha_Y - \alpha_{Y(N)} + 1$$
$$\leqslant (\alpha_Y)_{max} - K_{NY}[N]_{sp} \tag{6-50}$$

其对应的 pH 为滴定允许的最低 pH。

滴定允许的最高 pH 与单一离子体系相同，由金属离子 M 氢氧化物的溶度积求出。这时，共存离子 N 不应与所用的指示剂显色。

例 6-14　用 $0.020 \text{ mol} \cdot L^{-1}$ EDTA 于浓度均为 $0.020 \text{ mol} \cdot L^{-1}$ 的 Bi^{3+} 和 Pb^{2+} 混合溶液中选择滴定 Bi^{3+}，计算滴定的适宜酸度范围[设 $\Delta pM = \pm 0.2$, $|E_t| \leqslant 0.1\%$, $\lg K_{BiY} = 27.94$, $\lg K_{PbY} = 18.04$, $Bi(OH)_3$ 的 $pK_{sp} = 30.4$]。

解　求最低 pH

$$\lg (\alpha_Y)_{max} = \lg K_{BiY} - \lg K'_{BiY} = 27.94 - 8 = 19.94, \quad 即 (\alpha_Y)_{max} = 10^{19.94}$$
$$\alpha_{Y(Pb)} = 1 + K_{PbY}[Pb^{2+}]_{sp} = 1 + 10^{18.04} \times 10^{-2.00} = 10^{16.04}$$
$$\alpha_{Y(Pb)} < (\alpha_Y)_{max}$$
$$\alpha_{Y(H)} = (\alpha_Y)_{max} - K_{PbY}[Pb^{2+}]_{sp} = 10^{19.94} - 10^{16.04} = 10^{19.94}$$
$$pH = 0.7$$

求最高 pH

$$[OH^-] = \sqrt[3]{\frac{10^{-30.4}}{0.020}} = 10^{-9.6}(\text{mol} \cdot L^{-1}), \quad pH = 4.4$$

滴定 Bi^{3+} 的适宜酸度范围为 pH 0.7～4.4，若考虑指示剂与 Pb^{2+} 的显色，实际在 pH = 1 的酸度下滴定。

6.6　提高配位滴定选择性的途径

当溶液中有两种或两种以上金属离子同时存在时，若要选择其中一种离子进行滴定，其他离子有可能产生干扰。如何排除其他离子的干扰，便是提高配位滴定选择性的问题。提高选择性的方法主要有控制溶液的 pH、掩蔽干扰离子以及应用其他滴定剂等。

6.6.1　控制溶液的 pH

设溶液中有两种金属离子 M 和 N 共存，若不考虑金属离子的配位效应，有可能通过控制溶液的 pH，用 EDTA 实现选择滴定其中一种金属离子或两种离子的分别滴定。若满足 $\Delta\lg K\geqslant 5$（$\Delta\lg K$ 为 K_{MY} 和 K_{NY} 对数值的差值），则为控制溶液的 pH 而分别滴定 M 和 N 提供了可能，具体滴定时还应将溶液的 pH 控制在合适的范围内。

例 6-15　含 $0.020\ mol\cdot L^{-1}\ Pb^{2+}$ 和 $0.020\ mol\cdot L^{-1}\ Ca^{2+}$ 的溶液中，能否用同浓度的 EDTA 准确滴定 Pb^{2+}？若可以，如何控制溶液的 pH[$\lg K_{PbY}=18.04$，$\lg K_{CaY}=10.69$，$Pb(OH)_2$ 的 $pK_{sp}=14.93$]？

解　$\Delta\lg K=\lg K_{PbY}-\lg K_{CaY}=18.04-10.69=7.35>5$，所以控制溶液 pH 能准确滴定 Pb^{2+}，而 Ca^{2+} 不干扰。

$$\lg(\alpha_Y)_{max}=\lg K_{PbY}-\lg K'_{PbY}=18.04-8=10.04$$

$$\alpha_{Y(Ca)}=1+K_{CaY}[Ca^{2+}]_{sp}=1+10^{10.69}\times10^{-2.00}=10^{8.69}$$

$$\alpha_{Y(Ca)}<(\alpha_Y)_{max}$$

$$\alpha_{Y(H)}=(\alpha_Y)_{max}-K_{CaY}[Ca^{2+}]_{sp}=10^{10.04}-10^{8.69}=10^{10.02}$$

$$pH\approx 3.3（最低\ pH）$$

$$[OH^-]=\sqrt{\frac{K_{sp}}{[Pb^{2+}]}}=\sqrt{\frac{10^{-14.93}}{0.020}}=10^{-6.6}(mol\cdot L^{-1})$$

$$pH=7.4（最高\ pH）$$

因此，当 pH 3.3～7.4（实际 pH 5～6）时，Pb^{2+} 可被准确滴定，而 Ca^{2+} 不干扰。

例 6-16　试液含 $0.020\ mol\cdot L^{-1}\ Fe^{3+}$ 和 $0.020\ mol\cdot L^{-1}\ Zn^{2+}$，能否用同浓度的 EDTA 分别滴定 Fe^{3+} 和 Zn^{2+}？若可以，如何控制溶液的 pH[$\lg K_{FeY}=25.1$，$\lg K_{ZnY}=16.5$，$Fe(OH)_3$ 的 $pK_{sp}=37.4$，$Zn(OH)_2$ 的 $pK_{sp}=16.92$]？

解　$\Delta\lg K=\lg K_{FeY}-\lg K_{ZnY}=25.1-16.5=8.6>5$，所以控制溶液 pH 可分别滴定 Fe^{3+} 和 Zn^{2+}。

求滴定 Fe^{3+} 的适宜酸度范围

$$\lg(\alpha_Y)_{max}=\lg K_{FeY}-\lg K'_{FeY}=25.1-8=17.1$$

$$\alpha_{Y(Zn)}=1+K_{ZnY}[Zn^{2+}]_{sp}=1+10^{16.5}\times0.010=10^{14.5}$$

$$\alpha_{Y(Zn)}<(\alpha_Y)_{max}$$

$$\alpha_{Y(H)}=(\alpha_Y)_{max}-K_{ZnY}[Zn^{2+}]_{sp}=10^{17.1}-10^{14.5}=10^{17.1}$$

$$pH=1.2（最低\ pH）$$

$$[OH^-]=\sqrt[3]{\frac{10^{-37.4}}{0.020}}=10^{-11.9}(mol\cdot L^{-1})$$

$$pH=2.1（最高\ pH）$$

滴定 Fe^{3+} 的适宜酸度范围为 pH 1.2～2.1。

求滴定 Zn^{2+} 的适宜酸度范围

$$\lg\alpha_{Y(H)}=\lg K_{ZnY}-\lg K'_{ZnY}=16.5-8=8.5$$

$$pH\approx 4.0（最低\ pH）$$

$$[OH^-] = \sqrt{\frac{K_{sp}}{[Zn^{2+}]}} = \sqrt{\frac{10^{-16.92}}{0.020}} = 10^{-7.6}(mol \cdot L^{-1})$$

$$pH = 6.4(最高 pH)$$

滴定 Zn^{2+} 的适宜酸度范围为 pH 4.0~6.4。

实际在 pH~1.5 的酸度下滴定 Fe^{3+}，在 pH 5~6 的酸度下滴定 Zn^{2+}（用二甲酚橙指示剂）。

6.6.2 掩蔽干扰离子

金属离子 M 和 N 共存时，若 $\Delta lgK < 5$，则须采取必要的掩蔽措施，以消除共存离子 N 的干扰。假设金属离子 M 无副反应，EDTA 共存离子效应远大于酸效应时，有

$$lgK'_{MY} = lgK_{MY} - lg\alpha_{Y(N)} \approx lgK_{MY} - lg(K_{NY}[N]) = \Delta lgK - lg[N] \qquad (6-51)$$

通过配位掩蔽或沉淀掩蔽法，可以降低[N]值；通过氧化还原掩蔽法，改变离子价态，可以增大 ΔlgK，从而提高 K'_{MY}，达到准确滴定 M 的目的。

1. 配位掩蔽

加入配位剂与共存离子形成稳定的配合物，使共存离子游离浓度降低而消除干扰。如共存离子在溶液中的总浓度为 c_N，N 的游离浓度为[N]，加入配体 L 后形成 NL_i 各级配合物，其配位效应系数 $\alpha_{N(L)}$ 为

$$\alpha_{N(L)} = 1 + \sum \beta_i[L]^i$$

计量点时 N 离子的浓度为

$$[N]_{sp} = \frac{c_N^{sp}}{\alpha_{N(L)}}$$

此时，由式(6-51)可得

$$lgK'_{MY} = \Delta lgK - lg[N] = \Delta lgK - lg c_N^{sp} + lg\alpha_{N(L)} \qquad (6-52a)$$

$\alpha_{N(L)}$ 越大，K'_{MY} 就越大，掩蔽效果越好。但如果 L 也能与 M 形成配合物，则会降低 K'_{MY}。

$$lgK'_{MY} = \Delta lgK - lg c_N^{sp} + lg\alpha_{N(L)} - lg\alpha_{M(L)} \qquad (6-52b)$$

按选择滴定判别式(6-46a)，由式(6-52a)有

$$lg(K'_{MY}c_M^{sp}) = lg(K_{MY}c_M^{sp}) - lg(K_{NY}c_N^{sp}) + lg\alpha_{N(L)} \geqslant 5$$

简写为

$$\Delta lg(Kc) + lg\alpha_N \geqslant 5 \qquad (6-53a)$$

若 $c_M = c_N$，则有

$$\Delta lgK + lg\alpha_N \geqslant 5 \qquad (6-53b)$$

式(6-53)可作为准确滴定 M 而不受共存离子 N 干扰的判别式，此时要求 M 无副反应，EDTA 以共存离子效应为主。

2. 沉淀掩蔽

加入沉淀剂使干扰离子沉淀，在不分离沉淀的情况下直接进行滴定。

例如，在 Ca^{2+} 与 Mg^{2+} 组成的溶液中滴定 Ca^{2+}，Mg^{2+} 将产生干扰，若调节溶液的 pH = 12.5，使 Mg^{2+} 形成 $Mg(OH)_2$ 沉淀，则可消除 Mg^{2+} 的干扰，滴加的 EDTA 只与 Ca^{2+} 发生滴定反应。

沉淀掩蔽法在实际应用中有一定的局限性,应用时要注意:沉淀反应必须进行完全,沉淀溶解度要小,否则掩蔽效果不好;生成的沉淀应是无色或浅色致密的,最好是晶形沉淀,否则由于颜色深、体积大,吸附被测离子或指示剂而影响终点观察。

3. 氧化还原掩蔽

利用氧化还原反应改变干扰离子价态以消除干扰。例如,$\lg K_{ZrOY} = 29.5$,$\lg K_{Fe(III)Y} = 25.1$,$K_{Fe(II)Y} = 14.3$,当采用抗坏血酸将 Fe(III)还原成 Fe(II),可使 $\Delta\lg K$ 增大,从而准确滴定 ZrO^{2+}。

有的氧化还原掩蔽剂既有还原性,又能与干扰离子生成配合物。例如,$Na_2S_2O_3$ 可将 Cu^{2+} 还原为 Cu^+,并与 Cu^+ 配位生成 $Cu(S_2O_3)_2^{3-}$。有些离子的高价状态对 EDTA 滴定不产生干扰。例如,Cr^{3+} 对配位滴定有干扰,但 CrO_4^{2-} 或 $Cr_2O_7^{2-}$ 对滴定没有干扰,即可将 Cr^{3+} 氧化为 CrO_4^{2-} 或 $Cr_2O_7^{2-}$,就能消除其干扰。

例 6-17　浓度均为 $0.020\ mol \cdot L^{-1}$ 的 Al^{3+} 和 Zn^{2+} 混合溶液,加入 KF 掩蔽 Al^{3+},若终点时 $[F^-] = 0.010\ mol \cdot L^{-1}$,用同浓度的 EDTA 滴定 Zn^{2+},能否准确滴定($\lg K_{ZnY}=16.5$,$\lg K_{AlY}=16.3$,Al-F 的 $\lg\beta_1 \sim \beta_6$ 分别为 6.1、11.2、15.0、17.8、19.4 和 19.8)?

解　准确滴定一种离子而共存离子不干扰的条件是 $\Delta\lg K + \lg\alpha_N \geqslant 5$

$$\alpha_{Al} = \alpha_{Al(F)} = 1 + 10^{6.1} \times 10^{-2.00} + 10^{11.2} \times 10^{-4.00} + 10^{15.0} \times 10^{-6.00} + 10^{17.8} \times 10^{-8.00} + 10^{19.4} \times 10^{-10.00} + 10^{19.8} \times 10^{-12.00}$$

$$= 1 + 10^{4.1} + 10^{7.2} + 10^{9.0} + 10^{9.8} + 10^{9.4} + 10^{7.8} = 10^{10.0}$$

$$\Delta\lg K + \lg\alpha_{Al} = \lg K_{ZnY} - \lg K_{AlY} + \lg\alpha_{Al} = 16.5 - 16.3 + 10.0 > 5$$

因此可以准确地滴定 Zn^{2+}。

常见的配位掩蔽剂见表 6-6。

表 6-6　常见的配位掩蔽剂

掩蔽剂	被掩蔽的金属离子
三乙醇胺	Al^{3+}, Fe^{3+}, Sn^{4+}, TiO^{2+}
氟化物	Al^{3+}, Sn^{4+}, TiO^{2+}, ZrO^{2+}
乙酰丙酮	Al^{3+}, Fe^{3+}
邻二氮菲	Zn^{2+}, Cu^{2+}, Co^{2+}, Ni^{2+}, Cd^{2+}, Hg^{2+}
氰化物	Zn^{2+}, Cu^{2+}, Co^{2+}, Ni^{2+}, Cd^{2+}, Hg^{2+}, Fe^{2+}
二巯基丙醇	Zn^{2+}, Pb^{2+}, Bi^{3+}, Sb^{3+}, Sn^{4+}, Cd^{2+}, Cu^{2+}
硫脲	Hg^{2+}, Cu^{2+}

6.6.3　其他滴定剂的应用

在配位滴定中除了 EDTA 以外,还有一些配位剂也能与金属离子形成配合物,其稳定性与 EDTA 配合物的稳定性有时差别较大。因此,选用这些配位剂作为滴定剂,可以提高测定某些金属离子的选择性。

例如,EGTA(乙二醇二乙醚二胺四乙酸)能与 Ca^{2+} 和 Mg^{2+} 形成配合物。将其稳定常数与 EDTA 配合物的稳定常数比较如下:

$$\lg K_{Ca\text{-}EGTA}=11.0,\quad \lg K_{Mg\text{-}EGTA}=5.2$$

$$\lg K_{Ca\text{-}EDTA}=10.7,\quad \lg K_{Mg\text{-}EDTA}=8.7$$

可见 Mg-EGTA 配合物的稳定性很差,而 Ca-EGTA 配合物很稳定,因此选用 EGTA 作滴定剂,在 Mg^{2+} 存在下可以滴定 Ca^{2+}。

6.7　配位滴定方式及应用

配位滴定与一般滴定分析法相同,有直接滴定、返滴定、置换滴定和间接滴定等各种滴定方式。根据被测溶液的性质,采用适宜的滴定方式,可扩大配位滴定的应用范围和提高配位滴定的选择性。

6.7.1　配位滴定方式

1. 直接滴定法

直接滴定法是配位滴定的基本方法。在被测溶液中加入适宜的缓冲溶液控制 pH,加入金属指示剂,用 EDTA 标准溶液直接进行滴定。直接滴定法简单、快速,引入误差少,多数金属离子都可以采用直接滴定,但要符合以下条件:

(1) 被测金属离子要满足 $\lg(K'_{MY}c_M) \geqslant 6$ 准确滴定判别式,至少应在 5 以上。

(2) 螯合物的形成速度快。

(3) 有合适的金属指示剂,无封闭和僵化现象。

(4) 在选用的滴定条件下,被测离子不发生水解和形成沉淀。

加入的缓冲剂不应与配位离子发生配位作用。例如,在 $pH \approx 5$ 时滴定 Pb^{2+},不宜用 HAc-Ac$^-$ 缓冲体系,因 Ac$^-$ 会与 Pb^{2+} 结合,而应采用六亚甲基四胺作缓冲剂。

有时为了防止金属离子水解或沉淀,需要加入另一配位剂与其结合,这种物质的种类和用量也要注意控制,应防止被测离子的条件稳定常数下降过大。例如,在 $pH \approx 10$ 时滴定 Pb^{2+},可先在酸性试液中加入酒石酸盐,与 Pb^{2+} 配位,再调节溶液的 pH 为 10 左右,然后进行滴定。

2. 返滴定法

在被测溶液中加入已知过量的 EDTA 溶液,再用另一种金属离子标准溶液滴定剩余的 EDTA,以求得被测金属离子的含量。

如果在直接滴定时缺乏符合要求的指示剂,或者被测金属离子与 EDTA 反应的速度较慢,或者在测定条件下被测金属离子发生水解等副反应,这些情况下可采用返滴定法。

例如,配位滴定 Al^{3+} 时,由于 Al^{3+} 对二甲酚橙等指示剂有封闭作用,并且与 EDTA 反应缓慢,容易水解成多核氢氧根配合物(最高酸度 pH = 4,水解酸度 pH = 3.7),无法直接滴定。可于 $pH \approx 3.5$ 时在 Al^{3+} 试液中加入一定量过量的 EDTA 标准溶液,加热煮沸。此时由于酸度较大,不会形成多核氢氧根配合物;又因 EDTA 过量,Al^{3+} 能与 EDTA 基本配位完全。然后调节溶液 pH 为 5~6(此时 AlY 稳定,不会再水解形成多核配合物),剩余的 EDTA 用 Zn^{2+} 标准溶液返滴定,用二甲酚橙作指示剂。为什么返滴定法可以准确测定 Al^{3+} 含量呢?在 pH = 3.5 时尽管酸效应大,但 EDTA 过量,所以 Al^{3+} 能配位完全。

3. 置换滴定法

1)置换金属离子

让 M 定量置换出另一配合物 NL 中的 N,然后用 EDTA 滴定 N 以求得 M 的量。

例如，Ag^+ 与 EDTA 形成的螯合物很不稳定($\lg K_{AgY} = 7.32$)，用 EDTA 直接滴定不能得到准确的结果。但 Ag^+ 与 CN^- 的配合物很稳定，可在 Ag^+ 试液中加入过量的 $Ni(CN)_4^{2-}$ 溶液，Ag^+ 置换出相应量的 Ni^{2+}

$$2Ag^+ + Ni(CN)_4^{2-} \rightleftharpoons 2Ag(CN)_2^- + Ni^{2+}$$

然后用 EDTA 直接滴定置换出的 Ni^{2+}，根据 Ni^{2+} 的量可求出试液中 Ag^+ 的含量。

2)置换 EDTA

当与被测离子 M 共存的金属离子种类较多或难以掩蔽时，可先向溶液中加入一定量过量的 EDTA，再用另一金属离子标准溶液与过量的 EDTA 结合，然后加入只能与 M 形成稳定配合物的配体 L，要求 ML 比 MY 更稳定，这时置换出 Y，再用金属离子的标准溶液滴定，可求出相应 M 的量。

例如，测定 Sn^{4+} 时，溶液中同时存在 Zn^{2+}、Cd^{2+}、Pb^{2+}、Bi^{3+} 等离子，向溶液中加入定量的过量 EDTA 溶液，然后用 Zn^{2+} 标准溶液滴定剩余的 EDTA，再向溶液中加入 NH_4F，发生如下反应：

$$SnY + 6F^- \rightleftharpoons SnF_6^{2-} + Y^{4-}$$

再用 Zn^{2+} 标准溶液滴定置换出的 EDTA，这时所消耗的 Zn^{2+} 的量即待测的 Sn^{4+} 的量。除 Sn^{4+} 外，Al^{3+}、Ti^{4+}、Zr^{4+}、Th^{4+} 等离子都可用这种方法测定。

3)间接金属指示剂

使用间接金属指示剂时，也利用了置换反应。例如，用 CuY + PAN 作间接金属指示剂时，滴定前被测金属离子 M 会置换 CuY 中的 Cu^{2+}，生成 MY，溶液呈红色。

$$CuY + PAN + M \rightleftharpoons MY + Cu\text{-}PAN$$
$$\qquad\text{蓝}\qquad\qquad\qquad\qquad\text{红}$$

而到终点时，Y 又置换了 Cu-PAN 中的 PAN，生成与原来相同量的 CuY，不影响测定结果。溶液由红色变为 CuY-PAN 的黄绿色。

$$Cu\text{-}PAN + Y \rightleftharpoons CuY + PAN$$
$$\quad\text{红}\qquad\qquad\qquad\text{蓝}\quad\text{黄}$$

通过这些作用，扩大了 PAN 的作用范围。另外，在滴定 Ca^{2+} 时，由于 $K_{Ca\text{-}EBT}$ 值较小，终点颜色变化不明显，可加入少量 MgY 和 EBT 的混合溶液，由于 CaY 比 MgY 稳定，有如下置换反应：

$$Ca^{2+} + MgY + EBT \rightleftharpoons CaY + Mg\text{-}EBT$$

滴定前溶液显示 Mg-EBT 的红色；在终点时，滴入的 EDTA 又置换出 Mg-EBT 中的 EBT

$$Mg\text{-}EBT + Y \rightleftharpoons MgY + EBT$$

又产生了与原来等量的 MgY，溶液显示 EBT 的蓝色。实际上是以 Mg^{2+} 的终点代替了 Ca^{2+} 的终点，由于 $K_{Mg\text{-}EBT}$ 值较大，因此终点变色明显。

4. 间接滴定法

某些离子不与 EDTA 直接配位，可通过化学反应将其转变成组成一定的另一化合物，一般为沉淀，过量的沉淀剂(金属离子)用 EDTA 返滴定；或者将沉淀分离并重新溶解，再用 EDTA 滴定其中的金属离子组分。

例如，K^+不与 EDTA 反应，但可使其沉淀为 $K_2NaCo(NO_2)_6 \cdot 6H_2O$，将该沉淀分离并重新溶解，然后用 EDTA 重新滴定其中的 Co^{3+}，根据沉淀中 K^+和 Co^{3+}的化学计量关系，可计算出 K^+的量。

另外，很多阴离子也可利用间接滴定法进行测定。例如，为测定 PO_4^{3-}，可使其沉淀为 $MgNH_4PO_4$，过滤、洗涤后，用 HCl 溶液重新溶解，再加入过量的 EDTA 标准溶液与 Mg^{2+}作用，最后用 Mg^{2+}标准溶液返滴定过量的 EDTA，这样可推算出原来 PO_4^{3-}的量。也可在 PO_4^{3-}试液中定量过量地加入 Bi^{3+}标准溶液，形成 $BiPO_4$沉淀，剩余的 Bi^{3+}用 EDTA 标准溶液返滴定。

间接滴定法一般要经过多步骤处理，误差往往较大。

6.7.2　配位滴定结果的计算

在直接滴定法中，EDTA 通常与各种价态的金属离子以 1∶1 的配位比配位，因此结果的计算比较简单，以被测物质的质量分数表示为

$$w_B = \frac{c_Y V_Y M_B}{m_s} \times 100\%$$

式中，w_B 为被测物质的质量分数；c_Y 和 V_Y 分别为 EDTA 的浓度$(mol \cdot L^{-1})$和滴定时消耗的体积(L)；M_B 为被测物质的摩尔质量$(g \cdot mol^{-1})$；m_s 为试样的质量(g)。

如果涉及返滴定、置换滴定、间接滴定等滴定方式，计算时要注意计量关系的变化。

思考题与习题

1. 配合物的组成有何特征？举例说明。
2. 举例说明下列术语的含义：(1)配体与配位原子；(2)配位数；(3)单齿配体与多齿配体；(4)螯合物与螯合剂。
3. 什么是配合物的稳定常数和不稳定常数？二者关系如何？
4. 什么是配合物的逐级稳定常数和累积稳定常数？二者关系如何？
5. 螯合物与简单配合物有什么区别？形成螯合物的条件是什么？
6. 乙二胺四乙酸与金属离子的配位反应有什么特点？为什么单齿配位剂很少在滴定中应用？
7. 什么是配合物的条件稳定常数？如何通过计算得到？对判断能否准确滴定有何意义？
8. 酸效应曲线是怎样绘制的？它在配位滴定中有什么用途？
9. 什么是金属离子指示剂？作为金属离子指示剂应具备哪些条件？它们怎样指示配位滴定终点？试举例说明。
10. pH=10 时，Mg^{2+}和 EDTA 配合物的条件稳定常数是多少(不考虑水解等反应)？能否用 EDTA 溶液滴定 Mg^{2+}？
11. 在 $0.1 \text{ mol} \cdot L^{-1}$ Ag^+-CN^-配合物的溶液中含有 $0.1 \text{ mol} \cdot L^{-1}$ CN^-，求溶液中 Ag^+的浓度。

$(5.7 \times 10^{-21} \text{ mol} \cdot L^{-1})$

12. 在 pH=9.26 的氨性缓冲溶液中，除氨配合物外的缓冲剂总浓度为 $0.20 \text{ mol} \cdot L^{-1}$，游离 $C_2O_4^{2-}$的浓度为 $0.10 \text{ mol} \cdot L^{-1}$。计算 Cu^{2+}的 α_{Cu}[已知 $Cu(II)$-$C_2O_4^{2-}$配合物的 $lg\beta_1 = 4.5$, $lg\beta_2 = 8.9$, $Cu(II)$-OH 配合物的 $lg\beta_1 = 6$]。

$(10^{9.36})$

13. 已知 $M(NH_3)_4^{2+}$的 $lg\beta_1 \sim lg\beta_4$ 为 2.0、5.0、7.0 和 10.0，$M(OH)_4^{2-}$的 $lg\beta_1 \sim lg\beta_4$ 为 4.0、8.0、14.0 和 15.0。在浓度为 $0.10 \text{ mol} \cdot L^{-1}$ 的 M^{2+}溶液中，滴加氨水到溶液中，游离 NH_3 的浓度为 $0.010 \text{ mol} \cdot L^{-1}$，pH=9.0 时溶液中 M 的主要存在形式是哪一种？浓度为多大？若将 M^{2+}溶液用 NaOH 和氨水调节至 pH=13，且游离氨的浓度为 $0.010 \text{ mol} \cdot L^{-1}$，则上述溶液中 M 的主要存在形式是什么？浓度又为多少？

$([M(NH_3)_4]^{2+}, 0.082 \text{ mol} \cdot L^{-1}; [M(OH)_3]^-$和$[M(OH)_4]^{2-}, 0.050 \text{ mol} \cdot L^{-1})$

14. 铬黑 T(EBT)是一种有机弱酸，它的 $\lg K_1^H=11.6$，$\lg K_2^H=6.3$，Mg-EBT 的 $\lg K_{MgIn}=7.0$，计算在 pH=10.0 时的 $\lg K'_{Mg\text{-}EBT}$ 值。

(5.4)

15. 计算 pH 分别为 5.0 和 10.0 时的 $\lg K'_{MgY}$，计算结果说明什么？

(2.24，8.24)

16. 当溶液的 pH=11.0 并含有 0.0010 mol·L^{-1} 游离 CN^- 时，计算 $\lg K'_{HgY}$ 值。

(−7.77)

17. 计算 Ni-EDTA 配合物在含有 0.1 mol·L^{-1} NH_3-0.1 mol·L^{-1} NH_4Cl 缓冲溶液中的条件稳定常数。

($10^{13.27}$)

18. 在 NH_3-NH_4Cl 缓冲溶液中(pH=9)，用 EDTA 滴定 Zn^{2+}，若[NH_3]=0.10 mol·L^{-1}，计算此条件下的 $\lg K'_{ZnY}$。

(9.73)

19. 在 pH=6.0 的溶液中，含有 0.020 mol·L^{-1} Zn^{2+} 和 0.020 mol·L^{-1} Cd^{2+}，游离酒石酸根(Tart)的浓度为 0.20 mol·L^{-1}，加入等体积的 0.020 mol·L^{-1} EDTA，计算 $\lg K'_{CdY}$ 和 $\lg K'_{ZnY}$ 值。已知 Cd^{2+}-Tart 的 $\lg\beta_1=2.8$，Zn^{2+}-Tart 的 $\lg\beta_1=2.4$，$\lg\beta_2=8.32$，酒石酸在 pH=6.0 时的酸效应可忽略不计。

(6.48，−2.48)

20. 在 pH=10 的氨性缓冲溶液中，[NH_3]=0.2 mol·L^{-1}，用 0.020 mol·L^{-1} EDTA 滴定 0.020 mol·L^{-1} Cu^{2+}，计算 pCu'_{sp}，若滴定的是 0.020 mol·L^{-1} Mg^{2+}，pMg'_{sp} 为多少？

(5.50，5.12)

21. 在 pH=5.0 的六亚甲基四胺缓冲溶液中，以二甲酚橙作指示剂，用 2.0×10^{-4} mol·L^{-1} EDTA 滴定同浓度的 Pb^{2+}，终点误差是多少(pH=5.0 时，二甲酚橙的 $pPb_t=7.0$)？

(−0.1%)

22. 在 pH=10.0 的氨性缓冲溶液中，以 EBT 为指示剂，用 0.020 mol·L^{-1} EDTA 滴定 0.020 mol·L^{-1} Zn^{2+}，终点时游离氨的浓度为 0.20 mol·L^{-1}，计算终点误差(pH=10.0 时，EBT 的 $pZn_t=12.2$)。

(−0.02%)

23. 浓度均为 0.0100 mol·L^{-1} 的 Zn^{2+}、Cd^{2+} 混合液，加入过量 KI，终点时游离 I^- 的浓度为 1 mol·L^{-1}，在 pH 5.0 时以二甲酚橙作指示剂，用等浓度的 EDTA 滴定其中的 Zn^{2+}，计算终点误差(pH=5.0 时，二甲酚橙的 $pZn_t=4.8$)。

(−0.2%)

24. 欲要求 $|E_t|\leqslant0.2\%$，终点时 $\Delta pM=0.38$，用 0.020 mol·L^{-1} EDTA 滴定等浓度的 Bi^{3+}，最低允许 pH 为多少？若终点时 $\Delta pM=1.0$，则最低允许 pH 又为多少？

(0.64，0.90)

25. 假设 Mg^{2+} 和 EDTA 的浓度均为 0.01 mol·L^{-1}，在 pH=6 时能否用 EDTA 标液准确滴定 Mg^{2+}？求其允许的最高酸度。

(不能，pH 9.7)

26. 在 pH=5.0 的缓冲溶液中，用 0.0020 mol·L^{-1} EDTA 滴定 0.0020 mol·L^{-1} Pb^{2+}，以二甲酚橙作指示剂，分别计算下列情况下的终点误差：(1)使用 HAc-NaAc 缓冲溶液，终点时缓冲剂总浓度为 0.31 mol·L^{-1}；(2)使用六亚甲基四胺缓冲溶液(不与 Pb^{2+} 配位)。已知 $Pb(Ac)_2$ 的 $\lg\beta_1=1.9$，$\lg\beta_2=3.3$，pH=5.0 时，二甲酚橙的 $pPb_t=7.0$，HAc 的 $K_a=10^{-4.74}$。

(−1%，−0.01%)

27. 在 pH=5.5 时，0.020 mol·L^{-1} Zn^{2+} 和 0.010 mol·L^{-1} Ca^{2+} 的混合溶液，采用指示剂法检测终点，能否以 0.020 mol·L^{-1} EDTA 准确滴定其中的 Zn^{2+}？

(能)

28. 利用掩蔽剂定性设计在 pH 5~6 时测定 Zn^{2+}、Ti(Ⅳ)、Al^{3+} 混合溶液中各组分浓度的方法(以二甲酚橙作指示剂)。

29. 取水样 100.00 mL，在 pH=10.0 时，用铬黑 T 为指示剂，用 0.010 50 mol·L^{-1} EDTA 标准溶液滴定至

终点，用去 19.00 mL，计算水的总硬度[以 $CaCO_3$ 的含量 $(mg \cdot L^{-1})$ 形式表示]。

$(199.7\ mg \cdot L^{-1})$

30. 测定铅锡合金中 Pb、Sn 含量时，称取试样 0.2000 g，用 HCl 溶解后，准确加入 50.00 mL 0.030 00 mol·L^{-1} EDTA 和 50 mL 水，加热煮沸 2 min，冷却后，用六亚甲基四胺将溶液 pH 调至 5.5，加入少量 1,10-邻二氮菲，以二甲酚橙作指示剂，用 0.030 00 mol·L^{-1} Pb^{2+}标准溶液滴定，用去 3.00 mL。然后加入足量 NH$_4$F，加热至 40 ℃左右，再用上述 Pb^{2+}标准溶液滴定，用去 35.00 mL。计算试样中 Pb 和 Sn 的质量分数。

(62.32%, 37.30%)

31. 测定锆英石中 ZrO_2 和 Fe_2O_3 含量时，称取 1.000 g 试样，以适当的熔样方法制成 200.0 mL 试样溶液。移取 50.00 mL 试液，调节 pH 至 0.8，加入盐酸羟胺还原 Fe^{3+}，以二甲酚橙作指示剂，用 1.000×10^{-3} mol·L^{-1} EDTA 滴定，用去 10.00 mL，加入浓硝酸，加热，使 Fe^{2+}氧化成 Fe^{3+}，将溶液 pH 调至 1.5，以磺基水杨酸作指示剂，用上述 EDTA 溶液滴定，用去 20.00 mL。计算试样中 ZrO_2 和 Fe_2O_3 的质量分数。

(0.49%, 0.64%)

32. 用配位滴定法测定铝盐中的铝，称取试样 0.2500 g，溶解后，加入 0.050 00 mol·L^{-1} EDTA 25.00 mL，在适当条件下使 Al(Ⅲ)配位完全，调节 pH 为 5~6，加入二甲酚橙指示剂，用 0.020 00 mol·L^{-1} Zn(Ac)$_2$ 溶液 21.50 mL 滴定至终点，计算试样中 Al 或 Al_2O_3 的质量分数。

(8.85%, 16.72%)

第7章　氧化还原滴定法

　　氧化还原滴定法是以氧化还原反应为基础的滴定分析法。氧化还原反应是基于电子转移的反应，反应机理比较复杂，有些反应因伴有副反应的发生而没有确定的计量关系，有些反应因速率缓慢而给分析应用带来困难。因此，在氧化还原滴定法中，除了从平衡的观点判断反应的可行性外，还应从动态的角度考虑反应速率、反应条件和滴定条件的控制等问题。

　　氧化还原滴定法应用广泛，不仅能测定本身具有氧化还原性质的物质，也能间接地测定本身不具有氧化还原性质、但能与某种氧化剂或还原剂发生有化学计量关系反应的物质；不仅能测定无机物，也能测定有机物，是滴定分析中的一种重要分析方法。

　　氧化剂和还原剂均可作为滴定剂，一般根据滴定剂的名称命名氧化还原滴定法，常用的有高锰酸钾法、重铬酸钾法、碘量法、溴酸钾法和硫酸铈法等。

7.1　氧化还原平衡

7.1.1　标准电极电位

　　氧化剂和还原剂的强弱可以用有关电对的电极电位来衡量。电对的电位越高，其氧化态的氧化能力越强；电对的电位越低，其还原态的还原能力越强。因此，作为一种氧化剂，可以氧化电位比其低的还原剂；作为一种还原剂，可以还原电位比其高的氧化剂。由此，根据有关电对的电位，可以判断反应进行的方向。

　　氧化还原电对通常分为可逆电对和不可逆电对两大类。可逆氧化还原电对是指在氧化还原反应的任一瞬间，能按氧化还原半反应所示，迅速建立起氧化还原平衡，其实际电位与按能斯特(Nernst)方程计算所得的理论电位相符，或相差很小，如 Fe^{3+}/Fe^{2+}、$Fe(CN)_6^{3-}/Fe(CN)_6^{4-}$、$I_2/I^-$ 等。不可逆电对则不能在氧化还原反应的任一瞬间立即建立起符合反应方程式的平衡，其实际电位对能斯特方程偏离较大。一般有中间价态的含氧酸根及电极反应中有气体的电对，多为不可逆电对。例如，MnO_4^-/Mn^{2+}、$Cr_2O_7^{2-}/Cr^{3+}$、$CO_2/C_2O_4^{2-}$ 等，其电位与理论电位相差较大(相差 100 mV 或 200 mV 以上)。对不可逆电对，可用能斯特方程的计算结果作初步判断。

　　对可逆氧化还原电对 O/R，其氧化还原半反应为

$$O + ne^- \rightleftharpoons R$$

其电位可用能斯特方程表示

$$\varphi_{O/R} = \varphi_{O/R}^{\ominus} + \frac{0.059}{n} \lg \frac{a_O}{a_R} \quad (25\ ℃) \tag{7-1a}$$

式中，φ 为电对的电位；$\varphi^{\ominus}$ 为电对的标准电极电位；a_O 为氧化态的活度；a_R 为还原态的活度；n 为反应中电子转移数。$\varphi^{\ominus}$ 的大小与该电对本身的性质有关，在温度一定时为常数。φ 的相对大小反映了氧化剂的氧化能力或还原剂还原能力的强弱。

　　在处理氧化还原平衡时，还要注意对称电对和不对称电对的区别。对称电对在半反应中，

氧化态和还原态系数相同，如 Fe^{3+}/Fe^{2+}、MnO_4^-/Mn^{2+} 等。不对称电对在半反应中，氧化态和还原态系数不同，如 I_2/I^-、$Cr_2O_7^{2-}/Cr^{3+}$ 等。当涉及不对称电对的有关计算时，情况比较复杂，计算时要注意系数的影响。

7.1.2　条件电极电位

在实际工作中，通常知道的是离子浓度而非活度，对稀溶液，通常忽略离子强度的影响，用浓度值代替活度值进行计算。但当浓度较大，尤其有高价离子参与电极反应，或有其他强电解质存在时，则需考虑离子强度的影响，计算时要引入活度系数，则式(7-1a)可写成

$$\varphi_{O/R} = \varphi_{O/R}^{\ominus} + \frac{0.059}{n} \lg \frac{\gamma_O [O]}{\gamma_R [R]} \tag{7-1b}$$

式中，[O]和[R]分别为氧化态和还原态的平衡浓度。通常人们只知道相应的分析浓度 c_O 和 c_R，因此当氧化态或还原态存在酸效应、水解、配位等副反应时，根据副反应系数 α 的定义，式(7-1b)可写成

$$\varphi_{O/R} = \varphi_{O/R}^{\ominus} + \frac{0.059}{n} \lg \frac{\gamma_O \alpha_R}{\gamma_R \alpha_O} + \frac{0.059}{n} \lg \frac{c_O}{c_R} \tag{7-1c}$$

令

$$\varphi_{O/R}^{\ominus'} = \varphi_{O/R}^{\ominus} + \frac{0.059}{n} \lg \frac{\gamma_O \alpha_R}{\gamma_R \alpha_O} \tag{7-2}$$

有

$$\varphi_{O/R} = \varphi_{O/R}^{\ominus'} + \frac{0.059}{n} \lg \frac{c_O}{c_R} \tag{7-3}$$

$\varphi^{\ominus'}$ 称为条件电极电位，简称条件电位，是指在一定的介质条件下，氧化态和还原态的分析浓度(总浓度)均为 $1\ mol \cdot L^{-1}$ 时的实际电极电位。

条件电极电位 $\varphi^{\ominus'}$ 与标准电极电位 $\varphi^{\ominus}$ 的关系就如同配位平衡中条件稳定常数 K' 与稳定常数 K 的关系，其大小反映了在离子强度和各种副反应的影响下电对的实际氧化还原能力，在一定条件下为一常数。例如，Ce^{4+}/Ce^{3+} 电对的 $\varphi^{\ominus} = 1.61\ V$，而其条件电位 $\varphi^{\ominus'}$ 在不同无机酸介质中则有不同的数值，如表7-1所示。

表 7-1　Ce^{4+}/Ce^{3+} 电对的条件电位

介质	HCl	H_2SO_4	HNO_3	$HClO_4$
浓度/$(mol \cdot L^{-1})$	1	0.5	1	1
$\varphi^{\ominus'}/V$	1.28	1.44	1.61	1.74

应用条件电位比用标准电极电位能更正确地判断氧化还原反应的方向、次序和反应完成的程度。由于用计算方法求条件电位比较困难，目前尚缺乏各种条件下的条件电位，其实际应用受到一定限制。附表13中列出了部分氧化还原电对在不同介质中的条件电位，均为实验测定值。如果查不到条件完全相同的条件电位，可以用相近条件下的值代替。对于没有相应条件电位的氧化还原电对，则采用标准电极电位。

例 7-1　在 $1 \, mol \cdot L^{-1}$ HCl 溶液中，$c_{Ce^{4+}} = 1.0 \times 10^{-2} \, mol \cdot L^{-1}$，$c_{Ce^{3+}} = 1.0 \times 10^{-3} \, mol \cdot L^{-1}$，计算 Ce^{4+}/Ce^{3+} 电对的电位。

解　在 $1 \, mol \cdot L^{-1}$ HCl 介质中，$\varphi_{Ce^{4+}/Ce^{3+}}^{\ominus'} = 1.28 \, V$

$$\varphi_{Ce^{4+}/Ce^{3+}}^{\ominus} = \varphi_{Ce^{4+}/Ce^{3+}}^{\ominus'} + 0.059 \lg \frac{c_{Ce^{4+}}}{c_{Ce^{3+}}} = 1.28 + 0.059 \lg \frac{1.0 \times 10^{-2}}{1.0 \times 10^{-3}} = 1.34 \, (V)$$

7.1.3　影响电极电位的因素

在氧化还原反应中，有关电对电极电位的大小是判断氧化还原反应方向的主要依据。电极电位的大小不仅取决于物质本性，还与反应的条件密切相关。电极电位的影响因素主要表现在以下四个方面：氧化剂和还原剂本身的浓度、酸效应、生成沉淀和形成配合物等。了解了这些，就可以利用反应条件控制反应的方向和改变反应完全程度。

1. 氧化态和还原态浓度的影响

由能斯特方程可知，增大氧化态的浓度或减小还原态的浓度，会使电对的电极电位升高；而减小氧化态的浓度或增大还原态的浓度，会使电对的电极电位降低。当两个氧化还原电对的 $\varphi^{\ominus}$ 或 $\varphi^{\ominus'}$ 相差不大时，可通过改变氧化剂或还原剂的浓度来改变氧化还原反应的方向。

例 7-2　当 $[Sn^{2+}] = 1.0 \, mol \cdot L^{-1}$，$[Pb^{2+}]$ 分别为 $1.0 \, mol \cdot L^{-1}$ 和 $0.10 \, mol \cdot L^{-1}$ 时，判断电对 Sn^{2+}/Sn 和 Pb^{2+}/Pb 之间反应进行的方向。

解　已知 $\varphi_{Sn^{2+}/Sn}^{\ominus} = -0.136 \, V$，$\varphi_{Pb^{2+}/Pb}^{\ominus} = -0.126 \, V$。当 $[Sn^{2+}] = [Pb^{2+}] = 1.0 \, mol \cdot L^{-1}$ 时

$$\varphi_{Sn^{2+}/Sn} = \varphi_{Sn^{2+}/Sn}^{\ominus} = -0.136 \, V, \quad \varphi_{Pb^{2+}/Pb} = \varphi_{Pb^{2+}/Pb}^{\ominus} = -0.126 \, V$$

$\varphi_{Sn^{2+}/Sn}$ 较 $\varphi_{Pb^{2+}/Pb}$ 更负，Sn 的还原性强于 Pb 的还原性。因此，下列反应：

$$Pb^{2+} + Sn \Longleftrightarrow Pb + Sn^{2+}$$

自左向右进行。

当 $[Sn^{2+}] = 1.0 \, mol \cdot L^{-1}$，$[Pb^{2+}] = 0.10 \, mol \cdot L^{-1}$ 时，由能斯特方程

$$\varphi_{Sn^{2+}/Sn} = \varphi_{Sn^{2+}/Sn}^{\ominus} = -0.136 \, V$$

$$\varphi_{Pb^{2+}/Pb} = \varphi_{Pb^{2+}/Pb}^{\ominus} + \frac{0.059}{2} \lg [Pb^{2+}] = -0.126 + \frac{0.059}{2} \lg 0.10 = -0.156 \, (V)$$

由于浓度的改变，此时 $\varphi_{Sn^{2+}/Sn}$ 较 $\varphi_{Pb^{2+}/Pb}$ 稍大，即 Pb 的还原性强于 Sn 的还原性，上述反应的方向就变成自右向左了。

2. 生成沉淀的影响

加入沉淀剂，若氧化态生成难溶沉淀，电对的电极电位将降低；若还原态生成难溶沉淀，电对的电极电位将升高。

例如，间接碘量法测定铜时，基于如下反应：

$$2Cu^{2+} + 4I^- \Longleftrightarrow 2CuI\downarrow + I_2$$

若仅从电对的标准电位 $\varphi_{Cu^{2+}/Cu^+}^{\ominus} = 0.159 \, V$、$\varphi_{I_3^-/I^-}^{\ominus} = 0.545 \, V$ 来考虑，Cu^{2+} 不能氧化 I^-。但由于生成溶度积很小的 CuI 沉淀，溶液中 $[Cu^+]$ 极小，使 Cu^{2+}/Cu^+ 电对的电位显著提高，Cu^{2+} 就成了较强的氧化剂，因而 Cu^{2+} 氧化 I^- 的反应可以进行完全。

例 7-3 计算 $[I^-]=1.0\ mol \cdot L^{-1}$ 时 Cu^{2+}/Cu^+ 电对的条件电位(忽略离子强度的影响)。

解 已知 $\varphi^{\ominus}_{Cu^{2+}/Cu^+}=0.159\ V$，CuI 的 $K_{sp}=1.1\times10^{-12}$，由能斯特方程

$$\varphi_{Cu^{2+}/Cu^+} = \varphi^{\ominus}_{Cu^{2+}/Cu^+} + 0.059\lg\frac{[Cu^{2+}]}{[Cu^+]}$$

$$= \varphi^{\ominus}_{Cu^{2+}/Cu^+} + 0.059\lg\frac{[Cu^{2+}]}{K_{sp}/[I^-]}$$

$$= \varphi^{\ominus}_{Cu^{2+}/Cu^+} + 0.059\lg\frac{[I^-]}{K_{sp}} + 0.059\lg[Cu^{2+}]$$

若 Cu^{2+} 不发生副反应，$[I^-]=1\ mol \cdot L^{-1}$，有

$$\varphi^{\ominus\prime}_{Cu^{2+}/Cu^+} = \varphi^{\ominus}_{Cu^{2+}/Cu^+} - 0.059\lg K_{sp} = 0.159 - 0.059\lg(1.1\times10^{-12}) = 0.865\ (V)$$

计算结果表明，由于生成 CuI 沉淀，Cu^{2+}/Cu^+ 电对的电位从 0.159 V 升高到 0.865 V，上述反应就可以定量向右进行。

3. 形成配合物的影响

在氧化还原反应中，加入能与氧化态或还原态形成稳定配合物的配体时，由于氧化态和还原态浓度比发生变化，电对的电极电位随之改变。在氧化还原滴定中，常利用某一形态形成配合物的性质消除干扰，提高测定的准确度。例如，用碘量法测定铜时，若试液中含有 Fe^{3+}，由于 Fe^{3+} 也能氧化 I^-，对 Cu^{2+} 的测定产生干扰。此时若加入 NaF，F^- 与 Fe^{3+} 能形成稳定的配合物，使 Fe^{3+}/Fe^{2+} 电对的电极电位显著降低，从而消除 Fe^{3+} 的干扰。

例 7-4 当 pH=3.00，$c_F=0.10\ mol \cdot L^{-1}$ 时，计算 Fe^{3+}/Fe^{2+} 电对的条件电位(忽略离子强度的影响)。

解 已知 Fe^{3+}-F 配合物的 $\lg\beta_1 \sim \lg\beta_3$ 分别为 5.28、9.30 和 12.06，$\lg\beta_5$ 为 15.77；HF 的 $pK_a=3.18$。pH=3.00 时

$$\delta_{F^-} = \frac{K_a}{[H^+]+K_a} = \frac{10^{-3.18}}{10^{-3.00}+10^{-3.18}} = 0.40$$

有

$$[F^-] = c_F\delta_{F^-} = 0.10\times0.40 = 0.040\ (mol \cdot L^{-1})$$

$$\alpha_{Fe^{3+}(F)} = 1 + \beta_1[F^-] + \beta_2[F^-]^2 + \beta_3[F^-]^3 + \beta_5[F^-]^5$$

$$= 1 + 10^{5.28}\times0.040 + 10^{9.30}\times0.040^2 + 10^{12.06}\times0.040^3 + 10^{15.77}\times0.040^5$$

$$= 10^{8.83}$$

$$\alpha_{Fe^{2+}(F)} = 1$$

由条件电位的计算式

$$\varphi^{\ominus\prime}_{Fe^{3+}/Fe^{2+}} = \varphi^{\ominus}_{Fe^{3+}/Fe^{2+}} + 0.059\lg\frac{\alpha_{Fe^{2+}(F)}}{\alpha_{Fe^{3+}(F)}} = 0.771 + 0.059\lg\frac{1}{10^{8.83}} = 0.250\ (V)$$

由计算可知，加入配位剂 F^-，Fe^{3+}/Fe^{2+} 电对的条件电位降低，低于 $\varphi^{\ominus}_{I_3^-/I^-}$ (0.545 V)，此时 Fe^{3+} 不能氧化 I^-。

4. 酸效应的影响

不少氧化还原反应有 H^+ 或 OH^- 参与，有关电对的能斯特方程中包括 $[H^+]$ 或 $[OH^-]$ 项，酸度的变化将直接影响电极电位值。一些物质的氧化态或还原态是弱酸或弱碱，酸度的变化将影响其存在形式，这也会影响电对的电极电位。

例 7-5　分别计算 $[H^+]=4.0\ mol\cdot L^{-1}$ 和 pH=8.00 时，As(V)/As(Ⅲ)电对的条件电位，并判断与 I_3^-/I^- 电对进行反应的情况(忽略离子强度的影响)。

解　已知 As(V)/As(Ⅲ)电对的氧化还原半反应为

$$H_3AsO_4 + 2H^+ + 2e^- \Longrightarrow HAsO_2 + 2H_2O, \quad \varphi^\ominus_{As(V)/As(Ⅲ)} = 0.559\ V$$

$$I_3^- + 2e^- \Longrightarrow 3I^-, \quad \varphi^\ominus_{I_3^-/I^-} = 0.545\ V$$

按能斯特方程

$$\varphi_{As(V)/As(Ⅲ)} = \varphi^\ominus_{As(V)/As(Ⅲ)} + \frac{0.059}{2}\lg\frac{[H_3AsO_4][H^+]^2}{[HAsO_2]} = \varphi^\ominus_{As(V)/As(Ⅲ)} + \frac{0.059}{2}\lg[H^+]^2 + \frac{0.059}{2}\lg\frac{[H_3AsO_4]}{[HAsO_2]}$$

当 $[H^+]=4.0\ mol\cdot L^{-1}$，$c_{As(V)}=[H_3AsO_4]=c_{As(Ⅲ)}=[HAsO_2]=1.0\ mol\cdot L^{-1}$ 时

$$\varphi^{\ominus\prime}_{As(V)/As(Ⅲ)} = \varphi^\ominus_{As(V)/As(Ⅲ)} + \frac{0.059}{2}\lg[H^+]^2 = 0.559 + \frac{0.059}{2}\lg 4.0^2 = 0.595\ (V)$$

As(V)和 As(Ⅲ)的存在形式受酸度影响。pH=8.00 时，As(V)主要以 $HAsO_4^{2-}$ 形式存在

$$\delta_{H_3AsO_4} = \frac{[H^+]^3}{[H^+]^3 + K_{a_1}[H^+]^2 + K_{a_1}K_{a_2}[H^+] + K_{a_1}K_{a_2}K_{a_3}}$$

$$= \frac{10^{-24.00}}{10^{-24.00} + 10^{-2.19}\times 10^{-16.00} + 10^{-9.15}\times 10^{-8.00} + 10^{-20.64}} = 10^{-6.89}$$

$$\delta_{HAsO_2} = \frac{[H^+]}{[H^+]+K_a} = 10^{-0.03}$$

$$\varphi_{As(V)/As(Ⅲ)} = \varphi^\ominus_{As(V)/As(Ⅲ)} + \frac{0.059}{2}\lg\frac{\delta_{H_3AsO_4}[H^+]^2}{\delta_{HAsO_2}} + \frac{0.059}{2}\lg\frac{c_{As(V)}}{c_{As(Ⅲ)}}$$

$$\varphi^{\ominus\prime}_{As(V)/As(Ⅲ)} = \varphi^\ominus_{As(V)/As(Ⅲ)} + \frac{0.059}{2}\lg\frac{\delta_{H_3AsO_4}[H^+]^2}{\delta_{HAsO_2}} = 0.559 + \frac{0.059}{2}\lg\left(\frac{10^{-6.89}\times 10^{-16.00}}{10^{-0.03}}\right) = -0.115\ (V)$$

As(V)/As(Ⅲ)电对的条件电位随 pH 的变化而改变，但是 I_3^-/I^- 电对的条件电位几乎不受 pH 影响。因此，在强酸性溶液中，如 $[H^+]=4\ mol\cdot L^{-1}$ 时，$\varphi^{\ominus\prime}_{As(V)/As(Ⅲ)}=0.595\ V$，此时砷酸是较强的氧化剂，反应

$$H_3AsO_4 + 2H^+ + 3I^- \Longrightarrow HAsO_2 + I_3^- + 2H_2O$$

向右进行，H_3AsO_4 氧化 I^-。而在 pH=8.00 的弱碱性溶液中，$\varphi^{\ominus\prime}_{As(V)/As(Ⅲ)}=-0.115\ V$，$HAsO_2$ 成为较强的还原剂，上述反应则定量向左进行。据此可用碘标准溶液直接滴定 As(Ⅲ)。

As(V)/As(Ⅲ)电对与 I_3^-/I^- 电对之间两个方向相反的反应在碘量法中都得到了应用，在强酸性溶液中可用间接碘量法测定 As(V)含量；而用 As_2O_3 作基准物质可标定 I_2 标准溶液的浓度。

从以上讨论可以看出，当电对发生副反应时，氧化态和还原态的副反应系数可以相差数个数量级，远比离子强度的影响大，同时离子强度的影响又难以校正。因此，在讨论各种副反应对电对电位及氧化还原反应方向的影响时，一般可忽略离子强度的影响，用浓度代替活度，进行近似计算。

通常只知道反应物分析浓度的情况下，要讨论滴定体系，尤其是存在明显副反应滴定体系的氧化还原性质时，必须采用以条件电位表示的能斯特方程[式(7-3)]进行计算，否则将会得出错误的结论。

7.1.4　氧化还原反应进行的程度

1. 氧化还原平衡常数

滴定反应要求定量进行完全。氧化还原反应进行的程度可以用反应的平衡常数的大小来衡

量,平衡常数越大,反应进行得越完全。平衡常数可以用有关电对的标准电位或条件电位求得。

对氧化还原反应

$$aO_1 + bR_2 \rightleftharpoons aR_1 + bO_2$$

25 ℃时,电对的半反应及相应的电位用能斯特方程表示如下:

$$O_1 + n_1e^- \rightleftharpoons R_1$$

$$O_2 + n_2e^- \rightleftharpoons R_2$$

$$\varphi_1 = \varphi_1^\ominus + \frac{0.059}{n_1}\lg\frac{[O_1]}{[R_1]}$$

$$\varphi_2 = \varphi_2^\ominus + \frac{0.059}{n_2}\lg\frac{[O_2]}{[R_2]}$$

当反应达到平衡时,两电对电位相等,$\varphi_1 = \varphi_2$,故有

$$\varphi_1^\ominus + \frac{0.059}{n_1}\lg\frac{[O_1]}{[R_1]} = \varphi_2^\ominus + \frac{0.059}{n_2}\lg\frac{[O_2]}{[R_2]}$$

整理后得

$$\lg K = \lg\frac{[R_1]^a[O_2]^b}{[O_1]^a[R_2]^b} = \frac{(\varphi_1^\ominus - \varphi_2^\ominus)n}{0.059} \tag{7-4a}$$

式中,K 为反应平衡常数;n 为半反应电子转移数 n_1 和 n_2 的最小公倍数,$n = an_1 = bn_2$。式(7-4a)表明,氧化还原反应的平衡常数与两电对的标准电极电位及电子转移数有关。

若考虑溶液中的各种副反应的影响,则以相应的条件电位代入式(7-4a),所得平衡常数即为条件平衡常数 K',相应的平衡浓度由分析浓度代替,有

$$\lg K' = \lg\frac{c_{R_1}^a c_{O_2}^b}{c_{O_1}^a c_{R_2}^b} = \frac{(\varphi_1^{\ominus'} - \varphi_2^{\ominus'})n}{0.059} \tag{7-4b}$$

对于有不对称电对参加的氧化还原反应,可以证明式(7-4a)和式(7-4b)同样适用。

例 7-6　在 0.5 mol · L^{-1} 硫酸溶液中,用 Ce^{4+} 滴定 Fe^{2+} 的反应能进行完全吗?

解　滴定反应式为

$$Ce^{4+} + Fe^{2+} \rightleftharpoons Ce^{3+} + Fe^{3+}$$

反应电子转移数 $n = 1$,已知 $\varphi_{Ce^{4+}/Ce^{3+}}^{\ominus'} = 1.44$ V,$\varphi_{Fe^{3+}/Fe^{2+}}^{\ominus'} = 0.68$ V,由式(7-4b)可知

$$\lg K' = \frac{(\varphi_1^{\ominus'} - \varphi_2^{\ominus'})n}{0.059} = \frac{(1.44 - 0.68) \times 1}{0.059} = 12.88$$

$$K' = \frac{c_{Ce^{3+}} c_{Fe^{3+}}}{c_{Ce^{4+}} c_{Fe^{2+}}} = 7.6 \times 10^{12}$$

当滴定达化学计量点时 $c_{Ce^{4+}} = c_{Fe^{2+}}$,$c_{Ce^{3+}} = c_{Fe^{3+}}$,代入上式可得以下关系式:

$$\frac{c_{Ce^{3+}}}{c_{Ce^{4+}}} = \frac{c_{Fe^{3+}}}{c_{Fe^{2+}}} = \sqrt{K'} = 2.8 \times 10^6$$

溶液中有超过 99.9% 的 Fe^{2+} 被氧化成 Fe^{3+},所以此条件下反应进行得很完全。

由例 7-6 和式(7-4b)可以看到,两电对的条件电位相差越大,氧化还原反应的条件平衡常数 K' 就越大,反应越完全。在滴定分析法中,一般要求化学计量点的反应完全程度在 99.9% 以上。因此,对上述讨论的氧化还原反应,若以氧化剂 O$_1$ 标准溶液滴定还原剂 R$_2$,在达到化学

计量点时，允许还原剂 R_2 残留不超过 0.1%，即

$$\frac{c_{O_2}}{c_{R_2}} \geqslant \frac{99.9}{0.1} \approx 10^3 ; \quad \frac{c_{R_1}}{c_{O_1}} \geqslant \frac{99.9}{0.1} \approx 10^3$$

故

$$\lg K' = \lg \frac{c_{R_1}^a c_{O_2}^b}{c_{O_1}^a c_{R_2}^b} \geqslant 3(a+b)$$

结合式 (7-4b)，有

$$\frac{n(\varphi_1^{\ominus'} - \varphi_2^{\ominus'})}{0.059} \geqslant 3(a+b)$$

因此

$$\Delta\varphi^{\ominus'} = \varphi_1^{\ominus'} - \varphi_2^{\ominus'} \geqslant \frac{0.059 \times 3(a+b)}{n}$$

若 $n_1 = n_2 = 1$，则 $a = b = 1$，$n = 1$，$\Delta\varphi^{\ominus'} \geqslant 0.059 \times 6 = 0.35 (V)$

若 $n_1 = n_2 = 2$，则 $a = b = 1$，$n = 2$，$\Delta\varphi^{\ominus'} \geqslant 0.059 \times 3 = 0.18 (V)$

若 $n_1 = 2$，$n_2 = 1$，则 $a = 1$，$b = 2$，$n = 2$，$\Delta\varphi^{\ominus'} \geqslant 0.059 \times 9/2 = 0.27 (V)$

上述计算表明，要使各种类型的氧化还原反应达到完全，所要求的平衡常数及两电对的电位差是不同的。一般来说，两电对的条件电位(或标准电位)相差 0.4 V 以上，可认为该反应能定量进行。

2. 化学计量点电位

对上述讨论的氧化还原反应：$aO_1 + bR_2 \rightleftharpoons aR_1 + bO_2$，达到化学计量点时，两电对的电位相等，也就是化学计量点电位，有

$$\varphi_{sp} = \varphi_1^{\ominus} + \frac{0.059}{n_1} \lg \frac{[O_1]_{sp}}{[R_1]_{sp}}$$

$$\varphi_{sp} = \varphi_2^{\ominus} + \frac{0.059}{n_2} \lg \frac{[O_2]_{sp}}{[R_2]_{sp}}$$

两式分别乘以 n_1 和 n_2 并相加，整理后得

$$(n_1 + n_2)\varphi_{sp} = n_1\varphi_1^{\ominus} + n_2\varphi_2^{\ominus} + 0.059\lg \frac{[O_1]_{sp}[O_2]_{sp}}{[R_1]_{sp}[R_2]_{sp}}$$

由反应式，在化学计量点时

$$\frac{[O_1]_{sp}}{[R_2]_{sp}} = \frac{a}{b}, \quad \frac{[O_2]_{sp}}{[R_1]_{sp}} = \frac{b}{a}$$

故

$$\lg \frac{[O_1]_{sp}[O_2]_{sp}}{[R_1]_{sp}[R_2]_{sp}} = \lg \frac{a \times b}{b \times a} = 0$$

由此得化学计量点电位计算公式为

$$\varphi_{sp} = \frac{n_1\varphi_1^{\ominus} + n_2\varphi_2^{\ominus}}{n_1 + n_2} \tag{7-5a}$$

若以条件电位表示，则有

$$\varphi_{sp} = \frac{n_1\varphi_1^{\ominus'} + n_2\varphi_2^{\ominus'}}{n_1 + n_2} \tag{7-5b}$$

对于有不对称电对参加的氧化还原反应，如

$$aO_1 + bR_2 \Longleftrightarrow apR_1 + bO_2$$

半反应如下：

$$O_1 + n_1e^- \Longleftrightarrow pR_1$$

$$O_2 + n_2e^- \Longleftrightarrow R_2$$

$$\varphi_1 = \varphi_1^{\ominus} + \frac{0.059}{n_1}\lg\frac{[O_1]}{[R_1]^p}$$

$$\varphi_2 = \varphi_2^{\ominus} + \frac{0.059}{n_2}\lg\frac{[O_2]}{[R_2]}$$

当反应达到化学计量点时，$\varphi_1 = \varphi_2 = \varphi_{sp}$，与上述对称电对的推导类似，有

$$(n_1 + n_2)\varphi_{sp} = n_1\varphi_1^{\ominus} + n_2\varphi_2^{\ominus} + 0.059\lg\frac{[O_1]_{sp}[O_2]_{sp}}{[R_1]_{sp}^p[R_2]_{sp}}$$

由反应式，在化学计量点时

$$\frac{[O_1]_{sp}}{[R_2]_{sp}} = \frac{a}{b}, \quad \frac{[O_2]_{sp}}{[R_1]_{sp}} = \frac{b}{ap}$$

代入上式最后一项中，有

$$\varphi_{sp} = \frac{n_1\varphi_1^{\ominus} + n_2\varphi_2^{\ominus}}{n_1 + n_2} + \frac{0.059}{n_1 + n_2}\lg\frac{1}{p[R_1]_{sp}^{p-1}} \tag{7-6a}$$

若以条件电位表示，则有

$$\varphi_{sp} = \frac{n_1\varphi_1^{\ominus'} + n_2\varphi_2^{\ominus'}}{n_1 + n_2} + \frac{0.059}{n_1 + n_2}\lg\frac{1}{p(c_{R_1}^{sp})^{p-1}} \tag{7-6b}$$

从式(7-6a)和式(7-6b)可以看到，有不对称电对参加的氧化还原反应，其化学计量点电位不仅与电对的标准电位(或条件电位)有关，还与组分的浓度有关。

如果氧化还原反应中有H^+参加，则式(7-5a)和式(7-6a)右边还应有相应的$[H^+]$项，而式(7-5b)和式(7-6b)保持不变，这是因为H^+的影响已经包括在条件电位中了。

对如下H^+参加的氧化还原反应：

$$aO_1 + bR_2 + axH^+ \Longleftrightarrow aR_1 + bO_2 + ayH_2O$$

半反应为

$$O_1 + xH^+ + n_1e^- \Longleftrightarrow R_1 + yH_2O$$

$$O_2 + n_2e^- \Longleftrightarrow R_2$$

有

$$\varphi_{sp} = \frac{n_1\varphi_1^{\ominus} + n_2\varphi_2^{\ominus}}{n_1 + n_2} + \frac{0.059}{n_1 + n_2}\lg[H^+]_{sp}^x \tag{7-7}$$

若反应有不对称电对参加

$$aO_1 + bR_2 + axH^+ \rightleftharpoons apR_1 + bO_2 + ayH_2O$$

半反应为

$$O_1 + xH^+ + n_1e^- = pR_1 + yH_2O$$

$$O_2 + n_2e^- = R_2$$

有

$$\varphi_{sp} = \frac{n_1\varphi_1^{\ominus} + n_2\varphi_2^{\ominus}}{n_1 + n_2} + \frac{0.059}{n_1 + n_2}\lg\frac{1}{p[R_1]_{sp}^{p-1}} + \frac{0.059}{n_1 + n_2}\lg[H^+]_{sp}^x \tag{7-8}$$

例 7-7　在合适的酸性溶液中，$\varphi_{Fe^{3+}/Fe^{2+}}^{\ominus'} = 0.68\ V$，$\varphi_{Cr_2O_7^{2-}/Cr^{3+}}^{\ominus'} = 1.00\ V$。以 $0.010\ 00\ mol \cdot L^{-1}\ K_2Cr_2O_7$ 标准溶液滴定 $0.060\ 00\ mol \cdot L^{-1}\ Fe^{2+}$ 溶液，计算化学计量点电位。

解　反应式为

$$Cr_2O_7^{2-} + 6Fe^{2+} + 14H^+ = 2Cr^{3+} + 6Fe^{3+} + 7H_2O$$

反应中有不对称电对 $Cr_2O_7^{2-}/Cr^{3+}$ 参加，可按式 (7-6b) 计算。

计量点时，$c_{Fe^{3+}} = 0.030\ 00\ mol \cdot L^{-1}$，$c_{Cr^{3+}} = 0.010\ 00\ mol \cdot L^{-1}$。$Cr_2O_7^{2-}/Cr^{3+}$ 电对 $n_1=6$，$p=2$，Fe^{3+}/Fe^{2+} 电对 $n_2=1$。

$$\varphi_{sp} = \frac{n_1\varphi_1^{\ominus'} + n_2\varphi_2^{\ominus'}}{n_1 + n_2} + \frac{0.059}{n_1 + n_2}\lg\frac{1}{2c_{Cr^{3+}}^{sp}} = \frac{6\times1.00 + 1\times0.68}{6+1} + \frac{0.059}{6+1}\lg\frac{1}{2\times0.010\ 00} = 0.969\ (V)$$

7.1.5　氧化还原反应的速率

在氧化还原反应中，根据氧化还原电对的标准电位或条件电位，可以判断反应进行的方向和程度。但这只是表明反应进行的可能性，并不能指出反应进行的速率。例如，水中溶解氧的半反应为

$$O_2 + 4H^+ + 4e^- = 2H_2O \qquad \varphi^{\ominus} = 1.229\ V$$

从电极电位来看，水中的氧化剂，只要其电极电位高于 1.229 V，就可氧化水而放出 O_2；水中的还原剂，只要其电极电位低于 1.229 V，就可被水中的溶解氧所氧化。但实际上许多氧化剂（如 Ce^{4+}，$\varphi_{Ce^{4+}/Ce^{3+}}^{\ominus} = 1.61\ V$）和还原剂（如 Sn^{2+}，$\varphi_{Sn^{4+}/Sn^{2+}}^{\ominus} = 0.154\ V$）可以在水溶液中稳定存在，说明它们与水分子的反应速率很慢，可以认为没有发生氧化还原反应。反应速率缓慢的原因是电子在氧化剂和还原剂之间转移时，受到了来自溶剂分子、各种配体及静电排斥等各方面的阻力。此外，由于价态改变而引起的电子层结构、化学键及组成的变化也会阻碍电子的转移。例如，$Cr_2O_7^{2-}$ 还原为 Cr^{3+} 及 MnO_4^- 还原为 Mn^{2+}，由带负电荷的含氧酸根转变为带正电荷的水合离子，结构发生了很大的改变，导致反应速率变慢。

因此，对于氧化还原反应，不仅要从热力学的角度考虑反应进行的程度，还应从动力学的角度考虑反应进行的快慢，找出影响反应速率的因素，以促进主反应的进行，抑制或阻止副反应的发生。影响氧化还原反应速率的因素，除了参加反应的氧化还原电对本身的性质外，还与反应时外界的条件如反应物浓度、温度、催化剂等有关。

1. 反应物浓度

在氧化还原反应中，由于反应机理比较复杂，所以不能按总的氧化还原反应方程式中各反应物的系数来判断其浓度对反应速率的影响程度。但一般来说，反应物的浓度越大，反应的速率越快。例如，在酸性溶液中，$K_2Cr_2O_7$ 和 KI 的反应

$$Cr_2O_7^{2-} + 6I^- + 14H^+ == 2Cr^{3+} + 3I_2 + 7H_2O$$

在较浓的 $K_2Cr_2O_7$ 溶液中，加入过量的 KI 和保持一定酸度，反应才会较快地进行。

2. 温度

对于大多数反应来说，升高温度可提高反应速率。这是由于溶液温度升高时，不仅增加了反应物之间碰撞的概率，更重要的是增加了活化分子或活化离子的数目，所以提高了反应速率。通常溶液的温度每升高 10℃，反应速率增大 2~3 倍。例如，在酸性溶液中，MnO_4^- 和 $C_2O_4^{2-}$ 的反应

$$2MnO_4^- + 5C_2O_4^{2-} + 16H^+ == 2Mn^{2+} + 10CO_2 + 8H_2O$$

在室温下反应进行得很慢，所以用 $KMnO_4$ 滴定 $H_2C_2O_4$ 时，通常将溶液加热至 70~80 ℃。

应该指出的是，并不是在所有情况下都可以采用升高温度的办法来加快反应速率。对于上述反应，温度过高，会引起部分 $H_2C_2O_4$ 分解。有的物质(如 I_2)具有较大的挥发性，加热溶液会引起挥发损失。另有一些物质(如 Sn^{2+}、Fe^{2+} 等)很容易被空气中的氧所氧化，加热会促使其氧化，从而引起误差。

3. 催化剂

催化剂对反应速率有很大影响，氧化还原反应中常利用加催化剂来改变反应速率。例如，上述 MnO_4^- 和 $C_2O_4^{2-}$ 的反应进行得很慢，若加入 Mn^{2+}，能催化反应迅速进行。溶液中若不另外加入二价的锰盐，即使加热到 70~80 ℃，反应仍进行得较缓慢(MnO_4^- 褪色很慢)。但在该反应中，Mn^{2+} 是生成物，因此反应一经开始，溶液中产生少量的 Mn^{2+} 后，由于 Mn^{2+} 的催化作用，以后的反应加速。这里加速反应的催化剂 Mn^{2+} 是由反应本身产生的，因此这种反应称为自动催化反应。自动催化反应有个特点，就是开始时反应速率较慢，随着反应的不断进行，生成物中催化剂的浓度不断增大，反应就逐渐加快。

氧化还原滴定中通过加入催化剂增加反应速率的例子有很多。例如，用空气氧化 $TiCl_3$ 时，可用 Cu^{2+} 作催化剂。

$$4Ti^{3+} + O_2 + 2H_2O == 4TiO^{2+} + 4H^+$$

又如，在酸性介质中用 $(NH_4)_2S_2O_8$ 氧化 Mn^{2+} 的反应中，必须有 $AgNO_3$ 作催化剂。

$$2Mn^{2+} + 5S_2O_8^{2-} + 8H_2O == 2MnO_4^- + 10SO_4^{2-} + 16H^+$$

催化剂可分为正催化剂和负催化剂。正催化剂加快反应速率，负催化剂减慢反应速率。在分析化学中，也经常使用负催化剂，如加入多元醇以减慢 $SnCl_2$ 与空气中氧的作用。

由以上讨论可知，为使氧化还原反应按所需方向定量迅速地进行，选择和控制适当的反应条件(包括温度、酸度、浓度和催化剂等)是十分重要的。

4. 诱导反应

有些氧化还原反应在通常情况下并不发生或进行缓慢，但另一反应进行时会促使它们发生。

例如，在酸性溶液中 $KMnO_4$ 氧化 Cl^- 的反应速率很慢，但当溶液中同时存在 Fe^{2+} 时，$KMnO_4$ 氧化 Fe^{2+} 的反应加速了 $KMnO_4$ 氧化 Cl^- 的反应。这种由于一个反应的发生促进另一个反应进行的现象称为诱导作用，前者称为诱导反应，后者称为受诱反应。

$$MnO_4^- + 5Fe^{2+} + 8H^+ == Mn^{2+} + 5Fe^{3+} + 4H_2O \qquad (诱导反应)$$

$$2MnO_4^- + 10Cl^- + 16H^+ == 2Mn^{2+} + 5Cl_2 + 8H_2O \qquad (受诱反应)$$

其中 MnO_4^- 称为作用体，Fe^{2+} 称为诱导体，Cl^- 称为受诱体。

诱导反应与催化反应不同，在催化反应中，催化剂在反应后又恢复其原来的状态与数量；在诱导反应中，诱导体参加反应后变成了其他物质。

诱导反应的产生与氧化还原反应中间步骤中产生的不稳定中间价态离子或游离基团等因素有关。例如，上述 $KMnO_4$ 氧化 Fe^{2+} 诱导 Cl^- 的氧化，是由于 $KMnO_4$ 被 Fe^{2+} 还原时产生了一系列锰的中间产物 $Mn(\text{Ⅵ})$、$Mn(\text{Ⅴ})$、$Mn(\text{Ⅳ})$、$Mn(\text{Ⅲ})$ 等不稳定的离子，它们均能氧化 Cl^-，因而出现了诱导作用。若加入大量的 Mn^{2+}，可使 $Mn(\text{Ⅶ})$ 迅速转化为 $Mn(\text{Ⅲ})$，此时若又有磷酸与 $Mn(\text{Ⅲ})$ 配位，则 $Mn(\text{Ⅲ})/Mn(\text{Ⅱ})$ 电对的电位降低，$Mn(\text{Ⅲ})$ 就不能氧化 Cl^-，而只能与 Fe^{2+} 反应，从而减少了 Cl^- 对 $KMnO_4$ 的还原作用。因此，在稀盐酸介质中 $KMnO_4$ 滴定 Fe^{2+} 时，需加入 $MnSO_4$-H_3PO_4-H_2SO_4 混合溶液来消除 Cl^- 的干扰。

7.2　氧化还原滴定基本原理

7.2.1　氧化还原滴定曲线

在氧化还原滴定中，随着滴定剂的加入，物质的氧化态和还原态的浓度发生改变，电对的电极电位也随之改变，电位的变化可以用滴定曲线来表示。以电对的电极电位为纵坐标，加入滴定剂的滴定分数为横坐标，可以绘制滴定曲线。由于电对条件电位数据不全，并且滴定反应过程比较复杂，所以氧化还原各滴定点的电位多是通过实验测得。对于能得到条件电位的简单体系，可通过能斯特方程计算绘出理论滴定曲线。

下面以 $0.1000\ \text{mol}\cdot\text{L}^{-1}\ Ce^{4+}$ 滴定 $0.1000\ \text{mol}\cdot\text{L}^{-1}\ Fe^{2+}$（$1\ \text{mol}\cdot\text{L}^{-1}$ 硫酸溶液中）为例说明。滴定反应为

$$Ce^{4+} + Fe^{2+} \rightleftharpoons Ce^{3+} + Fe^{3+}$$

在 $1\ \text{mol}\cdot\text{L}^{-1}$ 硫酸溶液中，$\varphi_{Ce^{4+}/Ce^{3+}}^{\ominus'} = 1.44\ \text{V}$，$\varphi_{Fe^{3+}/Fe^{2+}}^{\ominus'} = 0.68\ \text{V}$。

在例 7-6 中已求得该滴定反应的条件平衡常数 $K' = 7.6 \times 10^{12}$，反应的完全程度相当高，故可以忽略逆反应对反应物平衡浓度的影响。

滴定开始前，溶液中只含有 Fe^{2+}，虽然由于空气的氧化作用，溶液中会有极少量的 Fe^{3+} 存在，但由于其浓度不知道，故起始点的电位值无法计算，在滴定曲线上这点也无法绘出来。

滴定开始，体系将同时存在两个电对。在滴定过程中任何一点，反应达平衡时，两电对的电位相等，即

$$\varphi = \varphi_{Fe^{3+}/Fe^{2+}}^{\ominus'} + 0.059\lg\frac{c_{Fe^{3+}}}{c_{Fe^{2+}}} = \varphi_{Ce^{4+}/Ce^{3+}}^{\ominus'} + 0.059\lg\frac{c_{Ce^{4+}}}{c_{Ce^{3+}}}$$

因此，在滴定的不同阶段，可选择便于计算的电对，按能斯特方程计算体系的电位。

(1)滴定开始至化学计量点前。

加入的 Ce^{4+} 几乎全部还原成 Ce^{3+}，未反应的 Ce^{4+} 浓度极小，不易直接求得。相反，知道 Ce^{4+} 的滴定分数后，$c_{Fe^{3+}}/c_{Fe^{2+}}$ 的数值就确定了，可以利用 Fe^{3+}/Fe^{2+} 电对来计算电位值。

例如，滴入 2.00 mL Ce^{4+} 溶液，即 10%的 Fe^{2+} 氧化成了 Fe^{3+}，剩下 90%的 Fe^{2+}，有

$$\varphi = \varphi_{Fe^{3+}/Fe^{2+}}^{\ominus\prime} + 0.059 \lg \frac{c_{Fe^{3+}}}{c_{Fe^{2+}}} = 0.68 + 0.059 \lg \frac{10\%}{90\%} = 0.62\,(V)$$

又如，当滴入 10.00 mL Ce^{4+} 溶液时，有 50%的 Fe^{2+} 氧化成了 Fe^{3+}，剩下 50%的 Fe^{2+}，$c_{Fe^{3+}}/c_{Fe^{2+}} = 1$，则 $\varphi = 0.68$ V。

同样，当滴入 19.98 mL Ce^{4+} 溶液时，有 99.9%的 Fe^{2+} 氧化成了 Fe^{3+}，剩下 0.1%的 Fe^{2+}，$c_{Fe^{3+}}/c_{Fe^{2+}} \approx 1000$，则 $\varphi = 0.68 + 0.059 \times 3 = 0.86\,(V)$。

(2)化学计量点。

化学计量点时，Ce^{4+} 滴入 100%，Ce^{4+} 和 Fe^{2+} 都转变为 Ce^{3+} 和 Fe^{3+}，溶液中 Ce^{4+} 和 Fe^{2+} 的浓度都极小，均不易直接求得。此时，$c_{Ce^{4+}} = c_{Fe^{2+}}$，$c_{Ce^{3+}} = c_{Fe^{3+}}$，按式(7-5b)，有

$$\varphi_{sp} = \frac{1.44 + 0.68}{2} = 1.06\,(V)$$

(3)化学计量点后。

溶液中的 Fe^{2+} 几乎全部氧化成 Fe^{3+}，此时的 $c_{Fe^{2+}}$ 不易直接求得，但根据加入过量 Ce^{4+} 的百分数即可确定 $c_{Ce^{4+}}/c_{Ce^{3+}}$ 值，此时利用 Ce^{4+}/Ce^{3+} 电对来计算电位值。

例如，当滴入的 Ce^{4+} 过量 0.1%时，$c_{Ce^{4+}}/c_{Ce^{3+}} = 1/1000$，有

$$\varphi = \varphi_{Ce^{4+}/Ce^{3+}}^{\ominus\prime} + 0.059 \lg \frac{c_{Ce^{4+}}}{c_{Ce^{3+}}} = 1.44 - 0.059 \times 3 = 1.26\,(V)$$

当 Ce^{4+} 过量 100%时，$c_{Ce^{4+}}/c_{Ce^{3+}} = 1$，$\varphi = 1.44$ V。

不同滴定点计算得到的电位值列于表 7-2，并绘制成滴定曲线，如图 7-1 所示。

表 7-2 0.1000 mol · L^{-1} Ce^{4+} 滴定 0.1000 mol · L^{-1} Fe^{2+}(1 mol · L^{-1} 硫酸溶液中)

滴定 Ce^{4+} 溶液/mL	滴定分数 a	电位/V
1.00	0.050	0.60
2.00	0.100	0.62
4.00	0.200	0.64
8.00	0.400	0.67
10.00	0.500	0.68
12.00	0.600	0.69
18.00	0.900	0.74
19.80	0.990	0.80
19.98	0.999	0.86
20.00	1.000	1.06
20.02	1.001	1.26
22.00	1.100	1.38
30.00	1.500	1.42
40.00	2.000	1.44

从表 7-2 可以看出，用氧化剂滴定还原剂时，滴定分数为 0.5 时的电位是还原剂电对的条件电位；滴定分数为 2 时的电位是氧化剂电对的条件电位。电位突跃范围的大小与反应电对条件电位差有关，条件电位差越大，滴定突跃范围越大，越容易准确滴定。图 7-2 是在相同条件下，用 Ce^{4+} 滴定 4 种条件电位 $\varphi^{\ominus'}$ 不同（$n=1$）的还原剂的滴定曲线。由图可看出，当 $\varphi^{\ominus'}=1.20$ V 时，电位突跃变得很不明显。一般来说，反应电对条件电位差 $\Delta\varphi^{\ominus'}>0.4$ V，滴定可用氧化还原指示剂确定终点；条件电位差 $\Delta\varphi^{\ominus'}$ 为 $0.2\sim0.3$ V，需用电位法确定终点（见 13.2.4 小节）；若条件电位差 $\Delta\varphi^{\ominus'}<0.2$ V，由于没有明显的滴定电位突跃，此类反应不能用于常规滴定分析。

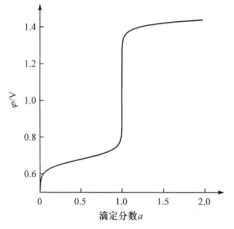

图 7-1　0.1000 mol·L^{-1} Ce^{4+} 滴定 0.1000 mol·L^{-1}　　图 7-2　Ce^{4+} 滴定 4 种不同还原剂的滴定曲线
　　　　　Fe^{2+} 的滴定曲线（1 mol·L^{-1} 硫酸溶液中）

上述 Ce^{4+} 滴定 Fe^{2+} 的反应中，两电对电子转移数都是 1，化学计量点电位正好处于滴定突跃范围（$0.86\sim1.26$ V）的中心。

对于电子转移数不同的对称电对之间的滴定反应

$$a\mathrm{O}_1 + b\mathrm{R}_2 \rightleftharpoons a\mathrm{R}_1 + b\mathrm{O}_2$$

相应的两个半反应和条件电位如下：

$$\mathrm{O}_1 + n_1\mathrm{e}^- \rightleftharpoons \mathrm{R}_1 \qquad \varphi_1^{\ominus'}$$

$$\mathrm{O}_2 + n_2\mathrm{e}^- \rightleftharpoons \mathrm{R}_2 \qquad \varphi_2^{\ominus'}$$

化学计量点电位 φ_{sp} 为

$$\varphi_{sp} = \frac{n_1\varphi_1^{\ominus'} + n_2\varphi_2^{\ominus'}}{n_1 + n_2}$$

滴定突跃范围为 $\left(\varphi_2^{\ominus'} + \dfrac{0.059\times3}{n_2}\text{ V}\right)\sim\left(\varphi_1^{\ominus'} - \dfrac{0.059\times3}{n_1}\text{ V}\right)$，仅取决于两电对的电子转移数与条件电位差，与浓度无关。

由于 $n_1 \neq n_2$，φ_{sp} 不位于突跃范围的中点，而是偏向电子转移数多的电对一方。用 $KMnO_4$ 或 $K_2Cr_2O_7$ 滴定 Fe^{2+} 就属于这种情况，化学计量点在滴定突跃范围内的位置偏向高电位的一方。

当氧化还原体系中涉及有不可逆氧化还原电对参加反应时，实测的滴定曲线与理论计算所得的滴定曲线常有差别。这种差别通常出现在电位主要由不可逆氧化还原电对控制的时候。例如，在 H_2SO_4 溶液中用 $KMnO_4$ 滴定 Fe^{2+}，MnO_4^-/Mn^{2+} 为不可逆氧化还原电对，Fe^{3+}/Fe^{2+} 为可逆

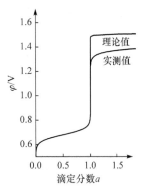

图 7-3　KMnO₄滴定 Fe²⁺时
理论与实测滴定曲线的比较

氧化还原电对。在化学计量点前，电位主要由 Fe^{3+}/Fe^{2+} 控制，故实测滴定曲线与理论滴定曲线并无明显的差别。但是，在化学计量点后，当电位主要由 MnO_4^-/Mn^{2+} 电对控制时，二者无论在形状及数值上均有较明显的差别(图 7-3)。

此外，与其他滴定法测定多组分体系相似，当溶液中含有两个或多个组分可被滴定剂滴定时，如果其 $\varphi^{\circ'}$ 十分接近，只能测出它们的合量；如果 $\varphi^{\circ'}$ 彼此相差在 0.3 V 以上，滴定曲线上可出现两个或多个阶梯状的突跃。如果有合适的指示剂(或用电位滴定法)能分别确定各个终点，则可分别测定各组分的含量。若被滴定的还原剂(或氧化剂)具有几种不同的可被滴定的氧化态，其滴定性质与上述多组分体系的滴定性质相似。

7.2.2　氧化还原滴定中的指示剂

在氧化还原滴定中，除了用电位法确定终点外，还可利用某些物质在化学计量点附近时颜色的改变来指示滴定终点。应用于氧化还原滴定中的指示剂有以下三类。

1. 自身指示剂

在氧化还原滴定中，利用滴定剂或被滴物本身的颜色变化指示终点，称为自身指示剂。例如，在高锰酸钾法中，MnO_4^- 本身显紫红色，用其滴定无色或浅色的还原剂时，在滴定中，MnO_4^- 被还原成几乎是无色的 Mn^{2+}，滴定到化学计量点时，只要 MnO_4^- 稍过量就可使溶液显粉红色，从而指示终点。实验表明，在 100 mL 水溶液中，只要加入 0.02 mL 0.01 mol·L⁻¹ KMnO₄溶液(浓度约为 $2×10^{-6}$ mol·L⁻¹)，就可使溶液呈稳定的粉红色。

2. 专属指示剂

有些物质本身并不具有氧化还原性，但能与特定的氧化剂或还原剂产生特殊的颜色，因而可以指示滴定终点。例如，可溶性淀粉与碘溶液反应生成深蓝色吸附化合物，当 I_2 被还原为 I^- 时，深蓝色消失。因此，淀粉是碘量法的专属指示剂。在室温下，用淀粉可检出约 10^{-5} mol·L⁻¹ 的碘溶液。无色的 KSCN 可作为 Fe^{3+} 滴定 Sn^{2+} 的专属指示剂，在计量点附近，稍过量的 Fe^{3+} 即可结合 SCN^- 生成红色的配合物，用以指示终点。

3. 氧化还原指示剂

氧化还原指示剂是具有氧化还原性质的有机化合物，其氧化态和还原态颜色不同，在滴定中因被还原或氧化而发生颜色的突变来指示终点。例如，用 $K_2Cr_2O_7$ 滴定 Fe^{2+}，常用二苯胺磺酸钠为指示剂，二苯胺磺酸钠的还原态无色，氧化态为紫红色。滴定到化学计量点时，稍过量的 $K_2Cr_2O_7$ 就能将二苯胺磺酸钠由还原态氧化变为氧化态，溶液由无色变为紫红色，借以指示滴定终点。

用 In(O) 和 In(R) 分别表示指示剂的氧化态和还原态，其氧化还原半反应和相应的能斯特方程为

$$In(O) + e^- \rightleftharpoons In(R)$$

$$\varphi = \varphi_{\text{In}}^{\ominus\prime} + \frac{0.059}{n}\lg\frac{c_{\text{In(O)}}}{c_{\text{In(R)}}}$$

式中，$\varphi_{\text{In}}^{\ominus\prime}$ 为指示剂的条件电位。随着体系电位的改变，指示剂的 $c_{\text{In(O)}}/c_{\text{In(R)}}$ 随之改变，溶液的颜色也就发生改变。

与酸碱指示剂变色情况相似，当 $c_{\text{In(O)}}/c_{\text{In(R)}} \geqslant 10$ 时，溶液呈现氧化态颜色。此时

$$\varphi \geqslant \varphi_{\text{In}}^{\ominus\prime} + \frac{0.059}{n}\lg 10 = \varphi_{\text{In}}^{\ominus\prime} + \frac{0.059}{n}$$

当 $c_{\text{In(O)}}/c_{\text{In(R)}} \leqslant 1/10$ 时，溶液呈现还原态颜色，此时

$$\varphi \leqslant \varphi_{\text{In}}^{\ominus\prime} + \frac{0.059}{n}\lg\frac{1}{10} = \varphi_{\text{In}}^{\ominus\prime} - \frac{0.059}{n}$$

故指示剂变色的电位范围为 $\varphi_{\text{In}}^{\ominus\prime} \pm \dfrac{0.059}{n}$ V。当 $n=1$ 时，指示剂变色范围为 $\varphi_{\text{In}}^{\ominus\prime} \pm 0.059$ V；当 $n=2$ 时，指示剂变色范围为 $\varphi_{\text{In}}^{\ominus\prime} \pm 0.030$ V。

表 7-3 列出了一些重要氧化还原指示剂的条件电位。在选择指示剂时，应该使指示剂变色点电位处于滴定的电位突跃范围之内，并尽量与化学计量点的电位一致。例如，1 mol·L^{-1} 硫酸介质中，用 Ce^{4+} 滴定 Fe^{2+}，该反应的电位突跃范围为 0.86～1.26 V，表 7-3 中的邻苯氨基苯甲酸（$\varphi' = 0.89$ V）和邻二氮菲-Fe（Ⅱ）（$\varphi' = 1.06$ V）是合适的指示剂。又如，1 mol·L^{-1} 盐酸介质中，用 0.017 mol·L^{-1} K$_2$Cr$_2$O$_7$ 溶液滴定 0.10 mol·L^{-1} Fe^{2+}，$\varphi_{\text{Cr}_2\text{O}_7^{2-}/\text{Cr}^{3+}}^{\ominus\prime} = 1.00$ V，$\varphi_{\text{Fe}^{3+}/\text{Fe}^{2+}}^{\ominus\prime} = 0.68$ V，电位突跃范围为 0.86～0.97 V。若选用二苯胺磺酸钠（$\varphi' = 0.85$ V）为指示剂，则终点出现过早。但若加入 H$_3$PO$_4$，Fe^{3+} 生成稳定的 Fe（HPO$_4$）$_2^-$，可降低 Fe^{3+}/Fe^{2+} 电对的条件电位，使滴定突跃范围向下延伸而扩大。例如，在 0.25 mol·L^{-1} H$_3$PO$_4$ - 1 mol·L^{-1} HCl 介质中，$\varphi_{\text{Fe}^{3+}/\text{Fe}^{2+}}^{\ominus\prime} = 0.51$ V，滴定突跃范围变至 0.69～0.97 V，二苯胺磺酸钠就成为合适的指示剂了。

表 7-3　几种常用的氧化还原指示剂

指示剂	颜色变化		$\varphi^{\ominus\prime}$/V，pH = 0
	氧化态	还原态	
亚甲蓝	蓝	无色	0.53
二苯胺	紫	无色	0.75
二苯胺磺酸钠	紫红	无色	0.85
邻苯氨基苯甲酸	紫红	无色	0.89
邻二氮菲-Fe（Ⅱ）	浅蓝	红	1.06
硝基邻二氮菲-Fe（Ⅲ）	浅蓝	红	1.25

许多氧化还原指示剂，尤其是可逆性不太好的指示剂，反应机理较为复杂。例如，常用的二苯胺磺酸盐被氧化后，首先不可逆地形成无色的二苯联苯胺磺酸，然后进一步被可逆地氧化成紫色的二苯联苯胺磺酸紫。反应过程如下：

二苯胺磺酸盐(无色)　　　　　　二苯联苯胺磺酸盐(无色)

二苯联苯胺磺酸紫(紫色)

采用二苯胺类指示剂时,常显示出较大的指示剂空白值。这类指示剂空白值与指示剂用量、滴定剂加入速度、被滴物浓度及滴定时间等因素有关,故不能单独通过做空白试验加以校正。例如,用 $K_2Cr_2O_7$ 滴定 Fe^{2+},每 0.1 mL 0.2%的二苯胺磺酸钠会消耗 0.01 mL 0.017 mol·L^{-1} $K_2Cr_2O_7$ 溶液,而且随着 Fe^{2+} 含量的增加,指示剂空白值也增大。用含量与分析试样相近的标准试样或标准溶液在同样条件下标定 $K_2Cr_2O_7$,能较好地消除指示剂空白值的影响。

邻二氮菲-Fe(Ⅱ)配合物也是常用的氧化还原指示剂之一。邻二氮菲能与 Fe^{2+} 生成深红色的配离子,而与 Fe^{3+} 形成的配离子呈淡蓝色(稀溶液几乎无色),这两种配离子之间的氧化还原半反应为

$$Fe(C_{12}H_8N_2)_3^{3+} + e^- \rightleftharpoons Fe(C_{12}H_8N_2)_3^{2+}$$

$[H^+]=1$ mol·L^{-1} 时,$\varphi^{\ominus\prime}= 1.06$ V。

由于指示剂的条件电位较高,所以特别适合强氧化剂作滴定剂时使用,如用 Ce^{4+} 滴定 Fe^{2+}、$Fe(CN)_6^{4-}$、VO^{2+}等。强酸以及能与邻二氮菲形成稳定配合物的金属离子(如 Co^{2+}、Cu^{2+}、Ni^{2+}、Zn^{2+}、Cd^{2+})都会破坏邻二氮菲-Fe(Ⅱ)配合物。

7.2.3 氧化还原滴定的终点误差

氧化还原滴定的终点误差是由指示剂变色点与化学计量点电位不一致引起的。
对氧化还原反应

$$a O_T + b R_X \rightleftharpoons a R_T + b O_X$$

假设氧化剂 O_T 是滴定剂,浓度为 c_T,用其滴定体积为 V_0、浓度为 c_X 的还原剂 R_X。相应的氧化还原半反应如下:

$$O_T + n_1 e^- = R_T$$

$$O_X + n_2 e^- = R_X$$

设 n 是 n_1 和 n_2 的最小公倍数,$n = a n_1 = b n_2$。在化学计量点和终点时滴入 O_T 的体积分别为 V_{sp} 和 V_{ep},有

$$\frac{c_T V_{sp}}{c_X V_0} = \frac{a}{b}$$

即

$$b c_T V_{sp} = a c_X V_0$$

则终点误差为

$$E_t = \frac{b c_T V_{ep} - a c_X V_0}{a c_X V_0} \times 100\%$$

分子、分母同时除以溶液的总体积($V_{ep}+V_0$),有

$$E_t = \frac{bc_T^{ep} - ac_X^{ep}}{ac_X^{ep}} \times 100\% \tag{7-9}$$

终点时

$$c_T^{ep} = [O_T]_{ep} + [R_T]_{ep}$$

$$c_X^{ep} = [O_X]_{ep} + [R_X]_{ep}$$

代入式(7-9),又因终点和计量点接近,$b[R_T]_{ep} \approx a[O_X]_{ep}$,则有

$$E_t = \frac{b[O_T]_{ep} - a[R_X]_{ep}}{ac_X^{ep}} \times 100\% \tag{7-10}$$

利用能斯特方程,由终点电位可计算出上式中的有关浓度

$$\varphi_{ep} = \varphi_T^{\ominus} + \frac{0.059}{n_1} \lg \frac{[O_T]_{ep}}{[R_T]_{ep}}$$

$$\varphi_{ep} = \varphi_X^{\ominus} + \frac{0.059}{n_2} \lg \frac{[O_X]_{ep}}{[R_X]_{ep}}$$

其中,$[R_T]_{ep} \approx c_T^{ep}$,$[O_X]_{ep} \approx c_X^{ep}$。

例 7-8 1 mol·L⁻¹硫酸介质中,用 0.1000 mol·L⁻¹ Ce^{4+}滴定 0.1000 mol·L⁻¹ Fe^{2+},用硝基邻二氮菲-Fe(Ⅱ)为指示剂($\varphi_{In}^{\ominus'}$=1.25 V),求滴定的终点误差。已知 $\varphi_{Ce^{4+}/Ce^{3+}}^{\ominus'}$ = 1.44 V, $\varphi_{Fe^{3+}/Fe^{2+}}^{\ominus'}$ = 0.68 V。

解 滴定反应方程式反应物和生成物的系数均为1,溶液中 Ce^{4+}和 Fe^{2+}的浓度相同,且一般终点和化学计量点接近,可认为终点时溶液体积增加1倍,Fe^{2+}基本上都被氧化成 Fe^{3+},即 $c_{Fe^{3+}}^{ep} = c_{Ce^{3+}}^{ep} = 0.050\,00$ mol·L⁻¹。

此时,Fe^{3+}/Fe^{2+}电对的电位

$$\varphi_{ep} = \varphi_{In}^{\ominus'} = \varphi_{Fe^{3+}/Fe^{2+}}^{\ominus'} + 0.059\lg \frac{c_{Fe^{3+}}^{ep}}{c_{Fe^{2+}}^{ep}}$$

$$1.25 = 0.68 + 0.059\lg \frac{0.050\,00}{c_{Fe^{2+}}^{ep}}$$

解得

$$c_{Fe^{2+}}^{ep} = 1.1 \times 10^{-11}\ \text{mol·L}^{-1}$$

又由 Ce^{4+}/Ce^{3+}电对的电位

$$\varphi_{ep} = \varphi_{In}^{\ominus'} = \varphi_{Ce^{4+}/Ce^{3+}}^{\ominus'} + 0.059\lg \frac{c_{Ce^{4+}}^{ep}}{c_{Ce^{3+}}^{ep}}$$

$$1.25 = 1.44 + 0.059\lg \frac{c_{Ce^{4+}}^{ep}}{0.050\,00}$$

解得

$$c_{Ce^{4+}}^{ep} = 3.0 \times 10^{-5}\ \text{mol·L}^{-1}$$

由式(7-10),得

$$E_t = \frac{c_{Ce^{4+}}^{ep} - c_{Fe^{2+}}^{ep}}{0.050\,00} \times 100\% = \frac{3.0 \times 10^{-5} - 1.1 \times 10^{-11}}{0.050\,00} \times 100\% = 0.06\%$$

7.3　氧化还原滴定中的预处理

在氧化还原滴定中，待测组分所具有的价态往往不是滴定反应所要求的价态，因此在滴定之前必须进行氧化或还原处理，使待测组分转变为能与滴定剂反应的特定价态。例如，测定铁矿中总铁含量，当用酸分解试样时，铁主要以 Fe^{3+} 形式存在，必须先用金属 Zn 或 $SnCl_2$ 将 Fe^{3+} 还原为 Fe^{2+}，才能用氧化剂 $K_2Cr_2O_7$ 或 $Ce(SO_4)_2$ 标准溶液滴定。又如，测定试样中 Mn^{2+} 的含量，很难找到适宜的氧化性滴定剂。$(NH_4)_2S_2O_8$ 可氧化 Mn^{2+}，但 $(NH_4)_2S_2O_8$ 稳定性差，反应速率慢，不能用作滴定剂。通常先用过量的 $(NH_4)_2S_2O_8$ 将 Mn^{2+} 氧化成 MnO_4^-，加热破坏掉多余的 $(NH_4)_2S_2O_8$，再用还原剂(如 Fe^{2+})标准溶液滴定生成的 MnO_4^-。

预处理时所用的氧化剂或还原剂应符合下列要求：

(1)反应定量完成，反应速率快。

(2)反应具有一定的选择性，不生成干扰后续测定的物质。

(3)过量的氧化剂或还原剂易于除去。

常用的去除方法有以下几种：

(1)加热分解。例如，$(NH_4)_2S_2O_8$ 和 H_2O_2 可用加热分解法除去。

$$2S_2O_8^{2-} + 2H_2O \Longrightarrow 4HSO_4^- + O_2$$

(2)过滤。例如，$NaBiO_3$ 不溶于水，可过滤除去。

(3)利用化学反应。例如，用 $HgCl_2$ 除去过量的 $SnCl_2$。

$$SnCl_2 + 2HgCl_2 \Longrightarrow SnCl_4 + Hg_2Cl_2\downarrow$$

Hg_2Cl_2 沉淀一般不被滴定剂氧化，不必过滤除去。

预处理时常用的氧化剂、还原剂及其反应条件、主要应用、除去方法等列于表 7-4 和表 7-5。

表 7-4　预处理时常用的氧化剂

氧化剂	反应条件	主要应用	除去方法
$(NH_4)_2S_2O_8$	酸性(HNO_3 或 H_2SO_4) Ag^+作催化剂	$Mn^{2+} \to MnO_4^-$ $Ce^{3+} \to Ce^{4+}$ $Cr^{3+} \to Cr_2O_7^{2-}$ $VO^{2+} \to VO_3^-$	煮沸分解
$NaBiO_3$	酸性	同上	过滤
$HClO_4$	热、浓 $HClO_4$(遇有机物爆炸，用 HNO_3 将有机物破坏)	$Cr^{3+} \to Cr_2O_7^{2-}$ $VO^{2+} \to VO_3^-$ $I^- \to IO_3^-$	迅速冷却，并用水稀释
KIO_4	酸性，加热	$Mn^{2+} \to MnO_4^-$	与 Hg^{2+}生成 $Hg(IO_4)_2$ 沉淀除去
H_2O_2	NaOH 介质	$Cr^{3+} \to CrO_4^{2-}$	煮沸分解(加少量 Ni^{2+}或 I^-可加速分解)
氯气(Cl_2) 溴水(Br_2)	酸性或中性	$I^- \to IO_3^-$	煮沸或通空气流

表 7-5 预处理时常用的还原剂

还原剂	反应条件	主要应用	除去方法
$SnCl_2$	酸性，加热	$Fe^{3+} \to Fe^{2+}$ $Mo(VI) \to Mo(V)$ $As(V) \to As(III)$	加入 $HgCl_2$
SO_2	$1\ mol \cdot L^{-1}$ 硫酸(SCN^-催化)，加热	$Fe^{3+} \to Fe^{2+}$ $As(V) \to As(III)$ $Sb(V) \to Sb(III)$ $V(V) \to V(IV)$	煮沸，或通 CO_2
$TiCl_3$	酸性	$Fe^{3+} \to Fe^{2+}$	加水稀释，$TiCl_3$ 被水中的 O_2 氧化
Al	HCl 溶液	$Sn^{4+} \to Sn^{2+}$	过滤或加酸溶解
盐酸肼、硫酸肼或肼	酸性	$As(V) \to As(III)$	在浓硫酸溶液中煮沸
锌-汞齐还原柱	硫酸介质	$Fe^{3+} \to Fe^{2+}$ $Ti(IV) \to Ti^{3+}$ $V(V) \to V^{2+}$ $Cu^{2+} \to Cu$ $Mo(VI) \to Mo^{3+}$	

7.4 常用的氧化还原滴定法

氧化还原滴定剂的种类很多，氧化还原能力强度各不相同，因此可以根据待测物质的性质来选择合适的滴定剂，这是氧化还原滴定法得到广泛应用的主要原因。作为滴定剂，要求其在空气中保持稳定，因此能用作滴定剂的还原剂不多，常用的仅有 $Na_2S_2O_3$ 和 $FeSO_4$ 等。氧化剂作为滴定剂的氧化还原滴定应用十分广泛，常用的有 $KMnO_4$、$K_2Cr_2O_7$、I_2、$KBrO_3$、$Ce(SO_4)_2$ 等。一般根据滴定剂的名称来命名氧化还原滴定法。

7.4.1 高锰酸钾法

1. 概述

$KMnO_4$ 是一种强氧化剂。在强酸性溶液中与还原剂作用，MnO_4^- 被还原为 Mn^{2+}。

$$MnO_4^- + 8H^+ + 5e^- == Mn^{2+} + 4H_2O \qquad \varphi^{\ominus} = 1.51\ V$$

在弱酸性、中性或弱碱性溶液中，MnO_4^- 则被还原为 MnO_2。

$$MnO_4^- + 2H_2O + 3e^- == MnO_2 + 4OH^- \qquad \varphi^{\ominus} = 0.588\ V$$

在 NaOH 浓度大于 $2\ mol \cdot L^{-1}$ 的强碱性溶液中，MnO_4^- 被还原为 MnO_4^{2-}。

$$MnO_4^- + e^- == MnO_4^{2-} \qquad \varphi^{\ominus} = 0.564\ V$$

由此可见，酸度的控制对高锰酸钾法非常重要。高锰酸钾法一般都在强酸性溶液中进行，采用 H_2SO_4 介质，而不用 HCl 或 HNO_3。在中性、弱酸或弱碱性介质中，MnO_4^- 的还原产物为褐色的 MnO_2 沉淀，溶液变浑浊，终点不易判断。但 $KMnO_4$ 氧化有机物在碱性溶液中比在酸性溶液中快，所以高锰酸钾法测定有机物一般在碱性介质中进行。

高锰酸钾法的优点是 $KMnO_4$ 氧化能力强，应用广泛，本身呈紫红色，滴定时不需另加指示剂。其缺点是 $KMnO_4$ 试剂常含有少量杂质，易与水和空气中的还原性物质反应，因此标准溶液不够稳定，标定后不宜长期使用。又由于 $KMnO_4$ 氧化能力强，可以与很多还原性物质发生反应，因此干扰比较严重。

2. $KMnO_4$ 溶液的配制和标定

市售 $KMnO_4$ 常含有少量 MnO_2 和其他杂质，$KMnO_4$ 溶液还能自行分解，热、光、酸、碱等外界条件的变化都会促进其分解，因而 $KMnO_4$ 标准溶液不能直接配制。为配制较稳定的 $KMnO_4$ 溶液，可称取稍多于理论量的 $KMnO_4$，溶解后加热煮沸，冷却后储存于棕色瓶中，放置数天，使溶液中可能存在的还原性物质完全氧化，用微孔玻璃漏斗过滤除去析出的 MnO_2 沉淀，将过滤后的 $KMnO_4$ 溶液储存于棕色瓶中，存放于暗处，以待标定。使用经久放置的 $KMnO_4$ 溶液时，应重新标定其浓度。

标定 $KMnO_4$ 溶液的基准物质相当多，如 $(NH_4)_2Fe(SO_4)_2$、$Na_2C_2O_4$、$H_2C_2O_4 \cdot 2H_2O$、As_2O_3 和纯金属铁丝等。其中以 $Na_2C_2O_4$ 较为常用，因为其容易提纯，性质稳定，不含结晶水。$Na_2C_2O_4$ 在 $105 \sim 110$ ℃烘约 $2 \, h$，冷却后就可以使用。

在 H_2SO_4 溶液(保持 H^+ 浓度为 $0.5 \sim 1 \, mol \cdot L^{-1}$)中，$MnO_4^-$ 和 $C_2O_4^{2-}$ 的反应如下：

$$2MnO_4^- + 5C_2O_4^{2-} + 16H^+ = 2Mn^{2+} + 10CO_2\uparrow + 8H_2O$$

由于在室温下反应缓慢，为使该反应能定量地、较快地进行，须将溶液加热至 $70 \sim 80$ ℃时进行滴定，但温度不宜过高，若高于 90 ℃，会使部分 $H_2C_2O_4$ 发生分解。此外，由于 MnO_4^- 和 $C_2O_4^{2-}$ 的反应是自动催化反应，滴定开始时，加入的第一滴 $KMnO_4$ 溶液褪色缓慢，所以开始滴定时，滴定速度要慢些，在滴入的 $KMnO_4$ 紫红色没有褪去以前，不要加入第二滴，否则加入的 $KMnO_4$ 溶液来不及与 $C_2O_4^{2-}$ 反应，而在热的酸性溶液中发生分解。

高锰酸钾法滴定终点是不太稳定的，这是由于空气中的还原性气体及尘埃等杂质可以使 $KMnO_4$ 缓慢分解，粉红色消失，故半分钟不褪色即可认为已达终点。

3. 高锰酸钾法应用示例

1)直接滴定法——H_2O_2 的测定

在酸性溶液中，可用 $KMnO_4$ 溶液直接滴定 H_2O_2，其反应为

$$5H_2O_2 + 2MnO_4^- + 6H^+ = 2Mn^{2+} + 5O_2\uparrow + 8H_2O$$

因为 H_2O_2 易分解，不能加热，与用 $KMnO_4$ 直接滴定草酸一样，开始时反应较慢，在反应产生 Mn^{2+} 后，可加速反应。许多还原性物质，如 Fe^{2+}、$As(III)$、$Sb(III)$、$C_2O_4^{2-}$、NO_2^- 等都可用 $KMnO_4$ 标准溶液直接滴定。

2)间接滴定法——Ca^{2+} 的测定

Ca^{2+} 不能直接被 MnO_4^- 氧化，采用间接滴定法测定 Ca^{2+}。将 Ca^{2+} 定量地沉淀为 CaC_2O_4，经过过滤、洗涤后的 CaC_2O_4 溶于稀的热 H_2SO_4，用 $KMnO_4$ 标准溶液滴定试液中的 $H_2C_2O_4$，反应如下：

$$Ca^{2+} + C_2O_4^{2-} = CaC_2O_4\downarrow$$

$$CaC_2O_4 + 2H^+ = Ca^{2+} + H_2C_2O_4$$

$$5H_2C_2O_4 + 2MnO_4^- + 6H^+ = 2Mn^{2+} + 10CO_2\uparrow + 8H_2O$$

根据 Ca^{2+} 与 $C_2O_4^{2-}$ 生成 $1:1$ 的 CaC_2O_4 沉淀，由滴定 $H_2C_2O_4$ 所消耗的 $KMnO_4$ 的量计算

Ca^{2+} 的含量。凡能与 $C_2O_4^{2-}$ 定量地生成沉淀的金属离子都可以用上述方法测定，如 Th^{4+} 和稀土离子的测定。

3）返滴定法——MnO_2 和有机化合物的测定

有些氧化性物质不能用 $KMnO_4$ 直接滴定，可先加入一定量过量的还原剂（如亚铁盐、草酸盐等），待还原后，再在酸性条件下用 $KMnO_4$ 标准溶液返滴定剩余的还原剂。

例如，测定软锰矿中的 MnO_2 含量，在试样中加入过量固体 $Na_2C_2O_4$，在 H_2SO_4 介质中缓慢加热，待 MnO_2 与 $C_2O_4^{2-}$ 作用完毕后，再用 $KMnO_4$ 标准溶液滴定剩余的 $C_2O_4^{2-}$。

$$MnO_2 + C_2O_4^{2-} + 4H^+ = Mn^{2+} + 2CO_2\uparrow + 2H_2O$$
$$2MnO_4^- + 5C_2O_4^{2-} + 16H^+ = 2Mn^{2+} + 10CO_2\uparrow + 8H_2O$$

又如，一些有机物的测定，$KMnO_4$ 在碱性溶液中与有机物反应较快，采用加入过量 $KMnO_4$ 并加热的方法可进一步加速反应。例如，测定甲醇、甲酸时，将一定量过量的 $KMnO_4$ 标准溶液加入试液中，并加入 $NaOH$ 至溶液呈碱性。

$$CH_3OH + 6MnO_4^- + 8OH^- = CO_3^{2-} + 6MnO_4^{2-} + 6H_2O$$
$$HCOO^- + 2MnO_4^- + 3OH^- = CO_3^{2-} + 2MnO_4^{2-} + 2H_2O$$

待反应完成后将溶液酸化（MnO_4^{2-} 歧化为 MnO_4^- 和 MnO_2），准确加入过量的还原剂（如硫酸亚铁铵）标准溶液将所有的高价锰离子还原为 Mn^{2+}，最后用 $KMnO_4$ 溶液返滴定剩余的 Fe^{2+}。由各标准溶液的量及各反应物之间的计量关系计算有机物的含量。

此法还可用于测定甲醛、甘油、酒石酸、柠檬酸、苯酚、水杨酸和葡萄糖等。

4）化学需氧量（COD[①]）的测定

COD 是度量水体中还原性物质（主要是有机物）污染程度的综合性指标，是指水体中还原性物质所消耗的氧化剂的量换算成氧的质量浓度（以 $mg \cdot L^{-1}$ 计）。测定时，在水样中加入 H_2SO_4 及一定量的 $KMnO_4$ 溶液，置沸水浴中加热，使其中的还原性物质氧化。剩余的 $KMnO_4$ 用一定量过量的 $Na_2C_2O_4$ 还原，再用 $KMnO_4$ 标准溶液滴定过量的 $Na_2C_2O_4$。该法适用于地表水、饮用水和生活污水 COD 的测定。对于工业废水中 COD 的测定，要采用重铬酸钾法。本法反应为

$$4MnO_4^- + 5C + 12H^+ = 4Mn^{2+} + 5CO_2\uparrow + 6H_2O$$
$$2MnO_4^- + 5C_2O_4^{2-} + 16H^+ = 2Mn^{2+} + 10CO_2\uparrow + 8H_2O$$

依据上述反应式及反应计量关系，可写出 COD 的计算公式（见例 7-9）。

7.4.2　重铬酸钾法

1. 概述

与高锰酸钾法相比，重铬酸钾法的优点是：①$K_2Cr_2O_7$ 容易提纯，在 $140 \sim 250$ ℃干燥后，可以直接称量配制标准溶液；②$K_2Cr_2O_7$ 标准溶液非常稳定，可以长期保存；③$K_2Cr_2O_7$ 的氧化能力稍弱于 $KMnO_4$，在 $1 mol \cdot L^{-1}$ HCl 中 $\varphi^{\ominus'} = 1.00 V$，室温下不与 Cl^- 作用（$\varphi_{Cl_2/Cl^-}^{\ominus} = 1.36 V$），受其他还原性物质的干扰也比高锰酸钾法少。

在酸性溶液中与还原剂作用时，$Cr_2O_7^{2-}$ 被还原为 Cr^{3+}。

---

① COD 为 chemical oxygen demand 的简称。以高锰酸钾法测得的化学需氧量，以往称为 COD_{Mn}，现在称为"高锰酸盐指数"。

$$Cr_2O_7^{2-} + 14H^+ + 6e^- \rightleftharpoons 2Cr^{3+} + 7H_2O \qquad \varphi^{\ominus} = 1.33 \text{ V}$$

$K_2Cr_2O_7$ 的还原产物 Cr^{3+} 呈绿色，终点时无法辨别出过量的 $K_2Cr_2O_7$ 的黄色，因而需加入指示剂，常用二苯胺磺酸钠指示剂。

2. 重铬酸钾法应用实例

1) 铁矿石中全铁的测定

重铬酸钾法主要用于测定 Fe^{2+}，是铁矿石中全铁测定的标准方法。

$$Cr_2O_7^{2-} + 6Fe^{2+} + 14H^+ \rightleftharpoons 2Cr^{3+} + 6Fe^{3+} + 7H_2O$$

试样用热的浓 HCl 分解，加 $SnCl_2$ 将 Fe(Ⅲ) 还原为 Fe(Ⅱ)。过量的 $SnCl_2$ 用 $HgCl_2$ 氧化，此时溶液中析出 Hg_2Cl_2 丝状的白色沉淀。然后在 $1\sim2$ mol·L^{-1} H_2SO_4-H_3PO_4 混合酸介质中，以二苯胺磺酸钠作指示剂，用 $K_2Cr_2O_7$ 标准溶液滴定 Fe(Ⅱ)。为减小终点误差，常于试液中加入 H_3PO_4，使 Fe^{3+} 生成无色、稳定的 $Fe(HPO_4)_2^-$，降低了 Fe^{3+}/Fe^{2+} 电对的电位，因而滴定突跃范围增大；此外，由于生成无色的 $Fe(HPO_4)_2^-$，消除了 Fe^{3+} 的黄色对观察终点的影响。

近年来，为保护环境，提倡用无汞法测铁。试样溶解后，用 $SnCl_2$ 将大部分 Fe^{3+} 还原，再以钨酸钠为指示剂，用 $TiCl_3$ 还原 W(Ⅵ) 至 W(Ⅴ)，"钨蓝"的出现表示 Fe^{3+} 已被还原完全，滴定 $K_2Cr_2O_7$ 溶液至蓝色刚好消失，最后在 H_3PO_4 存在下，以二苯胺磺酸钠为指示剂，用 $K_2Cr_2O_7$ 标准溶液滴定。

通过 $Cr_2O_7^{2-}$ 和 Fe^{2+} 的反应，还可以测定其他氧化性或还原性物质。例如，钢中铬的测定，先用适当的氧化剂将铬氧化为 $Cr_2O_7^{2-}$，然后用 Fe^{2+} 标准溶液滴定。

2) UO_2^{2+} 的测定

将 UO_2^{2+} 还原为 UO^{2+} 后，以 Fe^{3+} 为催化剂，二苯胺磺酸钠为指示剂，可直接用 $K_2Cr_2O_7$ 标准溶液滴定。

$$Cr_2O_7^{2-} + 3UO^{2+} + 8H^+ \rightleftharpoons 2Cr^{3+} + 3UO_2^{2+} + 4H_2O$$

此法还可以用于测定 Na^+，即先将 Na^+ 沉淀为 $NaZn(UO_2)_3(CH_3COO)_9 \cdot 9H_2O$，将所得沉淀溶于稀 H_2SO_4 后，再将 UO_2^{2+} 还原为 UO^{2+}，用重铬酸钾法滴定。

3) COD 的测定

在酸性介质中以 $K_2Cr_2O_7$ 为氧化剂，测定化学需氧量的方法记作 COD_{Cr}，这是目前应用最为广泛的方法(见 HJ 828—2017)。分析步骤如下：于水样中加入 $HgSO_4$ 消除 Cl^- 的干扰，加入过量 $K_2Cr_2O_7$ 标准溶液，在强酸介质中，以 Ag_2SO_4 作为催化剂，回流加热，待氧化作用完全后，以邻二氮菲-Fe(Ⅱ)为指示剂，用 Fe^{2+} 标准溶液滴定过量的 $K_2Cr_2O_7$。测定水样的同时，按同样步骤做空白试验。该法适用范围广泛，可用于污水中化学需氧量的测定，缺点是测定过程中带来 Cr(Ⅵ)、Hg^{2+} 等有害物质的污染。

7.4.3　碘量法

1. 概述

碘量法是利用 I_2 的氧化性和 I^- 的还原性来进行滴定的方法。其半反应为

$$I_2 + 2e \rightleftharpoons 2I^- \qquad \varphi^{\ominus} = 0.535 \text{ V}$$

由于固体 I_2 在水中溶解度很小(0.001 33 mol·L^{-1})，故应用时通常将 I_2 溶解在 KI 溶液中，形成 I_3^-(为方便起见，一般简写为 I_2)。其半反应为

$$I_3^- + 2e \Longrightarrow 3I^- \qquad\qquad \varphi^\ominus = 0.545 \text{ V}$$

I_2 / I^- 电对的标准电位比一般氧化剂低。一方面，I_2 是一种较弱的氧化剂，以 I_2 为滴定剂，能直接滴定一些较强的还原剂〔如 S^{2-}、SO_3^{2-}、$As(III)$ 等〕，这种方法称为直接碘量法(或碘滴定法)。另一方面，I^- 为中等强度的还原剂，可被一般氧化剂(如 $K_2Cr_2O_7$、KIO_3、Cu^{2+}、Br_2)定量氧化而析出 I_2，然后用 $Na_2S_2O_3$ 标准溶液滴定析出的 I_2。这种间接测定氧化性物质的方法称为间接碘量法(或滴定碘法)。

I_2 的氧化能力不强，能被 I_2 氧化的物质不多，而且受溶液 H^+ 浓度的影响很大。例如，在碱性溶液中发生下列歧化反应：

$$3I_2 + 6OH^- \Longrightarrow IO_3^- + 5I^- + 3H_2O$$

给测定带来误差。在酸性溶液中，也只有少数还原性强且不受 H^+ 浓度影响的物质才能与 I_2 发生定量反应。同时，由于 I_2 标准溶液不易配制和储存，所以直接碘量法的应用受到限制。而能与 KI 作用定量析出 I_2 的氧化性物质很多，因此间接碘量法应用较为广泛，其基本反应为

$$2I^- \Longrightarrow I_2 + 2e^-$$
$$I_2 + 2S_2O_3^{2-} \Longrightarrow 2I^- + S_4O_6^{2-}$$

间接碘量法的反应条件非常重要，为获得准确结果，必须注意以下条件。

(1)控制溶液的酸度。

$S_2O_3^{2-}$ 和 I_2 的反应迅速、完全，但必须在中性或弱酸性溶液中进行。在碱性溶液中 $S_2O_3^{2-}$ 和 I_2 将发生如下副反应：

$$S_2O_3^{2-} + 4I_2 + 10OH^- \Longrightarrow 2SO_4^{2-} + 8I^- + 5H_2O$$

而且 I_2 在碱性溶液中还会发生歧化反应。

在强酸性溶液中，$Na_2S_2O_3$ 会发生分解。

$$S_2O_3^{2-} + 2H^+ \Longrightarrow SO_2\uparrow + S\downarrow + H_2O$$

同时，I^- 在酸性溶液中容易被空气中的氧所氧化。

$$4I^- + 4H^+ + O_2 \Longrightarrow 2I_2 + 2H_2O$$

(2)I_2 易挥发和 I^- 易氧化是误差的主要来源。

为此：①必须加入过量的 KI(比理论量大 2~3 倍)，其作用除促使反应完全外，还由于过量的 I^- 与反应生成的 I_2 结合成 I_3^- 而增大 I_2 的溶解度，降低 I_2 的挥发；②反应在室温下进行，温度不能太高；③应避免阳光直射，同时使用带磨口玻塞的碘瓶，滴定时不要过分摇晃，操作宜迅速，以减少 I^- 与空气的接触。

碘量法的滴定终点常用淀粉指示剂来确定。在有少量 I^- 存在下，I_2 与淀粉结合显蓝色，根据蓝色的出现和消失来指示终点。但应注意，淀粉指示剂应在接近终点时加入，若加入过早，则大量 I_2 与淀粉结合成蓝色物质，这一部分 I_2 就不容易与 $Na_2S_2O_3$ 反应，从而产生误差。

2. 标准溶液的配制和标定

碘量法经常使用 $Na_2S_2O_3$ 和 I_2 两种标准溶液。

1)$Na_2S_2O_3$ 标准溶液的配制和标定

结晶 $Na_2S_2O_3 \cdot 5H_2O$ 容易风化，一般都含有少量 S、Na_2SO_3、NaCl 等杂质，因此不能用直接法配制标准溶液。$Na_2S_2O_3$ 溶液不稳定，其浓度容易改变。造成 $Na_2S_2O_3$ 分解的原因有微生物、CO_2、空气中的 O_2 等。

$$Na_2S_2O_3 = Na_2SO_3 + S\downarrow (微生物)$$

$$S_2O_3^{2-} + CO_2 + H_2O = HSO_3^- + HCO_3^- + S\downarrow$$

$$2Na_2S_2O_3 + O_2 = 2Na_2SO_4 + 2S\downarrow$$

因此，配制 $Na_2S_2O_3$ 溶液时，为了减少溶解在水中的 CO_2 和杀死水中的细菌，应使用新煮沸、冷却的蒸馏水，并加入少量 Na_2CO_3 使溶液呈碱性，有时加入少量 HgI_2（$10\ mg\cdot L^{-1}$）以抑制细菌的生长。此外，水中微量的 Cu^{2+} 和 Fe^{3+} 也能促使 $Na_2S_2O_3$ 溶液分解，日光也能促进它的分解。所以，$Na_2S_2O_3$ 溶液应储存于棕色瓶中，放置暗处 8～14 天后再标定。这样配制的溶液较稳定，但也不宜长期保存，使用一段时间后应重新标定。如果发现溶液变浑浊，表示有硫析出。这种情况下溶液浓度变化很快，应将其过滤后再标定，或者另配溶液。

标定 $Na_2S_2O_3$ 溶液的基准物质有 KIO_3、$KBrO_3$、$K_2Cr_2O_7$ 等，尤以 $K_2Cr_2O_7$ 最常用。标定时，称取一定量的基准物质，在弱酸性溶液中与过量 KI 作用。

$$Cr_2O_7^{2-} + 6I^- + 14H^+ = 2Cr^{3+} + 3I_2 + 7H_2O$$

析出的 I_2 用 $Na_2S_2O_3$ 溶液滴定。标定时应注意以下几点：①$K_2Cr_2O_7$ 与 KI 反应，溶液酸度越大，反应进行得越快，但酸度太大，I^- 容易被空气氧化，所以酸度一般以 $0.2\sim0.4\ mol\cdot L^{-1}$ 为宜；②$K_2Cr_2O_7$ 与 KI 反应速率较慢，应将溶液置于碘量瓶中在暗处放置一定时间（约 5 min），待反应完全后再滴定；③滴定前需将溶液稀释，以降低酸度，减慢 I^- 被空气氧化，而且稀释后 Cr^{3+} 的颜色变浅，便于观察终点；④用淀粉作指示剂时，应待 $Na_2S_2O_3$ 溶液滴定至溶液呈浅黄色（大部分 I_2 已反应），然后加入淀粉溶液，用 $Na_2S_2O_3$ 溶液滴定至蓝色恰好消失，即为终点。若淀粉加入过早，则大量的 I_2 与淀粉结合成蓝色物质，不易与 $Na_2S_2O_3$ 反应，导致滴定误差。

2）I_2 标准溶液的配制和标定

用升华法制得的纯碘，可用直接法配制标准溶液。但由于碘的挥发性，不宜在分析天平上称量，故通常用市售的 I_2 配制一个近似浓度的溶液，然后进行标定。I_2 在水中溶解度很小，易溶于 KI 溶液，所以配制时应将 I_2 加入浓 KI 溶液，形成 I_3^-，以提高 I_2 的溶解度和降低 I_2 的挥发。

日光能促进 I^- 的氧化，I_2 遇热挥发，这些都会使碘溶液的浓度改变。碘标准溶液应保存在棕色瓶内，并放置暗处，储存和使用碘标准溶液应避免与橡胶制品接触。

标定 I_2 溶液的基准物质常用的是 As_2O_3（剧毒），As_2O_3 难溶于水，但可溶于碱溶液，生成亚砷酸盐。

$$As_2O_3 + 6OH^- = 2AsO_3^{3-} + 3H_2O$$

AsO_3^{3-} 与 I_2 的反应为

$$AsO_3^{3-} + I_2 + H_2O \rightleftharpoons AsO_4^{3-} + 2I^- + 2H^+$$

这个反应是可逆的，在中性或微碱性（加入 $NaHCO_3$ 使 pH 约为 8）溶液中，反应能定量地向右进行。

3. 碘量法应用示例

1）直接碘量法——钢铁中硫的测定

将钢样与金属锡（助熔剂）置于瓷舟中，放入 1300 ℃管式炉内通 O_2 燃烧，使试样中的硫转化为 SO_2，用水吸收 SO_2，再用碘标准溶液滴定，以淀粉为指示剂，溶液变为蓝色，即为终点。反应如下：

$$S + O_2 == SO_2$$

$$SO_2 + H_2O == H_2SO_3$$

$$I_2 + H_2SO_3 + H_2O == SO_4^{2-} + 2I^- + 4H^+$$

2)间接碘量法——铜合金中铜的测定

铜合金试样可以用 H_2O_2 和 HCl 分解(也可以用 HNO_3 分解,但低价氮的氧化物可氧化 I^-,故需用浓 H_2SO_4 蒸发除去)。

$$Cu + 2HCl + H_2O_2 == CuCl_2 + 2H_2O$$

过量的 H_2O_2 通过煮沸除去,调节溶液的酸度至 pH 为 3.2～4.0,加入 KI,析出 I_2。

$$2Cu^{2+} + 4I^- == 2CuI\downarrow + I_2$$

生成的 I_2 用 $Na_2S_2O_3$ 标准溶液滴定。上述反应是可逆的,为了促使反应完全,应加入过量的 KI;CuI 沉淀表面吸附 I_2,使结果偏低,为此可在接近终点时加入 KSCN 或 NH_4SCN,使 CuI 转化为溶解度更小的 CuSCN。

$$CuI + SCN^- == CuSCN + I^-$$

CuSCN 吸附 I_2 的倾向小,可以减小误差,而且反应再生出的 I^- 可与未反应完的 Cu^{2+} 作用。这样,可以使用较少的 KI 而使反应完全。

用碘量法测铜时,最好用纯铜来标定 $Na_2S_2O_3$ 溶液,以抵消系统误差。该方法也适用于测定铜矿、炉渣、电镀液以及胆矾等试样中的铜。

3)有机物的测定

碘量法在有机分析中应用广泛。凡能被碘直接氧化的物质,只要有足够快的反应速率,就可以用碘量法测定。例如,维生素C(抗坏血酸)、巯基乙酸、四乙基铅、安乃近等,均可以用 I_2 标准溶液直接滴定。

许多有机物(如葡萄糖、甲醛、丙酮及硫脲等)可用返滴定法进行测定。以葡萄糖为例,将试液碱化后加入一定量过量 I_2 标准溶液,使葡萄糖的醛基氧化成羧基。反应如下:

$$I_2 + 2OH^- == IO^- + I^- + H_2O$$

$$CH_2OH(CHOH)_4CHO + IO^- + OH^- == CH_2OH(CHOH)_4COO^- + I^- + H_2O$$

剩余的 IO^- 在碱液中歧化为 IO_3^- 及 I^-。

$$3IO^- == IO_3^- + 2I^-$$

溶液酸化后又析出 I_2。

$$IO_3^- + 5I^- + 6H^+ == 3I_2 + 3H_2O$$

最后用 $Na_2S_2O_3$ 标准溶液滴定析出的 I_2。在这一系列反应中,1 mol I_2 产生 1 mol IO^-,而 1 mol IO^- 与 1 mol 葡萄糖反应。由此,1 mol 葡萄糖与 1 mol I_2 相当。与葡萄糖反应后剩余的 IO^- 经由歧化和酸化过程仍恢复成等量的 I_2。根据 I_2 与 $S_2O_3^{2-}$ 反应的计量关系,从 I_2 标准溶液的加入量和滴定时 $S_2O_3^{2-}$ 的消耗量即可求出葡萄糖的含量。

4)卡尔-费歇法测定水

当 I_2 氧化 SO_2 时,需定量的水。

$$I_2 + SO_2 + 2H_2O == H_2SO_4 + 2HI$$

碱性物质吡啶存在时,可与反应生成的酸结合,使上述反应定量地向右进行,即

$$C_6H_5N \cdot I_2 + C_6H_5N \cdot SO_2 + C_6H_5N + H_2O == 2C_6H_5N \cdot HI + C_6H_5N \cdot SO_3$$

但生成的 $C_6H_5N \cdot SO_3$ 也能与水反应，消耗一部分水而干扰测定。

$$C_6H_5N \cdot SO_3 + H_2O === C_6H_5N \cdot HOSO_2OH$$

加入甲醇可以防止上述副反应发生。

$$C_6H_5N \cdot SO_3 + CH_3OH === C_6H_5N \cdot HOSO_2OCH_3$$

卡尔-费歇(Karl-Fischer)法测定水的标准溶液是费歇试剂，这是 I_2、SO_2、C_6H_5N 和 CH_3OH 的混合溶液。标准溶液呈 I_2 的红棕色，与水反应后成浅黄色。用此标准溶液滴定时，待测溶液出现红棕色即为终点。卡尔-费歇法属非水滴定，测定中所用器皿都必须干燥，否则会造成误差。费歇试剂标准溶液通常用纯水标定。

此方法不仅可以测定很多有机物或无机物中的水分含量，而且根据有关反应中生成水或消耗水的量，也可间接地测定某些有机官能团。

7.4.4 其他氧化还原滴定法

1. 溴酸钾法

$KBrO_3$ 是强氧化剂，在酸性溶液中，半反应如下：

$$BrO_3^- + 6H^+ + 6e^- === Br^- + 3H_2O \qquad \varphi^\ominus = 1.44 \text{ V}$$

$KBrO_3$ 容易提纯，在 180 ℃烘干后，可直接配制标准溶液。也可用基准物质(如 As_2O_3)或用间接碘量法标定 $KBrO_3$ 溶液的浓度。$KBrO_3$ 本身与许多还原剂的反应速率很慢，因此只能用来测定一些能与 $KBrO_3$ 迅速反应的物质，如 $As(\text{III})$、Sb^{3+}、Sn^{2+}、肼(N_2H_4)等。测定这些物质时，在酸性溶液中，以甲基橙作指示剂，用 $KBrO_3$ 标准溶液滴定。当有稍过量 $KBrO_3$ 存在时，甲基橙被氧化而褪色，即为终点。例如，滴定 Sb^{3+} 的反应为

$$3Sb^{3+} + BrO_3^- + 6H^+ === 3Sb^{5+} + Br^- + 3H_2O$$

溴酸钾法最重要的应用是与碘量法结合，通常在 $KBrO_3$ 标准溶液中加入过量 KBr(或在滴定前加入)，当溶液酸化后，BrO_3^- 氧化 Br^- 而析出定量的游离态 Br_2。

$$5Br^- + BrO_3^- + 6H^+ === 3Br_2 + 3H_2O$$

利用 Br_2 的取代反应可以测定许多芳香族化合物。例如，测定苯酚，苯酚与过量的 Br_2 反应(溴化反应)。

待反应完全后用 KI 还原剩余的 Br_2。

$$Br_2 + 2I^- === 2Br^- + I_2$$

析出的 I_2 再用 $Na_2S_2O_3$ 标准溶液滴定。以加入的 $KBrO_3$ 量减去剩余量，即可算出试样中苯酚的含量。

应用类似的方法可测定甲酚、苯胺、8-羟基喹啉等有机化合物。

2. 硫酸铈法

$Ce(SO_4)_2$ 是强氧化剂，只能在酸度较高的溶液中使用，低酸度下 Ce^{4+} 易水解，生成碱式盐

沉淀，所以不适合中性或碱性溶液。能用 $KMnO_4$ 滴定的物质，一般也能用 $Ce(SO_4)_2$ 滴定。半反应式如下：

$$Ce^{4+} + e^- = Ce^{3+} \qquad \varphi^\ominus = 1.61 \text{ V}$$

在不同酸性溶液中 Ce^{4+}/Ce^{3+} 电对的电极电位不同，取决于酸的浓度和阴离子的种类。在 $0.5 \sim 4 \text{ mol} \cdot L^{-1}$ H_2SO_4 中，$\varphi^{\ominus\prime} = 1.44 \sim 1.42 \text{ V}$；在 $1 \text{ mol} \cdot L^{-1}$ HCl 溶液中，$\varphi^{\ominus\prime} = 1.28 \text{ V}$，故用 $Ce(SO_4)_2$ 溶液作滴定剂具有以下优点：

(1) 稳定，放置较长时间或加热煮沸也不易分解。

(2) 可用易提纯的 $Ce(SO_4)_2 \cdot (NH_4)_2SO_4 \cdot 2H_2O$ 直接配制，不用标定。

(3) 可在 HCl 溶液中直接滴定 Fe^{2+}（与 $KMnO_4$ 不同）。

(4) Ce^{4+} 还原为 Ce^{3+} 时，只有一个电子转移，不生成中间价态的产物，故反应简单，副反应少。

(5) 用 Ce^{4+} 作滴定剂时，可用邻二氮菲-Fe(Ⅱ)作指示剂。

7.5　氧化还原滴定结果的计算

氧化还原反应较为复杂，往往同一物质在不同条件下反应，会得到不同的产物。因此，在计算氧化还原滴定结果时，首先应正确表达有关的氧化还原反应，根据反应式确定化学计量关系。例如，待测组分 X 经过一系列反应得到 Z 后，用滴定剂 T 来滴定，由各步反应的计量关系可得出

$$aX \sim bY \sim \cdots \sim cZ \sim dT$$

故

$$aX \sim dT$$

试样中 X 的质量分数可用下式计算：

$$w_X = \frac{\dfrac{a}{d} c_T V_T M_X}{m_s}$$

式中，c_T 和 V_T 分别为滴定剂的浓度和体积；M_X 为 X 的摩尔质量；m_s 为试样的质量。

例 7-9 以高锰酸钾法测定的化学需氧量(COD)称为"高锰酸盐指数"，该法适用于地表水、饮用水和生活污水的测定。今取水样 100.0 mL，用 H_2SO_4 酸化后，加入 10.00 mL 0.002 000 $\text{mol} \cdot L^{-1}$ $KMnO_4$ 溶液，煮沸一定时间，稍冷后，加入 10.00 mL 0.005 000 $\text{mol} \cdot L^{-1}$ $Na_2C_2O_4$ 溶液，立即用上述 $KMnO_4$ 溶液滴定至微红色，耗用 5.00 mL。计算水样的高锰酸盐指数，以 $\text{mg} \cdot L^{-1}$ 表示。

解 有关反应如下：

$$4MnO_4^-(c_1V_1) + 5C + 12H^+ = 4Mn^{2+} + 5CO_2 + 6H_2O$$
$$2MnO_4^-(余) + 5C_2O_4^{2-}(c_2V_2) + 16H^+ = 2Mn^{2+} + 10CO_2 + 8H_2O$$
$$5C_2O_4^{2-}(余) + 2MnO_4^-(c_1V_3) + 16H^+ = 2Mn^{2+} + 10CO_2 + 8H_2O$$

由反应可知

$$n_{O_2} = n_C = \frac{5}{4}n_{MnO_4} = \frac{5}{4}\left[n_{MnO_4}(总) - \frac{2}{5}n_{C_2O_4^{2-}}\right] = \frac{5}{4}\left(c_1V_1 + c_1V_3 - \frac{2}{5}c_2V_2\right)$$

$$\text{水样的高锰酸盐指数} = \frac{\frac{5}{4} \times (0.002\,000 \times 10.00 + 0.002\,000 \times 5.00 - \frac{2}{5} \times 0.005\,000 \times 10.00) \times 32.00 \times 1000}{100.0} = 4.0(\text{mg} \cdot L^{-1})$$

例 7-10 采用重铬酸钾法测定工业废水中的 COD。今取水样 100.0 mL，用 H_2SO_4 酸化后，加入 25.00 mL 0.016 67 mol·L^{-1} $K_2Cr_2O_7$ 溶液，以 Ag_2SO_4 为催化剂，煮沸一定时间，待水样中还原性物质较完全氧化后，以邻二氮菲-$Fe(Ⅱ)$ 为指示剂，用 0.1000 mol·L^{-1} Fe^{2+} 溶液滴定剩余的 $K_2Cr_2O_7$，用去 15.00 mL。计算水样的化学需氧量，以 mg·L^{-1} 表示。

解 有关反应如下：

$$2Cr_2O_7^{2-} + 3C + 16H^+ = 4Cr^{3+} + 3CO_2 + 8H_2O$$

$$Cr_2O_7^{2-} + 6Fe^{2+} + 14H^+ = 2Cr^{3+} + 6Fe^{3+} + 7H_2O$$

由反应可知

$$COD = \frac{\frac{3}{2} \times \left(c_{K_2Cr_2O_7} V_{K_2Cr_2O_7} - \frac{1}{6} c_{Fe^{2+}} V_{Fe^{2+}} \right) \times M_{O_2} \times 1000}{100.0}$$

$$= \frac{\frac{3}{2} \times \left(0.016\ 67 \times 25.00 - \frac{1}{6} \times 0.1000 \times 15.00 \right) \times 32.00 \times 1000}{100.0}$$

$$= 80.04\ (mg \cdot L^{-1})$$

例 7-11 用碘量法测定水体中的溶解氧(DO)。采用溶解氧瓶采集水样，将移液管插入液面下，依次加入硫酸锰溶液及碱性碘化钾溶液，混合产生棕色絮状沉淀。再将吸管插入液面下，加入浓硫酸，混合摇匀至沉淀物全部溶解。放置暗处 5 min 后，吸取 100.0 mL 上述溶液注入锥形瓶中，用 0.025 00 mol·L^{-1} $Na_2S_2O_3$ 标准溶液滴定，消耗 5.00 mL。计算水样中溶解氧的含量，以 mg·L^{-1} 表示。

解 有关反应如下：

$$Mn^{2+} + 2OH^- = Mn(OH)_2$$

$$2Mn(OH)_2 + O_2 = 2MnO(OH)_2$$

$$MnO(OH)_2 + 2I^- + 4H^+ = Mn^{2+} + I_2 + 3H_2O$$

$$I_2 + 2S_2O_3^{2-} = 2I^- + S_4O_6^{2-}$$

因此

$$O_2 \sim 2MnO(OH)_2 \sim 2I_2 \sim 4Na_2S_2O_3$$

$$DO = \frac{c_{Na_2S_2O_3} V_{Na_2S_2O_3} \times M_{O_2} \times 1000}{4 \times 100.0} = \frac{0.025\ 00 \times 5.00 \times 32.00 \times 1000}{4 \times 100.0} = 10.0\ (mg \cdot L^{-1})$$

思考题与习题

1. 氧化还原滴定的主要依据是什么？它与酸碱滴定法有什么相似点和不同点？

2. 什么是条件电极电位？它与标准电极电位有什么关系？使用条件电极电位有什么优点？

3. 如何判断一个氧化还原反应能否进行完全？

4. 用于氧化还原滴定的反应应具备哪些主要条件？是否平衡常数大的氧化还原反应就一定能用于氧化还原滴定？为什么？

5. 影响氧化还原反应速率的主要因素有哪些？在分析中是否都能利用加热的办法来加速反应的进行？为什么？

6. 如何估算氧化还原滴定过程中滴定突跃的电位范围？化学计量点电位与滴定终点电位之间有什么关系？

7. 用于氧化还原滴定的指示剂有哪几类？氧化还原指示剂的变色原理和选择原则与酸碱指示剂有何异同点？

8. 常用的氧化还原滴定法有哪些？各种方法的原理及特点是什么？

9. 用 $KMnO_4$ 溶液滴定 Fe^{2+} 时，理论计算所得滴定曲线与实验测得滴定曲线有较大的差别，这是为什么？化学计量点电位 φ_{sp} 不在滴定突跃的中点，这又是为什么？

10. 为什么不能用直接法配制 $KMnO_4$ 标准溶液？配制和保存 $KMnO_4$ 标准溶液时应注意什么问题？

11. 以 $K_2Cr_2O_7$ 作基准物质，用碘量法标定 $Na_2S_2O_3$ 溶液时，为什么开始应在浓溶液中进行反应，而滴定前又要稀释呢？

12. 碘滴定法和滴定碘法有什么不同？它们各用何种物质作滴定剂？

13. 碘量法的误差来源有哪些？配制、标定和保存 $Na_2S_2O_3$ 及 I_2 标准溶液时应注意哪些问题？

14. 什么是化学需氧量？试述其测定原理和条件。

15. 溴酸钾法为什么往往要与碘量法联用？

16. 计算 $c_{Ag^+} = 0.1\ mol \cdot L^{-1}$ 的 NH_3 溶液中 Ag^+/Ag 电对的条件电位。已知 $\varphi^{\ominus}_{Ag^+/Ag} = 0.7995\ V$，$\alpha_{Ag^+} = 1.26 \times 10^5$（$\alpha_{Ag^+}$ 为 Ag^+-NH_3 的副反应系数，忽略离子强度的影响）。

$(0.50\ V)$

17. 在酸性条件下，已知 $MnO_4^- + 8H^+ + 5e^- \rightleftharpoons Mn^{2+} + 4H_2O$，$\varphi^{\ominus}_{MnO_4^-/Mn^{2+}} = 1.51\ V$。求其电极电位与 pH 的关系，并计算 pH = 2.0 时的条件电位（忽略离子强度的影响）。

$(1.32\ V)$

18. 计算在 $1\ mol \cdot L^{-1}$ HCl 介质中 Fe^{3+} 与 Sn^{2+} 反应的平衡常数。该反应能否用于滴定分析？

(2.0×10^{18})

19. 在标准态下，Ag^+ 与 Fe^{2+} 的反应能否进行完全？计算反应的平衡常数。

(3.0)

20. 计算在 $1\ mol \cdot L^{-1}$ HCl 介质中用 $0.1000\ mol \cdot L^{-1}$ Fe^{3+} 溶液滴定等浓度的 Sn^{2+} 时的滴定突跃范围，并计算化学计量点电位，指出选择何种指示剂。

$(0.23 \sim 0.50\ V,\ 0.32\ V)$

21. 在 $1\ mol \cdot L^{-1}$ $HClO_4$ 介质中，用 $0.020\ mol \cdot L^{-1}$ $KMnO_4$ 标准溶液滴定 $0.10\ mol \cdot L^{-1}$ Fe^{2+} 溶液，计算滴定突跃的电位范围和化学计量点电位。如果标准溶液的浓度增加 10 倍，滴定突跃和计量点电位如何变化？

$(0.94 \sim 1.41\ V,\ 1.34\ V,\ 不变)$

22. 在 $0.5\ mol \cdot L^{-1}$ H_2SO_4 介质中，用 $0.1000\ mol \cdot L^{-1}$ $Ce(SO_4)_2$ 溶液滴定 $20.00\ mL$ $0.050\ 00\ mol \cdot L^{-1}$ $FeSO_4$ 溶液，计算滴定分数分别为 0.50、1.00 及 2.00 时体系的平衡电位。

$(0.68\ V,\ 1.06\ V,\ 1.44\ V)$

23. $10.00\ mL$ 市售 H_2O_2（密度 $1.010\ g \cdot mL^{-1}$）需用 $36.82\ mL$ $0.024\ 00\ mol \cdot L^{-1}$ $KMnO_4$ 溶液滴定，计算溶液中 H_2O_2 的质量分数。

(0.7441)

24. 称取软锰矿试样 $0.4012\ g$，用 $0.4488\ g$ $Na_2C_2O_4$ 处理，滴定剩余的 $Na_2C_2O_4$ 需消耗 $0.010\ 12\ mol \cdot L^{-1}$ $KMnO_4$ 标准溶液 $30.20\ mL$，计算试样中 MnO_2 的质量分数（提示：$Na_2C_2O_4$ 处理反应为 $MnO_2 + C_2O_4^{2-} + 4H^+ \Longrightarrow Mn^{2+} + 2CO_2 + 2H_2O$）。

(0.5602)

25. 将 $1.000\ g$ 钢样中的铬氧化成 $Cr_2O_7^{2-}$，加入 $25.00\ mL$ $0.1000\ mol \cdot L^{-1}$ $FeSO_4$ 标准溶液，然后用 $0.018\ 00\ mol \cdot L^{-1}$ $KMnO_4$ 标准溶液 $7.00\ mL$ 返滴过量 $FeSO_4$。计算钢中铬的质量分数。

(0.0324)

26. 为了用 KIO_3 作基准物质标定 $Na_2S_2O_3$ 溶液，称取 $0.1500\ g$ KIO_3 与过量 KI 作用。析出的碘用 $Na_2S_2O_3$ 溶液滴定，用去 $24.00\ mL$。此 $Na_2S_2O_3$ 溶液的浓度为多少（提示：$IO_3^- + 5I^- + 6H^+ \Longrightarrow 3I_2 + 3H_2O$）？

$(0.1752\ mol \cdot L^{-1})$

27. 某试剂厂生产试剂 $FeCl_3 \cdot 6H_2O$，国家规定其二级品含量不少于 99.00%，三级品含量不少于 98.00%。为了检查质量，称取 $0.5000\ g$ 试样，溶于水，加入浓 HCl 溶液 3 mL 和 KI 试剂 2 g，最后用 $0.1000\ mol \cdot L^{-1}$ $Na_2S_2O_3$ 标准溶液 $18.17\ mL$ 滴定至终点。该试剂属于哪一级？

$(三级)$

28. 现有硅酸盐 $1.000\ g$，用重量法测定其中铁及铝时，得 $Fe_2O_3 + Al_2O_3$ 共重 $0.5000\ g$。将试样所含的铁还原后，用 $0.035\ 33\ mol \cdot L^{-1}$ $K_2Cr_2O_7$ 溶液滴定时用去 $25.00\ mL$。试样中 FeO 及 Al_2O_3 的质量分数各为多少？

$(0.3807,\ 0.0769)$

29. 称取红丹(Pb₃O₄) 0.1000 g, 用 HCl 溶解, 加热后加入 0.020 00 mol · L⁻¹ K₂Cr₂O₇溶液 25.00 mL, 析出 PbCrO₄沉淀。

$$2Pb^{2+} + Cr_2O_7^{2-} + H_2O \rightleftharpoons 2PbCrO_4\downarrow + 2H^+$$

将所得沉淀用 HCl 溶解, 加入过量 KI, 用 0.1000 mol · L⁻¹ Na₂S₂O₃标液滴定, 消耗 12.00 mL。计算试样中 Pb₃O₄的质量分数(提示: Pb₃O₄ + 8HCl ═══ 3PbCl₂ + Cl₂ + 4H₂O)。

(0.9141)

30. 称取 0.4000 g Sb₂O₃ 试样, 溶于 HCl 后, 加入甲基橙指示剂, 在 80~90 ℃时用 0.010 00 mol · L⁻¹ KBrO₃ 标准溶液滴定至甲基橙红色消失为终点, 用去 21.96 mL。计算试样中 Sb₂O₃ 的质量分数。

提示: 有关反应为

$$Sb_2O_3 + 6HCl \rightleftharpoons 2SbCl_3 + 3H_2O$$

$$3Sb^{3+} + BrO_3^- + 6H^+ \rightleftharpoons 3Sb^{5+} + Br^- + 3H_2O$$

$$5Br^- + BrO_3^- + 6H^+ \rightleftharpoons 3Br_2 + 3H_2O$$

终点时, 析出的 Br₂ 使甲基橙迅速褪色。

(0.2401)

第8章 沉淀分析法

以沉淀反应为基础的分析方法有沉淀滴定法和重量分析法。沉淀滴定是基于滴定剂与被测物定量生成微溶化合物的反应能快速达到平衡，且有合适的指示剂，没有共沉淀等干扰的滴定法。重量分析一般先用适当的沉淀反应将被测组分与试样中的其他成分分离后，转化为一定的称量形式，称量得到微溶化合物的质量后计算获得该组分含量。两种分析方法中的沉淀反应须符合：①待测组分定量地沉淀完全；②沉淀反应产物是纯净的；③沉淀呈适宜的物理形态，重量分析法应易于洗涤和过滤，沉淀滴定法应不影响滴定终点的观察；④反应选择性好。

8.1 沉淀平衡及其影响因素

利用沉淀反应进行重量分析或沉淀滴定时，可根据溶解度的大小来衡量是否定量完全。

8.1.1 溶解度、溶度积和条件溶度积

溶液中存在 $1:1$ 型微溶化合物 MA 时，MA 溶解并达到饱和状态后，有下列平衡关系：

$$MA_{(固)} \rightleftharpoons MA_{(液)} \rightleftharpoons M^{n+} + A^{n-}$$

溶液中，除 M^{n+}、A^{n-} 外，还有分子状态的 MA。根据 $MA_{(固)}$ 和 $MA_{(液)}$ 之间的平衡，得到

$$\frac{a_{MA(液)}}{a_{MA(固)}} = s^0$$

纯固体物质的活度等于 1，故

$$a_{MA(液)} = s^0$$

式中，s^0 为平衡常数，称为该物质的固有溶解度（intrinsic solubility）或分子溶解度，是溶液中分子状态或离子对化合物状态 $MA_{(液)}$ 的浓度。固有溶解度与微溶化合物的性质有关，除少数外，大多数物质的固有溶解度较小，一般为 $10^{-9} \sim 10^{-6} \, mol \cdot L^{-1}$，在计算溶解度时可以忽略不计。若无副反应，微溶化合物 MA 的溶解度 s 等于固有溶解度和 M^{n+}（或 A^{n-}）离子浓度之和，即

$$s = s^0 + [M^{n+}] = s^0 + [A^{n-}] \tag{8-1}$$

除简单的水合离子外，若其他各种形式化合物可忽略，由上述平衡可得

$$a_{M^{n+}} a_{A^{n-}} = K_{sp}^0$$

式中，K_{sp}^0 为该微溶化合物的活度积常数，简称活度积（activity product）。又因

$$a_{M^{n+}} a_{A^{n-}} = \gamma_{M^{n+}} [M^+] \gamma_{A^{n-}} [A^-] = \gamma_{M^{n+}} \gamma_{A^{n-}} K_{sp} = K_{sp}^0 \tag{8-2}$$

$$K_{sp} = [M^{n+}][A^{n-}] = \frac{K_{sp}^0}{\gamma_{M^{n+}} \gamma_{A^{n-}}} \tag{8-3}$$

式中，K_{sp} 为该微溶化合物的溶度积常数，简称溶度积（solubility product）。手册中所列均为微

溶化合物的活度积，一般和溶度积不加区别。若有强电解质存在，离子强度较大时，应用相应的活度系数计算该条件下的 K_{sp}，此时 K_{sp} 和 K_{sp}^0 可能相差较大。

形成 MA 沉淀的主反应还受多种副反应的影响：

$$MA_{(固)} \rightleftharpoons M + A$$

$$\begin{array}{ccc} OH & L & H \\ MOH & ML & HA \\ \vdots & \vdots & \vdots \end{array}$$

溶液中金属离子总浓度[M′]为

$$[M'] = [M] + [ML] + [ML_2] + \cdots + [M(OH)] + [M(OH)_2] + \cdots$$

溶液中沉淀剂总浓度[A′]为

$$[A'] = [A] + [HA] + [H_2A] + \cdots$$

引入相应的副反应系数 α_M、α_A，有

$$K_{sp} = [M][A] = \frac{[M'][A']}{\alpha_M \alpha_A} = \frac{K_{sp}'}{\alpha_M \alpha_A}$$

$$K_{sp}' = [M'][A'] = K_{sp} \alpha_M \alpha_A$$

式中，K_{sp}' 为条件溶度积(conditional solubility product)。由于副反应，条件溶度积 $K_{sp}' > K_{sp}$。

例 8-1 已知 $CaSO_4$ 的解离常数为 5.0×10^{-3}，活度积常数为 9.1×10^{-6}，忽略离子强度的影响，计算 $CaSO_4$ 的固有溶解度和在水中的溶解度。

解 因为

$$CaSO_{4(固)} \rightleftharpoons CaSO_{4(水)} \rightleftharpoons Ca^{2+} + SO_4^{2-}$$

依题意：$a_{CaSO_{4(水)}} = s^0$

$$a_{Ca^{2+}}, a_{SO_4^{2-}} = K_{sp}^0 = [Ca^{2+}][SO_4^{2-}] \quad (不计离子强度的影响)$$

$$K_d = \frac{[Ca^{2+}][SO_4^{2-}]}{[CaSO_{4(水)}]}$$

所以

$$s^0 = [CaSO_{4(水)}] = \frac{K_{sp}^0}{K_d} = \frac{9.1 \times 10^{-6}}{5.0 \times 10^{-3}} = 1.8 \times 10^{-3} \ (mol \cdot L^{-1})$$

在纯水中，当 $CaSO_4$ 达到溶解平衡时

$$s = [CaSO_{4(水)}] + [Ca^{2+}] = s^0 + \sqrt{K_{sp}^0} = 1.8 \times 10^{-3} + \sqrt{9.1 \times 10^{-6}} = 4.8 \times 10^{-3} \ (mol \cdot L^{-1})$$

8.1.2 沉淀平衡

1. 同离子效应对溶解度的影响

当沉淀反应达到平衡后，在难溶电解质饱和溶液中加入含有共同离子(一种组成沉淀晶体的离子，称为构晶离子)的电解质时，难溶电解质溶解度降低的现象称为同离子效应(common ion effect)。利用同离子效应可使被测组分沉淀完全。沉淀剂过多，会引起副反应而使沉淀的溶解度增大。一般沉淀剂过量 50%~100%是合适的，若沉淀剂不易挥发，则过量 20%~30%为宜。

例 8-2　计算 25 ℃时，$BaSO_4$ 在 0.10 mol · L^{-1} Na_2SO_4 中的溶解度，并与纯水中的溶解度比较。

解　$BaSO_4$ 的溶度积为 1.1×10^{-10}，设纯水中 $BaSO_4$ 的溶解度为 s_1

$$s_1 = [Ba^{2+}] = [SO_4^{2-}] = \sqrt{K_{sp}} = \sqrt{1.1 \times 10^{-10}} = 1.0 \times 10^{-5} \ (mol \cdot L^{-1})$$

设 0.10 mol · L^{-1} Na_2SO_4 中 $BaSO_4$ 的溶解度为 s_2

$$K_{sp} = s_2(s_2 + 0.10) = 0.10 s_2 \qquad s_2 = \frac{K_{sp}}{0.10} = 1.1 \times 10^{-9} \ (mol \cdot L^{-1})$$

2. 盐效应对溶解度的影响

有强电解质存在时，沉淀溶解度比在纯水中增大的现象称为盐效应(salt effect)。盐效应主要是由活度系数的改变引起的。因为高价离子活度系数受离子强度影响较大，故构晶离子电荷越高，影响也越严重。由于盐效应的存在，在利用同离子效应降低沉淀溶解度时，应考虑盐效应的影响，即沉淀剂不可过量太多，否则会使沉淀溶解度增大，达不到预期目的。

例 8-3　计算在 0.0080 mol · L^{-1} $MgCl_2$ 溶液中 $BaSO_4$ 的溶解度。

解　$$I = \frac{1}{2} \sum c_i Z_i^2 = \frac{1}{2}(c_{Mg^{2+}} \times 2^2 + c_{Cl^-} \times 1^2) = \frac{1}{2} \times (0.0080 \times 2^2 + 0.016 \times 1^2) = 0.024 \ (mol \cdot L^{-1})$$

由附表 1 查得 Ba^{2+} 的 $\mathring{a}$ 值为 500，SO_4^{2-} 的 $\mathring{a}$ 值为 400，活度系数 $\gamma_{Ba^{2+}} = 0.56$，$\gamma_{SO_4^{2-}} = 0.55$。设 $BaSO_4$ 在 0.0080 mol · L^{-1} $MgCl_2$ 溶液中的溶解度为 s，则

$$s = [Ba^{2+}] = [SO_4^{2-}] = \sqrt{K_{sp}} = \sqrt{\frac{K_{sp}^0}{\gamma_{Ba^{2+}} \gamma_{SO_4^{2-}}}} = \sqrt{\frac{1.1 \times 10^{-10}}{0.56 \times 0.55}} = 1.9 \times 10^{-5} \ (mol \cdot L^{-1})$$

3. 酸效应对溶解度的影响

溶液酸度对沉淀溶解度的影响称为酸效应(acid effect)。酸度对沉淀 M_mA_n 溶解度的影响较复杂。低酸度时，M^{n+} 可生成羟基配合物；高酸度时，A^{m-} 可以质子化生成相应的弱酸。大多讨论的酸效应是指沉淀反应中除强酸所形成的沉淀外，由弱酸或多元酸所构成的沉淀以及氢氧化物沉淀溶解度随溶液 pH 减小而增大的现象。

例如，二元酸 H_2A 形成的盐 MA，在溶液中有下列平衡：

$$MA_{(固)} \rightleftharpoons M^{2+} + A^{2-}$$
$$K_{a_2} \Big\Updownarrow H^+$$
$$HA^- \underset{K_{a_1}}{\overset{H^+}{\rightleftharpoons}} H_2A$$

H^+ 浓度增大时，平衡向右移动，生成 HA^-；H^+ 浓度更大时，甚至生成 H_2A，破坏了 MA 的沉淀平衡，使 MA 进一步溶解，甚至全部溶解。设 MA 溶解度为 $s(mol \cdot L^{-1})$，则

$$[M^{2+}] = s, \quad [A^{2-}] + [HA^-] + [H_2A] = c_{A^{2-}} = s$$

$$\alpha_{A(H)} = 1 + \beta_1[H^+] + \beta_2[H^+]^2 = 1 + \frac{[H^+]}{K_{a_2}} + \frac{[H^+]^2}{K_{a_2} K_{a_1}}$$

根据溶度积计算公式，得到

$$K'_{sp} = K_{sp} \alpha_{A(H)} \qquad s = [M^{2+}] = c_{A^{2-}} = \sqrt{K'_{sp}}$$

例 8-4 比较 CaC_2O_4 在 pH 为 4.00 和 2.00 的溶液中的溶解度(CaC_2O_4 的 $K_{sp} = 2.0 \times 10^{-9}$,$H_2C_2O_4$ 的 $K_{a_1} = 5.9 \times 10^{-2}$,$K_{a_2} = 6.4 \times 10^{-5}$)。

解 设 CaC_2O_4 在 pH=4.00 的溶液中的溶解度为 s,有

$$\alpha_{C_2O_4^{2-}(H)} = 1 + \beta_1[H^+] + \beta_2[H^+]^2 = 2.56$$

$$s = \sqrt{2.0 \times 10^{-9} \times 2.56} = 7.2 \times 10^{-5} \ (mol \cdot L^{-1})$$

同理,设 CaC_2O_4 在 pH=2.00 的溶液中的溶解度为 s',有

$$\alpha_{C_2O_4^{2-}(H)} = 185$$

$$s' = \sqrt{2.0 \times 10^{-9} \times 185} = 6.1 \times 10^{-4} \ (mol \cdot L^{-1})$$

例 8-5 10.00 mL 0.1000 mol·L^{-1} $MgCl_2$ 和 10.00 mL 0.010 mol·L^{-1} $NH_3 \cdot H_2O$ 相混合,(1)是否有沉淀生成?(2)为不使 $Mg(OH)_2$ 沉淀析出,至少应加入多少克 NH_4Cl(假定加入 NH_4Cl 后溶液的体积不变)?已知 $Mg(OH)_2$ 的 $K_{sp}=1.8 \times 10^{-11}$,$NH_3$ 的 $K_b=1.8 \times 10^{-5}$。

解 (1)混合后

$$c_{Mg^{2+}} = \frac{0.1000}{2} = 0.050\,00 (mol \cdot L^{-1}) \ , \quad c_{NH_3} = \frac{0.010}{2} = 0.0050 (mol \cdot L^{-1})$$

$$[OH^-] = \sqrt{K_b c_{NH_3}} = \sqrt{1.8 \times 10^{-5} \times 0.0050} = 3.0 \times 10^{-4} (mol \cdot L^{-1})$$

$$Q = c_{Mg^{2+}}[OH^-]^2 = 0.050\,00 \times (3.0 \times 10^{-4})^2 = 4.5 \times 10^{-9} > K_{sp} = 1.8 \times 10^{-11}$$

所以有沉淀生成。

(2)若要使 $Mg(OH)_2$ 不沉淀,要求 $Q \leqslant K_{sp}$,当 $Q = K_{sp}$ 时

$$[OH^-] = \sqrt{\frac{K_{sp}}{[Mg^{2+}]}} = \sqrt{\frac{1.8 \times 10^{-11}}{0.050\,00}} = 1.9 \times 10^{-5} \ (mol \cdot L^{-1})$$

加入 NH_4Cl 后形成 NH_4^+-NH_3 缓冲体系

$$[OH^-] = K_b \frac{c_b}{c_a} = 1.8 \times 10^{-5} \times \frac{0.0050}{c_{NH_4^+}}$$

$$c_{NH_4^+} = 4.7 \times 10^{-3} \ mol \cdot L^{-1}$$

因此,需加 NH_4Cl 的质量为

$$m = cVM = 4.7 \times 10^{-3} \ mol \cdot L^{-1} \times 0.020 \ L \times 53.49 \ g \cdot mol^{-1} = 5.0 \times 10^{-3} \ g$$

此例说明氢氧化物沉淀的溶解度随溶液 pH 减小而增大。

4. 配位效应对溶解度的影响

若沉淀剂本身具有配位能力或有其他配位剂存在,与构晶离子生成可溶性配合物,使沉淀溶解度增大,甚至不产生沉淀的影响称为配位效应(complexation effect)。配位效应大小与配体浓度及配合物的稳定性有关。配体浓度越大,生成的配合物越稳定,沉淀的溶解度越大。反应中既有同离子效应(降低沉淀的溶解度),又有配位效应(增大沉淀的溶解度)。适当过量沉淀剂时,同离子效应起主导,过量太多时配位效应起主导。对于微溶化合物 MA 的沉淀平衡,溶液中同时有配位剂 L 存在,能逐级形成配合物,根据物料平衡,得

$$s = [M] + [ML_1] + [ML_2] + \cdots + [ML_n]$$

$$= [M](1 + \beta_1[L] + \beta_2[L]^2 + \cdots + \beta_n[L]^n)$$

$$= \frac{K_{sp}}{s}(1 + \beta_1[L] + \beta_2[L]^2 + \cdots + \beta_n[L]^n)$$

$$s = \sqrt{K_{sp}(1 + \beta_1[L] + \beta_2[L]^2 + \cdots + \beta_n[L]^n)} = \sqrt{K_{sp}\alpha_{M(L)}} \tag{8-4}$$

例 8-6　计算 AgI 在 0.010 $mol \cdot L^{-1}$ NH_3 中的溶解度（AgI 的 K_{sp}= 9.3×10^{-17}，Ag^+-NH_3 配离子的 $\lg\beta_1$=3.24，$\lg\beta_2$=7.05）。

解　$[I^-] = s$，$[Ag^+]+[Ag(NH_3)^+]+[Ag(NH_3)_2^+] = s$，则副反应系数为

$$\alpha_{Ag(NH_3)} = 1+\beta_1[NH_3]+\beta_2[NH_3]^2 = 1+10^{3.24}\times10^{-2.00}+10^{7.05}\times10^{-4.00} = 10^{3.06}$$

考虑到 AgI 的溶解度很小，$Ag(NH_3)_2^+$ 的稳定常数又不是很大，在形成配合物时消耗 NH_3 的浓度很小，可以忽略不计，根据式（8-4），得

$$s = \sqrt{K_{sp}\alpha_{Ag(NH_3)}} = \sqrt{9.3\times10^{-17}\times10^{3.06}} = 3.3\times10^{-7}(mol \cdot L^{-1})$$

5. 其他因素对溶解度的影响

（1）温度的影响：沉淀的溶解度一般随温度的升高而增大。

（2）溶剂的影响：无机物沉淀大部分在有机溶剂中溶解度小。

（3）颗粒大小的影响：同一种沉淀，颗粒越小溶解度越大。

（4）形成胶体溶液的影响：无定形沉淀常会形成胶体溶液，还会因"胶溶"作用使沉淀重新分散在溶液中，且极易透过滤纸引起损失，加热或加入大量电解质可破坏胶体形成和促进胶凝作用。

（5）析出形式的影响：沉淀初形成"亚稳态"（溶解度大），放置后转化为"稳定态"。亚稳态可自发地转化为稳定态。例如，α 型 CoS（$K_{sp} = 4.0\times10^{-21}$）放置后转化为 β 型（$K_{sp} = 2.0\times10^{-25}$）。

8.2　沉淀滴定法

基于沉淀反应的滴定分析方法称为沉淀滴定法，要求沉淀物组成恒定、溶解度小、不易形成过饱和溶液、不易产生共沉淀，达到平衡时间短且具有合适的指示剂。沉淀滴定法比其他滴定分析法早出现近 50 年，18 世纪末最早的沉淀滴定法之一是在 K_2CO_3 或 K_2SO_4 溶液中，以 $Ca(NO_3)_2$ 为滴定剂，以不出现 $CaCO_3$ 或 $CaSO_4$ 沉淀为判别终点的方式；作为重要分析方法的鼎盛时期是 19 世纪以 Ag^+ 和卤素离子建立的银量法出现后。

8.2.1　滴定曲线

以银量法为例讨论和计算滴定曲线，反应为

$$Ag^+_{(液)} + Cl^-_{(液)} \rightleftharpoons AgCl\downarrow_{(固)}$$

$K_{sp} = 1.8\times10^{-10}$，反应的平衡常数为：$K=(K_{sp})^{-1}=5.6\times10^9$，$K_{sp}$ 是 AgCl 沉淀的溶度积。

设用 0.1000 $mol \cdot L^{-1}$ Ag^+ 滴定 50.00 mL 0.050 00 $mol \cdot L^{-1}$ Cl^-，由于 K 值大，反应进行完全。下面分几个阶段讨论滴定剂加入后的 pAg 和 pCl 值。

（1）滴定前，pCl = $-\lg 0.050\,00$ = 1.30。

（2）滴定开始到化学计量点前，如加入 24.50 mL 0.1000 $mol \cdot L^{-1}Ag^+$

$$[Cl^-] = \frac{c_{Cl^-}V_{Cl^-} - c_{Ag^+}V_{Ag^+}}{V_{Ag^+} + V_{Cl^-}} = \frac{0.050\,00\times50.00 - 0.1000\times24.50}{50.00 + 24.50} = 6.7\times10^{-4}(mol \cdot L^{-1})$$

$$pCl = 3.17$$

$$[Ag^+] = \frac{K_{sp}}{[Cl^-]} = \frac{1.8\times10^{-10}}{6.7\times10^{-4}} = 2.7\times10^{-7}(mol \cdot L^{-1})$$

$$pAg = 6.57$$

(3) 化学计量点时,加入 25.00 mL 0.1000 mol · L⁻¹ Ag⁺。此时 Ag⁺ 和 Cl⁻ 两种离子浓度相等,采用溶度积计算两者的浓度:

$$[Ag^+] = [Cl^-] = \sqrt{1.8 \times 10^{-10}} = 1.3 \times 10^{-5} (mol \cdot L^{-1})$$

$$pAg = pCl = 4.89$$

(4) 化学计量点后,混合物中含有过量 Ag⁺,如加入 25.50 mL 0.1000 mol · L⁻¹ Ag⁺

$$[Ag^+] = \frac{c_{Ag^+} V_{Ag^+} - c_{Cl^-} V_{Cl^-}}{V_{Ag^+} + V_{Cl^-}} = \frac{0.1000 \times 25.50 - 0.050\,00 \times 50.00}{50.00 + 25.50} = 6.6 \times 10^{-4} (mol \cdot L^{-1})$$

$$pAg = 3.18$$

$$[Cl^-] = \frac{K_{sp}}{[Ag^+]} = \frac{1.8 \times 10^{-10}}{6.6 \times 10^{-4}} = 2.7 \times 10^{-7} (mol \cdot L^{-1})$$

$$pCl = 6.57$$

根据 pAg 和 pCl 的计算数据画出沉淀滴定曲线(图 8-1)。

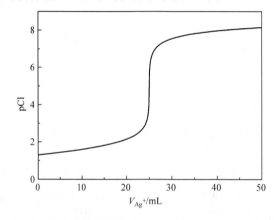

图 8-1　用 0.1000 mol · L⁻¹ Ag⁺ 滴定 50.00 mL 0.050 00 mol · L⁻¹ Cl⁻ 的滴定曲线

8.2.2　沉淀滴定

19 世纪建立了测定 Ag⁺ 和 Cl⁻、Br⁻、I⁻ 等卤素离子的沉淀滴定法——银量法。该方法的成熟是基于找到了合适的指示剂,下面分别予以介绍。

1. 莫尔法

莫尔(Mohr)法是在含有 Cl⁻ 的中性或弱碱性溶液中,以 K₂CrO₄ 为指示剂,用 AgNO₃ 标准溶液直接滴定测定 Cl⁻ 的分析方法。指示剂用量和滴定酸度是该方法中两个主要影响因素。

滴定终点时,指示剂的反应为

$$2Ag^+ + CrO_4^{2-} \rightleftharpoons Ag_2CrO_4 \downarrow (砖红色)$$

K₂CrO₄ 浓度大小会使 Ag₂CrO₄ 沉淀过早或过迟地出现,影响终点判断。应该是化学计量点时出现 Ag₂CrO₄ 沉淀最为适宜。化学计量点时, K₂CrO₄ 浓度可计算如下:

$$[Ag^+] = \sqrt{K_{sp}(AgCl)} = \sqrt{1.8 \times 10^{-10}} = 1.3 \times 10^{-5} (mol \cdot L^{-1})$$

$$[CrO_4^{2-}] = \frac{K_{sp}(Ag_2CrO_4)}{[Ag^+]^2} = \frac{2.0 \times 10^{-12}}{1.8 \times 10^{-10}} = 1.1 \times 10^{-2}(mol \cdot L^{-1})$$

故 $[CrO_4^{2-}]$ 应控制在 1.1×10^{-2} mol $\cdot$ L^{-1}。

莫尔法的 pH 范围为 6.5～10.0，CrO_4^{2-} 是弱碱，若在酸性介质中，CrO_4^{2-} 会以 $HCrO_4^-$ 形式存在或转化为 $Cr_2O_7^{2-}$($K = 4.3 \times 10^{14}$)，使 CrO_4^{2-} 浓度减小，指示终点的 Ag_2CrO_4 沉淀出现晚或不出现，导致严重测定误差。

$$2Ag_2CrO_4 + 2H^+ \rightleftharpoons 4Ag^+ + 2HCrO_4^- \rightleftharpoons 4Ag^+ + Cr_2O_7^{2-} + H_2O$$

若滴定溶液碱性太强，有氢氧化银甚至氧化银沉淀析出。

$$2Ag^+ + 2OH^- \rightleftharpoons Ag_2O\downarrow + H_2O$$

莫尔法还可用于滴定 Br$^-$、I$^-$ 及 SCN$^-$。可用返滴定法测定试样中的 Ag$^+$，即用 AgNO$_3$ 标准溶液返滴过量的 Cl$^-$，但此法选择性差。

2. 福尔哈德法

福尔哈德(Volhard)法是在酸性溶液中，以铁铵矾[NH$_4$Fe(SO$_4$)$_2$ $\cdot$ 12H$_2$O]作指示剂，用硫氰化钾或硫氰酸铵标准溶液滴定含 Ag$^+$ 的溶液。

1) 直接滴定法测定 Ag$^+$

在 HNO$_3$ 介质中进行滴定，溶液中首先析出 AgSCN 沉淀，Ag$^+$ 定量沉淀后，过量 SCN$^-$ 与 Fe^{3+} 形成红色配合物。SCN$^-$ 标准溶液指示剂反应如下：

$$Fe^{3+} + SCN^- \rightleftharpoons Fe(SCN)^{2+}(红色)$$

福尔哈德法酸度范围为 0.1～1 mol $\cdot$ L^{-1}。酸度过低，Fe^{3+} 易水解，影响红色配合物 Fe(SCN)$^{2+}$ 的生成，终点时 Fe^{3+} 浓度一般控制在 0.015 mol $\cdot$ L^{-1}。需充分摇动溶液释放出被吸附的 Ag$^+$。

2) 返滴定法测定卤素离子

在含有卤素离子的 HNO$_3$ 介质中，先加入已知过量的 AgNO$_3$ 标准溶液，然后加入铁铵矾指示剂，用 NH$_4$SCN 标准溶液返滴定过量的 AgNO$_3$。本法选择性较好。AgSCN 溶解度小于 AgCl 溶解度，过量的 SCN$^-$ 会置换 AgCl 沉淀中的 Cl$^-$ 生成溶解度更小的 AgSCN。出现 Fe(SCN)$^{2+}$ 红色后，继续摇动溶液，红色会逐渐消失，产生较大的终点误差。为减少返滴定法测定卤素离子的终点误差，可采取以下措施：①煮沸溶液减少 AgCl 沉淀对 Ag$^+$ 的吸附，过滤出凝聚的 AgCl 沉淀，用稀 HNO$_3$ 洗涤，洗涤液与滤液合并，用 NH$_4$SCN 标准溶液返滴过量的 Ag$^+$，此法称为沉淀分离法；②加入硝基苯或 1,2-二氯乙烷，阻止 SCN$^-$ 置换 AgCl 中 Cl$^-$ 的反应，此法简单，但有机溶剂有毒害且污染环境；③返滴定法测定 Br$^-$ 和 I$^-$ 时，AgBr 和 AgI 的溶解度小于 AgSCN，不发生置换反应，滴定 I$^-$ 时，指示剂要在加入过量的 AgNO$_3$ 标准溶液后才能加入，否则指示剂中的 Fe^{3+} 会氧化溶液中的 I$^-$；④根据福尔哈德法原理，增加 Fe^{3+} 的浓度可减小终点时 SCN$^-$ 的浓度，从而减小误差。实验证明，溶液中 Fe^{3+} 的浓度为 0.2 mol $\cdot$ L^{-1} 时，滴定误差将小于 ±0.1%。福尔哈德法还可用于返滴定法测定重金属硫化物。有机卤化物中的卤素同样可以采用福尔哈德法返滴定。

3. 法扬斯法

法扬斯(Fajans)法是采用吸附指示剂指示滴定终点的银量法。用 AgNO$_3$ 标准溶液为滴定剂测定 Cl$^-$ 或者用 NaCl 标准溶液为滴定剂测定 Ag$^+$ 都可采用吸附指示剂。吸附指示剂是一些有机染料，它们的阴离子在溶液中容易被带正电荷的胶状沉淀所吸附，吸附后其结构发生变化，导致吸附到沉淀上的颜色与其在溶液中的颜色不同而指示滴定终点。

银量法中使用吸附指示剂，应尽量使沉淀的比表面积大些，即沉淀颗粒要小些。通常加入糊精、淀粉作为保护胶体，防止 AgCl 过分凝聚；被滴定物溶液浓度不能太低，否则终点指示剂变色不易观察；避免强光下进行滴定，因卤化银沉淀对光敏感，很快会变为灰黑色，影响终点观察。各种吸附指示剂的特性差别很大，对滴定条件(如酸度)要求有所不同，适用范围也不同。指示剂的被吸附能力要适当，根据实验结果选定指示剂，卤化银对卤化物和几种吸附指示剂的吸附能力的大小顺序如下：$I^->SCN^->Br^->$曙红$>Cl^->$荧光素。表 8-1 是一些重要的吸附指示剂的应用示例。

表 8-1　一些吸附指示剂的应用示例

指示剂	被测定离子	滴定剂	滴定条件
荧光黄	Cl^-	Ag^+	pH 为 7~10(一般为 7~8)
二氯荧光黄	Cl^-	Ag^+	pH 为 4~10(一般为 5~8)
曙红	Br^-, I^-, SCN^-	Ag^+	pH 为 2~10(一般为 3~8)
溴甲酚绿	SCN^-	Ag^+	pH 为 4~5
甲基紫	Ag^+	Cl^-	酸性溶液
罗丹明 6G	Ag^+	Br^-	酸性溶液
钍试剂	SO_4^{2-}	Ba^{2+}	pH 为 1.5~3.5
溴酚蓝	Hg_2^{2+}	Cl^-, Br^-	酸性溶液

8.3　重量分析法

8.3.1　重量分析法概述

重量分析法是基于用化学相关方法测定纯物质质量的定量方法。常用的分离待测组分的方法有沉淀法、气化法(又称为挥发法)和电解法，本节主要介绍沉淀法。沉淀法是利用沉淀剂与被测物反应，使被测组分生成微溶化合物的形式沉淀出来，再经过过滤、洗涤、烘干或灼烧，称量并计算其含量。沉淀形式(precipitation form)和称量形式(weighing form)可相同，也可不同。例如，用 $BaSO_4$ 重量法测定 Ba^{2+} 或 SO_4^{2-} 时，沉淀形式和称量形式都是 $BaSO_4$；用 $(NH_4)_2HPO_4$ 重量法测定 Mg^{2+} 时，沉淀形式是 $MgNH_4PO_4 \cdot 6H_2O$，灼烧后转化为 $Mg_2P_2O_7$ 形式称量。

重量分析中对沉淀形式的要求是：①沉淀的溶解度小，才能使被测组分沉淀完全；②便于过滤和洗涤；③沉淀纯净，避免混杂沉淀剂或其他杂质；④沉淀容易全部转化为称量形式。

重量分析中对称量形式的要求是：①必须有确定的化学组成，否则无法计算结果；②性质稳定，不受空气中水分、CO_2 和 O_2 等影响；③摩尔质量大，这样待测组分在其中所占比例较小，可以减小称量误差，提高测定准确度。

重量分析法准确度较高，但耗时。其相对误差一般为±0.1%~±0.2%，精确测定硅、硫、镍等元素多采用重量分析法。

8.3.2　沉淀的类型和形成

1. 沉淀的类型

沉淀有三种类型：①晶形沉淀(crystalline precipitate)，晶形沉淀的颗粒最大，直径为 0.1～ 1 μm，内部排列较规则，结构紧密，易于沉降、过滤和洗涤，如 $BaSO_4$ 是典型的晶形沉淀；②无定形沉淀(amorphous precipitate)，又称为非晶形沉淀或胶状沉淀(gelatinous precipitate)，无定形沉淀的颗粒很小，直径一般小于 0.02 μm，颗粒内部排列杂乱无章，又包含大量数目不定的水分子，是疏松的絮状沉淀，体积庞大，不易沉降，也不利于过滤和洗涤，如 $Fe_2O_3 \cdot nH_2O$ 是典型的无定形沉淀；③凝乳状沉淀，颗粒大小介于前两者之间，如 AgCl。重量分析中，最好能获得晶形沉淀。晶形沉淀有粗晶形沉淀(如 $MgNH_4PO_4$)和细晶形沉淀(如 $BaSO_4$)之分。对无定形沉淀，应注意掌握好沉淀条件，以改善沉淀的物理性质。沉淀的颗粒大小与构晶离子的浓度有关，也与溶解度有关。冯·韦曼(Von Weimarn)深入研究影响沉淀颗粒大小的因素后，提出的经验公式说明沉淀的分散度(表示沉淀颗粒大小)与溶液的相对过饱和程度有关，即

$$分散度 = \frac{K(c_Q - s)}{s} \tag{8-5}$$

式中，c_Q 为加入沉淀剂瞬间沉淀物的总浓度；s 为开始沉淀时沉淀物质的溶解度；$c_Q - s$ 为沉淀开始瞬间的过饱和度，是引起沉淀作用的动力；$(c_Q - s)/s$ 为沉淀开始瞬间的相对过饱和度；K 为常数，与沉淀的性质、介质及温度等因素有关。

2. 沉淀的形成过程

沉淀的形成较为复杂，目前对晶形沉淀的形成研究较多。一般认为在沉淀过程中，粗略地分为晶核(crystal nucleus)的形成和晶体的成长两个基本阶段。晶核的形成有两种情况：一种是均相成核(homogeneous nucleation)作用，是指在过饱和溶液中，构晶离子由于静电作用，通过离子缔合自发地形成晶核；另一种是异相成核(heterogeneous nucleation)作用，是指沉淀过程中，溶液中混有固体微粒作为晶种(crystal seed)诱导沉淀的形成。一般情况下，溶液中不可避免地混有不同数量的固体微粒，对沉淀的形成起诱导作用，它们起晶种的作用。例如，化学纯试剂所配制的溶液每毫升约有 10 个不溶微粒，而分析纯试剂也含有约 $0.1\ mg \cdot mL^{-1}$ 的微溶性杂质。这些微粒也起晶种的作用。

产生均相成核所需的相对过饱和程度对不同沉淀是不同的，相对过饱和度越大，越易引起均相成核作用。图 8-2 是沉淀 $BaSO_4$ 时溶液浓度与晶核数目的关系曲线。开始沉淀时，$BaSO_4$ 瞬时浓度在约 $10^{-2}\ mol \cdot L^{-1}$ 以下时溶液中含有大量的不溶微粒，主要为异相成核作用，晶核数目基本不变。$BaSO_4$ 的瞬时浓度继续增大至 $10^{-2}\ mol \cdot L^{-1}$ 以上时，均相成核作用引起晶核数目激增，曲线上的转折点是沉淀反应由异相成核作用转化为既有异相成核作用又有均相成核作用。$BaSO_4$ 临界 $c_Q/s =$ $10^{-2}/10^{-5} = 1000$。临界 c_Q/s 值越大，表明该沉淀越不易均相成核，只有在较大的相对过饱和度情况下，才出现均相成核作用。不同的沉淀临界 c_Q/s 如表 8-2 所示。

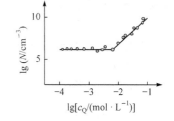

图 8-2　沉淀 $BaSO_4$ 时溶液浓度 $c_Q(mol \cdot L^{-1})$ 与晶核数目(N)的关系

表 8-2   几种微溶化合物的临界 c_Q/s 和临界晶核半径

微溶化合物	c_Q/s	晶核半径/nm
$BaSO_4$	1000	0.43
$CaC_2O_4 \cdot H_2O$	31	0.58
$AgCl$	5.5	0.54
$SrSO_4$	39	0.51
$PbSO_4$	28	0.53
$PbCO_3$	106	0.45
$SrCO_3$	30	0.50
CaF_2	21	0.43

3. 晶形沉淀和无定形沉淀的形成

沉淀过程中, 晶核形成后, 溶液中的构晶离子向晶核表面扩散运动并沉积在晶核上, 使晶核逐渐长大, 形成沉淀微粒。这种沉淀微粒有聚集为更大聚集体的倾向, 聚集速率主要与溶液的相对过饱和度成正比。同时, 构晶离子又具有一定的晶格排列而形成大晶粒的倾向, 定向速率主要与物质的性质有关, 极性较强的盐类一般具有较大的定向速率, 如 $BaSO_4$、$MgNH_4PO_4$ 等。若聚集速率慢, 定向速率快, 则得到晶形沉淀; 反之, 则得到无定形沉淀。

8.3.3 影响沉淀纯度的因素

沉淀从溶液中析出夹杂的杂质影响重量分析的结果, 主要原因有共沉淀和后沉淀。

1. 共沉淀

沉淀析出时, 溶液中的某些其他组分原本在该条件下是可溶的, 却被沉淀带下来而混杂于沉淀之中的现象称为共沉淀(coprecipitation), 它是沉淀重量分析中误差的主要来源之一。共沉淀分离法就是利用共沉淀的原理, 将溶液中的痕量组分富集于某一沉淀之中。共沉淀的原因主要是表面吸附(adsorption)、吸留(occlusion)和包夹(inclusion)以及形成混晶(mixed crystal)。

1)表面吸附

晶体表面离子电荷不完全等恒, 导致沉淀表面吸附杂质。AgCl 沉淀表面吸附杂质时, Ag^+ 或 Cl^- 至少有一面未被带相反电荷的离子所包围, 静电引力不平衡, 使其具有吸引带相反电荷离子的能力。AgCl 在过量 NaCl 溶液中, 沉淀表面上 Ag^+ 比较强地吸附溶液中的 Cl^-, 组成吸附层。然后 Cl^- 通过静电引力, 进一步吸附溶液中的 Na^+ 或 H^+ 等阳离子, 即抗衡离子, 组成扩散层。这些抗衡离子中, 通常有小部分被 Cl^- 强烈吸附, 也在吸附层中。吸附层和扩散层共同组成沉淀表面的双电层, 从而使电荷达到平衡。双电层能随沉淀一起沾污沉淀。离子的价态越高, 浓度越大, 则越易被吸附; 沉淀的总表面积和溶液的温度都与沾污程度有关。

2)吸留和包夹

在沉淀过程中, 晶体生长太快而使表面吸附的杂质离子来不及离开沉淀表面就被沉积的离子所覆盖, 杂质被包藏在沉淀内部, 这种现象称为吸留。有时母液也可包夹在沉淀之中引起共沉淀。这类共沉淀很难用洗涤法除去, 可通过陈化(aging)或重结晶(recrystallization)的方法减少杂质。

3)生成混晶或固溶体

由于杂质离子的半径与构晶离子的半径相近, 所形成的晶体结构相同, 在沉淀过程中杂质离子可在晶格上取代构晶离子，极易生成混晶。混晶是固溶体的一种。在有些混晶中，杂质离子或原子位于晶格的空隙中，称为异型混晶。混晶的生成使沉淀严重不纯。例如，钡或镭的硫酸盐、溴化物和硝酸盐等，都易形成混晶。有时杂质离子与构晶离子的晶体结构不同，在一定条件下也能形成异型混晶。例如，$MnSO_4 \cdot 5H_2O$ 和 $FeSO_4 \cdot 7H_2O$ 属于不同的晶系，但可形成异型混晶，一旦形成混晶，很难用洗涤、陈化，甚至重结晶等改善沉淀纯度，故应将可能形成混晶的杂质预先除去。

2. 后沉淀

某些组分析出沉淀后与母液放置一段时间(陈化)，溶液中某些本来难以析出沉淀的组分在该沉淀表面上逐渐析出沉淀的现象称为后沉淀(postprecipitation)。例如，在含有 $0.01\ mol \cdot L^{-1}$ Zn^{2+} 的 $0.15\ mol \cdot L^{-1}$ HCl 溶液中通入 H_2S 气体后，有 ZnS 沉淀析出，析出速率非常慢。当加入 Cu^{2+}，通入 H_2S 后，首先析出 CuS 沉淀。此时沉淀中夹杂的 ZnS 量并不显著。放置一段时间后，便不断有 ZnS 在 CuS 的表面析出。这种现象就是后沉淀现象。后沉淀引入杂质的量随沉淀在试液中放置时间增长而增多，程度有时较严重，与被测组分的量差不多。

3. 减少沉淀沾污的方法

重量分析中要求沉淀完全、纯净、易于过滤和洗涤，减少溶解损失获得准确的分析结果。可通过选择适当的分析步骤、选择合适的沉淀剂、改变杂质的存在形式、再沉淀和改善沉淀条件(包括溶液浓度、温度、试剂的加入次序和速度、陈化与否等，如表 8-3 所示)减少沾污。如沉淀的纯度提高仍然不大，可测定沉淀中的杂质，再对分析结果加以校正。

表 8-3　沉淀条件对沉淀纯度的影响

沉淀条件	混晶	表面吸附	吸留或包夹	后沉淀
稀释溶液	0	+	+	0
慢沉淀	不定	+	+	−
搅拌	0	+	+	0
陈化	不定	+	+	−
加热	不定	+	+	0
洗涤沉淀	0	+	0	0
再沉淀	+	+	+	+

注：+代表提高纯度，−代表降低纯度，0代表影响不大。有时再沉淀也无效果，则应选用其他沉淀剂。

8.3.4　沉淀条件的选择

1. 晶形沉淀的沉淀条件

(1)应在适当稀的溶液中进行，以控制较小的相对过饱和度，得到大颗粒晶形沉淀。溶解度较大的沉淀，溶液不宜过分稀释。

(2)应在不断搅拌下缓慢地加入沉淀剂，以避免"局部过浓"现象。局部过浓会使部分溶液的相对过饱和度变大，导致均相成核，易得颗粒较小、纯度差的沉淀。

(3)应在热溶液中进行，可增大沉淀的溶解度，降低溶液的相对过饱和度获得大的晶粒；又能减少杂质的吸附量，提高沉淀纯净度。溶液温度的升高也有利于加快晶体的生长。

(4)陈化。将初生成的沉淀与母液一起放置一段时间，这一过程称为陈化。陈化过程中，不完整的晶粒转化为完整的晶粒，亚稳态的沉淀转化为稳定态的沉淀。陈化作用能使沉淀更加纯净。但陈化作用对伴随有混晶共沉淀的沉淀，不一定能提高纯度；对伴随有继沉淀的沉淀，不仅不能提高纯度，有时反而会降低纯度。

(5)采用均匀沉淀法(homogeneous precipitation)。沉淀反应中，沉淀剂即使是在不断搅拌下缓慢地加入，沉淀剂的局部过浓现象仍很难避免。为此，可采用均匀沉淀法。该法加入的试剂通过一个缓慢的化学反应过程，逐步地、均匀地在溶液内部产生构晶阳离子或阴离子，使沉淀在整个溶液中缓慢地、均匀地析出，避免局部过浓现象。均匀沉淀法中的沉淀剂，如 $C_2O_4^{2-}$、PO_4^{3-}、S^{2-}等，可用相应的有机酯类化合物或其他化合物水解而获得(表 8-4)，也可利用配合物分解反应和氧化还原反应进行均匀沉淀。用均匀沉淀法得到的沉淀，颗粒较大，表面吸附杂质少，易过滤洗涤，甚至可以得到晶形的 $Fe_2O_3 \cdot nH_2O$、$Al_2O_3 \cdot nH_2O$ 等水合氧化物沉淀，但仍不能避免后沉淀和混晶共沉淀现象。

表 8-4 某些均匀沉淀法的应用

沉淀剂	加入试剂	反应	被测组分
OH^-	尿素	$CO(NH_2)_2 + H_2O = CO_2\uparrow + 2NH_3$	Al^{3+}、Fe^{3+}、Th^{4+}、Ca^{2+}、Ga^{3+}、Zr^{4+}、Zn^{2+}、Sb^{2+}、稀土离子等
OH^-	六亚甲基四胺	$(CH_2)_6N_4 + 6H_2O = 6HCHO + 4NH_3$	Bi^{3+}、Cd^{2+}、Cu^{2+}、Th^{4+}、Pb^{2+}
PO_4^{3-}	磷酸三甲酯	$(CH_3)_3PO_4 + 3H_2O = 3CH_3OH + H_3PO_4$	$Zr(IV)$、$Hf(IV)$
$C_2O_4^{2-}$	草酸二甲酯	$(CH_3)_2C_2O_4 + 2H_2O = 2CH_3OH + H_2C_2O_4$	Al^{3+}、Ca^{2+}、Th^{4+}、U^{4+}、稀土离子
SO_4^{2-}	硫酸二甲酯	$(CH_3)_2SO_4 + 2H_2O = 2CH_3OH + SO_4^{2-} + 2H^+$	Ba^{2+}、Ca^{2+}、Sr^{2+}、Pb^{2+}
S^{2-}	硫代乙酰胺	$CH_3CSNH_2 + H_2O = CH_3CONH_2 + H_2S$	$As(III, V)$、$Fe(II, III)$等各种硫化物

2. 无定形沉淀的沉淀条件

(1)应在较浓的溶液中进行，加入沉淀剂的速度可适当加快。溶液浓度大时，可以减小离子的水化程度，得到的沉淀含水量少，结构较紧实，易凝聚。但浓溶液中杂质的浓度也相应提高，因此在沉淀完全后，需要加热水适当稀释，充分搅拌，使大部分吸附在沉淀表面上的杂质转移到溶液中。沉淀时不断搅拌，对无定形沉淀也是有利的。

(2)应在热溶液中进行。在热溶液中进行沉淀，离子的水化程度较小，有利于得到含水量少、结构紧密的沉淀，还可以促进沉淀微粒的凝聚，防止形成胶体溶液。热溶液还可以减少沉淀表面对杂质的吸附。

(3)沉淀时加入大量电解质或某些能引起沉淀微粒凝聚的胶体。电解质能中和胶体微粒的电荷，降低其水化程度，有利于胶体微粒的凝聚。洗涤液中也加入适量的电解质，可防止洗涤沉淀时发生胶溶现象。

(4)不必陈化。沉淀完全后，趁热过滤、洗涤。无定形沉淀放置后将逐渐失水而聚集得更为紧密，使已吸附的杂质难以洗去。

8.3.5 重量分析结果的计算

重量分析中，若最后获得的称量形式与被测组分的形式不同，需要进行换算。被测组分的摩尔质量与称量形式的摩尔质量之比是常数，通常称为换算因数(stoichiometric factor)，即重量分析因数，以 F 表示。换算因数可按有关化学式求得，在表示 F 时，分子或分母需乘上适当系数，以使分子、分母中主要元素的原子数相等(表 8-5)。由称量形式的质量 m、试样的质量 m_s 及换算因数 F，可求得被测组分的质量分数。

表 8-5　根据化学式计算换算因数

被测组分	称量形式	换算因数 F
Ba	$BaSO_4$	$M_{Ba}/M_{BaSO_4}=0.5884$
MgO	$Mg_2P_2O_7$	$2M_{MgO}/M_{Mg_2P_2O_7}=0.3622$
Fe_3O_4	Fe_2O_3	$2M_{Fe_3O_4}/3M_{Fe_2O_3}=0.9666$

$$w=\frac{mF}{m_s}\times100\% \qquad (8\text{-}6)$$

可用几种方法配合分析化学性质十分相似元素的混合物中各元素的含量。

例 8-7　称取不纯的锆和铪混合氧化物 0.1000 g，用杏仁酸重量法测定锆、铪的含量，灼烧后，得 ZrO_2 和 HfO_2 共 0.0994 g。将沉淀溶解，分别取 1/4 体积的溶液，用 EDTA 滴定，用去 0.010 00 mol·L^{-1} EDTA 20.10 mL。求试样中 ZrO_2 和 HfO_2 的质量分数(ZrO_2 和 HfO_2 相对分子质量分别为 123.2 和 210.5)。

解　设混合氧化物中 ZrO_2 为 x g，HfO_2 为 y g，由题意得到

$$x+y=0.0994 \qquad (1)$$
$$1000\times x/123.2+1000\times y/210.5=4\times0.010\,00\times20.10 \qquad (2)$$

解方程(1)和(2)求得

$$m_{ZrO_2}=0.0986\ g,\quad w_{ZrO_2}=0.986$$
$$m_{HfO_2}=0.0008\ g,\quad w_{HfO_2}=0.008\,00$$

8.3.6　有机沉淀剂

重量分析中，有机沉淀剂与无机沉淀剂相比有明显的特点：试剂品种多，有些试剂的选择性很高；所形成沉淀的溶解度小，有利于被测物质沉淀完全；沉淀吸附无机杂质较少，易于过滤和洗涤；所得沉淀的摩尔质量大，被测组分在称量形式中占的百分比小，有利于提高分析准确度；有些组成恒定，经烘干后即可称量，简化了操作。也有些缺点，如试剂本身在水中的溶解度小而被夹杂在沉淀中；沉淀易黏附于器壁或漂浮于溶液表面使操作不便。

1. 有机沉淀剂的分类

有机沉淀剂可分为生成螯合物的沉淀剂和生成离子缔合物的沉淀剂两类。
1)生成螯合物的沉淀剂
作为沉淀剂的螯合剂至少有两种基团，即酸性基团(—OH、—COOH、—SH、—SO₃H 等)和碱性基团(—NH₂、—NH—、N≡、—CO—、—CS—等)。金属离子与有机螯合沉淀剂反应，生成微溶于水的螯合物沉淀。沉淀易溶于适当的有机溶剂中，且可被该溶剂萃取，有机沉淀剂常是萃取剂。
2)生成离子缔合物的沉淀剂
利用一种相对分子质量较大的有机试剂，在水溶液中以阳离子或阴离子形式存在，与带相

反电荷的离子反应后，可生成微溶性的离子缔合物沉淀。

有机沉淀剂与金属离子生成沉淀的溶解度与试剂中所含的疏水基团(烷基、苯基、萘基、卤代烃基等)和亲水基团(—SO_3H、—OH、—$COOH$、—NH_2、—NH—等)有关。例如，杏仁酸是沉淀 $Zr(\text{IV})$ 的良好试剂，但沉淀溶解度较大。如果用对溴杏仁酸或对氯杏仁酸作为 $Zr(\text{IV})$ 的沉淀剂，则 $Zr(\text{IV})$ 沉淀较完全。

2. 有机沉淀剂应用示例

表 8-6 列出了一些用于重量分析的有机沉淀剂。

表 8-6　某些用于重量分析的有机沉淀剂

试剂名称	结构	被沉淀的元素
α-苯偶姻肟	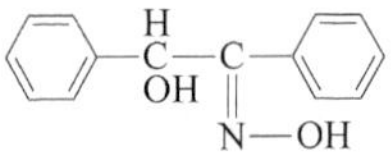	Bi、Cu、Mo、Zn
丁二酮肟	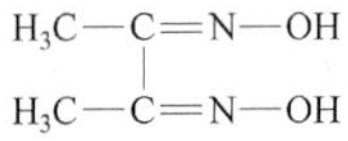	Ni、Pd
8-羟基喹啉	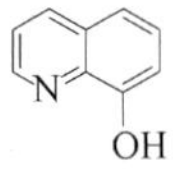	Al、Bi、Cd、Cu、Fe、Mg、Pb、Ti、U、Zn
硝酸灵	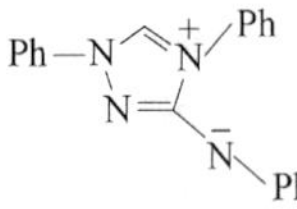	ClO_4^-、NO_3^-
亚硝基苯胲铵(铜铁灵)	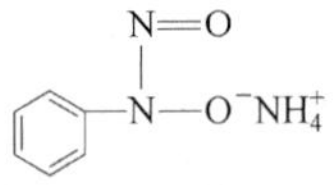	Fe、V、Ti、Zr、Sn、U
二乙基二硫代氨基甲酸钠	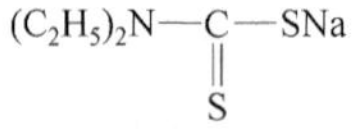 $(C_2H_5)_2N\!-\!\overset{\displaystyle S}{C}\!-\!SNa$	酸性溶液中能沉淀很多金属 $M^{n+}+n\text{NaR}\longrightarrow MR_n+n\text{Na}^+$
1-亚硝基-2-萘酚	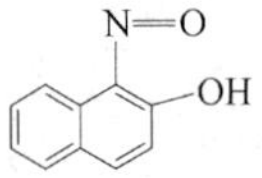	Bi、Cr、Co、Hg、Fe
四苯硼酸钠	$Na^+B(C_6H_5)_4^-$	Ag^+、Cs^+、K^+、NH_4^+、Rb^+
氯化四苯胂	$(C_6H_5)_4As^+Cl^-$	ClO_4^-、MnO_4^-、MoO_4^{2-}、ReO_4^-、WO_4^{2-}

思考题与习题

1. 什么是沉淀滴定法？沉淀滴定法所用的沉淀反应必须具备哪些条件？
2. 用银量法测定下列试样：(1) $BaCl_2$；(2) KCl；(3) NH_4Cl；(4) $KSCN$；(5) $NaCO_3+NaCl$；(6) $NaBr$。各应选用何种方法确定终点？为什么？
3. 解释下列名词：沉淀形式，称量形式，固有溶解度，同离子效应，盐效应，酸效应，配位效应，聚集速率，定向速率，共沉淀现象，后沉淀现象，再沉淀，陈化，均匀沉淀法，换算因数。
4. 活度积、溶度积、条件溶度积有何区别？影响沉淀溶解度的因素有哪些？简述沉淀的形成过程，形成沉淀的类型与哪些因素有关？$BaSO_4$ 和 $AgCl$ 的 K_{sp} 相差不大，在相同条件下进行沉淀，为什么所得沉淀的类型不同？

5. 简要说明晶形沉淀和无定形沉淀的沉淀条件。为什么要进行陈化？哪些情况不需要进行陈化？均匀沉淀法有何优点？有机沉淀剂较无机沉淀剂有何优点？有机沉淀剂一般有哪些类型？

6. 称取 NaCl 基准试剂 0.1173 g，溶解后加入 30.00 mL AgNO$_3$ 标准溶液，过量的 Ag$^+$需用 3.20 mL NH$_4$SCN 标准溶液滴定至终点。已知 20.00 mL AgNO$_3$ 标准溶液与 21.00 mL NH$_4$SCN 标准溶液能完全作用，则 AgNO$_3$ 和 NH$_4$SCN 溶液的浓度各为多少？

(0.074 21 mol $\cdot$ L^{-1}，0.070 67 mol $\cdot$ L^{-1})

7. 取 NaCl 试液 20.00 mL，加入 K$_2$CrO$_4$ 指示剂，用 0.1023 mol $\cdot$ L^{-1} AgNO$_3$ 标准溶液滴定，用去 27.00 mL，则每升溶液中含 NaCl 多少克？

(7.974 g $\cdot$ L^{-1})

8. 称取银合金样 0.3000 g，溶解后加入铁铵矾指示剂，用 0.1000 mol $\cdot$ L^{-1} NH$_4$SCN 标准溶液滴定，用去 23.80 mL，计算银的质量分数。

(85.58%)

9. 称取可溶性氯化物试样 0.2266 g，用水溶解后，加入 0.1121 mol $\cdot$ L^{-1} AgNO$_3$ 标准溶液 30.00 mL。过量的 Ag$^+$用 0.1185 mol $\cdot$ L^{-1} NH$_4$SCN 标准溶液滴定，用去 6.50 mL，计算试样中氯的质量分数。

(40.56%)

10. 用移液管从食盐液槽中吸取试液 25.00 mL，采用莫尔法进行测定，滴定用去 0.1013 mol $\cdot$ L^{-1} AgNO$_3$ 标准溶液 25.36 mL。往液槽中加入食盐(含 NaCl 96.61%) 4.5000 kg，溶解后混合均匀，再吸取 25.00 mL 试液，滴定用去 AgNO$_3$ 标准溶液 28.42 mL。若吸取试液对液槽中溶液体积的影响可以忽略不计，则液槽中食盐溶液的体积为多少升？

(6000 L)

11. 称取纯 KIO$_x$ 试样 0.5000 g，将碘还原成碘化物后，用 0.1000 mol $\cdot$ L^{-1} AgNO$_3$ 标准溶液滴定，用去 23.36 mL。计算分子式中的 x。

(3)

12. 取 0.1000 mol $\cdot$ L^{-1} NaCl 溶液 30.00 mL，加入 0.1000 mol $\cdot$ L^{-1} AgNO$_3$ 溶液 50.00 mL，以铁铵矾作指示剂，用 0.1000 mol $\cdot$ L^{-1} NH$_4$SCN 溶液滴定过量的 Ag$^+$，终点时 Fe^{3+}的浓度为 0.015 mol $\cdot$ L^{-1}。因为没有采取防止 AgCl 转化成 AgSCN 的措施，滴定至稳定的红色不再消失作为终点。此时 FeSCN^{2+}的浓度为 6.4×10^{-6} mol $\cdot$ L^{-1}，计算滴定误差。已知 FeSCN^{2+}的形成常数 K=138。

(−1.9%)

13. 计算 BaSO$_4$ 的溶解度：(1)在纯水中；(2)考虑同离子效应，在 0.10 mol $\cdot$ L^{-1} BaCl$_2$ 溶液中；(3)考虑盐效应，在 0.10 mol $\cdot$ L^{-1} NaCl 溶液中；(4)考虑酸效应，在 2.0 mol $\cdot$ L^{-1} HCl 溶液中；(5)考虑配位效应，在 pH=8.0、0.010 mol $\cdot$ L^{-1} EDTA 溶液中。

(1.0×10^{-5} mol $\cdot$ L^{-1}；1.1×10^{-9} mol $\cdot$ L^{-1}；2.9×10^{-5} mol $\cdot$ L^{-1}；1.5×10^{-4} mol $\cdot$ L^{-1}；4.4×10^{-6} mol $\cdot$ L^{-1})

14. 计算在 pH=2.00 时 CaF$_2$ 的溶解度。

(1.1×10^{-3} mol $\cdot$ L^{-1})

15. Ag$_2$CrO$_4$ 沉淀的溶解度在下列溶液中何者为大：(1) 0.0010 mol $\cdot$ L^{-1} AgNO$_3$ 溶液中；(2) 0.0010 mol $\cdot$ L^{-1} K$_2$CrO$_4$ 溶液中。

(后者)

16. 若[NH$_3$]+[NH$_4^+$]=0.10 mol $\cdot$ L^{-1}，pH=9.26，计算 AgCl 沉淀此时的溶解度。

(2.3×10^{-3} mol $\cdot$ L^{-1})

17. 当 pH=4.00，溶液中过量的草酸为 0.10 mol $\cdot$ L^{-1}，未与 Pb^{2+}配位的 EDTA 的总浓度为 0.010 mol $\cdot$ L^{-1}，计算 PbC$_2$O$_4$ 此时的溶解度。已知 PbC$_2$O$_4$ 的 K_{sp}=10$^{-9.70}$。

(0.20 mol $\cdot$ L^{-1})

18. 考虑 CO$_3^{2-}$ 的水解作用，计算 CaCO$_3$ 在纯水中的溶解度和溶液的 pH。

(9.7×10^{-5} mol $\cdot$ L^{-1}，9.90)

19. 计算下列各组的换算因数：称量形式分别为 $Mg_2P_2O_7$、Fe_2O_3、$BaSO_4$，测定组分分别为 P_2O_5、$(NH_4)_2Fe(SO_4)_2 \cdot 6H_2O$、$SO_3$。

(0.6378，4.911，0.3430)

20. 称取过磷酸钙肥料试样 0.4891 g，经处理后得到 0.1136 g $Mg_2P_2O_7$，计算试样中 P_2O_5 和 P 的质量分数。

(14.82%，6.464%)

21. 设有可溶性氯化物、溴化物、碘化物的混合物 1.200 g，加入 $AgNO_3$ 沉淀剂使其沉淀为卤化物后，质量为 0.4500 g，卤化物经加热并通入氯气使 AgBr、AgI 等转化为 AgCl 后，混合物的质量为 0.3300 g，若用同样质量的试样加入 $PdCl_2$ 处理，其中只有碘化物转化为 PdI_2 沉淀，质量为 0.0900 g。计算原混合物氯、溴、碘的质量分数。

(0.396%，11.12%，5.28%)

第9章 紫外-可见吸收光谱法

9.1 紫外-可见吸收光谱的基本原理

9.1.1 概述

紫外-可见吸收光谱法(ultraviolet-visible spectrometry，UV-Vis)简称紫外-可见光谱，基于分子吸收紫外-可见光谱区域的电磁辐射而产生的吸收光谱建立，其提供的分子结构信息有限，但对于定量分析却尤为重要。紫外-可见光谱研究最为广泛的是近紫外到近红外区域的电磁波谱，其波长介于200~1100 nm，如图9-1所示。通常可将紫外-可见吸收光谱分为三个波谱区域：近紫外光区(200~380 nm)、可见光区(380~780 nm)、近红外光区(780~1100 nm)。波长为10~200 nm的光谱区域称为远紫外光区，也称真空紫外光区。这种波长能够被空气中的氮、氧、二氧化碳和水所吸收，必须在绝对真空状态下进行，实验技术要求较高，因此对该区域的光谱研究较少。商用紫外-可见光谱仪通常涵盖200~900 nm波长区间，长波长区间取决于检测器，高端仪器可延伸至波长为3300 nm的中红外光区。

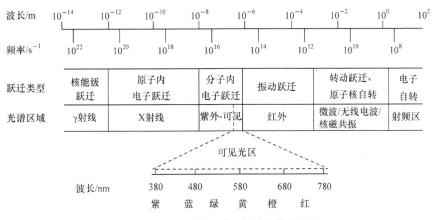

图 9-1 电磁辐射波谱和相关的能量跃迁

紫外-可见吸收光谱法具有仪器设备简单、易于操作、灵敏度高等特点，是最早应用的有机结构鉴定的物理方法之一，广泛应用于化学、生化、医药、食品、环境等领域。

9.1.2 紫外-可见吸收光谱的产生机理

1. 分子能级轨道概述

分子中存在电子运动、振动和转动三种运动状态，每种运动状态都有相应的能级，即分子中存在电子能级(electron energy level)、振动能级(vibration energy level)和转动能级(rotation energy level)，这三种能级都是量子化的。

当分子吸收电磁辐射能量时可引起电子能级、振动能级和转动能级的跃迁，如图9-2所示。因此，分子对电磁辐射的吸收是分子能量变化的总和，即

$$\Delta E = \Delta E_{el} + \Delta E_{vib} + \Delta E_{rot} \tag{9-1}$$

式中，ΔE 为分子的总能量变化；ΔE_{el}、ΔE_{vib} 和 ΔE_{rot} 分别为电子能级、振动能级和转动能级的能量变化。其中，ΔE_{el} 最大，为 $1\sim20$ eV，能级跃迁一般吸收紫外、可见光；ΔE_{vib} 次之，为 $0.05\sim1$ eV，能级跃迁一般吸收近红外光；ΔE_{rot} 最小，通常小于 0.05 eV，能级跃迁一般吸收远红外光。

2. 吸收光谱

紫外-可见光谱区域电磁辐射能量与电子跃迁所需能量相近。当紫外-可见光区域电磁辐射被分子吸收时，主要发生电子能级跃迁，也称为分子的电子吸收光谱，同时伴随着振动、转动能级的跃迁，产生成千上万条彼此靠得很紧的谱线，看起来是连续的吸收带，如图 9-3 所示。

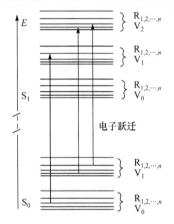

图 9-2 分子的电子能级(S)、振动能级(V)
和转动能级(R)示意图

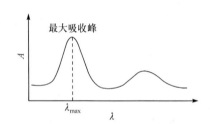

图 9-3 紫外-可见光谱示意图

吸收光谱是以吸光度(A)或透射率(T)为纵坐标，入射光波长 λ 为横坐标绘制的光谱曲线，也称吸收曲线。图 9-3 中吸光度最大处对应的吸收峰称为最大吸收峰，其对应的波长称为最大吸收波长(λ_{max}，单位为 nm)，该波长下具有最大摩尔吸光系数(ε_{max}，单位为 L·mol^{-1}·cm^{-1})，一般以该波长作为定量测试波长，以获得较高的分析灵敏度。

3. 有机化合物紫外-可见吸收光谱产生机理

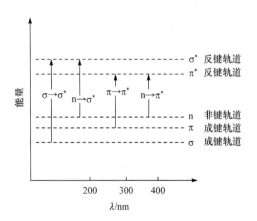

图 9-4 电子能级及电子跃迁示意图

有机化合物分子中电子类型一般包括σ电子、π电子、非键的n电子。当这些电子吸收能量后，由能量较低的成键轨道(σ、π)和非键轨道(n)跃迁到能量较高的反键轨道(σ*、π*)上。能量高低次序为 σ*>π*>n>π>σ，可能产生的跃迁为 σ→σ*、σ→π*、π→σ*、π→π*、n→σ*、n→π*，其中 σ→π* 和 π→σ* 跃迁为禁阻跃迁，故分子中仅存在 σ→σ*、π→π*、n→σ*、n→π*四种允许跃迁方式，如图 9-4 所示。

1)σ→σ*跃迁

σ→σ*跃迁所需能量最大，一般其最大吸收波长 $\lambda_{max}<170$ nm。饱和烃类化合物发生 σ→σ*跃迁，

如甲烷中 C—H 键 $\lambda_{max} = 125$ nm，乙烷中 C—C 键 $\lambda_{max} = 135$ nm，位于远紫外光区（或真空紫外光区）。因此，在紫外-可见光谱分析中，饱和烃类化合物多用作溶剂。

2）$n \rightarrow \sigma^*$ 跃迁

分子中含有未成键孤对电子原子（如含有 S、N、O、Cl、Br、I 等原子的饱和烃衍生物）时，可发生 $n \rightarrow \sigma^*$ 跃迁，如 CH_3OH 的 $\lambda_{max} = 184$ nm，CH_3Cl 的 $\lambda_{max} = 173$ nm，$(CH_3)_2O$ 的 $\lambda_{max} = 184$ nm。可见，$n \rightarrow \sigma^*$ 跃迁也是高能量跃迁，一般 $\lambda_{max} < 200$ nm，落在远紫外光区。但跃迁所需能量与 n 电子所属原子的性质关系很大，杂原子的电负性越小，电子越易被激发，激发波长越长。有时最大吸收也落在近紫外光区，如 CH_3NH_2 的 $\lambda_{max} = 215$ nm，$(CH_3)_3N$ 的 $\lambda_{max} = 227$ nm，$(CH_3)_2S$ 的 $\lambda_{max} = 229$ nm，CH_3I 的 $\lambda_{max} = 258$ nm 等。

3）$\pi \rightarrow \pi^*$ 和 $n \rightarrow \pi^*$ 跃迁

发生 $\pi \rightarrow \pi^*$ 和 $n \rightarrow \pi^*$ 跃迁的分子都具有不饱和基团，以提供 π 轨道。两种跃迁的能量差都相对较小，相应的最大吸收波长一般出现在近紫外或可见光区，是紫外-可见光谱研究的重点。

具有单个双键的分子发生 $\pi \rightarrow \pi^*$ 跃迁时，一般 λ_{max} 为 $150 \sim 200$ nm（如乙烯的 $\lambda_{max} = 185$ nm）；当分子中含有多个双键时，如果形成共轭体系，则吸收强度增加，最大吸收波长增加；若为非共轭体系，则吸收强度增加，最大吸收波长基本不变，如表 9-1 所示。

表 9-1　共轭体系对 λ_{max} 和 ε_{max} 的影响

化合物	最大吸收波长/nm	摩尔吸光系数/(L·mol⁻¹·cm⁻¹)
1-己烯	177	1.0×10^4
1,5-己二烯	178	2.0×10^4
1,3-己二烯	227	2.1×10^4
1,3,5-己三烯	257	3.5×10^4

$n \rightarrow \pi^*$ 跃迁所需能量最低，最大吸收一般在近紫外光区，有时在可见光区。但 $\pi \rightarrow \pi^*$ 跃迁概率大，是强吸收带；而 $n \rightarrow \pi^*$ 跃迁概率小，是弱吸收带，一般 $\varepsilon_{max} < 500$ L·mol⁻¹·cm⁻¹。许多化合物既有 π 电子又有 n 电子，在外来辐射作用下，既有 $\pi \rightarrow \pi^*$ 跃迁又有 $n \rightarrow \pi^*$ 跃迁。例如，—COOR 基团，$\pi \rightarrow \pi^*$ 跃迁 $\lambda_{max} = 165$ nm，$\varepsilon_{max} = 4000$ L·mol⁻¹·cm⁻¹；而 $n \rightarrow \pi^*$ 跃迁 $\lambda_{max} = 205$ nm，$\varepsilon_{max} = 50$ L·mol⁻¹·cm⁻¹。表 9-2 列出跃迁类型与吸收光谱的特性，最大吸收波长为 $200 \sim 780$ nm 的吸收光谱可以用紫外-可见吸收分光光度计测定，常用于有机化合物的结构解析和定量分析。

表 9-2　跃迁类型与吸收光谱的特性

跃迁类型	吸收带	特征	摩尔吸光系数/(L·mol⁻¹·cm⁻¹)
$\sigma \rightarrow \sigma^*$		远紫外光区测定	
$n \rightarrow \sigma^*$	端吸收	紫外光区短波长端至远紫外光区的强吸收	
	E_1	芳香环的双键吸收	>200
$\pi \rightarrow \pi^*$	$K (E_2)$	共轭多烯、—C=C—C=O 等的吸收	>10 000
	B	芳香环、芳香杂环化合物的芳香环吸收，有的具有精细结构	>100
$n \rightarrow \pi^*$	R	含—CO、—NO₂ 等 n 电子基团的吸收	<100

4. 无机化合物紫外-可见光谱产生机理

1) 电荷转移跃迁

电荷转移跃迁(charge-transfer transition)是指当某些有机或无机化合物受外来辐射照射时,电子从电子给予体部分(称为给体,donor)转移到电子接受体部分(称为受体,acceptor)的过程,可用式(9-2)表示:

$$D—A + h\nu \longrightarrow D^+—A^- \tag{9-2}$$

式中,D 与 A 分别代表电子给体与受体。电荷转移跃迁过程相应的吸收谱带称为电荷转移吸收光谱,谱带较宽,吸收强度大,最大波长处的摩尔吸光系数 $\varepsilon_{max} > 10\ 000\ L \cdot mol^{-1} \cdot cm^{-1}$。用该类光谱进行定量分析,可以提高检测灵敏度。

有些水合无机离子在紫外-可见光区的光谱吸收可以由电荷转移跃迁机理获得解释。例如,水合 Fe^{2+} 在外来辐射的作用下,能将电子转移给水分子产生紫外吸收

$$Fe^{2+}(H_2O)_n + h\nu \longrightarrow Fe^{3+}(H_2O)_n^-$$

其中,Fe^{2+} 是电子给予体,H_2O 是电子接受体。

某些有机化合物在吸收辐射后也能产生分子内电荷转移,产生紫外吸收光谱。例如

$$\langle\bigcirc\rangle—NR_2 + h\nu \longrightarrow \langle\bigcirc\rangle^- =\overset{+}{N}R_2$$

其中,$—NR_2$ 是电子给予体,苯环是电子接受体。

$$\langle\bigcirc\rangle—\underset{R}{C}=O + h\nu \longrightarrow \langle\bigcirc\rangle^+—\underset{R}{C}—\bar{O}$$

其中,苯环是电子给予体,氧是电子接受体。

此外,过渡金属与显色试剂相互作用也能产生电荷迁移光谱。例如

$$[Fe^{3+}SCN^-]^{2+} + h\nu \longrightarrow [Fe^{2+}SCN]^{2+}$$

其中,SCN^- 是电子给予体,Fe^{3+} 是电子接受体。

2) 配位场跃迁(ligand field transition)

第四周期和第五周期的过渡元素分别含有 3d 和 4d 轨道,镧系和锕系元素分别含有 4f 和 5f 轨道。根据配位场理论,无配位场存在时,d 轨道和 f 轨道的能量是简并的;当过渡金属离子处于配体形成的负电场中时,5 个简并的能量相等的 d 轨道和 7 个简并的能量相等的 f 轨道会分裂成能量不同的轨道。在外来辐射激发下,d 轨道和 f 轨道的电子由低能量轨道跃迁到高能量轨道,产生配位场吸收带,如图 9-5(a)所示。过渡金属的 d→d 跃迁所需能量较小,吸收带多在可见光区,ε_{max} 为 $0.1 \sim 100\ L \cdot mol^{-1} \cdot cm^{-1}$,属弱吸收带,因此在定量分析中用处不大。不同配体的配位场强度不同,按以下顺序增强:$I^- < Br^- < Cl^- < F^- < OH^- < C_2O_4^{2-} \sim H_2O < SCN^- < NH_3 < en < NO_2^- < CN^-$,配合物的最大吸收波长随配位场强度增加向短波长方向移动,如表 9-3 所示。

表 9-3　不同配位场强度下 Cr(Ⅲ)配合物的最大吸收波长

金属离子	Cr(Ⅲ)				
配体	6Cl⁻	6H₂O	6NH₃	3en	6CN⁻
最大吸收波长/nm	736	573	462	456	380

镧系及锕系离子产生的 f→f 电子跃迁吸收谱带出现在紫外-可见光谱区域，也属于弱吸收带。由于 f 轨道为外层轨道所屏蔽，受溶剂性质或配位体的影响很小，谱带较窄，如图 9-5(b) 所示。

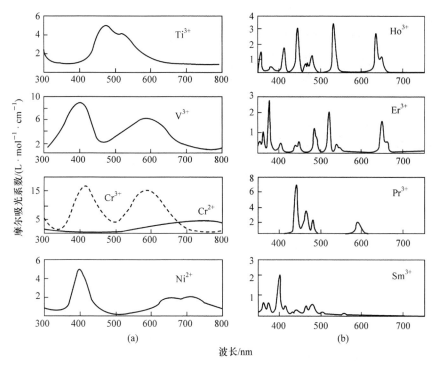

图 9-5　过渡金属(a)和稀土金属(b)的摩尔吸光系数与最大吸收波长示意图

5. 无机化合物显色反应及测量条件优化

1) 显色反应及显色试剂

无机金属离子大多数为无色或浅色，其摩尔吸光系数较小，不适宜直接进行分光光度法测量，故需先经化学反应转化为有色物质。这种化学反应称为显色反应，能与待测组分反应形成有色化合物的试剂称为显色剂。例如，Fe^{2+} 在水溶液中颜色很浅，但加入邻二氮菲后，可形成红色配合物，在 510 nm 处有强吸收，可采用分光光度法测定。

显色反应一般分为配位反应和氧化还原反应两大类，以配位反应为主。同一待测组分可与多种显色剂反应，形成多种有色配合物，其显色原理、最大吸收波长和灵敏度存在较大差异。因此，在测量待测组分前，需要对显色反应和显色试剂进行优化。

选择显色反应时一般应遵循以下标准：

(1) 选择性好。单一显色剂最好只与一种待测组分发生显色反应，或与干扰离子反应后易被消除，或待测离子与干扰离子形成的有色化合物的最大吸收波长差异较大。

(2) 灵敏度高。灵敏度可由摩尔吸光系数的数值评价，但高灵敏度的显色反应选择性却不一定好。对于高含量组分，可选用灵敏度相对较低，但选择性更佳的显色反应。

(3) 显色反应所形成的有色物质需组成恒定，化学性质稳定。组成变化会导致重现性差。有色物质若受外界条件(如温度、氧气、光照等)影响而改变，则会导致较大的测量误差。

(4) 用有色显色剂进行显色反应时，需显色产物与显色剂之间具有较大的色差，以减小试剂空白。一般要求显色产物与显色剂的最大吸收波长相差 60 nm 以上。

(5)显色反应的条件易于控制，以确保测定结果的重现性。

显色剂一般分为无机显色剂和有机显色剂。多数无机显色剂选择性和灵敏度不高，常用的有硫氰酸盐[可测定 $Fe(III)$、$Mo(VI)$、$W(V)$、$Nb(V)$，形成的有色化合物分别为红色 $Fe(SCN)_6^{3-}$、橙色 $MoO(SCN)_5^-$、黄色 $WO(SCN)_4^-$、黄色 $NbO(SCN)_4^-$]、杂多酸[可测定 Si、P、$V(V)$、W，形成的有色化合物分别为蓝色 $H_4SiO_4 \cdot 10MoO_3 \cdot Mo_2O_3$、蓝色 $H_3PO_4 \cdot 10MoO_3 \cdot Mo_2O_3$、黄色 $P_2O_5 \cdot V_2O_5 \cdot 22MoO_3 \cdot nH_2O$、蓝色 $H_3PO_4 \cdot 10WO_3 \cdot W_2O_5$]、氨水[可测定 $Cu(II)$、$Co(III)$、Ni，形成的有色化合物分别为蓝色 $Cu(NH_3)_4^{2+}$、红色 $Co(NH_3)_6^{2+}$、紫色 $Ni(NH_3)_6^{2+}$]、过氧化氢[可测定 $Ti(IV)$、$V(V)$、Nb，形成的有色物质分别为黄色 $TiO(H_2O_2)^{2+}$、红橙色 $VO(H_2O_2)^{3+}$、黄色 $Nb_2O_3(SO_4)_2 \cdot (H_2O_2)_2$]。

有机显色剂种类繁多，常见无机离子显色剂的化学结构如图 9-6 所示。

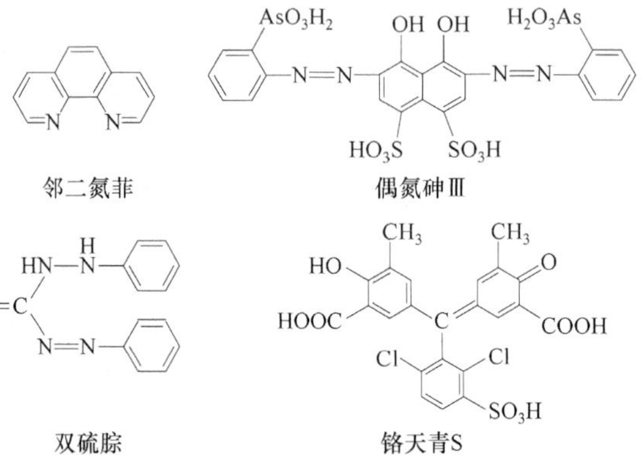

图 9-6 常见无机离子显色剂的化学结构

邻二氮菲属于 N-N 型螯合试剂，是 Fe^{2+} 测定常用的显色剂，形成红色配合物，最大吸收波长为 510 nm，灵敏度较高。

双硫腙属于含硫显色剂，其在三氯甲烷或四氯化碳中呈绿色，与铅、锌、镉、汞、银、铜、钯等金属离子反应后形成的黄色或红色化合物易溶于三氯甲烷或四氯化碳，可实现高灵敏测定。

偶氮砷Ⅲ也称铀试剂Ⅲ，是变色酸的双偶氮衍生物。在一定条件下，该试剂可与许多金属离子形成绿色、蓝色或紫色螯合物，可通过调控显色溶液的酸度提高选择性，如铀、钍、锆可在高酸度下显色，而钙、铅、钡只能在弱酸性或中性溶液中显色。实际工作中，常用于稀土元素总量测定。

铬天青 S 能与 Be、Al、Y、Ti、Zr、Hf、Th、Cr、Fe、Pt、Cu、Ca 和 In 等金属离子形成蓝色至紫色配合物，从而实现分光光度测定。该类型配合物的摩尔吸光系数数量级一般为 $10^3 \sim 10^4$，对于 $Cu(II)$ 测定，在最大吸收波长 592 nm 处摩尔吸光系数可达 1.19×10^5 L·mol^{-1}·cm^{-1}。

2)显色反应的影响因素

显色反应是否适合分光光度分析法，除受显色剂影响外，也与反应条件密切相关，影响因素主要有以下几种。

a. 显色剂用量

显色反应一般可用下式表示：

$$M(金属离子) + S(显色剂) \Longleftrightarrow MS(有色配合物)$$

该反应通常为可逆反应。为使待测金属离子反应完全，显色剂需过量，但也不宜过量太多，否则会引起副反应，不利于测定。在实际测试中，显色剂的最佳用量由实验获取：固定待测组分浓度及测定条件，分别与不同量的显色剂反应，获取吸光度值与显色剂用量的关系曲线，当吸光度值不再随显色剂用量增加时，表明显色剂浓度已达最佳值。

b. 溶液的酸度

溶液的酸度会影响金属离子的存在形态、显色剂的存在形态和颜色，也会影响有色配合物的组成和稳定性，进而影响分光光度法测定的性能。通常，溶液的酸度由实验确定，测定不同 pH 条件下体系的吸光度(A)，依据 A-pH 曲线，获得最佳测定 pH。

c. 显色时间

显色反应的速率有差异，而且有色配合物在空气中放置后，空气氧化、试剂的分解和挥发、光的照射等原因会导致颜色减退，进而影响测定准确度。适宜的反应时间(t)一般由 A-t 曲线获取：配制一份显色试液，从加入显色剂开始，间隔一段时间后测定吸光度，绘制 A-t 曲线，拐点即为最佳反应时间。

d. 温度

一般显色反应可以在室温下进行，但有的反应需加热至一定的温度才能完成，也有些有色配合物在较高温度下易分解。因此，应根据特定的反应体系选择适当的温度完成显色反应。此外，温度会影响有色化合物对光的吸收，故标样和试样应在相同温度下进行显色反应。适宜的反应温度(T)一般也由 A-T 曲线获取。

e. 溶剂

溶剂会影响显色反应生成的有色配合物的溶解度、颜色及显色反应的速率，因此也需要优化。

f. 干扰离子

干扰离子指试样中能影响待测组分测定的共存离子。其对显色反应的影响有以下几种类型：

(1)与显色试剂反应，生成有色化合物；若与待测离子所形成的有色物质颜色接近，则使测定结果偏高。

(2)干扰离子本身有颜色。

(3)与显色剂反应，形成无色化合物，但消耗大量显色剂，使待测离子显色不完全。

(4)与待测离子反应，形成解离度更小的另一类化合物。

消除以上干扰的方法主要有：

(1)控制溶液酸度。酸度小时，有些金属离子会水解形成羟基配合物而不参与显色反应；酸度较大时，某些有色配合物可被分解。因此，可依据干扰离子的性质，适当调控溶液 pH，从而消除某些共存离子的干扰。

(2)掩蔽反应。加入掩蔽剂，与共存离子形成更难解离的配合物，避免与显色剂反应，从而消除干扰。

(3)萃取分离。基于待测离子与共存离子显色化合物在某些溶剂中的溶解性不一样，将待测离子显色后的配合物从混合体系中萃取分离，然后进行测定。

(4)多波长测定。在不同波长下测定待测离子和共存离子显色配合物的吸光度，对其进行同时测定。

(5)分离干扰离子。利用萃取法、沉淀法、蒸馏法、离子交换法等预先除去干扰离子，然后利用显色测定。

9.1.3 常用术语

1. 生色团

紫外-可见光谱中，生色团(chromophore)是指能在近紫外和可见光区产生特征吸收的基团。有机化合物中，生色团一般是具有 π 电子的特征基团，如 C=C、C≡C、C=O、C=N、C≡N、C=S、N=N、N=O、S=O 等，见表 9-4。这类基团在有机化合物中孤立存在时，将在远紫外光区产生特征吸收谱带。当化合物中存在多个生色团，且处于共轭状态时，最大吸收峰将位于近紫外和可见光区，对应 $\pi \to \pi^*$ 跃迁和 $n \to \pi^*$ 跃迁。

表 9-4　含生色团的有机化合物吸收特性

生色团	化合物	最大吸收波长/nm	摩尔吸光系数/(L·mol^{-1}·cm^{-1})	跃迁类型	溶剂
R—CH=CH—R'(烯)	乙烯	165	15 000	$\pi \to \pi^*$	气体
		193	10 000	$\pi \to \pi^*$	气体
R—C≡C—R'(炔)	辛炔-2	195	21 000	$\pi \to \pi^*$	庚烷
		223	160		庚烷
R—CO—R'(酮)	丙酮	189	900	$n \to \sigma^*$	正己烷
		279	15	$n \to \pi^*$	正己烷
R—CHO(醛)	乙醛	180	10 000	$n \to \sigma^*$	气体
		290	17	$n \to \pi^*$	正己烷
R—COOH(羧酸)	乙酸	208	32	$n \to \pi^*$	95%乙醇
R—CONH$_2$(酰胺)	乙酰胺	220	63	$n \to \pi^*$	水
R—NO$_2$(硝基化合物)	硝基甲烷	201	5 000		甲醇
R—CN(腈)	乙腈	338	126	$n \to \pi^*$	四氯乙烷
R—ONO$_2$(硝酸酯)	硝酸乙烷	270	12	$n \to \pi^*$	二氧六环
R—ONO(亚硝酸酯)	亚硝酸戊烷	218.5	1 120	$\pi \to \pi^*$	石油醚
R—NO(亚硝基化合物)	亚硝基丁烷	300	100		乙醇
R—N=N—R'(重氮化合物)	重氮甲烷	338	4	$\pi \to \pi^*$	95%乙醇
R—SO—R'(亚砜)	环己基甲基亚砜	210	1 500		乙醇
R—SO$_2$—R'(砜)	二甲基砜	<180			

2. 助色团

有些基团本身在紫外-可见光区不产生吸收，但这些基团与生色团相连时，能使生色团的最大吸收波长向长波长方向移动，吸收峰强度增加，这类基团称为助色团(auxochrome)，如—X、—OH、—OR、—NH$_2$、—NR—、—SH、—SR 等。当它们连接到生色团上时，n 电子与 π 电子相互作用，相当于增大了共轭体系，使 π 轨道间能级差减小，生色团的最大吸收波长向长波长方向移动，且吸收峰强度增加。

3. 红移和蓝移

当取代基或溶剂体系发生变化时，化合物的最大吸收波长(λ_{max})向长波方向移动的现象称为红移(red shift)，向短波方向移动的现象称为蓝移(blue shift，或紫移)。

4. 增色效应和减色效应

最大吸收带的摩尔吸收系数增加称为增(浓)色效应(hyperchromic effect)；最大吸收带的摩尔吸收系数减小称为减(浅)色效应(hypochromic effect)。

5. 强带和弱带

强带多由允许跃迁产生，是最大摩尔吸光系数 $\varepsilon_{max} \geqslant 10^4 \, L \cdot mol^{-1} \cdot cm^{-1}$ 的吸收带；弱带多由禁阻跃迁产生，是最大摩尔吸光系数 $\varepsilon_{max} < 10^3 \, L \cdot mol^{-1} \cdot cm^{-1}$ 的吸收带。

6. 谱带类型

1) R 带

R 带是含 p-π 共轭体系的生色团，如—N=O、—C=O、—N=N—等发生 n→π* 跃迁产生的吸收带。该带的最大吸收峰一般位于 200~400 nm，吸收强度弱，最大摩尔吸光系数 $\varepsilon_{max} < 10^2 \, L \cdot mol^{-1} \cdot cm^{-1}$。

2) K 带

K 带是非封闭共轭体系的 π→π* 跃迁所产生的吸收带。该带的最大吸收峰一般为 218~280 nm，吸收强度大，最大摩尔吸光系数 $\varepsilon_{max} > 10^4 \, L \cdot mol^{-1} \cdot cm^{-1}$。K 带的最大吸收波长随溶剂极性和共轭体系的增加而红移；R 带的最大吸收波长随溶剂极性增加蓝移，随共轭体系的变化不如 K 带明显。

3) B 带和 E 带

B 带和 E 带是芳香环和芳香杂环化合物的 π→π* 跃迁产生的特征光谱吸收带。B 带吸收峰位于 70~230 nm，中心波长在 254 nm 左右，最大摩尔吸光系数(ε_{max})约为 200 $L \cdot mol^{-1} \cdot cm^{-1}$，为一伴有多重小峰的宽峰结构，又称精细结构。B 带属于禁阻跃迁产生的弱吸收带，当苯环上有取代基时，B 带的精细结构减弱或消失。在极性溶剂中，由于溶质与溶剂的相互作用，其精细结构消失或变得不明显。

E 带分为 E_1 带(又称 'B 带、β 带)和 E_2 带(又称 'La 带、p 带)，属于跃迁概率较大或中等的允许跃迁。E_1 带最大吸收波长在 184 nm 左右，吸收强度大，最大摩尔吸光系数 $\varepsilon_{max} > 10^4 \, L \cdot mol^{-1} \cdot cm^{-1}$；$E_2$ 带出现在 204 nm 左右，最大摩尔吸光系数 $\varepsilon_{max} \approx 10^3 \, L \cdot mol^{-1} \cdot cm^{-1}$。当苯环上引入共轭取代基(或带 n 电子基团)时，最大吸收波长红移，吸收强度增大。

9.1.4　影响紫外-可见吸收光谱的因素

紫外-可见光谱主要来源于分子中价电子的能级跃迁，分子结构和外部环境等因素都会引起吸收谱带变化，表现为最大吸收波长位移、谱带强度的变化、谱带精细结构的出现或消失等。

1. 共轭效应

共轭效应使 π 电子离域到多个原子之间，导致各能级间能量差降低，π→π* 跃迁概率增大，随共轭体系增加，最大吸收波长 λ_{max} 红移，最大摩尔吸光系数 ε_{max} 增加。例如，$H_2C=CH_2$ 的 π→π* 跃迁 $\lambda_{max} = 184$ nm，$\varepsilon_{max} = 10\,000 \, L \cdot mol^{-1} \cdot cm^{-1}$；$H_2C=CH—CH=CH_2$ 的 $\lambda_{max} = 217$ nm，$\varepsilon_{max} = 21\,000 \, L \cdot mol^{-1} \cdot cm^{-1}$。

2. 取代基

当共轭双键的两端有给电子基或吸电子基时，化合物的最大吸收波长和吸收强度会发生改变。带有未共用电子对原子的基团，如—NH_2、—OH、—X 等，为给电子基。未共用的电子对能够与共轭体系中的 π 电子相互作用形成 p-π 共轭，降低能级间的能量差，减小激发能量，使 λ_{max} 红移，吸收强度增加。易吸引电子而使电子容易流动的基团，如—NO_2、—COOH、—C=NH 等，为吸电子基。共轭体系中引入吸电子基，也使 λ_{max} 红移，吸收强度增加。给电子基与吸电子基同时存在时，产生分子内电荷转移吸收，λ_{max} 红移，ε_{max} 增加。苯环和烯烃上的 H 原子被取代基取代，多产生红移。给电子基的给电子能力顺序为：—$N(C_2H_5)_2$>—$N(CH_3)_2$>—NH_2>—OH>—OCH_3>—$NHCOCH_3$>—$OCOCH_3$>—CH_2CH_2COOH>—H；吸电子基的作用强度顺序为：—$N^+(CH_3)_3$>—NO_2>—SO_3H>—CHO>—COO^->—COOH>—$COOCH_3$>—Cl>—Br>—I。

物质的紫外-可见光谱显示的是分子中生色团和助色团的特性，吸收峰的波长与分子中基团种类、数目及其相互位置有关。伍德沃德（Woodward）和菲泽（Fieser）在大量观测结果的基础上提出了计算共轭体系和 α, β-不饱和醛酮类化合物 λ_{max} 的经验规则，即伍德沃德-菲泽规则。计算时，从未知物的母体对照表得到一个最大吸收基数，然后对连接在母体中 π 电子体系（共轭体系）的不同取代基及其他结构因素加以修正，得到该化合物的最大吸收波长。表 9-5 给出了常见共轭二烯、多烯烃的最大吸收波长计算方法。

表 9-5 常见共轭烯烃的最大吸收波长计算规则

共轭烯烃母体	基本值/nm	取代增量/nm
链二烯 >C=C—C=C<	217	共轭双键 30
半环二烯	217	环外双键 5
同环二烯	253	烷基或环键 5
		—OR 6
		—SR 30
异环二烯	214	—X 5
		—NR_2 60

表 9-6 α, β 不饱和醛酮类化合物的最大吸收波长计算规则

$$\overset{\overset{\textstyle O}{\|}}{-C}-C=C< \text{的最大吸收波长基本值为 215 nm}$$

取代基	波长变化值/nm			
	α	β	γ	γ 以上
—R	+10	+12	+18	+18
—OH	+35	+30	+50	
—OAc	+6	+6	+6	
—OR	+35	+30		
—NR_2		+95		
H				−6
HO 或 RO				−22
增加一个共轭双键			+30	

例 9-1 试计算下列化合物的最大吸收波长。

(1) $CH_2=C-C=CH_2$
         | |
        CH_3 CH_3

(2) [structure]

解 (1) $\lambda_{max}=217(基本值)+2\times5(2 个烷基取代)=227(nm)$(实测 226 nm)

(2) $\lambda_{max}=214(基本值)+5(环外双键)+4\times5(4 个烷基取代)=239(nm)$(实测 241 nm)

对 α,β-不饱和醛酮类化合物的 λ_{max},可以 $\overset{\delta}{-C}=\overset{\gamma}{C}-\overset{\beta}{C}=\overset{\alpha}{\underset{\underset{X}{|}}{C}}-C=O$ 为例参照表 9-6 进行计算。

例 9-2 试计算下列不饱和醛酮类化合物的最大吸收波长。

(1) [structure]

(2) [structure]

解 (1) $\lambda_{max}=215(基本值)+2\times12(2 个 \beta 取代)+5(1 个环外双键)=244(nm)$(实测 251 nm)

(2) $\lambda_{max}=215(基本值)+10(1 个 \alpha 取代)+2\times12(2 个 \beta 取代)+2\times5(2 个环外双键)=259(nm)$(实测 258 nm)

3. 溶剂效应

溶剂极性对紫外-可见光谱的吸收峰位置、吸收强度及精细结构等的影响称为溶剂效应。溶剂对紫外-可见光谱的影响较为复杂,其极性改变可以引起谱带形状的变化。图 9-7 给出了对称四嗪在不同状态下的紫外-可见光谱曲线。气态样品的紫外-可见光谱图中,一般能观察到振动光谱和转动光谱的精细结构[图 9-7(a)]。在非极性溶剂(如环己烷)中,仍能观察到振动精细结构[图 9-7(b)]。但改用极性溶剂后,溶剂和溶质分子间的相互作用增强,溶质分子振动受到限制,精细结构消失,光谱曲线变成平滑的吸收谱带[图 9-7(c)]。

溶剂极性也能影响紫外-可见光谱的最大吸收峰位置和强度,但对不同的跃迁类型影响趋势各异,如图 9-8 所示。随着溶剂极性增加,$n\rightarrow\sigma^*$ 和 $n\rightarrow\pi^*$ 的吸收谱带向短波长方向移动,可能的原因是该类型分子都含有非键 n 电子,处于基态时的极性比激发态的极性大,因此基态时与极性溶剂间产生较强的氢键作用,能量下降较大,而激发态与溶剂分子间作用力较弱能量下降相对较小,导致能级跃迁的能量差增加,吸收波长向短波长方向移动,即发生蓝移。在 $\pi\rightarrow\pi^*$ 跃迁中,激发态的极性比基态的极性强,与极性溶剂分子作用时,激发态的能量下降程度大于基态,因此发生跃迁所需能量差减小,吸收波长向长波长方向移动,即发生红移。

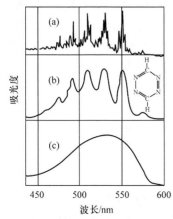

图 9-7 对称四嗪在蒸气状态(a)、环己烷中(b)
和水中(c)的紫外-可见光谱曲线

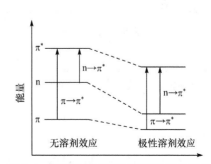

图 9-8 溶剂极性对不同跃迁类型的影响

由于溶剂对紫外-可见光谱影响较大，所以在测量紫外-可见光谱数据时要遵循以下原则选用溶剂：①优先选用非极性或低极性溶剂；②对溶质具有较好的溶解性和化学惰性；③在溶质的光谱吸收区域无明显吸收。

表 9-7 给出了常用有机溶剂的极限波长，可作为紫外-可见光谱分析溶剂选择的依据。溶剂的纯度也是干扰紫外-可见光谱测定的重要因素，使用前应在光谱仪器上进行检查，并做必要的处理以保证其在试样的光谱测试区域内无吸收。此外，在记录紫外-可见吸收光谱数据时应指明所用溶剂，如 λ_{max}^{EtOH} 是指以乙醇为溶剂获得的被测试样的最大吸收波长。

表 9-7　常用有机溶剂的极限波长

溶剂	极限波长/nm	溶剂	极限波长/nm
水	210	1,4-二氧六环	225
乙醇	210	二氯甲烷	235
正丁醇	210	1,2-二氯乙烷	235
乙腈	210	氯仿	245
乙醚	210	甲酸甲酯	260
正己烷	210	四氯化碳	265
环己烷	210	N,N-二甲基甲酰胺	270
甲基环己烷	210	苯	280
庚烷	210	二甲苯	295
异辛烷	210	吡啶	305
甲醇	215	丙酮	330
丙醇	215	硝基甲烷	380

9.2　分光光度分析法

紫外-可见分光光度法是使用最广泛、最有效的定量分析手段之一，主要是因为很多无机或有机化合物在紫外-可见电磁辐射区具有强吸收，对那些无吸收或弱吸收的分析物，也可经化学反应衍生为具有吸收特性的物质而被测定，如无吸收的 Pb^{2+} 可与双硫腙反应形成有色配合物；此外，紫外-可见吸收分光光度法也可通过调整实验条件或仪器状态以满足朗伯-比尔定律而实现分析测定。表 9-8 为紫外-可见分光光度法分析痕量金属、无机非金属、有机分子及临床样品的方法原理及最大吸收波长。

表 9-8　紫外-可见分光光度法应用示例

待测物	方法	最大吸收波长/nm
痕量金属		
铝	pH 6 时与铬花氰 R 反应生成红色或粉色化合物	535
砷	用 Zn 还原为 AsH_3，再与二乙基二硫代氨基甲酸代银反应形成红色配合物	535
镉	用 NaOH 碱化溶液，与双硫腙反应后用 $CHCl_3$ 萃取，得粉色到红色配合物	518

续表

待测物	方法	最大吸收波长 /nm
痕量金属		
铬	先氧化为 Cr(Ⅵ)，再与二苯碳酰二肼在酸性条件下形成红紫色化合物	540
铜	中性或弱酸性条件下，与新亚铜试剂反应，用 CHCl$_3$/CH$_3$OH 萃取，得黄色溶液	457
铁	酸性条件下与邻菲咯啉反应，形成橙色到红色配合物	510
铅	用氨性缓冲液碱化样品，与双硫腙反应，再用 CHCl$_3$ 萃取，得桃红色配合物	510
锰	用过硫酸盐氧化为高锰酸盐	525
汞	酸性条件下与双硫腙反应，再用 CHCl$_3$ 萃取，得橙色配合物	492
锌	pH 9 时与锌试剂反应形成蓝色配合物	620
无机非金属		
氨	二价锰盐催化下，氨与次氯酸盐、苯酚反应生成蓝色靛酚	630
氰化物	与氯胺 T 反应生成 CNCl，再与吡啶-巴比妥酸反应形成红蓝色染料	578
氟	与 Zr-SPADNS 胭脂红染料反应，形成 ZrF$_6^{2-}$，从而导致染料浓度降低	570
氯	氧化无色结晶紫形成略带蓝色产物	592
硝基	用 Cd 还原为 NO$_2^-$，与磺胺和 N-(1-萘基)乙二胺反应形成有色偶氮化合物	543
磷酸盐	依次与钼酸铵、氯化亚锡反应形成钼蓝	690
有机物		
苯酚	与 4-氨基安替吡啉和 K$_3$Fe(CN)$_6$ 反应，形成安替比林染料	460
表面活性剂	阴离子表面活性剂与阳离子亚甲基蓝染料反应形成蓝色离子对化合物，再用 CHCl$_3$ 萃取	652
临床样品		
总血清蛋白	蛋白与 NaOH、Cu^{2+} 反应，产生蓝紫色配合物	540
血清胆固醇	在异丙醇、乙酸、H$_2$SO$_4$ 存在下与 Fe^{3+} 反应，形成蓝紫色配合物	540
尿酸	与磷钨酸形成钨蓝	710
血清中巴比妥类药物	先用 CHCl$_3$ 萃取巴比妥类化合物，再转移至 0.45 mol·L^{-1} NaOH 中	260
葡萄糖	与邻二甲苯胺在 100 ℃下反应，形成蓝绿色化合物	630
蛋白配位碘	降解蛋白释放出碘，I$^-$ 可由其对 Ce^{4+} 和 As^{3+} 之间的氧化还原的催化作用来测定	420

资料来源：Harvey D. 2000. Modern Analytical Chemistry. Inter. Ed. Singapore: McGraw-Hill。

　　紫外-可见分光光度法是基于待测组分对单色光的吸收。单色光是指具有同一波长的光，而复合光是由不同波长的光组成。通常将人眼能感受到的光称为可见光，由红、橙、黄、绿、青、蓝、紫复合而成，其波长范围为 380~780 nm。若两种单色光按比例复合后可产生白色光，则二者为互补色光，如图 9-9 所示。有色物质的颜色是选择性吸收某些波长的光后，由其互补色复合而成。

图 9-9　颜色及其互补色

色相距 180° 为互补色

1. 淡紫；2. 紫；3. 淡蓝；4. 粉蓝；

5. 绿；6. 黄绿；7. 黄；8. 淡黄；

9. 橙黄；10. 橙；11. 红；12. 淡粉

9.2.1　基本术语

当一束光强为 I_0 的单色光通过厚度为 b 的吸收介质时(图 9-10)，部分被介质中的吸光分子所吸收(I_a)，部分被反射(I_r)，余下部分透射介质后的光强度为 I_t，即

$$I_0 = I_a + I_t + I_r \tag{9-3}$$

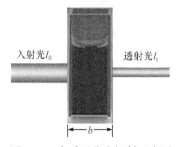

反射光强度主要与器皿及溶液的性质有关，在相同的测定条件下，这些因素是固定不变的，并且反射光强度一般很小，可忽略不计，所以

$$I_0 = I_a + I_t \tag{9-4}$$

一束平行单色光通过透明的吸收介质后，入射光被分成吸收光和透过光。待测物的溶液对此波长的光的吸收程度可以用透射率和吸光度表示。透射率表示透过光强度与入射光强度的比值，用 T 表示

图 9-10　介质吸收光辐射示意图
入射光：粉色；透射光：黄色；比色皿：蓝色

$$T = \frac{I_t}{I_0} \tag{9-5}$$

吸光度是透射率的倒数的对数，用 A 表示

$$A = -\lg T \tag{9-6}$$

9.2.2　朗伯-比尔定律

朗伯-比尔(Lambert-Beer)定律：当用一束强度为 I_0 的单色光垂直通过厚度为 b、吸光物质浓度为 c 的溶液时，溶液的吸光度正比于溶液的厚度 b 和溶液中吸光物质的浓度 c 的乘积。数学表达式为

$$A = \varepsilon bc \tag{9-7}$$

式中，b 为吸收光程长(或吸收池厚度)，单位为 cm；c 为吸光物质的物质的量浓度，单位为 $mol \cdot L^{-1}$；ε 为摩尔吸光系数，是指浓度为 1 $mol \cdot L^{-1}$ 的物质在 1 cm 厚的吸收池内产生的吸光度，表示吸光物质对指定频率的光子的吸收本领，单位为 $L \cdot mol^{-1} \cdot cm^{-1}$。摩尔吸光系数越大，表示物质对波长为 λ 的光的吸收能力越强，同时在分光光度法中测定的灵敏度也越高。因此，ε 是表征吸光物质特性的重要参数，是衡量分析灵敏度的重要指标。在定量分析中，一般认为 $\varepsilon > 10^4$ $L \cdot mol^{-1} \cdot cm^{-1}$ 是灵敏的，$\varepsilon < 10^3$ $L \cdot mol^{-1} \cdot cm^{-1}$ 是不灵敏的。在固定实验条件下，某特定物质的 ε 值主要与入射光波长有关，故在书写时应标注测定波长。在实际工作中一般在适宜的低浓度下测定吸光度 A，再通过计算求取 ε 值。

如果以质量浓度表示，则

$$A = abc \tag{9-8}$$

式中，a 为吸收系数，单位为 $L \cdot g^{-1} \cdot cm^{-1}$，其与摩尔吸光系数的关系为 $a = \dfrac{\varepsilon}{M}$，其中 M 为吸光物质的摩尔质量；浓度 c 的单位为 $g \cdot L^{-1}$。

当吸收介质内有多种吸光物质存在时

$$A = \sum_{i=1}^{m} \varepsilon_i bc_i \tag{9-9}$$

式中，ε_i 为 i 组分的摩尔吸光系数；c_i 为 i 组分的物质的量浓度；m 为吸光物质组分数。

总吸光度等于吸收介质内各吸光物质吸光度之和，即吸光度的加和性，这是进行混合组分分光光度测定的基础。

9.2.3　吸收定律的适用性

比尔定律成立的条件是待测物质为均一的稀溶液、气体等，无溶质、溶剂及悬浊物引起的散射，且入射光为单色平行光。在紫外-可见分光光度法中，吸光度与浓度间的校准曲线应该是直线，但实际测定时常出现弯曲，如图 9-11 所示。若校准曲线弯曲，则测定结果必然产生较大误差，故应找出导致该结果的原因，并加以校正。一般影响朗伯-比尔定律的因素有以下几种。

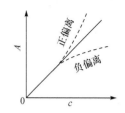

图 9-11　校准曲线及对朗伯-比尔定律的偏离

1. 与样品溶液有关的因素

(1) 当吸收物质在溶液中的浓度较高时，由于吸收质点之间的平均距离缩小，邻近质点彼此的电荷分布会产生相互影响，以致改变它们对特定辐射的吸收能力，即改变了吸光系数，导致比尔定律的偏离。通常只有在吸光物质的浓度小于 $0.01\ mol \cdot L^{-1}$ 的稀溶液中，吸收定律才成立。

(2) 推导吸收定律时，吸光度的加和性隐含着测定溶液中各组分之间没有相互作用的假设。但实际上，随着浓度的增大，各组分之间甚至同组分的吸光质点之间的相互作用是不可避免的。例如，可以发生缔合、解离、光化学反应、互变异构及配合物配位数的变化等，会使被测组分的吸收曲线发生明显的变化，吸收峰的位置、强度及光谱精细结构都会有所不同，从而破坏了原来的吸光度与浓度之间的函数关系，导致比尔定律的偏离。

(3) 溶剂及介质条件对吸收光谱的影响十分重要。溶剂及介质条件(如 pH)经常会影响被测物质的性质和组成，影响生色团的吸收波长和吸收强度，也会导致吸收定律的偏离。例如，I_2 在 CCl_4 和 C_2H_5OH 中分别呈紫色和棕色，不同溶剂中应改变实验条件进行测量。

(4) 若测定溶液有胶体、乳状液或悬浮物质存在，入射光通过溶液时，有一部分光会因散射而损失，造成"假吸收"，使吸光度偏大，导致比尔定律的正偏离。质点的散射强度与照射光波长的四次方成反比，所以在紫外光区测量时，散射光的影响更大。

(5) 摩尔吸光系数与折射率有关，溶液浓度增加，折射率变大，摩尔吸光系数减小，产生对比尔定律的偏离。

2. 仪器因素

从理论上说，朗伯-比尔定律只适用于单色光(单一波长的光)。但实际测量中需要有足够的光强，入射光狭缝必须有一定的宽度。因此，从光源发出的连续光经单色器分光后，再由出射光狭缝投射到被测溶液的光束并不是理论要求的严格单色光，而是由一小段波长范围的复合光。由于分子吸收光谱是一种带状光谱，吸光物质对不同波长光的吸收能力不同，在峰值位置，吸收能力最强，ε 最大，其他波长处 ε 都变小，因此当吸光物质吸收复合光时，表观吸光度比理论吸光度偏低，导致比尔定律的负偏离。对于比较尖锐的吸收带，在满足一定的灵敏度要求下，尽量避免用吸收峰的波长作为测量波长；投射被测溶液的光束单色性越差，引起的比尔定律偏离也越大，所以在保证足够的光强前提下，采用窄的入射光狭缝，以减小谱带宽度，降低比尔定律的偏离。

9.2.4　定量分析方法

利用紫外-可见分光光度法进行定量分析的方法很多。对单一组分的定量分析一般选用标准曲线法和标准加入法,有时也采用标准对照法和吸光系数法。对多组分进行测定,若不采用预先分离,则可采用等吸收波长法、解联立方程法、多波长作图法和导数分光光度法等。

1. 实验条件选择

1)溶剂

进行紫外-可见分光光度测试时,应选择合适的溶剂,一般要求其在测定波长下无吸收或吸收很弱。

2)参比溶液

参比溶液用于调节仪器的工作零点。测定时,先放入参比溶液,通光,调节零点,使 $A=0$,$T=100\%$,然后测定待测溶液。通过选择参比溶液可消除某些干扰因素。选择参比溶液的基本原则是使待测溶液的 A 值能真正反映待测物的浓度。分光光度法中常用不加待测组分的试剂空白溶液作为参比溶液。

3)波长

测量时一般采用最大吸收波长作为测试波长,称为最大吸收原则,以获得最高的分析灵敏度。但在测量高浓度组分时,宁可选择灵敏度低一些的吸收峰波长(ε 较小)作为测量波长,以保证校正曲线有足够的线性范围。如果 λ_{max} 处吸收峰太尖锐,则在满足分析灵敏度前提下,可选择灵敏度低一些的波长进行测量,以减少比尔定律的偏差。当在 λ_{max} 附近测量有干扰峰存在时,可选用无干扰的吸收峰波长进行测定。

4)吸光度

仪器误差主要来源于光源的光强度不稳定、电位计的非线性、杂散光的影响、单色器的质量差、各吸收池的透射率不一致、透射率与吸光度的标尺不准确等因素。其中,透射率或吸光度读数的准确度是衡量仪器精度的主要指标之一,也是衡量测定结果的重要因素。

根据朗伯-比尔定律

$$A = -\lg T = \varepsilon bc$$

微分得

$$d\lg T = 0.434\frac{dT}{T} = -\varepsilon b dc \tag{9-10}$$

写成有限的小区间为

$$0.434\frac{\Delta T}{T} = -\varepsilon b\Delta c = \frac{\lg T}{c} \times \Delta c \tag{9-11}$$

则浓度相对误差为

$$\frac{\Delta c}{c} = 0.434\frac{\Delta T}{T\lg T} \tag{9-12}$$

要使测定结果的相对误差最小,式(9-12)对 T 求导应有一极小值,即

$$\frac{d}{dT}\left(\frac{0.434\Delta T}{T\lg T}\right) = \frac{-0.434\Delta T(\lg T + 0.434)}{(T\lg T)^2} = 0 \tag{9-13}$$

解得

$$T = 0.368 \quad 或 \quad A = 0.434$$

即当 $A = 0.434$ 时，仪器的测量误差最小。在实际工作中，可通过调节待测试样浓度、改变吸收池厚度、选择适当的参比溶液，将测得的吸光度控制在 $0.2 \sim 0.8$（透射率为 $0.65 \sim 0.2$），测量的相对误差为 1%。此时，如果仪器的透射率读数误差为 1 时，由此引起的测定结果相对误差约为 3%。

5）狭缝宽度

紫外-可见光谱仪单色系统中的狭缝宽度直接影响测定的灵敏度和校准曲线的线性范围。狭缝宽度过大时，入射光的单色性降低，校准曲线偏离比尔定律，灵敏度降低；狭缝宽度过小时，光强变弱，势必要提高仪器的增益，随之而来的是仪器噪声增大，于测量不利。通过测量吸光度随狭缝宽度的变化来选择最佳宽度。在一定范围内，吸光度不随狭缝宽度变化，当狭缝宽度大到某一程度时，吸光度开始减小。因此，在不减小吸光度时的最大狭缝宽度即是所要选取的合适的狭缝宽度。

2. 单组分定量分析

1）标准曲线法

配制一系列不同含量的待测组分的标准溶液，以不含待测组分的空白溶液为参比，测定标准溶液的吸光度，并绘制吸光度-浓度曲线，得到标准曲线（工作曲线），然后在相同条件下测定试样溶液的吸光度。由测得的吸光度在曲线上查得试样溶液中待测组分的浓度（或由线性回归方程计算出待测组分的浓度），再计算得到试样中待测组分的含量。

2）标准加入法

把未知试样溶液分成体积相同的若干份，除其中的一份不加入待测组分的标准物质外，在其他几份中都分别加入不同量的标准物质。然后测定各份试液的吸光度，以吸光度对加入的标准物质浓度（增量）作图，得标准曲线。将标准曲线外推延长至与横坐标交于一点，则此点到原点的长度所对应的浓度值就是待测组分的浓度。

3. 多组分分析

根据吸光度的加和性原理，各组分在其吸收波长处吸光度不同，仍可测出各组分的含量。若溶液中含 n 种吸光物质，在每组分的特定波长吸收处，经过 n 次测量，列出 n 个方程，解这些联立方程即可求出各组分的浓度。n 数值越大，计算越复杂，准确度越差。

实践中经常遇见两组分样品测量。对于两组分样品，其紫外-可见吸收光谱曲线有下列几种情况。

假设试样中含有 a、b 两个组分，其吸收光谱有不同的重叠方式，可采用不同的测定方法：

(1) 两组分吸收光谱之间无重叠[图 9-12(a)]，可在各自的最大吸收波长处分别测其吸光度，按照单组分的测定方法计算其浓度。

(2) 两组分吸收光谱之间部分重叠[图 9-12(b)]，由图可知组分 b 对组分 a 无干扰，可先在其最大吸收波长 λ_1 处测得组分 a 的吸光度 A_1，并计算其浓度 c_a；然后在 λ_2 处测量溶液的吸光度 A_2，以及纯组分 a 和 b 的摩尔吸光系数 ε_a 和 ε_b，根据吸光度的加和性，则 $A_2 = \varepsilon_a b c_a + \varepsilon_b b c_b$，可计算出组分 b 的浓度 c_b。

(3) 两组分吸收光谱之间相互重叠[图 9-12(c)]，可采用以下方法进行定量分析。

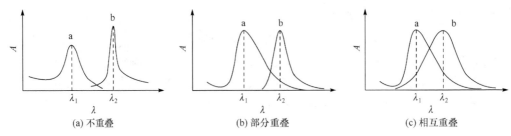

图 9-12　混合物的吸收光谱重叠示意图

a. 解联立方程法

先在 λ_1 波长处测得混合物的吸光度 A_1^{a+b} 和纯组分的摩尔吸光系数 ε_1^a 和 ε_1^b，然后在 λ_2 波长处测得混合物的吸光度 A_2^{a+b} 和纯组分的摩尔吸光系数 ε_2^a 和 ε_2^b，根据吸光度的加和性，则

$$A_1^{a+b} = \varepsilon_1^a bc_a + \varepsilon_1^b bc_b \tag{9-14}$$

$$A_2^{a+b} = \varepsilon_2^a bc_a + \varepsilon_2^b bc_b \tag{9-15}$$

联立方程求解即可得到组分 a 和组分 b 的浓度。对于有两个以上组分相互重叠的试样，可以参照相同的方法，测定相应的吸光度和摩尔吸光系数，通过解多元一次方程组求得各组分的含量。

b. 等吸收波长法

采用作图法确定干扰组分的等吸收波长，消除其干扰。如图 9-13 所示，其中 a 为待测组分，b 为干扰物组分。测定波长可选择组分 a 的最大吸收波长 λ_1（或其附近），干扰组分 b 在参比吸收波长 λ_2 处的吸收应与其在测定波长 λ_1 处的吸收相等，即 $A_{\lambda_1}^b = A_{\lambda_2}^b$。根据吸光度的加和性，混合物在 λ_1 和 λ_2 处的吸光度分别为

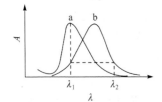

图 9-13　等吸收波长法示意图

$$A_{\lambda_1} = A_{\lambda_1}^a + A_{\lambda_1}^b \tag{9-16}$$

$$A_{\lambda_2} = A_{\lambda_2}^a + A_{\lambda_2}^b \tag{9-17}$$

双波长分光光度计的输出信号为

$$\Delta A = A_{\lambda_1} - A_{\lambda_2} \tag{9-18}$$

联立方程式 (9-17)～式 (9-19)，可得

$$\Delta A = A_{\lambda_1}^a - A_{\lambda_2}^a + A_{\lambda_1}^b - A_{\lambda_2}^b \tag{9-19}$$

又 $A_{\lambda_1}^b = A_{\lambda_2}^b$，所以

$$\Delta A = A_{\lambda_1}^a - A_{\lambda_2}^a = (\varepsilon_{\lambda_1}^a - \varepsilon_{\lambda_2}^a)bc_a \tag{9-20}$$

从式 (9-20) 可知，吸光度的差值只与组分 a 的浓度成正比，与干扰组分 b 无关，即消除了干扰组分的影响。

例 9-3　甲基红的酸式 (HIn) 和碱式 (In^-) 的最大吸收波长分别为 528 nm 和 400 nm，采用紫外-可见分光光度法，在 1 cm 比色皿中测得其在不同实验条件下的吸光度如下，试求甲基红的浓度。

浓度/$(mol \cdot L^{-1})$	酸度	A_{528}	A_{400}
1.22×10^{-5}	$0.1\ mol \cdot L^{-1}\ HCl$	1.783	0.077
1.09×10^{-5}	$0.1\ mol \cdot L^{-1}\ NaHCO_3$	0.00	0.753
c_x	pH = 4.18	1.401	0.166

解　由题意有

$$\varepsilon_{528}^{HIn} = \frac{1.783}{1.22 \times 10^{-5}} = 1.46 \times 10^{5} (L \cdot mol^{-1} \cdot cm^{-1})$$

$$\varepsilon_{400}^{HIn} = \frac{0.077}{1.22 \times 10^{-5}} = 6.31 \times 10^{3} (L \cdot mol^{-1} \cdot cm^{-1})$$

因为吸光度具有加和性，则

$$A_{528} = \varepsilon_{528}^{HIn} c_{HIn} + 0$$

$$A_{400} = \varepsilon_{400}^{HIn} c_{HIn} + \varepsilon_{400}^{In^-} c_{In^-}$$

代入数据解得

$$c_{HIn} = 9.6 \times 10^{-6} \, mol \cdot L^{-1}$$

$$c_{In^-} = 1.5 \times 10^{-6} \, mol \cdot L^{-1}$$

故甲基红浓度

$$c = (9.6 + 1.5) \times 10^{-6} = 1.11 \times 10^{-5} (mol \cdot L^{-1})$$

4. 差示分光光度法

紫外-可见分光光度分析中，当样品的吸光度值 A 为 0.2～0.8 时误差小，超出此范围，则表示溶液浓度过高或过低，误差增大，此时采用差示分光光度法可降低测量误差。差示分光光度法有高吸收法、低吸收法和最精密法三种，如图 9-14 所示。

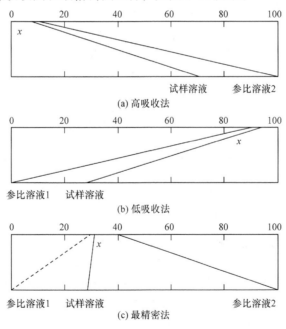

图 9-14　差示分光光度法原理示意图

1）高吸收法

高吸收法适用于测定高浓度溶液，选用某一已知浓度(比待测液稍低)的溶液作参比溶液，调节透射率为 100%，如图 9-14(a)所示，其实质是改变参比条件。

2）低吸收法

低吸收法适用于测定低浓度溶液，选用比待测液浓度稍高的已知浓度溶液作参比溶液，调节透射率为 0，实质是将透射率标度放大，如图 9-14(b)所示。

3) 最精密法

最精密法是同时选用浓度比待测液浓度稍高和稍低的两份已知溶液作参比溶液，分别调节透射率为 0 和 100%，如图 9-14(c) 所示，其测量准确度最高。

5. 导数分光光度法

当组分的紫外-可见光谱曲线非常接近时，定性和定量分析相对较为困难，此时采用导数分光光度法可以区分。这是因为吸收光谱曲线经求导后，其中的微小变化能更好地显现出来，使弱峰放大。将吸光度 A 对波长 λ 求 n 次微分，再以 n 次微分信号为纵坐标，波长 λ 为横坐标作图，得到 n 阶导数曲线。

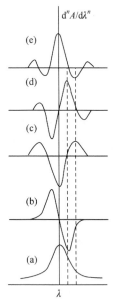

$$\frac{\mathrm{d}^n A_\lambda}{\mathrm{d}\lambda^n} = \frac{\mathrm{d}^n \varepsilon_\lambda}{\mathrm{d}\lambda^n} bc \qquad (9\text{-}21)$$

典型的 0～4 阶导数光谱如图 9-15 所示，其中零阶导数光谱即紫外-可见光谱曲线。

由图 9-15 可见，导数光谱具有以下特征：

(1) 零阶导数极大处，对应于奇阶导数 $(n = 1, 3, 5, \cdots)$ 曲线的零点处；零阶曲线的拐点处，对应于奇阶导数曲线的极大或极小处；零阶导数极大处，对应于偶阶导数 $(n = 2, 4, \cdots)$ 曲线的极大或极小处；零阶曲线的拐点处，对应于偶阶导数曲线的零点处。

(2) 谱带的极值个数随导数阶数的增加而增加，经 n 次求导后，产生的极值(包括极大和极小值)个数为 $n + 1$。

(3) 随着求导阶次增加，谱带变尖锐，带宽变窄。

导数光谱的特点在于灵敏度高，可减小光谱干扰，在分辨多组分混合物的谱带重叠、增强次要光谱(如肩峰)的清晰度以及消除浑浊影响时有利。导数光谱能分辨相互重叠的光谱，消除胶体、乳浊液和悬浮液等样品的散射影响和背景吸收，因此能解决传统分光光度法不能解决的问题。

图 9-15　导数光谱示意图
(a) 紫外-可见光谱曲线；
(b)～(e) 1～4 阶导数光谱

6. 分光光度滴定法

分光光度滴定法是用一定的标准溶液滴定待测物溶液，测定滴定中溶液的吸光度变化，通过作图法求得滴定终点，从而计算待测组分含量的方法。一般有直接滴定法和间接滴定法两种。直接滴定法选择被滴定物、滴定剂或反应生成物中摩尔吸光系数最大的物质的 λ_{max} 为吸收波长进行滴定，可能的滴定曲线如图 9-16 所示。间接滴定法需使用指示剂。分光光度滴

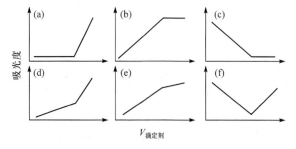

图 9-16　紫外-可见分光光度滴定曲线示意图

定法准确性、精密度及灵敏度都高于通过指示剂颜色变化确定滴定终点的普通滴定法，适用于酸碱滴定、氧化还原滴定、沉淀滴定和配位滴定等。

9.3　紫外-可见分光光度计

9.3.1　紫外-可见分光光度计的基本结构

紫外-可见分光光度计的光路系统如图 9-17 所示，主要由光源、单色器、样品池、检测器、信号处理及输出装置(计算机)五部分组成。

光源　　　　单色器　　　　样品池　　　　检测器　　信号处理及输出装置

图 9-17　紫外-可见分光光度计光路示意图

1. 光源

光源的作用是提供激发能，使待测分子产生紫外-可见光谱吸收。紫外区(波长范围为 200～380 nm)光源一般为氢灯或氘灯；可见区(波长范围为 380～780 nm)光源为钨灯和碘钨灯。紫外-可见分光光度计要求光源能够提供足够强的连续光谱、有良好的稳定性、较长的使用寿命，且辐射能量随波长无明显变化。

2. 单色器

单色器的作用是使光源发出的光经分光后变成所需要的单色光。棱镜和光栅是常用的单色器。

棱镜有玻璃和石英两种材料。它们的色散原理是不同波长的光通过棱镜时有不同的折射率而将不同波长的光分开。玻璃棱镜对可见光色散率大，吸收紫外光，故常用于可见光区分光；石英棱镜对紫外光色散率大，适用于紫外光区分光。

棱镜单色器通常由入射狭缝、准直镜、色散元件、物镜和出射狭缝构成，如图 9-18(a)所示。入射狭缝用于限制杂散光进入单色器；准直镜将入射光束变为平行光束后进入色散元件；色散元件的作用是将复合光分解成不同波长的单色光，并以不同的角度发散；物镜将出自色散元件的平行光聚焦于出射狭缝；出射狭缝用于限制通带宽度，对于定性分析通常采用较小的狭缝宽度，而定量分析采用较大的狭缝宽度，以获得较高的分析灵敏度。棱镜虽然简单便宜，但产生的色散是弯曲而非线性的，且色散角度随温度改变而改变。

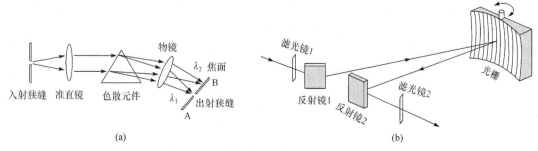

(a)　　　　　　　　　　　　　　　　　　(b)

图 9-18　棱镜(a)和光栅(b)分光光路图

光栅单色器是根据光栅衍射获取单色光。光栅是一块表面按照一定规律刻有很窄的凹槽的玻璃，在表面镀铝膜以达到反射光的目的，如图 9-18(b)所示。光栅产生的色散角与波长成线性关系，可以获得均匀排列的色散光，对棱镜不适用的远紫外和远红外光区可用，且与温度无关，所以现代分光光度计采用光栅代替棱镜。

通常以色散率、分辨率和聚光本领三个参数作为衡量单色器性能的指标。

色散率是指复合光通过单色器后被分开的程度。棱镜光谱为非均匀排列光谱，对短波色散率大，而光栅的色散率基本上与波长无关，是线性色散。

分辨率(R)是指单色器将波长差为 $\Delta\lambda$ 的两束光分开的能力。用两条恰好可以分辨开的光谱波长的平均值 λ 与其波长差 $\Delta\lambda$ 之比表示，即 $R = \dfrac{\lambda}{\Delta\lambda}$。棱镜的分辨率 $R = mb\dfrac{dn}{d\lambda}$，而光栅的分辨率 $R = mN$。m 为光谱级次，b 为棱镜底边宽度，$\dfrac{dn}{d\lambda}$ 为材料折射率，N 为光栅刻痕数。

聚光本领是指单色器传递光强的能力。对棱镜而言，与相对孔径(d/f)的平方成正比；对光栅而言，聚光本领差，因 $n = 0$ 不分光的级次占光强约 80%。

3. 样品池

紫外-可见分光光度计中的样品池也称吸收池或比色皿，形状因仪器不同而异，一般为方柱形，有光面和毛面之分，光面为光线透过面，毛面为手持操作面。吸收光程长度(或称池厚)变化范围很大，可以从几十毫米到 10 cm 或更长，一般为 1 cm。

样品池的材质随吸收光波长而变，一般石英池用于紫外光区，玻璃池用于可见光区。使用样品池时，应尽可能使光学窗口与入射光束垂直，以减少反射光的损失，且必须与参比池严格匹配，以使它们的光学性质、壁厚和吸收光程等完全相同。

4. 检测器

检测器的作用是将光信号转换成电信号。理想的检测器应具有无辐射时响应为零，产生的电信号与光束的辐射功率成正比，以及响应速度快、灵敏度高、信噪比高、线性响应范围宽等特点。光电池、光电管、光电倍增管和光电二极管都可用作紫外-可见分光光度计的检测器。光电倍增管因灵敏度高，且不易疲劳，在紫外-可见分光光度计中应用最广。现代光谱仪器中，多采用光电二极管阵列代替单个检测器，具有平行采集数据及电子扫描功能，其测定速度快、波长重复性好、测定结果十分可靠。

5. 信号处理及输出装置

信号处理器的作用是放大检测器的输出信号，或将直流信号转换成交流信号(或相反)，改变信号相位，滤掉不需要的成分，同时也可以执行某些信号的数学运算(微分、积分或转换成对数等)。在紫外-可见分光光度计中，常用的数据输出器件有数字表、记录仪、电位计标尺、阴极射线管等。近年来，光计数技术也已引入紫外-可见分光光度计。光计数技术能改善信噪比和低辐射强度的灵敏度，提高给定测量时间的测量精度，降低光电倍增管电压和温度敏感性。但光计数技术设备复杂，价格昂贵，不能广泛用于紫外-可见光区的测量。

9.3.2　紫外-可见分光光度计的类型

紫外-可见分光光度计按其光学系统主要可分为单光束分光光度计、双光束分光光度计、双波长分光光度计和多道扫描分光光度计四类。

1. 单光束分光光度计

单光束分光光度计的光路示意图如图 9-19 所示，经单色器分光后的单色光交互经过样品池和参比池，进行光度测量。这种仪器结构简单，适用于在特定波长处测定光吸收强度，进行样品定量分析。

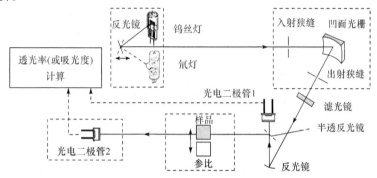

图 9-19　单光束分光光度计光路示意图

2. 双光束分光光度计

双光束分光光度计的光路示意图如图 9-20 所示，从光源发出的光经斩光器分成频率和强度相同的两束光，分别通过样品池和参比池，测得的是透过样品溶液和参比溶液的光信号强度之比，克服了单光束仪器由于光源不稳引起的误差，可以方便地对全波段进行扫描，绘制连续的吸收光谱曲线。

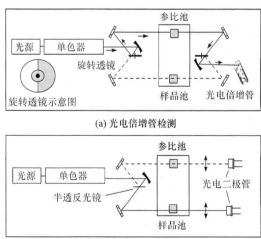

图 9-20　双光束分光光度计光路示意图

3. 双波长分光光度计

双波长分光光度计的光路示意图如图 9-21 所示，由两个单色器分出不同波长 λ_1 和 λ_2 的两束光（$\Delta\lambda = 1\sim2$ nm），由斩光器并束，在同一光路交替通过样品池，由光电倍增管检测信号。

双波长分光光度计无需参比池，利用吸光度差值定量，降低了杂散光干扰和样品池与参比池不匹配引起的误差。两波长同时扫描即可获得导数光谱。

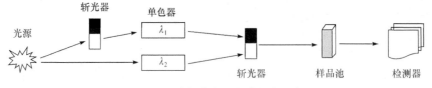

图 9-21　双波长分光光度计光路示意图

4. 多道扫描分光光度计

多道扫描分光光度计是在单光束分光光度计基础上发展起来的，采用了计算机控制和二极管阵列检测器，其光路示意图如图 9-22 所示。该类仪器具有快速扫描的特点，可覆盖 190～900 nm 波长范围，能在极短的时间内（≤1 s）给出整个光谱范围内的全部信息，便于追踪化学反应机理及研究快速反应动力学，在环境分析和过程分析中尤为重要。

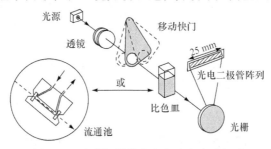

图 9-22　多道扫描分光光度计光路示意图

9.4　紫外-可见吸收光谱的应用

紫外-可见吸收光谱广泛用于纯度检查、定性、定量分析以及有机结构解析等方面，能反映生色团和助色团的特征。虽然它可以提供化合物的骨架结构（如共轭烯、不饱和醛酮、芳香和稠环等）和某些发色团和助色团（羰基、硝基等）的信息，但是同类官能团的紫外光谱基本相同，而且大多数简单官能团在近紫外光区只有微弱或无吸收，因此只能结合红外光谱、核磁共振光谱和质谱等方法才能对化合物进行定性鉴定和结构解析。

9.4.1　纯度检查

如果某种化合物在紫外光区没有吸收峰，而其杂质有较强吸收，就可方便地检出该化合物中的痕量杂质。例如，要鉴定甲醇和乙醇中的杂质苯，可利用苯在 254 nm 处的 B 吸收带，而甲醇或乙醇在此波长范围内几乎没有吸收。又如，要检查四氯化碳中有无二硫化碳杂质，只要观察在 318 nm 处有无二硫化碳的吸收峰即可。此外，如果某化合物在紫外-可见光区有强吸收带，可用摩尔吸光系数与标准值的吻合程度来检验其纯度。

9.4.2　定性分析

吸收光谱曲线的形状、吸收峰的数目、最大吸收峰的位置和摩尔吸光系数是紫外-可见吸收光谱定性分析的主要依据。其中，最大吸收波长和摩尔吸光系数是定性鉴定的主要依据。

1. 标准谱图对照法

该方法是在相同测试条件(仪器、溶剂、pH 等)下获得未知试样和标准样品的紫外-可见吸收光谱曲线,如果它们的吸收光谱曲线完全等同,则可认为待测试样与已知标准化合物具有相同的生色团。如果没有标准样品,也可借助前人汇编的以实验为基础的各种有机化合物的紫外-可见吸收光谱标准谱图进行对照,从而获知未知试样中的官能团结构。

2. 最大波长计算法

根据伍德沃德-菲泽规则,计算分子的最大吸收波长 λ_{max},并与实测值进行比较,然后确认物质中的结构。

3. 结构推断

根据化合物的紫外-可见吸收光谱曲线,可大致推断其结构信息。

(1)在 200~800 nm 无吸收峰,说明该化合物不含共轭结构,可能是饱和烃及其衍生物,也可能是单烯或孤立多烯。

(2)在 200~250 nm 有强吸收($\varepsilon \geqslant 10^4$ L·mol^{-1}·cm^{-1}),则说明有共轭二烯和 α,β-不饱和醛酮结构;共轭二烯:K 带(~230 nm);α,β-不饱和醛酮:K 带~230 nm,R 带~310~330 nm;若 260 nm、300 nm、330 nm 有强吸收峰,则可能存在 3、4、5 个双键的共轭体系。

(3)在 270~350 nm 有弱吸收峰(ε 为 10~100 L·mol^{-1}·cm^{-1}),而在 200 nm 附近无其他吸收,则为醛酮中羰基 n → π* 跃迁产生的 R 带。

(4)在 260~300 nm 有中等强度的吸收峰(ε 为 200~2000 L·mol^{-1}·cm^{-1}),为芳环的特征吸收(具有精细结构的 B 带)。

(5)若在大于 300 nm 或延伸到可见光区有高强度吸收,且具有明显的精细结构,说明具有稠环芳烃、稠环杂芳烃或其衍生物存在。

例 9-4 有一分子式为 C$_{10}$H$_{16}$ 的化合物,红外光谱证明结构中有双键和异丙基存在,紫外光谱曲线显示最大吸收波长 λ_{max} = 231 nm,摩尔吸光系数 ε = 9000 L·mol^{-1}·cm^{-1},进行加氢反应时,每摩尔化合物只能吸收 2 mol H$_2$,试推断其结构。

解 化合物不饱和度 Ω 按下式计算:

$$\Omega = 1 + n_4 + \frac{n_3 - n_1}{2} = 1 + 10 + \frac{0-16}{2} = 3 \tag{9-22}$$

式中,n_1 为一价原子数目;n_3 为三价原子数目;n_4 为四价原子数目。

由加氢反应可知,化合物分子中含有两个双键;结合不饱和度,可知分子含有一个环状结构;紫外-可见吸收光谱中 λ_{max} = 231 nm,摩尔吸光系数 ε = 9000 L·mol^{-1}·cm^{-1},表明化合物中存在共轭体系,因此其可能的结构有以下四种:

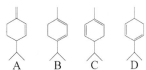

根据伍德沃德规则

$$\lambda_{max} = 非稠环二烯(a, b) + n×烷基取代 + 环外双键$$

可计算四种化合物的最大吸收波长分别为

A. 232 nm　　　B. 273 nm　　　C. 268 nm　　　D. 268 nm

结合以上信息,可推断出该化合物结构应与 A 相符。

4. 异构体判断

采用紫外-可见吸收光谱法可以测定某些化合物的异构现象。例如

前者有紫外吸收，而后者的最大吸收波长＜200 nm，其原因在于前者有共轭双键结构。又如，在乙酰乙酸乙酯的酮式和烯醇式异构体中，酮式结构 $CH_3COCH_2COOC_2H_5$ 的 $\lambda_{max} = 275$ nm，$\varepsilon = 100$ L · mol^{-1} · cm^{-1}，而烯醇式结构 $CH_3C(OH)=CHCOOC_2H_5$ 的 $\lambda_{max} = 245$ nm，$\varepsilon = 18\,000$ L · mol^{-1} · cm^{-1}，远大于酮式，这也是由于烯醇式结构中有共轭双键。

5. 构象判断

紫外-可见吸收光谱也可用于一些化合物的构型和构象判断。例如，在二苯乙烯顺式和反式结构中，顺式结构的最大吸收波长 $\lambda_{max} = 280$ nm，摩尔吸光系数 $\varepsilon = 13\,500$ L · mol^{-1} · cm^{-1}；反式结构的最大吸收波长 $\lambda_{max} = 295$ nm，摩尔吸光系数 $\varepsilon = 27\,000$ L · mol^{-1} · cm^{-1}。其原因可能是顺式空间位阻大，比反式不易共平面，难以产生共轭，因此反式结构的最大吸收波长及摩尔吸光系数要大于顺式。

顺式　　　　　　　　　反式

9.4.3 定量分析

紫外-可见分光光度法具有灵敏度高、操作简便、快速等优点，在环境、医疗、工业等领域都有应用，尤其在医院的常规化验中，95%的定量分析都用此法。紫外-可见分光光度法可检测到 $10^{-5} \sim 10^{-4}$ mol · L^{-1} 的微量组分，通过某些特殊方法(如胶束增溶)能检测 $10^{-7} \sim 10^{-6}$ mol · L^{-1} 的组分，准确度较高，相对误差为 1%～3%，有时可降至百分之零点几。

例9-5 用摩尔吸光系数为 2.00×10^5 L · mol^{-1} · cm^{-1} 的铜有色配合物测定铜。试液中 Cu^{2+} 浓度为 $5.0 \times 10^{-7} \sim 5.0 \times 10^{-6}$ mol · L^{-1}，使用 1 cm 吸收池进行测量，吸光度和透射率的范围如何？若光度计的透射率读数误差 ΔT 为 0.005，可能引起的浓度测量相对误差为多少？

解 已知 $b = 1$ cm，$\varepsilon = 2.00 \times 10^5$ L · mol^{-1} · cm^{-1}，Cu^{2+} 浓度为 $5.0 \times 10^{-7} \sim 5.0 \times 10^{-6}$ mol · L^{-1}，由公式 $A = \varepsilon bc$ 可知吸光度 A 的范围为

$$A_1 = 2.00 \times 10^5 \times 1 \times 5.0 \times 10^{-7} = 0.100$$

$$A_2 = 2.00 \times 10^5 \times 1 \times 5.0 \times 10^{-6} = 1.00$$

由 $A = -\lg T$，可计算透射率的范围为

$$T_1 = 10^{-0.100} = 0.794$$

$$T_2 = 10^{-1.00} = 0.100$$

上述计算表明 A 的范围为 0.100～1.00，相应 T 的范围为 0.794～0.100。

$\Delta T = 0.005$，由光度测量误差公式可得

$$\Delta c/c = (0.434 \times 0.005)/(0.794 \times \lg 0.794) = 0.0273 = 2.73\%$$

$$\Delta c/c = (0.434 \times 0.005)/(0.100 \times \lg 0.100) = 0.0217 = 2.17\%$$

9.4.4　其他应用

1. 氢键强度判断

含有 N、O、S 等杂原子的化合物，其 n→π* 在极性溶剂中最大吸收波长比非极性溶剂中小，其原因是分子间形成了氢键，据此可进行氢键强度计算。例如，丙酮在水作溶剂时测得 λ_{max}= 264.5 nm，E = 452.96 kJ·mol^{-1}；而在己烷中，测得 λ_{max}= 279 nm，E = 429.4 kJ·mol^{-1}，其能量差 ΔE = 23.56 kJ·mol^{-1}，即为氢键强度。

2. 生物样品分析

在酸性溶液中，RNA 与 DNA 的嘌呤核苷键易于水解断裂而产生含有戊糖醛基的水解产物去嘌呤酸，进一步变成糖醛衍生物，从而可以与二苯胺、硫代巴比土酸、二氨基苯甲酸等试剂发生显色反应，用于核酸测定。

3. 环境样品分析

SO_2 是大气污染物，是酸雨的主要成分，对环境和人体健康有严重危害。SO_2 被甲醛溶液吸收后，生成稳定的羟甲基磺酸加合物，加入 NaOH 该化合物分解，释放出的 SO_2 与副玫瑰苯胺、甲醛作用生成紫红色化合物，可在 577 nm 处测定其在空气中的含量。

Cr^{6+} 是一种致癌物质，严重威胁人体健康。在一定条件下，二苯碳酰二肼与 Cr^{6+} 生成二苯碳酰二肼铬紫红色配合物，可在 540 nm 处测定环境试样中的 Cr^{6+} 含量。

4. 配合物配位比的测定

对于配位反应

$$mM + nY \Longrightarrow M_mY_n$$

通过紫外-可见吸收光谱的测定，可以求得配合物的配位比，常用摩尔比法和连续变换法(或 job 法)两种方法。

1)摩尔比法

固定一个组分(如 M)的浓度不变，改变另一组分(如 Y)的浓度，求得一系列 c_Y/c_M 值，在适宜波长下测定各溶液的吸光度，然后以吸光度 A 对 c_Y/c_M 作图。当配体 Y 不足以使 M 定量转化为 M_mY_n 时，曲线呈直线；当加入的配体 Y 已使 M 定量转化为 M_mY_n 并稍过量时，曲线便出现转折；继续加入 Y，曲线便呈水平直线，转折点所对应的摩尔比便是配合物的组成比。若配合物较稳定，则转折点明显；反之则不明显，这时可用外推法求得两直线的交点。此法简便，适合测定解离度小、组成比高的配合物的组成。

2)连续变换法

设 c_M 和 c_Y 分别为溶液中 M 和 Y 的物质的量浓度(原始浓度)，配制一系列溶液，保持 $c_M + c_Y = c$(c 值恒定)。改变 c_M 与 c_Y 的相对比值，在 M_mY_n 的最大吸收波长下测定各溶液的吸光度 A。当 A 值达到最大时，即 M_mY_n 浓度最大，该溶液中 c_M/c_Y 值即为配合物的组成比。以吸光度 A 为纵坐标，摩尔分数 $f_M = c_M/c$(或 $f_Y = c_Y/c$)为横坐标作图，即绘出连续变化法曲线。由两曲线外推的交点所对应的 c_M/c 值，即可计算配合物的组成 M 与 Y 之比($m:n$ 值)。此法适合测定溶液中只形成一种解离度小的、配合比低的配合物的组成，对 $n/m > 4$ 的体系不适用。

思考题与习题

1. 简述有机化合物紫外-可见吸收光谱的产生机理。

2. 画出紫外分光光度法仪器组成的方框图,并说明各组成部分的作用。

3. 简述无机离子显色反应的要求与反应条件的选择。

4. 试分析 HCHO 分子中可能发生哪种类型的跃迁。

5. 举出两种方法,鉴别某化合物的 UV 吸收带是由 $n \rightarrow \pi^*$ 跃迁产生还是由 $\pi \rightarrow \pi^*$ 跃迁产生。

6. 共轭二烯在己烷溶剂中 $\lambda_{max} = 219$ nm。如果溶剂改用己醇,λ_{max} 比 219 nm 大还是小?为什么?

7. 今有两种溶液:苯的环己烷溶液和苯酚的环己烷溶液。已知苯和苯酚在紫外光区均有吸收峰。若测得溶液 1 的吸收峰为 213 nm 和 271 nm,溶液 2 的吸收峰为 204 nm 和 254 nm,试判断溶液 1 和溶液 2 分别是上述哪种溶液,并加以解释。

8. 化合物 A 和 B 的结构如下:在同一跃迁类型中,一个化合物 $\lambda_{max} = 303$ nm,另一个化合物 $\lambda_{max} = 263$ nm,则观测到的吸收反应是哪种类型的跃迁?哪一个化合物具有 $\lambda_{max} = 303$ nm?

　　　　A. CH₃CH=CHCH=CHCHO　　　　B. CH₃CH=CHCH=CHCH=CHCHO

9. 按伍德沃德规则计算下列化合物的最大吸收波长。

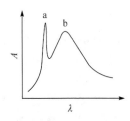

10. 计算下列不饱和醛酮类化合物的最大吸收波长。

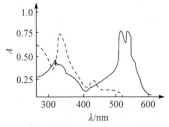

11. 某化合物的紫外-可见吸收曲线如下,进行定量分析时,应选择何处吸收波长作为测量波长?说明原因。

12. 浓度为 3.0×10^{-4} mol · L⁻¹ 的 $KMnO_4$ 和 $K_2Cr_2O_7$ 溶液,分别在 0.5 mol · L⁻¹ 的 H_2SO_4 和 0.5 mol · L⁻¹ 的 H_3PO_4 介质中,用 1.00 cm 吸收池绘制光吸收曲线,如下所示:

实线表示 $KMnO_4$,虚线表示 $K_2Cr_2O_7$

根据吸收曲线的形状回答下列问题:(1)估算 $KMnO_4$ 溶液在 λ_{490} 时的吸光度;(2)估算 $KMnO_4$ 在 λ_{max} 为 520 nm、550 nm 处的 ε;(3)当改变 $KMnO_4$ 的浓度时,吸收曲线有何变化?为什么?(4)若在 $KMnO_4$ 和 $K_2Cr_2O_7$ 的混合溶液中测定 $KMnO_4$ 的浓度,应选择的工作波长是多少?(5)若在 $KMnO_4$ 和 $K_2Cr_2O_7$ 的混合溶液中测定

$K_2Cr_2O_7$ 的浓度，可采用什么方法？

(0.36；$2.5×10^3$ L · mol^{-1} · cm^{-1}；550 nm)

13. 取 5.00 mL 尿样于 100 mL 容量瓶中，稀释至刻度，混匀，吸取此稀释液 25.0 mL 用分光光度计测出其吸光度为 0.428。现将 1.0 mL 含 0.050 mg · mL^{-1} P 的标准溶液加入另一份 25.0 mL 稀释液中，测出其吸光度为 0.517。(1) 加入 P 后的吸光度究竟为多少？(2) 试样液中 P 的浓度为多少？(3) 尿样中 P 的浓度为多少？

(0.538；0.159 mg · mL^{-1}；156 mg · L^{-1})

14. 在显色反应 $Zn^{2+} + 2Q^{2-} \rightleftharpoons ZnQ_2^{2-}$ 中，当显色剂 Q 浓度超过 Zn^{2+} 浓度 40 倍以上时，可认为 Zn^{2+} 全部生成 ZnQ_2^{2-}，有一显色液，其中 $c_{Zn^{2+}} = 1.0×10^{-3}$ mol · L^{-1}，$c_{Q_2^{2-}} = 5.0×10^{-2}$ mol · L^{-1}，在 λ_{max} 波长处用 1 cm 吸收池测定吸光度为 0.400。同样条件下，测量 $c_{Zn^{2+}} = 1.0×10^{-3}$ mol · L^{-1}，$c_{Q_2^{2-}} = 2.5 × 10^{-3}$ mol · L^{-1} 的显色液时，吸光度为 0.280，求配合物 ZnQ_2^{2-} 的稳定常数。

($1.93×10^6$)

第 10 章 红外吸收光谱法

10.1 概 述

10.1.1 红外光区的特点

红外辐射也属电磁辐射的一种。红外光谱在可见光区和微波光区之间，习惯上又将红外光区分为三个区：近红外光区、中红外光区、远红外光区。红外吸收光谱是振-转光谱，主要涉及振动能级的跃迁，对近红外光、中红外光、远红外光的能级跃迁的类型如表 10-1 所示。

表 10-1 红外光的能级跃迁类型

红外光的范围	能级跃迁的类型
近红外光区	O—H、N—H 及 C—H 键的倍频吸收
中红外光区	分子振动、转动
远红外光区	分子转动、骨架振动

对近红外光区，其吸收带主要是由低能电子跃迁、含氢原子团（如 O—H、N—H、C—H）伸缩振动的倍频及组合频吸收产生，摩尔吸光系数较低，故近红外辐射最重要的用途是对某些物质进行例行的定量分析。

对中红外光区，由于基频振动是红外光谱中吸收最强的振动，且绝大多数有机化合物和无机离子的基频吸收带多出现在中红外光区，故中红外光区最适合进行定性分析，如对有机物的定性分析及结构分析。随着傅里叶变换技术的出现，该光谱区也开始用于表面的显微分析和对固体试样进行分析。目前中红外光区吸收光谱研究最为成熟，而且也已积累了大量的数据资料，因此它是红外光区应用最为广泛的光谱方法，通常所说的红外吸收光谱法大多指的是这一范围的光谱。

由于金属-有机键的吸收频率主要取决于金属原子和有机基团的类型，且参与金属-配体振动的原子质量较大或振动力常数较低，因此金属原子与无机及有机配体之间的伸缩振动和弯曲振动的吸收多出现在远红外光区，故该区特别适合研究无机化合物。对无机固体物质可提供晶格能及半导体材料的跃迁能量。

红外光谱分析特征性强，对气体、液体、固体试样都可测定，并具有用量少、分析速度快、不破坏试样的特点。因此，红外光谱法不仅与其他许多分析方法一样能进行定性和定量分析，而且是鉴定化合物和测定分子结构的最有用方法之一。

10.1.2 红外吸收光谱图的表示方法

红外吸收光谱图以波长（或波数）为横坐标，表示吸收带的位置；以透射率（符号 T）为纵坐标，表示吸收强度，因而吸收峰向下。图 10-1 为 1-辛炔的红外光谱，图 10-2 为正辛烷的红外光谱。

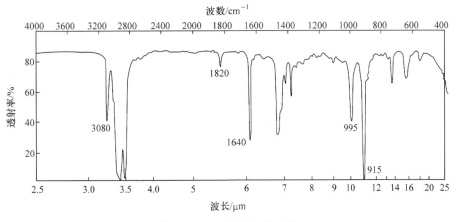

图 10-1　1-辛炔的红外光谱

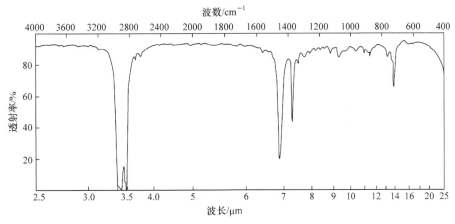

图 10-2　正辛烷的红外光谱

波长 λ 和波数 σ 互为倒数，即

$$\sigma = \frac{1}{\lambda} = \frac{\nu}{c} \tag{10-1}$$

式中，ν 为频率；c 为光速。但在红外光谱图中波长 λ 的单位通常用 μm，而波数 σ 的单位则用 cm^{-1}，故它们之间的关系为

$$\sigma / \mathrm{cm}^{-1} = \frac{10^4}{\lambda / \mu\mathrm{m}} \tag{10-2}$$

10.2　红外吸收的基本原理

10.2.1　红外光谱产生的条件

红外光谱是由物质分子选择性吸收一定的电磁辐射产生的，发生这一过程需要满足以下两个条件：

（1）辐射应满足物质分子振动跃迁所需要的能量。当用一束连续的红外辐射照射试样分子时，如果分子中某个基团的振动频率与照射辐射的频率相同，即能因获得能量而导致分子内部振动而发生能级跃迁。

(2) 辐射应与物质分子之间有相互耦合作用。任何分子就整体而言是电中性的，但在分子内部，由于构成分子的各个原子本身的电负性不同，故分子会具有不同的极性，称为偶极子。只有能使偶极矩发生变化的振动形式才能吸收红外辐射，这是因为使偶极矩发生变化的振动才能建立一个可与外界红外辐射相互作用的电磁场。当外界红外辐射的频率与偶极子本身具有的振动频率相同时，外界提供的红外辐射与物质分子之间产生相互耦合作用，从而使分子振动的振幅发生变化，即分子吸收外界辐射后，由基态振动能级跃迁到较高的振动能级，表现为红外活性。振动过程中偶极矩不发生变化的振动形式无法接受外界红外辐射的能量，因而不产生吸收，表现为非红外活性。

10.2.2　分子振动与振动频率

1. 双原子分子的振动

1) 谐振子

分子不是一个刚体，分子中的原子会以平衡点为中心，以非常小的振幅作周期性的振动，其中最简单的是双原子的振动。可将双原子看成 A (其质量为 m_1) 与 B (其质量为 m_2) 的两个小球，把连接它们的化学键看作质量可以忽略的弹簧，则原子在平衡位置附近的伸缩振动就可近似看成一个简谐振动 (图 10-3)。

根据简谐振动模型，即胡克定理，有

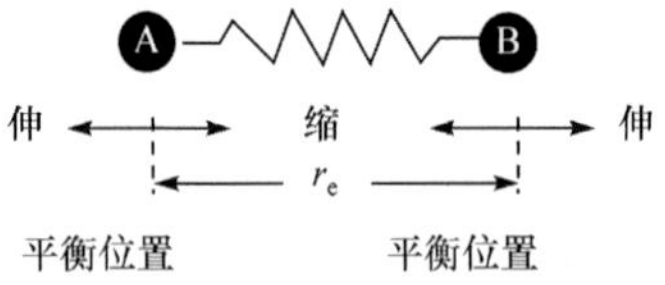

图 10-3　谐振子振动示意图

$$\nu = \frac{1}{2\pi}\sqrt{\frac{k}{\mu}} \tag{10-3}$$

式中，ν 为振动频率 (s^{-1})；k 为化学键的力常数，其定义为将两原子由平衡位置伸长单位长度时的恢复力 $(N \cdot cm^{-1})$；μ 为两个小球的折合质量 (g)，且有

$$\mu = \frac{m_1 m_2}{m_1 + m_2} \tag{10-4}$$

若原子的质量用原子的质量单位 (u，1 u = 1.66×10^{-24} g) 表示，则成键两原子的折合质量应为

$$\mu = \frac{m_1 m_2}{(m_1 + m_2) \times 6.02 \times 10^{23}} \tag{10-5}$$

若以波数表示，则有

$$\sigma = \frac{1}{2\pi c}\sqrt{\frac{k}{m}} \tag{10-6}$$

式中，c 为真空中的光速，其值为 3×10^{10} cm · s^{-1}。

按照量子力学理论，双原子分子的振动能为

$$E_v = \left(V + \frac{1}{2}\right)h\nu \tag{10-7}$$

式中，ν 为双原子分子内化学键的振动频率；V 为振动量子数，可取 $V = 0, 1, 2, \cdots, n$；h 为普朗克常量。$V=0$，分子处于基态；$V \neq 0$，分子处于激发态。双原子分子的三种能级跃迁示意图如图 10-4 所示。

当分子吸收外界辐射后，分子由基态跃迁到激发态，振幅加大，其振动能增加为

$$E_v = \left(V_1 + \frac{1}{2}\right)h\nu - \left(V_2 + \frac{1}{2}\right)h\nu = \Delta V h\nu \quad (10\text{-}8)$$

通常情况下，分子大多处于基态振动，一般极性分子吸收红外光主要属于基态($V=0$)到第一激发态($V=1$)之间的跃迁，即$\Delta V = 1$。

非极性的同核双原子分子在振动过程中，偶极矩不发生变化，$\Delta V = 0$，$\Delta E_v = 0$，故无振动吸收，为非红外活性。

根据红外光谱的测量数据，可以测量各种类型

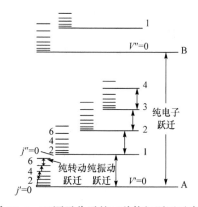

图 10-4 双原子分子的三种能级跃迁示意图

的化学键力常数 k。一般来说，单键键力常数的平均值约为 $5\ \mathrm{N \cdot cm^{-1}}$，而双键和三键的键力常数大约是此值的两倍和三倍。相反，利用这些实验得到的键力常数的平均值通过式(10-3)或式(10-6)，即可估算各种键型的基频吸收峰的波数。

化学键的力常数 k 越大，原子折合质量 μ 越小，则化学键的振动频率越高，吸收峰将出现在高波数区；反之，则出现在低波数区。表 10-2 为某些化学键的力常数。

表 10-2 某些化学键的力常数 (单位：$\mathrm{N \cdot cm^{-1}}$)

键型	k	键型	k	键型	k
H—F	9.7	—C—H	4.7~5.0	C—C	4.5~5.6
H—Cl	4.8	=C—H	5.1	C—O	5.4
H—Br	4.1	≡C—H	5.9	C—F	5.9
H—I	3.2	—C≡N	18	C—Cl	3.4
O—H	7.8	—C≡C	15~17	C—Br	3.1
S—H	6.5	C=C	9.5~9.9	C—I	2.7
N—H	4.3	C=O	12~13		

2) 非谐振子

双原子分子并非理想的谐振子，因此其振动和谐振子的振动是有差别的。量子力学证明，非谐振子的 ΔV 可以取±1，±2，±3，…。这样，在红外光谱中除了可以观察到强的基频吸收带外，还可能看到弱的倍频吸收峰，即振动量子数变化大于 1 的跃迁。在红外吸收光谱分析中，由 $V=0$ 跃迁到 $V=1$ 产生的吸收谱带称为基本谱带或基频峰；由 $V=0$ 跃迁到 $V=2$，$V=3$，…产生的吸收谱带则称为第一、第二、……倍频峰。由于实际双原子分子的振动能级不是等间距的，因此倍频峰的频率并不是基频峰频率的整数倍，而是略小一些。通常基频峰最强，倍频峰则弱得多。

2. 多原子分子的振动

双原子分子的振动只有一种形式，即在连接两原子的直线方向上两原子做相对的伸缩振动。但对多原子分子来说，由于组成原子数目增多，并且分子中原子排列的情况不同，即组成分子的键或基团和空间结构不同，其振动光谱远比双原子分子复杂得多。

1) 振动的基本类型

多原子分子的振动不仅包括双原子分子沿其核-核的伸缩振动，还有键角参与的各种可能的变形振动。因此，一般将振动形式分为两类，即伸缩振动和变形振动。亚甲基的振动模式如图 10-5 所示。

图 10-5　亚甲基的振动模式

⊕和⊖分别表示运动方向垂直纸面向里和向外

2) 振动的自由度

多原子分子的振动形式的多少可以用振动的自由度描述。振动的自由度即独立的振动数。很明显，在空间确定一个原子的位置，需要 3 个坐标(x、y 和 z)，即在三维空间中每个原子都能沿 x、y 和 z 三个坐标方向独立运动。对于有 n 个原子组成的分子，则有 $3n$ 个独立运动，即 $3n$ 个运动自由度。但是组成分子的这些原子被化学键连接成一个整体，分子作为整体其运动状态只有平动、转动和振动。众所周知，分子有 3 个平动自由度、3 个转动自由度，因此分子的振动自由度为($3n-6$)，即振动自由度 = $3n-$(平动自由度 + 转动自由度)。但对于直线形分子，若键轴在 x 方向，整个分子只能绕 y、z 轴转动，故振动自由度为($3n-5$)。

理论上计算的一个振动自由度，在红外光谱上相应产生一个基频吸收带。例如，3 个原子的非线形分子 H_2O，有 3 个振动自由度，红外光谱图中对应出现 3 个吸收峰，分别为 3650 cm^{-1}、1595 cm^{-1}、3750 cm^{-1}。同样，苯在红外光谱上应出现 $3 \times 12-6=30$ 个峰。实际上，绝大多数化合物在红外光谱图上出现的峰数远小于理论上计算的振动数，这是由以下原因引起的：

(1) 没有偶极矩变化的振动不产生红外吸收，即非红外活性。

(2) 相同频率的振动吸收重叠，即简并。

(3) 仪器不能区别频率十分相近的振动，或因吸收带很弱，仪器检测不出。

(4) 有些吸收带落在仪器检测范围之外。

例如，线形分子 CO_2，理论上计算其基本振动数为：$3n-5=4$。其具体振动形式如下：

O=C=O　　　　　　　　　　　　O=C=O

对称伸缩(无吸收峰)　　　　　　　　不对称伸缩(2349 cm^{-1})

↑O=C=O↓　　　　　　　　　　　O=C=O

面内变形(667 cm^{-1})　　　　　　　　面外变形(667 cm^{-1})

但在红外图谱上，只出现 667 cm^{-1} 和 2349 cm^{-1} 两个基频吸收峰。这是因为对称伸缩振动偶极矩变化为零，不产生吸收，而面内变形和面外变形振动的吸收频率完全一样，发生简并。

3. 吸收峰强度

分子振动时偶极矩是否变化决定了该分子能否产生红外吸收，而偶极矩的大小则决定了吸收峰强弱。根据量子理论，红外光谱的强度与分子振动偶极矩变化的平方成正比。在红外光谱中，一般按摩尔吸光系数 $\varepsilon(L \cdot mol^{-1} \cdot cm^{-1})$ 的大小来划分吸收峰的强弱等级，其具体划分如下：$\varepsilon > 100$，非常强峰（以符号 vs 表示）；$20 < \varepsilon < 100$，强峰（以符号 s 表示）；$10 < \varepsilon < 20$，中强峰（以符号 m 表示）；$1 < \varepsilon < 10$，弱峰（以符号 w 表示）。

振动能级的跃迁概率和振动过程中偶极矩的变化是影响谱峰强弱的两个主要因素。从基态向第一激发态跃迁时，跃迁概率大，因此基频吸收带一般较强。从基态向第二激发态的跃迁，虽然偶极矩的变化较大，但能级的跃迁概率小，因此相应的倍频吸收带较弱。应该指出，基频振动过程中偶极矩的变化越大，其对应的峰强度也越大。很明显，如果化学键两端连接的原子的电负性相差越大，或分子的对称性越差，伸缩振动时，其偶极矩的变化越大，产生的吸收峰也越强。一般来说，不对称伸缩振动的强度大于对称伸缩振动的强度，伸缩振动的强度大于变形振动的强度。

10.2.3　基团频率和特征吸收峰

物质的红外光谱是其分子结构的反映，谱图中的吸收峰与分子中各基团的振动形式相对应。多原子分子的红外光谱与其结构的关系一般是通过实验手段得到的。这就是通过比较大量已知化合物的红外光谱，从中总结出各种基团的吸收规律。实验表明，组成分子的各种基团，如 O—H、N—H、C—H、C=C、C≡C、C=O 等，都有自己特定的红外吸收区域，分子其他部分对其吸收位置影响较小。通常把这种能代表基团存在并有较高强度的吸收谱带称为基团频率，其所在的位置一般又称为特征吸收峰。

为了解析谱图和推导结构的方便，习惯上把红外光谱图按波数范围分为四大峰区（也有分为五大峰区）。每个峰区都对应于某些特征的振动吸收。第一峰区（3700～2500 cm^{-1}）为 X—H 的伸缩振动；第二峰区（2500～1900 cm^{-1}）为三键和累积双键的伸缩振动；第三峰区（1900～1500 cm^{-1}）为双键的伸缩振动及 H—O、H—N 的弯曲振动；除氢外的单键（Y—X）伸缩振动及各类弯曲振动位于第四峰区（1500～600 cm^{-1}），不同结构的同一类化合物，其红外光谱的差异主要在此峰区，故又称指纹区。表 10-3 列出了红外光谱中一些基团的吸收频率。

表 10-3　红外光谱中一些基团的吸收频率

区域		基团	吸收频率 /cm^{-1}	振动形式	吸收强度	说明
基频振动区	X—H 伸缩振动区	—OH	3650～3580	伸缩	m, sh	判断有无醇类、酚类和有机酸的重要依据
		—OH	3400～3200	伸缩	s, b	
		—NH$_2$，—NH（游离）	3500～3300	伸缩	m	
		—NH$_2$，—NH（缔合）	3400～3100	伸缩	s, b	
		—SH	2600～2500	伸缩		
		不饱和 C—H	3000 以上	伸缩		
		≡C—H	3300 附近	伸缩	s	
		=C—H	3010～3040	伸缩	s	末端=C—H 在 3085 cm^{-1} 附近强度比饱和 C—H 稍弱，但谱带较尖锐

区域	基团	吸收频率 /cm⁻¹	振动形式	吸收强度	说明
X—H 伸缩振动区	苯环中 C—H	3030 附近	伸缩	s	
	饱和 C—H	3000~2800	伸缩		
	—CH₃	2960±5	不对称伸缩	s	三元环中—CH₂出现在 3050 cm⁻¹
	—CH₃	2870±10	对称伸缩	s	
	—CH₂	2930±5	不对称伸缩	s	—CH 出现在 2890 cm⁻¹很弱
	—CH₂	2850±10	对称伸缩	s	
三键区	—C≡N	2260~2220	伸缩	s	针状, 干扰少
	—N≡N	2310~2135	伸缩	m	
	—C≡C—	2600~2100	伸缩	v	R—C≡C—H 在 2100~2140 cm⁻¹; R′—C≡C—R 在 2190~2260 cm⁻¹; 若 R′=R, 对称分子, 无红外谱带
	=C=C—	1950 附近	伸缩	v	
基 频 区	双键伸缩振动区	C=C	1680~1620	伸缩	m, w
		苯环中 C=C	1600, 1580 1500, 1450	伸缩	v	苯环的骨架振动
		—C=O	1850~1600	伸缩	s	其他吸收谱带干扰少, 是判断羰基(酮、酸、脂、酸酐)的特征频率, 位置变动大
		—NO₂	1600~1500	不对称伸缩	s	
		—NO₂	1300~1250	不对称伸缩	s	
		S=O	1220~1040	伸缩	s	
	X—H 弯曲振动区	—CH₃, —CH₂	1640±10	CH₃不对称弯曲	m	大部分有机化合物都含 CH₃、CH₂基, 故此峰经常出现
				CH₂剪式弯曲		
				对称弯曲	m	
				弯曲		烷烃中 CH₃的特征吸收
		—CH₃	1380~1370		s	
		—NH₂	1650~1560		m~s	
	指纹区	C—O	1300~1000	伸缩	s	C—O 键(脂、醚、醇)的极性很强, 故强度度大, 常成为谱图中最强的吸收
		C—O—C	1150~900	伸缩	s	醚类中 ν_m=(1100±50) cm⁻¹, 是最强的吸收; ν_s 在 1000~900 cm⁻¹, 较弱
		C—F	1400~1000	伸缩	s	
		C—Cl	800~600	伸缩	s	
		C—Br	800~600	伸缩	s	
		C—I	500~200	伸缩	s	
		=CH₂	910~890	面外摇摆	s	

　　第一、第二和第三峰区又称为特征区或官能团区，主要分为以下几个部分：

　　(1)X—H 伸缩振动区(4000～2500 cm^{-1}，氢键区)。其中 X 代表 C、O、N、S 等原子。对 O—H 伸缩振动，醇、酚、有机酸和水分子在 3700～3100 cm^{-1} 区域有较强的吸收；对 N—H 伸缩振动，伯、仲酰胺和伯、仲胺类在 3500～3300 cm^{-1} 区域都有吸收谱带；N—H 谱带与 O—H 谱带重叠，但 N—H 吸收峰尖锐，O—H 谱带常由于氢键存在，频率降低，频带变宽。饱和烃 C—H 伸缩振动在 3000 cm^{-1} 以下，不饱和烃(包括烯烃、炔烃、芳烃)C—H 伸缩振动在 3000 cm^{-1} 以上。

　　(2)三键区(2500～1900 cm^{-1})。该区红外谱带较少，主要包括—C≡C—、—C≡三键的不对称伸缩振动和—C=C=C—、—C=C=O 等累积双键的不对称伸缩振动。

　　(3)双键伸缩振动区(1900～1200 cm^{-1})。该区主要包括 C=O、C=C、C=N、N=O 等的伸缩振动和苯环的骨架振动，以及芳香族化合物的倍频谱带。

　　(4)X—H 弯曲振动区(1650～1350 cm^{-1})。这个区域包括 C—H、N—H 的弯曲振动。例如，甲基在 1370～1380 cm^{-1} 会出现一个很特征的弯曲振动吸收峰，这个吸收峰的位置很少受取代基的影响，干扰也较少，可以作为判断有无甲基存在的依据。

　　在指纹图谱区域中，除单键的伸缩振动外，还有因变形振动产生的复杂光谱。当分子结构稍有不同时，该区的吸收就有细微的差异。这种情况就像每个人都有不同的指纹一样，因而称为指纹区。指纹区对于区别结构类似的化合物很有帮助。

　　指纹区可分为以下两个波段：

　　(1)1300～900 cm^{-1} 区。该区包括 C—O、C—N、C—F、C—P、C—S、P—O、Si—O 等键的伸缩振动和 C=S、S=O、P=O 等双键的伸缩振动。

　　(2)900～600 cm^{-1} 区。这一区域的吸收峰是很有用的。例如，可以指示(—CH$_2$—)$_n$ 的存在。实验证明，当 $n \geqslant 4$ 时，—CH$_2$—的平面摇摆振动吸收出现在 722 cm^{-1}；随着 n 的减小，逐渐移向高波数。此区域内的吸收峰还可以鉴别烯烃的取代程度和提供构型信息。烯烃为 RCH=CH$_2$ 结构时，在 990 cm^{-1} 和 910 cm^{-1} 会出现两个强峰；为 RCH=CHR′结构时，其顺、反异构分别在 690 cm^{-1}、970 cm^{-1} 出现吸收峰；为 RR′C=CHR′结构时，在 800～830 cm^{-1} 出现一个强吸收峰；为 RR′C=CR″R″结构时，在此区无吸收峰。此外，利用本区域中苯环的 C—H 面外变形振动吸收峰和 2000～1667 cm^{-1} 区域苯的倍频或组合频吸收峰，可以共同配合来确定苯环的取代类型。

10.2.4　影响基团频率的因素

　　尽管基团频率主要由其原子的质量及原子的力常数所决定，但分子内部结构和外部环境的改变都会使其频率发生变化，因而红外光谱图中许多具有同样基团的化合物会出现在一个较大的频率范围内。为此，分析影响基团振动频率的因素对于解析红外光谱和推断分子的结构是非常有用的。

　　影响基团频率的因素可分为内部因素及外部因素两类。内部因素主要是结构因素，如相邻基团的影响及空间效应等。外部因素主要是溶剂和仪器色散元件的影响。

　　1. 内部因素

　　(1)诱导效应(I 效应)。取代基具有不同的电负性，通过静电诱导效应，引起分子中电子分布的变化，改变了键的力常数，使键或基团的特征频率发生位移。例如，当有电负性较强的原子与羰基上的碳原子相连时，由于诱导效应，就会发生氧上的电子转移，导致 C＝O 键的力常数变大，因而使吸收向高波数方向移动。原子的电负性越强，诱导效应越强，吸收峰向高波数移动的程度越显著。

(2)共轭效应(C 效应)。共轭效应使共轭体系中的电子云密度平均化，结果是原来的双键略有伸长(电子云密度降低)，单键略有缩短，力常数减少，因此双键的吸收频率向低波数移动。例如，酮的 C＝O，因与苯环共轭而使 C＝O 的力常数减小，振动频率降低。

(3)中介效应(M 效应)。当含有孤对电子的原子(O、N、S 等)与具有多重键的原子相连时，也可起类似共轭作用。例如，在酰胺化合物中，C＝O 伸缩振动产生的吸收峰在 1680 cm^{-1} 附近。若以电负性来衡量诱导效应，则比碳原子电负性大的氮原子应使 C＝O 键的力常数增大，吸收峰应大于酮羰基的频率(1715 cm^{-1})，但实际情况正好相反。因此，仅用诱导效应不能解释造成上述频率降低的原因。事实上，在酰胺分子中，除了氮原子的诱导效应外，还同时存在中介效应，即氮原子的孤对电子与 C＝O 上π电子发生重叠，使它们的电子云密度平均化，造成 C＝O 键的力常数下降，使吸收频率向低波数移动。当 I>M 时，振动频率向高波数移动；反之，振动频率向低波数移动。

以上诱导效应、共轭效应、中介效应都是由化学键的电子分布不均匀引起的，通称为电子效应。

(4)氢键。氢键的形成使电子云密度平均化，从而使伸缩振动频率降低。众所周知，分子中的一个质子给予体 X—H 和一个质子接受体 Y 形成氢键 X—H···Y，使氢原子周围力场发生变化，从而使 X—H 振动的力常数和其相连的 H···Y 的力常数均发生变化，造成 X—H 的伸缩振动频率向低波数移动，吸收强度增大，谱带变宽。此外，对质子接受体也有一定的影响。若羰基是质子接受体，则 $\nu_{C=O}$ 也向低波数移动。以羧酸为例，当用其气体或非极性溶剂的极稀溶液测定时，可以在 1760 cm^{-1} 处看到游离 C＝O 伸缩振动的吸收峰；若测定液态或固态的羧酸，则只在 1710 cm^{-1} 出现一个缔合的 C＝O 伸缩振动吸收峰，这说明分子以二聚体的形式存在。

氢键可分为分子间氢键和分子内氢键。分子间氢键与溶液的浓度和溶剂的性质有关，随着浓度的稀释，吸收峰的位置会改变，而分子内氢键不受溶液浓度的影响，因此可以改变溶液浓度并观测稀释过程吸收峰的位置是否变化来判断是分子间氢键还是分子内氢键。

(5)振动偶合。振动偶合是指当两个化学键振动的频率相等或相近并具有一公共原子时，由于一个键的振动通过公共原子使另一个键的长度发生改变，产生一个"微扰"，从而形成强烈的相互作用。这种相互作用的结果是振动频率发生变化，一个向高频移动，一个向低频移动。

振动偶合通常出现在一些二羰基化合物中。例如，在酸酐中，由于两个羰基的振动偶合，$\nu_{C=O}$ 的吸收峰分裂成两个峰，分别出现在 1820 cm^{-1} 和 1760 cm^{-1}。

(6)费米(Fermi)振动。当一振动的倍频与另一振动的基频相近时，由于发生相互作用会产生很强的吸收峰，或发生分裂，这一现象称为费米振动。例如，在正丁基乙烯基醚(C$_4$H$_9$—O—CH＝CH$_2$)中，烯基 $\omega_{=CH}$ 810 cm^{-1} 的倍频(约在 1600 cm^{-1})与烯基的 $\nu_{C=C}$ 发生费米共振，结果在 1640 cm^{-1} 和 1613 cm^{-1} 出现两个强的谱带。

(7)空间效应。空间效应可以通过影响共面性而削弱共轭效应起作用，也可通过改变键长、键角产生某种"张力"起作用。例如，环己酮的 $\nu_{C=O}$ 为 1714 cm^{-1}，而环丁酮的为 1783 cm^{-1}，这是键角变化引起环张力的结果。

(8)分子的对称性。分子的对称性将使某些能级简并，从而使吸收峰数目减少。分子的对称性还将直接影响红外吸收峰的强度。例如，苯分子共有 12 个原子，应有$3×12-6=30$种简谐振动的方式，即理论上有 30 个基频吸收。但由于对称性，其中 10 种简谐振动具有彼此相同的振动频率，而剩下的 20 种简谐振动中，伴随有偶极矩变化的只有 4 种，所以苯分子的红外光谱中只有 4 种基频吸收。

2. 外部因素

外部因素主要指测定物质的状态以及溶剂效应等。同一物质在不同状态时，由于分子间相互作用力不同，所得光谱也往往不同。一般气态时伸缩振动频率最高，液态或固态时伸缩振动频率降低。

分子在气态时，其相互作用很弱，此时可以观察到伴随振动光谱的转动精细结构。液态和固态分子间的作用力较强，有极性基团存在时，可能发生分子间的缔合或形成氢键，导致特征吸收带频率、强度和形状有较大改变。例如，丙酮在气态时 $\nu_{C=O}$ 为 $1742\ cm^{-1}$，而在液态时为 $1718\ cm^{-1}$。

在溶液中测定光谱时，由于溶剂的种类、溶液的浓度和测定时的温度不同，同一物质所测得的光谱也不相同。通常在极性溶剂中，溶质分子的极性基团的伸缩振动频率随溶剂极性的增加而向低波数移动，并且强度增大。因此，在红外光谱测定中，应尽量采用非极性溶剂。

10.3　红外吸收光谱仪

10.3.1　红外吸收光谱仪的类型

红外光谱法是鉴别物质和分析物质结构的有用手段，已广泛用于各种物质的定性鉴定和定量分析，以及研究分子间和分子内部的相互作用。测定红外吸收的仪器有三种类型：①光栅色散型红外光谱仪，主要用于定性分析；②傅里叶变换红外光谱仪 (Fourier transform infrared spectrometer，FT-IR)，适合进行定性和定量分析测定；③非色散型红外光谱仪，用来定量测定大气中各种有机物质。

20 世纪 80 年代以前，广泛应用光栅色散型红外光谱仪。随着傅里叶变换技术引入红外光谱仪，目前傅里叶变换红外光谱仪已在很大程度上取代了色散型光谱仪。例如，PE2000 型傅里叶变换红外光谱仪具有极高的信噪比，其分辨率可达 $0.7\ cm^{-1}$，同时兼备计算机处理功能，并具有漫反射、衰减全反射、镜面反射等附件，除广泛用于化合物的分析外，还可用于塑料、油漆、油料、添加剂等多种样品的分析，是进行质量监控的有力手段。

1. 色散型红外光谱仪

色散型红外光谱仪和紫外-可见光谱仪相似，也是由光源、单色器、样品室、检测器和记录仪等组成。由于红外光谱非常复杂，大多数色散型红外光谱仪一般都是采用双光束，这样可以消除 CO_2 和 H_2O 等大气气体引起的背景吸收，其结构如图 10-6 所示。自光源发出的光对称地分为两束，一束为试样光束，透过样品室；另一束为参比光束，透过参比室后通过减光器。两光束再经半圆扇形镜调制后进入单色器，交替落到检测器上。在光学零位系统中，只要两光的强度不等，就会在检测器上产生与光强差成正比的交流信号电压。由于红外光源的低强度以及红外检测器的低灵敏度，需要用信号放大器。

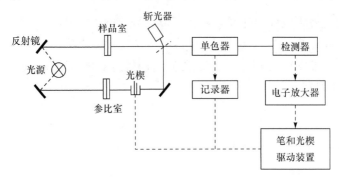

图 10-6　色散型双光束红外光谱仪

2. 傅里叶变换红外光谱仪

傅里叶变换红外光谱仪是 20 世纪 70 年代问世的。傅里叶变换红外光谱仪由红外光源、干

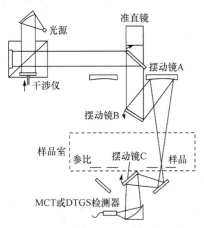

图 10-7　傅里叶变换红外光谱仪结构

涉计(迈克耳孙干涉仪)、试样插入装置、检测器、计算机和记录仪等部分构成，如图 10-7 所示。迈克耳孙干涉仪按其动镜移动速度不同，可分为快扫描型和慢扫描型。慢扫描型迈克耳孙干涉仪主要用于高分辨光谱的测定，一般的傅里叶变换红外光谱仪均采用快扫描型迈克耳孙干涉仪。计算机的主要作用是：控制仪器操作；从检测器截取干涉谱数据；累加平均扫描信号；对干涉谱进行相位校正和傅里叶变换计算；处理光谱数据等。

傅里叶变换红外光谱仪有如下优点：①多路、扫描速度快；②灵敏度高；③波数准确度高；④杂散光低；⑤研究的光谱范围宽；⑥分辨能力强。此外，傅里叶变换红外光谱仪还适用于微少试样的研究。它是近代化学研究不可缺少的基本设备之一。

3. 非色散型红外光谱仪

非色散型红外光谱仪是用滤光片，或者用滤光劈代替色散元件，甚至不用波长选择设备(非滤光型)的一类简易式红外流程分析仪。由于非色散型仪器结构简单，价格低廉，尽管它们仅局限于气体或液体分析，但仍然是一种通用的分析仪器。滤光型红外光谱仪主要用于大气中各种有机物质，如卤代烃、光气、氢氰酸、丙烯腈等的定量分析。非滤光型红外光谱仪用于单一组分的气流监测，如气体混合物中的一氧化碳，工业上用于连续分析气体试样中的杂质监测等。这些仪器主要适用于在被测组分吸收带的波长范围以内，其他组分没有吸收或仅有微弱的吸收时，从而可进行连续测定。

10.3.2　红外光谱仪主要部件

红外光谱仪通常由光源、单色器、吸收池、检测器和记录系统五部分组成。

1. 光源

光源包括辐射源、反射镜及斩光器三部分。对光源有以下几点要求：①辐射的光波稳定；②辐射能量大部分集中在待测组分特征吸收波段的范围内，这样可以增加待测组分吸收的能量，提高测量的灵敏度；③通过各气室的红外光平行于气室的中心轴，否则在气室内红外光多次折射就易造成测量误差。

加热惰性固体，使其发射高强度连续红外辐射是获得红外光源最常用的方法。常用的有能斯特灯和硅碳棒光源。在 $\lambda > 50$ μm 的远红外光区需要采用高压汞灯。在 $20\,000 \sim 8000$ cm^{-1} 的近红外光区通常采用钨丝灯。在监测某些大气污染物的浓度和测定水溶液中的吸收物质(如氨、丁二烯、苯、乙醇、二氧化氮以及三氯乙烯等)时，可采用可调二氧化碳激光光源。它的辐射强度比黑体光源大几个数量级。

光源的反射镜应光洁度高，表面不易氧化，反射效率高。通常用黄铜镀金、铜镀铬或铝合金抛光等办法制成。单光源都采用平面反射镜。双光源以抛物面反射镜最好，易得到平行光，但加工复杂。为加工方便起见，反射面常做成球形或圆柱形。

斩光器起调制光束的作用，它由同步电机带动旋转，一般由镀黑的铝合金制成。

2. 单色器

单色器由色散元件、准直镜和狭缝组成，它也是红外光谱仪的一个重要部件。早期的红外光谱仪作为色散元件的棱镜是用一些无机盐(如 KBr、NaCl 等)晶体制作的。由于这些晶体极易受潮，透光性变差，目前棱镜单色器已经被淘汰，普遍采用的是光栅单色器。以光栅作为分光元件的单色器不仅对恒温、恒湿要求不高，而且具有线性色散、分辨率高、光能量损失小等诸多优点。红外光谱仪常用几块光栅常数不同的光栅自动更换，从而使测量的波数范围更广，并能得到更高的分辨率。

狭缝宽度能控制单色光的纯度和强度。因为光源发出的红外光在整个波数范围内通常并不是恒定的，故在扫描过程中将随光源的发射特性自动调节狭缝宽度，既要使到达检测器上的光强度近似不变，又要使分辨率尽可能高。

3. 吸收池

由于中红外光不能透过玻璃和石英，因此红外吸收池的窗片通常用能透过红外光的一些无机盐晶体(如 KBr、NaCl、CsI 等)作为透光材料制作而成。值得注意的是，作为窗片的无机盐晶体极易吸潮而影响透光性，故应注意防潮。

4. 检测器

红外光区的检测器一般有两种类型：热检测器和光电导检测器。热检测器的原理是：检测元件吸收红外辐射后产生温升，温升元件发生某些物理性质变化，如产生温差电势、电阻率变化等，测出这些变化，即可测得红外辐射的能量。红外光谱仪中常用的热检测器有：热电偶、辐射热测量计、热电检测器等。热电偶和辐射热测量计主要用于色散型红外光谱仪中，而热电检测器主要用于中红外傅里叶变换红外光谱仪中。

红外光电导检测器的原理是：当红外辐射入射到半导体器件上时，会把其中一些电子和空穴从原来不导电的束缚状态转变为能导电的自由状态，从而使半导体的电导增加，并由此测得红外辐射的大小。红外光电导检测器有多晶薄膜型和单晶型两大类。

5. 记录系统

红外光谱仪一般都有记录仪自动记录图谱，以及计算机用以控制仪器的操作和谱图中各种参数、谱图的检索等。

10.4　红外吸收光谱法的应用

红外光谱在化学领域中的应用是多方面的。它不仅用于结构的基础研究，如确定分子的空间构型，求出化学键的力常数、键长和键角等；而且广泛地用于化合物的定性、定量分析和化学反应机理的研究等。但是红外光谱应用最广的还是未知化合物的结构鉴定。

10.4.1　试样的制备

正确制样是进行红外分析的前提与保证，制样方法因样品而异。下面分别介绍气体、液体和固体试样的制备。

1. 气体试样

气体试样一般都灌注于玻璃气槽内进行测定。它的两端黏合有能透红外光的窗片。窗片的材质一般是 NaCl 或 KBr。进样时，一般先把气槽抽成真空，然后灌注试样。

值得注意的是，气体分子的密度明显比液体、固体的小得多，因此对气体样品要求其厚度较大。常规气体吸收池的厚度为 10 cm，用这样的厚度一般均可得到满意的吸收光谱。这种常规吸收池的体积很大，因此在气体样品的量较少时，可考虑使用池体截面积不同、带有锥度的小体积气体吸收池。如果被分析的气体组分浓度较小，需选用长光程气体吸收池，光程规格有10 m、20 m 和 50 m，它是利用反射镜使红外光在气体吸收池中多次反射而得到的。但应注意，由于多次反射带来的背景吸收十分明显，因此要进行补偿或用差谱法扣除。气体样品中的水汽、二氧化碳及其他杂质对光谱的干扰也十分明显，因此气体样品的纯化在长光程测定时是不可忽视的。

2. 液体试样

1) 液体池的种类

液体池的透光面通常也是用 NaCl 或 KBr 等晶体做成。常用的液体池有三种，即厚度一定的密封固定池、其垫片可自由改变厚度的可拆池以及用微调螺丝连续改变厚度的密封可变池。通常根据不同的情况，选用不同的试样池。

2) 液体试样的制备

(1) 液膜法。在可拆池两窗片之间滴上一两滴液体试样，使其形成一层薄的液膜。液膜厚度可借助池架上的固紧螺丝进行微小调节。该法操作简便，适合对高沸点及不易清洗的试样进行定性分析。

(2) 溶液法。将液体(或固体)试样溶在适当的红外溶剂中，如 CS_2、CCl_4、$CHCl_3$ 等，然后注入固定池中进行测定。该法特别适用于定量分析。此外，它还能用于红外吸收很强、用液膜法不能得到满意谱图的液体试样的定性分析。采用溶液法时，必须特别注意红外溶剂的选择。要求溶剂在较大的范围内无吸收，试样的吸收带尽量不被溶剂吸收带所干扰。此外，还要考虑溶剂对试样吸收带的影响(如溶剂效应)。

在具体制备液体试样时，应根据液体的沸点和黏度的不同(如低沸点液体、高沸点低黏度液体、高沸点高黏度液体等)采用不同的制备方法。对于低沸点液体，应采用封闭型的测试方法，一般使用常规的密封型液体吸收池进行测试。对于高沸点低黏度液体，可将其滴加在两卤化物窗片之间，使它们自动形成均匀的薄膜，或利用衰减全反射装置进行测试。对于高沸点高黏度液体，只需用不锈钢刮刀把少量样品涂于溴化钾盐片表面，在红外灯下适当烘烤，除去微量水分，即可进行红外测试。

3. 固体试样

固体试样的制备，除前面介绍的溶液法外，还有粉末法、糊状法、压片法、薄膜法、发射法等，其中尤以糊状法、压片法和薄膜法最为常用。

(1)糊状法。该法是把试样研细，滴入几滴悬浮剂，继续研磨成糊状，然后用可拆池测定。常用的悬浮剂是液体石蜡油，它可减小散射损失，并且自身吸收带简单，但不适合用来研究与石蜡油结构相似的饱和烷烃。

(2)压片法。这是分析固体试样应用最广的方法。通常用 300 mg KBr 与 1～3 mg 固体试样共同研磨，在模具中用(5～10)×10^7 Pa 压力的油压机压成透明的片后，再置于光路进行测定。由于 KBr 在 400～4000 cm^{-1} 区域不产生吸收，因此可以绘制全波段光谱图。除用 KBr 压片外，也可用 KI、KCl 等压片。对于不溶固体样品，通常采用卤化物压片法进行制样，其操作程序是：首先把分析纯的溴化钾放在玛瑙研钵中充分研细(颗粒直径在 2 μm 以下)，然后按一定比例加入样品(通常样品与溴化钾的质量比约为 1∶100)，边研磨边使样品与溴化钾充分混匀，最后放在油压机上压制成片。

(3)薄膜法。该法主要用于高分子化合物的测定。通常将试样热压成膜，或将试样溶解在沸点低易挥发的溶剂中，然后倒在玻璃板上，待溶剂挥发后成膜。制成的膜直接插入光路即可进行测定。薄膜样品的制备方法有热压成膜法和溶液制膜法两种。

10.4.2　定性分析

1. 定性分析方法

样品制成后，即可放在红外分析仪器上进行测试，获得红外光谱图。定性分析时，要将测得的图谱与已知样品的图谱或标准图谱进行对比，因此熟悉特征频率表很重要。对红外光谱图作定性分析时，可从高频区到低频区分析，即采用在基团频率区找证明、在指纹区找根据的办法。但应注意，同一化合物在固态和溶液中测出的红外光谱并不完全相同，在不同溶剂中的光谱有时也有差异，固体样品的红外光谱可能因晶形不同也会显出差异。此外，浓度、温度、样品纯度、仪器的分辨率等因素对分析结果也有影响。因此，进行分析时，需考虑内因和外因两方面的影响。

近年来，随着计算机技术的发展，红外光谱定性分析实现了计算机检索和辅助光谱解析。概括地说，就是首先将相当数量化合物的红外光谱图按照一定规则进行编码后，存放在计算机的存储设备中形成谱库，然后对待分析样品的红外光谱图也进行同样的编码，再以某种计算方法与谱库中存储的数据逐个进行比较，挑选出类似的数据，最后按类似的程度输出挑选结果，从而达到光谱检索目的。但是，这种检索能力受到存储数据量的限制，因新合成的化合物越来越多，建立谱库的工作量越来越大，于是人们开始研究另一种称之为辅助红外光谱解析的方法，这种方法能根据未知物图谱中吸收带的特征频率、强度及形状等信息，利用计算机进行演绎推理，完成对未知物官能团的分析。这种方法是一种人工智能技术，目前仍处于研究阶段，有时还需要利用质谱、核磁共振、紫外光谱等数据，才能更有效地进行化学结构的鉴定。

2. 已知物及其纯度的定性鉴定

此项工作比较简单。通常在得到试样的红外谱图后，与纯物质的谱图进行对照。如果两张谱图各吸收峰的位置和形状完全相同，峰的相对强度一样，就可认为试样是该种已知物。相反，如果两谱图形貌不一样，或者峰位不对，则说明两者不为同一物，或试样中含有杂质。

3. 红外光谱的谱图解析及未知物结构的确定

确定未知物的结构是红外光谱法定性分析的一个重要用途。红外光谱谱图解析的主要步骤为：①了解样品来源及测试方法，在解析图谱前，必须对试样有透彻的了解，如试样的纯度、外观、来源、试样的元素分析结果及其他物性（相对分子质量、沸点、熔点等），这样可以大大节省解析图谱的时间；②求分子式与不饱和度；③分析红外光谱图第一至第三峰区（特征峰区，干扰小）；④确认某种基团的存在；⑤分析红外光谱图的第四峰区；⑥综合以上分析，提出化合物的可能结构。

红外光谱谱图解析主要是在掌握影响振动频率的因素及各类化合物的红外特征吸收谱带的基础上，按峰区分析，指认某谱带的可能归属，结合其他峰区的相关峰，确定其归属。在此基础上，再仔细归属指纹区的有关谱带，综合分析，提出化合物的可能结构。必要时查阅标准图谱或与其他谱（$^1H\ NMR$、$^{13}C\ NMR$、MS）配合，确证其结构。一般来说，首先在"官能团区"，即第一、二、三峰区，搜寻官能团的特征伸缩振动，再根据"指纹区"的吸收情况，进一步确认该基团的存在以及与其他基团的结合方式。例如，当试样光谱在 1720 cm^{-1} 附近出现强的吸收时，显然表示羰基官能团（C=O）的存在。羰基的存在可以认为是由下面任何一类化合物引起的：酮、醛、酯、内酯、酸酐、羧酸等。为了区分这些类别，应找出其相关峰作为佐证。若化合物是醛，就应该在 2700 cm^{-1} 和 2800 cm^{-1} 出现两个特征性很强的 ν_{C-H} 吸收带；酯应在 1200 cm^{-1} 出现酯的特征带 ν_{C-O}；内酯在羰基伸缩区出现复杂带型，通常是双键；在酸酐分子中，由于两个羰基振动的偶合，在 1860~1800 cm^{-1} 和 1800~1750 cm^{-1} 区出现两个吸收峰；羧酸在 3000 cm^{-1} 附近出现宽 ν_{O-H} 的吸收带；在以上都不适合的情况下，化合物便是酮。此外，应继续寻找吸收峰，以便发现它邻近的连接情况。

红外光谱谱图解析实例如下。

例 10-1　分子式 C_6H_{14}，红外光谱如下，推导其结构。

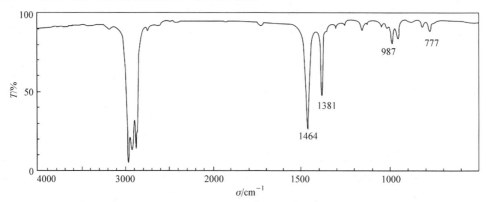

解　分子式 C_6H_{14}，化合物的不饱和度 $\Omega=0$，为饱和烃类化合物。

3000~2800 cm^{-1}(s)为饱和 C—H 伸缩振动。第二、三峰区无特征吸收带。1464 cm^{-1} 为 δ_{CH_2}、$\delta_{as\ CH_3}$。1381 cm^{-1} 为 $\delta_{s\ CH_3}$，该谱带无分裂，表明无同碳二甲基或同碳三甲基存在。

777 cm^{-1}(w)为 CH$_2$ 平面摇摆振动，该振动吸收频率随 $\text{(CH}_2)_n$ 中 n 值的改变而改变，n 值增大，波数降低。777 cm^{-1}($n = 1$)表明该化合物无 $n>1$ 的长链烷基存在，只有 CH$_3$CH$_2$ 基存在(乙基中—CH$_2$—平面摇摆振动 780 cm^{-1})。

综合以上分析，因分子中既无异丙基、异丁基存在，又无 $n>1$ 的长链烷基存在，所以化合物的结构只能是

$$\underset{}{CH_3-CH_2-\underset{\underset{CH_3}{|}}{CH}-CH_2-CH_3}$$

例 10-2　分子式 C$_4$H$_6$O$_2$，红外光谱如下，推导其结构。

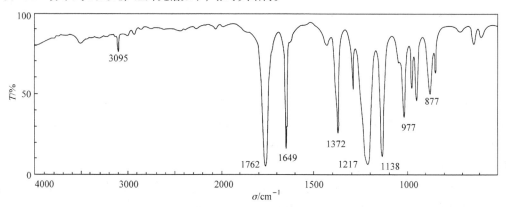

解　分子式 C$_4$H$_6$O$_2$，不饱和度 $\Omega = (4+1)-3 = 2$，分子中可能含有 C=C、C=O。3095 cm^{-1}(w)为 =C—H 伸缩振动，结合 1649 cm^{-1}(s)的 $v_{C=C}$，认为化合物存在烯基，该谱带吸收强度较正常 $v_{C=C}$ 谱带强度(w 或 m)大，说明该双键与极性基团相连，此处应与氧相连。该谱带波数在 $v_{C=C}$ 正常范围，表明 C=C 不与不饱和基(C=C、C=O)相连。1762 cm^{-1}(s)的 $v_{C=O}$ 结合 1217 cm^{-1}(s.b)的 $v_{as\,C-O-C}$ 及 1138 cm^{-1}(s)的 $v_{s\,O-C-C}$，认为分子中有酯基(COOR)存在。$v_{C=O}$(1762 cm^{-1})较一般酯(1740~1730 cm^{-1})高波数位移，表明诱导效应或环张力存在，此处氧原子与 C=C 相连，p-π 共轭分散，诱导效应突出。

根据分子式和以上分析，提出化合物的两种可能结构如下：

$$A.\ CH_2=CH-\overset{\overset{\displaystyle O}{\|}}{C}-O-CH_3 \qquad B.\ CH_2=CH-O-\overset{\overset{\displaystyle O}{\|}}{C}-CH_3$$

A 结构 C=C 与 C=O 共轭，$v_{C=O}$ 低波数位移(约 1700 cm^{-1})与谱图不符，排除。B 结构双键与极性基氧相连，$v_{C=C}$ 吸收强度增大，氧原子对 C=O 的诱导效应增强，$v_{C=O}$ 高波数位移，与谱图相符，故 B 结构合理。

1372 cm^{-1}(s)，CH$_3$ 与 C=O 相连，δ_s 强度增大。977 cm^{-1}(s)为反式烯氢的面外弯曲振动，877 cm^{-1} 为同碳烯氢的面外弯曲振动。

4. 几种标准图谱集

进行定性分析时，对于能获得相应纯品的化合物，一般通过图谱对照即可。对于没有已知纯品的化合物，则需要与标准图谱进行对照。应该注意的是，测定未知物所使用的仪器类型及制样方法等应与标准图谱一致。最常见的标准图谱有如下几种：

(1)萨特勒(Sadtler)标准红外光谱集。它是由美国 Sadtler research laborationies 编辑出版的。"萨特勒"收集的图谱最多，它有各种索引，使用很方便。从 1980 年已开始可以获得萨特勒图谱集的软件资料。现在已收集超过 130 000 张图谱。

(2)分子光谱文献"DMS"(documentation of molecular spectroscopy)穿孔卡片。它由英国和德国联合编制。卡片有三种类型：桃红色卡片为有机化合物，淡蓝色卡片为无机化合物，淡黄色卡片为文献卡片。卡片正面是化合物的许多重要数据，反面则是红外光谱图。

(3) "API" 红外光谱资料。它由美国石油研究所(API)编制。该图谱集主要是烃类化合物的光谱。由于它收集的图谱较单一，数目不多(至 1971 年共收集图谱 3604 张)，又配有专门的索引，故查阅也很方便。

事实上，现在许多红外光谱仪都配有计算机检索系统，可通过储存的红外光谱数据鉴定未知化合物。

10.4.3 定量分析

红外光谱定量分析的理论依据是朗伯-比尔定律，其表达式为

$$A = \lg(1/T) = abc \qquad (10\text{-}9)$$

式中，A 为吸光度；T 为透射率；a 为吸光系数；b 为液层厚度；c 为溶液浓度。

吸光度 A 也可称光密度(optical density)，它没有单位。吸光系数(absorptivity)a 也称为消光系数(extinction coefficient)，是物质在单位浓度和单位厚度下的吸光度，不同物质有不同的吸光系数 a 值，且同一物质的不同谱带其 a 值也不相同，即 a 值是与被测物质及所选波数相关的一个系数。因此，在测定或描述吸光系数时，一定要注意它的波数位置。当浓度 c 选用 $mol \cdot L^{-1}$ 为单位，液层厚度 b 以厘米为单位时，则 a 值的单位为 $L \cdot mol^{-1} \cdot cm^{-1}$，称为摩尔吸光系数，有时也用 ε 表示。吸光系数是物质具有的特定数值，可在文献中查到。但是，由于所用仪器的精度和操作条件的不同，所得数值常有差别，因此在实际工作中，为保证分析的准确度，所用吸光系数还需借助纯物质重新测定。

在定量分析中须注意以下两点：

(1)吸光度和透射率是不同的两个概念，透射率和样品浓度没有正比关系，但吸光度与浓度成正比。

(2)吸光度的另一可贵性是它具有加和性。若二元和多元混合物的各组分在某波数处都有吸收，则在该波数处的总吸光度等于各组分吸光度的算术和；但是样品在该波数处的总透射率并不等于各组分透射率的和。

有两种红外光谱定量方法，即测定谱带强度和测量谱带面积。此外，也有采用谱带的一阶导数和二阶导数的计算方法。对于组分不多、每个组分都有不受其他组分吸收峰干扰的"独立峰"的混合物，其单一组分的定量分析可用直接计算法、工作曲线法、内标法、比例法等方法进行。

直接计算法适用于组分简单，特征吸收带不重叠，且浓度与吸光度呈线性关系的样品。其方法是从谱图上读取透射率数值，然后根据式(10-9)算出组分含量 c，从而推算出质量分数。这一方法的前提是需用标准样品测得 a 值。当分析精度要求不高时，可用文献报道的 a 值。

工作曲线法适用于组分简单，特征吸收谱带重叠较少，而浓度与吸光度不完全呈线性关系的样品。将一系列浓度的标准样品的溶液在同一吸收池内测出需要的谱带，计算出吸光度值作为纵坐标，再以浓度为横坐标，作出相应的工作曲线。由于是在同一吸收池内测量，故可获得 A-c 的实际变化曲线。

由于工作曲线是从实际测定中获得的，它真实地反映了被测组分的浓度与吸光度的关系，因此即使被测组分在样品中不服从朗伯-比尔定律，只要浓度在所测的工作曲线范围内，也能得到比较准确的结果，同时这种方法可以排除许多系统误差。在这种定量方法中，分析波数的选择是很重要的，分析波数只能选在被测组分的特征吸收峰处。溶剂和其他组分在这里不应有

吸收峰出现，否则将引起较大的误差。

对多组分的混合物，由于其组分的相互干扰，独立峰的选择变得困难，但若各组分在溶液中遵守朗伯-比尔定律，定量分析可利用吸光度的加和性来进行。此时可采用解联立方程法。应用此法时应注意以下几点：

(1)选择合适的波数点。在此点波数只应以某一组分的贡献为主，其他组分在此都只有较小的吸收贡献，

(2)读准吸光度。实验时必须读谱图上那些没有吸收峰值的某波数上的吸光度数值。在谱带的斜坡上更需注意所读数据的准确性。

(3)求 a 值时选取合适的浓度。在测定 a 值时，各组分的纯品配制浓度应接近未知样品中该组分的浓度，且应在该量附近配制四五个点以求出较为可靠的 a 值，或据此绘出工作曲线。

以上均为经典的红外光谱定量分析方法。随着计算机技术的发展，计算机多成分同时定量分析方法也得到了很大的发展。目前吸光系数的求法已有数十种，联立方程的计算机解法已有14 种之多，并有功能较全的软件包可供使用，可实现多组分同时定量分析。

在定量分析中，对样品制备也有严格的要求。一般来说，液体样品应选择适当厚度的液池，气体样品的分压要适当，固体薄膜样品及溴化钾压片的厚度要合适。

由于红外光谱的谱带较多，选择余地大，所以能较方便地对单组分或多组分进行定量分析。用色散型红外光谱仪进行定量分析时，灵敏度较低，不适用于微量组分的测定。而用傅里叶变换红外光谱仪进行定量分析测定，精密度和准确度明显优于色散型红外光谱仪。红外光谱法定量分析的依据与紫外-可见吸收光谱法一样，也是基于朗伯-比尔定律。但由于红外吸收谱带较窄，并且色散型仪器光源强度较低，以及因检测器的灵敏度低，需用宽的单色器狭缝宽度，造成使用的带宽通常与吸收峰的宽度在同一个数量级，从而出现吸光度与浓度间呈非线性关系，即偏离朗伯-比尔定律。

思考题与习题

1. 符合吸收定律的溶液稀释时，其最大吸收峰波长位置会有什么变化？

2. 某有机化合物在紫外光区 204 nm 处有一弱吸收带，在红外特征区有如下吸收峰：3400~2400 cm^{-1} 宽而强的吸收，1710 cm^{-1}，则该化合物可能是哪一类化合物？

3. 不考虑费米共振等因素的影响，比较 C—H、N—H、O—H、P—H 等基团的伸缩振动，指出产生吸收峰最强的伸缩振动为哪一个。

4. 在醇类化合物中，O—H 伸缩振动频率随溶液浓度的增加向低波数位移的原因是什么？

5. 棱镜或光栅的主要作用是什么？

6. 红外光谱法中，红外吸收带的波长位置与吸收谱带的强度可以用来研究化合物的什么信息？

　　　　　　　　　　(鉴定未知物的结构组成或确定其化学基团及进行定量分析与纯度鉴定)

7. 一种氯苯的红外光谱图在 900~690 cm^{-1} 无吸收峰，它可能是什么取代的苯？

8. 某种化合物，其红外光谱图 3000~2800 cm^{-1}、1460 cm^{-1}、1375 cm^{-1} 和 720 cm^{-1} 等处有主要吸收带，该化合物可能是什么类型的化合物？

9. 二氧化碳分子的平动、转动和振动自由度的数目分别为多少？

10. 红外活性的振动必须有什么变化？

11. 红外分光光度计的检测器主要由哪几部分组成？

12. 某一化合物分子式为 C_8H_8O，其红外光谱图如下，推导其可能结构。

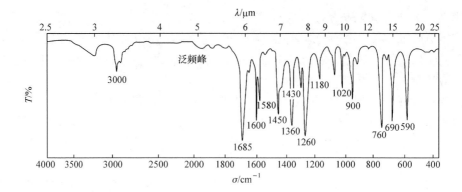

第 11 章　分子发光分析法

11.1　概　　述

物质分子吸收一定能量后，可由基态跃迁到能量较高的激发态，处于激发态的分子是不稳定的，会在短时间内释放出能量返回到基态。在返回基态的过程中若伴随有光辐射，则这种现象称为分子发光(molecular luminescence)，以此为基础建立起来的分析方法称为分子发光分析法。

一般按照物质分子所吸收的能量形式不同，将分子发光分为光致发光、电致发光、化学发光和生物发光四种。光致发光(photoluminescence，PL)是指物质因吸收光能而被激发发光的现象，一般又按照发光时所涉及的激发态的类型不同分为荧光(fluorescence)和磷光(phosphorescence)，根据激发光的波长范围又可分为紫外-可见荧光、红外荧光和 X 射线荧光；因吸收电能而被激发发光的现象称为电致发光(electroluminescence，EL)；化学发光(chemiluminescence，CL)是指因吸收化学能而被激发发光的现象；发生在生物体内有酶类等物质参与的化学发光则称为生物发光(bioluminescence，BL)。

与一般分光光度法相比，分子发光分析法由于本身能发光的物质相对较少，即使采用加入某种试剂的方法将非发光物质转化为发光物质进行分析，其数量也不多；另外，由于分子发光分析法的灵敏度高，测定对环境因素敏感，干扰因素较多，因而限制了它的某些实际应用。尽管如此，由于分子发光分析法具有灵敏度高(浓度可低至 0.1 ng·mL^{-1})、选择性好、所需试样量少(几十微克或几十微升)等优点，并且能提供比分子吸收光谱更多的物理参数(激发光谱、发射光谱、发光强度、量子产率、发光寿命等)，目前已在生命科学、环境科学、医药学、免疫学及食品分析、卫生检验、农林牧产品分析、工农业生产和科研等领域得到了广泛的应用。近年来，得益于人们在激光、微电子学、计算机和光导纤维等科学技术领域取得的新成就，分子发光分析法在理论和技术上均得到了较快发展，不仅方法的灵敏度、准确度和选择性日益提高，而且还建立了三维荧光、同步荧光、导数荧光、敏化荧光、偏振荧光、激光诱导荧光、时间分辨和相分辨荧光、荧光免疫和化学发光免疫、流动注射化学发光、室温磷光等新的分子发光分析技术，并继续朝着高效、灵敏、自动化和智能化的方向发展。本章主要讨论分子荧光分析法和分子磷光分析法，简要介绍化学发光分析法。

11.2　荧光和磷光分析法

11.2.1　荧光和磷光的产生过程

1. 分子能级与电子自旋状态的多重性

分子荧光和磷光同属于光致发光。光致发光涉及光致激发和去激发光两个主要过程。在此过程中，分子中的价电子可以处在不同的自旋状态，常用电子自旋状态的多重性参数来描述，一般用 M 表示。在数值上，$M=2s+1$，其中 s 为电子的总自旋量子数，它是分子中所有电子自旋量子数的矢量和。

一般分子中电子的数目为偶数，且多是自旋配对地填充在能量较低的分子轨道，此时 $s=0$，分子的多重性参数 $M=1$，分子所处的电子能态称为单重态，用符号 S 表示。大多数分子的基态为单重态，用 S_0 表示。当该分子吸收一定的辐射能使其价电子受激跃迁到第一电子激发态时，若电子的自旋状态不改变，即成为第一电子激发单重态，用符号 S_1 表示。当受到更高能量的光激发且电子的自旋状态不改变时，就会形成第二电子激发单重态 S_2 或第三电子激发单重态 S_3。

根据光谱选律，不同多重态之间的跃迁属于禁阻跃迁，因此通常情况下电子在跃迁过程中不发生自旋方向的改变。但在某些情况下，电子在跃迁过程中可以伴随自旋方向的改变。如果一个电子在跃迁过程中改变了自旋方向，使分子具有两个自旋平行的电子，此时 $s=1$，分子的多重性参数 $M=3$，分子所处的电子能态则称为三重态，用符号 T 表示。相应地，T_1、T_2 分别表示第一、第二电子激发三重态。

单重态与三重态的区别在于电子自旋方向的不同。一般对同一分子电子能级来说，三重态具有较低的能量，其激发态的平均寿命较长。相同多重态之间的跃迁属于允许跃迁，发生的概率大，速度快。尽管在某些情况下不同多重态之间的禁阻跃迁也可以发生，但概率较小，并且由于激发三重态的平均寿命较长，在跃迁过程中涉及电子自旋方向的改变，速度较慢。

2. 分子的激发和弛豫

分子在一般情况下处于基态单重态的最低振动能级，当吸收一定能量的光辐射后，可被激发跃迁到能量较高的激发单重态的某振动能级。处于激发态的分子是不稳定的，可能经由如图 11-1 所示的多种途径释放能量返回至基态，主要包括辐射弛豫和非辐射弛豫两大类，其中尤以激发态寿命最短、速度最快的途径占优势。图中 S_0、S_1 和 S_2 分别表示分子的基态、第一和第二电子激发单重态，T_1 表示第一电子激发三重态。

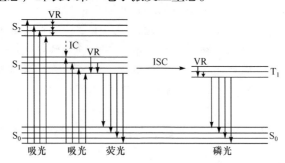

图 11-1　分子的激发和弛豫过程示意图

1)非辐射弛豫

当受激分子返回基态时，如果不伴随发光现象，则此过程称为非辐射弛豫(或无辐射跃迁)，主要包括振动弛豫、内转换、外转换和系间窜越。

(1)振动弛豫(vibrational relaxation，VR)：是指在同一电子能级内，由于分子间的碰撞或分子内晶格间的相互作用，激发态分子由高振动能级转至低振动能级，而将多余的能量以非辐射的形式放出的过程。发生振动弛豫的时间极为短暂，约为 10^{-12} s（见图 11-1 中 VR）。

（2）内转换（internal conversion，IC）：是指同一多重态的不同电子能级间的无辐射去激过程。当两个电子能级非常靠近以致其振动能级有重叠时，常发生电子由高电子能级以无辐射跃迁方式转移至低电子能级的内转化过程。内转换过程在 $10^{-13}\sim10^{-11}$ s 发生，通常比由高激发态直接发射光子的速度快得多。

（3）外转换（external conversion，EC）：激发态分子通过与溶剂或其他溶质分子间的相互作用和能量转换而使荧光或磷光强度减弱甚至消失的过程称为外转换。这一现象也称为"熄灭"或"猝灭"。

（4）系间窜越（inter-system crossing，ISC）：指不同多重态之间的无辐射跃迁。发生系间窜越时电子自旋状态需改变，因而比内转换困难，通常需要 10^{-6} s 的时间。系间窜越易在 S_1 和 T_1 间进行，发生系间窜越的根本原因在于各电子能级中振动能级非常靠近，势能面发生重叠交叉，而交叉地方的势能是一样的。当分子处于这一位置时，既可发生内转换，也可发生系间窜越，这取决于分子的本性和所处的外部环境条件。通常发生系间窜越时，电子由 S_1 的较低振动能级转移至 T_1 的较高振动能级。有时，通过热激发，还有可能发生由 T_1 的高振动能级至 S_1 的低振动能级的跃迁，然后经振动弛豫到达 S_1 的最低振动能级，并由 S_1 的最低振动能级再发射荧光，这就是产生延迟荧光的机理。

2）辐射弛豫（跃迁）

（1）荧光的产生。受激分子经过振动弛豫和内转换到达第一电子激发单重态的最低振动能级后，可通过发射辐射的方式跃迁到基态单重态的各个不同振动能级。这时分子所发射的光称为荧光（图 11-1）。它是相同多重态间的允许跃迁，其概率大，辐射过程快，一般在 $10^{-9}\sim10^{-6}$ s 完成。

由于一般荧光分子吸收的光能经过振动弛豫等非辐射弛豫过程降至 S_1 态的最低振动能级时损失了部分能量，荧光的能量比原来所吸收的激发光的能量小，故物质所发射的荧光的波长一般大于原来照射它的激发光的波长，这种现象称为斯托克斯（Stokes）位移。斯托克斯位移越大，激发光对荧光测定的干扰越小，当它们相差 20 nm 以上时，激发光的干扰很小，可以进行荧光测定。

荧光是指分子从 S_1 态的最低振动能级跃迁至基态 S_0 的各个振动能级时所产生的光辐射。由于振动弛豫、内转换和外转换等非辐射弛豫的速度均大于荧光发射的速度，因此绝大多数情况下，无论分子被激发到第一电子激发态以上的任一能级，最终只能观察到从 S_1 态的最低振动能级跃迁至基态 S_0 的各个振动能级时所产生的光辐射，亦即在能量足够的前提下，荧光分子所发射的荧光波长不随激发光波长的改变而改变。这一点经常用于区分散射光和荧光。

（2）磷光的产生。有些物质的激发态分子通过振动弛豫等去激发过程下降到第一电子激发单重态的最低振动能级后，有可能经过系间窜越转移至第一电子激发三重态的较高振动能级上（见图 11-1 中 ISC），然后通过振动弛豫降至第一电子激发三重态的最低振动能级，最后在跃迁至基态单重态的各个振动能级时发出光辐射，这种光辐射称为磷光（图 11-1）。

由于不同多重态之间的跃迁属禁阻跃迁，通常只有极少数分子能够通过系间窜越到达第一电子激发三重态，并且 T_1 态的寿命相对 S_1 较长，分子在激发三重态有一定的逗留时间，发生分子间相互碰撞的非辐射弛豫的概率大，因此能够发磷光的分子相对于能发荧光的分子来说更少，并且发射的磷光的强度一般也比荧光的强度弱。

对同一分子,由于激发三重态的最低振动能级比激发单重态的最低振动能级的能量低,故磷光辐射的能量比荧光小,亦即磷光的波长比荧光长。此外,磷光在发射过程中不仅涉及电子自旋状态的改变,而且 T_1 态的寿命相对 S_1 较长,因此磷光的寿命相对较长,为 $10^{-4} \sim 10$ s,在光照停止后,仍可持续一段时间。

(3)延迟荧光。分子跃迁至 T_1 态后,因相互碰撞或通过激活作用又回到 S_1 态,经振动弛豫到达 S_1 的最低振动能级再发射荧光,由于这个过程需要时间较长,故将这种荧光称为延迟荧光(delayed fluorescence)。延迟荧光在激发光源熄灭后,也可持续一段时间,但它与磷光有本质区别,同一物质发射的磷光波长总比发射的荧光波长要长。虽然延迟荧光和普通荧光的发光途径和寿命不同,但它们都是从 S_1 态的最低振动能级跃迁至基态 S_0 的各振动能级产生的,所以同一物质在相同条件下所观察到的各种荧光的波长完全相同。

由此可见,发荧光的物质要比发磷光的物质种类多,且荧光的寿命一般比磷光的寿命短。其根本原因在于:荧光是由第一激发单重态的最低振动能级跃迁至基态各振动能级产生的,跃迁过程中不涉及电子自旋状态的改变;而磷光是由第一激发三重态的最低振动能级跃迁至基态各振动能级产生的,跃迁过程中涉及电子自旋状态的改变。这也是荧光与磷光的本质区别。

11.2.2　激发光谱和发射光谱

任何荧光或磷光化合物都具有两个特征光谱:激发光谱和发射光谱,它们都是分子内部能级结构的特征反映,是利用荧光或磷光进行定性和定量分析的基本参数和依据。

1. 激发光谱

激发光谱是在发射波长一定时,以激发光波长为横坐标,荧光或磷光强度为纵坐标的光谱。激发光谱反映了激发光波长与荧光或磷光强度之间的关系,是选择最佳激发波长的重要依据,也可用于发光物质的鉴别。激发光谱的形状与吸收光谱的形状极为相似,这是因为物质分子吸收能量的过程就是激发过程,并且在某一波长处吸收越强,处于激发态的分子数目越多,发射的荧光或磷光也就越强。但激发光谱是荧光强度与波长的关系曲线,吸收曲线则是吸光度与波长的关系曲线,两者在性质上是不同的。

2. 发射光谱

荧光光谱和磷光光谱统称发射光谱。发射光谱是指在激发波长一定时,以荧光或磷光的发射波长为横坐标,发光强度为纵坐标的光谱。物质的发射光谱具有以下普遍特征。

1)发射光谱的形状与激发波长无关

由荧光和磷光的产生过程可知,无论分子被激发到第一电子激发单重态或高于第一电子激发单重态的任一能级,最终都要经过振动弛豫和内转换等无辐射去激过程,回到第一电子激发单重态(S_1 态)或第一电子激发三重态(T_1 态)的最低振动能级,然后产生分子发光。因此,发射光谱与发光物质被激发到哪一个电子能级无关,只要能量足够,在不同激发波长下得到的发射光谱的形状和最大发射波长均不变。利用这一特点可以区分荧光、磷光和散射光,因为散射光的波长是随入射光波长的变化而变化的。

2)荧光发射光谱和吸收光谱互为镜像关系

由于发射光谱的形状与激发光波长无关,一般情况下虽然物质分子可以从基态跃迁至第一电子激发态或其以上的任一能级，从而在吸收光谱上产生多个吸收峰，但它们在荧光发射光谱上通常都只有由分子从第一电子激发态的最低振动能级跃迁至电子基态的各个不同振动能级而形成的一个发射带。

图 11-2 是蒽的吸收光谱和荧光光谱。由图可见，在蒽的吸收光谱中有两个峰，而其荧光光谱中只有一个峰。(a) 是由分子基态 S_0 跃迁至第二电子激发态 S_2 而形成，而 (b) 是由分子基态 S_0 跃迁至第一电子激发态 S_1 而形成，(c) 是分子由第一电子激发 S_1 的最低振动能级跃迁至基态 S_0 的各振动能级而形成。用高分辨的荧光光谱仪可观察到一些明显的小峰，从图 11-2 上可以看出吸收光谱 (b) 和荧光光谱 (c) 大致呈镜像对称关系。这是由于基态电子能级的振动能级分布与激发态电子能级的振动能级分布非常相似。

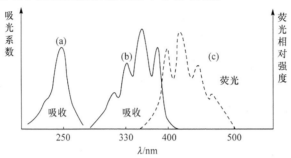

图 11-2　蒽的吸收光谱 (a)、(b) 和荧光光谱 (c)

有时实验过程中得到的吸收光谱和荧光光谱不具有良好的镜像对称关系。其原因较多，如单色器的波长刻度不够准确、散射光的影响，以及狭缝宽度较大等，但最主要的是由于光源的发射强度和检测器的灵敏度在整个光谱区内并不是恒定的，因此通常仪器所记录到的激发光谱实际上是结合了样品的真实激发光谱和光源的发射光谱；记录到的发射光谱也是结合了样品的真实发射光谱与检测器的响应光谱。只要光源和检测器的光谱特性已知，就可以用仪器自身计算机系统进行校正，获得样品本身真实的激发光谱和真实的发射光谱。目前，一些精密的仪器大多可以进行自动校正。

在荧光和磷光的产生过程中，由于存在各种形式的无辐射跃迁过程，一般能量都有一定损失，所以它们的荧光和磷光最大发射波长相对最大激发波长一般都向长波长方向移动，并以磷光波长的移动最多，而且对绝大多数物质它们的强度也相对依次减弱。

11.2.3　影响荧光和磷光的因素

1. 量子产率

能够发射荧光或磷光的物质都应同时具备两个条件。首先物质分子必须有强的紫外-可见吸收，吸收越强，就会产生越多的激发态分子，才可能有荧光或磷光产生。但是，并非所有能吸收紫外-可见光的物质都能发出荧光或磷光，这是因为在激发态分子释放激发能的过程中除荧光或磷光的发射外，还有许多非辐射弛豫过程与其竞争，结果导致物质并不是每吸收一个激发光的光量子就能发射一个光量子。物质发射荧光或磷光的光量子数与所吸收的激发光量子数的比值称为量子产率 (quantum yield)，常用 φ 表示。

$$\varphi = 发射光量子数/吸收光量子数 \tag{11-1}$$

因此，能够发射荧光或磷光的物质不仅要有强的紫外-可见吸收，而且还要有一定的量子产率。

量子产率也称量子效率，它是物质发光特性的一个重要参数，反映了发光物质的发光能力，其值越大，物质发射的光越强。荧光物质的 φ 通常大于 0，小于 1。量子产率的计算公式为

$$\varphi_f = \frac{k_f}{k_f + \sum k_x} \tag{11-2}$$

式中，k_f 为荧光发射过程的速率常数；$\sum k_x$ 为其他各种无辐射跃迁过程的速率常数的总和。从式(11-2)可知，凡是能使 k_f 值升高或使 $\sum k_x$ 降低的因素，都可使物质发射的荧光增强。一般来说，k_f 主要取决于分子的结构，$\sum k_x$ 则主要取决于分子所处的环境，同时也与化学结构有关。

2. 分子结构对荧光和磷光的影响

物质分子结构与荧光和磷光的产生及其强度紧密相关，可根据物质的分子结构判断该物质的发光特性，同时不同分子结构对物质发光特性的影响也是利用分子发光分析法进行定性鉴定的重要依据。一种物质能否发光，以及发光特性如何，通常可从共轭效应、刚性平面结构、取代基效应等方面进行分析。

1) 共轭效应

荧光和磷光的产生涉及分子吸收辐射和激发态分子发射辐射两个过程。通常，强发光物质分子中都具有大的共轭体系，并且共轭的程度越大，分子发光越容易产生，同时荧光和磷光波长也向长波方向移动。这是因为共轭的程度越大，电子的离域程度也就越大，越容易被激发，从而产生更多的激发态分子，有利于发光强度的提高。例如，芳烃苯、萘、蒽和并四苯的荧光量子产率分别为 0.11、0.29、0.46 和 0.60，最大荧光波长依次为 278 nm、321 nm、400 nm 和 480 nm。

2) 刚性平面结构

一般来说，对于具有同样共轭长度的不同分子，分子的刚性和共平面性越大，发光效率就越大，并且发光波长产生红移。这是因为分子的刚性和共平面性增大，减少了发光分子振动及与其他分子碰撞去活化的可能性，从而得到较高的量子产率，有利于发光强度的提高。例如，荧光素和酚酞结构十分相似，荧光素在溶液中有很强的荧光，而酚酞没有。这主要是由于荧光素分子具有刚性平面结构。

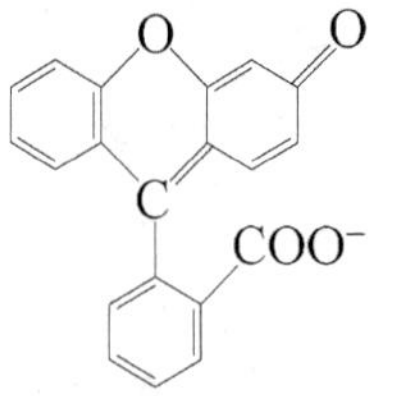

荧光素 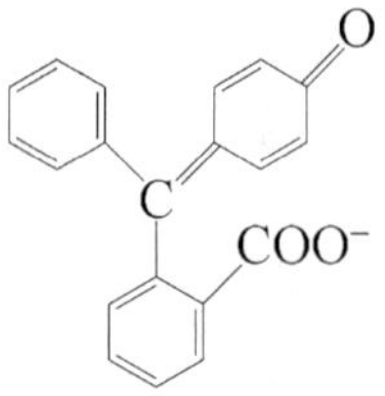　　　　　　　　　　酚酞

3) 取代基效应

发光分子上的不同取代基对分子的发光光谱和发光强度均有不同程度的影响。一般可按取代基对分子发光的影响不同将取代基分为以下三类：

第一类取代基常使荧光效率提高，荧光波长红移。这一类取代基主要包括—NH_2、—OH、—OR、—OCH_3、—NHR、—NR_2、—CN 等，这类基团通常为给电子基团，主要因

为它们能增强分子中电子的共轭程度。

第二类取代基使荧光减弱甚至熄灭，如—COOH、—NO₂、—C=O、—NO、—SH、—N=N—、—CHO、—NHCOCH₃、—F、—Cl、—Br、—I 等，这类基团通常为吸电子基团，可减弱分子中电子的共轭程度。其中特别值得注意的是含有卤素取代基的发光分子随着卤素原子序数的增加，其荧光减弱，而磷光增强，这种现象称为重原子效应。这是因为重原子的存在使发光体的电子自旋轨道耦合作用加强，从而导致系间窜越显著增强。

第三类取代基对荧光的影响不明显，如—R、—SO₃H、—NH₃⁺等，这类取代基通常对电子共轭体系作用较小。

此外，取代基的位置对分子的发光性能也有影响。对芳烃来说，一般邻、对位取代基增强荧光，间位取代基抑制荧光。当多种取代基共存时，可能其中一个起主导作用。

3. 荧光和磷光强度与溶液浓度的关系

在稀溶液中，荧光强度(I_f)正比于所吸收的光的强度(I_a)及荧光的量子产率(φ_f)

$$I_f = \varphi_f I_a = \varphi_f (I_0 - I_t) \tag{11-3}$$

式中，I_t 和 I_0 分别为透射光强度和入射光强度。结合朗伯-比尔定律可得

$$I_f = \varphi_f I_0 (1 - e^{-abc}) = \varphi_f I_0 \{1 - [1 - abc + (abc)^2/2! - (abc)^3/3! + (abc)^4/4! + \cdots]\} \tag{11-4}$$

当浓度 c 很小时，abc 值也很小，若 $abc < 0.05$，式(11-4)可简化为

$$I_f = \varphi_f I_0 [1 - (1 - abc)] = \varphi_f I_0 abc = 2.303 \varphi_f I_0 \varepsilon bc \tag{11-5}$$

式中，ε 为摩尔吸光系数；b 为试样的吸收光程；c 为试样浓度。由式(11-5)可知，对于某种发光物质的稀溶液，当用一定频率的入射光激发时，若入射光强度 I_0 及吸收光程 b 一定时，式(11-5)可简化为

$$I_f = kc \tag{11-6}$$

式(11-6)表明，在一定条件下，荧光物质所发射的荧光强度与其在溶液中的浓度成正比，这就是进行荧光定量分析的依据。式(11-6)称为荧光定量分析的基本关系式。

对于较稀的溶液，磷光物质的发光强度(I_p)与其在溶液中的浓度(c)也有定量关系，符合式(11-7)：

$$I_p = kc \tag{11-7}$$

此即磷光定量分析的基本关系式。

值得注意的是，当溶液的浓度较大，$abc > 0.05$ 时，式(11-4)中的指数项不可忽略，分子发光强度与浓度的关系将偏离线性。此外，在较浓的溶液中由于存在自吸收和猝灭等现象，可导致分子发光强度降低，并有可能出现分子发光强度随浓度增大而下降的现象。因此，分子发光分析法是微量组分或痕量组分分析法，不适用于高浓度样品的测定。

4. 外界环境因素对荧光或磷光的影响

温度、溶剂、酸度、荧光猝灭剂等外界环境因素对荧光或磷光都有一定的影响，它们不仅会影响发光效率，有时甚至会影响发光分子的结构及立体构象，从而影响发射光谱的形状和强度。了解和利用这些因素对分子发光的影响，不仅可以提高发光分析的灵敏度和选择性，而且也是保证分析结果准确度的前提。

1)溶剂的影响

同一种物质在不同溶剂中，其荧光或磷光光谱的位置和强度通常会有一定差别。溶剂的影响可分为一般溶剂效应和特殊溶剂效应。一般溶剂效应是普遍存在的，它主要指溶剂的折射率和介电常数的影响。一般情况下，荧光或磷光波长随着溶剂极性的增大而红移，发光强度也增强。这是因为在极性溶剂中，跃迁所需的能量较小，而且跃迁概率增加，使最大激发波长和荧光或磷光波长均发生红移，同时强度也增强。溶剂极性减小时，可以增加分子间碰撞机会，使无辐射跃迁增加而发光减弱，故发光强度随溶剂极性的增加而增加。特殊溶剂效应是荧光体和溶剂分子间的特殊化学作用，如氢键的生成和配位作用等。溶剂如能与溶质分子形成稳定氢键，处在 S_1、V_0 的分子将减少，从而减弱其荧光。此外，重原子效应在溶剂的影响中也有体现，如四卤化碳、卤乙烷等，随着卤素原子序数的增加，也可使化合物的荧光减弱，磷光增强。

2)温度的影响

分子发光对温度的变化十分敏感，因此分析时一般要控制好温度。温度上升使荧光强度下降，其主要原因是随着温度上升，介质的黏度下降，分子运动速率加快，分子间碰撞概率也随之增加，使外转换等非辐射去活过程的概率增加，从而使荧光效率降低。由于荧光物质在低温下的荧光强度比在室温时有显著的增强，为了提高灵敏度，近年来低温荧光分析已成为荧光分析中的一个重要分支。例如，荧光素钠的乙醇溶液，在 0 ℃以下，温度每下降 10 ℃，荧光效率增加 3%，在-80 ℃时荧光效率可达 1。由于第一激发三重态的寿命比第一激发单重态的寿命长，发光分子发射磷光前会在激发态停留较长时间，因此温度升高对磷光的影响更大，通常很多分子只有在低温下或固体基质中才可观测到明显的磷光。

3)溶液酸度的影响

带有酸性或碱性官能团的大多数化合物的发光特性都与溶液的 pH 有关，这主要是因为弱酸、弱碱和它们的离子在电子构型上有所不同，所以它们的发射光谱有一定差别。在不同酸度中分子和离子间的平衡改变，各种型体的浓度发生变化，发光强度也有差异，所以荧光分析中通常要严格控制溶液的 pH。例如，在 pH 为 7～12 的溶液中苯胺主要以分子形式存在，会产生蓝色荧光；而在 pH<2 或 pH>13 的溶液中苯胺主要以离子形式存在，都不发荧光。

5. 荧光或磷光的猝灭

荧光或磷光的猝灭又称熄灭，是指因发光物质分子与溶剂分子或溶质分子的相互作用引起发光强度降低或发光强度与浓度不呈线性关系的现象。引起荧光或磷光猝灭的物质称为猝灭剂(quencher)，如卤素离子、重金属离子、氧分子以及硝基化合物和羰基化合物均为常见的猝灭剂。荧光或磷光猝灭的形式很多，常见的荧光猝灭有下列几种主要类型。

1)化学或光化学反应猝灭

如果荧光分子在猝灭剂分子作用下或紫外-可见光照射下发生反应(配位、聚合或分解等)生成了本身不发光的物质，导致荧光强度减弱，这些现象统称为荧光分子的化学或光化学反应猝灭。这种猝灭使发光物质的激发光谱和吸收光谱发生了变化，又称静态猝灭。这些现象在荧光分析中经常遇到。

2)碰撞猝灭

处于激发态的荧光物质因与猝灭剂分子或基态荧光分子发生碰撞而去激失活导致荧光强

度减弱的现象统称为荧光分子的碰撞猝灭。这种猝灭不影响发光物质的激发光谱和吸收光谱，又称动态猝灭。温度和溶液浓度越高，这种现象越严重。

3）转入三重态猝灭

溶剂的重原子效应或溶解氧的存在会增强荧光物质的系间窜越，使激发态的荧光分子转入三重态，从而使荧光强度减弱，这种现象称为转入三重态猝灭。

荧光猝灭在荧光分析中会产生测定误差，影响方法的检出限。但如果在加入某种猝灭剂后，荧光物质荧光强度的降低与荧光猝灭剂的浓度有定量关系，则可利用这一性质测定荧光猝灭剂的含量。这种方法称为荧光猝灭法（fluorescence quenching method）。例如，利用氧分子对硼酸根-二苯乙醇酮配合物的荧光猝灭效应，可进行微量氧的测定。

11.2.4　荧光和磷光分析仪器

1. 荧光分析仪

用来测量和记录荧光物质的荧光强度（或荧光光谱）并进行分析测定的仪器称为荧光分析仪。目前生产荧光分析仪的厂家很多，并且每个厂家又有各种不同型号的仪器，但无论是简单的滤光片荧光光度计还是结构复杂、功能强大的精密荧光光谱仪，都和紫外-可见分光光度计类似，由光源、样品池、单色器以及检测器四个主要组成部分构成。不同之处主要有两点：①由于荧光强度与透射光强度相比小得多，因此在测量荧光时为了消除透射光的影响，在荧光分析仪中，检测器是在与入射光和透射光相垂直的方向上进行测量，而不是像紫外-可见分光光度计中一样，光源、样品池和检测器呈直线排列；②由于在进行荧光分析时对激发光波长和荧光波长均需要选择，因此在荧光分析仪中有两套独立的波长选择装置，而紫外-可见分光光度计只需一套单色器即可。另外，荧光分析仪和紫外-可见分光光度计对各部件的要求也略有不同。图 11-3 为典型荧光分析仪的原理方框图。

1）光源

由于荧光强度与激发光的强度成正比，因此为了提高分析的灵敏度，荧光测量中所用激发光源一般比测量吸光度中所用的光源强度高。此外，理想的激发光源还应具有适用范围宽、输出稳定、强度与波长无关等优点。目前荧光分析仪常用的光源主要有氙灯、汞灯、卤钨灯及激光器。其中高压氙弧灯是目前荧光分析仪中应用最广泛的一种光源。它能产生较强的连续光谱，分布在 250～700 nm，而在 300～400 nm 波段内谱线的强度几乎相等。最近推出的

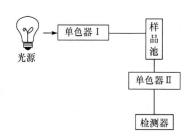

图 11-3　荧光分析仪的原理方框图

脉冲氙灯不仅寿命大大延长，可达 20 000 h，而且灵敏度也有很大提高，同时又可避免样品因长时间的照射而发生变化，特别适用于对光敏感的样品的测定。汞灯是初期荧光计的主要激发光源。它能产生强烈的不连续的线状光谱，大多用作滤光片荧光光度计的光源。由于汞灯产生的是一些分立的线状光谱，因此常用于校正单色器的波长。激光由于具有强度高、单色性好等优点，已成为目前高性能荧光分析仪的主要光源。各种激光器的使用把荧光法推向一个新的高度，使荧光法成为世界上第一个实现单分子检测的技术手段。

2）样品池

与紫外-可见分光光度计相同，荧光测量用的液池通常也用玻璃或石英材料制成，形状以

散射光较少的长方体为主。所不同的是,荧光测量用的液池四个面都透光,因此操作时要手拿对角棱,以防污染透光面。测低温荧光时,在样品池之外套上一个装有冷却剂的透明石英瓶,以降低温度。最近新推出的一些荧光分析仪还为不同测试配置了固体试样架等可拆卸的附件,可直接用于固体样品的测定或进行动力学分析。

3)单色器

荧光分析仪通常采用两个单色器。一个放在光源和样品池之间,称为激发单色器或第一单色器,用于获得单色性好的激发光,只让所选择的激发光透过而照射在待测物质上。另一个放在样品池和检测器之间,称为荧光单色器或第二单色器,用于把由激发光所产生的反射光、溶剂的散射光以及溶液中杂质所产生的荧光滤去,只让样品溶液所产生的荧光通过而照射于检测器上,以减少干扰。在简单荧光计中通常使用滤光片。大多数荧光分光光度计都采用带有可调狭缝的光栅单色器。因为光栅的色散是由紫外光到红外光间不随波长而有疏密变化,也就是谱线的波长读数是线性的,但是色散后的光线存在光谱重叠问题,需用滤光片加以消除。

4)检测器

由于荧光的强度一般都比较弱,因此要求检测器有较高的灵敏度。目前一般荧光分析仪都使用光电倍增管作光电元件。当荧光用作高效液相色谱或毛细管电泳的柱后检测手段时,多用阵列检测器作光电元件,便于快速记录流出物的激发和发射光谱,以选择合适的波长进行检测以及峰纯度的检验。

荧光分析仪的发展经历了手控式、自动记录式和计算机控制式三个阶段,目前不仅分析速度和检测灵敏度有了很大程度的提高,而且还实现了自动校正、三维扫描以及相分辨、时间分辨等许多新的功能,大大拓展了荧光分析法的应用范围。

2. 磷光分析仪

用于磷光分析的仪器其主要部件及排列与荧光分析仪非常相似。一般如果样品不发荧光而只发磷光,即可直接在荧光分析仪上进行测定。但是由于大部分发磷光的物质都发荧光,因此为了得到发光物质真实的磷光光谱以及定量的准确度,必须区分荧光和磷光,以便在没有荧光的情况下测定磷光。由于荧光的寿命比磷光短,因此只要控制激发光源,使其在荧光消失后不照射样品,就可使检测器只能检测到磷光而荧光不产生干扰。这一点通过在荧光分析仪上安装一种称为"磷光镜"的装置即可实现。现有很多不同形式的磷光镜,但其工作原理均是利用斩波片控制光路使激发光源在某一时间段内被遮断,荧光由于寿命短,很快消失,所以只能检测到磷光。目前也可采用脉冲光源和门控技术来实现这一目的。

此外,由于磷光受温度的影响很大,很多物质在室温下观测不到磷光,因此为提高分析的灵敏度,需要在低温下进行测定。为了能在低温下测定磷光,盛试样溶液的样品池多放置在盛液氮的石英杜瓦瓶内。

最近新推出的一些先进的仪器既可测定荧光也可测定磷光,而且利用不同荧光和磷光寿命的差异不仅可区分荧光和磷光,而且可对不同寿命的荧光和磷光进行测定。

11.2.5 荧光、磷光分析方法及其应用

1. 荧光分析法及其应用

荧光分析法是根据物质的荧光谱线位置及其强度进行物质鉴定和含量测定的方法。因为本身能发荧光的物质相对较少，即使用加入某种试剂的方法将非荧光物质转化为荧光物质进行分析，其数量也不多；另外，由于荧光分析的灵敏度高，测定时对环境因素敏感，干扰因素也较多，因此荧光分析法的应用范围不如紫外-可见分光光度法广泛。尽管如此，由于荧光分析法的灵敏度优于紫外-可见分光光度法，并且分子的荧光发射可以比吸收提供更多的信息，荧光分析法目前正显示着强大的生命力，现已广泛应用于生物医学、临床检验、药物分析、环境检测以及食品分析等方面，建立了许多新的荧光分析技术，如同步荧光、时间分辨荧光、相分辨荧光、荧光偏振、低温荧光、荧光探针、荧光免疫分析、酶联免疫分析等。它们在提高测量的选择性、灵敏度等方面有突出的优点。此外，荧光分析法也是研究生物活性物质同核酸相互作用，以及研究蛋白质的结构和机能的重要手段。

目前，荧光分析法大多用于物质的定量分析，常规荧光分析法主要有直接荧光测定法、间接荧光测定法和荧光猝灭法三类。

1) 直接荧光测定法

本法是基于待测物本身受特定波长的光激发后产生的荧光进行分析的一种方法。与紫外-可见分光光度法一样，实际分析过程中常采用工作曲线法进行校正。由于荧光分析的灵敏度高，测定对环境因素敏感，干扰因素较多，为了使在不同时间所绘制的工作曲线先后一致，在每次绘制工作曲线时均应采用同一稳定的标准溶液对仪器进行校正。例如，测定维生素 B_1 时，采用硫酸奎宁作为基准。工作曲线法适用于大批量样品的测定。如果样品量不多，且荧光的标准曲线通过原点，就可在其线性范围内用比例法进行测定。直接法是荧光分析中最简单的一种分析方法。一般只要待测物本身发荧光，就可用此法依据荧光强度和浓度的定量关系进行分析。芳香族化合物具有共轭不饱和结构，大多能发射荧光。在环境污染监测中，多环芳烃的定性和定量分析可直接用荧光法完成。荧光法对许多生物有机化合物具有很高的灵敏度和选择性。有时生物体虽然十分复杂，其中许多化合物仍可不经分离而进行分析。为了保证分析的准确度，荧光分析时若有试剂空白，必须扣除。对于成分特别复杂的样品，通常应先利用溶剂萃取等方法加以纯化，以免杂质干扰，并可降低荧光本底值，提高检测灵敏度。如果混合物中各个组分荧光峰相距较远，而且相互之间无显著干扰，则可分别在不同波长下测定各个组分的荧光强度，从而直接求出各个组分的浓度。

2) 间接荧光测定法

由于自身能发荧光的化合物为数不多，因此往往利用一些试剂与荧光较弱或不发荧光的待测物质之间的定量反应，通过增加电子共轭体系的长度或增加分子结构的刚性和共平面性，形成量子效率较高的荧光物质来进行测定。目前，氧化还原反应、水解反应、缩合反应、配位反应、光化学反应等都已用于将非荧光物质转化为荧光物质进行测定，以扩大荧光法的应用范围。其中应用最多的主要有用于无机阳离子测定的配位反应以及用于有机物测定的利用荧光试剂(荧光探针)制备荧光衍生物测定法。

常用的荧光试剂有荧光胺(fluorescamine)、邻苯二甲醛(o-phthalaldehyde)、丹磺酰氯(dansyl chloride, DANS-Cl)以及氯化硝基苯并氧二氮茂(NBD-chloride)等。例如，荧光胺可与含伯胺、仲胺或潜在氨基的物质反应，生成有强荧光的吡咯啉酮进行测定。

3) 荧光猝灭法

在一般荧光分析中，荧光的猝灭现象是影响方法灵敏度和准确度的重要因素，因此在分析前常对一些荧光猝灭剂进行预分离或掩蔽，以减少其影响。但有时也可以利用猝灭现象，进行荧光分析。一般若某一物质本身不发荧光，也不能与其他物质形成荧光物质，但它会使另一种会发射荧光的物质荧光强度下降，并且荧光强度的下降程度与该物质的浓度成比例，便可通过荧光降低的程度测定该物质的含量，以此建立起来的荧光分析法称为荧光猝灭法。例如，F$^-$可以从发射强荧光的铝-8-羟基喹啉配合物中夺取金属离子铝使 8-羟基喹啉游离出来，由于 8-羟基喹啉相对其与铝的配合物来说分子结构的刚性大大降低而导致荧光强度下降，适当条件下，荧光强度与 F$^-$浓度成反比例，因此可用于痕量氟的测定。

　　2. 磷光分析法及其应用

　　由于能发磷光的物质比发荧光的物质更少，并且更易受温度等环境因素的影响，目前磷光分析法的应用相对较少。但是由于磷光具有斯托克斯位移大的优点，并且具有弱荧光的物质通常能发射较强的磷光，因此磷光分析法已成为一种与荧光分析法相互补充的重要分析技术，特别是随着室温磷光技术的不断发展，其在生物医药和环境检测等领域正得到日益广泛的应用。

　　磷光分析法一般分为低温磷光法和室温磷光法。低温磷光法一般采用液氮等冷却剂，使样品在低温下形成透明的刚性玻璃体，以减少碰撞等导致的猝灭对分析造成的影响。由于低温磷光法需要低温装置，并且溶剂的选择受到很大限制，自 1974 年以来相继建立并发展了固体基质表面室温磷光分析法、胶束增稳的溶液室温磷光分析法及敏化室温磷光分析法等多种室温磷光法，大大拓展了磷光分析法的应用范围。

11.3　化学发光分析法

11.3.1　概述

　　一些物质在进行化学反应时，反应所产生的化学能可被反应产物分子所吸收，从而使其激发至激发态，受激分子由激发态返回到基态时，可发出一定波长的光。这种因吸收化学能使分子激发发光的现象称为化学发光。产生于生物体系中的化学发光称为生物发光。利用化学发光建立起来的分析方法称为化学发光分析法。该法具有灵敏度极高、线性范围宽、所需仪器设备简单、分析速度快且易于实现自动化等优点，目前已广泛应用于生命科学、食品科学、药物分析和环境监测等领域。该法的不足之处是目前可供应用的发光体系有限，发光机理有待进一步研究，方法的选择性也有待进一步提高。

11.3.2　化学发光分析的基本原理

　　1. 化学发光反应的基本要求

　　化学发光是物质因吸收化学反应过程中产生的化学能而被激发所发射的光。它涉及化学反应激发和发光两个关键步骤，相应地必须满足以下三个条件：

　　(1)化学反应必须释放出足够的化学能。若要产生紫外-可见光区的化学发光，则要求化学反应提供 150~420 kJ·mol^{-1} 的能量。涉及过氧化物中间产物的高能氧化还原反应一般能够满足这种要求。因此，大多数化学发光反应都是有 H$_2$O$_2$ 等参加的氧化还原反应。

　　(2)化学反应过程中产生的化学能能够被物质吸收形成电子激发态，而不是全部转化为热能。

(3)因吸收化学能而处于电子激发态的分子回到基态时，应有一定的发光效率，能以光的形式释放出能量，或者把能量转移到一个能以光的形式释放能量的合适接受体上，产生敏化化学发光，而不是全部以非辐射弛豫的方式释放。

2. 化学发光效率

对于每一个化学发光反应，都具有其特征的化学发光光谱和化学发光效率。化学发光效率又称化学发光的总量子产率，一般用φ_{cl}表示，定义为

$$\varphi_{cl}=发射光子的分子数/参加反应的分子数 \tag{11-8}$$

物质的化学发光效率取决于生成激发态分子的化学激发效率φ_{ce}和激发态分子的发光效率φ_{em}。因为

$$\varphi_{ce}=激发态分子数/参加反应的分子数 \tag{11-9}$$

$$\varphi_{em}=发射光子的分子数/激发态分子数 \tag{11-10}$$

所以

$$\varphi_{cl}=\varphi_{ce}\varphi_{em} \tag{11-11}$$

一般化学发光的效率都很低，φ_{em}大多小于 0.01。

3. 化学发光的强度与反应物浓度的关系

化学发光分析法一般根据发光强度与被测物质的浓度之间的关系进行定量分析。化学发光反应的发光强度通常用单位时间内发射的光量子数表示，在数值上等于单位时间内被测物质的浓度变化与化学发光效率的乘积，即

$$I_{cl}(t)=\varphi_{cl}\times(dc/dt) \tag{11-12}$$

式中，$I_{cl}(t)$为 t 时刻的化学发光强度；φ_{cl}为与分析物质有关的化学发光效率；dc/dt 为分析物参加反应的速率。若反应为一级反应，则

$$dc/dt=kc \tag{11-13}$$

$$I_{cl}(t)=\varphi_{cl}\times(dc/dt)=\varphi_{cl}kc \tag{11-14}$$

即化学发光强度与反应物浓度成正比。化学发光强度随时间的变化如图 11-4 所示。在实际分析过程中，一般根据峰值或积分进行定量分析。

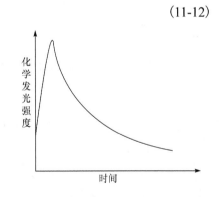

图 11-4　化学发光强度随时间的变化曲线

11.3.3　化学发光的测量仪器

化学发光分析法的测量仪器相对光致发光分析法所用的仪器要简单得多，它不需要光源和单色器，仅由样品室、检测器和放大输出装置组成。由于样品和试剂混合后，化学发光反应就会发生，并且发光信号很快就会消失，因此样品与试剂混合方式的重复性和测定时间的控制是影响分析结果精密度的主要因素。目前一般按照进样方式的不同将化学发光分析仪分为分立取样式和流动注射式两类。

分立取样式化学发光分析仪利用移液管或注射器将样品和试剂加入反应室中，靠搅动或注射时的冲击作用使其混合均匀，然后根据发光峰的峰高或峰面积的积分值进行定量分析。这类仪器具有设备简单、价格低，并可记录化学发光反应的全过程等优点，特别适用于反应

动力学研究。但是由于手工加样速度较慢，不利于分析过程的自动化；此外，加样的重复性不好控制也是影响测试结果精密度的重要因素。

流动注射式化学发光分析仪是流动注射分析在化学发光分析中的应用。它是基于把一定体积的液体试样注入一个运动着的连续载流中，然后被载流带到检测器，记录其发光信号。利用此法检测到的发光信号一般只是整个发光动力学曲线的一部分，因此通常用峰高进行定量分析。流动注射分析具有快速、准确、自动化程度高等优点，使用该法可以得到比分立取样式更高的精密度。但关键要根据不同的反应速度选择试样进入检测器的时间，使发光峰值的出现时间与样品进入检测器的时间一致，以便得到较高的灵敏度。

11.3.4　化学发光反应及应用

化学发光反应一般按反应体系的状态分为气相化学发光反应及液相化学发光反应两类。

1. 气相化学发光反应

气相化学发光主要有 O_3、NO、S 等的化学发光。气相化学发光发展较为成熟，目前已广泛应用于大气污染监测。其中，NO 与 O_3 的气相化学发光反应有较高的化学发光效率，其反应机理一般认为是

$$NO+O_3 =\!=\!= NO_2^* + O_2 \tag{11-15}$$

$$NO_2^* =\!=\!= NO_2 + h\nu \tag{11-16}$$

此反应的发射光谱范围为 $600 \sim 875$ nm，对 NO 的检出限可达 $1\ ng \cdot mL^{-1}$。借助还原反应将 NO_2 转化为 NO 也可实现大气中 NO_2 的测定。

2. 液相化学发光反应

液相化学发光反应在痕量分析中非常重要，虽然目前用于分析上的液相化学发光体系很多，但所涉及的发光物质主要有鲁米诺、光泽清和洛粉碱等。其中研究最多、应用最广的是鲁米诺，它可以测定 H_2O_2、Cl_2、O_2、NO_2 及 Cu^{2+}、Co^{2+}、Mn^{2+}、Fe^{3+}、Ce^{4+}、Cr^{3+}、Hg^{2+}、Th^{4+}、V^{5+} 等金属离子，相应的化学发光反应的发光效率为 $0.01 \sim 0.05$。

鲁米诺也称冷光剂，为 3-氨基苯二甲酰肼，在碱性介质中可与 H_2O_2 等氧化剂反应，反应过程中产生的化学能可将鲁米诺的氧化产物氨基邻苯二甲酸根离子激发，当其回到基态时可发射出最大发射波长为 425 nm 的光。其反应历程可表示如下：

$$\tag{11-17}$$

很多涉及 H_2O_2 的产生或有 H_2O_2 参与的反应都可利用鲁米诺进行分析。例如，葡萄糖在葡萄糖氧化酶的作用下生成葡萄糖酸和 H_2O_2，利用反应产物与鲁米诺的化学发光反应可间接测定葡萄糖。此类化学发光反应的速率较慢，Cu^{2+}、Co^{2+}、Mn^{2+}、Fe^{3+} 等一些金属离子可以催化此反应，使发光强度增大，基于此也可测定这些金属离子。

化学发光分析法仪器设备简单，不需要光源和单色器，避免了散射光和杂散光的干扰，方法的灵敏度比光致发光还要高。例如，应用荧光素酶与三磷酸腺苷（ATP）的化学反应，可检出一个细菌中 ATP 的含量，检出限低至 $2 \times 10^{-7}\ mol \cdot L^{-1}$。此外，化学发光分析法的线性范

围也比较宽，采用流动注射分析进样技术又可大大提高方法的分析速度和精密度。目前化学发光分析法已广泛应用于大气中 O_3、CO、SO_2、H_2S 等有害物质的检测，很多液相化学发光反应在医学、生物化学和免疫学研究中也得到了越来越多的应用，并形成了化学发光免疫分析等新的分支。

思考题与习题

1. 同一荧光物质的荧光光谱和第一吸收光谱为什么会呈现良好的镜像对称关系？

2. 荧光分析仪器中第一、第二单色器各有何作用？荧光分析仪器的检测器为什么不放在光源和样品池的直线上？

3. 荧光光谱的形状取决于什么因素？为什么与激发光的波长无关？

4. 为什么分子荧光光度法的灵敏度通常比分子吸收光度法的高？

5. 一个化学反应要成为化学发光反应必须满足哪些基本要求？

6. 下列化合物中，哪个有较大的荧光量子产率？为什么？

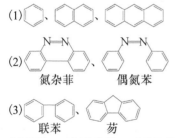

(1)

(2) 氮杂菲、　偶氮苯

(3) 联苯、　芴

(4)苯酚、对氨基苯酚、对硝基苯酚

(5)2-氯荧光素、2-溴荧光素、2-碘荧光素

第 12 章　原子光谱分析法

12.1　概　述

原子光谱分析是通过测量原子外层电子与电磁辐射相互作用产生的分析信号进行元素定性或定量分析的方法。根据光谱的性质和测量原理的不同，原子光谱分析可分为原子发射光谱法(atomic emission spectrometry，AES)、原子吸收光谱法(atomic absorption spectrometry，AAS)和原子荧光光谱法(atomic fluorescence spectrometry，AFS)。

12.1.1　发展简史

1666 年牛顿发现太阳光通过棱镜时，会出现按一定波长顺序排列的太阳光谱，为光谱学的建立拉开了序幕。19 世纪初，沃拉斯顿(Wollaston)采用狭缝分光装置获得了太阳光谱中暗线的清晰光谱。1860 年基尔霍夫(Kirchhoff)和本生(Bunsen)解释了暗线的产生原因，同时指出原子蒸气能够吸收其特征光谱，也能辐射同样波长的特征谱线。至此，原子吸收光谱得以明确。

1862 年塔尔博特(Talbot)研究了钠、锂、锶等元素的谱线，提出了元素特征光谱的概念。1860 年基尔霍夫和本生证实了各种物质都具有自己的特征光谱，建立了发射光谱定性分析的基础。

1930 年罗马金(Lomakin)和赛伯(Scherbe)分别提出了定量分析经验公式，建立了光谱定量分析的理论基础。1931～1938 年相继出现了直流电弧、火花、高压交流电弧光源。1945 年光电直读光谱仪的研制成功，使原子发射光谱分析从建立到发展。

原子吸收光谱法作为一种分析方法是 20 世纪中叶才开始的。1955 年，沃尔什(Walsh)发表了"原子吸收在化学分析中的应用"的著名论文，提出了采用锐线光源，通过测量峰值吸收系数可以解决积分吸收系数测定方面的困难，为原子吸收光谱法的建立与发展奠定了基础。

原子荧光现象是 1902 年伍德(Wood)等研究并首次观察到的。1964 年，温福德纳(Winefordner)和维克斯(Vickers)提出并论证了原子荧光可作为一种新的分析方法。原子荧光光谱法是以待测元素的原子蒸气在辐射能激发下所产生的荧光发射强度与待测元素含量之间的定量关系为依据的定量分析方法。原子荧光光谱法属于发射光谱法，但所用的仪器及操作技术与原子吸收光谱相近。

12.1.2　分析特点

原子光谱分析方法的主要特点是灵敏度高、检出限低、选择性好。可直接测定元素周期表中绝大多数金属元素，对于非金属元素有的可直接测定，有的可通过间接的方法测定。若与气相色谱、液相色谱、毛细管电泳、流动注射等强有力的分离技术联用，还可获得元素的存在形态、元素在环境和生物体中的迁移和转化机理等信息。因此，原子光谱分析技术在环境科学、材料科学、生物医学、临床药理、食品科学、营养学以及地矿冶金等领域中起着非常重要的作用。

12.2　原子光谱分析法的理论基础

12.2.1　原子光谱的产生

基态原子在热能或电能作用下，其外层电子由基态跃迁至激发态。处于激发态的原子是不稳定的，约经 10^{-8} s 就从较高能级的激发态向较低能级的基态跃迁。跃迁过程中所释放出的能量以电磁辐射的形式发射出来，由此产生了原子发射光谱。能级之间的能量差 ΔE 与谱线波长的关系符合式(12-1)：

$$\Delta E = E_2 - E_1 = h\nu = hc/\lambda \tag{12-1}$$

式中，c 为光速；λ 为波长；h 为普朗克常量。

原子中某一外层电子由基态跃迁到高能级所需的能量称为激发能或激发电位。由第一激发态向基态跃迁所发射的谱线称为共振线。共振线具有最小的激发电位，最容易被激发，为该元素的最强谱线。

原子若获得足够的能量还会发生电离，所需的能量称为电离能或电离电位。原子失去一个电子称为一次电离，若再失去一个称为二次电离，依此类推。离子外层电子跃迁时发射的谱线称为离子线，每条离子线都有相应的激发电位。

在原子谱线表中，用罗马数字 I 表示原子发射的谱线，II 表示一次电离离子发射的谱线，III 表示二次电离离子发射的谱线。例如，Mg I 285.21 nm 为原子线，Mg II 280.27 nm 为一次电离离子线。

原子从基态跃迁至激发态所需的能量，除由热能、电能提供外，还可由光辐射提供激发能。当基态原子吸收了特定波长的光辐射，就会从基态跃迁至激发态，此时产生原子吸收光谱。从激发态返回到基态时，以光辐射的形式释放能量，由此产生原子荧光光谱。

12.2.2　原子能级图

原子光谱是原子的价电子在两个能级之间的跃迁而产生的。每个核外电子在原子中的存在状态可由 4 个量子数来描述：主量子数 n、角量子数 l、磁量子数 m、自旋量子数 s，分别表示：电子的能量及离核的远近；电子轨道的形状及角动量的大小；电子轨道在磁场中空间伸展的方向不同时，电子角动量分量的大小；电子自旋的方向。但是，对于多个价电子的原子来说，由于价电子之间的相互影响，用 4 个量子数已不能正确描述电子的运动状态，乃至原子的运动状态。必须用矢量加和的方法，将各角动量耦合，以描述整个原子的运动状态，这就是光谱项。通常光谱项的符号为

$$n^{2S+1}L_J$$

式中，n 为主量子数，表示价电子所处的能级；S 为原子的价电子总自旋量子数，$(2S+1)$ 称为原子光谱项的多重性；L 为原子的价电子总轨道角动量量子数；J 为多个价电子原子的总量子数 L 与总自旋量子数 S 的矢量和，即内量子数。

将原子中价电子所有可能存在状态的光谱项-能级及能级跃迁用图的形式表示出来，称为能级图。图 12-1 是钠原子的能级图。图中横坐标表示实际存在的光谱项，纵坐标表示能量 E，基态原子的能量 $E=0$。左侧为电子伏特(eV)标度，右侧为波数(cm^{-1})标度。能级之间可能发生的跃迁用直线相连，所得谱线的波长标在线上。

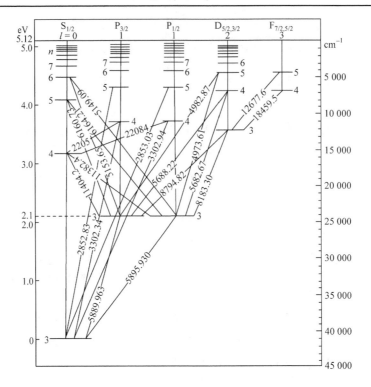

图 12-1　钠原子的能级图

由于原子的能级很多，原子被激发后，其外层电子可以产生不同的跃迁，但必须遵循一定的"选择定则"，也称"光谱选律"。光谱选律是根据实验和量子化学理论研究得出的结论。

(1)主量子数的变化 Δn 为整数，包括零。

(2)总角量子数的变化 $\Delta L = \pm 1$。

(3)内量子数的变化 $\Delta J = 0, \pm 1$；但是当 $J = 0$ 时，$\Delta J = 0$ 的跃迁被禁阻。

(4)总自旋量子数的变化 $\Delta S = 0$，即不同多重性状态之间的跃迁被禁阻。

也有个别例外的情况，这种不符合光谱选择定则的谱线称为禁阻跃迁线。例如，锌的 307.59 nm 线是光谱项 4^3P_1 向 4^1S_0 跃迁的谱线，因为 ΔS 不等于 0，所以是禁阻跃迁线。一般这种谱线产生的机会很少，且谱线强度也很弱。

12.2.3　谱线强度

原子谱线的强度与相应能级间跃迁的原子数目成正比。根据热力学定律，在一定温度下，基态原子和激发态的原子数遵循玻尔兹曼分布定律：

$$\frac{N_j}{N_0} = \frac{g_i}{g_0}e^{\frac{\Delta E}{kT}} = \frac{g_i}{g_0}e^{\frac{h\nu}{kT}} \tag{12-2}$$

式中，N_j 为激发态原子数；N_0 为基态原子数；g_0 和 g_i 分别为基态和激发态的统计权重；k 为玻尔兹曼常量；T 为热力学温度；ΔE 为激发能。

一般情况下，原子蒸气中基态原子数远大于激发态原子数，基态原子数接近 100%。原子的外层电子在激发态和基态两个能级间的跃迁，其发射谱线的强度 I_{ij} 为

$$I_{ij}=N_iA_{ij}h\nu_{ij} \tag{12-3}$$

式中，N_i 为单位体积内处于激发态的原子数；A_{ij} 为两个能级间的跃迁概率；h 为普朗克常量；ν_{ij} 为发射谱线的频率。将式(12-2)代入式(12-3)，整理后得

$$I_{ij}=\frac{g_i}{g_0}A_{ij}h\nu_{ij}N_0\mathrm{e}^{\frac{h\nu}{kT}} \tag{12-4}$$

由式(12-4)可见，影响谱线强度的因素主要有：

（1）统计权重：谱线强度与统计权重成正比。

（2）跃迁概率：与跃迁概率成正比，A_{ij} 可通过实验数据计算得出。

（3）激发能：谱线强度与激发能呈负指数关系。

（4）激发温度：光源的激发温度升高，谱线强度增大。但实际上温度升高，一方面使原子易于激发，另一方面却增加了电离的原子数使原子总数又不断减少，反而使原子谱线强度较弱，所以实验中选择适当的激发温度。图 12-2 表明不同谱线有其最合适的激发温度。

（5）基态原子数：谱线强度与基态原子数成正比。一定条件下，基态原子数与试样中该元素的浓度成正比，这也是光谱定量分析的理论基础。

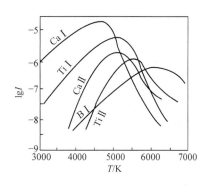

图 12-2　原子、离子谱线强度与激发温度的关系

12.2.4　谱线的自吸与自蚀

实际工作中，发射光谱是通过物质的蒸发、激发、跃迁和射出弧层而得到的。弧焰中心的温度最高，而边缘的温度较低。由弧焰中心发射出来的辐射光必须通过整个弧焰才能射出，但

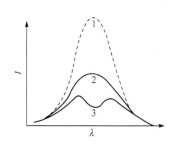

图 12-3　谱线的自吸
1. 无自吸；2. 自吸；3. 自蚀

由于弧层边缘的温度较低，因而这里处于基态的同类原子较多。这些低能态的同类原子能吸收高能态原子发射出来的光而产生吸收光谱。原子在高温时被激发，发射某一波长的谱线，而处于低温状态的同类原子又能吸收这一波长的辐射，这种现象称为自吸现象(图 12-3)。

弧层越厚，弧焰中被测元素的原子浓度越大，则自吸现象越严重。当自吸现象非常严重时，谱线中心的辐射将完全被吸收，这种现象称为自蚀。谱线的自吸效应在光谱定量或定性分析中必须引起注意。

12.3　原子发射光谱分析法

12.3.1　原子发射光谱仪

原子发射光谱仪主要由激发光源、分光系统和检测系统三大部分组成。

1. 激发光源

激发光源的作用是提供足够的能量，使试样蒸发、解离、原子化和激发跃迁产生光谱。要求光源具有灵敏度高，稳定性好，光谱背景小，结构简单，操作安全、方便等特性。常用的激发光源有直流电弧、交流电弧、电火花和等离子体光源等。

1)直流电弧

直流电弧的电源一般为可控硅整流器，常用高频电压引燃。电弧点燃后，热电子流高速通过分析间隙冲击阳极，使其表面出现一个炽热的阳极斑。

直流电弧的优点是设备简单。由于持续放电电极头温度高(可达 4000～7000 K)，蒸发能力强，绝对灵敏度高，适用于元素的定性分析。缺点是放电不稳定，且弧层较厚，自吸现象严重，一般不适用于定量分析。

2)交流电弧

交流电弧采用高频高压引火装置产生的高频高压电流不断地"击穿"电极间的气体，使其电离，维持导电。

交流电弧是介于直流电弧和电火花之间的一种光源。与直流电弧相比，交流电弧的电极上无高温斑点，温度分布比较均匀，弧焰内的物质分布也比较均匀，因而其蒸发和激发的稳定性都比直流电弧好，有利于提高分析的精密度和准确度，可满足一般分析的要求，常用于金属、合金中低含量元素的定量分析。

3)电火花

电火花是利用升压变压器把电压升高后向一个与分析间隙并联的电容器充电，当电容器上的电压达到一定值后将分析间隙的绝缘空气击穿而在气体中放电。火花放电具有间隙性，由于放电速度很快，故瞬间通过分析间隙的电流密度很大(10 000～50 000 A·cm^{-2})，因此弧焰瞬间温度很高，可达 10 000 K 以上，某些难激发元素可被激发。

4)等离子体光源

等离子体是指有相当电离程度的气体，它由离子、电子及未电离的中性粒子组成，从整体看呈电中性。与一般的气体不同，等离子体能导电。

等离子体激发光源是 20 世纪 70 年代迅速发展的一种新型光源，有直流等离子体(DCP)、电感耦合等离子体(ICP)、电容耦合微波等离子体(CMP)等几种，其中 ICP 用得最多。ICP 光源由高频发生器和等离子炬管、进样系统(包括供气系统)组成。ICP-AES 的分析系统如图 12-4 所示。

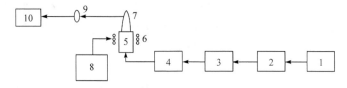

图 12-4　ICP-AES 的分析系统方框图
1. 试样溶液；2. 雾化器；3. 加热室；4. 冷凝器；5. 等离子炬管；
6. 感应线圈；7. 等离子焰炬；8. 高频发生器；9. 透镜；10. 光谱仪

试样溶液经雾化器雾化成气溶胶，经过加热室充分气化后，再经冷凝器脱溶剂，干燥的气溶胶由载气送入等离子炬管进行原子化和激发，由摄谱仪或光电直读光谱仪记录光谱。

等离子炬管由三层同心石英管组成。三层石英管内均通以氩气，外层通入冷却用氩气，用于稳定等离子炬管并冷却管壁以防烧毁；中层通入工作氩气，用于点燃等离子体；内层以氩气作为载气，将试样气溶胶引入等离子体中，如图 12-5 所示。

ICP 是利用高频磁场加热原理使流经石英管的工作气体电离而产生火焰状等离子体。当高频发生器与石英管外层的高频线圈接通后，在石英管内产生一个轴向高频磁场，这时若用高频点火装置产生火花，形成载流子，在电磁场作用下，与原子碰撞并使其电离，形成更多的载流子。当这些载流子达到足够的电导率时，就会产生一股垂直管轴方向的环形涡电流。这股几百安培的感应电流瞬间就将气体加热到近万度的高温，并在管口形成一个火炬状的稳定等离子焰炬，如图 12-5 所示。当载气携带试样气溶胶通过等离子体时，被等离子体间接加热至 6000～7000 K，并被原子化和激发产生发射光谱。

等离子焰炬可分为三个区，各区的温度不同，性状不同，辐射也不同（图 12-6）。

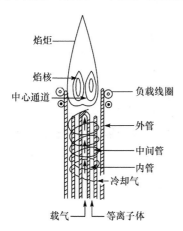

图 12-5　ICP 光源示意图

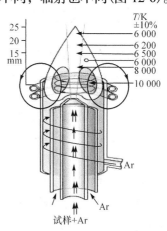

图 12-6　ICP 的温度分布

等离子焰心区在感应线圈区域内，高频电流形成的涡流区温度高达 10 000 K，因发射很强的连续光谱背景很深，不能作分析区。试样气溶胶在此区域被预热、蒸发，所以又称预热区。

内焰区在感应线圈上方，淡蓝色半透明状焰炬，温度为 6000～8000 K。试样在此被原子化、激发后发射很强的原子线和离子线，此为分析区。试样在中焰区停留约 1 ms，比在电弧光源和高压火花光源中的停留时间 10^{-3}～10^{-2} ms 长。这样，在焰心和中焰区使试样得到充分的原子化和激发，对测定有利。

尾焰区在中焰区上方，透明状，温度低于 6000 K。观测到的谱线多为激发能较低的元素谱线。

高频电流具有"趋肤效应"，ICP 中高频感应电流绝大部分流经导体外围，越接近导体表面，电流密度越大，形成一个环形加热区。环状的中心是一个进样通道，气溶胶能顺利进入等离子体内。经过中心通道的气溶胶被加热而解离与原子化，产生的原子和离子限制在中心通道内不扩散到 ICP 的周围，避免形成能产生自吸的冷蒸气，使工作曲线具有很宽的动态范围。而且试样气溶胶可在高温焰心区经历较长时间加热，在测光区平均时间可达到 2～3 ms，比经典光源停留时间长得多。

ICP 的分析特点：ICP 光源具有很高的温度，有利于难熔化合物的分解和元素激发；灵敏度高，检出限低，适用于微量和痕量分析，可测定 70 多种元素；ICP 稳定性好，精密度高。

另外，ICP 光源的背景发射和自吸效应小，可用于高含量元素的测定，线性范围可达 4~6 个数量级。若采用光电检测，可在几分钟内对同一试样进行多元素同时分析。

ICP 光源的不足之处在于对非金属测定的灵敏度低；仪器昂贵，日常维护和操作费用高。表 12-1 是几种光源某些性能的比较。

表 12-1 几种光源某些性能的比较

光源	蒸发温度	激发湿度/K	放电稳定性	应用范围
直流电弧	高	4 000~7 000	稍差	定性分析，矿物、纯物质、难挥发元素的定量分析
交流电弧	中	4 000~7 000	较好	试样中低含量组分的定量分析
电火花	低	瞬间 10 000	好	金属与合金、难激发元素的定量分析
ICP	很高	6 000~8 000	很好	溶液定量分析

5）试样引入激发光源的方法

试样引入激发光源的方法根据试样的性质而定。

（1）固体试样：金属与合金本身能导电，可直接做成电极。若为金属箔丝，可将其置于石墨或碳电极中。粉末样品通常放入制成各种形状的小孔或杯形电极中。

（2）溶液试样：ICP 光源直接用雾化器将试样溶液引入等离子体内。电弧或电火花光源通常用溶液干渣法进样。试液也可以用石墨粉吸收，烘干后装入电极孔内。石墨是常用的电极材料，常加工成各种形状。

（3）气体试样：通常将其充入放电管内。

2. 分光系统

分光系统的作用是将复合光分解为单色光。色散元件是分光系统的核心元件，常用的有棱镜和光栅。

3. 检测系统

检测系统的作用是接收、记录并测定光谱。检测方法有目视法、摄谱法和光电法。

1）目视法

目视法是用眼睛来观测谱线的强度。该方法仅适用于可见光波段，常用看谱镜，用于钢铁及有色金属的半定量分析。

2）摄谱法

摄谱法是将光谱感光板置于摄谱仪焦面上，接收被分析试样的光谱作用而感光，再经显影、定影等过程后，制得光谱底片，底片上留下黑度不同的光谱线。用摄谱仪观测谱线位置及强度，进行光谱定性和半定量分析。用测微光度计测量谱线的黑度，可进行定量分析。

3）光电法

用光电倍增管接收和记录谱线的方法称为光电法。光电倍增管的外壳由玻璃或石英制成，内部抽成真空。光阴极涂有能发射电子的光敏物质。在阴极和阳极之间有多个电子倍增极。阴极和阳极之间从外面加直流电压约 1000 V，当辐射光子撞击光阴极时，阴极就会发射光电子，该光电子被电场加速落在第一倍增极上，第一倍增极撞击更多的二次电子，依此类推。阳极最后收集的电子数将是阴极发出电子的 10^5~10^8 倍。因此，光电倍增管既是光电转换元件，又是电流放大元件。光电倍增管的工作原理如图 12-7 所示。

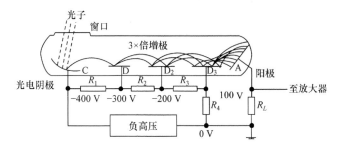

图 12-7　光电倍增管的工作原理

4) 光电直读光谱仪

光电直读光谱仪是直接利用光电检测系统将谱线的光信号转换为电信号，并通过计算机处理直接得到分析结果。根据测量方式不同，可分为多道直读光谱仪和单道扫描光谱仪。这类仪器主要是用 ICP 作为激发光源，具有分析速度快、准确度高、线性范围宽等优点，目前已被广泛使用。

(1) 多道直读光谱仪：图 12-8 是多道直读光谱仪示意图。从光源发出的光经透镜聚焦后，在入射狭缝上成像并进入狭缝。进入狭缝的光投射到凹面光栅上，凹面光栅将光色散，聚焦在焦面上，焦面上安装一组出射狭缝，每一狭缝只允许一条特定波长的光通过，投射到狭缝后的光电倍增管上进行检测，最后经计算机进行数据处理。

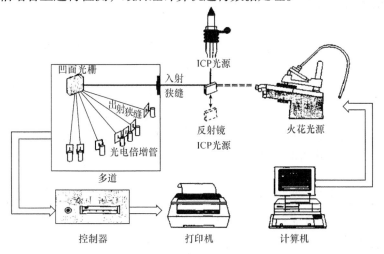

图 12-8　多道直读光谱仪

多道直读光谱仪具有分析速度快、准确度高等优点，适用于固定元素的快速定性、半定量和定量分析。这类仪器目前在钢铁冶炼中常用于炉前快速监控 C、S、P 等元素。

(2) 单道扫描光谱仪：只有一个出射狭缝 (图 12-9)。从光源发出的光穿过入射狭缝后，反射到一个可以转动的光栅上，该光栅色散后，经反射使其一条特定波长的光通过出射狭缝投射到光电倍增管上进行检测。光栅转动至某一固定角度时，只允许一条特定波长的光线通过出射狭缝，随着光栅角度的变化，谱线从该狭缝中一次通过并进入检测器检测，完成一次全谱扫描。单道扫描光谱仪适用于分析样品量少、组成多变的单元素分析以及多元素顺序测定。

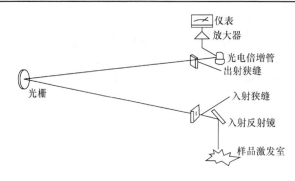

图 12-9　单道扫描光谱仪

12.3.2　分析方法

1. 定性分析

在激发能作用下，试样中各元素发射出自己的特征光谱(有的可达几千条)，可进行定性分析。定性分析一般采用摄谱法。

定性分析所使用的谱线称为分析线。灵敏线是元素激发电位低、强度较大的谱线，多是共振线。检出某元素是否存在必须有两条以上不受干扰的最后线与灵敏线。最后线是指当样品中某元素的含量逐渐减少时，最后仍能观察到的几条谱线。它也是该元素的最灵敏线。常用的方法有以下两种：

(1)铁谱比较法：铁元素在 210～660 nm 的波长范围内有 4600 多条谱线，且谱线间的距离很近，谱线分布均匀。铁谱中每条谱线的波长都已做了精确的测定，以此作为标尺，为被测元素的谱线进行波长定位，从而得到定性分析的结果。

实际工作时，将被测样品与纯铁并列摄取光谱，摄得的谱片置于映谱仪上，与标准光谱图进行比较。标准光谱图是在相同条件下，在铁光谱上方准确地绘出 68 种元素的逐条谱线并放大 20 倍的图片。若试样中的元素谱线与标准光谱图中标明的某元素谱线出现的波长位置相同，说明该元素可能存在。铁谱比较法可同时进行多元素定性鉴定。

(2)标准试样光谱比较法：将待测元素的纯单质或纯化合物与试样并列摄谱于同一感光板上，在映谱仪上检查试样光谱与纯物质光谱，若两谱线出现在同一波长位置上，说明试样中含有该种元素。这种方法不适用于样品的全分析。

2. 半定量分析

半定量分析是指给出试样中某元素的大致含量。对于大批量试样的分析，若准确度要求不高，采用光谱半定量分析简单、方便。例如，钢材与合金的分类、矿产品位的大致估计等，采用光谱半定量分析简单、快速。

常用谱线黑度比较法。将试样与已知不同含量的标准样品在相同条件下摄谱于同一感光板上，然后在映谱仪上用目视法直接比较试样与标准样品光谱中分析线的黑度。若黑度相同，则表明被测试样中待测元素含量近似等于该标准样品中待测元素含量。该法的准确度取决于被测试样与标准样品组成的相似程度及标准样品中待测元素含量间隔的大小。

3. 定量分析

1)定量分析关系式

定量分析是根据被测元素的谱线强度与被测元素浓度在一定温度下成正比的关系，其基本关系式为

$$I = ac^b \tag{12-5}$$

式中，b 与试样含量、谱线的自吸有关，称为自吸系数；b 随浓度 c 而变，当浓度小到无自吸时，$b=1$。a 与蒸发、激发过程以及试样组成有关，在实验中很难保持为常数，故通常不采用谱线的绝对强度进行光谱定量分析，而是采用相对方法进行定量分析。

2)内标法定量分析关系式

内标法是利用分析线和比较线强度比与元素含量的关系进行光谱定量分析的方法。采用内标法可以减少光源放电不稳定等因素对谱线强度的影响，提高光谱定量分析的准确度。

内标法中，选用的比较线称为内标线，提供内标线的元素称为内标元素。

设被测元素和内标元素的含量分别为 c 和 c_0，分析线和内标线强度分别为 I 和 I_0，分析线和内标线的自吸系数分别为 b 和 b_0，则

$$I = ac^b \qquad\qquad I_0 = a_0 c_0^{b_0}$$

用 R 表示分析线和内标线强度的比值：

$$R = I/I_0 = ac^b / a_0 c_0^{b_0}$$

式中，内标元素的含量 c_0 为常数，实验条件一定时，$A = a/a_0 c_0^{b_0}$ 为常数，则

$$R = I / I_0 = Ac^b$$

取对数，得

$$\lg R = b\lg c + \lg A \tag{12-6}$$

这就是内标法光谱定量分析的基本关系式。

为了保证分析结果的准确性，内标元素与分析线的选择应符合下列原则：

(1)内标元素与被测元素在光源下应具有相似的蒸发性质。

(2)若内标元素是外加的，在分析试样中，该元素的含量应极微或不存在。在纯物质和钢铁分析中，常以某基体元素作内标元素。

(3)分析线与内标线的激发电位必须十分相近。

(4)分析线对的两条谱线波长差应尽量小，且两谱线应没有自吸或自吸很小，并不受其他谱线的干扰。

3)定量分析方法

(1)校准曲线法：在选定的分析条件下，用三个或三个以上含有不同浓度的待测元素的标准样品与试样在相同条件激发光谱，以分析线强度 I 对浓度 c 作图或 $\lg I$ 对 $\lg c$ 作图，得到一条标准曲线，再由标准曲线求得被测试样的含量。

(2)标准加入法：当测定低含量元素时，找不到合适的基体来配制标准试样，一般采用标准加入法。在几份未知试样中分别加入不同已知量的被测元素，在同一实验条件下激发光谱，测量不同加入量时的分析线对强度比 R。在被测元素浓度低时，自吸系数 $b=1$，分析线对强度 R 正比于浓度 c，将标准曲线延长，与横坐标相交截距的绝对值即为试样中待测元素的含量。

12.3.3　光谱背景的扣除

在发射光谱中最重要的光谱干扰是背景干扰。带状光谱、连续光谱以及光学系统的杂散光都会造成光谱的背景。其中，光源中未解离的分子所产生的带状光谱是光谱背景的主要来源。光源温度越低，未解离的分子越多，因而背景就越强。在电弧光源，中最严重的背景干扰是空气中的 N_2 与碳电极挥发出来的 C 所产生的化合物 CN 分子的三条带状光谱，其波长为 350~420 nm，干扰许多元素的灵敏线。此外，光谱仪器中的杂散光到达检测器，也会产生背景干扰。背景干扰的存在会使标准曲线弯曲或平移，从而影响测量的准确度，故必须进行背景校正。

背景校正的基本原则是：谱线的表观强度减去背景强度。有些仪器本身带有自动扣背景装置，可直接扣除背景，如光电直读光谱仪。

12.4　原子吸收光谱分析法

以测量基态原子外层电子对共振线吸收为基础的分析方法称为原子吸收光谱法。

试样中待测元素的化合物在高温中被解离成基态原子。光源发出的特征谱线通过原子蒸气时，被蒸气中的待测元素的基态原子吸收，测量该特征谱线被吸收的程度，可进行定量分析。

12.4.1　原子吸收光谱分析的理论基础

1. 基态原子和待测元素含量的关系

原子吸收光谱法是利用待测元素的原子蒸气中基态原子对该元素共振线的吸收进行测定的。热平衡时，基态原子数 N_0 与激发态原子数 N_j 之间的关系遵循玻尔兹曼分布定律：

$$\frac{N_j}{N_0} = \frac{g_i}{g_0} e^{-\frac{\Delta E}{kT}} = \frac{g_i}{g_0} e^{\frac{h\nu}{kT}} \tag{12-7}$$

式中，g_0 和 g_i 分别为基态和激发态的统计权重；k 为玻尔兹曼常量；T 为热力学温度；ΔE 为激发能。

从式 (12-7) 可知，温度越高，N_i / N_0 值越大，即激发态原子数随温度升高而增加，且按指数关系变化；在相同的温度条件下，激发能越小，或吸收线波长越长，N_i / N_0 值越大。表 12-2 列出几种元素在不同温度下的 N_i / N_0 值。

表 12-2　不同温度下某些元素共振线的 N_i / N_0 值

$\lambda_{共振线}$/nm	g_i/g_0	激发能/eV	N_i/N_0	
			$T = 2000$ K	$T = 3000$ K
Na 589.0	2	2.104	0.99×10^{-5}	5.83×10^{-4}
Sr 460.7	3	2.690	4.99×10^{-7}	9.07×10^{-9}
Ca 422.7	3	2.932	1.22×10^{-7}	3.55×10^{-5}
Fe 372.0		3.332	2.99×10^{-9}	1.31×10^{-6}
Ag 328.1	2	3.778	6.03×10^{-10}	8.99×10^{-7}
Cu 324.8	2	3.817	4.82×10^{-10}	6.65×10^{-7}
Mg 285.2	3	4.346	3.35×10^{-11}	1.50×10^{-7}
Pb 283.3	3	4.375	2.83×10^{-11}	1.34×10^{-7}
Zn 213.9	3	5.795	7.45×10^{-15}	5.50×10^{-10}

在原子吸收光谱中，原子化温度一般小于 3000 K，大多数元素的最强共振线都低于 600 nm，N_i/N_0 值绝大部分在 10^{-3} 以下，激发态和基态原子数之比小于 1%。如果待测元素的雾化效率保持不变，则在一定浓度范围内基态原子数 N_0 与待测元素的含量 c 呈线性关系。

还可以看出，激发态原子数受温度的影响大，而基态原子数受温度的影响小，且基态原子数远大于激发态原子数。因此，与原子发射光谱相比，原子吸收光谱有很高的灵敏度。

2. 原子吸收光谱的谱线轮廓及其影响因素

1)原子吸收谱线的轮廓

原子结构较分子结构简单，理论上应产生线状的光谱吸收线，但原子吸收谱线并不是严格的无宽度几何线，而是随频率变化有一强度分布的谱线轮廓。通常以吸收系数对频率作图所得曲线来描述谱线轮廓。描述谱线轮廓的参数是中心频率 ν_0（或中心波长）和半宽度 $\Delta\nu$（图 12-10）。最大吸收系数(峰值吸收系数)对应的频率为中心频率 ν_0，由原子能级决定。半宽度是指最大吸收系数 1/2 处谱线轮廓上两点间所对应的频率范围，用 $\Delta\nu$（或 $\Delta\lambda$）表示。

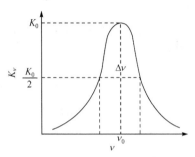

图 12-10　吸收谱线轮廓

2)影响谱线轮廓的因素

谱线具有一定的宽度，主要有两方面的因素：一是原子本身的性质，即谱线的自然宽度、同位素效应等；二是外界因素，有热变宽、压力变宽、场变宽和自吸变宽等。

(1)自然宽度：在无外力作用下，谱线的宽度称为自然宽度。它与激发态原子的平均寿命成反比，平均寿命越长，谱线宽度越窄。不同谱线有不同的自然宽度。根据量子力学的计算，谱线自然宽度 $\Delta\lambda$ 约为 10^{-5} nm。由于自然宽度比其他原因引起的谱线变宽小得多，大多数情况下可以忽略。

(2)多普勒(Doppler)变宽：又称热变宽，它由原子无规则的热运动产生。从物理学的多普勒效应可知，无规则热运动的发光原子，若运动方向朝向检测器，则检测器接收到的光的频率较静止原子所发出的光的频率高；反之，若运动方向背向检测器，则检测器接收到的光的频率较静止原子所发出的光的频率低。因此，检测器接收到的频率为$(\nu+\mathrm{d}\nu)$和$(\nu-\mathrm{d}\nu)$之间的各种频率，导致谱线变宽。多普勒宽度 $\Delta\nu_\mathrm{D}$ 表示为

$$\Delta\nu_\mathrm{D} = \frac{2\nu_0}{c}\sqrt{\frac{2RT\ln 2}{A_\mathrm{r}}} = 7.16\times10^{-7}\,\nu_0\sqrt{\frac{T}{A_\mathrm{r}}} \tag{12-8}$$

式中，ν_0 为谱线的中心频率；c 为光速；R 为摩尔气体常量；A_r 为相对原子质量；T 为热力学温度。

由式(12-8)可知，相对原子质量小的元素，$\Delta\nu_\mathrm{D}$ 大；温度升高，原子或分子的无规则运动加剧，$\Delta\nu_\mathrm{D}$ 增加，但 $\Delta\nu_\mathrm{D}$ 是 $T^{1/2}$ 的函数，所以温度的微小变化对原子吸收测量的影响不大。一般用于原子吸收的火焰温度为 1500～3000 K，多普勒宽度约为 10^{-3} nm 数量级。

(3)压力变宽：由辐射原子与其他粒子(分子、原子、离子和电子等)间的相互碰撞引起的谱线变宽称为压力变宽。压力变宽通常随压力增大而增大。其中，同种粒子碰撞产生的变

宽称为霍尔兹马克(Holtsmark)变宽，又称共振变宽。由不同微粒碰撞引起的变宽称为洛伦茨(Lorentz)变宽，它是压力变宽的主要部分。在1500～3000 K温度范围和一个大气压下，压力变宽与热变宽的数量级相同。

碰撞除了使谱线变宽外，还会使谱线中心频率发生位移。压力变宽会使原子吸收灵敏度降低。当原子浓度较低时，共振变宽可忽略，但是如果待测元素的浓度较高时，共振变宽将增大，结果导致原子吸收下降，破坏了吸收与浓度的线性关系，使标准曲线向浓度轴弯曲。

(4)自吸变宽：由自吸现象引起的谱线变宽称为自吸变宽。空心阴极灯发射的共振线被灯内同种基态原子所吸收产生自吸现象，从而使谱线变宽。灯电流越大，自吸变宽越严重。自吸变宽在空心阴极灯制造和使用中需要特别注意。

在1500～3000 K温度区间，外来气体压力约一个大气压时，谱线变宽主要受多普勒变宽和洛沦茨变宽的影响。二者具有相同的数量级，为0.001～0.005 nm。采用火焰原子化装置时，洛伦茨变宽是主要的；采用无火焰原子化装置时，若共存原子浓度很低，则多普勒变宽是主要的。

此外，在外界电场或磁场作用下，能引起能级分裂，从而导致谱线变宽。这种变宽称为场致变宽，但这种变宽效应一般也不大。

3. 原子吸收的测量方法

1)积分吸收系数的测量

在吸收线轮廓内，吸收系数的积分称为积分吸收系数，简称积分吸收，它表示吸收的全部能量。从理论上可以得出，积分吸收与原子蒸气中吸收辐射的原子数成正比，其数学表达式为

$$\int K_\nu \mathrm{d}\nu = \frac{\pi e^2}{mc} N_0 f \tag{12-9}$$

式中，e为电子电荷；m为电子质量；N_0为单位体积中得到吸收的原子数；f为振子强度，表示被入射光激发的每个原子的平均电子数，它正比于原子对特定波长辐射的吸收概率。

由式(12-9)可知，从理论上讲，如果能测得积分吸收值，便可算出待测元素的原子数。由于原子吸收线很窄，宽度约10^{-3} nm，要对频率积分，需要分辨率极高的单色器，这是当前难以做到的。如果采用连续光源进行原子吸收测量，并假定连续光源的谱带宽度为0.5 nm，它被原子蒸气吸收后投射到检测系统检测。这样宽的谱带内，被吸收的谱带又是如此之窄，大约只有10^{-3} nm，因此吸收后谱带强度变化仅0.2%。如果共振吸收为1%，则射入检测器的谱带强度变化为10^{-3}%，这样小的信号变化是难以检测的。这些正是原子吸收现象100多年前就已发现，却未用于分析化学的主要原因。

2)峰值吸收系数的测量

1955 年，沃尔什提出采用测定峰值吸收系数可以代替积分吸收系数的测量。他认为，如果采用发射线半宽度小于吸收线半宽度的锐线光源，并且使发射线的中心频率与吸收线的中心频率一致时，便可测出峰值吸收系数，如图 12-11 所示。实际上是测量狭窄光谱范围内小体积的积分吸收。这样就不需要高分辨率的单色器以及与吸收半宽度相同数量级的光谱狭缝宽度，而只要求单色器能将选定的分析线与光源发

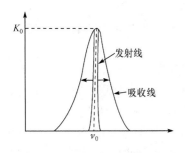

图 12-11　峰值吸收测量示意图

出的其他谱线分开。

在通常原子吸收测量的条件下，吸收线的轮廓主要取决于多普勒变宽，通过积分计算可以导出峰值吸收系数 K_0 与多普勒变宽的关系：

$$K_0 = \frac{2}{\Delta \nu_D} \sqrt{\frac{\ln 2}{\pi}} \frac{\pi e^2}{mc} f N_0 \tag{12-10}$$

可以看出，峰值吸收系数 K_0 与待测原子浓度 N_0 成正比关系，只要能测出 K_0 就可得到 N_0。

3）原子吸收的实际测量

频率为 ν、辐射强度为 I_0 的光投射到长度为 L 的火焰，并假定火焰吸收均匀。若通过火焰后的光强度为 I_ν，光的吸收系数为 K_ν，根据吸收定律，即

$$I_\nu = I_0 e^{-K_\nu L} \tag{12-11}$$

用 I_0 除式（12-11）两端，取其负对数，根据吸光度的定义

$$A = \log \frac{I_0}{I_\nu} = K_\nu L \log e \tag{12-12}$$

式中，$\log e = \log 2.718 = 0.434$。若用锐线光源时，用 K_0 代替 K_ν，则

$$A = \log \frac{I_0}{I_\nu} = 0.434 K_0 L \tag{12-13}$$

若将式（12-10）代入式（12-13），则有

$$A = \left(0.434 \frac{2}{\Delta \nu_D} \sqrt{\frac{\ln 2}{\pi}} \frac{\pi e^2}{mc} f \right) N_0 L \tag{12-14}$$

对于某一共振吸收线，括号内的参数是一定的，可用 K 代替，所以式（12-14）可以写为

$$A = K N_0 L \tag{12-15}$$

对于给定原子化器，L 为一定值；而原子蒸气中基态原子数 N_0 近似等于原子总数 N。当实验条件一定，被测元素的浓度 c 与原子蒸气中原子总数成正比，因此式（12-15）可表示为

$$A = kc \tag{12-16}$$

这就是原子吸收光谱分析的基本关系式。通过测定吸光度，可求得样品中待测元素的含量。

12.4.2　原子吸收分光光度计

原子吸收分光光度计由光源、原子化系统、单色器和检测系统四部分组成，基本构造如图 12-12 所示。

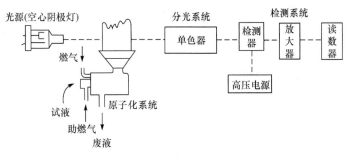

图 12-12　原子吸收分光光度计基本构造

光源发射待测元素的锐线光束(共振线)，通过原子化器，被火焰中待测元素的基态原子吸收，进入单色器分光后，由检测器接收并转化为电信号，最后经放大后由读数系统读出吸收信号。

1. 光源

光源的作用是发射被测元素的特征共振辐射。对光源的基本要求是发射线窄，辐射强度大且稳定，背景低，噪声小，使用寿命长。空心阴极灯是目前应用广泛的一种锐线光源。

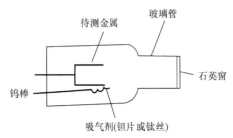

图 12-13　空心阴极灯结构示意图

空心阴极灯是由封闭着低压气体的玻璃管制成的放电管，结构如图 12-13 所示，主要由一个阳极和一个空心阴极组成。阴极为空心圆柱形，由待测元素的高纯金属和合金直接制成。阳极为钨棒，上面装有钛丝或钽片作为吸气剂。灯的光窗材料根据所发射的共振线波长而定，波长大于 350 nm 的用硬质玻璃，小于 350 nm 的应当用石英玻璃。制作时先抽成真空，然后充入压力为 267～1333 Pa 的少量氖或氩等稀有气体，其作用是载带电流、使阴极产生溅射及激发原子发射特征的锐线光谱。

空心阴极灯是一种辉光放电灯。在阴极和阳极之间施加一定电压，便可点燃空心阴极灯。阴极发出的电子在电场作用下高速射向阳极，在此过程中电子与载气碰撞并使其电离而放出二次电子。在电场的作用下，一方面电子继续向阳极输送而将载气电离，另一方面正离子向阴极输送，经过高电位梯度区时，正离子被大大加速而获得很大的能量轰击阴极表面，使阴极表面的元素从其晶格中溅射出来。溅射出来的原子大量积聚在阴极表面并与电子和离子等碰撞而激发出阴极元素的光谱。

空心阴极灯常采用脉冲供电方式以改善放电特征，同时便于原子吸收信号与原子化器的直流发射信号区分开，这种供电方式称为光源调制。

空心阴极灯是性能优良的锐线光源。由于元素可以在空心阴极中多次溅射和被激发，气态原子平均停留时间较长，激发效率较高，因而发射的谱线强度较大；由于采用的工作电流一般只有几毫安或几十毫安，灯内温度较低，因此热变宽很小；由于灯内充气压力很低，激发原子与不同气体原子碰撞而引起的压力变宽可忽略不计；由于阴极附近的蒸气相金属原子密度较小，同种原子碰撞而引起的共振变宽也很小；此外，由于蒸气相原子密度低、温度低，自吸变宽几乎不存在。因此，使用空极阴极灯可以得到强度大、谱线很窄的待测元素的特征共振线。

无极放电灯是在石英管内放入少量金属或其卤化物，抽真空并充入几百帕压力的氩气后封闭，将其放入微波发生器的同步空腔谐振器中，微波将灯内的气体原子激发，被激发的气体原子又使解离的气体金属或其卤化物激发而发射出待测金属元素的特征光谱辐射。此种光源的发射强度比空心阴极灯强 100～1000 倍，特别适合共振线在紫外区的易挥发元素的测定。目前已经有 Al、Ge、P、K、Rb、Ti、Hg、In、Sn、Te 等 18 种元素的商品无极阴极放电灯。

2. 原子化系统

原子化系统的作用是将被测元素由试样中转入气相，并解离为基态原子。入射光束在这里被基态原子吸收，因此可视它为"吸收池"。对原子化器的基本要求是必须具有足够高的原子化效率、良好的稳定性和重现性、操作简单及低的干扰水平等。常用的原子化系统有火焰原子化系统和非火焰原子化系统。

1) 火焰原子化系统

实现火焰原子化的原子化器有全消耗型和预混合型。全消耗型原子化器是将试液直接喷入火焰，但雾化效率低，用得较少。常用的是预混合型火焰原子化器，图 12-14 是其结构示意图，由喷雾器、雾化室、燃烧器和火焰组成。

(1) 喷雾器：是原子化系统的核心部分，其作用是将试液变成细雾。雾粒越细、越多，在火焰中生成的基态自由原子就越多，测定的灵敏度越高。用得较广泛的是气动同心型喷雾器。这种喷雾器喷出的雾滴碰到玻璃球上，可产生进一步细化作用。

(2) 雾化室：其作用是除去大雾滴，并使燃气和助燃气充分混合，以便在燃烧时得到稳定的火焰。其中的扰流器可使雾滴变细，同时可以阻挡大的雾滴进入火焰。雾化室下

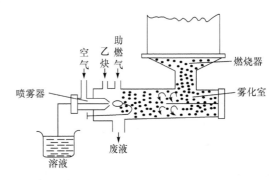

图 12-14　预混合型原子化器示意图

端设有排水管和水封装置，不仅将凝聚的溶液排出，还可防止燃气泄漏，避免回火的发生。

应当指出，形成雾滴的速率除取决于试液的物理性质(如表面张力及黏度等)外，还与助燃气的压力及气体导管和毛细管孔径的相对大小、位置等有关。增加助燃气流速，可使雾滴变小，但气压过大，提高了单位时间内试样溶液的用量，反而使雾化效率降低，故应根据仪器条件和试样溶液的具体情况确定助燃气用量。一般喷雾装置的雾化效率为 5%～15%。

(3) 燃烧器：试液的细雾滴随燃气、助燃气一起从燃烧器的狭缝中喷出进入火焰。在火焰中经过干燥、熔化、蒸发和解离等过程后，产生大量的基态自由原子及少量的激发态原子、离子和分子。一个良好的燃烧器应当具有效率高、噪声小、火焰稳定等特点。

燃烧器的狭缝宽度和长度可根据所用燃料喷出的气流速度确定。缝隙小，流速大；缝隙大，流速小。不同的火焰燃烧速度也不同。

(4) 火焰：燃烧器中火焰的作用是使待测物质分解形成基态自由原子。按照燃料气体与助燃气体的不同比例，同种类型的火焰可分为三类。

化学计量火焰：这种火焰的燃气与助燃气的比例与它们之间化学反应计量关系相近，又称中性火焰。这类火焰温度高、背景低且稳定，适用于许多元素的测定。

富燃火焰：燃气与助燃气的比例大于化学计量关系。这种火焰燃烧不完全、温度低、火焰呈黄色，具有还原性，背景高，干扰较多，稳定性不如中性火焰，适用于易形成难解离氧化物元素的测定。

贫燃火焰：燃气与助燃气的比例小于化学计量关系。其特点是燃烧充分，有较强的氧化性，温度较高，有利于测定易解离、易电离的元素，如碱金属等。

不同的火焰观测高度，测定灵敏度也会不同。测量时通过调节燃烧器的高度，使空心阴极灯发射的特征辐射通过火焰原子化器中自由原子的主要区域，以提高分析的灵敏度。

选择火焰时，应考虑火焰本身的透射性能。烃类火焰在短波区有较大的吸收，而氢火焰的透射性能好得多。对于分析线位于短波区的元素的测定，在选择火焰时应考虑火焰透射性能的影响。图 12-15 是几种火焰对光的吸收情况。下面列出了几种常用的火焰。

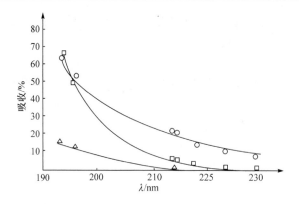

图 12-15　几种火焰对光的吸收曲线
○ 空气-乙炔火焰；□ 空气-氢火焰；△ 氩-氢火焰

空气-乙炔火焰：该火焰燃烧稳定，燃烧速度适中，噪声低，温度也足够高 (2500 K)，对大多数元素有足够高的灵敏度，但它在短波紫外区有较大的吸收。分析线波长大于 230 nm 的碱金属、碱土金属、贵金属等 30 多种元素都可用空气-乙炔火焰进行分析。

氧化亚氮-乙炔火焰：属于应用广泛的高温火焰，温度可达 2900 K。燃烧速度较快，并具有还原性，适用于难挥发和难原子化物质的测定，用它可测定 70 多种元素。要注意火焰燃烧产物 CN 易造成分子吸收背景。

氢气-空气火焰：是氧化性火焰，燃烧速度较乙炔-空气火焰高，但温度较低，优点是背景发射较弱，透射性能好。

2) 石墨炉原子化器

(1) 石墨炉原子化器的结构：石墨炉原子化器是常用的高温非火焰原子化器，由电源、石墨管和炉体等组成，其结构如图 12-16 所示。

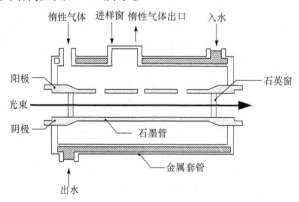

图 12-16　石墨炉原子化器

(i) 电源：供给原子化系统能量，采用低压 (10 V) 高电流 (500 A) 而稳定的交流供电设备。它能使石墨管迅速加热，最高温度可达到 3000 ℃，并能以电阻加热方式形成各种温度梯度，便于对不同的元素选择最佳原子化条件。

(ii) 石墨管：由高纯度和高密度的石墨车制而成。石墨管中央有一进样孔，管两端分别有一小孔，用于通入和排出惰性气体。

(iii) 炉体：炉体中安放有石墨管，并设有水冷装置和惰性气体保护装置。水冷装置用于保护炉体。惰性气体(氩或氮气)的作用在于防止石墨管在高温中被氧化,防止或减少被测元素形成氧化物,并排除在分析过程中形成的烟雾。

(2)操作程序:石墨炉工作时,通常采用程序升温的方式进行加热,整个程序包括干燥、灰化、原子化和净化等部分。

(i)干燥阶段:干燥的主要目的是除去试样中的溶剂。

(ii)灰化阶段:将易挥发的基体和有机物尽可能除去,保留待测元素。最高灰化温度以不使待测元素挥发为准。

(iii)原子化阶段:使样品中的待测元素蒸发、解离并进行原子化。

(iv)净化阶段:也称除残。测定一个样品后,将温度升高,并保持一段时间,以除去石墨管中的残留物,净化石墨管,减少记忆效应,便于下一个样品的分析。

每步操作都涉及温度和时间的确定,通常应分别绘制吸收-温度、吸收-时间的关系曲线来确定这些参数。

(3)石墨炉原子化器的特点。与火焰原子化器相比,石墨炉原子化器具有如下特点:

(i)灵敏度高、检出限低。因为试样直接注入石墨管内,样品几乎全部蒸发并参与吸收。试样原子化是在惰性气体保护下的石墨管内进行的,有利于难熔氧化物的分解和自由原子的形成,自由原子在石墨管内平均滞留时间长,因此管内自由原子密度高,绝对灵敏度达 $10^{-15} \sim 10^{-12}$ g。

(ii)用样量少。通常固体样品为 $0.1 \sim 10$ mg,液体试样为 $5 \sim 50$ μL。因此,石墨炉原子化适用于微量样品的分析,但方法精密度比火焰原子化法差,通常为 2%～5%。

(iii)试样直接注入原子化器,可以减少溶液一些物理性质对测定的影响,也可直接分析固体样品。

(iv)可以测定共振吸收线位于真空紫外区的非金属元素 I、P、S 等。

(v)石墨炉原子化法所用设备比较复杂,成本较高。

(vi)由于取样量小,试样组成的不均匀性影响较大,测定精度不如火焰原子化法好,有强的背景,设备比较复杂,费用较高。

3)低温原子化法

低温原子化法又称化学原子化法,通过溶液中特定的化学反应实现待测元素的原子化,其原子化温度为室温至数百摄氏度。常用的有氢化物发生法及汞低温原子化法。

(1)氢化物发生法:利用一些元素容易在强还原剂(如 $NaBH_4$ 或 KBH_4)作用下生成易挥发的共价键分子型氢化物,从而有效地从主要样品基体中分离出来,并容易转变为自由的原子蒸气。属于上述情况的元素有 As、Sb、Bi、Ge、Se、Sn、Te 和 Pb 等。例如

$$AsCl_3+4NaBH_4+HCl+2H_2O = AsH_3\uparrow+4NaCl+4HBO_2+13H_2\uparrow$$

生成的氢化物在热力学上是不稳定的,在低于 900 ℃时就分解出自由原子,实现快速原子化。

本法的局限性在于:精度不如火焰法,校正曲线的线性范围较窄,而且氢化物毒性很大,本身又是一种较强的还原剂,容易被氧化,所形成的氧化物毒性更大。例如,As_2O_3 剧毒,操作必须在良好的通风条件下进行。

(2)汞低温原子化法:汞是蒸气压非常高、易于气化的金属,常用低温原子化法测定。试样溶液中的 Hg 化合物在低温和还原剂作用下,容易形成 Hg 蒸气。测定时,试样溶液中的 Hg(II)与还原剂($SnCl_2$)在密闭的反应器中发生氧化还原反应,载气(N_2 或 Ar)携带反应产生的 Hg 蒸气经气液分离器分离后进入放置在原子化器光路上的石英管,直接测量 Hg 蒸气的吸光度。

如果样品中含有机汞，则在还原前先用高锰酸钾之类的氧化剂将其破坏，过量的高锰酸钾用盐酸羟胺除去，再用 $SnCl_2$ 还原。经这样处理后，$SnCl_2$ 不仅把样品中的无机汞还原，而且有机汞也被还原为汞。

该方法设备简单，操作方便，干扰少，但一般能沉淀汞的阴离子如 I^-、S^{2-} 等会抑制元素汞的生成。大多数金属离子浓度达 $100\ mg \cdot L^{-1}$ 时会干扰对汞的测定。

一般汞低温原子化法与氢化物发生法可以使用同一装置。

3. 分光系统

分光系统由入射和出射狭缝、反射镜和色散元件组成，其作用是将所需要的共振吸收线分离出来。该系统的关键部件是色散元件，现在商品仪器都使用光栅。原子吸收所用的吸收线是锐线光源发出的共振线，它的谱线比较简单，因此对仪器的色散能力、分辨能力要求不高。分光系统放置在原子化器之后，以阻止来自原子化器的所有不需要的辐射进入检测器。

对于确定的仪器，色散率是一定的，通过选择合适的狭缝宽度达到最佳工作状态。

4. 检测系统

检测系统的作用是将分光系统分出的光信号进行光电转换，主要由检测器、放大和读数系统组成。与原子发射光谱一样，原子吸收中常用光电倍增管作为检测器。由检测器阳极输出的信号经一系列电路滤去火焰发射及检测器暗电流产生的干扰信号，经过对数变换转换为线性的吸光度信号。目前一些高档原子吸收分光光度计还采用了适当的计算机软件，计算机对采集的数据进行处理与显示，包括自动调零、自动曲线校正、标度扩展、自动背景校正等。

5. 原子吸收分光光度计的类型

近年来，原子吸收分光光度计已发展有多种类型。按光束分，有单光束和双光束两种；按波道分，有单道、双道和多道型；按原子化手段分，又可分为火焰和石墨炉两类。目前普遍使用的仪器是单道单光束和单道双光束原子吸收分光光度计。

1)单道单光束型
单通单光束型仪器结构简单，见图 12-17(a)。此类仪器灵敏度较高，能满足一般分析要求。缺点是光源或检测器的不稳定会引起吸光度读数的零点漂移。为了克服这种现象，使用前要预热光源，并在测量中经常校正零点。

2)单道双光束型
单道双光束型仪器[图 12-17(b)]的基本构造原理是：光源发射的共振线通过斩光器分成两束光，一束光通过火焰，被试样吸收后经过单色器投射到光电检测器上；另一束光不通过火焰，而通过具有可调光阑的空白池，交替进入单色器投射到光电检测器上作为参比。双光束型仪器可消除光源和检测器的不稳定影响，但是不能消除火焰不稳定的影响。双光束型仪器的稳定性和检出限均优于单光束型。

12.4.3　干扰及其消除方法

原子吸收光谱分析虽然干扰比较小，但由于工作条件、分析对象的多样性及复杂性，有些干扰不能忽略，因此要了解干扰产生的原因及其消除方法。原子吸收光谱法中的干扰主要有以下几种。

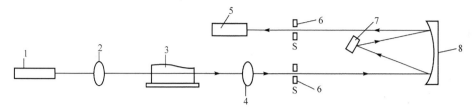

(a) 单道单光束原子吸收分光光度计基本结构

1.空心阴极灯；2、4.透镜；3.原子化器；5.检测器；6.狭缝；7.光栅；8.反射镜

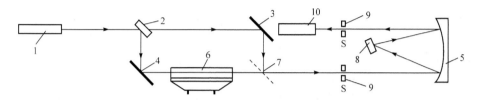

(b) 单道双光束原子吸收分光光度计基本结构

1.空心阴极灯；2.旋转反射镜；3~5.反射镜；6.原子化器；7.半反射镜；8.光栅；9.狭缝；10.检测器

图 12-17　原子吸收分光光度计光路示意图

1. 物理干扰

物理干扰是指试液与标准溶液的物理性质有差异而产生的干扰。例如，溶液的黏度、表面张力或密度等影响样品的雾化和气溶胶到达火焰的效率等引起原子吸收强度的变化。

试样中盐浓度的增大会导致溶液的黏度和密度增大，从而影响试液喷入的速度。表面张力的改变会影响雾滴的大小和分布等。以上这些因素都会影响试样中基态自由原子数。配制与被测试样相似组成的标准样品是消除物理干扰常用的有效方法。在不知道试样组成而无法匹配试样时，可采用标准加入法或稀释法(当样品的浓度较高时)减少或消除物理干扰。

2. 化学干扰

化学干扰是由于被测元素原子与共存组分发生化学反应生成稳定的化合物，影响待测元素的原子化而引起的干扰。化学干扰是一种选择性干扰，它不仅取决于待测元素与共存元素的性质，而且还与火焰类型、火焰温度、火焰性质、观测部位等因素有关。化学干扰是原子吸收的主要干扰来源。消除干扰的方法主要有以下几种。

1)选择合适的原子化方法

(1)提高原子化温度：使用高温火焰或提高石墨炉原子化温度，可使难解离的化合物分解。例如，在空气-乙炔火焰中测定钙，磷酸根干扰钙或镁的测定。若改用氧化亚氮-乙炔高温火焰，这些干扰可以完全消除。

(2)利用火焰气氛：对于易形成难熔、难挥发氧化物的元素，如硅、钛、铝、铍等，如果使用还原性气氛强的火焰，则有利于原子化。火焰各区由于温度和气氛不一样，适当选择观测高度也可减少或消除干扰。例如，在乙炔-空气火焰中，火焰的上部磷酸对钙的干扰较小。采用还原性强的火焰与石墨炉原子化法，可使难解离的氧化物还原、分解。

2)加入释放剂

释放剂与干扰物质能生成比待测元素更稳定的化合物，使待测元素释放出来。例如，钙的测定中，加入镧盐、锶盐生成比钙更稳定的磷酸盐，可消除磷酸根的干扰。

3)加入保护剂

保护剂可与干扰物质生成比待测元素更稳定的配合物，防止待测元素与干扰组分生成难解离的化合物。保护剂一般是有机配合剂。例如，磷酸根干扰钙的测定中，可加入 EDTA；铝干扰镁的测定，可加入 8-羟基喹啉。

4)加入基体改进剂

采用石墨炉原子化法时，在试样中加入基体改进剂，使其在干燥或灰化阶段与试样发生化学变化，可提高被测物质的稳定性或降低待测元素的原子化温度以消除干扰。例如，汞极易挥发，加入硫化物生成稳定的硫化汞，灰化温度可提高到 300 ℃；测定海水中的铜、铁、锰、砷时，加入 NH_4NO_3，使 NaCl 转化为 NH_4Cl，在原子化之前低于 500 ℃的灰化阶段除去。

5)采用标准加入法

在某些情况下，采用标准加入法可消除试样中微量元素的干扰。

以上几种方法都不能消除化学干扰时，可采用沉淀分离、溶剂萃取、离子交换等化学分离方法，将干扰组分与待测元素分离。

3. 电离干扰

在高温条件下，原子会电离，使基态原子数减少，吸光度下降，这种干扰称为电离干扰。原子化过程中元素的电离程度与原子化温度以及元素的电离能有关。原子化温度越高，元素的电离电位越低，则电离程度越大。电离干扰主要发生在电离电位较低的碱金属与碱土金属。

消除电离干扰的方法是加入过量的消电离剂。消电离剂是比待测元素电离电位低的元素，相同条件下消电离剂首先电离，产生大量的电子，抑制待测元素的电离。例如，测钙时可加入过量的 KCl 溶液消除电离干扰。另外，利用强还原性的富燃火焰也可抑制电离干扰。

4. 光谱干扰及背景吸收

光谱干扰包括吸收线重叠、光谱通带内存在非吸收线、原子化系统的直流发射、分子吸收和光散射等。当采用锐线光源和交流调制技术时，前三种因素一般可不予考虑（必要时可通过减小狭缝宽度，降低灯电流或采用其他分析线的方法消除），主要考虑分子吸收和光散射的影响，它们是造成背景吸收的主要因素。

1)分子吸收

分子吸收是指原子化过程生成的分子对辐射的吸收，会在一定波长范围内形成干扰。

例如，碱金属卤化物在紫外区有吸收；不同的无机酸会产生不同的影响，在波长小于 250 nm 时，H_2SO_4 和 H_3PO_4 有很强的吸收带，而 HNO_3 和 HCl 的吸收很小。因此，原子吸收光谱分析中多用 HNO_3 和 HCl 配制溶液。

又如，空气-乙炔火焰中，Ca 形成 $Ca(OH)_2$ 在 540～620 nm 有个吸收带，干扰 Ba 553.5 nm 和 Na 589.0 nm 的测定；在温度不高的空气-天然气火焰中，碱金属的卤化物在紫外区有很强的分子吸收，如 KI、KBr 和高浓度的 NaCl 在 200～400 nm 有强烈吸收。

分子吸收与干扰物的浓度成正比，浓度越大，分子吸收越强；也与原子化的火焰条件和火焰温度有关，如碱金属卤化物在高温的空气-乙炔火焰中不存在分子吸收，所以可用高温火焰消除分子吸收。

另外，分子吸收与火焰气体的种类有关。例如，空气-乙炔火焰在波长小于 250 nm 时有明显的吸收。这主要是火焰燃烧时产生 OH、CH、C_2、CN、CO 等引起。当这种干扰对分析结果影响不大时，可以利用调零的方法扣除。

2）光散射

光散射是指原子化过程中产生的固体微粒对入射光发生散射，造成透过光减小，吸收值增加。波长越短，影响越大；基体浓度越大，散射越严重。

5．背景校正方法

1）邻近非吸收线背景校正法

用分析线测量原子吸收与背景吸收的总吸光度，在分析线邻近选一条非共振线，测得背景吸收。将两次测量吸光度相减，即为扣除背景后原子吸收的吸光度值。进行背景校正时，要求选择的非吸收线有足够的强度，并与吸收线靠近。选择的非吸收线可以是待测元素本身的，也可以是其他元素的谱线。本法适用于分析线附近背景吸收变化不大的情况，否则准确度较差。

2）氘灯背景校正法

氘灯背景校正法又称连续光源背景扣除法，其原理如图 12-18 所示。它是同时使用空心阴极灯和氘灯两个光源，让两灯发出的光辐射交替通过原子化器。空心阴极灯特征辐射通过原子化器时，产生的吸收为待测原子和背景两种组分总的吸收，而氘灯发出的连续光源通过原子化器时，产生的仅为背景吸收(待测原子的吸收可忽略)，两者之差即为待测元素的吸收。现代仪器中一般都配有氘灯自动扣背景装置。这种方法只能在氘灯辐射较强的 190～350 nm 使用，且要求两灯的辐射严格重合。

3）塞曼效应背景校正法

塞曼(Zeeman)效应是指在强磁场作用下简并的谱线发生分裂的现象。利用这种效应进行背景扣除校正，称为塞曼效应背景校正法。有两类校正方法：光源调制法和吸收线调制法。前者是将磁场加在光源上，使光源的发射线发生分裂；后者则是将磁场加在原子化器上，使吸收线发生分裂。后者用得较多。

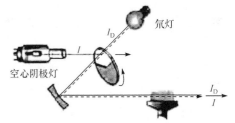

图 12-18　氘灯背景校正原理示意图

在磁场作用下，吸收线分裂为 π、σ^+ 和 σ^- 三种成分。π成分平行于磁场方向，波长不变；$\sigma^{\pm}$ 成分垂直于磁场方向，波长分别为 $\lambda+\Delta\lambda$、$\lambda-\Delta\lambda$，$\Delta\lambda$ 大小与磁场强度成正比。光源发射线通过检偏器后变成偏振光，当平行磁场的偏振光通过火焰时，产生总吸收；当垂直磁场的偏振光通过火焰时，只产生背景吸收，如图 12-19 所示。π与σ成分交替进入检测器，两种成分的光谱的测量之差为待测元素的净吸光度。由于π和σ成分强度相等，波长非常接近，因此背景对两者的吸收几乎完全相等，这种消除背景干扰的方法是很有效的。

与氘灯背景校正法相比，塞曼效应背景校正法校正波长范围宽(190～900 nm)，背景校正准确度高，但测定的灵敏度低，仪器复杂，价格高。

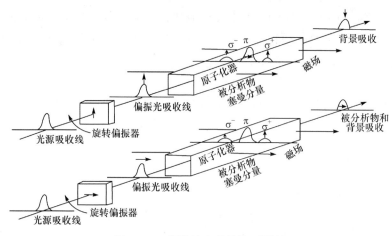

图 12-19 塞曼效应背景校正原理

12.4.4 原子吸收光谱分析法的实验技术

1. 分析线

通常选用共振线作为分析线，但要考虑吸收线重叠或背景吸收的限制。例如，共振线 Ni 232 nm 附近 231.98 nm、232.12 nm 的原子线和 231.6 nm 的离子线，不能将其分开，可选取 341.48 nm 作分析线。Hg 185 nm 比 Hg 254 nm 灵敏度高 50 倍。但前者处于真空紫外区，大气和火焰均对其产生吸收。此外，当待测原子浓度较高时，为避免过度稀释和向试样中引入杂质，可选取次灵敏线。

2. 狭缝宽度

狭缝宽度影响光谱通带宽度与检测器接收的能量。调节不同的狭缝宽度，测定吸光度随狭缝宽度的变化，以不引起吸光度减小的最大狭缝宽度为合适的狭缝宽度。通常通带在 4～40 mm 的狭缝范围内，对谱线复杂的元素，如 Fe、Co、Ni，需在通带相当于 1 或更小的狭缝宽度下测定。

3. 灯电流

空心阴极灯的发射特性取决于工作电流。灯电流过小，放电不稳定，光输出的强度小；灯电流过大，发射的谱线变宽，导致灵敏度下降，灯寿命缩短。选择灯电流时，应在保持稳定和有合适的光强输出的情况下，尽量选用较低的工作电流。一般商品的空心阴极灯都标有允许使用的最大电流与可使用的电流范围，通常选用最大电流的 1/2～2/3 为工作电流。实际工作中，最合适的电流应通过实验确定。空心阴极灯使用前一般需预热 10～30 min。

4. 原子化条件

（1）火焰原子化法：火焰的选择与调节是影响原子化效率的重要因素。对于低温、中温火焰，可使用空气-乙炔火焰；在火焰中易生成难解离的化合物及难熔氧化物的元素，宜用乙炔-氧化亚氮高温火焰；分析线在 220 nm 以下的元素，可选用氢气-空气火焰。

火焰类型选定以后，调节燃气与助燃气比例也很重要。合适的燃助比应通过实验确定。固定助燃气流量，改变燃气流量，通过所得的吸光度与燃气流量之间的关系选出最佳燃助比。

燃烧器高度是控制光源光束通过火焰区域的。调节燃烧器高度，使测量光束从自由原子浓度大的区域内通过，可以得到较高的灵敏度。

(2)石墨炉原子化法：石墨炉原子化法中有关灯电流、狭缝宽度及吸收线的选择同火焰原子化法。另外，要合理选择干燥、灰化、原子化及净化等阶段的温度和时间。

5. 进样量

进样量过小，原子吸收信号太弱；进样量太大，在火焰原子化法中，会对火焰产生冷却效应，在石墨炉原子化法中，会增加净化的困难。实际工作中，应测定吸光度随进样量的变化，得到满意的吸光度即为合适的进样量。

12.4.5　原子吸收的分析方法

1. 标准曲线法

这是一种最常用的方法。根据朗伯-比尔定律，配制一系列标准溶液(在分析元素的线性范围内)，在同样测量条件下，测定标准溶液和试样溶液的吸光度，制作吸光度与浓度关系的标准曲线，从标准曲线上查出待测元素的含量。

2. 标准加入法

标准加入法又称标准增量法、直线外推法。当基体效应影响较大或无法确证时，应采用标准加入法，待测溶液的浓度可由计算法或作图法获得。

计算法：取两份相同体积的试样溶液，其中一份加入一定量的待测元素标准溶液，然后将两份溶液稀释至一定体积。分别测出两份溶液的吸光度，根据吸收定律计算未知试样溶液的浓度。

更常用的方法是作图法。分取几份等量的待测试液，其中一份不加待测元素，其余各份分别加入不同量的待测元素的标准溶液，最后稀释至相同体积，使加入的标准溶液浓度为 0、c_0、$2c_0$、$3c_0$、$\cdots$，然后分别测定它们的吸光度，绘制吸光度对标准溶液浓度的校准曲线，再将该曲线外推至与浓度轴相交。交点至坐标原点的距离 c_x 即是待测元素经稀释后的浓度，如图 12-20 所示。

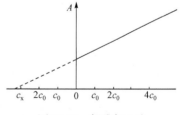

图 12-20　标准加入法

标准加入法只能在一定程度上消除化学干扰、物理干扰和电离干扰，但不能消除背景干扰。同时应注意，标准加入法建立在吸光度与浓度成正比的基础上，因此要求相应的标准曲线是一条通过原点的直线，待测元素的浓度也应在此线性范围内。

12.4.6　分析方法的评价

灵敏度和检出限是评价分析方法和分析仪器的重要指标。

1. 灵敏度

国际纯粹与应用化学联合会(IUPAC)规定，灵敏度 S 为吸光度随浓度的变化率 dA/dc，亦即校正曲线的斜率。校正曲线通常是通过测量一系列标准溶液建立的。

1）特征浓度

在原子吸收光谱法中，习惯用特征浓度。其定义为能产生1%吸收（吸光度值为0.0044）时所对应的分析元素浓度，其计算式为

$$S_\rho/(\mu g \cdot mL^{-1}/1\%) = \frac{\rho_x \times 0.0044}{A} \tag{12-17}$$

式中，A 为吸光度；ρ_x 为质量浓度（$mg \cdot L^{-1}$）。

2）特征质量

在石墨炉原子化法中，常采用特征质量表示测定灵敏度，即能产生 1%吸收信号所对应的分析元素的绝对量，其计算式为

$$S_m/(\mu g/1\%) = \frac{V \times \rho_x \times 0.0044}{A} \tag{12-18}$$

式中，A 为吸光度；ρ_x 为质量浓度（$mg \cdot L^{-1}$）；V 为进样体积（μL）。

在给定元素的条件下，决定灵敏度的因素包括仪器性能和实验条件。仪器性能包括光源特性、检测器的灵敏度、单色器的分辨率等。实验条件则包括光源工作条件、雾化器的雾化效率、燃助比、燃烧器高度等条件的正确选择，以获得最好的灵敏度。

根据元素的灵敏度，可估算最适宜的浓度测量范围和取样量。原子吸收光谱法中，吸光度为0.1～0.5时测量准确度较高。在此吸光度范围内，其浓度为灵敏度的25～120倍。

2. 检出限

在给定分析条件和某一置信水平下可被检出的最低浓度或最小量称为检出限。计算公式为

$$D_\rho/(mg \cdot mL^{-1}) = \frac{\rho_x k\sigma}{A} \tag{12-19}$$

或

$$D_m/(\mu g \cdot g^{-1}) = \frac{mk\sigma}{A} \tag{12-20}$$

式中，ρ 和 m 分别为待测试样的质量浓度和质量；A 为多次测定试液的平均吸光度；σ 为噪声的标准偏差，是对空白溶液进行不少于 10 次的吸光度测定值求算的标准偏差；k 为置信因子，通常取 $k=3$，此时置信水平为 99.6%。

若已知灵敏度 S，则检出限 D 可由式(12-21)计算：

$$D/(\mu g \cdot mL^{-1}) = \frac{S \times 3\sigma}{0.0044} \tag{12-21}$$

由此可见，检出限更能反映仪器性能质量指标，它不仅与灵敏度有关，与稳定性也有关。同时具有高灵敏度和高稳定性时，才有低的检出限。许多型号的仪器，虽然灵敏度相差无几，但检出限相差悬殊，原因就在于这些仪器的稳定性不同。

思考题与习题

1. 原子发射光谱常用的激发光源有哪几种？比较它们各自的特点。
2. 影响谱线强度的因素有哪些？
3. 简述 ICP 光源的工作原理和分析特点。

4. 原子发射光谱定性分析的依据是什么？列举常用的定性分析方法及各自的优缺点。

5. 简述原子发射光谱定量分析内标法的原理，并说明如何选择内标元素和内标分析线。

6. 为什么原子吸收现象很早被发现，而原子吸收分析方法直到 20 世纪 50 年代才建立起来？

7. 什么是积分吸收和峰值吸收？测量峰值吸收的条件是什么？

8. 原子光谱谱线变宽的原因有哪些？

9. 简述标准曲线法和标准加入法的特点及使用注意事项。

10. 空心阴极灯为什么能发射锐线光谱？为什么原子吸收的分光系统放在原子化器后面？

11. 原子吸收光谱分析存在哪些干扰？如何消除？

12. 简述氘灯背景校正技术的工作原理及其特点。

13. 简述塞曼效应背景校正的工作原理及其特点。

14. 简述石墨炉原子化法的工作原理，与火焰原子化法相比较有什么优缺点？

15. 简述氢化物发生法的工作原理、特点及注意事项。

16. 试从原理、仪器和应用等方面比较原子发射光谱法与原子吸收光谱法的异同点。

17. 试比较原子吸收光谱法与紫外-可见吸收光谱法的异同。

18. 原子荧光是怎么产生的？有哪些类型？各有什么特征？

19. 试从原理、仪器和应用等方面比较三种原子光谱仪器之间的异同点。

20. 用原子吸收光谱法测定某试样中 Pb^{2+} 的浓度，取 5.00 mL 未知 Pb^{2+} 试液置于 50 mL 容量瓶中，用蒸馏水稀释至刻度，测得吸光度为 0.275。另取 5.00 mL 未知液和 2.00 mL $5.0×10^{-7}$ mol·L^{-1} Pb^{2+} 标准溶液置于 50 mL 容量瓶中，用蒸馏水稀释至刻度，测得吸光度为 0.650，计算未知液中 Pb^{2+} 的浓度。

21. 用标准加入法测定青海湖水中锂的含量，取四份 5.00 mL 湖水样品，然后分别加入 0.0500 mol·L^{-1} LiCl 标准溶液 0.0 μL、10.0 μL、20.0 μL、30.0 μL，摇匀，在 670.8 nm 处测得吸光度依次为 0.201、0.414、0.622、0.835。计算此湖水样品中锂的含量。

第 13 章　电化学分析法

13.1　概　述

电化学分析法(electrochemical analysis)是通过测量物质在电化学池中的电流、电位、电导、电量等电化学物理量及其变化规律获得物质组成、含量及状态信息的一种仪器分析方法。电化学分析法具有仪器简单、操作方便、灵敏度高、选择性好等特点，广泛用于无机化合物、有机化合物、药物及生物活性物质等的分析。

13.1.1　电化学分析基本装置

1. 电化学池

电化学池(electrochemical cell)有原电池(galvanic cell)和电解池(electrolytic cell)之分。它们是两种相反的能量转换装置，原电池是将化学能自发转化为电能的装置，而电解池是在外加电源条件下将电能转化为化学能的装置，如图 13-1 所示。电化学池至少具有两个电极(阴极和阳极)，并发生相应的半反应。在考察半反应的性质及其在整个电池反应中的作用时，通常将电池反应分成单个过程加以考虑，即先研究一个半反应，而让另一个半反应不引起干扰。为此，一般将两个电极隔开，再用盐桥连接构成电流回路。盐桥具有导通电路和消除(或减小)液接电位的作用，其制备及使用过程中应注意以下原则：

(1)盐桥中电解质不含被测离子。

(2)电解质的正、负离子的迁移速率应基本相等，如 KCl、NH_4Cl、KNO_3 等。

(3)要保持盐桥内离子浓度尽可能的大，以保证减小液接电位。

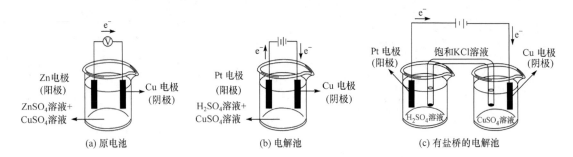

图 13-1　电化学池示意图

电化学池可以采用图解表达式来表述，如图 13-1(a)所示的电化学池可表示为

$$Zn \mid ZnSO_4(m \ mol \cdot L^{-1}) \parallel CuSO_4(n \ mol \cdot L^{-1}) \mid Cu$$

电池图解表达式规定如下：

(1)发生氧化反应的电极写在左边，发生还原反应的电极写在右边。

(2)电池组成的每一个接界面都用一条竖线"｜"表示；当两种溶液通过盐桥连接，

消除了液接电位时，用两条平行竖线"‖"表示；同一溶液中存在多个组分时，用"，"隔开。

(3)电解质溶液位于两电极之间。

(4)气体或均相的电极反应，反应物质本身不能直接用作电极，要用惰性材料(如铂、金、碳等)作电极，以传导电流。

(5)电池的组成物质均以其化学符号表示，溶液应标明活度(或浓度)，气体应注明压力及温度。如不注明，则指标准状态(25 ℃，1 atm)。例如

$$Cu \mid Cu^{2+}(0.1 \text{ mol} \cdot L^{-1}) \parallel H^{+}(0.1 \text{ mol} \cdot L^{-1}) \mid H_2(1 \text{ atm})，Pt$$

电池中发生氧化反应的电极是阳极，发生还原反应的电极是阴极；而电极的正、负则由两个电极的相对电位来确定，电极电位较正的电极是正极，电极电位较负的电极是负极。

电池电动势的符号取决于电流的流向。在如图 13-1(a)所示的电池中，当处于短路状态时，电流从右边的阴极通过外电路流向左边的阳极，电池反应为

$$Zn + Cu^{2+} = Zn^{2+} + Cu$$

该反应能自发进行，这就是原电池(也称自发电池)，电动势为正值。

反之，若电池写为

$$Cu \mid Cu^{2+}(1.0 \text{ mol} \cdot L^{-1}) \parallel Zn^{2+}(1.0 \text{ mol} \cdot L^{-1}) \mid Zn$$

电池反应为

$$Zn^{2+} + Cu = Zn + Cu^{2+}$$

该反应不能自发进行，必须外加能量，这就是电解池，电动势为负值。

电池电动势为右边电极的电极电位减去左边电极的电极电位，即

$$E_{电池} = \varphi_右 - \varphi_左 \tag{13-1}$$

2. 电化学测量基本装置

电化学测量装置一般包括电化学仪、电化学池和电极系统，如图 13-2 所示。

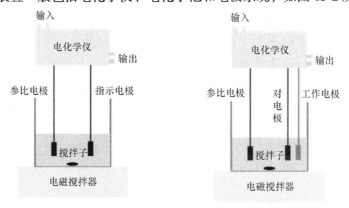

图 13-2　电化学测量装置示意图

电化学仪的作用是提供电化学激励信号，并获取电极界面电化学信息，完成信息采集和数据传输。

电化学测量体系中，电极系统一般有二电极系统和三电极系统，有时也采用四电极系

统。当电路中电流较小时，一般只用工作电极和参比电极构成电池回路(如电位分析法和直流极谱)。当电化学体系中电流较大时，参比电极将不能负荷，其电极电位不再稳定，或体系(如电解质溶液)的 iR 降变得很大，难以克服。此时，除参比电极和工作电极外，另加一个电极称为辅助电极(或对电极)来构成所谓的三电极系统。辅助电极一般为惰性电极(如铂电极)，其作用是与工作电极构成电流回路，发生与工作电极相反的电化学反应，是电子传导的场所。

工作电极(或指示电极)的作用是提供电化学反应的场所，其种类繁多，形状各异(盘、环、柱等)，一般由金属(铂、金、汞等)、碳(玻碳、石墨、普通碳等)和金属氧化物(二氧化钛等)等导体(或半导体)材料构成，经表面修饰后获得所谓的修饰电极(参见 13.5 节)，可以大大改善电极的性能，拓宽其应用领域。不同材质的电极其最佳工作电位窗口如图 13-3 所示。

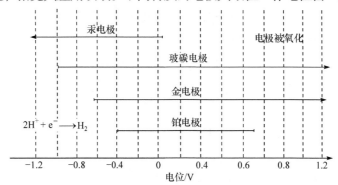

图 13-3　常用工作电极的电位窗口

参比电极的作用是与工作电极构成一个电位监测回路，指示工作电极的相对电极电位，此回路中阻抗很高，基本没有明显的电流通过。此外，电位监测回路还可以通过反馈给外加电路的信息来调整外加电压，使工作电极的电位按照一定的方式变化，如随时间线性变化或正弦振荡，使工作电极的电极电位易于实时测量和控制。参比电极通常要具有以下性质：

(1)可逆性：有微电流(μA)，反转变号时，电位保持基本不变。

(2)重现性：外界条件(如浓度和温度等)改变时，具有能斯特响应，且无滞后现象。

(3)稳定性：测量过程中电位恒定，且具有长的使用寿命。

能满足上述要求的电极主要有标准氢电极[图 13-4(a)]、饱和甘汞电极[图 13-4(b)]和Ag-AgCl 电极[图 13-4(c)]等，在无水体系中可采用银丝或 Ag-AgCl 电极作为准参比电极。

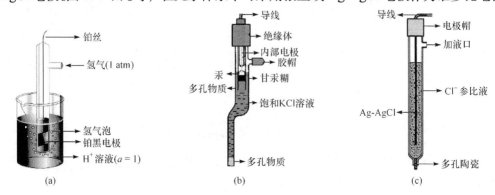

图 13-4　标准氢电极(a)、饱和甘汞电极(b)和 Ag-AgCl 电极(c)

1）标准氢电极

标准氢电极（standard hydrogen electrode, SHE）是确定电极电位的基准电极（一级标准），即所谓的理想参比电极，规定其在任何温度下电极电位为零，其结构如图 13-4(a) 所示，半电池图解表达式为

$$Pt, H_2(g, 1\ atm) | H^+(aq, a=1)$$

电极反应如下：

$$H^+(aq, a=1) + e^- \longrightarrow \frac{1}{2}H_2\ (1\ atm)$$

电极电位表达式为

$$\varphi_{H^+/H_2} = \varphi_{H^+/H_2}^{\ominus} + \frac{RT}{F}\ln\frac{a_{H^+}}{\sqrt{a_{H_2}}}$$

标准氢电极结构复杂，操作手续烦琐，维持费用较高，因此实际工作中一般不采用其作为参比电极。

2）饱和甘汞电极

饱和甘汞电极（saturated calomel electrode，SCE）是将铂丝浸入汞与氯化亚汞的糊状物中，以饱和氯化钾为内充液，通过其尾端的烧结陶瓷塞或多孔玻璃与指示电极相连。这种接口具有较高的阻抗和一定的电流负载能力，因此甘汞电极是一种很好的参比电极，其结构如图 13-4(b) 所示，半电池图解表达式为

$$Hg(l), Hg_2Cl_2(s) | KCl(x\ mol \cdot L^{-1})$$

电极反应如下：

$$Hg_2Cl_2(s) + 2e^- \longrightarrow 2Hg(l) + 2Cl^-$$

电极电位表达式为

$$\varphi_{Hg_2Cl_2/Hg} = \varphi_{Hg_2Cl_2/Hg}^{\ominus} - 0.059\lg a_{Cl^-}$$

3）Ag-AgCl 电极

Ag-AgCl 电极是在银丝表面镀上一层氯化银沉淀，浸在氯化银饱和的一定浓度的氯化钾溶液中构成的，其结构如图 13-4(c) 所示，半电池图解表达式为

$$Ag(s), AgCl(s) | KCl(x\ mol \cdot L^{-1})$$

电极反应如下：

$$AgCl(s) + e^- \longrightarrow Ag(s) + Cl^-(aq)$$

电极电位表达式为

$$\varphi_{AgCl/Ag} = \varphi_{AgCl/Ag}^{\ominus} - 0.059\lg a_{Cl^-}$$

Ag-AgCl 电极可以作为准参比电极直接插入反应体系，具有体积小、灵活等优点。另外，Ag-AgCl 电极可以在高于 60 ℃的体系中使用，甘汞电极不具备这些优点。两类参比电极在不同条件下的电极电位如表 13-1 所示。

表 13-1 不同条件下饱和甘汞电极和 Ag-AgCl 电极的电极电位

条件 电极电位 /V 温度/℃	0.1 mol·L⁻¹ KCl 溶液 (SCE)	3.5 mol·L⁻¹ KCl 溶液 (SCE)	饱和 KCl 溶液 (SCE)	3.5 mol·L⁻¹ KCl 溶液 (Ag-AgCl)	饱和 KCl 溶液 (Ag-AgCl)
10		0.256		0.215	0.213
25	0.3356	0.250	0.2444	0.205	0.199
40		0.244		0.193	0.184

注：以上电位值是相对于标准氢电极的数值。

13.1.2 电化学分析基本术语和概念

1. 电极过程基本历程

电极反应过程是指在电极和溶液界面上发生的一系列变化的总和，是一些性质不同的单元步骤串联组成的复杂过程。对于电极反应 $O + ne^- \longrightarrow R$，其电极过程的基本历程如图 13-5 所示，包含以下过程：

(1) 反应物通过扩散、对流和电迁移等传质方式向电极表面传递，称为液相物质传递步骤。

(2) 反应物在电极表面层中进行转化，如吸附和其他化学变化。这类过程通常没有电子参与反应，称为前置的表面转化步骤。

(3) 反应物在电极和溶液界面进行电子交换，生成反应产物，称为电子传递步骤。

(4) 反应产物在电极表面层中进行转化，如脱附、反应产物的复合和分解等化学反应，称为随后的表面转化步骤。

(5) 反应产物生成新相，如结晶、生成气体等；或可溶性产物粒子从电极表面向溶液或液态电极内部传递，称为物质传递步骤。

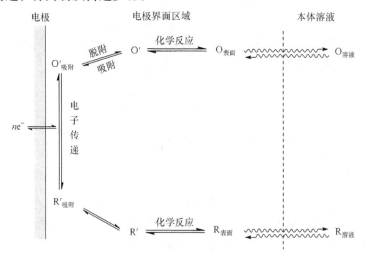

图 13-5 电极反应过程基本历程

任何电极过程都包括(1)、(3)、(5)三个步骤，而许多实际步骤可能比上述五个步骤更复杂，除串联的单元反应单元步骤外，还可能包含平行进行的单元步骤，其中速率最慢的一步控制着整个电极过程的速率，这就形成了所谓的物质传递控制或电子传递控制的电极过程。

2. 双电层

电极插入溶液后，在电极和溶液之间便存在一个固/液(或液/液)界面。如果电极因某种原因带正电荷，会对溶液中的负离子产生吸引作用，同时对正离子也有一定的排斥作用，结果在靠近电极附近呈现出如图 13-6 所示的电荷分布趋势。在距电极表面几埃区域内因存在静电作用和其他较静电作用更强的作用(如特性吸附、键合等)，将出现电荷过剩，即阴离子总数超过阳离子总数，这层称为紧密层；在距电极表面 $20\sim300$ Å$(1$ Å$=10^{-10}$ m$)$因静电引力作用，也有电荷过剩现象，这层称为分散层；电极与溶液界面的这种结构称为双电层。而在此以外超出了静电引力的作用范围或者因其作用力太小可以忽略不计，将不再有电荷过剩现象，称为扩散层。

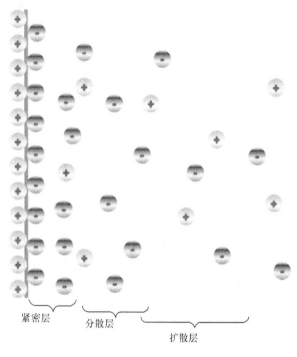

图 13-6　双电层结构示意图

3. 电极电位与电极电势

空间某点的电位是将单位正电荷从无穷远处(或以无任何力作用的无穷远的真空为参考点)移到该点所做的功，它具有绝对的意义。电势则是空间两点的电势差(或电势降)，如金属电极和其离子溶液所形成的电极电势，实际上是金属和溶液两相之间电位差的一种衡量，又是该电极电势与标准电极电势差的一种衡量。任何一个电极的电极电势的绝对值是无法测量的。只能将待测电极与标准电极组成一个原电池，通过测定该电池的电动势来获得电极电势的相对值。

目前，常以标准氢电极作为基准来测量电极电势，规定它的电极电势为零，以它作为负极，待测电极作为正极构成电池，所得电池的电动势就是待测电极的电位。除标准氢电极外，饱和甘汞电极和 Ag-AgCl 电极也能作为测量电极电位的标准电极。但是，当测量时的电流较大或溶液电阻较高时，一般测量所得到的电位值中常包含溶液的电阻所引起的电压降 iR，所以应当进行校正。

各种电极的标准电极电位都可以采用上述方法测定。但是还有许多电极的标准电极电位不便用此法测定，此时根据化学热力学的原理，从有关反应自由能的变化中进行计算求得。

标准电极电位是指在特定温度下(通常为 298 K)，金属同活度为 1 $mol \cdot L^{-1}$ 该金属离子的溶液产生的电势，用 φ 表示。对于可逆电极反应

$$O + ne^- \longrightarrow R$$

可用能斯特方程表示电极电位与活度之间的关系

$$\varphi = \varphi^\ominus + \frac{RT}{nF}\ln\frac{a_O}{a_R} \tag{13-2}$$

若氧化态和还原态的活度都为 1，此时的电极电位就是标准电极电位。

25 ℃时，式(13-2)可写为

$$\varphi = \varphi^\ominus + \frac{0.059}{n}\lg\frac{a_O}{a_R} \tag{13-3}$$

活度是活度系数与浓度的乘积，则式(13-2)可转化为

$$\varphi = \varphi^\ominus + \frac{RT}{nF}\ln\frac{\gamma_O}{\gamma_R} + \frac{RT}{nF}\ln\frac{[O]}{[R]} \tag{13-4}$$

合并前两项，并以 $\varphi^{\ominus\prime}$ 表示，则

$$\varphi = \varphi^{\ominus\prime} + \frac{RT}{nF}\ln\frac{[O]}{[R]} \tag{13-5}$$

$\varphi^{\ominus\prime}$ 是氧化态和还原态的浓度均等于 1 时的电极电位，称为条件电位。

显然，条件电位随反应物质的活度系数变化，它受离子强度、配位效应、水解效应和 pH 等因素的影响。因此，条件电位是与溶液中各电解质成分有关的、以浓度表示的实际值。在电化学分析中，溶液中除了待测离子以外，一般还有其他物质存在，它们虽不直接参与电极反应，但常显著影响电极电位，因此使用条件电位比标准电极电位更有广泛的实用价值。

4. 法拉第电流和非法拉第电流

在电极/溶液界面上发生电子转移时，会引起氧化还原反应发生，该过程遵循法拉第(Faraday)定律(参与反应的电荷量与反应物的物质的量成正比)，该过程称为法拉第过程，其产生的电流称为法拉第电流。

电极的双电层的作用类似于一个电容器，在改变电极的电压时双电层所负载的电荷也发生相应改变，从而产生电流，这一部分电流称为充电电流，属于非法拉第电流。

外电路中的电子在到达电极表面后，或者参加氧化还原反应后进入溶液，形成法拉第电流；或者保持在电极表面给双电层充电，形成非法拉第电流。在研究电极反应过程中，一般考虑法拉第电流，但有时也要考虑非法拉第电流的影响。

5. 极化电极和去极化电极

插入溶液中的电极的电极电位完全随外加电压改变，或电极电位改变很大而产生的电流变化很小时，这种电极称为极化电极；反之，电极电位不随外加电压改变，或电极电位改变很小而电流变化很大的电极称为去极化电极。

在电位分析法中，参比电极(如饱和甘汞电极、Ag-AgCl 电极)和离子选择性电极都是去极化电极；电解分析法和库仑分析法中的两支电极都是极化电极；伏安法中的工作电极和极谱法中的滴汞电极都是极化电极。

13.1.3　电化学分析方法分类

电化学分析以测量被分析物质的电位、电量、电流、电导等参数为依据进行定性、定量分析。根据所测量的电化学量的不同，传统上将电化学分析方法分为以下几类。

1. 电位分析法

将一个指示电极和一个参比电极(或两个指示电极)与试液组成电池，然后根据电池电动势或指示电极电位的变化来进行分析的方法称为电位分析法。电位分析法一般可分为电位法和电位滴定法两类。

(1)电位法是指直接根据指示电极的电位与被测物质浓度的关系进行分析的方法。

(2)电位滴定法是一种滴定分析方法，在滴定的化学计量点附近，由于被测物质的浓度产生突变，指示电极的电位发生突跃，根据指示电极电位的变化可确定滴定终点。

2. 电解分析法和库仑分析法

采用外加电源电解试液，电解完成后直接称量电极上析出的被分析物质的质量进行分析的方法称为电解分析法，也称电重量法；如果将电解法用于物质的分离，则称为电解分离法；如果以电解过程中所消耗的电量作为分析依据，则称为库仑分析法，其定量的依据是法拉第电解定律，即在 100% 的电流效率下，电解电路中转移的电量与被分析物的物质的量成正比

$$Q = nF\frac{m}{M} \tag{13-6}$$

式中，Q 为电量，单位为 C；n 为单分子被分析物质参与氧化还原反应时转移的电子数；F 为法拉第常量，$F = 96\,485$ C；m 为电极上析出被分析物质的质量，单位为 g；M 为被分析物质的摩尔质量，单位为 $g \cdot mol^{-1}$。

在电解过程中，依据电流或电位的控制方式不同，电解分析法可分为控制电位电解分析法和控制电流电解分析法；而库仑分析可以分为库仑滴定法和控制电位库仑分析法。

3. 伏安法和极谱法

伏安法是指用电极电解被分析物质溶液，根据所得电流-电位曲线进行分析的方法。根据工作电极的不同，伏安法可以分为两类。一种是极谱法，采用滴汞电极作为工作电极，其表面作周期性更新，得到带振荡的曲线，这是最早的电分析方法；另一种称为伏安法，它采用表面积固定的电极或固体电极(如悬汞滴电极、玻碳电极等)作为工作电极。可以认为极谱法是一种特殊的伏安法。

4. 电导分析法

电导分析法是依据溶液的电导性质进行分析的方法，包括电导法和电导滴定法。

电导法是直接依据溶液的电导（或电阻）与被测离子浓度的关系进行分析的方法，主要用于水质纯度的鉴定以及生产中某些流程的控制及自动分析；电导滴定法属于滴定分析方法，滴定时，滴定剂与被测物质生成水、沉淀或其他难解离的化合物，从而使溶液的电导发生变化，利用电导变化的转折点确定滴定终点。

13.2　电位分析法

13.2.1　概述

电位分析法是通过在零电流条件下测定指示电极和参比电极之间的电位差（电池电动势），利用指示电极的电极电位与浓度（或活度）之间的关系测定物质含量的电化学分析法，如测定溶液 pH 和用氟离子选择性电极测定溶液中的氟离子含量等。电位分析法最显著的特点是仪器设备简单、操作简便、价格低廉，广泛应用于无机离子、有机物质的分析，也可用于测定酸碱的解离常数和配合物的稳定常数。随着新型生物膜电极的出现，电位分析法在生物、药物分析中的作用日益增加。

电位分析法中构成电池的两个电极是参比电极和指示电极，参比电极的电极电位不受试液组成的影响，基本保持不变；而指示电极的电极电位随溶液中待测组分的活度变化而变化，要求其能在混合物试样中高选择性地指示待测组分，因此指示电极的性能在电位分析法中至关重要。理想的指示电极应能够快速、稳定地响应待测组分，并具有较好的重现性和选择性。

13.2.2　指示电极分类

1. 第一类电极

第一类电极是指金属与该金属离子溶液组成的体系，其电极电位取决于金属离子的活度。

$$M^{n+} + ne^- \longrightarrow M$$

$$\varphi = \varphi^{\ominus}_{M^{n+}/M} + \frac{RT}{nF}\ln a_{M^{n+}}$$

这类电极主要有 Ag、Cu、Zn、Cd、Pb 等及其离子。

2. 第二类电极

第二类电极是指金属及其难溶盐（或配离子）所组成的电极体系。它能间接反映与该金属离子生成难溶盐（或配离子）的阴离子的活度。例如

$$AgCl + e^- \longrightarrow Ag + Cl^-$$

$$\varphi = \varphi^{\ominus}_{AgCl/Ag} - \frac{RT}{F}\ln a_{Cl^-}$$

$$Ag(CN)_2^- + e^- \longrightarrow Ag + 2CN^-$$

$$\varphi = \varphi_{\mathrm{Ag(CN)_2^-/Ag}}^{\ominus} + \frac{RT}{F}\ln\frac{a_{\mathrm{Ag(CN)_2^-}}}{a_{\mathrm{CN^-}}^2}$$

这类电极主要有 AgX 及银配离子、EDTA 配离子、汞化合物等。甘汞电极属此类电极。

3. 第三类电极

第三类电极是指金属及其离子与另一种金属离子具有共同阴离子的难溶盐或难解离的配离子组成的电极体系，典型例子是草酸盐：

$$\mathrm{Ag \mid Ag_2C_2O_4, CaC_2O_4, Ca^{2+}}$$

Ag 电极的电极电位由下式确定：

$$\varphi = \varphi_{\mathrm{Ag^+/Ag}}^{\ominus} + 0.059\lg a_{\mathrm{Ag^+}}$$

从难溶盐的溶度积得

$$a_{\mathrm{Ag^+}} = \left[\frac{K_{\mathrm{sp(1)}}}{a_{\mathrm{C_2O_4^{2-}}}}\right]^{\frac{1}{2}} \qquad a_{\mathrm{C_2O_4^{2-}}} = \frac{K_{\mathrm{sp(2)}}}{a_{\mathrm{Ca^{2+}}}}$$

即

$$a_{\mathrm{Ag^+}} = \left[\frac{K_{\mathrm{sp(1)}}}{K_{\mathrm{sp(2)}}}a_{\mathrm{Ca^{2+}}}\right]^{\frac{1}{2}}$$

从而有

$$\varphi = \varphi_{\mathrm{Ag^+/Ag}}^{\ominus} + \frac{0.059}{2}\lg\frac{K_{\mathrm{sp(1)}}}{K_{\mathrm{sp(2)}}} + \frac{0.059}{2}\lg a_{\mathrm{Ca^{2+}}} = \varphi^{\ominus\prime} + \frac{0.059}{2}\lg a_{\mathrm{Ca^{2+}}}$$

配位滴定中的 PM 电极也属于这类电极，如用 Hg｜Hg-EDTA 电极指示滴定过程中金属离子 M^{n+} 的活度。

4. 零类电极

零类电极是指惰性材料(如 Pt、Au、C 等)作为电极，它能指示同时存在于溶液中的待测组分的氧化态和还原态的活度比值，也能用于一些有气体参与的反应。该类电极本身不参与氧化还原反应，仅作为电子传递的场所，同时起到电流传导的作用。例如，$\mathrm{Fe^{3+}, Fe^{2+}\mid Pt}$ 的电极电位可表示为

$$\varphi = \varphi_{\mathrm{Fe^{3+}/Fe^{2+}}}^{\ominus} + \frac{RT}{F}\ln\frac{a_{\mathrm{Fe^{3+}}}}{a_{\mathrm{Fe^{2+}}}}$$

5. 膜电极

膜电极组成的半电池没有电极反应，相界间没有发生电子交换过程。表现为离子在相界上的扩散，造成双电层存在，产生界面电位差。如图 13-7(a) 所示，两个相互接触但浓度不同($c_2 > c_1$)的盐酸溶液(也可以是不同的溶液)，则盐酸由 2 向 1 扩散。由于 $\mathrm{H^+}$ 的扩散速度大于 $\mathrm{Cl^-}$，故将造成两溶液界面上电荷分布不均，溶液 1 带正电荷多，而溶液 2 带负电荷多，产

生电位差。带正电荷的溶液 1 对 H^+ 有静电排斥作用，使其迁移速度变慢，而对 Cl^- 有静电吸引作用，使其迁移速度变快，最后 H^+ 和 Cl^- 以相同的速度通过界面，达到平衡，使两溶液界面具有稳定的界面电位，这一电位称为液接电位。由于它不仅出现在两个液体界面，也可以出现在其他两相界面之间，所以这类电位通称扩散电位。这类扩散属于自由扩散，正、负离子都可以通过界面，没有强制性和选择性。在图 13-7(b) 中，渗透膜仅允许 K^+ 通过（$c_2 > c_1$），而 Cl^- 不能通过，也会造成两相界面电荷分布不均，产生电位差，这种电位差称为唐南电位。这种扩散具有强制性和选择性，其唐南电位的计算公式为

$$\varphi_D = \varphi_2 - \varphi_1 = \frac{RT}{F}\ln\frac{a_{K^+(2)}}{a_{K^+(1)}} \tag{13-7}$$

若扩散离子为 n 价阳离子，则唐南电位为

$$\varphi_D = \varphi_2 - \varphi_1 = \frac{RT}{nF}\ln\frac{a_{(2)}}{a_{(1)}} \tag{13-8}$$

若扩散离子为 n 价阴离子，则唐南电位为

$$\varphi_D = \varphi_2 - \varphi_1 = -\frac{RT}{nF}\ln\frac{a_{(2)}}{a_{(1)}} \tag{13-9}$$

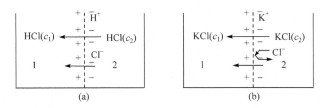

图 13-7　扩散电位(a)和唐南电位(b)示意图

膜电极中最重要的就是离子选择性电极，它是一种基于选择性膜构建的电化学传感器。测定时，离子选择性电极与参比电极和试样组成电池，如

$$\overset{\varphi_1}{\text{Hg}|\text{Hg}_2\text{Cl}_2,\text{KCl(饱和)}}\overset{\varphi_{液接}}{\|试样|}\overset{\varphi_m}{膜|}\overset{\varphi_2}{内充液, \text{AgCl}|\text{Ag}}$$
参比电极　　　　　　　　　　　ISE

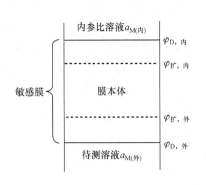

图 13-8　膜电位及离子选择性电极的作用示意图

其电池电动势为

$$E = (\varphi_2 - \varphi_1) + \varphi_{液接} + \varphi_m \tag{13-10}$$

在离子选择性电极敏感膜的两侧，待测离子的活度不同，并与膜中的离子进行交换而形成膜电位 φ_m，如图 13-8 所示，它能表现离子选择性电极的特性。膜电位可表示为

$$\varphi_m = \varphi_{D,外} + \varphi_{扩,外} - \varphi_{D,内} - \varphi_{扩,内} = \frac{RT}{nF}\ln\frac{a_{M(外)}}{a_{M(内)}} \tag{13-11}$$

因为膜电极内充液的活度为定值，所以

$$\varphi_m = K + \frac{RT}{nF}\ln a_{M(外)} \tag{13-12}$$

可见，膜电位与溶液中 M^{n+} 活度之间符合能斯特响应，常数项为膜内界面上的相间电位，还包括膜的内、外两个表面不完全相同而引起的不对称电位。

由于 $a_{M(外)} = \gamma c$，实际测量中常用总离子强度调节缓冲液(TISAB)保持溶液的离子强度相对恒定。TISAB 一般由惰性盐、缓冲液和掩蔽剂三部分组成，惰性盐调节离子强度，缓冲液控制溶液的酸碱度，掩蔽剂消除干扰离子的影响。此时，膜电位可表示为

$$\varphi_m = K + \frac{RT}{nF}\ln c_{M(外)} \tag{13-13}$$

即电极电位 φ(或电池电动势)与响应离子浓度的对数(pc)呈线性关系。

膜电位的响应是离子在敏感膜表面扩散及建立双电层的结果，电极达到这一平衡的速度可用响应时间表示，它取决于敏感膜的结构性质，还与响应离子的扩散速度、浓度、温度、共存离子的种类有关，通常采用搅拌试液的方法加快扩散速度，缩短响应时间。此外，由于膜对响应离子没有绝对专一性，结构相似的离子也可以在膜界面发生交换，产生电位响应，干扰测定。电极对各种离子的选择性可用电位选择性系数($K_{i,j}$)表示。$K_{i,j}$ 表示在相同条件下产生相同电位时，响应离子(i)与干扰离子(j)的活度之比，即

$$K_{i,j} = \frac{a_i}{a_j} \tag{13-14}$$

通常 $K_{i,j} \ll 1$，其值越小，表明电极选择性越高。

当响应离子 I^{n+} 与干扰离子 J^{m+} 共存时，电极膜电位用尼柯尔斯基(Nicolsky)方程表示

$$\varphi_m = k + \frac{RT}{nF}\ln(a_i + K_{i,j}a_j^{n/m}) \tag{13-15}$$

由干扰离子产生的误差可表示为

$$E_r = \frac{K_{i,j}a_j^{n/m}}{a_i} \times 100\% \tag{13-16}$$

13.2.3 离子选择性电极的类型

1. pH 电极

pH 电极是对 H^+ 具有选择性响应的玻璃电极。玻璃电极的结构如图 13-9 所示，由电极腔体(玻璃管)、内参比溶液、内参比电极及敏感玻璃膜组成，其中关键部分为敏感玻璃膜。现在不少商品的 pH 玻璃电极制成复合电极，它集指示电极和外参比电极于一体，使用起来很方便。

玻璃电极依据玻璃球膜材料的特定配方不同，可以做成对不同离子响应的电极。例如，常用的以考宁 015 玻璃做成的 pH 玻璃电极，其配方为 Na_2O 21.4%、CaO 6.4%、SiO_2 72.2%(摩尔分数)，其 pH 测量范围一般为 1~10，超出此范围，pH 玻璃电极会产生"酸差"和"钠差"现象。

当测量 pH 较高或 Na^+ 浓度较大的溶液时，测得的 pH 偏低，称为"钠差"或"碱差"。每支 pH 玻璃电极都有一个测定 pH 高限，超出此高限时，"钠差"就显现了。产生"钠差"的原因是 Na^+ 参与响应。

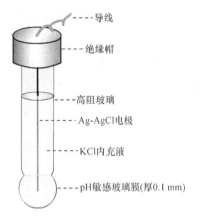

图 13-9　pH 玻璃电极示意图

- --- 导线
- --- 绝缘帽
- --- 高阻玻璃
- --- Ag-AgCl电极
- --- KCl内充液
- --- pH敏感玻璃膜(厚0.1 mm)

当测量 pH<1 的强酸、盐度大或某些非水溶液时，测得的 pH 偏高，称为"酸差"。产生"酸差"的原因是当测定酸度大的溶液时，玻璃膜表面可能吸附 H^+，当测定盐度大或非水溶液时，溶液中 a_{H^+} 变小。若加入一定比例的 Li_2O，可以扩大测量范围。

当玻璃(Glass，Gl)膜浸泡在纯水或稀酸溶液中时，由于 Si—O 与 H^+ 的结合力远大于与 Na^+ 的结合力，因而发生如下交换反应：

$$Gl^-Na^+ + H^+ \rightleftharpoons Gl^-H^+ + Na^+$$

该反应的平衡常数很大，向右反应的趋势很大，在玻璃膜表面形成水化胶层。

因此，浸泡后的玻璃膜由膜内、外表面的水化胶层及膜中间的干玻璃层三部分组成。H_3O^+ 在溶液与水化胶层表面界面上进行扩散，从而在内、外两相界面上形成双电层结构，产生两个相间电位差。按照膜电位公式，当膜内、外的溶液完全相同时，玻璃膜两侧的水化胶层性质应完全相同，则内、外水化胶层形成的扩散电位大小相等，符号相反，即 $\varphi_m=0$。但实际上仍有一很小的电位存在，称为不对称电位 $\varphi_{不}$，其产生的原因是膜的内、外表面的性状不可能完全一样，即 $a_{H^+,外}$ 与 $a_{H^+,内}$、$\varphi_{D,外}$ 与 $\varphi_{D,内}$ 不同。这样，在横跨整个膜的范围内就存在一个电位差，即为膜电位

$$\varphi_m = \varphi_外 - \varphi_内 = \left(K_1 + \frac{RT}{F}\ln\frac{a_{H^+,外}}{a_{H^+,外表面}}\right) - \left(K_2 + \frac{RT}{F}\ln\frac{a_{H^+,内}}{a_{H^+,内表面}}\right) \tag{13-17}$$

因内充液浓度恒定，故式(13-17)可转化为

$$\varphi_m = K + \frac{RT}{F}\ln a_{H^+,外} = K - 2.303\frac{RT}{F}\lg a_{H^+,外} \tag{13-18}$$

25 ℃时，pH 玻璃电极的电极电位与 pH 的关系为

$$\varphi = K' - 0.059pH \tag{13-19}$$

其中，常数项包括内参比电极电位和不对称电位等。

制作电极时玻璃膜内、外表面产生的表面张力不同；使用时膜内、外表面所受的机械磨损及化学吸附、浸蚀不同；不同电极或同一电极使用状况、使用时间不同等因素都会影响 $\varphi_{不}$，所以 $\varphi_{不}$ 难以测量和确定。干的玻璃电极使用前应长时间在纯水或稀酸中浸泡，以形成稳定的水化胶层，可降低 $\varphi_{不}$；pH 测量时，先用 pH 标准缓冲溶液对仪器进行定位，可消除 $\varphi_{不}$ 对测定的影响。各种离子选择性电极均存在不同程度的 $\varphi_{不}$，而玻璃电极较为突出。

2. 晶体膜电极

晶体膜电极的敏感膜一般为难溶盐加压或拉制成的薄膜。根据膜的制备方法可分为单晶膜电极和多晶膜电极两类。

单晶膜电极是指电极的整个晶体膜是由一个晶体组成。氟离子选择性电极是目前最成功的单晶膜电极。将氟化镧单晶片(掺入少量 Eu^{2+}、Ca^{2+} 以改善其导电性能)封在硬塑料管的一端，内充液为 0.1 mol·L^{-1} NaF 和 NaCl，内参比电极为 Ag-AgCl 电极，结构如图 13-10 所示。

氟离子选择性电极的电极电位(25 ℃)可用式(13-20)计算：

$$\varphi = K - 0.059 \lg a_{F^-} \qquad (13\text{-}20)$$

氟离子选择性电极在使用时要求溶液 pH = 5.0～6.0。酸度太高时，H^+ 与 F^- 反应生成 HF 或 HF_2^-，会降低 F^- 活度，使测定结果偏小；碱度太高时，$LaF_3 + 3OH^- \Longrightarrow La(OH)_3 + 3F^-$，使测定结果偏高，电极损坏。实际工作中采用柠檬酸盐的缓冲溶液来控制溶液的 pH，并且可与铁、铝等离子形成配合物消除它们与氟离子发生配位反应而产生的干扰。

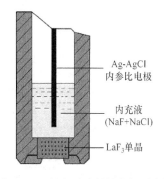

图 13-10　氟离子选择性电极示意图

多晶膜电极是指电极的整个晶体膜是由多个晶体在高压下压制而成，如 Cl^-、Br^-、I^-、Cu^{2+}、Pb^{2+}、Cd^{2+} 等离子选择性电极的晶体膜分别用相应的卤化银或硫化物晶体压制而成。

3. 流动载体电极

流动载体电极也称液膜电极，其液体敏感膜是由溶解在与水不相溶的有机溶剂中的活性物质构成的憎水性薄膜，结构如图 13-11 所示。流动载体电极通常由三部分组成：电活性物质（载体）、有机溶剂（可溶解载体，也是增塑剂）、支撑膜〔常用聚氯乙烯（polyvinyl chlorid，PVC）塑料、垂熔玻璃、素烧陶瓷和聚四氟乙烯微孔膜等〕。

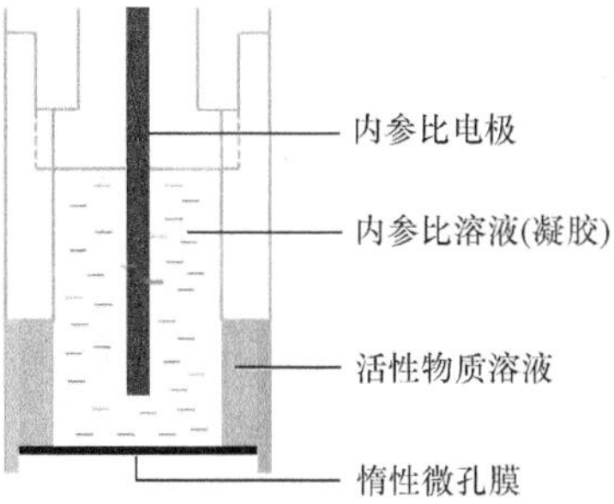

当液膜电极与测量溶液接触时，响应离子可以在液、膜两相中自由进出（交换、扩散），进入膜相中的响应离子与束缚在膜相中的电活性物质结合成离子型的缔合物或配合物，同样被束缚在膜相中，而响应离子的伴随离子不能进入膜内，由于响应离子在液、膜两相间的交换及在膜相中的扩散，离子之间的交换将引起相界面电荷分布不均匀，形成膜电位。例如，NO_3^- 选择性电极的敏感膜由季铵类硝酸盐、邻硝基苯十二烷醚和 5%PVC 构成，电极电位为

图 13-11　流动载体电极

$$\varphi_m = K - 0.059 \lg a_{NO_3^-}$$

Ca^{2+} 选择性电极的敏感膜由二癸基磷酸钙、苯基磷酸二辛酯和微孔膜构成，电极电位为

$$\varphi_m = K + \frac{0.059}{2} \lg a_{Ca^{2+}}$$

钙电极适宜的 pH 范围为 5～11，可测出 10^{-5} mol·L^{-1} 的 Ca^{2+}。

流动载体也可制成类似固态的"固化"膜，如 PVC 膜电极。测阳离子时，载体带负电荷；测阴离子时，载体带正电荷。不带电荷的中性有机分子（如抗生素、冠醚化合物及开链酰胺等）作载体，主要响应碱金属和碱土金属离子。

4. 气敏电极

气敏电极是一种气体传感器。离子选择性电极作为指示电极，与外参比电极一起插入电极管中组成复合电极，电极管中充有特定的电解质溶液，称为中介液，电极管端部紧靠离子选择性电极敏感膜处，用特殊的透气膜或空隙间隔把中介液与外测定液隔开，构成气敏电极，如图 13-12 所示。

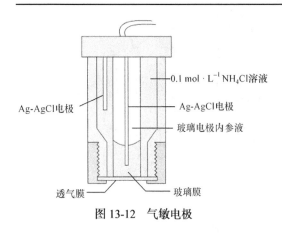

图 13-12 气敏电极

测量时，试样中的气体通过透气膜或空隙进入中介液并发生作用，引起中介液中某化学平衡的移动，使得能引起离子选择性电极响应的离子的活度发生变化，电极电位也发生变化，从而可以指示试样中气体的分压。例如，CO_2、NH_3、SO_2 等气体可能引起 pH 的升高或降低，可用 pH 玻璃电极指示其变化；HF 与水产生 F^-，可用氟离子选择性电极指示其变化等。除上述气体外，气敏电极还可以测定 NO_2、H_2S、HCN、Cl_2 等。

5. 生物电极

生物电极也称生物膜电极。它的敏感膜主要是生物膜，由具有分子识别能力的生物活性物质（如酶、微生物、生物组织、核酸、抗体等）构成，它具有很高的选择性。自从 1962 年克拉克(Clark)提出酶电极之后，生物电极发展迅速，已形成一个庞大的体系，在此仅简单介绍酶电极、组织电极和电化学免疫传感器。

1) 酶电极

在指示电极(离子选择性电极或电流型传感电极)的敏感膜上覆盖一层活性酶物质，通过酶的酶促作用，待测物质(底物)发生反应生成指示电极能响应的物质，从而达到间接测定的目的，如葡萄糖酶传感器(图 13-13)。葡萄糖氧化酶(GOD)能催化葡萄糖的氧化反应：

$$C_6H_{12}O_6 + O_2 + H_2O \xrightarrow{\text{GOD}} C_6H_{12}O_7 + H_2O_2$$

可采用氧电极检测试液中氧含量的变化，间接测定葡萄糖的含量。也可以将反应产物与定量的 I^- 反应，用碘离子选择性电极监测碘离子变化量，推算出葡萄糖的含量。

由于酶的作用具有很高的特异性，所以酶电极的选择性相当高，能分别检测葡萄糖、脲、胆固醇、L-谷氨酸和 L-赖氨酸等生物分子。

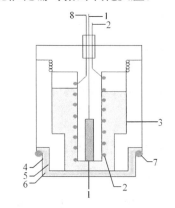

图 13-13 葡萄糖酶传感器示意图
1. 工作电极(铂柱)；2. Ag-AgCl 参比电极；
3. 电解液；4、5. 透析膜；6. 葡萄糖氧化酶；
7. 固定圈；8. 辅助电极

2) 组织电极

以动植物组织薄片材料作为生物敏感膜的电化学传感器称为组织电极，是酶电极的衍生型电极。动植物组织内存在的酶是反应的催化剂，如将猪肝切片夹在尼龙网中紧贴在氨气敏电极上，猪肝组织中的谷氨酰胺酶能催化谷氨酰胺反应释放出氨，从而可以测定试样中的谷氨酰胺；此外，动物肝组织中含有丰富的过氧化氢酶，可与氧电极组成测定 H_2O_2 及其他过氧化物的组织电极。与酶电极相比，组织电极具有以下优点：

(1) 酶活性较离析酶高。

(2) 酶的稳定性增强。

(3) 材料易获得。香蕉、菠菜、生姜、葡萄等植物组织以及动物的肝、肾等都广泛用作电极敏感膜。

3)电化学免疫传感器

电化学免疫传感器是以抗原或抗体作为电极敏感膜,基于抗原-抗体反应,实现化合物、酶或蛋白质等物质的定性和定量分析的生物传感器。由于抗原和抗体的特异性反应,免疫传感器比其他生物和化学传感器具有更高的专一性和选择性,是生物传感器中应用最广泛的一种。例如,利用碘离子选择性电极,可以测定乙型肝炎抗原。制作这种电极时,将乙型肝炎抗体固定在碘离子选择性电极表面的蛋白质膜上。测定时,将此电极插入含有乙型肝炎抗原的溶液中,使抗体与抗原结合,再用过氧化氢酶标记的免疫球蛋白抗体处理,这时就形成了抗原与抗体的夹心结构。将此电极插入过氧化氢和碘化物的溶液中,在过氧化氢酶标记的免疫球蛋白的催化作用下,过氧化氢被还原,碘化物因被氧化而消耗,碘离子浓度的减少与乙型肝炎抗原的量成正比,由此可推算乙型肝炎抗原的浓度。

13.2.4 电位分析方法

1. 直接电位法

直接根据电极电位值与离子活度(或浓度)之间的关系求得待测离子活度(或浓度)的方法称为直接电位法。一般有直接比较法、标准曲线法和标准加入法三种。

1)直接比较法

直接比较法适用于以活度的负对数表示结果的测定,如溶液 pH 的测量。试样组分较稳定的试液也可采用此法。测量仪器直接以 pH 或 pA 作为标准直接读出。测量时,先用一两个标准溶液校准仪器,然后测量试液,即可直接读取试液的 pH 或 pA 值。

2)标准曲线法

把指示电极和参比电极一起分别插入一系列已知待测离子准确活度的标准溶液中,测定不同活度下的电位值。以测得的电位值对相应活度的对数作图,得到标准曲线。然后在相同条件下测定试液的电位值,由测得的电位值就可从标准曲线上查得试液中待测离子活度的对数,从而求得其活度。标准曲线法适用于大批量试样的分析。测量时需要在标准样品和试液中加入总离子强度调节剂(TISAB)或离子强度调节液(ISA)。例如,测定水中 F^- 时,要在试液和标准溶液中加入 1.0 mol·L^{-1} 氯化钠、0.25 mol·L^{-1} 乙酸、0.75 mol·L^{-1} 乙酸钠及 0.001 mol·L^{-1} 柠檬酸钠,其作用为:①保持待测试液和标准溶液有相同的总离子强度及活度系数;②可以控制溶液的 pH;③含有配位剂,可以掩蔽干扰离子。

3)标准加入法

标准加入法适用于组成较复杂以及份数不多的试样分析。标准加入法具体操作如下:

第一步,先测定体积为 V_x、浓度为 c_x 的样品溶液(试液)的电位值 φ_1。

第二步,在样品溶液(试液)中加入体积为 $V_s(V_x \gg V_s)$、浓度为 c_s 的标准溶液,并测定其电位值 φ_2。

按照离子选择性电极电位计算式

$$\varphi_{ISE} = K \pm s\lg a = K \pm s\lg(c\gamma) \tag{13-21}$$

由于活度系数 γ 可视为恒定值并入常数项,则

$$\varphi_{ISE} = K' \pm s\lg c \tag{13-22}$$

从而有

$$\varphi_1 = K' \pm s \lg c_x \tag{13-23}$$

$$\varphi_2 = K' \pm s \lg \frac{c_x V_x + c_s V_s}{V_x + V_s} \tag{13-24}$$

$$\Delta\varphi = |\varphi_2 - \varphi_1| = s \lg \frac{c_x V_x + c_s V_s}{(V_x + V_s) c_x} \tag{13-25}$$

经整理重排得到

$$c_x = \frac{c_s V_s}{V_x + V_s}\left(10^{\Delta\varphi/s} - \frac{V_x}{V_x + V_s}\right)^{-1} \tag{13-26}$$

由于 $V_x \gg V_s$，则 $V_x + V_s \approx V_x$，则式(13-26)可以近似为

$$c_x = \frac{c_s V_s}{V_x}(10^{\Delta\varphi/s} - 1)^{-1} \tag{13-27}$$

实际测试过程中，$\Delta\varphi$ 的数值以 30～40 mV 为宜，在 100 mL 试液中加入标准溶液的量以 2～5 mL 为宜。

直接电位法测量时，电动势测定的准确性将直接决定待测物浓度测定的准确性。对电位表达式 $\varphi = K + \dfrac{RT}{nF}\ln c$ 求导有

$$d\varphi = \frac{RT}{nF}\frac{dc}{c} \tag{13-28}$$

或

$$\Delta\varphi = \frac{RT}{nF}\frac{\Delta c}{c} \tag{13-29}$$

$$E_r = \frac{\Delta c}{c} \times 100\% = \frac{nF}{RT}\Delta\varphi \times 100\% = 3900 n\Delta\varphi\% \tag{13-30}$$

即当电动势的误差为 0.001 V 时，对一价离子测定的相对误差为 3.9%，二价离子为 7.8%。

2. 电位滴定法

利用滴定过程中电极电位的变化确定滴定终点的分析方法称为电位滴定法。在滴定到终点附近时，电极的电极电位值发生突跃，从而可指示终点的到达。电位滴定的基本装置如图 13-14 所示，包括滴定管、滴定池、指示电极、参比电极、搅拌器、测量电动势的仪器等部分。

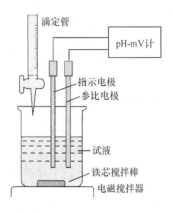

图 13-14　电位滴定装置

进行电位滴定时，将指示电极和参比电极浸入待测溶液中构成一个工作电池(原电池)。其中，指示电极是对待测离子或产物离子的浓度变化有响应的电极，参比电极是具有固定电位值的电极。在滴定过程中，随着滴定剂的加入，待测离子或产物离子的浓度不断地变化，特别是在计量点附近，待测离子或产物离子的浓度发生突变，使得指示电极的电位值也随着滴定剂的加入而发生突变。这样就可以通过测量在滴定过程中电池

电动势的变化(相当于电位的变化)确定滴定终点。在电位滴定中,终点的确定并不需要知道终点电位的绝对值,而只需要电位的变化就可以了。在电位滴定过程中,每加入一定体积的滴定剂(V),就测定一次电池的电动势(E),然后利用所得 E、V 值确定滴定终点。终点的确定方法主要有以下三种:

(1)以测得的电动势(E)对相应的滴定剂体积(V)作图,得到 E-V 曲线,由曲线的拐点确定滴定终点,图 13-15(a)中虚线所对应的体积即为滴定终点体积。

(2)由 $\Delta E/\Delta V$ 作一次微商,然后对 V 作图,得到 $\Delta E/\Delta V$-V 曲线,由曲线的最高点即可确定终点,如图 13-15(b)所示。

(3)计算二次微商 $\Delta^2 E/\Delta V^2$ 值,由 $\Delta^2 E/\Delta V^2 = 0$ 求得滴定终点,如图 13-15(c)所示。

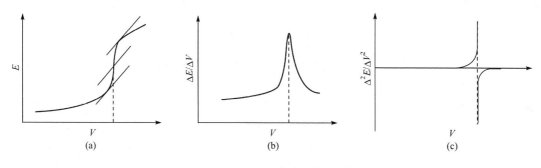

图 13-15　电位滴定曲线

电位滴定法的类型与普通滴定法的类型完全相同。滴定时应根据不同反应选择适当的指示电极。

1)酸碱滴定反应

通常采用 pH 玻璃电极为指示电极,饱和甘汞电极为参比电极。

2)氧化还原滴定反应

滴定过程中,氧化态和还原态的浓度比值发生变化,可采用零类电极作为指示电极,一般采用铂电极。

3)沉淀滴定反应

根据不同的沉淀反应,选用不同的指示电极。例如,以碘离子选择性电极作指示电极可连续滴定 Cl^-、Br^- 和 I^-。

4)配位滴定反应

用 EDTA 滴定金属离子时,可采用相应的金属离子选择性电极和第三类电极作为指示电极。

电位滴定法与普通滴定反应原理相同,只是终点指示的方法不同,因而具有以下特点:

(1)测定准确度高。与化学滴定法一样,测定相对误差可低于 0.2%。

(2)适用于无法用指示剂判断终点的浑浊体系或有色溶液的滴定。

(3)适用于非水溶液的滴定。

(4)适用于连续滴定和自动滴定。

(5)适用于微量组分测定。

总之,电位滴定分析大大拓宽了滴定分析法的应用范围,改善了滴定准确度。

13.3　电解分析法和库仑分析法

13.3.1　电解分析法

电解(electrolysis)是将电流通过电解质溶液(电解液),在阴极和阳极上引起氧化还原反应的过程。电解分析法是一种经典的电化学分析法,通过电解后直接称量电极上被测物质的质量进行分析的方法称为电重量法(electrogravimetry);通过控制一定的电解条件进行电解,以达到分离不同物质的方法称为电解分离法(electrolytic separation)。电解分析法常用于高含量物质的分析。

1. 电解原理

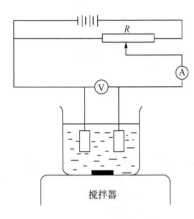

图 13-16　电解装置图

电解分析装置一般由电解池(包括电极、电解溶液及搅拌器)、外加电压装置(分压器)及显示仪器三部分,如图 13-16 所示。电解时,在两个电极上施加足够大的直流电压,使溶液中有电流通过,电极上就会有电极反应发生。例如,在 $0.1\ mol \cdot L^{-1}$ HNO_3 介质中,以铂电极电解 $0.1\ mol \cdot L^{-1}$ $CuSO_4$,逐渐增加电极电压,当电极上的电压达到一定值时,电极上会发生电解反应。

与电源负极相连的电极为阴极,发生还原反应:

$$Cu^{2+} + 2e^- \longrightarrow Cu$$

与电源正极相连的电极为阳极,发生氧化反应:

$$2H_2O \longrightarrow 4H^+ + O_2\uparrow + 4e^-$$

2. 分解电压

按图 13-16 装置,调节电阻 R 可改变电极电位,得到如图 13-17 所示的电流随电压变化曲线。AB 段为残余电流,未观察到明显电极反应发生,主要是充电电流。BC 段为电解电流,当到达一定的外加电压 $E(B$ 点)时,电极反应开始发生,产生了电解电流,并随着E的增大而迅速上升。BC线的延长线与 $i=0$ 轴的交点 D 所对应的电压称为分解电压 $E_分$,是指使被电解物质能在电极上迅速、连续不断地进行电极反应所需的最小外加电压。分解电压是对电池整体而言的,对单电极,用析出电位表达。只有工作电极的电位达到某一值时,电极反应才发生,这个电位称为析出电位($\varphi_析$)。能使物质在阴极迅速、连续不断地进行电极反应而还原所需的最正的阴极电位称为阴极析出电位($\varphi_{阴,析}$);在阳极被氧化所需的

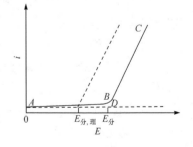

图 13-17　分解电压

最负的阳极电位称为阳极析出电位($\varphi_{阳,析}$)。对可逆过程,在不考虑过电位和电解回路电阻的影响时,分解电压在数值上应等于它本身所构成的自发电池的电动势,分解电压与析出电位具有下列关系:

$$E_{分,理} = \varphi_{阳,析} - \varphi_{阴,析} \tag{13-31}$$

实际电解过程中，由电极极化产生过电位，电解回路电阻引起分解电压升高，故分解电压为

$$E_{分} = (\varphi_{平,阳} + \eta_{阳}) - (\varphi_{平,阴} + \eta_{阴}) \tag{13-32}$$

过电位(η)是指电极反应以十分显著的速度进行时，外加电压超过可逆电池电动势的值，包括阳极过电位$(\eta_{阳})$和阴极过电位$(\eta_{阴})$。表 13-2 给出了不同电极材料上的析氢和析氧过电位。电极过电位受很多因素影响：

(1)电极材料和其表面状况会影响过电位。例如，汞对氢原子的吸附热较小，使 H^+在电极上放电迟缓，η很大；而铂对氢原子的吸附热大，H^+在电极上放电快，η较小，在铂黑电极上更小。光亮表面比粗糙表面的η大。

(2)电流密度越大，η也越大。

(3)温度升高，会使离子的扩散速度和电极反应速度加快，故η降低。

(4)电极反应析出物的状态会影响过电位。析出气体的η大，因为气体会在电极表面聚成气泡附在电极表面，减少电极与溶液的接触面积，阻碍扩散及反应。析出物能与电极形成金属齐(如汞齐)的η较小。

表 13-2　在各种电极上形成氢和氧的过电位η(25 ℃)

电极组成	η/ V					
	电流密度 0.001 A·cm^{-2}		电流密度 0.01 A·cm^{-2}		电流密度 0.1 A·cm^{-2}	
	H_2	O_2	H_2	O_2	H_2	O_2
光 Pt	0.024	0.721	0.068	0.85	0.676	1.49
镀 Pt	0.015	0.348	0.030	5210	0.048	0.7
Au	0.241	0.673	0.391	0.963	0.798	1.63
Cu	0.479	0.422	0.584	0.580	1.269	0.793
Ni	0.563	0.353	0.747	0.519	1.241	0.853
Hg	0.9*		1.1**		1.1***	
Zn	0.716		0.746		1.229	
Sn	0.856		1.077		1.231	
Pb	0.52		1.090		1.262	
Bi	0.78		1.05		1.23	

* 在 0.000 077 A·cm^{-2}时为 0.556 V，在 0.001 54 A·cm^{-2}时为 0.929 V。

** 在 0.007 69 A·cm^{-2}时为 1.063 V。

*** 在 1.153 A·cm^{-2}时为 1.126 V。

由表 13-2 可知，氢在汞(Hg)电极上的析出过电位较大，其适合作电解池的阴极用于电解分离，具有以下特点：

(1)氢在汞阴极上的η特别大(可达-1.3 V)，不易发生析氢，因此可电解析出的金属更多，应用更广。

(2)不少金属能与汞生成汞齐，使其离子的析出电位变正，更易还原，且防止还原析出的金属再被氧化。

(3)汞易挥发，毒性很大，使用时需注意。

3. 电解分析法及应用

1）控制电流电解分析法

控制电流（恒电流）电解分析法也称电重量法。在电解过程中，不断增大外加电压，以保持电流的基本稳定，经一段时间的电解，待测物质完全析出停止电解，取出电极，洗净、烘干并称量计算。析出物必须纯净并牢固附着在电极上，以防止洗、烘、称时脱落，可采用降低电流密度、充分搅拌、采用配位性的电解液等方法使析出物较致密。由于外加电压较大，往往一种金属离子未完全析出时，另一种金属离子就在电极上析出，共存离子干扰较为突出，而且外加电压加大到一定程度时，就引起析氢反应，因此在电解时通常加入一些能保持电位相对恒定的物质（称为去极剂）。例如，在电解分析铜、铅混合离子时，为保证铜全部析出而铅不析出，需加入大量的硝酸根离子，利用硝酸根在阴极还原生成铵离子的反应在铅沉淀之前发生，维持电解电流恒定，而铅离子不发生电解反应。由于硝酸根离子在阴极发生反应，称为阴极去极剂，根据需要也可加入阳极去极剂。

控制电流电解分析法仪器简单，电解速度快，分析时间短，但误差较大，一般应用于工厂的初级产品生产过程。

2）控制电位电解分析法

控制电位电解分析法是在控制工作电极的电位为恒定值的条件下进行电解的分析方法。分析时，根据被电解物质完全析出时所应控制的电位，选择合适的外加电压加到电极上。由于电解刚开始时，离子浓度很大，所以电解电流也很大，电解速度很快，随着电解的进行，离子浓度降低很快，电流急剧下降，当电流趋近于零时，表明电解基本完全。电解电流（i）随电解时间（t）的变化存在如下关系：

$$i_t = i_0 \times 10^{-kt} \tag{13-33}$$

浓度与时间的关系为

$$c_t = c_0 10^{-kt} \tag{13-34}$$

一般认为 $i_t / i_0 = 0.001$ 时已电解完全，电解完成的程度与金属离子的起始浓度无关，与溶液体积 V 成正比，与电极面积 A 成反比。

当电解液中含有多种离子时，必须考虑其他共存离子的干扰，控制电位进行混合离子的分离和分析，离子析出的顺序及分离完全度是首先考虑的问题。不同离子析出电位的差别决定了它们电解析出的顺序。在阴极上，$\varphi_{阴, 析}$ 越正者，越易还原，则先析出；在阳极上，$\varphi_{阳, 析}$ 越负者，越易氧化，则先析出（或溶解）。两离子析出电位的差 $\Delta\varphi_{析}$ 决定了其能否通过控制电位电解达到完全分离。$\Delta\varphi_{析}$ 越大，越易电解分离。在电解分析中，当离子的浓度降至初始浓度的 $10^{-6} \sim 10^{-5}$ 时，视为电解析出完全。

例 13-1 电解含有 $1.00\ \text{mol} \cdot \text{L}^{-1}\ Cu^{2+}$ 和 $1.0 \times 10^{-2}\ \text{mol} \cdot \text{L}^{-1}\ Ag^+$ 的混合溶液，能否通过控制外加电压电解分离？已知 $\varphi^{\ominus}_{Cu^{2+}/Cu} = 0.337\ \text{V}$，$\varphi^{\ominus}_{Ag^+/Ag} = 0.779\ \text{V}$。

解 离子析出顺序

$$\varphi_{Cu, 析} = \varphi^{\ominus}_{Cu^{2+}/Cu} + \frac{0.059}{2}\lg c_{Cu^{2+}} = 0.337\ (\text{V})$$

$$\varphi_{Ag, 析} = \varphi^{\ominus}_{Ag^+/Ag} + 0.059\lg c_{Ag^+} = 0.681\ (\text{V})$$

因 $\varphi_{Ag, 析} > \varphi_{Cu, 析}$，故 Ag 先析出。

当 $c'_{Ag^+} = 1.0\times10^{-6}\ mol \cdot L^{-1}$ 时可以认为 Ag "完全"析出，此时

$$\varphi'_{Ag,\ 析} = \varphi^{\ominus}_{Ag^+/Ag} + 0.059\lg c'_{Ag^+} = 0.424\ (V)$$

因 0.424 V＞0.337 V，即 Ag 完全析出时，外加电压未达到 Cu 析出电压，故可通过控制外加电压分别电解而不干扰。

对于同价态的两混合离子，一般当电位差 $\Delta\varphi \geqslant \dfrac{0.059}{n}\lg10^{-5}\ (V) = \dfrac{0.3}{n}\ (V)$ 时，可以通过控制电位电解达到完全分离。

13.3.2　库仑分析法

在电流效率 100%条件下电解，通过测量电解过程所消耗的电量进行被测物质含量分析的方法称为库仑分析法，主要用于微量或痕量物质的分析。

1. 法拉第电解定律

法拉第电流通过溶液时，在电极上发生变化的物质的量与所通过的电量的关系，其数学表达式为

$$m = \frac{Q}{nF}M \tag{13-35}$$

式中，m 为电极上析出物质的质量；M 为物质的摩尔质量；n 为电极反应的电子转移数；Q 为通过电解池的电量；F 为法拉第常量（96 485 C · mol^{-1}）。

法拉第电解定律是自然科学中最严格的定律之一，它不受温度、压力、电解质浓度、电极材料和形状、溶剂性质等因素的影响。

2. 电流效率

在一定的外加电压条件下，通过电解池的总电流 $i_总$ 实际上是所有在电极上进行反应的电流的总和。它包括：①被测物质电极反应所产生的电解电流 i_e；②溶剂及其离子电解所产生的电流 i_s；③溶液中参加电极反应的杂质所产生的电流 i_{imp}；④电极自身的反应；⑤电解产物的再反应；⑥电极间的充电电流等。

因此，电流效率 η_e 应为

$$\eta_e = \frac{i_e}{i_总}\times100\% = \frac{i_e}{i_e + i_s + i_{imp} + \cdots}\times100\% \tag{13-36}$$

库仑分析是基于电量的测量。因此，电解池的电量应全部用于测量物质的电极反应，不应发生副反应和漏电现象，即保证电流效率为 100%，这是库仑分析的先决条件。为提高电流效率，可采用提纯试剂、预电解、除氧及将产生干扰物质的电极用微孔玻璃套管隔离等措施。

3. 电量测定

电量的测定过去常采用库仑计，常见的库仑计有重量库仑计、氢氧气体库仑计和滴定库仑计等。其中，氢氧气体库仑计是将库仑计串联到电解回路上，电解结束后，测量 H$_2$ 和 O$_2$ 混合气体的体积，由气体体积的量算出所消耗的电量。

在标准状况（273 K，760 mmHg 压力）下，通过每法拉第电量（96 485 C）可产生 16 800 mL

混合气体(或每库仑可产生 0.1741 mL 气体)，据此可算出电解所消耗的总电量。现代仪器通常带有自动电子积分装置和计算机，通过记录电解过程中电流与时间的变化，采用电子线路积分总电量

$$Q = \int_0^t i\mathrm{d}t \tag{13-37}$$

并直接从仪表中读出，非常方便、准确。

4. 库仑分析方法及应用

1)控制电位库仑分析法

建立在控制电位电解过程基础上的库仑分析法称为控制电位库仑分析法，其基本装置如图 13-18 所示。通过调节电阻 R 控制电极电位为恒定值，使被测物质以 100%的电流效率进行电解，当电解电流趋于零时，表明该物质已被电解完全，通过测量所消耗的电量而获得被测物质的含量。电解过程中，随着电解时间延长，被电解物质浓度逐渐减小，电流随电解时间的变化如图 13-19 所示，阴影部分的面积即为通过电解池的电量

$$Q = \int_0^t i\mathrm{d}t = \int_0^t i_0 10^{-kt}\mathrm{d}t = \frac{i_0}{2.303k}(1 - 10^{-kt}) \tag{13-38}$$

当 t 较大时，Q 的极限值为 $\dfrac{i_0}{2.303k}$。以 $\lg i$ 对 t 作图可得直线关系，直线的斜率为 $-k$，在纵坐标上的截距为 $\lg i_0$。因此，测量若干个 t 时的 i_t 值，即可通过作图求得 i_0 与 k 值，不必等待电解结束。

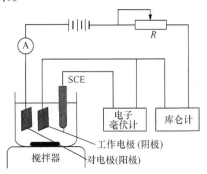

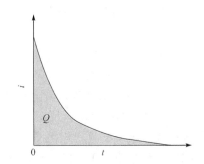

图 13-18　控制电位电解装置　　　　　　　　图 13-19　电流-时间曲线

该方法的测量参数是电量，可用于溶液中均相电极反应或电极反应析出物不易称量的测定，对有机物测定和生化分析及研究有较独特的应用。分析的灵敏度、准确度都较高，用于微量甚至痕量分析，可测定 0.01 μg 级的物质，误差为 0.1%～0.5%。此法还可用于电极过程及反应机理的研究，如测定反应的电子转移数、扩散系数等。但仪器构造相对较复杂，杂质及背景电流影响不易消除，电解时间较长。

2)控制电流库仑分析法

由恒电流发生器产生的恒电流通过电解池，以 100%的电流效率使被测物质直接在电极上反应或在电极附近由于电极反应产生一种能与被测物质作用的试剂，当被测物质作用完毕后，指示终点的仪器发出信号，立即关闭计时器。由电解进行的时间 t(s) 和电流强度 i(A)，可求算出被测物质的质量 m(g)。此法又称为控制电流库仑滴定法，简称库仑滴定法。这种

方法并不测量体积，而是测量电量。它与普通滴定分析法最大的不同点在于滴定剂不是由滴定管向被测溶液中滴加，而是通过恒电流电解在试液内部产生，电生滴定剂的量又与电解所消耗的电量成正比。因此，可以说库仑滴定是一种以电子作为滴定剂的滴定分析。

库仑滴定分析的装置一般由电解部分和终点指示部分组成。电解时，使用多孔套筒将阳极和阴极分开，以减少干扰反应，保证100%的电流效率。

滴定终点可借助指示剂或电化学方法指示。指示剂是在电解条件下的非电活性物质，该法简便、经济实用，但变色范围一般较宽，指示终点不够敏锐，误差较大。电位法也常用于库仑滴定法终点指示，其原理与电位滴定法终点指示一样，选用合适的指示电极指示滴定终点前后电位的突变，其滴定曲线可用电位(或pH)对电解时间的关系表示。

此外，电化学终点指示法还包括双指示电极(双铂电极)电流指示法，也称永停(或死停)终点法，其装置如图13-20所示。在两支大小相同的铂电极上加一个50~200 mV的小电压，并串联灵敏检流计，这样只有在电解池中可逆电对的氧化态和原还态同时存在时，指示系统回路上才有电流通过，而电流的大小取决于氧化态和还原态浓度的比值。当滴定到达终点时，由于电解液中或者原来的可逆电对消失，或者新产生可逆电对，指示回路的电流停止变化或迅速变化，从而指示终点到达，商品化仪器一般采用该方法指示终点。

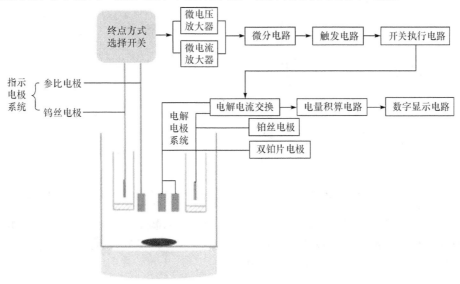

图 13-20　库仑滴定法基本装置

与其他滴定分析法相比，库仑滴定法具有以下优点：

(1)该方法进行分析时，滴定剂是由电解生成的，不需标准物质和配制标准溶液，减少了操作过程误差。

(2)不存在滴定过程中试剂不稳定的问题，如 Mn^{3+}、$CuBr^-$、Br_2、Cl_2、Cu^+等不稳定物质都可作为滴定剂。

(3)在现代技术条件下，i、t 均可以准确计量，只要电流效率及终点控制好，方法的准确度、精密度都很高，检出限可以达到 $10^{-9}\sim10^{-5}\ g\cdot mL^{-1}$。

(4)易实现自动检测，可进行动态的流程控制分析。

3)微库仑分析法

微库仑分析法(microcoulometry)与库仑滴定法相似，也是由电生滴定剂滴定被测物质的浓度，不同之处在于输入电流的大小随被测物质含量的大小而变化，所以又称为动态库仑滴定。它不是控制电位库仑分析法，也不是控制电流库仑分析法。它是在预先含有滴定剂的滴定池中加入一定量的被滴定物质后，由仪器自动完成从开始滴定到滴定完毕的整个过程，其工作原理如图 13-21 所示。在滴定池有两对电极，一对工作电极（发生电极和辅助电极）和另一对指示电极（指示电极和参比电极）。为了减小体积和防止干扰，参比电极和辅助电极被隔离放置在较远处。

微库仑分析的滴定曲线如图 13-22 所示。在滴定开始之前，指示电极和参比电极所组成的监测系统的输出电压 $E_{指}$ 为平衡值，调节 $E_{偏}$ 使 $\Delta E_{平}$ 为零，经过放大器放大后的输出电压 $\Delta E_{工}$ 也为零，所以发生电极上无滴定剂生成。当能与滴定剂发生反应的被滴定物质进入滴定池后，由于被滴定物质与滴定剂发生反应，浓度变化而使指示电极的电位产生偏离，这时的 $\Delta E_{平} \neq 0$，经放大后的 $\Delta E_{工}$ 也不为零，则 $\Delta E_{工}$ 驱使发生电极上开始进行电解生成滴定剂。随着电解的进行，滴定渐趋完成，滴定剂的浓度又逐渐回到滴定开始前的浓度值，使得 $\Delta E_{平}$ 也渐渐回到零；同时，$\Delta E_{工}$ 也越来越小，产生滴定剂的电解速度也越来越慢。当达到滴定终点时，体系又回复到滴定开始前的状态，$\Delta E_{平} = 0$，$\Delta E_{工}$ 也为零，滴定即告完成。

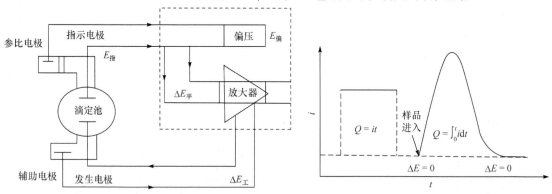

图 13-21　微库仑分析工作原理示意图　　　　图 13-22　微库仑分析法的电流-时间曲线

能与电解时所产生的试剂迅速反应的物质均可用库仑滴定法测定。因此，能用滴定分析的各类滴定反应，如酸碱滴定反应、氧化还原滴定反应、沉淀滴定反应和配位滴定反应等，均可采用库仑滴定法。表 13-3 列出了其应用实例。

表 13-3　库仑滴定产生的滴定剂及应用

电生滴定剂	介质	工作电极	测定的物质
Br_2	$0.1\ mol \cdot L^{-1}\ H_2SO_4 + 0.2\ mol \cdot L^{-1}\ NaBr$	Pt	$Sb(III)$，I^-，$Tl(I)$，$U(IV)$，有机化合物
I_2	$0.1\ mol \cdot L^{-1}$ 磷酸盐缓冲溶液　pH 8 $+ 0.1\ mol \cdot L^{-1}\ KI$	Pt	$As(III)$，$Sb(III)$，$S_2O_3^{2-}$，S^{2-}
Cl_2	$2\ mol \cdot L^{-1}\ HCl$	Pt	$As(III)$，I^-，脂肪酸
$Ce(IV)$	$1.5\ mol \cdot L^{-1}\ H_2SO_4 + 0.1\ mol \cdot L^{-1}\ Ce_2(SO_4)_3$	Pt	$Fe(II)$，$Fe(CN)_6^{4-}$
$Mn(III)$	$1.8\ mol \cdot L^{-1}\ H_2SO_4 + 0.45\ mol \cdot L^{-1}\ MnSO_4$	Pt	草酸，$Fe(II)$，$As(III)$
$Ag(II)$	$5\ mol \cdot L^{-1}\ HNO_3 + 0.1\ mol \cdot L^{-1}\ AgNO_3$	Au	草酸，$Ce(II)$，$As(III)$，$V(IV)$
$Fe(CN)_6^{4-}$	$0.2\ mol \cdot L^{-1}\ K_3Fe(CN)_6$　pH 2	Pt	$Zn(II)$

续表

电生滴定剂	介质	工作电极	测定的物质
Cu(I)	$0.02\ mol \cdot L^{-1}\ CuSO_4$	Pt	Cr(VI)，V(V)，IO_3^-
Fe(II)	$2\ mol \cdot L^{-1}\ H_2SO_4 + 0.6\ mol \cdot L^{-1}$ 铁铵矾	Pt	Cr(VI)，V(V)，MnO_4^-
Ag(I)	$0.5\ mol \cdot L^{-1}\ HClO_4$	Ag	Cl^-，Br^-，I^-
EDTA(Y^{4-})	$0.02\ mol \cdot L^{-1}\ HgNH_3Y^{2-} + 0.1\ mol \cdot L^{-1}\ NH_4NO_3$ pH 8，除氧	Hg	Ca(II)，Zn(II)，Pb(II)等
H^+或OH^-	$0.1\ mol \cdot L^{-1}\ Na_2SO_4$ 或 KCl	Pt	OH^-或H^+，有机酸或碱

13.4　极谱法和伏安法

伏安法是在工作电极上施加快速线性扫描的电压进行电解，以小面积工作电极和大面积参比电极采用小电流电解静止稀溶液，并记录电解过程中电流-电压曲线(伏安曲线)的电化学分析方法的总称。伏安法是在经典极谱分析法基础上发展起来的，两者的主要区别是电解过程中施加电压方式和使用的工作电极不同。目前，伏安法已成为痕量物质测定、化学反应机理、电极过程动力学及平衡常数测定等基础理论研究的重要工具。

13.4.1　极谱法

极谱法是以表面能周期性更新的液态电极(滴汞电极)作为工作电极的电解方法，由捷克学者海洛夫斯基(Heyrovsky，1959 年获得诺贝尔化学奖)于 1922 年建立。其后，随着现代分析技术的采用，极谱法在理论、技术和实际应用等方面获得了快速发展，成为电化学分析法的重要组成部分。

1. 基本装置及原理

极谱分析的基本装置如图 13-23 所示，包括能提供可变外加直流电压(分压器)的外加电压装置、电流测量装置(分流器、灵敏电流计等)、电解池和电极系统。极谱法装置的特点明显反映在电极系统上，其特殊性在于使用了一支表面积很小的滴汞电极(DME)和一支电极电位不随外加电压变化而变化的去极化电极(参比电极)。储汞瓶中的汞沿着乳胶管及毛细管(内径约 0.05 mm)，滴入电解池中，储汞瓶高度一定，汞滴以一定的速度(每滴 3～5 s)均匀滴下，保持电极表面不断更新，储汞瓶中大量的汞能保持汞柱高度和滴汞周期的相对稳定。去极化电极通常用饱和甘汞电极(SCE)，用盐桥与电解池连接。

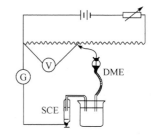

图 13-23　极谱分析基本装置

现以电解 $1.0 \times 10^{-3}\ mol \cdot L^{-1}$ 的 Cd^{2+} 溶液(含 $0.1\ mol \cdot L^{-1}\ KNO_3$)为例阐明极谱图(或极谱波)形成过程，其电流-电压曲线如图 13-24 所示。

电解过程中，在汞电极表面发生如下电极反应：

$$Cd^{2+} + 2e^- + Hg \longrightarrow Cd(Hg)$$

当刚施加外加电压时，系统仅产生微弱的电流，称为"残余电流"或背景电流(i_r)，对应图 13-24 中 AB 段；此电流包含滴汞电极的充电电流和共存杂质还原的法拉第电流，其中充电电流起主导作用。

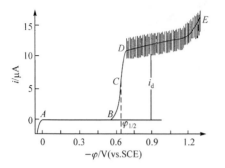

图 13-24　极谱分析曲线

当外加电压逐渐增大，到达 Cd^{2+} 的析出电位（B 点），Cd^{2+} 在滴汞电极还原，产生电解电流，随电压增加电流迅速增大，对应图 13-24 中 BD 段。

当电压继续增大，Cd^{2+} 在 DME 上的还原速度加快，Cd^{2+} 扩散速度跟不上电极反应的速度，在滴汞表面微区内的溶液中，Cd^{2+} 的浓度趋于零，达到完全浓差极化，此时电极反应过程完全受浓度扩散控制，达到扩散平衡，电解电流达最大值，并不再随外加电压的增加而增加，对应图 13-24 中 DE 段，该部分称为极限电流（i_l），而扣除残余电流 i_r 后的极限电流称为极限扩散电流 i_d，即 $i_d = i_l - i_r$。

极谱曲线中，当扩散电流为极限扩散电流一半时所对应的 DME 的电位称为半波电位（$\varphi_{1/2}$），此处（C 点）电流随电压变化的比值最大，是极谱法定性分析的依据。

极谱分析中，扩散电流是定量分析的基础，但扩散电流与电活性物质浓度之间的数学关系式及影响扩散电流的因素则是建立定量分析方法要解决的关键问题。

在滴汞电极上，单一汞滴上的扩散电流 i_t 随时间 t 增加，满足以下关系式：

$$i_t = 708nD^{1/2}q_m^{2/3}t^{1/6}c \tag{13-39}$$

式中，n 为电极反应涉及的电子转移数；D 为被测组分的扩散系数（$cm^2 \cdot s^{-1}$）；q_m 为滴汞流量（$mg \cdot s^{-1}$）；c 为被测物质的浓度（$mmol \cdot L^{-1}$）。由于滴汞不断增大，在汞滴生长周期内，电流是逐渐变大的，当 $t = \tau$（τ 为从汞滴开始生成到滴落所需的时间，称为滴下时间或生长周期），此时 i_t 为最大值，用 i_τ 表示，则

$$i_\tau = 708nD^{1/2}q_m^{2/3}\tau^{1/6}c \tag{13-40}$$

平均极限扩散电流 $\overline{i_d}$ 为

$$\overline{i_d} = \frac{1}{\tau}\int_0^\tau i_t dt = 607nD^{1/2}q_m^{2/3}\tau^{1/6}c = kc \tag{13-41}$$

式（13-41）即为扩散电流方程，也称尤考维奇（Ilkovič）方程。扩散电流方程的适用范围非常广泛，只要电流受扩散控制，无论是水溶液、非水溶液或熔盐介质，还是温度低至-30 ℃或高至 200 ℃，扩散电流方程都适用。

扩散电流方程中，$607nD^{1/2}$ 称为扩散电流常数；$q_m^{2/3}\tau^{1/6}$ 为毛细管常数。它们均与汞柱高度有关，可以证明极限扩散电流与汞柱高度满足以下关系：

$$i_d \propto h^{1/2}$$

在实际应用中，不仅需要用同一支毛细管，而且要保证汞柱高度不变，这样记录的极谱曲线才能用于定量分析。此外，还应保证标准溶液与试液的温度和溶液组成基本一致。

2. 极谱分析中的干扰电流及消除

在极谱定量分析中，通过电解池的电流，除了扩散电流外，还有其他原因所产生的电

流，与被测物质的量无关，对分析测定有干扰，统称为干扰电流。它们严重干扰极谱分析，实验时必须加以除去。

1) 残余电流

进行极谱分析时，外加电压尚未达到被测物质的分解电压时，仍有微小电流通过电解池，称为残余电流，包括杂质的电解电流(法拉第电流)及充电电流。

电解电流是一些易在滴汞电极上还原的杂质在电极表面还原引起的，其影响十分微小，因此充电电流才是影响极谱分析灵敏度的主要因素。

电极表面与溶液之间的双电层相当于一个电容器，充、放电产生的电流是残余电流的主要组成部分，其大小一般为 10^{-7} A 数量级，相当于浓度为 10^{-5} mol·L^{-1} 的物质所产生的扩散电流的大小，这就是常规极谱法能达到的浓度下限。在定量分析中，通常采用作图法加以扣除，或采用新的极谱技术，如方波极谱、脉冲极谱等，以减少充电电流的干扰。

2) 迁移电流

迁移电流是离子在对电极施加外电压时所产生的电场力的作用下，迁移到电极表面进行电极反应所产生的电流。迁移电流干扰了极谱扩散电流的准确测量，可在溶液中加入大量(其浓度为待测离子的 50～100 倍)非电活性的支持电解质加以消除。

3) 极谱极大

在极谱分析电解开始后，电流随电位的变化急剧上升又回落到正常的极限扩散电流，在极谱上产生一个尖锐的畸峰的现象称为极谱极大。尖峰的高度与待测离子的浓度无确定的函数关系，但干扰半波电位及扩散电流的测量。可向溶液中加入很少量的表面活性物质——极大抑制剂(如品红、明胶、聚乙烯醇、曲通 X-100 等)消除其影响。

4) 氧波

空气饱和的水溶液中，氧的浓度约为 0.25 mmol·L^{-1}。电解时，水中溶解的 O_2 会在电极还原，产生极谱波。

中性或酸性溶液中

$$O_2 + 2H^+ + 2e^- \longrightarrow H_2O_2$$

$$H_2O_2 + 2H^+ + 2e^- \longrightarrow 2H_2O$$

碱性溶液中

$$O_2 + 2H_2O + 2e^- \longrightarrow H_2O_2 + 2OH^-$$

$$H_2O_2 + 2e^- \longrightarrow 2OH^-$$

半波电位($\varphi_{1/2}$)分别在 –0.2 V 和 –0.8 V 左右，通常与被分析物质的极谱波重叠，产生干扰。主要采用下列方法消除氧波的干扰：通入惰性气体(如高纯 N_2 或 H_2 等)，也可在酸性溶液中通 CO_2；化学除 O_2，在碱性或中性溶液中加入 Na_2SO_3，在酸性溶液中加入抗坏血酸或盐酸羟胺。

3. 极谱分析新方法

直流极谱法电解电流很小，待测物质的利用率低，检出限一般约为 10^{-5} mol·L^{-1}，灵敏度不高，而且容易受到干扰，分辨率也不高。因此，在直流极谱基础上，通过改变极化方式、记录方式发展了很多极谱分析新技术，如单扫描极谱法、导数极谱法、方波极谱法、脉冲极谱法和溶出伏安法等。在此仅简单介绍单扫描极谱法，其他分析方法的原理将在伏安法中介绍。

单扫描极谱法也称示波极谱法，与直流极谱法原理相似。直流极谱法是在工作电极上施加低速扫描电压（约 0.2 V·min^{-1}），而单扫描极谱法是在滴汞电极生长的后期以高速度（约 0.25 V·s^{-1}）线性扫描电压施加到电极上的电解方法。其电压施加方式如图 13-25 所示。

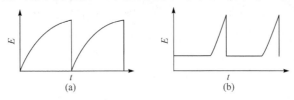

图 13-25　直流极谱法(a)和单扫描极谱法(b)电压施加方式

单扫描极谱分析法中，由于电压极化速度很快，因此电极反应的速度对电流的影响很大，极谱曲线如图 13-26 所示。对电极反应为可逆的物质，极谱图上出现明显的尖峰状电流

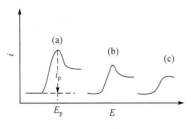

图 13-26　单扫描极谱曲线

［图 13-26(a)］；对电极反应为部分可逆的物质，由于电极反应速度较慢，尖峰状电流不明显［图 13-26(b)］，灵敏度随之降低；对电极反应完全不可逆的物质，则尖峰状电流不明显，有时甚至不起峰［图 13-26(c)］。尖峰处所对应的电位值称为峰电位(E_p)，用于物质定性分析；由残余电流至峰最高处所对应的电流称为峰电流(i_p)，用于物质定量分析。

对可逆电极反应的单扫描极谱，峰电流方程式可用式(13-42)表示：

$$i_p = 2.69 \times 10^5 n^{3/2} D^{1/2} v^{1/2} Ac = kc \tag{13-42}$$

式中，v 为极化(扫描)速率(V·s^{-1})；A 为电极面积(cm^2)；i_p 为峰电流(A)；c 为被测物质的浓度(mol·L^{-1})；n 为电子转移数。

峰电位与普通极谱的半波电位的关系为

$$E_p = \varphi_{1/2} \pm \frac{RT}{nF} \tag{13-43}$$

$$= \varphi_{1/2} \pm \frac{0.028\ \text{V}}{n} \tag{13-44}$$

$\varphi_{1/2}$ 为直流极谱法的半波电位，还原波的峰电位(E_{pc})比半波电位负，氧化波的峰电位(E_{pa})比半波电位正。对于可逆波，氧化波与还原波峰电位之差

$$\Delta E = E_{pa} - E_{pc} = \frac{0.056}{n}(\text{V}) = \frac{56}{n}(\text{mV}) \tag{13-45}$$

与常规极谱法相比，单扫描极谱法具有以下优点：

(1)分析速度快，数秒钟内就可以完成一次测量。

(2)灵敏度高，峰电流比普通极谱极限扩散电流大得多，一般可达 10^{-7} mol·L^{-1}。

(3)分辨率较好，极谱曲线为尖峰状，两物质的峰电位相差 0.1 V 以上就可以分开。若用导数极谱法，分辨率更高。

(4)前放电物质的干扰小，由于扫描开始为静止期，仅施加一个起始电压，使前放电物质发生电解，相当于在电极表面上进行电解分离。

(5)氧波干扰小，氧波为不可逆波，氧的电解电流很小，拖得很后，往往不要除氧而不干扰测定。

(6)适用于配合物吸附波和具有吸附性的催化波的测定，可以进一步提高灵敏度。

13.4.2 循环伏安法

循环伏安法也称直流循环伏安法，是与交流循环伏安法相对应的一种分析方法。它与单扫描极谱法相似，是以快速线性扫描的形式对工作电极施加电压，记录相应的 i-E 曲线而建立的分析方法。不同之处在于单扫描极谱法是在滴汞电极上施加锯齿波型的电压电解，循环伏安法是在固定静止的固态或液态电极(如悬汞、汞膜电极或铂、玻璃石墨电极等)上施加如图 13-27 所示的电压进行电解，电位扫描曲线从 E_i 开始，线性扫描到终止电位 E_τ 后，再反向扫描到起始电位，其电位-时间曲线如同一个等腰三角形，故也称三角波电位扫描。

对可逆的电极反应体系，当电位由正电位向负电位方向线性扫描时，溶液中的氧化态物质(O)在电极上发生还原反应生成还原态物质(R)，得到图 13-28 曲线上半部分的还原波，称为阴极支，其对应的电流和电位分别称为还原峰峰电流(i_{pc})和还原峰峰电位(E_{pc})。

$$O + ne^- \longrightarrow R$$

当电位反向扫描时，发生还原态物质 R 氧化为氧化态物质 O 的过程，得到图 13-28 曲线下半部分的氧化波，称为阳极支，其对应的电流和电位分别称为氧化峰峰电流(i_{pa})和氧化峰峰电位(E_{pa})。

$$R - ne^- \longrightarrow O$$

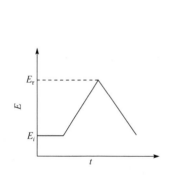

图 13-27 三角波电压

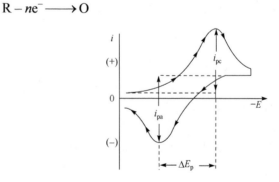

图 13-28 循环伏安极化曲线

图中阴极支和阳极支体现了一个氧化还原的全过程，是一个循环曲线，故称循环伏安图。

循环伏安法是最基本的电化学研究方法，除作为定量分析方法外，主要用于研究电极反应的性质、机理及电极过程动力学参数等。

1. 电极过程可逆性的判断

对于可逆电极过程，循环伏安法阴极支和阳极支的峰电位 φ_{pc} 和 φ_{pa} 与单扫描极谱法相同。

$$\varphi_{pc} = \varphi_{1/2} - 1.1\frac{RT}{nF} \tag{13-46}$$

$$\varphi_{pa} = \varphi_{1/2} + 1.1\frac{RT}{nF} \tag{13-47}$$

$$\Delta E_p = \varphi_{pa} - \varphi_{pc} = 2.2\frac{RT}{nF} = \frac{0.056}{n}(V) = \frac{56}{n}(mV) \tag{13-48}$$

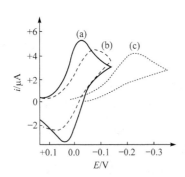

图 13-29　不同电极过程的循环伏安图

φ_{pc}、φ_{pa}、ΔE_p 与循环电压扫描中换向时的电位 (E_r) 有关，也与实验条件有一定的关系，其值会在一定范围内变化。一般认为当 ΔE 为 $55/n \sim 65/n$ mV 时，该电极反应是可逆过程。可逆反应电流峰的 φ_p 与电压扫描速率 v 无关，且 $i_{pa} = i_{pc} \propto v^{1/2}$ (v 为极化速率，也称电位扫描速率)。可逆电极过程的循环伏安曲线如图 13-29(a) 所示。

对于部分可逆(也称准可逆)电极过程，其循环伏安曲线如图 13-29(b) 所示。极化曲线与可逆程度有关，一般来说，$\Delta E > 59/n$ mV，且随 v 的增大而变大，i_{pa} / i_{pc} 可能大于 1，也可能小于或等于 1，i_{pa}、i_{pc} 仍正比于 $v^{1/2}$。

对于不可逆电极电程，其循环伏安曲线如图 13-29(c) 所示，反向电压扫描时不出现氧化波(或还原波)，i_{pc} 仍正比于 $v^{1/2}$，v 变大时，φ_{pc} 明显变负，或 φ_{pa} 明显变正。根据 φ_p 与 v 的关系，还可以计算准可逆和不可逆电极反应的速率常数 (k_s)。

2. 电极反应机理研究

循环伏安法还可用于电化学-化学耦联过程的研究，即在电极反应过程中，还伴随有化学反应产生的情况。在这种情况中，循环伏安曲线上反向扫描时会出现新的峰。

例如，研究对氨基苯酚的电极反应机理时，得到如图 13-30 所示的循环伏安曲线。电极以图中 S 点电位为起始点向正电位方向进行阳极化扫描，得到单个氧化峰(峰 1)，然后反向阴极化扫描，得到两个还原峰(峰 2、3)；再次进行阳极化扫描时，出现峰 4 和峰 5 两个氧化峰(虚线部分)，且峰 5 的峰电位与峰 1 相同。由伏安曲线可推断电极反应过程。

第一次进行阳极扫描时，峰 1 对应于对氨基苯酚的氧化过程

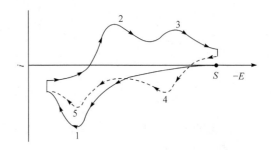

图 13-30　对氨基苯酚的循环伏安曲线

反向阴极化扫描时，前面阳极扫描的氧化产物对亚氨基苯醌在电极表面上发生还原反应得到峰 2，电极反应如下：

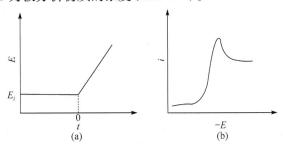

$$+2H^+ + 2e^- \longrightarrow$$

部分对亚氨基苯醌转化为苯醌，随后在较负的电位条件下被还原成对苯二酚，产生还原峰峰 3，电极反应如下：

$$+2H^+ + 2e^- \longrightarrow$$

再次阳极扫描时，对苯二酚又被氧化为苯醌，形成峰 4，而对氨基苯酚又被氧化为对亚氨基苯醌，形成与峰 1 完全相同的峰 5，但由于反应的进行，电极表面对氨基苯酚的浓度减小，故峰电流低于峰 1。

由此可见，利用循环伏安法能获得电极界面的物质及电极反应的相关信息，可以对有机物、金属化合物、生物物质等的氧化还原机理作出合理的解释。

13.4.3　线性扫描伏安法

线性扫描伏安法(linear sweep voltammetry，LSV)是将线性扫描电位［电位与时间的关系曲线如图 13-31 (a) 所示］施加于电解池的工作电极和辅助电极之间，并记录 i-E 曲线的方法，获得的伏安曲线如图 13-31 (b) 所示。常用的电位扫描速率为 $0.001 \sim 0.1 \text{ V} \cdot \text{s}^{-1}$。对于可逆体系，其峰电流

$$i_p = 2.69 \times 10^5 n^{3/2} A D^{1/2} v^{1/2} c$$

式中，i_p 为峰电流(A)；A 为电极面积(cm^2)；D 为被分析物质的扩散系数($\text{cm}^2 \cdot \text{s}^{-1}$)；$v$ 为电位极化速率($\text{V} \cdot \text{s}^{-1}$)；$c$ 为被分析物质的浓度($\text{mol} \cdot \text{L}^{-1}$)。

图 13-31　线性扫描伏安法的极化电压曲线(a)及伏安曲线(b)

根据电流方程可知峰电流与被测物的浓度呈线性关系，可用于待测物质的定量分析；可估算电极反应的电子数 n 和物质的扩散系数 D；改变电位扫描速率，视 i_p 值是否高于 i_p-$v^{1/2}$ 线性关系的正常值，可判断反应是否发生吸附，适用于有吸附性物质的分析。

13.4.4　方波伏安法

方波伏安法(square wave voltammetry，SWV)是将一个对称的方波电压［图 13-32 (b)］叠

加在阶梯形电压[图 13-32(a)]上形成如图 13-32(c)所示的极化电压，施加在工作电极上，记录正向脉冲后期电流(i_1)和反向脉冲后期电流(i_2)之差 Δi[图 13-32(d)]。以电流差值 Δi 对阶梯扫描电位作图，获得如图 13-33 所示的方波伏安曲线，为对称峰形曲线。方波伏安法的扫描速度快，灵敏度更高，可用于痕量检测、电极反应机理研究(如蛋白质的直接电子传递研究)等方面。

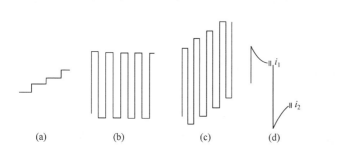

图 13-32　方波伏安法极化电压及电流信号

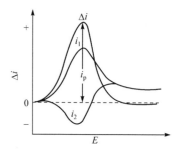

图 13-33　方波伏安曲线

13.4.5　微分脉冲伏安法

微分脉冲伏安法(differential pulse voltammetry，DPV)是在线性缓慢扫描的直流电压上叠加一持续时间几十毫秒(40~80 ms)、等振幅(2~100 mV)、低频率(12.5 Hz)的矩形脉冲电压[图 13-34(a)]，在脉冲加入前 20 ms 和脉冲终止前 20 ms 内测量电流，记录两次测量的电流差值 Δi 随电位的变化曲线[图 13-34(c)]。微分脉冲伏安法能很好地扣除因直流电压引起的背景电流。

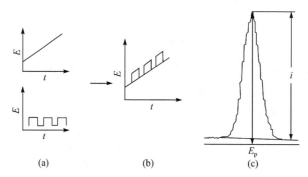

图 13-34　微分脉冲伏安法的极化电压及伏安曲线

微分脉冲伏安法能有效消除充电电流的干扰，具有极高的灵敏度，对于可逆体系检出限为 10^{-9} mol·L^{-1}，不可逆体系为 10^{-8} mol·L^{-1}；有很强的分辨能力，微分脉冲伏安曲线呈峰形，两个物质的峰电位只要相差 25 mV 就可以分开；前放电物质的允许量大，前放电物质的浓度比被测物质高 5000 倍也不干扰；可用于研究电极过程机理，如判断过程的可逆性、判别各种极谱电流性质、测定动力学参数等。

13.4.6　溶出伏安法

溶出伏安法(stripping voltammetry)包含电解富集和电解溶出两个过程，其电流-电位曲线如图 13-35 所示。首先将工作电极固定在产生极限电流的电位上进行电解，使被测物质富集到电极表面。为了提高富集效率，可同时使电极旋转或搅拌溶液，以加快被测物质输送到电极表面的速度，富集物质的量与电极电位、电极面积、电解时间和搅拌速度等因素有关。经过一定时间的富集后，停止搅拌，再逐渐改变工作电极电位，电位变化的方向应使电极反应与上述富集过程电极反应相反。记录所得的电流-电位曲线，称为溶出曲线，呈峰形，峰电流的大小与被测物质的浓度有关。工作电极电解时作为阴极，溶出时作为阳极，称为阳极溶出伏安法；反之，工作电极作为阳极进行富集，而作为阴极进行溶出，称为阴极溶出伏安法。溶出伏安法具有很高的灵敏度，对某些金属离子或有机物的检出限可达 $10^{-15} \sim 10^{-10}$ mol·L^{-1}，因此应用非常广泛。

例如，在盐酸介质中测定痕量铜、铅、镉时，先将悬汞电极的电位固定在-0.8 V，电解一定的时间，此时溶液中的一部分铜、铅、镉在电极上还原，并生成汞齐，富集在悬汞滴上。电解完毕后，使悬汞电极的电位均匀地由负向正变化，首先达到可以使镉汞齐氧化的电位，这时由于镉的氧化，产生氧化电流。当电位继续变正时，由于电极表面层中的镉已被氧化得差不多了，而电极内部的镉又还来不及扩散出来，所以电流迅速减小，这样就形成了峰形的溶出伏安曲线。同样，当悬汞电极的电位继续变正，达到铅汞齐和铜汞齐的氧化电位时，也得到相应的溶出峰。得到的溶出伏安曲线如图 13-36 所示，其峰电流与被测物质的浓度成正比，这是溶出伏安法定量分析的基础。

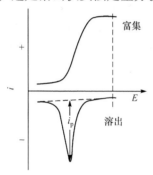 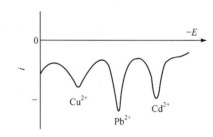

图 13-35　溶出伏安法的富集和溶出过程　　　图 13-36　盐酸介质中铜、铅、镉离子的溶出伏安曲线

13.5　电化学分析新方法

13.5.1　化学修饰电极

在电化学分析中，工作电极通常用金属（Pt、Au、Ag、Cu 等）、金属氧化物（SnO_2、TiO_2、PbO_2 等）和碳（玻碳、裂解石墨、碳纤维等）等材料制作，这些电极材料简单、结构单一、复合效应差，只有电子转移的单一作用，大多数物质在电极上的电子转移速度慢、选择性差，应用局限性大。化学修饰电极是在电极表面进行分子设计，将具有优良化学性质的分子、离子、聚合物固定至电极表面，使电极具有某种特定的化学和电化学性质。

化学修饰电极可利用吸附、共价键合、聚合、复合等方法把活性基团、催化物质等附着在电极（包括金属、碳和半导体等）表面上，使其具有较强的特征功能。制备出的修饰电极可采用循环伏安法、交流阻抗法等电化学技术表征其电化学性能；采用扫描电子显微镜、透射电子显微镜和原子力显微镜等显微技术观察电极的表面形貌；采用反射紫外光谱、反射红外光谱和拉曼光谱等谱学技术分析表面功能基团及分子结构；利用 X 射线衍射光谱和 X 射线光电子能谱进行表面修饰物的晶形结构和组成分析。

电极经表面修饰后，具有了某些新的功能，如高效富集、化学转化、电化学催化以及选择性渗透等，这对于提高电极的灵敏度和选择性、改善电极的稳定性和重现性以及开展表面电化学研究都是有利的。化学修饰电极扩展了电化学的研究领域，目前已应用于生命、环境、能源、分析、电子和材料等诸多方面。

13.5.2　生物电化学传感器

生物电化学传感器是一种将生物化学反应能转换为电信号的装置。通常以生物活性单元（如酶、抗原-抗体、核酸、细胞、生物膜等）作为生物敏感元件，待测物与生物敏感元件特异性结合后，所产生的复合物（或光、热等）通过信号转换器变为可以输出的电信号、光信号等，从而达到分析检测的目的。

吸附法是制备生物电化学传感器最简单的方法，包括物理吸附和化学吸附两种方式。物理吸附是通过极性键、氢键、疏水力、电子的相互作用以静电作用将生物组分吸附在不溶性惰性载体上；化学吸附是基于分子自组装膜(self-assembled membrane，SAM)将酶固定在基体上。包埋法也是通用的生物材料固定化技术，将生物组分包埋在膜、溶胶-凝胶、聚合物或碳糊等材料中而制备成生物电化学传感器。这些方法虽然简便易行，但存在生物分子易脱落或泄漏等问题，导致生物固化膜不稳定，传感器寿命受影响。通过共价键将生物组分与电极表面结合而固定的共价键合法和通过双（多）功能团试剂将生物分子之间、生物分子与凝胶（或聚合物）之间交联形成网状结构而使生物分子固定化的交联法克服了上述缺陷。

生物电化学传感器按照敏感材料、信号传导以及作用机制的不同可以分为以下类别：

(1)按照传感器敏感膜所采用的生命物质种类不同，可分为微生物传感器、免疫传感器、组织传感器、细胞传感器、酶传感器、DNA 传感器等。

(2)按照传感器检测器件的原理分类，可分为电流型生物传感器、电位型生物传感器、场效应管生物传感器、压电生物传感器等。

(3)按照生物敏感物质相互作用的类型分类，可分为亲和型和代谢型两种。

尽管生物电化学传感器种类繁多，但生物敏感元件只对特定反应起催化活化作用，因此生物电化学传感器具有以下特点：

(1)专一性强，只对特定的底物起反应，而且不受颜色、浊度的影响。

(2)准确度高，一般相对误差可以达到 1.0%。

(3)采用固定化生物活性物质作催化剂，价值昂贵的试剂可以重复多次使用，克服了过去酶法分析试剂费用高和化学分析烦琐的缺点。

(4)分析速度快，可以在 1 min 内得到结果。

(5)操作系统比较简单，容易实现自动分析。

(6)有的生物传感器能够可靠地指示微生物培养系统内的供氧状况和副产物的产生，能得到许多复杂的物理化学传感器综合作用才能获得的信息，同时它们还指明了增加产物得率的方向。

因此，生物电化学传感器在临床诊断检查、治疗时实施监控、发酵工业、食品工业、环境和药物分析（包括生物药物研究开发）以及生物技术、生物芯片等研究中有着广泛的应用前景。例如，基于葡萄糖氧化酶(GOD)电极建立的葡萄糖传感器、基于 L-乳酸单氧化酶电极建立的 L-乳酸传感器和基于尿酸酶电极建立的尿酸传感器等，它们都是利用修饰到电极上酶的催化性能，将催化反应所产生的或消耗的物质的量通过电化学装置转换成电信号，进而选择性地测定出某种成分。又如，诊断早期妊娠的 HCG 免疫传感器、诊断原发性肝癌的甲胎蛋白(α-AFP)免疫传感器、测定人血清白蛋白(HSA)的免疫传感器和 IgG 免疫传感器、胰岛素免疫传感器等，它们都是基于抗体对相应抗原具有唯一性识别和结合功能，将抗体或抗原与电极组合而实现抗原(或抗体)的选择性检测。

13.5.3　微纳米电化学分析

微电极也称超微电极，是一维尺寸小于 100 μm 或小于扩散层厚度的电极。例如，微型化离子选择性电极，可用于直接观察体液甚至细胞内某些重要离子的活度变化；玻璃毛细管电极(尖端内径在微米以下)，在微操纵仪控制下，安置在细胞表面附近或插入细胞内以观察单个细胞的电活动；在医学上，微电极是研究细胞的一种重要工具。实验表明，当电极尺寸从毫米降至微米或纳米级别时，会呈现出许多不同于常规电极的特点：

(1)电极表面的液相传质速率加快，以致建立稳态所需时间大为缩短，提高了测量响应速度。

(2)电极上通过的电流很小，为纳安(nA)或皮安(pA)级，体系的 iR 降很小，在高阻抗体系(包括低支持电解质浓度甚至无支持电解质溶液)的伏安测量中，可以不考虑欧姆电位降的补偿。

(3)微电极上的稳态电流密度与电极尺寸成反比，而充电电流密度与其无关，这有助于降低充电电流的干扰，提高检测灵敏度。

(4)微电极几乎是无损伤测试，可以应用于生物活体及单细胞分析。

将纳米材料应用于电化学分析领域的研究是一门新兴技术。纳米材料是指尺寸为 1~100 nm 的材料，具有颗粒尺寸小、比表面积大、表面能高、表面原子所占比例大等特点，以及其特有的三大效应(表面效应、小尺寸效应和宏观量子隧道效应)等传统材料所不具备的奇异或反常的物理、化学特性。因此，将纳米材料修饰到电极上，将呈现出特异的电化学性质，大大增强电化学信号，在化学与生物传感器的制备以及物质的微量、痕量检测等领域有重要作用。在信息技术领域，利用纳米技术可使芯片体积更小、速度更快；在疾病诊断和治疗等医学领域，纳米电化学传感器已能在实验室实现对前列腺癌、直肠癌等多种癌症类型的诊断。

13.5.4　联用技术

常规的电化学方法以电信号为激励和检测手段，得到的是电化学体系的各种微观信息的总和，难以直观、准确地反映出电极/溶液界面的各种反应过程、物种浓度、形态的变化，难以正确解释和表述电化学反应机理。随着现代科技的发展，出现了色谱-电化学、光谱-电化学、毛细管电泳-电化学、石英晶体微天平-电化学等电化学技术与其他分析方法相结合的联用技术。这些方法的出现对研究电极界面及电极反应过程大有裨益。

色谱-电化学联用技术是以电化学作为色谱的检测系统，它将色谱的高效分离特性与灵敏的电化学检测技术融合，得到快速分离、痕量(或超痕量)的检测方法。其具有灵敏度高、选择性好、抗干扰能力强、响应速度快的优点，在生命科学、环境科学和食品领域有重要的应用。光谱-电化学是将一束光作用在电极上，研究电化学过程中电极表面物质吸收光谱的变化，判断电极反应过程信息，同时具有电化学和波谱学的特点。光谱-电化学主要用于电极过程机理、测量式量电位、电子转移数、电极反应速率常数、与电极反应偶联的化学反应速率常数，电极表面特性以及鉴定参与反应的中间体、产物的性质等研究。石英晶体微天平-电化学是将石英晶体微天平与电化学分析联用，可反映电化学分析过程中电极微小质量变化或电流、电量随电位变化的情况，与法拉第定律结合，可以定量计算每一法拉第电荷量所引起的电极表面物质的质量变化，为电极反应机理研究提供新信息。

思考题与习题

1. 按照电化学测量参数分类，电化学分析方法主要有哪几种？

2. 简述电极电位的含义及测定电极电位的方法。

3. 离子选择性电极电位分析法中，使用总离子强度调节缓冲液(TISAB)，其组成及作用是什么？

4. 应用库仑分析法进行定量分析的关键问题是什么？

5. 充电电流产生的原因是什么？有哪些方法能减小(或克服)充电电流？

6. 试比较电解分析法与伏安分析法(或极谱分析法)的主要异同点。

7. 循环伏安法可以用于判断电极反应是否可逆，其判断依据是什么？

8. 用极谱分析法如何测定可逆电极反应的反应电子数？

9. 某极谱测定液由以下成分组成：除被测离子外，还有(1)NH_3-NH_4Cl；(2)Na_2SO_3；(3)动物胶，试说明加入各成分的作用。

10. 今用玻碳电极测得某物质的氧化电位为+0.8 V，能否改用极谱法在相同的溶液体系中测定该物质？为什么？

11. 生物传感器的关键技术是生物敏感膜的制备，其制备方法有几种？各举一例加以说明。

12. 某学生制备了二氧化钛纳米薄膜修饰电极，现拟对其进行表征，可用哪些方法获得相关信息？

13. 用循环伏安法分析铁氰化钾，当扫描速率为50 mV·s⁻¹时，峰电流为100 μA，则扫描速率为25 mV·s⁻¹和100 mV·s⁻¹时观察到的电流应为多少？

（70.71 μA，131.42 μA）

14. 忽略离子强度影响，计算下列电池电动势：

Ag, AgCl | KCl(0.1 mol·L⁻¹)，NaF(0.001 mol·L⁻¹) | LaF₃单晶膜 | NaF(0.1 mol·L⁻¹) ‖ SCE

已知：甘汞电极电位 0.2445 V，$\varphi^{\ominus}_{AgCl/Ag}$ = 0.2223 V。

（0.0813 V）

15. 用Cu^{2+}离子电极测定如下电池：

Cu^{2+}离子电极 | Cu(1.5×10⁻⁴ mol·L⁻¹)溶液体积 20 mL ‖ SCE

其电动势为0.113 V，向溶液中加入 5 mL NH_3 溶液，使待测液中 NH_3 浓度保持为 0.1 mol·L⁻¹，这时测得电动势为0.593 V，试求铜氨配离子 $Cu(NH_3)_4^{2+}$ 的不稳定常数。

（4.61×10⁻¹³）

16. 25 ℃时，以 玻璃电极 | $H^+(a = x)$ ‖ SCE 在 pH = 5.54 的缓冲溶液测得的电池电动势为 0.0203 V。当缓冲溶液用未知液代替时，测得电动势为 0.017 V。若响应斜率为 59 mV/pH，试计算未知液的 pH。

（5.6）

17. 用氟离子选择性电极测定牙膏中的 F 含量，称取 0.205 g 牙膏，并加入 50 mL TISAB 试剂，搅拌微沸冷却后移入 100 mL 容量瓶中，用蒸馏水稀释至刻度，移取 25.0 mL 于烧杯中，测其电位值为−0.155 V，加入 0.10 mL 0.50 mg·mL⁻¹ F⁻标准溶液，测得电位值为−0.176 V。该离子选择性电极的响应斜率为 59.0 mV/pF⁻，氟的相对原子质量为 19.00，计算牙膏中氟的质量分数。

（0.077%）

18. 以铜电极为阴极，铂电极为阳极，在 pH = 4 的缓冲液中电解 0.010 mol·L⁻¹ 的 $ZnSO_4$ 溶液。如果在给定的电流密度下电解，此时 H_2 在铜电极上的超电位为 0.75 V，O_2 在铂电极上的超电位为 0.50 V，iR 降为 0.50 V，$p(O_2)$ = 101 325 Pa，已知$\varphi^{\ominus}_{Zn^{2+}/Zn}$ = −0.763 V，$\varphi^{\ominus}_{O_2/H_2O}$ = 1.229 V。

(1)电解 Zn^{2+} 需要的外加电压为多少?

(2)在电解过程中是否要改变外加电压? 为什么?

(3)当 H_2 析出时, Zn^{2+} 在溶液中的浓度为多少?

$(2.82\ V,\ 2.75 \times 10^{-8}\ mol \cdot L^{-1})$

19. 电解分析过程中, 卤素离子将在银阳极上发生如下反应而沉积出来: $Ag + X^- \Longrightarrow AgX + e^-$, 能否通过电解将浓度为 $0.05\ mol \cdot L^{-1}$ 的 Br^- 和 Cl^- 分开(以 $10^{-6}\ mol \cdot L^{-1}$ 作为定量除尽其中一种离子的判断根据)? 如能分离, 应控制阳极电位在什么范围(vs. SCE)? 已知: $K_{sp,\ AgCl} = 1.8 \times 10^{-10}$, $K_{sp,\ AgBr} = 5.0 \times 10^{-13}$, $\varphi^{\ominus}_{Ag^+/Ag} = 0.799\ V$。

20. 化学需氧量(COD)是指在一定条件下, 1 L 水中可被氧化的物质氧化时所需氧气的质量。现取水样 100 mL, 在 $10^{-2}\ mol \cdot L^{-1}$ 硫酸介质中, 以 $K_2Cr_2O_7$ 为氧化剂, 回流消化 15 min 通过 Pt 阴极电极产生亚铁离子与剩下的 $K_2Cr_2O_7$ 作用, 电流 50.00 mA, 20.0 s 后达到终点。Fe^{2+} 标定电解池中的 $K_2Cr_2O_7$ 时用了 1.00 min, 求水样的 COD。

$(1.66 \times 10^{-3}\ g \cdot L^{-1})$

21. 将 15 mL 被测离子浓度为 $2.3 \times 10^{-3}\ mol \cdot L^{-1}$ 的电解液进行极谱电解, 设电解过程中扩散电流强度不变, 汞流速度为 $1.20\ mg \cdot s^{-1}$, 滴汞周期为 3.00 s, 扩散系数为 $1.31 \times 10^{-5}\ cm^2 \cdot s^{-1}$, 电子转移数为 1, 电解 1 h 后被测离子浓度降低的百分数为多少?

(0.74%)

22. 在 pH = 4 的 HAc-NaAc 缓冲溶液介质中, 电解 $0.010\ mol \cdot L^{-1}\ ZnSO_4$ 溶液, 以 Cu 为阴极, Pt 为阳极。已知: Cu 电极上 $\eta_{H_2} = 0.75\ V$, Pt 电极上 $\eta_{O_2} = 0.50\ V$, 电池的 iR 降为 0.50 V。(1)理论分解电压为多少伏? (2)电解开始时所需加的实际电压为多少伏? (3)电解过程中电压须变化吗? (4)阴极开始释放 H_2 时, 溶液中 Zn^{2+} 浓度为多少? 已知: $\varphi^{\ominus}_{Zn^{2+}/Zn} = -0.7628\ V$, $\varphi^{\ominus}_{H^+/H_2} = 0\ V$, $\varphi^{\ominus}_{O_2/H_2O} = 1.229\ V$。

$(1.229\ V,\ 2.97\ V,\ 2.88 \times 10^{-8}\ mol \cdot L^{-1})$

第 14 章　色谱分析法

14.1　概　述

14.1.1　色谱法的产生与发展

色谱法(chromatography)又称色层法、层析法，是利用流动相携载某一混合组分以不同的速率通过固定相，让混合组分中每个组分各自分离的分离技术。色谱中的固定相是静止不动的，可以是固体或液体，对被分离组分有吸附或其他不同作用力；流动相则是溶有被分离组分并运送其通过固定相的流体，可以是气体、液体和超临界流体。固定相和流动相之间不能互溶。

1903 年俄国植物学家茨维特(Цвет，英文 Tswett)首先创立了色谱分离这一方法。他采用一根充填的碳酸钙粉末为固定相的玻璃柱，将高等植物叶子的提取物倒入玻璃柱顶部，然后用石油醚作流动相，让石油醚带动提取物自由流下，由于碳酸钙对植物中不同色素的吸附能力不同，故在石油醚流动方向上不同色素成分分离成一层层色带，色谱法因此而得名。利用这种方法茨维特证明高等植物叶子中的叶绿素有两种成分。据此，后来诸多学者对茨维特的色谱法十分重视并研究发展。其中突出的是瑞典科学家蒂西利斯(Tiselius)于 1941 年创立了液相色谱分离，同时英国学者马丁(Martin)和辛格(Synge)创造了液液分配色谱，他们采用水饱和的硅胶为固定相，以含有乙醇的氯仿为流动相分离了乙酰基氨基酸。1952 年马丁等开创了用气体作流动相的气液色谱法。1958 年戈利(Golay)提出了分离效果极佳的毛细管柱气相色谱法。由于液液色谱法受到仪器设计的局限，分离速度较慢，分离效果较差，发展速度一直缓慢。直到 20 世纪 60 年代，随着高压输液泵及光学检测器的应用，并且制作出了分离能力强的微粒填充剂作固定相，才促进了液相色谱的快速发展。

色谱分析从早期作为一项分离技术，发展到如今已成为当前分析科学非常重要的分支。从未知物质的鉴定，到石油化工产品分析，再到基因表达序列分析，无处不有色谱分离技术的身影。色谱分析早已不再局限于分离分析有色物质，配以灵敏检测器的气相色谱和液相色谱，再加上高效毛细管电泳分析技术，成为目前化学、生物、药物及临床分析复杂化合物不可缺少的技术。

14.1.2　色谱分析方法分类

色谱分析包括多种仪器类型、分离机理及检测和操作技术等，因此基于不同的分类条件，一种色谱方法可能会有几种名称。表 14-1 列出常见色谱分析方法的分类。

表 14-1　常见色谱分析方法的分类

基本分类	色谱方法	流动相	固定相	固定相形态	分离机理
气相色谱	气固色谱	气体	固体吸附剂	柱状	物理吸附
	气液色谱		吸附在载体上的液体		两相间分配
液相色谱	液固色谱	液体	固体吸附剂	柱状 平层	物理吸附

续表

基本分类	色谱方法	流动相	固定相	固定相形态	分离机理
液相色谱	液液色谱		吸附在载体上的液体	柱状	两相间分配
	键合相色谱		键合官能团的固体	柱状 薄层	两相间分配
	离子交换色谱		离子交换树脂		离子交换
	尺寸排阻色谱		具有尺寸孔隙的固体	柱状	分配/过滤
	亲和色谱		键合特异性基团的固体		特异性相互作用

　　按流动相的相态分类是最常用的色谱分析分类方法。流动相为气体的色谱法称为气相色谱(gas chromatography, GC)，作为流动相的气体需要具有纯度高、化学稳定性好等特点，常用作流动相的气体有氢气、氮气、氦气和氩气。同样，流动相为液体的色谱称为液相色谱(liquid chromatography, LC)。近年随着对超临界流体研究的深入，还出现了以超临界流体为流动相的超临界流体色谱(supercritical fluid chromatography, SFC)。气相色谱只能用于可气化物质的分离，液相色谱适用于热稳定性不好或不易气化物质的分离，两者分离对象的差别使它们在分析应用中形成很好的互补。超临界流体色谱兼有气相色谱和液相色谱的特点，理论上它既可分析高沸点、低挥发性样品，又比液相色谱有更快的分析速度和更高的柱效，虽然现在还未广泛商用，但是仍具有很好的发展潜力。常用的超临界流体有二氧化碳、氧化亚氮和氨气。气相和液相色谱还可以根据固定相的相态进一步分为气固色谱、气液色谱、液固色谱和液液色谱。

　　根据固定相的物理形态进行分类也是常用的方法。固定相装在色谱柱内用于分离称为柱色谱，按照柱的构造和制备方法不同，分为填充柱(packed column)、整体柱(monolithic column)和开管柱(open tubular column)。柱状是使用最为广泛的固定相形态，气相色谱、液相色谱和超临界流体色谱均为柱色谱。固定相为平面状态的称为平面色谱，包括固定相均匀以薄层涂敷在玻璃或塑料板上的薄层色谱和以滤纸作固定相或固定相载体的纸色谱。平面色谱设备简单，操作方便，但是很少用于定量分析，大多用于定性分析，在有机合成中常用于监控反应进程。

　　按照色谱动力学过程，色谱分析可以分为洗脱色谱、顶替色谱和迎头色谱。洗脱色谱中，流动相与固定相的作用力小于其与分离组分的作用力，分离组分按与固定相作用力从小到大顺序先后洗出。洗脱色谱是当前应用最广泛的色谱分析，本章中介绍的色谱分析主要是洗脱色谱模式。顶替色谱又称为置换色谱，所用流动相与固定相作用力强于分离组分与固定相的作用力，依次从固定相上将被测组分置换下来，与固定相作用力弱的组分先被置换洗出。迎头色谱又称为前沿法，以含有被测组分的试样溶液为流动相，与固定相作用力最小的被测组分最先流出，随后吸附或溶解力较强的第二个组分与第一个组分的混合物流出色谱柱，依此类推。该法仅适用于几个组分混合物的分离和纯化。

　　此外，按照色谱分离机理，色谱分析可以分为吸附色谱、分配色谱、离子交换色谱、亲和色谱及尺寸排阻色谱等。

14.1.3　色谱分离的过程

　　所有色谱分离体系都由固定不动的固定相和在外力作用下移动的流动相构成。被分离组分从固定相上被溶解下来的过程称为洗脱(elution)，色谱分离实际上就是洗脱的一种表现方式，将被分离组分从固定相上溶解下来的溶剂称为洗脱剂(eluant)。在色谱分离过程中，流动相就是洗脱剂，当流动相带着被分离组分流出固定相后，就成为洗出液(eluate)进入检测系统。图 14-1 是两组分混合物色谱分离过程的示意图，模拟出被分离组分在色谱迁移的过程。从图 14-1 可以看到，将一个含有 A 和 B 两个组分的混合物溶液注入柱的顶端，假定此时组分不移动，样品溶液形成了一个狭窄的样品带，起始时间设为 t_0。随着流动相首次引入，样品带跟随倒入的流动相向柱下方移动，同时 A 和 B 两个组分被固定相保留，然后又被流动相洗脱下来。由于被分离组分与固定相及流动相之间作用力的大小不同，假定经过 t_1 时间后达到平衡，两组分在色谱柱上的分离如图 14-1 所示。此时，持续加入的新鲜流动相赶到，被分离组分又随流动相向下迁移，原有平衡打破，被分离组分继续在固定相和流动相之间进行保留-洗脱过程，直至达到另一个新平衡 t_2，如此反复，依此类推 t_3 和 t_4。随着它们向柱下方的移动，由 t_1 到 t_2，两组分之间距离加大，同时组分带由窄变宽。因为被分离组分随流动相移动，它迁移的平均速率主要依赖于其滞留在流动相中的量，被固定相强烈保留的组分如 B 物质在流动相中份额小，迁移速率相对 A 物质来说就要小，迁移速率的差别使混合物各组分 (A 和 B)沿着柱长方向逐渐分离，优化分离条件使带展宽速度远小于组分分离速度，被分离组分就形成各自的样品带(band 或 zone)。在流动相流出固定相末端被检测器检测时，如果各组分达到完全分离，形成独立的样品带，就会显示出一系列峰的曲线，以被分离组分的检测信号大小对时间作图得到的曲线称为色谱图(chromatogram)。根据峰在时间轴上的位置可以定性分析样品组分，而依据峰大小可以定量测定各组分。

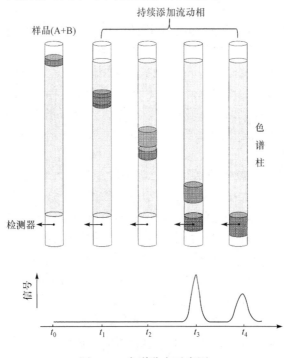

图 14-1　色谱分离示意图

　　色谱分离既要求被分离组分在色谱柱上保留能力差别大，也要求组分区带窄，这些都涉及色谱分离的柱效、各组分保留时间、保留因子以及选择性因子等属性的基本概念。讨论并解释这些与色谱分离因素有关的基本概念，有助于阐释色谱分离基础理论。

14.2 色谱基本概念与基础理论

14.2.1 色谱图及相关术语

所有色谱分离都是基于被分离组分(溶质)在固定相和流动相中的分配程度不同。对于被分离组分 A，它在两相中存在分配平衡，用来描述分配平衡的平衡常数 K 称为分配系数(partition coefficient)，通常采用浓度 c 代替活度 a，所以有

$$K = c_s/c_m \tag{14-1}$$

由于在色谱中被分离组分的浓度较低，当流动相与固定相确定后，c_s 基本上正比于 c_m，分配系数 K 被认为是常数，K 为常数的色谱又称为线性色谱。若被分离组分在色谱柱始终遵循线性色谱行为，则被分离组分的色谱图就是一条呈高斯分布的峰形曲线，如图 14-2 所示。根据此图了解构成色谱图的各要素。

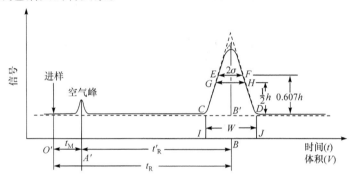

图 14-2 某组分的色谱图

1. 基线

当色谱体系只有流动相通过，没有样品组分随流动相进入检测器时，检测器输出的响应信号值称为基线(base line)。基线是衡量色谱体系是否正常工作的重要指导参数，稳定的基线应该是一条与横坐标平行的水平直线。

2. 峰高

峰高(peak height) h 是组分洗脱出最大浓度时检测器的响应信号值，为图 14-2 中色谱峰顶至基线垂直距离 AB'。峰高与被分离组分的量有一定正比关系，可用于定量分析。

3. 色谱峰区域宽度

色谱峰区域宽度(peak width)反映了组分在色谱柱中区带展宽的程度，与色谱动力学有关，是研究色谱分离行为的重要参数，通常有三种表示方式：

(1)标准差 σ，好的色谱峰大致为高斯曲线，根据数理统计，用标准差 σ 可以度量曲线区域宽度，即图 14-2 中 0.607 倍峰高处的 1/2 峰宽度。

(2)基线峰宽 W，基线处色谱峰的宽度，由色谱峰两边的拐点作切线，与基线交点间的距离，即图 14-2 中 IJ 之间的距离。

(3)半峰高宽度 $W_{1/2}$，峰高一半处的宽度，图 14-2 中 GH 之间的距离，多用它衡量峰的宽窄。

4. 色谱峰面积

色谱峰面积(peak area)是色谱曲线与基线间包围的面积，即图 14-2 中 ACD 内的面积。通常所说的组分间基线分离，就是各组分色谱峰面积没有重叠。峰面积也与被分离组分的量有一定正比关系，可用于定量分析。

5. 保留时间

被分离组分从开始进样到该组分色谱峰出现峰值之间的时间称为保留时间(retention time) t_R。不被固定相保留的组分的保留时间又称为死(保留)时间(dead time)，如在气相色谱中空气峰的保留时间 t_M(图 14-2)。被分离组分的保留时间扣除死时间后，就是这个组分在色谱柱中的保留时间，称为调整保留时间(t_R')，即

$$t_R' = t_R - t_M \tag{14-2}$$

利用死时间，可以得出流动相的平均线速度，用 $\bar{u}$ 表示，单位用 $cm \cdot s^{-1}$ 表示，L 为色谱柱柱长，则

$$\bar{u} = \frac{L}{t_M} \tag{14-3}$$

同理，被分离组分移动的平均线速度用 $\bar{v}$ 表示，即

$$\bar{v} = \frac{L}{t_R} \tag{14-4}$$

6. 保留因子

保留因子(retention factor) k 是重要的色谱参数，有的教材中也称为容量因子[①]或分配比，广泛用于比较柱上分离组分的迁移速度。保留因子可以定义为组分在固定相的物质的量(n_s)与组分在流动相的物质的量(n_m)之间的比值。对于组分 A，保留因子为

$$k_A = \frac{(n_A)_s}{(n_A)_m} = \frac{(c_A)_s V_s}{(c_A)_m V_m} = K_A \frac{V_s}{V_m} \tag{14-5}$$

式中，K_A 为溶质 A 的分配系数。在色谱分离中，组分 A 的平均线速度 $\bar{v}_A$ 大小取决于组分 A 在流动相中的比例和流动相平均线速度，即

$$\bar{v}_A = \bar{u} \frac{(n_A)_m}{(n_A)_s + (n_A)_m} = \bar{u} \frac{(c_A)_m V_m}{(c_A)_s V_s + (c_A)_m V_m} = \bar{u} \frac{1}{1 + \frac{(c_A)_s V_s}{(c_A)_m V_m}} \tag{14-6a}$$

将式(14-5)代入式(14-6a)中得

$$\bar{v}_A = \bar{u} \frac{1}{1 + k_A} = \bar{u} \frac{1}{1 + K_A \frac{V_s}{V_m}} \tag{14-6b}$$

---

① 在有些教材中，容量因子用符号 k' 表示。1993 年，IUPAC 分析命名推荐规定这一常数为保留因子，用符号 k 表示。

将式(14-3)和式(14-4)代入式(14-6b)中，有

$$\frac{L}{t_{R,A}} = \frac{L}{t_M} \frac{1}{1+k_A} \tag{14-7}$$

整理式(14-7)，转换成通式，得

$$k = \frac{t_R - t_M}{t_M} = \frac{t_R'}{t_M} \tag{14-8}$$

利用式(14-8)就能从色谱图上直接计算出保留因子。组分在色谱柱上没有保留，其保留因子为 0，组分在色谱上保留越强，其保留因子越大。因此，保留因子是衡量色谱柱对被分离组分保留能力的的重要参数。改变柱温、固定相性质以及流动相性质都能引起保留因子的改变，进而改善分离。但是，当保留因子大于 30 时，洗脱时间会变得非常长，峰形展宽厉害，不利于分离。

此外，式(14-6b)也表明了被分离组分在色谱中的迁移速率是该组分分配系数的函数，当流动相和固定相体积确定后，各个组分分配系数 K 不同，是混合组分能够差速迁移实现分离的重要因素。

7. 选择性因子

选择性因子(selectivity factor)也称相对保留值，是被分离的两组分 A 和 B 在色谱柱上保留能力相互比较的体现，用符号 α 表示，根据定义为

$$\alpha = \frac{k_B}{k_A} = \frac{K_B}{K_A} \tag{14-9}$$

式中，k_B 和 k_A 分别为保留较强的组分 B 和保留较弱的组分 A 的保留因子；K_B 和 K_A 分别为组分 B 和 A 的分配系数。根据选择性因子的定义，α 总是大于 1。将式(14-8)代入式(14-9)中，有

$$\alpha = \frac{t_{R,B} - t_M}{t_{R,A} - t_M} = \frac{t_{R,B}'}{t_{R,A}'} \tag{14-10}$$

两个峰之间距离越远，选择性因子越大。选择性因子也是衡量色谱柱分离能力的重要参数，但是不受色谱柱长、柱径及流动相的流速等实验条件的影响，可以用作色谱定性分析的参数。

8. 分离度

在色谱分离中，两组分的色谱峰之间的距离越大，说明在给定条件下色谱柱对组分的选择性越好，选择性因子 α 可以衡量色谱柱的选择性。然而，选择性因子大并不意味着色谱分离效果好。图 14-3 是组分 A 和 B 在三种色谱条件下的分离情况，从图中发现，(a)和(c)条件下两个组分都是完全分离，(a)条件下峰形窄而高，但是选择性因子比(c)条件下小。虽然(a)和(b)条件下得到的选择性因子相同，但是明显在(b)条件下两组分没有完全分离。可见，良好的分离效果不仅与两组分之间的距离有关，还受到组分色谱峰的宽窄影响。分离度(resolution)R_s 描述的是两组分的色谱峰之间的距离相对于峰区域宽度的大小程度，旨在将色谱柱对两组分的分离能力定量地表达出来。根据定义，分离度公式如下：

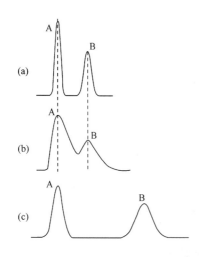

图 14-3 两组分在不同色谱条件下的分离情况

$$R_s = \frac{t_{R,B} - t_{R,A}}{\frac{1}{2}(W_B + W_A)} = 2\frac{t_{R,B} - t_{R,A}}{W_B + W_A} \qquad (14\text{-}11)$$

一般来说，当 $R_s < 1$ 时，两色谱峰有部分重叠；当 $R_s = 1$ 时，两峰能明显分离；当 $R_s = 1.5$ 时，两峰达到完全（基线）分离。

由此可见，通过色谱图及相关参数的探讨，可以对被测样品进行初步分析，获得被测物质的重要信息。例如，根据色谱峰的个数，可以判断样品中组分的最少个数；根据色谱峰的保留时间，可以进行定性分析；根据峰高或峰面积可以进行定量评估；根据色谱峰保留时间及峰形可以评估色谱柱分离效率。

14.2.2　色谱基础理论

色谱分离效率主要受到两方面因素的影响。一方面是不同组分在色谱体系中迁移速率差异，这与组分、固定相和流动相性质及彼此间作用力差别有关，属于热力学研究领域。另一方面是组分在迁移过程中引起的区带展宽，这主要源于组分分子运动速率的不同，涉及色谱动力学领域。因此，色谱研究者正是从微观分子运动和宏观分布平衡出发，探讨了哪些因素影响柱效，哪些因素导致色谱峰展宽，建立了能够阐述色谱分离机理、指导优化分离条件的各类色谱理论。在各种阐述色谱分离理论中，以塔板理论和速率理论具有代表性。

1. 塔板理论与柱效

柱效（column efficiency）即色谱柱分离组分的能力。柱效高，组分基线分离快速且峰敏锐；柱效低，分离速度慢且峰变宽，不但分离选择性差，还降低了检测灵敏度。如何定量表达柱效，衡量色谱柱的分离能力，一直是色谱工作者长期探讨的方向。塔板理论首次提出了用理论塔板数衡量色谱柱的柱效。

塔板理论借鉴了石油工业中的精馏分离原理，色谱柱内组分分离过程类比精馏塔内的精馏分离过程，假设色谱柱内径一致、固定相填充均匀，是由若干高度相等（塔板高用 H 表示）的塔板组成，组分在每个塔板上的分配系数不变，且瞬间完成分配平衡，纵向分子扩散忽略。流动相采用脉动方式间歇经过色谱柱，每次进入各个塔板或向下一个塔板转移的流动相体积相等。当色谱柱长度为 L 时，理论塔板数（n）与理论塔板高度（H）之间的关系如下：

$$n = \frac{L}{H} \qquad (14\text{-}12)$$

与精馏过程一样，色谱柱柱效随着理论塔板数的增加而增加，随塔板高度的增加而减少。由式(14-12)可以得出，增加柱长能够提高柱效。

塔板理论指出，当理论塔板数大于 50 时，色谱峰形基本对称，色谱峰趋近于高斯分布曲线，如气相色谱柱塔板数可以达到 10^6。根据塔板理论，色谱分析能够获得很好的分离能力主要归因于被分离组分多次反复在塔板间进行分配平衡。理论塔板数可以根据组分的保留时间和峰宽，按照如下公式进行计算：

$$n = 5.54 \left(\frac{t_R}{W_{1/2}} \right)^2 = 16 \left(\frac{t_R}{W} \right)^2 \tag{14-13}$$

由于死时间实际上并不参与分离过程，因此为了更准确地表达色谱柱效，通常采用调整保留时间 t_R' 代替保留时间 t_R 计算塔板数，称为有效塔板数（$n_{有效}$），对应的塔板高也称为有效塔板高（$H_{有效}$）。

$$n_{有效} = 5.54 \left(\frac{t_R'}{W_{1/2}} \right)^2 = 16 \left(\frac{t_R'}{W} \right)^2 \tag{14-14}$$

从式(14-13)或式(14-14)都可以发现，峰越窄，保留时间越长，塔板数越大，说明这个色谱柱的柱效越大，分离效果好。同一根色谱柱可以因为利用不同组分的色谱参数计算而得出不同的塔板数。因此，在实际工作中，采用塔板数评价色谱柱的柱效时，需要指明采用的是何种物质。

塔板理论从热力学角度设想了物质在色谱柱中的分配情况，解释了色谱峰的流出形状，提出了塔板数这一参数定量评价柱效。但是，它是在一个理想假设下得到的半经验性理论，具有一定的局限性，并不能反映色谱柱的实际分离效果。当两个组分具有相同的保留时间，即完全不能分离时，计算出来的塔板数不具有任何意义。塔板理论也不能解释柱效随流动相流速改变的原因。另外，塔板理论不能阐明柱效受到哪些因素影响，为优化色谱分离条件提供指导。

2. 速率理论与影响柱效的因素

塔板理论的局限性促使色谱工作者继续探讨会导致谱带展宽和影响柱效的参数（表14-2），但是始终不能将这些参数统一归纳成理论，系统解释影响色谱分离的因素。

表 14-2　影响柱效的参数

参数*	代表符号	单位
流动相中的扩散系数	D_m	$cm^2 \cdot s^{-1}$
固定相中的扩散系数	D_s	$cm^2 \cdot s^{-1}$
固定相填料的粒径	d_p	cm
固定液膜厚度	d_f	cm

* 前面介绍过的参数这里就没有列出。

20 世纪 50 年代，以荷兰学者范第姆特（van Deemter）为主导的色谱工作者在塔板理论的基础上，研究了组分在两相分配过程中与扩散、传质之间的关系，并建立了速率理论。范第姆特方程是其中最为经典的结论，方程如下：

$$H = A + B/u + Cu \tag{14-15}$$

式中，A、B/u 和 Cu 分别为涡流扩散项、纵向扩散项和传质阻力项。随后，方程进行适当的修改，也用于解释其他色谱。范第姆特方程如何推导及修改的，在这里就不作详细说明了。本节主要是利用范第姆特方程探讨影响柱效的因素。

1）涡流扩散项 A

在填充柱中，流动相携带被分离组分分子通过固定相颗粒间空隙时，流动方向会不断改

变，形成类似"涡流"的运动，导致组分分子在固定相中停留时间不同，引起谱带的展宽（图 14-4）。涡流扩散项只与固定相填料的粒径 d_p 及填充均匀性有关。

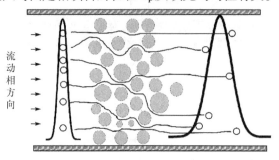

图 14-4 色谱柱中的涡流扩散示意图

因此，采用小而均匀的固定相填料，且装填紧实、均匀是减小涡流扩散和提高柱效的有效途径。对于涂层开管色谱柱，涡流扩散项可以忽略。

2) 纵向扩散项 B/u

纵向扩散项又称为分子扩散项，顾名思义是由于进样后在色谱柱轴向上形成了浓度梯度，被分离组分沿柱纵向扩散，纵向扩散正比于扩散系数 D_m 和阻滞因子 γ，公式如下：

$$B/u = 2\gamma D_m/u \tag{14-16}$$

γ 反映了组分在柱内扩散时路径弯曲对分子扩散的阻碍情况，填充柱 γ 值一般为 0.5～0.7，开管柱不存在路径弯曲，$\gamma=1$。从式(14-16)可以看出，纵向扩散项系数的大小很大程度上由组分在流动相中的扩散系数 D_m 决定，D_m 与组分性质、柱温、柱压和流动相性质等许多因素有关。组分在气体中的扩散系数比液体中的大若干数量级，因此在液相色谱中纵向扩散对柱效的影响小很多，可以忽略不计，而在气相色谱中，纵向扩散是谱带变宽的主要原因之一。在气相色谱中，为了减小纵向扩散对柱效的影响，可以采用较高的流速，选用相对分子质量较大的气体作为流动相，也可以适当降低柱温。

3) 传质阻力项 Cu

色谱分离过程中，被分离组分在流动相和固定相间进行分配，实质上是在两相间进行传质。以气液色谱为例(图 14-5)，组分被载气带入色谱柱后，组分分子由载气和固定相液膜的界面进入固定相液膜内部，进而扩散趋向平衡。由于载气是流动的，因此组分分子又由固定相液膜中重新溶入载气，与载气一起迁移，这个过程就称为传质。色谱分离过程呈连续流动状态，因组分与两相之间的分子间作用力，导致了有限的传质速率，使得组分分子不可能瞬间于两相建立平衡。流动相流速越快，给予平衡的时间越少，传质扩散越严重，峰展宽越严重。传质阻力系数 C 可以分为固定相传质项系数 C_s 和流动相传质项系数 C_m。

对于气液色谱，固定相传质项系数 C_s 是一个保留因子 k 的函数，而且与载体上的液膜厚度的平方(d_f^2)成正比，与组分在固定液膜内的扩散系数 D_s 成反比。可见，适当降低固定相液膜的厚度，增加组分在固定相中的扩散系数，都能减小传质阻力提高柱效。需要注意的是，

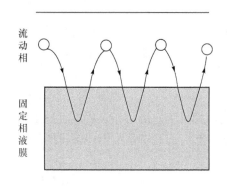

图 14-5 色谱传质阻力示意图

虽然升高柱温可以增大扩散系数，但是会造成保留因子 k 减小，因此通过升高柱温改善分离效果需要权衡考虑。

流动相传质项系数 C_m 同样是保留因子 k 的函数，且正比于柱填料粒径的平方(d_p^2)，反比于溶质在气体流动相内的扩散系数 D_m。因此，采用小颗粒固定相填料，以及采用相对分子质量小的气体作为流动相，都可以提高柱效。

4) 流动相线性流速

图 14-6 是分别在液相色谱和气相色谱中流动相线性流速对塔板高度的 H-u 关系曲线。从图中可以看到，无论是液相色谱还是气相色谱，H-u 曲线都有一个最低点，此时纵向扩散和传质扩散对色谱峰区带展宽柱影响最小，柱效最高，H 最小，以 H_{min} 表示；对应的流动相流速称为最佳流速，以 u_{opt} 表示。因此，在色谱分离时，流动相流速越接近 u_{opt}，越有助于提高柱效。

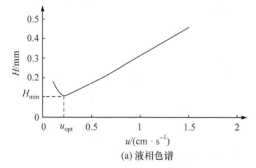
(a) 液相色谱

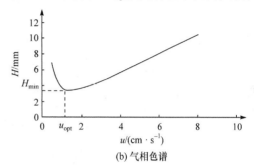
(b) 气相色谱

图 14-6　流动相流速对塔板高度的影响

根据速率理论，总结减少色谱峰展宽、提高色谱分离效果的要点如下：

(1) 对于填充柱，影响柱效的主要因素是柱中固定相填料的粒径，粒径越小，谱带展宽效应越弱。对于毛细管柱，柱直径尺寸本身就是一重要因素，较小柱直径使谱带展宽变小。

(2) 对于气相色谱，适当降低柱温度能够减小纵向扩散速度或扩散系数，但是不太利于减小传质阻力，需要综合考虑。对于液相色谱，因为纵向扩散对柱效影响小，故可以通过适当提高柱温来降低传质阻力，提高柱效。

(3) 对于固定液，可以通过适当减小固定液膜的厚度提高柱效，但是要注意不能影响固定液对组分的保留能力。对于液相色谱固定相，采用小粒度、大孔径固定相填料能够降低组分在固定相上的传质阻力，改善色谱柱分离效果。

(4) 色谱分离时，流动相尽量选取最佳流速。

(5) 速率理论对于优化色谱分离条件具有很好的指导意义，也是研发新型色谱体系及色谱柱的理论基础。

例 14-1　在一长 30 cm 柱上，物质 A 和 B 的保留时间分别是 15.30 min 和 16.53 min。一个不被保留的物质 1.50 min 通过柱。A 和 B 在基线上的峰宽分别是 1.05 min 和 1.22 min，计算：(1) 两物质在该色谱柱上的分离度；(2) 柱的平均塔板数；(3) 塔板高度；(4) 获得 1.5 的分离度需柱长度多少？(5) 当分离度为 1.5 时，物质 B 的保留时间为多少 (参考 14.2.3 小节内容)？

解　(1) 根据 $R_s = 2\dfrac{t_{R,B} - t_{R,A}}{W_B + W_A}$，有

$$R_s = 2 \times \frac{16.53 - 15.30}{1.05 + 1.22} = 1.08$$

(2) 根据 $n = 16 \left(\dfrac{t_R}{W} \right)^2$，有

$$n_A = 16 \times \left(\frac{15.30}{1.05} \right)^2 = 3397 \qquad n_B = 16 \times \left(\frac{16.53}{1.22} \right)^2 = 2937$$

$$n_{\text{平均}} = (3397 + 2937)/2 = 3167$$

(3) $\qquad\qquad H = L/n = 30/3167 = 9.4 \times 10^{-3} \, (\text{cm})$

(4) k 和 α 不随 n 和 L 的增加有大的变化，故当作常数，则有

$$\frac{R_{s,1}}{R_{s,2}} = \frac{\sqrt{n_1}}{\sqrt{n_2}} = \frac{\sqrt{L_1}}{\sqrt{L_2}}$$

L_1 和 L_2 分别是原有和较长柱长，将 n_1、$R_{s,1}$ 和 $R_{s,2}$ 的具体数值代入上式得

$$\frac{1.08}{1.5} = \frac{\sqrt{30}}{\sqrt{L_2}}$$

计算得 $L_2 = 59 \, \text{cm}$。

(5) 将 $R_{s,1}$ 和 $R_{s,2}$ 分别代入公式 $t_{R,B} = 16 R_s^2 \dfrac{H}{u} \left(\dfrac{\alpha}{\alpha - 1} \right)^2 \dfrac{(1 + k_B)^3}{k_B^2}$ 并相除，有

$$\frac{t_{R,B,1}}{t_{R,B,2}} = \left(\frac{R_{s,1}}{R_{s,2}} \right)^2$$

$$t_{R,B,2} = 16.53 \times \left(\frac{1.5}{1.08} \right)^2 = 31.89 \, (\text{min})$$

由此看出，分辨率获得改善。如果加长色谱柱，分离时间翻倍。

14.2.3 分离方程与优化色谱分离条件的因素

选择色谱分析方法首先要考虑被分离组分相关色谱分离参数及它们之间的相互影响，以此优化色谱条件，使样品组分得以高灵敏、高选择性地快速分离。分离度 [式 (14-11)] 是定量评价色谱分离效果的参数，可以判断混合组分是否完全分离，但是并不能获得影响分离度的因素并以此来改善色谱分离条件。因此，色谱工作者将分离度计算公式进行了转化，假定两个保留时间接近的相邻被分离组分色谱峰具有一样的峰宽，即 $W_A = W_B$，则

$$R_s = \frac{t_{R,B} - t_{R,A}}{W_B} \tag{14-17}$$

将式 (14-13) 转化成 $W_B = \dfrac{4 t_{R,B}}{\sqrt{n}}$ 代入式 (14-17) 中，得

$$R_s = \frac{\sqrt{n}}{4} \frac{t_{R,B} - t_{R,A}}{t_{R,B}} = \frac{\sqrt{n}}{4} \frac{\dfrac{t_{R,B} - t_{R,A}}{t_M}}{\dfrac{t_{R,B}}{t_M}} = \frac{\sqrt{n}}{4} \frac{k_B - k_A}{1 + k_B} \tag{14-18}$$

将式 (14-9) 转化成 $k_A = k_B/\alpha$，代入式 (14-18) 并整理得

$$R_s = \frac{\sqrt{n}}{4} \frac{\alpha - 1}{\alpha} \frac{k_B}{1 + k_B} \tag{14-19}$$

由此可以看到，其实分离度受三个因素影响，分别是与谱带展宽有关的理论塔板数、与

色谱柱选择性有关的选择性因子以及与色谱柱保留能力有关的保留因子 k。要获得理想的色谱分离效果，可以结合塔板理论和速率理论，优化这三方面的因素。

1. 塔板数(塔板高)的优化

从式(14-19)可以看出，可以通过增加理论塔板数来改善分离效果。例 14-1 的计算结果说明增加塔板数意味着增加柱长，分离时间增加，不利于节约实验时间。因此，采用降低塔板高度来优化分离效果更有效率。速率理论中讨论的众多因素都能降低塔板高度，如减小柱填料颗粒尺寸、改变温度，减小色谱柱直径及液膜厚度等。优化流动相流速也是有利的。

2. 保留因子的优化

通过调节保留因子 k_B 也能改善分离效果，但 k_B 增加也会延长保留时间。为了说明改变 k_B 对分离度的影响，将式(14-19)转化成如下公式：

$$R_s = Q \frac{k_B}{1 + k_B} \tag{14-20}$$

$$n = 16 R_s^2 \left(\frac{\alpha}{\alpha - 1} \right)^2 \left(\frac{1 + k_B}{k_B} \right)^2 \tag{14-21}$$

将式(14-6b)转化成 $v_B/u = 1 + k_B$，故 $n = L/H = t_{R,B} u (1 + k_B)/H$，将转换式代入式(14-21)，整理得

$$t_{R,B} = 16 \frac{H}{u} R_s^2 \left(\frac{\alpha}{\alpha - 1} \right)^2 \frac{(1 + k_B)^3}{k_B^2} = Q' \frac{(1 + k_B)^3}{k_B^2} \tag{14-22}$$

在 Q 和 Q' 保持为常数的条件下，分别将 R_s 和 $t_{R,B}$ 对 k_B 作图(图 14-7)。从图中可以看出，当 $k_B > 5$ 后，分离度不会随着保留因子的增加而呈现明显增加趋势，$k_B > 10$ 后，分离度就改变不明显，但是组分的保留时间明显增加。因此，一味通过提高保留因子而提高色谱分离效果并不可取，反而会增加分离时间。一般来说，保留因子 k_B 的适宜范围应为 $1 \sim 5$。

在多组分分离中，当各组分在色谱柱上的保留能力差别较大时，常会出现固定的柱温或流动相组成不能让各组分都得到满意的分离效果。如图 14-8(a)所示，在这个流动相条件下为了让组分 $1 \sim 4$ 得到满意的分离效果，从而导致组分 5 和 6 的保留因子大大超过了适宜的 $1 \sim 5$ 范围，谱带展宽严重而无法定量分析。而在图 14-8(b)中，改变流动相组成后，组分 5、6 虽然得到不错的分离度，但是前面四个组分因为保留因子减小，导致分离度变差，没有达到基线分离。这是色谱分离中常会遇到的情况，通常解决这一问题的方法是在洗脱过程中让各组分的 k 值发生改变。由于色谱柱一

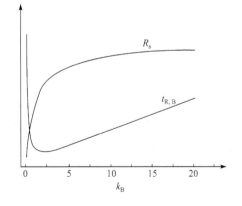

图 14-7　保留因子对分离度和保留时间的影响

旦选定，就不能通过改变色谱柱型及固定相填料颗粒大小来改变保留因子，因此在气相色谱中常通过柱温随分离时间梯度升温的方法改变 k 值。因为可以通过计算机提前输入升温程序，也称为程序升温。在液相色谱中，则是在洗脱过程中改变流动相的组成使 k 值改变，这一操作称为梯度洗脱(gradient elution)。与之类似的，流动相比例不变的洗脱方法称为等度洗脱

(isocratic elution)。这样在洗脱过程中改变 k 值的方法在分离图 14-8 中的混合物时，先采用能将组分 1、2 基线分离的流动相条件，当组分 2 洗脱后，立即改变流动相条件使组分 3~6 都能优化分离[图 14-8(c)]，在保证分离效果的前提下尽可能缩短洗脱时间。程序升温和梯度洗脱分别是气相色谱和液相色谱中改善分离效果最有效的手段。

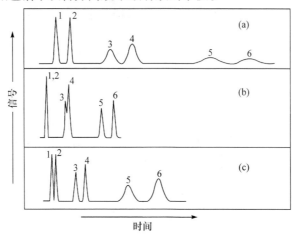

图 14-8　梯度洗脱(程序升温)对分离的影响

3. 选择性因子的优化

α 是影响分离度最敏感的因素。表 14-3 中列出了理论塔板数、选择性因子和保留因子分别增加相同倍数对分离度的影响。

表 14-3　理论塔板数、选择性因子和保留因子对分离度的影响

参数	增大倍数	$\sqrt{n}$	$\dfrac{\alpha-1}{\alpha}$	$\dfrac{k}{1+k}$	R_s 增大倍数
理论塔板数 n	10→50	3.2→7.07	不变	不变	2.2 倍
选择性因子 α	1.01→5.05	不变	0.01→0.8	不变	80 倍
保留因子 k	1→5	不变	不变	0.5→0.83	1.7 倍

由表 14-3 可以很明显地看到，同样是增大 5 倍，选择性因子可以让 R_s 变大 80 倍，稍微改变选择性因子，就可以让色谱分离效果有明显改善。改善 α 的办法有：①改变流动相成分及性质，如 pH；②改变柱温；③改变固定相，选择与被分离组分之间有选择性作用的固定相能有效改善 α 值，如分离手性化合物用手性固定相色谱柱，分离离子化合物用离子交换色谱柱，分离蛋白用亲和色谱柱等。

14.2.4　色谱法定性、定量分析

色谱分析能将性质相似的组分分离，还能对其进行定性、定量分析，是重要的分离检测技术。

1. 定性分析

在样品中的组分都得到分离的情况下，色谱图上的每一个峰都代表一种物质，组分在色

谱图上对应的保留时间可以用来进行定性分析。在同一色谱条件下，若已知化合物色谱峰与样品中被鉴定组分的色谱峰保留值相同，对照已知物的出峰时间，可确定未知组分。也可以将已知化合物标准品加入样品中，通过使某个色谱峰增高来进行定性分析。这类采用已知物进行对比的定性分析方法称为对照已知物定性。这种定性分析方法不够准确，原因是在一定色谱条件下，样品中的所有组分可能没有得到一一分离，不同组分也可能具有相同的保留时间。为了较准确地鉴定某一色谱峰是何种化合物，常通过改变固定相或流动相组成然后色谱分离，进行对照定性分析。因为在两种色谱系统上不同化合物具有相同保留值的概率大大降低，此法称为双色谱体系定性，可提高定性分析的准确性。

近年来，随着色谱联用技术的大力发展，将定性分析功能强大的结构分析仪器与色谱联用，色谱的高分离能力与结构分析仪器的鉴别能力相结合，克服了色谱定性分析能力不足的缺陷，使得色谱联用技术成为当今最有效的复杂混合物成分分离、鉴定工具。目前常用的色谱联用技术进行定性分析主要是色谱-质谱(MS)联用技术。此外，还有色谱-傅里叶变换红外光谱(FTIR)、色谱-核磁共振波谱(NMR)等。

2. 定量分析

色谱定量分析的依据是每个组分的量(质量或体积)与其对应的峰面积或峰高成正比。对称峰的峰面积计算公式如下：

$$A_i=1.065h_i\times W_{1/2} \tag{14-23}$$

其实，峰面积的计算公式有很多种，目前色谱仪器上配置的数字积分仪或色谱工作系统只要完成对色谱峰的积分，就可以直接提供色谱峰高、峰面积等数据。尽管理论上峰高与被分离组分的量也成正比关系，但是必须严格控制柱温、流动相流速和进样速度等色谱操作条件使峰宽不改变，才能获得准确的峰高用于定量分析，这样操作难度大。峰面积受操作条件的影响较小，多数情况下色谱定量分析采用峰面积定量为宜。

在色谱定量分析方法中，最直接的方法是配制一系列与样品组成相近的标准溶液，然后分别进样得到每个标准溶液的色谱图，求出每个组分的量(浓度或单位质量)与相应峰面积之间的校准曲线(A-c)。将相同色谱条件下获得的样品色谱图中相应组分峰面积在校准曲线上求出其浓度或质量，这是简单易行的定量方法。前面章节中介绍的利用标准曲线进行定量分析的外标法、内标法和标准加入法都可以在色谱定量分析中使用，这里不再重复介绍。在色谱定量分析中可以通过校正因子 f 这个参数进行定量分析，这是色谱定量分析方法中特有的，因此本节着重介绍基于校正因子f的定量分析方法。

1)外标法

利用标准曲线进行定量分析，对分离与检测条件的稳定性要求很高，定量校准曲线必须经常重复校正。在实际色谱分析中，往往可以采用单点校正，只配制一个与测定组分浓度相近的标样。当测定样品与标样进样体积相等时，根据物质量与峰面积呈线性关系，得到如下关系式：

$$\frac{m_i}{A_i}=\frac{m_1}{A_1}=f_i \tag{14-24}$$

$$m_i=f_iA_i \tag{14-25}$$

式中，m_i、m_1 分别为样品、标样中待测组分的质量；A_i、A_1 为相应峰面积；f_i为单位峰面积相应的组分量的比例系数，称为组分 i 的绝对定量校正因子。

根据已知浓度的标样的峰面积和进样量，利用式(14-24)计算出该组分的绝对定量校正因子，再利用色谱图中测定样品中组分的峰面积，利用式(14-25)算出待测组分的量。单点校正操作简单，但是要求定量进样或已知进样体积，标样和测定样品浓度相近，且要在同一色谱分离检测条件下分析，测定成分要与样品中其他组分分离且有检测响应。

2)内标法

与外标法相比，内标法不易受到仪器、环境等外部条件的影响，不需要所有组分都出峰。色谱定量分析中对内标化合物的要求是：不能是样品中存在的物质；纯度高；与样品中各组分很好分离；不与组分发生化学反应；分子结构、保留值和检测响应与待测组分相近。

首先测定待测组分、内标物对某一标准物质的相对定量校正因子。相对校正因子比绝对校正因子更稳定，因而大多情况下都是用相对校正因子。由于组分 i 的相对定量校正因子 f'_i 定义为组分定量校正因子与标准物定量校正因子之比，所以

$$f'_i = \frac{m_i / A_i}{m_s / A_s} \tag{14-26}$$

式中，m_i、m_s 分别为组分 i、标准物 s 的质量；A_i、A_s 为相应峰面积。类似地，内标物的相对定量校正因子 $f'_内$ 如下：

$$f'_内 = \frac{m_内 / A_内}{m_s / A_s} \tag{14-27}$$

式中，$m_内$、$A_内$ 分别为内标物质量、峰面积。合并式(14-26)、式(14-27)得

$$m_i = \frac{f'_i A_i}{f'_内 A_内} m_内 \tag{14-28}$$

当称取样品质量为 m，加入内标物质量为 $m_内$，测定组分的含量 P_i 为

$$P_i = \frac{m_i}{m} \times 100\% = \frac{f'_i A_i}{f'_内 A_内} \times \frac{m_内}{m} \times 100\% \tag{14-29}$$

若测定相对定量校正因子的标准物与内标物为同一化合物，则 $f'_内 = 1$，得

$$P_i = \frac{m_i}{m} \times 100\% = \frac{f'_i A_i}{A_内} \times \frac{m_内}{m} \times 100\% \tag{14-30}$$

内标法定量准确度高，不需定量进样。该法特别适用于含量差别很大的各组分样品以及除待测组分外有些组分未能洗出或有些组分在检测器上没有响应的样品的测定。

3)峰面积归一化法

当样品中所有组分全部能流出色谱柱，且都分离出峰的情况下，可用归一化法测定各组分含量。归一化法需要知道每个组分的相对定量校正因子，适用于多组分同时定量测定。

$$P_i = \frac{m_i}{m} = \frac{m_i}{m_1 + m_2 + m_3 + \cdots + m_n} = \frac{f'_i A_i}{\sum_{i=1}^{n} f'_i A_i} \times 100\% \tag{14-31}$$

归一化法不用称样和定量进样，操作简单，操作条件对结果影响较小。

14.3 气相色谱法

气相色谱法已经成为目前应用最为广泛的集分离、定性和定量分析于一体的仪器分析技

术之一，在石油化工、环境科学、农业科学和食品科学等众多领域都要应用气相色谱分析。气相色谱是以气体作为流动相的色谱分离分析技术，被气化的样品组分随着气态流动相一起移动，经过固定相，实现分离。在气相色谱中，气态流动相与被分离组分之间基本没有作用，仅起到运送组分的功能。色谱分离主要基于组分在固定相上的物理吸附能力或分配系数的差异。

气相色谱主要分为气固色谱和气液色谱两种，其中以气液色谱应用更为广泛。现在已经有多种性质不同的商品化固定相可供色谱分离选择，气相色谱具有分离效率高、选择性好的优点。气体作为流动相，具有黏度小、传质速度快的特点，大大缩短分析时间。结合高选择性、高灵敏度的检测器，气相色谱在痕量及超痕量分析中具有独特的优势，如大气污染分析、农残分析等。而且流动相为气体，扩散系数大，容易与其他仪器实现联用。但是气相色谱也有自身的局限性：定性分析能力较差，需要联用结构分析仪器加以弥补；分析对象主要为沸点低、热稳定性好的物质，不利于生物活性物质及高分子化合物的分离。

14.3.1 气相色谱仪

从 1955 年第一台商用气相色谱仪问世以来，不同厂家生产的气相色谱仪已有很多种，各科研院所、检测机构及工程单位都要用到气相色谱仪。随着气相色谱仪智能化和自动化程度的不断推进，气相色谱分析中很多操作，如进样、升温、流动相流速监控以及分析数据处理都能够由计算机控制自动完成。但是总的来说，各类气相色谱仪的设计基本原理相同，结构大同小异。气相色谱仪的结构如图 14-9 所示，主要包括载气系统、进样系统、分离系统、检测系统、温控系统及数据处理系统。

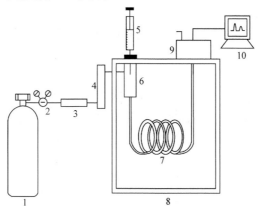

图 14-9　气相色谱仪结构示意图
1. 载气瓶；2. 减压阀；3. 净化管；4. 气体流速控制装置；5. 进样针；6. 气化室；7. 色谱柱；8. 柱温箱；
9. 检测器；10. 色谱工作站

1. 载气系统

气相色谱中，流动相又称为载气。载气系统是可以持续运行的高气密性系统。为了保证气相色谱分析的准确性和重复性，要求载气纯净、流速稳定。作为气相色谱流动相的气体必须具有高纯度(纯度>99.99%)，可以采用钢瓶储气或高纯气体产生器供给，此外还需要采用气体净化装置除去其中的水分、氧及烃类等杂质，以保证仪器背景噪声小、基线平。气体净化装置装有吸附剂(硅胶、分子筛或活性炭)和催化剂(脱氧剂))等材料，需要定期检查更换以保证净化效果。常用的载气有高纯氢气、氮气、氦气和氩气。选择哪种气体作为流动相，流速是多少，主要取决于检测器和色谱分离的要求，条件优化可以参考速率理论部分内容。

早期的气相色谱仪通常采用稳压阀和流量计监控载气的流速恒定性。现代气相色谱仪常采用电子压力控制(electronic pressure control，EPC)系统控制和调节载气的流量，自动化程度高且准确性、重复性更好。

2. 进样系统

进样系统的作用是将被分析样品瞬间气化并快速定量进入色谱柱。常用的进样器有微量注射器和六通阀。微量注射器进样是注射器针头穿透密封垫，注射液体样品进入柱顶端的气化室，而阀进样是通过旋转式六通阀进样，阀进样的重现性更好，但价格较昂贵。常规气相色谱仪的进样系统包括进样口、气化室和分流器。气化室中套有玻璃衬管，样品进入后在玻璃衬管中完成气化，在日常仪器维护中要注意及时更换清洗衬管。分流器适用于毛细管气相色谱仪进样，用于样品量的分流，避免进样超载。

气化室的温度一般保持比样品中最易挥发组分的沸点至少高 50 ℃以上，便于样品完全气化。进样量的大小对柱效、色谱峰高和峰面积均有影响。正常情况下，对于填充柱，液体试样的进样量为 0.1～10 μL，气体试样的进样量控制在 0.1～10 mL；对于毛细管柱，进样量更低，约是填充柱的百分之一甚至更小。

气相色谱的进样方式有填充柱进样、分流/不分流进样、顶空进样，程序升温气化进样、阀进样等，其中最常用的就是填充柱进样和分流/不分流进样。

(1)填充柱进样：最简单的进样方式，适用于填充柱和大口径(≥0.53 mm)毛细管柱。所有气化组分全部进入色谱柱。

(2)分流进样(split sampling)：样品在气化室气化后，蒸气大部分经分流管放空，极小部分被载气带入色谱柱。这两部分的气流比称为分流比。分流是为适应微量进样，避免样品量过大导致毛细管柱超负荷难以分离。

(3)不分流进样(splitless sampling)：进样时样品不分流。当大部分样品进入柱子后，打开分流阀，让系统呈分流状态，残留的溶剂气体(包括少量样品组分)很快被放空，从很大程度上消除溶剂的干扰(图 14-10)。这种方式特别适用于痕量分析，也称为瞬时不分流进样。

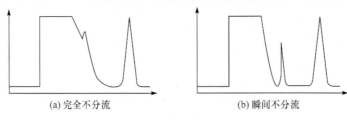

(a) 完全不分流   (b) 瞬间不分流

图 14-10　瞬时不分流进样效果图

气相色谱分析要求气化室热容量大，无催化效应。为了减小进样引起的柱外效应，气化室死体积应尽可能小。目前很多商用气相色谱仪已经配置了自动进样系统，使用者只需提前放好样品，设定运行程序，仪器就能自动完成清洗、润洗、取样、进样和换样等工作，效率高、节约时间且进样重现性好。

3. 分离系统

分离系统是气相色谱仪的核心部分,主要由色谱柱和柱温箱构成。气相色谱柱主要使用填充柱和毛细管柱,填充柱的柱管通常采用不锈钢和玻璃,内装填固定相,一般内径为 2~4 mm,柱长为 1~6 m。填充柱的柱效不如毛细管柱,但是柱容量大,适用于分离永久性气体或者用于制备色谱。毛细管柱目前常用的是表面涂覆了聚酰亚胺涂层的熔融石英毛细管柱,内径为 0.1~0.5 mm,由于毛细管柱柔韧性好,因而可以成螺旋状,长度一般有 30~300 m,柱效很高,但柱容量小,适合做痕量分析。

色谱柱放置在柱温箱内,柱温箱的温度控制一般要求精确在±0.1 ℃以内。温度是影响气相色谱分离的重要参数,还影响检测器的灵敏度和稳定性。柱温的优化要考虑多方面的影响效果,根据实际情况选定柱温。一般情况下,柱温的选择首先考虑固定液的最高使用温度,为了避免固定液的流失,柱温大致比固定液的最高使用温度低 50 ℃左右。

根据试样沸程范围和分离效果的要求,色谱柱的温度控制方式有恒温和程序升温两种。程序升温是指在完成样品分离分析周期内,柱温随分析时间呈线性或非线性增加。采用程序升温进行气相色谱分离,可以使混合组分中沸点不相同的组分能在最佳的温度下流出色谱柱,不但能节约分析时间,而且分离效果好。现在气相色谱分析时由色谱工作系统控制和指示气化室、色谱柱和检测器的温度。

4. 检测系统

检测器是气相色谱仪的重要部件,其作用是将分离后各组分在载气中的浓度或量转换成可被记录和显示的电信号,其信号大小是被测组分定性、定量分析的依据。好的气相色谱检测器应有如下优点:灵敏度高,即检出限低;稳定性和重现性好;线性范围宽,至少有两个数量级的跨度;响应速度快;选择性好;操作方便;不破坏样品。目前每种商品化的检测器很难满足全部优点,表 14-4 列出目前常用的检测器,随后详细介绍其中几种检测器。

表 14-4　目前常用的气相色谱检测器及性能指标

检测器	类型	检出限	线性范围	适用范围
热导检测器(TCD)	通用型	4×10^{-10} g·mL^{-1}(丙烷)	$>10^5$	有机物和无机物
火焰离子化检测器(FID)	选择性	2×10^{-12} g·s^{-1}	$>10^7$	含碳有机物
氮-磷检测器(NPD)	选择性	N: $\leqslant1\times10^{-13}$ g·s^{-1} P: $\leqslant5\times10^{-14}$ g·s^{-1}	10^5	含氮、磷化合物,农药残留物
电子捕获检测器(ECD)	选择性	最低可达 5×10^{-15} g	$10^2\sim10^4$	卤素及亲电子物质、农药残留物
火焰光度检测器(FPD)	选择性	S: $<1\times10^{-11}$ g·s^{-1} P: $<1\times10^{-12}$ g·s^{-1}	S: 10^3 P: 10^4	含硫、磷化合物,农药残留物
傅里叶变换红外(FTIR)检测器	选择性	0.2~40 ng		有机化合物定性分析
质谱(MS)检测器	通用型	0.25~100 pg	$>10^6$	几乎所有物质

1)热导检测器

热导检测器(thermal conductivity detector,TCD)是气相色谱研发最早的检测器。其工作原理是基于被测组分各自的导热能力不同,因而是气相色谱检测器中为数不多的通用型检测器,对无机和有机化合物都有响应。它结构简单、性能稳定,线性范围宽,目前仍广泛应用。

影响热导检测器灵敏度的因素主要有电流、热导池体温度和载气种类等。电流增加会使检测器灵敏度迅速增加，但电流太大会使噪声加大，基线不稳。降低热导池体温度有利于提高灵敏度，但是不能低于色谱柱温度，以免被测组分在检测器中冷凝。采用热导系数高的气体作为流动相，流动相气体与被测组分的热导系数差别越大，检测灵敏度越高。采用热导检测器时，常采用氢气或氦气作为载气。

2）火焰离子化检测器

火焰离子化检测器（flame ionization detector，FID）是气相色谱分析中检测有机化合物最常用的检测器之一（图 14-11）。它的工作原理是以氢气和空气燃烧的火焰为能源，含碳有机物在火焰中燃烧产生离子。在外加的电场作用下，离子定向运动形成微弱的离子流，经过放大转换为电压信号被记录显示，得到色谱峰。其结构对含碳有机物具有很高的灵敏度，一般来说灵敏度比热导检测器高几个数量级。FID 属选择性质量型检测器，对含碳有机物有较大的响应，对无机气体如永久性气体、CO、H_2S 等没有响应。该检测器属于破坏型检测器，被测组分不能回收。

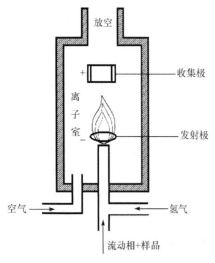

图 14-11　FID 结构示意图

（图中标注：放空、收集极、离子室、发射极、空气、氢气、流动相+样品）

FID 要求接地线，温度应设定高于 150 ℃，且要比柱温箱设定的最高温度高 30 ℃。常用氮气作为流动相气体。

3）电子捕获检测器

电子捕获检测器（electron capture detector，ECD）是目前分析含电负性元素有机物最常用、最灵敏的浓度型检测器，它通常采用 ^{63}Ni 作放射源。对含卤素、硫、磷、氰基及硝基的化合物，不但灵敏度高，而且选择性好，已广泛应用于农药残留分析。

简单来说，ECD 的工作原理就是放射源发出的 β射线粒子使载气离子化，产生大量电子。这些电子在电场的作用下定向移动，形成恒定的基流（电流）。当电负性组分进入检测器后，会捕获电子造成基流的电流强度下降而形成一个负峰，被测组分的电负性越高，捕获电子的能力越强，电流强度下降越快，倒峰也就越大；被测组分浓度越高，捕获电子概率越大，倒峰越大。考虑到负峰不便观察，因此通过极性转换，让色谱峰在工作站上显示成正峰。

检测器基流大小直接影响检测器灵敏度。放射源寿命的衰减、电极表面或放射源被污染及载气不纯都是引起基流下降的原因，因此采用高纯氮气（含量为 99.99%）作载气，特别不能有氧存在。检测器的温度要高于柱温。由于检测器中有放射源，因此非专业人士不能处理。相较于其他检测器来说，该检测器的线性范围较窄。该检测器也属于非破坏性检测器。

4）火焰光度检测器

火焰光度检测器（flame photometric detector，FPD）又称硫磷检测器，是一种对含磷、硫有机化合物具有高选择性和高灵敏度的质量型检测器。FPD 的工作原理主要是有机磷、硫化合物进入温度高达 200～3000 K 的富氢火焰中燃烧时会产生化学发光物质，发出特征波长的光。含磷化合物采用 λ_{max} 为 526 nm 的光检测，而含硫化合物采用 λ_{max} 为 394 nm 的光检测。使用火焰光度检测器要保证火焰为富氢火焰，氢气的量至少是助燃气的 3 倍，助燃气可以选择氧气或空气。与其他检测器相比，FPD 线性范围也较窄。

5) 氮-磷检测器

氮-磷检测器(nitrogen-phosphorus detector，NPD)又称热离子检测器(thermionic detector，TID)，是一种适用于分析含氮、磷化合物的高灵敏度、高选择性的质量型检测器。其结构类似于 FID，工作原理主要是将一种涂有碱金属盐(如 Na_2SiO_3、Rb_2SiO_3)的陶瓷珠放置在冷氢火焰(600～800 ℃)和收集极之间，样品蒸气在氢火焰中燃烧产生含氮、磷电负性基团，再与碱金属发生作用，产生负离子进行检测。

氮-磷检测器的使用寿命长、灵敏度高，它对含氮、磷化合物有较高的响应，其响应大小与被测物结构有关。NPD 对不同结构响应顺序如下：偶氮化合物＞腈＞含氮杂环＞芳胺＞硝基化合物＞脂肪胺＞酰胺。需要注意的是，使用 NPD 时，要避免使用含有氰基的固定液，避免使用卤代烷烃等电负性较大的溶剂。

6) 气相色谱-质谱联用

在气相色谱-质谱(GC-MS)联用分析技术中，质谱仪相当于气相色谱仪的检测器，既可以对组分进行定量分析，还可提供被分离各组分的相对分子质量和有关结构信息。质谱仪的结构和工作原理参见第 16 章。

14.3.2　气相色谱固定相

气相色谱固定相是气相色谱仪的"灵魂"。被测组分的分离效果主要取决于固定相。气相色谱柱的固定相有两大类：一类是固体；另一类是涂层到载体上作为固定相的液体，又称为固定液。前者用于填充柱，后者主要用于毛细管柱。

1. 固体固定相

气固色谱分析中，分离主要基于固定相对各组分物理吸附能力的不同。气固色谱固定相主要有各类固体吸附剂和高分子多孔微球等，多用于分离 H_2、O_2、CO、CH_4 等气体、低沸点碳氢化合物和强极性物质。

硅胶、分子筛、氧化铝、活性炭等多孔性固体材料都是常用的固体吸附剂。这类吸附剂具有很大的比表面积，颗粒表面不够均匀，虽然是多孔材料，但是孔径较小，不利于传质，因而柱效较低，活性位点容易中毒，再生能力差。

高分子多孔微球聚合物是气固色谱中用途最广的一类固定相，主要以苯乙烯和二乙烯基苯交联共聚制备，如国外的 Porapok 系列、Chromosorb 系列、Haysep 系列和国内的 GDX 系列、400 系列有机载体等。此类固定相热稳定性好，机械强度高，粒度均匀和耐腐蚀；适用性广，既可作气固色谱固定相，又可作气液色谱载体，特别适合有机物中微量水的测定，多用于多元醇、脂肪酸、腈类、胺类等分析。高分子多孔微球是固体固定相的发展趋势。

2. 液体固定相

液体固定相是一类高沸点有机物，涂在惰性载体表面，操作温度下呈液态，在气相色谱中应用非常广泛。理想的固定液应具有挥发性低、热稳定性好、化学惰性强和选择性好等优点，此外还要对被分离组分有适当的溶解性和润湿性，能均匀地涂渍在载体表面或毛细管柱内壁，可通过改变固定液的用量调节固定液膜的厚度，获得好的分离效果。毛细管气相色谱柱的固定液膜厚度范围为 0.10～0.30 μm，一般首先考虑 0.25 μm，然后进行优化。

·330· 分析化学

固定液的评价及分类主要是采用罗氏(Rohrschneider)提出的相对极性的方法和麦氏(McReynold)常数。罗氏方法规定非极性固定液角鲨烷的极性为 0，而 β，β'-氧二丙腈固定液的极性为 100，通过一定的计算将其他固定液的相对极性分布在 0～100。而麦氏在此方法上进行完善提出麦氏常数，对固定液的极性和选择性进行了评价。常用固定液对应的麦氏常数已经被色谱工作者整理出来，查阅相关的色谱手册就能得到。

商品化的固定液目前主要分为聚硅氧烷类和聚乙二醇类两种(表 14-5)。聚硅氧烷类固定液可以通过键合不同性质的取代基以及改变取代基所占比例而衍生出极性及热稳定性不同的固定液供气相色谱分析使用(图 14-12)。二甲基聚硅氧烷是一类通用型固定液，聚硅氧烷主链上取代基 R 极性越大，制备的聚硅氧烷固定液极性越大。固定液极性增大，最高使用温度有所下降，研究表明，在聚硅氧烷主链上引入刚性较强的基团，如亚芳基，二苯醚、十硼碳烷基，有助于提高固定液的热稳定性。聚乙二醇类固定液是氢键型固定液，对羟基和羧基化合物保留较强，适合分离烷基苯类化合物，但是对芳胺类化合物分离能力较弱。因为聚乙二醇固定液容易受到氧的影响而降解，所以载气除氧特别重要，载气系统不能有空气渗入。此外，新型高效的固定液一直在研发，用于异构体分离的环糊精类固定液、离子液体类固定液都是关注的热点。

表 14-5　聚硅氧烷类和聚乙二醇类固定液及其性能

固定液	相应色谱柱	极性	最高使用温度/℃	应用
100%二甲基聚硅氧烷	OV-1、SE-30、HP-1	非极性	350	碳氢化合物、芳香化合物、酚类、胺类、农药类、除草剂类
5%苯基-95%二甲基聚硅氧烷	SE-52、DB-5、BP-5	非极性	350	碳氢化合物、芳香化合物、生物碱、药物、卤代化合物
50%苯基-50%二甲基聚硅氧烷	OV-17、DB-17、HP-50	中等极性	300	甾体、杀虫剂、农药、二元醇
50%三氟丙基-50%二甲基聚硅氧烷	OV-210	强极性	200	卤代芳香化合物、硝基芳香化合物、烷基苯
50%氰丙基-50%二甲基聚硅氧烷	OV-275	强极性	240	聚不饱和脂肪酸、游离酸、松香酸、乙醇
聚乙二醇	DB-Wax、BP-20	强极性	250	游离脂肪酸酯、芳香化合物、二元醇、溶剂

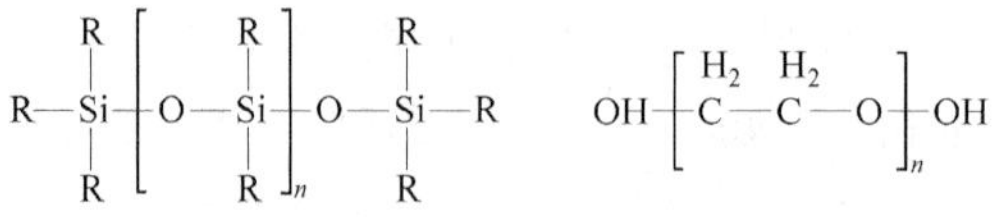

图 14-12　聚硅氧烷类(a)和聚乙二醇类(b)固定液结构示意图

目前商品化的固定液品种繁多，选择最佳的固定液用于色谱分离是获得理想分离效果的前提。在实际工作中，固定液的选择通常根据被分离组分的性质，按照"相似相溶"经验规律，被分离组分极性大，固定液极性也要大；反之，被分离组分极性小，固定液极性也要小。若被分离组分中既有极性化合物又有非极性化合物，则往往选择具有极性的固定液进行初步分离优化。一般来说，组分沸点高低即可决定洗出先后次序。

14.4　高效液相色谱法

高效液相色谱法(high performance liquid chromatography，HPLC)是现代分析科学中一个非常重要的分支。经典液相色谱法由于柱效低、分离时间长和灵敏度低等问题，在定量分析领域相当长时期内滞后于气相色谱的发展。随着高压稳流泵的研发，新型高效固定相填料以及灵敏微型检测器的发展，高效液相色谱法得到了飞速的发展。近年来，基于更高流速、更高柱效的固定相填料建立的超高效液相色谱(ultra-high performance liquid chromatography，UHPLC)更是提高了液相色谱的分离能力。高效液相色谱法已成为生命科学、医药科学、环境科学等领域中不可或缺的重要手段。

14.4.1　高效液相色谱法的特点

1. 分析对象与气相色谱互补

高效液相色谱与气相色谱同为色谱分析技术，有相似的理论基础和定性、定量分析方法，都具有高效、高速、高灵敏度的特点。但是液相色谱还有自身的特殊性，首先因为采用的是液体流动相，高效液相色谱的分离温度通常为室温，虽然也有柱温箱可以调节柱温，但是并不像气相色谱一样主要通过调节柱温而改善分离效果。高效液相色谱适合分析沸点高、极性强、热稳定性差、相对分子质量大的物质，与气相色谱形成互补。

2. 流动相性质与填料影响色谱分离

在速率理论中就讨论过，由于组分在液体中的扩散系数比在气体中小三四个数量级，因而在液相色谱中，分子扩散引起的柱效降低可以忽略不计，影响分离的原因主要是组分在两相中的传质阻力，采用大孔径、小孔容的填料有利于减小传质阻力对柱效的影响，而在气相色谱中分子扩散对柱效的影响比较明显。在液相色谱中，流动相除了有运输被分离组分的作用外，还与组分之间存在相互作用，改变流动相的类型和组成可以明显改善色谱分离效果。在气相色谱中载气就是输送组分，改善分离效果主要通过改变固定相和柱温实现。

3. 柱外效应影响谱带展宽显著

发生在色谱柱外区域的谱带展宽称为柱外谱带展宽。柱外主要包括进样系统、高速泵、检测器以及连接各个部件的管道。液体流动相的高黏度导致管道中心组分的迁移速率高于靠近管壁的，造成谱带展宽，并且液相色谱柱体积占整个仪器体积比例较小，因此柱外效应引起的谱带展宽就更明显了。气相色谱中其实同样存在柱外效应，但是载气的高扩散性补偿了这一差异，所以在气相色谱中分子扩散对谱带的展宽更为明显。在色谱系统压力允许的范围内，尽可能减小连接管道的内径，有助于减小柱外效应引起的谱带展宽。

4. 局限性

高效液相色谱的运行成本高于气相色谱，而且就现有的液相色谱检测器来说缺少高灵敏度通用型检测器，此外使用有机溶剂作为流动相，也不利于环境保护。

14.4.2　高效液相色谱仪

高效液相色谱仪主要分为高压输液系统、进样系统、分离系统和检测系统四个部分。图 14-13 是高效液相色谱仪的结构示意图。色谱分析的流程大致是：流动相在高压稳流泵的驱动下，以恒定的流速携带由进样阀注入的组分，经过色谱柱分离后，进入检测器被检测，色谱工作站记录信号，得出色谱分离图。现在的高效液相色谱仪自动化程度很高，色谱工作系统可以控制各个部件的参数设置，监控系统压力及流速，记录数据并处理生成报告。

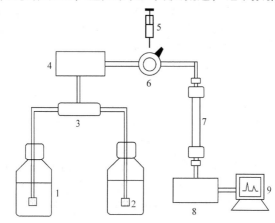

图 14-13　高效液相色谱仪结构示意图
1. 流动相溶剂储瓶；2. 过滤头；3. 溶剂比例调节阀和混合室；4. 高压稳流泵；
5. 进样针；6. 进样阀；7. 色谱柱；8. 检测器；9. 色谱工作站

1. 高压输液系统

高压输液系统主要包括储液器、高压稳流泵和溶剂比例混合装置。现代高效液相色谱仪至少配置两个以上的流动相储液瓶，材质多为玻璃，也有不锈钢或聚四氟乙烯塑料。高效液相色谱的流动相在进行色谱分析前，需要进行超声脱气排除可能含有的气泡，现在很多高效液相色谱仪配有在线脱气装置，可以进行在线脱气。高压输液系统保障色谱分离体系具有流速恒定、配比准确的流动相。作为流动相的溶剂必须容易得到，纯度高，对被测组分有一定溶解能力，适于检测器不会干扰检测。流动相的组成会影响色谱分离效果，因此要求溶剂比例调节装置稳定，能按照设定准确混合溶剂，配制等度洗脱或梯度洗脱时需要的流动相。

梯度洗脱能够提高分离效果，改善峰形，缩短分析时间，但是梯度洗脱有时会引起基线漂移。梯度洗脱一般采用二元溶剂流动相，洗脱模式一般分为线性梯度和非线性梯度。图 14-14 给出了四种梯度洗脱模式，分别是线性梯度、曲线梯度、分段梯度和台阶梯度，其中线性梯度应用最多。

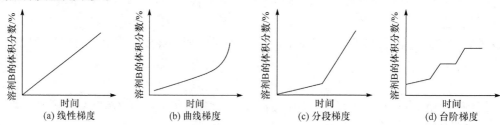

图 14-14　不同的梯度模式

高效液相色谱仪的高压稳流泵具有流量稳定、压力平稳、流速可调的功能，而且耐酸、碱和高盐度溶液腐蚀。由于高效液相色谱泵需要提供高达 50 MPa 的压力输出，流速为 $0.1\sim10$ mL·min^{-1}，因此泵必须系统密封性能好，流速输出稳定，这也是高效液相色谱仪造价昂贵的原因之一。目前高压稳流泵最常用的是往复柱塞泵。

2. 进样系统

高效液相色谱仪的进样系统应具有重复性好、死体积小、进样时对色谱系统流量波动小等特点。高压六通阀是应用最广泛的进样装置，目前高效液相色谱仪也配有自动进样装置，特别适合大批量试样分析。手动进样是注射器取样、六通阀进样。六通阀的主要部件是三个槽道的垫片，如图 14-15 所示。当六通阀的扳手处在 LOAD 位置时，样品口与六通阀上的接口 1 相连，注入样品经槽道到接口 6，接口 6 与接口 3 之间用定量环连接，接口 3 通过槽道与接口 2 连接，接口 2 为废液口。当样品体积大于进样环体积时，多余样品从接口 2 流出至废液瓶。此时，流动相并不进入定量环，而是从接口 5 经槽道从接口 4 流出六通阀，进入色谱柱。搬动扳手切换至 INJECT 位置，垫片顺时针旋转，原来接口 1 与 6 连接的槽道移动至接口 1 与 2 之间，其他接口依此类推。如图 14-15 所示，流动相经接口 5 与 6 之间的槽道进入定量环，携带样品经接口 3 与 4 之间的槽道流出六通阀，进入色谱柱。此时，从进样口注入的液体都会直接排入废液瓶而不会进入流动相。需要注意的是，六通阀的进样量由定量环控制，为了保证良好的进样重现性，需要确保定量环完全被样品充满，注入量应为定量环体积的 3 倍以上，多出的样品从废液管排出。注射器进样的重现性、稳定性不如六通阀进样。

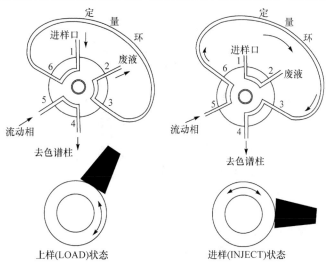

图 14-15　六通阀进样示意图

3. 分离系统

高效液相色谱仪的分离系统由色谱柱和柱温箱组成。为了耐高压冲击，液相色谱柱一般由不锈钢管制成，液相色谱柱的长度多为 $10\sim30$ cm，柱内径为 $2\sim5$ mm，固定相填料的颗粒尺寸为 $3\sim10$ μm，一般高效液相色谱分析采用的是长度为 15 cm 或 25 cm、内径为 4.6 mm、填料粒径为 5 μm 的色谱柱。超高效液相色谱分析通常采用长度为 10 cm 或 15 cm、内径为 2.1 mm、填料粒径为 1.7 μm 的色谱柱。全世界有几百种型号的液相色谱柱，可根据被测组分的性质，选择最适合的色谱柱。

在高效液相色谱分析中，适当调节柱温有利于降低溶剂黏度和提高被分离组分的溶解度，对改善分离度有一定作用，但是由于液相色谱多采用有机溶剂作为流动相，因此柱温不要超过 40 ℃。稳定柱温对提高分析重现性很重要，所以大部分现代色谱仪还是装备了色谱柱恒温箱。

4. 检测系统

高效液相色谱检测器的评价指标基本和气相色谱检测器的评价指标一致，除此以外，适用于梯度洗脱且死体积小这两个特点对于高效液相色谱检测器尤为重要，主要为了避免柱外效应引起的谱带展宽。

1) 通用型检测器

目前用于高效液相色谱仪的通用型检测器有两种。一种是示差折光检测器 (differential refractive index detector, RI)，其检测原理是测量被测组分的折射率，只要其折射率与流动相有足够差别，就可以检测出组分的浓度。检测灵敏度一般低于紫外检测器，检出限为 $10^{-7}\sim 10^{-6}$ g，折射率对温度和流速敏感，检测器需要恒温，而且不适用于梯度洗脱。另一种是蒸发光散射检测器 (evaporative light-scattering detector，ELSD)，其检测原理是将洗出液雾化，调节温度使流动相蒸发后，用激光照射组分颗粒，90°方向上检测散射光，其结构如图 14-16 所示。该检测器的灵敏度还是低于紫外检测器，有报道最低检出浓度为 5 mg·L^{-1}，但是该检测器适用于梯度洗脱。

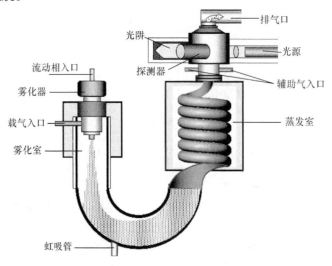

图 14-16　蒸发光散射检测器结构示意图

2) 紫外-可见吸收检测器

紫外-可见吸收检测器是高效液相色谱仪的标配检测器。检测原理类似紫外-可见分光光度计，最大不同在于检测池。为了减少柱外效应对谱带展宽的影响，需要尽可能减小检测池的体积，但是根据朗伯-比尔定律，吸光度会随着光程的减小而减小。因此，仪器研发人员设计出各种类型的检测池，如 Z 形、H 形或圆锥形，在尽可能减小死体积的同时保证长的光程和减少折射，以提高检测灵敏度。检测池的体积一般为 1~10 μL，光程为 2~10 mm。紫外-可见吸收检测器采用氘灯和钨灯为光源，光栅为单色器，波长范围为 190~700 nm，波长选择和扫描用计算机程序控制。近年来，二极管阵列检测器(diode-array detector，DAD)作为一种较新型的紫外-可见吸收检测器，不仅可以多检测波长同时检测，而且能获得吸光度(A)、波长(λ)、时间(t)的三维色谱图，因而被广泛使用。二极管阵列检测器与色散型紫外-可见吸收检测器在结构和光路安排上有所不同，如图 14-17 所示，典型的紫外-可见吸收检测器是将光源的光通过单色器变成单色光后照射检测池，再由光电元件接收，因此它一次只能检测一个波长的吸光度。二极管阵列检测器是让光线先通过流通池，再由全息光栅进行分光，使所有波长的光在光电二极管阵列同时检测。光电二极管阵列是由 211(更多)个光电二极管组成，每个二极管各自测量一窄段光谱。因为与普通光谱检测器相比，二极管阵列检测器的样品与光栅的位置正好相反，所以其光路系统又称"倒光学"系统。紫外-可见吸收检测器的检出限为 $10^{-12} \sim 10^{-8}$ g。它对流动相流速波动不敏感，适用于梯度洗脱。

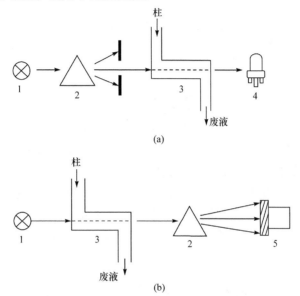

图 14-17 色散型(a)与二极管阵列(b)紫外-可见吸收检测器的光路结构示意图
1. 光源；2. 单色器；3. 检测池；4. 光电管；5. 光电二极管阵列

3) 荧光检测器

荧光检测器(fluorescence detector，FD)是选择性很强的检测器，只能检测具有荧光的化合物，没有荧光的物质可通过与荧光试剂反应，生成荧光衍生物进行检测。常用激发光源有汞灯和氙灯，采用激光作为激发光源，可以得到更高的检测灵敏度。与荧光分光光度计的结构类似，为了避免激发光源的干扰，荧光检测器通过测定与激发光成 90°方向的荧光强度检测组分。荧光检测器的检出限可以达到 10^{-14} g，特别适用于痕量组分测定，可用于梯度洗脱，线性范围较紫外-可见吸收检测器窄。

4) 电化学检测器

电化学检测器基于电化学原理和物质的电化学性质进行检测，因此被测组分具有电活性才能被检测。电化学检测器具有结构简单、死体积小、灵敏度高(检出限达 10^{-10} g)等特点，流动相必须具有一定的电导性。目前常用的电化学检测器主要是安培检测器(ampere detector)和电导检测器(conductometric detector)。安培检测器是利用被测组分在电极表面发生氧化还原反应引起电流变化而进行检测。安培检测器的检测池结构有薄层式、管式、喷壁式等，其中薄层式是发展最成熟、商品化最多的结构。电导检测器是离子色谱中使用最广泛的检测器，与安培检测器不同的是检测池中没有电化学反应，被测组分的浓度与其电导变化有关。电导检测器基本属于通用型检测器，由于电导率对温度敏感，要求严格恒温操作，不适用于梯度洗脱。

此外，近几年质谱仪作为检测器的液相色谱发展迅速，具体原理及结构见第 16 章。

14.4.3　高效液相色谱的分类及应用

1. 液固吸附色谱

液固吸附色谱是以吸附剂作为固定相，利用被分离组分在固定相上的物理吸附作用不同而实现分离的色谱法。目前主要有吸附柱色谱和薄层色谱。本小节主要介绍柱色谱。

1) 分离机理

液固吸附色谱的分离机理主要基于固定相对被分离组分的吸附差异进行分离，通过组分分子与流动相分子竞争吸附进行洗脱。以组分 X 为例，其吸附过程用下面的反应式表示：

$$X_m + nM_{ad} \rightleftharpoons X_{ad} + nM_m$$

$$K_{ad} = \frac{[X_{ad}][M_m]^n}{[X_m][M_{ad}]^n} \approx \frac{[X_{ad}]}{[X_m]} \tag{14-32}$$

式中，X_m 为在流动相中的 X 分子；X_{ad} 为被固定相吸附的 X 分子；M_{ad} 为被吸附在固定相表面的流动相分子，被置换后回到流动相，用 M_m 表示。

由此可见，组分与固定相之间吸附作用越大，吸附系数 K_{ad} 越大，保留越强，越晚出峰。流动相比组分越容易被固定相吸附，组分越容易被流动相洗脱下来。吸附色谱固定相对组分的吸附能力主要取决于吸附剂的表面结构和理化性质、组分分子的结构和基团以及流动相的性质。

2) 固定相

液固吸附色谱固定相主要分为极性和非极性两类。硅胶、氧化铝、分子筛、氧化锆等材料属于前者，而活性炭、聚苯乙烯-二乙烯基苯类多孔微球属于后者。硅胶和氧化铝是最常使用的液固吸附色谱固定相。硅胶比氧化铝具有更均匀的粒度，更容易获得高柱效，在高效液相色谱中使用更为广泛，而氧化铝主要用于经典柱色谱和薄层色谱中。硅胶与氧化铝虽然都属于极性吸附固定相，但是分离对象有所不同。硅胶表面的硅羟基呈弱酸性，与碱性化合物之间有化学吸附作用，容易导致谱峰拖尾，因此更适合分离酸性、中性化合物；氧化铝则与硅胶相反，适合分离碱性化合物，而且对稠环芳烃具有分离选择性和强保留，特别适合分离稠环芳烃类化合物。

3) 分离条件优化及应用

液固色谱分离时，首先考虑硅胶作为固定相，改变流动相性质还不能获得理想分离效果时再考虑更换其他吸附剂，如分离稠环芳烃使用氧化铝。改变流动相组成调节 k 和 α 是液固色谱分离最有效的优化方式。采用硅胶等极性固定相时，流动相应以正己烷、环己烷等非极性溶剂为主。如果采用非极性固定相，流动相应采用水、醇、乙腈等极性溶剂为主。溶剂强度常数 ε° 是溶剂分子在单位吸附剂表面上的吸附自由能。ε° 越大，说明固定相对溶剂的吸附能力越强，该溶剂的洗脱能力越强。表 14-6 列出以硅胶为吸附剂时常用溶剂的 ε° 值，通过选择两种不同 ε° 值的溶剂混合，改变配比，以获得合适的 k 和 α 值。此外，组分与流动相之间的氢键作用也会对 α 值有影响，因此采用醇类溶剂可能会有不一样的选择性。

表 14-6　常用溶剂的 ε° 值(硅胶固定相)

溶剂	溶剂强度常数 ε°	溶剂	溶剂强度常数 ε°
正己烷	0.00	乙酸乙酯	0.38
异辛烷	0.01	二噁烷	0.49
四氯化碳	0.11	乙腈	0.50
氯仿	0.22	异丙醇	0.63
二氯甲烷	0.26	甲醇	0.73
四氢呋喃	0.32	水	20.73
乙醚	0.35	乙酸	20.73

一般来说，液固色谱很适合分离能溶解在非极性溶剂中的不同类型化合物。同系物或结构上仅脂肪族基团略有不同的化合物因为吸附系数差别不大，很难采用液固色谱进行分离。值得注意的是，固体吸附剂表面的刚性结构使得液固色谱对异构体具有高选择性，图 14-18 是用吸附色谱分离羟基苯甲酸异构体的色谱图。

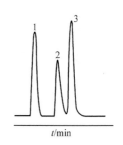

图 14-18　液固吸附色谱分离
邻、间、对羟基苯甲酸的色谱图
1. 邻羟基苯甲酸；2. 对羟基苯甲酸；3. 间羟基苯甲酸
分离条件：硅胶色谱柱 250 mm×4 mm,
流动相：二氯甲烷∶乙醇∶乙酸=97∶1∶2；
流速为 1 mL·min⁻¹；254 nm 检测

2. 分配色谱

分配色谱是液相色谱中应用最为广泛的一种，利用组分在两相之间分配系数的差异而进行分离。早期的分配色谱类似于液液萃取，固定相是液体，被物理吸附在载体上，这时的分配色谱又称为液液色谱。涂覆的固定液容易被流动相溶解造成柱效损失，而且不能使用梯度洗脱，所以液液色谱逐渐被后来发展的键合相色谱(bonded phase chromatography)取代。

1) 化学键合固定相

键合相色谱的固定相是通过化学反应将影响分离的官能团键合到载体上，这样不仅解决了固定液流失的问题，而且在分配色谱分离中可以使用梯度洗脱改善分离效果。化学键合固定相一般采用硅胶作为载体，利用硅羟基进行化学反应，将不同性质的官能团固定在载体上，得到性能不同的固定相。制备方法以采用硅羟基与硅烷化试剂反应成键形成 —Si—O—Si—C 结构最为常用，反应如下：

$$
\begin{array}{ccc}
\mathrm{CH_3} & \mathrm{CH_3} & \mathrm{R} \qquad \mathrm{R} \\
| & | & | \qquad | \\
-\mathrm{Si-OH} + \mathrm{Cl-Si-R} \longrightarrow -\mathrm{Si-O-Si-R} \\
| & | & | \qquad | \\
\mathrm{CH_3} & \mathrm{CH_3} & \mathrm{R} \qquad \mathrm{R}
\end{array}
$$

根据基团 R 的极性不同，将键合固定相分为极性键合固定相和非极性键合固定相。常见的非极性键合固定相的 R 基团有苯基和不同链长的脂肪烷烃(C_8、C_{12}、C_{18})，其中以十八烷基键合固定相(ODS)应用最为广泛；极性键合固定相一般是引入氨基、氰基和卤素等极性基团。为了防止未反应的硅羟基引起谱峰拖尾，通常采用三甲基氯硅烷将剩下的硅羟基反应掉。硅胶键合固定相的优点是固定相稳定性好，不易吸水，耐有机溶剂，缺点是只能在 pH 2~8 使用。

2）反（正）相色谱分离条件优化

根据固定相与流动相两者间的相对极性，键合相色谱可以分为反相色谱和正相色谱。反相色谱是固定相的极性小于流动相的极性，而正相色谱正好相反，是固定相的极性大于流动相的极性。

正相色谱主要用于分离弱极性至较强极性分子，而反相色谱倾向于分离非极性至中等极性分子。在反相色谱中，因为是非极性固定相，所以极性越弱的组分，保留越强，出峰越晚；流动相的极性降低，会使其洗脱能力增加，组分出峰时间提前。在正相色谱中，极性越强的组分，保留越强，需要提高流动相的极性才能将其洗脱下来。由此可见，同一组分在正相色谱和反相色谱上的出峰顺序完全不同，甚至是相反（图 14-19）。

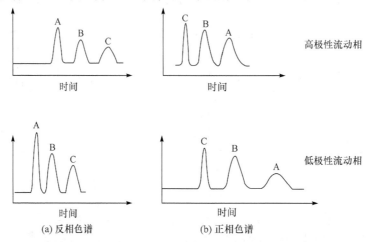

图 14-19 正（反）相色谱中组分极性与保留时间的关系（极性：A＞B＞C）

在反相色谱中，增加固定相上键合的烷烃基链长和键合量，能导致被分离组分保留因子 k 增加，但是这种方法对 k 和 α 改变较小，相同表面覆盖率的 C_{18} 柱保留略大于 C_8 柱，改善 k 和 α 最直接有效的方法还是改变流动相组成和溶剂种类。优化流动相种类和组成要先用高含量洗脱能力强的溶液或溶剂，反相色谱一般采用有机溶剂≥80% 的水溶液，正相色谱则是 ε° 较大的溶剂，使试样中所有组分在较短时间内洗出，便于快速对 k 值作出评估，然后逐步调节流动相的极性，改善 k 和提高 α。

反相色谱的流动相通常是水、甲醇、乙腈和四氢呋喃，毒性较小，更环保，所以能采用反相色谱模式分离的试样尽可能采用反相色谱分离。反相色谱分离解决了大部分的分离问题。图 14-20 是采用超高效反相色谱在 7 min 内梯度洗脱分离了 12 种蜂胶中的活性物质。

3. 离子交换色谱

离子交换色谱（ion exchange chromatography，IEC）是以离子交换树脂为固定相，以缓冲溶液为流动相，利用电离组分与离子交换剂亲和力不同，分离离子型或可离子化的化合物。离子交换固定相以交换离子的电荷性质命名，用来交换阳离子的固定相称为阳离子交换固定相，通常上面带阴离子（强阴离子—SO_3H 或弱阴离子—$COOH$），反之就称为阴离子交换固定相，固定相上带阳离子（强阳离子-季铵基或弱阳离子-氨基）。离子交换固定相载体主要有聚苯乙烯类树脂和硅胶。聚苯乙烯类树脂具有耐酸碱、交换容量大的优点，但是在水或有机溶剂中会发生溶胀，造成传质阻力增加，柱效降低。硅胶基质的离子交换固定相机械强度好，颗粒均匀，柱效高，但是对 pH 范围有限制。

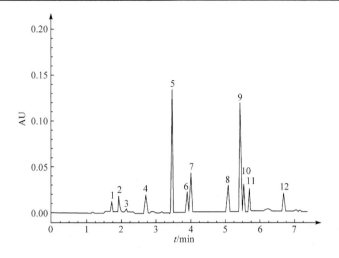

图 14-20　超高效反相色谱分离 12 种蜂胶中活性物质色谱图

色谱峰：1. 阿魏酸；2. 芦丁；3. 杨梅酮；4. 桑色素；5. 槲色素；6. 莰菲醇；7. 芹菜素；8. 松鼠素；9. 柯茵；
10. 咖啡酸苯乙酯；11. 高良姜素；12. 金合欢素
色谱柱：100 mm×2.1 mm，1.7 μm Waters BEH Shield RP18 柱；流动相：30%甲醇至 0.4%甲酸水溶液梯度洗脱 8 min；
柱温：40 ℃；检测波长：270 nm

离子交换色谱的分离机理是基于样品离子与流动相离子竞争占领离子交换固定相上相反电荷的位点。以一价阴离子 M^- 为例，进样前，固定相 R 上的阳离子位点被流动相中的阴离子 N^- 占据。当 M^- 进入色谱柱后，就与 N^- 共同争夺固定相 R 上的阳离子位点，关系式如下：

$$R^+ — N^- + M^- \rightleftharpoons R^+ — M^- + N^-$$

M^- 与阳离子位点作用越强，保留越强，出峰越晚。一般来说，价态高、水合离子半径小的离子保留强。流动相的 pH 和离子强度对分离影响较大，需要优化。

离子交换色谱特别适合分离有机易电离化合物或无机离子，采用的检测器主要是电导检测器和安培检测器。有机易电离化合物可以采用紫外-可见吸收检测器。图 14-21 中对 11 种糖进行了分离，采用阴离子交换树脂为固定相。

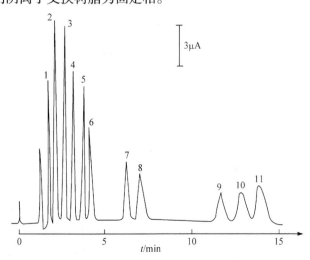

图 14-21　11 种糖的分析

色谱峰：1. 木糖醇；2. 山梨酸醇；3. 鼠李三糖；4. 阿戊糖；5. 葡萄糖；6. 果糖；7. 乳糖；8. 蔗糖；9. 棉子糖；10. 水苏糖；11. 麦芽糖
色谱柱：HPICAS6 阴离子交换柱；流动相：0.15 mol·L⁻¹ NaOH，1 mL·min⁻¹；安培检测器

4. 尺寸排阻色谱

尺寸排阻色谱是以多孔凝胶材料为固定相，利用凝胶孔隙的孔径与样品分子体积的相对大小进行分离的色谱法，又称为凝胶色谱。尺寸排阻色谱的分离机理有点类似分子筛，当流动相运送被分离组分经过凝胶时，大体积分子只能渗入材料上少量的大孔，因此大体积分子在材料上的保留较弱，体积越小的分子越容易渗入材料中的孔穴，因此在材料上停留的时间越长。通过选择不同孔径的凝胶材料，可实现不同大小组分的分离。在尺寸排阻色谱中，流动相的性质与保留值和分离选择性无关。流动相首先能溶解被分离样品，其次黏度要低，特别需要注意的是，凝胶固定相不能在流动相的溶剂中发生溶胀和收缩，否则会导致分离的重现性差，柱效低。

理论上只要分子质量有一定的差异，尺寸排阻色谱就能进行分离。目前尺寸排阻色谱主要用于分离测定合成和天然高分子化合物，如蛋白质的分离，测定合成高分子材料的相对分子质量及其分布，也可以用于低分子化合物如果糖、蔗糖、葡萄糖的分离。尺寸排阻色谱不适合分离体积相似的异构体。有研究者采用尺寸排阻色谱结合 ICP-MS 对水中磷元素可溶形态的相对分子质量分布进行了研究(图 14-22)。

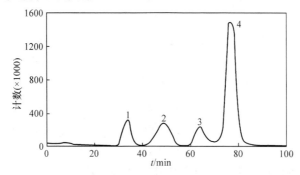

图 14-22　尺寸排阻色谱-ICP-MS 分离检测 4 种含磷化合物色谱图
色谱峰：1. L-α-磷脂酰胆碱；2. 磷酸盐玻璃 Type-45；3. 植酸；4. 磷酸氢二钾

14.5　毛细管电泳法

电泳(electrophoresis)是基于带电组分在直流电场中迁移速度的差异进行分离的技术。这一分离技术于 1930 年首先提出并用于血清蛋白质的研究后，在生物化学、生物学以及临床化学等领域得到广泛关注，成为分离无机离子氨基酸、药物、脂肪酸、蛋白质(酶、抗体和激素)、核酸(DNA、RNA)等带电化合物的重要技术。在毛细管电泳出现之前，早期电泳分离都是在一个平的、稳定的介质(如纸或半固态凝胶)上进行，而不是在柱里。在这样的电泳分离环境中，直流高压电场引起的焦耳热限制了组分的迁移速度和实验的重现性。要实现组分的分离，需要精心操作技术和长时间的等待。1980 年，科学家探索了在毛细管中以电泳的分离模式分离带电物质，从分辨率、速度以及自动化操作的潜在优势等方面证明了它的可行性。从此，毛细管电泳成为解决各种分析分离问题的强有力工具。

毛细管电泳(capillary electrophoresis，CE)是以高压直流电场为驱动力，毛细管为分离通道，依据样品中各组分之间淌度和分配行为的差异而实现分离的新型液相分离分析技术。与高效液相色谱相比，毛细管电泳具有操作简单、试样量少、分析速度快、柱效高和成本低等优点，但是在方法重现性、灵敏度方面不如高效液相色谱。

14.5.1　毛细管电泳仪基本结构

毛细管电泳仪构造相当简单，如图 14-23 所示，将一根毛细管(长 30～100 cm、内径 10～100 μm)的两端分别插入两个缓冲液池，形成一个流路。在缓冲溶液中插入电极与直流高压电源相连。试样从毛细管一端迁移至另一端，在毛细管尾端配置检测器检测。缓冲液瓶中的溶液液面要保持高度一致，毛细管两端在液面下也应在同一深度，避免由于压差引起溶液迁移。下面分别简单介绍毛细管电泳仪的进样方式、高压电源及回路(驱动系统)、分离系统和检测系统。

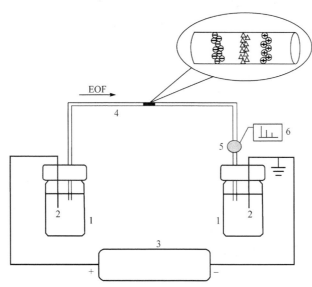

图 14-23　毛细管电泳仪结构示意图
1. 缓冲液瓶；2. 电极；3. 高压电源；4. 毛细管；5. 检测器；6. 控制和记录系统

1. 进样方式

毛细管电泳对样品量的需要很少，仅在纳升量级。毛细管体积很小，任何柱外效应对于毛细管电泳峰的展宽都影响严重，因而常规色谱的进样方式都不太适合毛细管电泳。毛细管电泳的进样一般直接从毛细管的一端引入，常用的有电动法和压力法。电动进样主要是在外加电场下，组分依靠电迁移和电渗作用进入管内，有一定的选择性，是常用的进样方法；压力进样就是利用外力将样品压入或吸入毛细管中，因为样品基质也一起进入管内，有可能会干扰分离。影响毛细管电泳进样的因素较多，如样品 pH、黏度和基质等，因而进样量的重现性、准确性较差，直接影响毛细管电泳的应用普及。

2. 高压电源及回路

毛细管电泳的电源一般采用 0～30 kV 直流高压电源，电极通常由直径 0.5～1 mm 的铂丝制成。作为驱动电源，直流高压电源要求电压可调节且能控制电压梯度，电压输出稳定，精密度不超过±1%。缓冲液瓶应是玻璃瓶或聚四氟乙烯瓶(1～5 mL 不等)，一般瓶顶为密封硅胶垫，方便毛细管插入。在毛细管电泳仪操作过程中，要保持仪器所处环境干燥，以防高压放电或漏电，现在商品化的毛细管电泳仪配有断电保护装置。

3. 分离系统（毛细管及其温度控制）

毛细管是毛细管电泳分离的核心。外表面涂有聚酰亚胺保护层的熔融石英毛细管应用最广泛。近年来，PEEK 管因其耐酸碱、化学稳定性好也被用于毛细管电泳中，但其价格较高。毛细管电泳是在高电场下进行分离，使用的毛细管内径越小，表面积与体积比越大，散热效果越好，但会有进样量少和检测困难的不足。最常用的毛细管内径有 50 μm 和 75 μm 两种。

毛细管内壁性质直接影响电渗流的大小和方向，同时管壁与被分离组分之间可能会产生不可逆吸附而影响分离。使用过程中需要定时清洗毛细管以保证分离的重现性，还可以采用物理吸附或化学键合两种方式对毛细管内壁进行改性或修饰，达到抑制吸附、改善分离性能、控制电渗流等目的。

在电泳过程中，由于存在焦耳热效应，毛细管内会产生径向温度梯度，另外气温的变化也会导致分离重现性差，因此商品仪器大多有温度控制系统，主要采用风冷和液冷两种方式。

4. 检测系统

为了减少柱外效应对峰展宽的影响，毛细管电泳通常采用柱上或在线检测方式。由于毛细管外表面的聚酰亚胺涂层不透明，常用硫酸腐蚀法、灼烧法或刀片刮除去 2～3 mm 长的外涂层，露出毛细管作为检测窗口，这些处理方法需要注意不要损伤石英毛细管表面，造成散射，影响检测。也可采用无死体积接口方法将毛细管电泳与其他检测器相连。表 14-7 列出毛细管电泳中常用的检测器及其性能。

表 14-7 毛细管电泳中常用检测器及其有关性能

检测器	质量检出限*/mol	应用范围	是否柱上检测
紫外-可见	$10^{-18}\sim10^{-15}$	适用于有紫外吸收化合物	是
荧光(激光诱导荧光)	$10^{-21}\sim10^{-18}$	灵敏度高，通常需衍生化	是
化学发光	$10^{-22}\sim10^{-18}$	灵敏度高，受化学反应限制	否
质谱	$10^{-20}\sim10^{-18}$	通用性好，能提供结构信息	否
安培	$\sim10^{-19}$	灵敏度高，只适用于电活性物质	否
电导	$\sim10^{-16}$	通用性好	否

*质量检出限是通过浓度检出限换算，采用的进样体积是 1 nL。

紫外-可见吸收检测器是大多数商品毛细管电泳仪配置的常规检测器。紫外-可见吸收检测器绝大部分都采用柱上检测方式，结构简单，操作方便。柱上检测最大的问题是光程即毛细管内径太短，造成灵敏度低，有研发者通过采用聚光球部件增加灵敏度，或者将毛细管检测部分设计成"Z"形、"泡"形来提高检测器的灵敏度。

与紫外-可见吸收检测器相比，采用氙灯光源的荧光检测器的检出限可降低三四个数量级，是一类高灵敏度和高选择性的检测器，适合于痕量分析。激光诱导荧光检测器(laser induced fluorescence detector, LIFD)是一类采用激光器作为激发光源的荧光检测器。激光作为光源具有光强度大、聚焦能力强、激发效率高等优点，因此采用激光诱导荧光检测器可以进一步提高毛细管电泳的灵敏度。常用的激光器有 He-Cd 激光器、Ar+激光器和固态二极管激光器。缺乏荧光特性的化合物可以通过衍生化技术，间接采用荧光检测。

电化学检测器主要是基于电导法和安培法。与光学检测方法相比，电化学检测器质量检出限低，线性范围宽，选择性好，而且响应不依赖于光路的长度，但要注意直流高压电流对检测结果重现性的影响，因此一般采用专用接口连接毛细管柱与电化学检测微型池。

质谱检测器作为毛细管电泳检测手段均采用柱后检测方式，在毛细管柱出口处外部涂导电层，然后装入质谱的电喷雾接口，解决了毛细管电流回路与连入问题。

14.5.2　毛细管电泳基本理论

1. 电泳

电解质溶液中的带电粒子在直流外加电场作用下以不同的速度或速率向与其所带电荷相反电场方向迁移的现象称为电泳。阴离子向正极方向迁移，阳离子向负极方向迁移，中性化合物不带电荷，不会发生电泳。带电粒子的迁移速度为

$$\mu_{ep} = \frac{\varepsilon\zeta}{6\pi\eta} \tag{14-33}$$

$$u_{ep} = \mu_{ep}E \tag{14-34}$$

式中，μ_{ep} 为电泳淌度，即单位场强下电泳迁移速度，单位为 $cm^2 \cdot V^{-1} \cdot s^{-1}$；$\varepsilon$ 为介电常数；η 为介质黏度；ζ 为带电粒子的 ζ 电势；E 为电场强度，单位为 $V \cdot cm^{-1}$。

由此可以看到，带电粒子在电场中的迁移速度不仅与电场强度、介质特性有关外，还与粒子的 ζ 电势有关，ζ 电势近似正比于粒子的荷质比。因此，粒子的荷质比越大，迁移速度越快，不同荷质比的粒子以不同的速度在电介质中迁移实现分离。

2. 电渗流

在毛细管电泳中，中性粒子也会在电场作用下迁移，这是因为电渗流的产生。电渗流（electroosmotic flow，EOF）是指毛细管中整体溶液在轴向直流电场作用下的定向迁移的现象，电渗流的产生主要与双电层有关。当毛细管中溶液 pH>3 时，毛细管内壁表面的硅羟基（Si—OH）电离成 SiO−，使内壁表面带负电荷，流动相中的阳离子因为静电作用被吸引，在内壁与流动相接触面上形成了相对固定和游离的两离子层，即双电层（图 14-24）。当毛细管两端加上直流高压电场后，双电层中的阳离子携带溶剂分子一起向阴极迁移，形成电渗流。电渗流就相当于高效液相色谱中的压力泵驱动流动相定向移动，在 EOF 驱动下的流体流型与压力泵产生的流体流型不同，如图 14-25 所示，EOF 驱动下的流体流型为扁平流型（flat flow），或称"塞流"，而压力驱动的成抛物线状的流型（laminar flow）。扁平流型不容易引起样品峰的展宽，这是毛细管电泳获得高柱效的重要原因之一。

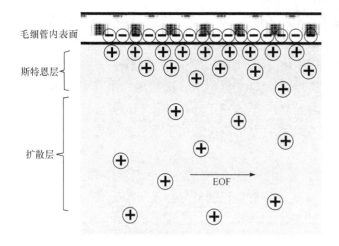

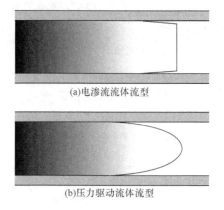

图 14-24　毛细管壁双电层形成示意图　　　　图 14-25　电渗流与压力流流型比较

3. 影响电渗流的因素

电渗流的大小用电渗速率用 u_{eo}（单位 $cm \cdot s^{-1}$）表示，根据 Smoluchiowski 方程

$$\mu_{eo} = \frac{\varepsilon \varepsilon_0 \zeta_w}{\eta} \tag{14-35}$$

$$u_{eo} = \mu_{eo} E \tag{14-36}$$

式中，μ_{eo} 为电渗淌度，单位为 $cm^2 \cdot V^{-1} \cdot s^{-1}$，即单位场强下电渗流迁移速度；$\varepsilon_0$ 为真空介电常数；η 为介质黏度；ζ_w 为毛细管壁 ζ 电势；E 为电场强度。在实际实验中，u_{eo} 和 μ_{eo} 可用如下公式计算：

$$u_{eo} = \frac{L_d}{t_0} \tag{14-37}$$

$$\mu_{eo} = \frac{u_{eo}}{E} = \frac{L_d}{t_0} \frac{1}{E} = \frac{L_d}{t_0} \frac{L}{U} \tag{14-38}$$

式中，L 为毛细管柱总长；L_d 为毛细管柱从起端到检测窗口的长度；U 为毛细管两端所加电压；t_0 为毛细管电泳的死时间，可以采用中性粒子测定。

电渗流控制是毛细管电泳分离中的最重要的操作，会影响毛细管电泳的分离效率和重现性，因此讨论影响电渗流的因素非常有必要。

1) 电场强度的影响

由式 (14-36) 可知，毛细管长度一定时，电渗流速度与电场强度成正比。但是外加电压过高时，大量焦耳热不能及时散发，会导致介质黏度变小及扩散层厚度增大，电渗流速度与电场强度的关系偏离线性。

2) pH 的影响

缓冲液 pH 对管壁基团的解离有直接影响，进而影响毛细管壁的 ζ 电势，对电渗流产生很大影响。对于石英毛细管，当 pH 为 3~10，硅羟基的解离度随 pH 上升而迅速增加，电渗流也迅速增强；当 pH<2.5 时，硅羟基基本不解离，电渗流接近于零；当 pH>10 时，硅羟基解离基本完全，电渗流变化很小。

3)缓冲液溶剂和添加剂的影响

毛细管电泳分离一般使用水溶液，有时可添加少量有机溶剂和添加剂改变介电常数和黏度来改变电渗流大小。例如，添加甲醇等有机溶剂可引起 EOF 大幅度减小；加一定浓度（小于临界胶束浓度）的阴离子表面活性剂将使 EOF 增加，而阳离子表面活性剂可使 EOF 降低甚至反向。

此外，还有离子强度、温度和毛细管内壁涂层改性等都会影响电渗流，具体问题具体分析，这里就不一一讨论了。

14.5.3 毛细管电泳分离原理

在电场作用下，电泳和电渗流并存，在不考虑粒子的相互作用下，毛细管内缓冲溶液中粒子的迁移速度是两种速度的矢量和，即

$$u=u_{ep}+u_{eo}=(\mu_{ep}+\mu_{eo})E \tag{14-39}$$

通常令 $\mu_{ap}=\mu_{ep}+\mu_{eo}$，称为表观淌度，即从毛细管电泳测量中得到的淌度为粒子自身的电泳淌度和由电渗引起的淌度之和，并有

$$\mu_{ap}=\mu_{ep}+\mu_{eo}=\frac{u}{E}=\frac{L_d L}{t_R U} \tag{14-40}$$

式中，L_d 为毛细管从进样口到检测器的长度；t_R 为粒子通过这段距离所用的时间；L 为柱的全长；U 为电压。基于式(14-40)，μ_{ap} 可直接从毛细管电泳的测量结果求得。

已知毛细管电泳中组分的分离基于被分离组分相互间电泳速度的差异。电渗流速度一般大于被分离组分粒子的电泳速度，成为毛细管电泳的直接有效驱动力。不同带电性的粒子的毛细管电泳迁移如图 14-23 所示，当样品从毛细管的正极端进样，在电渗流的驱动下样品组分依次向毛细管的负极端迁移。带正电组分电泳方向和电渗流方向一致，最先流出，荷质比越大的流出越快；中性组分电泳速度为零，迁移速度与电渗流速度相同；带负电的组分电泳方向与电渗流方向相反，在中性粒子之后流出。就这样，被分离样品组分依次通过检测器，得到峰很敏锐的电泳分离图谱。

毛细管电泳的分离效果及影响分离的因素也采用色谱理论中的塔板理论和速率理论来讨论。柱效同样采用塔板数 n 或塔板高度 H 表示，计算方法参考式(14-13)。在理想情况下，只有纵向扩散是导致毛细管电泳谱带展宽的唯一因素。根据式(14-16)，毛细管电泳中塔板高度 H 有如下关系：

$$H=\frac{2D}{u}=\frac{2D}{\mu_{ap}E}=\frac{2DL_d}{\mu_{ap}U} \tag{14-41}$$

$$n=\frac{L_d}{H}=\frac{\mu_{ap}U}{2D} \tag{14-42}$$

上两式中的 D 为扩散系数。由此可看出，试样的相对分子质量越大，扩散系数越小，柱效越高，所以毛细管电泳比色谱更适合生物大分子分离分析。毛细管电泳中沿用分离度这个概念衡量分离效果。

14.5.4 毛细管电泳分离模式及其应用

毛细管电泳分离有多种方法或模式，包括毛细管区带电泳、毛细管凝胶电泳、毛细管电

色谱及胶束毛细管电动色谱、等电聚焦电泳和等速电泳等。这里介绍其中几种常用的分离模式及其应用。

1. 毛细管区带电泳

毛细管区带电泳(capillary zone electrophoresis，CZE)是应用最广泛的一种毛细管电泳分离模式。在电场作用下，缓冲溶液自始至终恒定地通过毛细管分离区域，样品各组离子按照自己的淌度移动并成为分开的或部分重叠的区带。基于离子的荷质比的差异，流出组分依次为正电粒子、中性粒子和负电粒子，荷质比越大的正电粒子流出越快。在CZE中，需要控制的影响因素有电压、缓冲液浓度及其pH、添加剂等。在 CZE 分离中，通常可以在缓冲溶液中加入一定量的添加剂，如表面活性剂、中性盐、纤维素等，通过它与管壁或样品溶质之间的相互作用，改变管壁或溶液的物理化学特性，进一步优化分离条件，提高分离选择性和分离度。

毛细管区带电泳用于多种类型物质的分离测定，包括无机小离子、有机酸、胺类化合物、氨基酸、药物分子和生物大分子蛋白质等，但不能分离中性化合物。毛细管电泳试样用量少、成本低、速度快和分离效果好，成为分析离子性化合物的新方法。Guichard 等采用毛细管区带电泳分离了 6 种抗癌药物(图 14-26)。

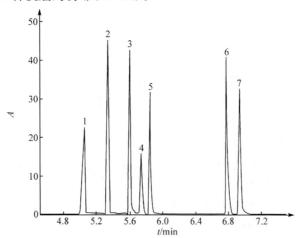

图 14-26　毛细管区带电泳分离 6 种抗癌药物
色谱峰：1. 肌酐(IS)；2. 诺维本；3. 长春花碱；4. 长春酰胺；5. 长春新碱；6. 拓扑替康；7. 伊立替康
毛细管柱：56.5 cm×50 μm，全长 64.5 cm；流动相：50%乙腈的 100 mmoL · L⁻¹、pH 2.5 的磷酸溶液；柱温：25 ℃

2. 毛细管电色谱和胶束电动毛细管色谱

毛细管电色谱(capillary electrochromatography，CEC)是将高效液相色谱与毛细管电泳两者结合的分离方法，将高效液相色谱的固定相引入毛细管电泳中，在具有毛细管电泳对带电物质优秀分离能力的同时，对中性物质也有不错的分离效果。目前毛细管电色谱柱主要有开管柱、填充柱和整体柱三种，商品化以填充柱为主。目前限制毛细管电色谱应用最大的问题还是在于毛细管电色谱柱的制备，其中柱塞的制作尤为关键。好的柱塞要求机械强度高，化学惰性好，死体积小，有合适的孔隙率，能让流动相经过不容易产生气泡，固定相又不会流失。现在常用的柱塞制作方法主要是水玻璃烧制法和填料直接烧制法，这两种方法都有各自缺点，还有待进一步发展。在毛细管电色谱中，由电渗流驱动流动相通过固定相，"塞流"

流型有效抑制了峰展宽，因而 CEC 的色谱峰变得敏锐，分离效果更好。

胶束电动毛细管色谱(micellar electrokinetic capillary chromatography，MEKC)与毛细管电色谱的不同之处在于不需要用固定相固体填料填充毛细管柱，而是在毛细管内的电泳缓冲溶液中加入表面活性剂，溶液中表面活性剂浓度超过临界胶束浓度时，表面活性剂分子的疏水基相互聚集在一起形成胶束，成为分离体系的"准固定相"，基于被分离组分在水相和胶束相之间的分配系数不同而得到分离。与 CZE 相比，MEKC 的突出优点是除能分离离子化合物外，还能分离中性化合物；相对 CEC 来说，因为并不是真的固定相，所以不用考虑柱塞的制作。典型的准固定相为阴离子或阳离子表面活性剂，如常用的十二烷基硫酸钠(SDS)胶束。

3. 毛细管凝胶电泳

毛细管凝胶电泳(capillary gel electrophoresis，CGE)是在毛细管内填充聚丙烯酰胺凝胶或其他凝胶类化合物作为支持介质进行电泳分离的模式。聚丙烯酰胺类凝胶是毛细管凝胶电泳中常使用的凝胶，它具有黏度大、抗对流、能减少溶质的扩散等特点，所得的峰形敏锐且柱效高，此外凝胶还起到了尺寸排阻的作用。当被分离组分分子的大小与凝胶孔径相当时，其淌度与尺寸大小有关，小分子受到的阻碍较小，从毛细管中流出较快，大分子受到的阻碍较大，从毛细管中流出较慢。因此，CGE 常用于分离和测定生物大分子，如蛋白质、RNA 及 DNA 片段、多肽等(图 14-27)。

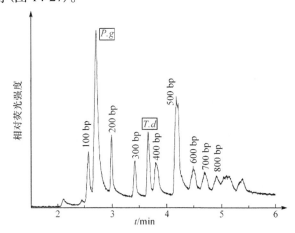

图 14-27　毛细管凝胶电泳分离 DNA 相对分子质量标准物与 PCR 产物

毛细管柱：4 cm×75 μm，全长 6 cm；流动相：含有 0.5%羟乙基纤维素(1300 K)的 0.5 × TBE 缓冲溶液和 1 × SYBR Green I 混合溶液；柱温：25 ℃

思考题与习题

1. 什么是色谱分离？色谱过程中样品各组分的差速迁移和同组分分子离散分别取决于何种因素？

2. 定义名词：(1)洗脱；(2)流动相；(3)固定相；(4)分配比；(5)保留时间；(6)保留因子；(7)选择性因子；(8)塔板高；(9)分辨率；(10)涡流扩散；(11)纵向扩散；(12)柱塔板数 n。

3. 试说明塔板理论基本原理，它在色谱实践中有哪些应用？

4. 什么是速率理论？它与塔板理论有何区别与联系？对色谱条件优化有何实际应用？

5. 影响色谱峰展宽的因素有哪些？

6. 与气相色谱、经典液相柱色谱相比，高效液相色谱有哪些基本特点？其色谱性能和应用范围有何异同？

7. 根据色谱保留值为什么难以对未知结构的化合物进行定性鉴定？

8. 简述 TCD、FID、ECD、FPD、NPD 的基本原理及各自的特点。

9. 在气相色谱操作中，为什么要采用程序升温？

10. 什么是正相色谱和反相色谱？色谱固定相、流动相极性变化对不同极性组分保留行为有何影响？

11. 什么是电渗流？它是怎样产生的？

12. 为什么 pH 影响氨基酸的电泳分离？

13. 毛细管区带电泳的分离原理是什么？

14. 在毛细管区带电泳中，指出溴离子、硫脲、铜离子、钠离子、硫酸根离子的出峰顺序。

15. 试选择测定下列样品的气相色谱检测器：

(1)乙醇中微量水的测定；

(2)超纯氮中微量氧的测定；

(3)蔬菜中有机磷农药的测定；

(4)微量苯、甲苯、二甲苯异构体的测定。

16. 指出适合分离下列混合物的色谱方法及检测器：

(1) 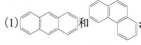 ；　(2)CH_3CH_2OH 和 $CH_3CH_2CH_2OH$；

(3)Ba^{2+}和 Sr^{2+}；　(4)C_4H_9COOH 和 $C_5H_{11}COOH$；　(5)高相对分子质量糖苷。

17. 在硅胶色谱中，以甲苯为流动相，某化合物保留时间为 28 min，选用四氯化碳或氯仿中哪种溶剂能更有效缩短保留时间？为什么？

18. 假如一个溶质的保留因子为 0.1，在流动相中的百分数是多少？

(91%)

19. 在长为 2 m 的气相色谱柱上，死时间为 1 min，某组分的保留时间为 18 min，色谱峰半高宽度为 0.5 min，计算：(1)此色谱柱的理论塔板数 n 和有效理论塔板数 n_{eff}；(2)每米柱长的理论塔板数；(3)色谱柱的理论塔板高 H 和有效理论塔板高 H_{eff}。

(n=7180, n_{eff}=6404；3590；H=0.28 mm，H_{eff}=0.31 mm)

20. 某两组分混合物在 25 cm 长的色谱柱上进行液相色谱分离，流动相流速 0.40 mL·min^{-1}，色谱图如下：

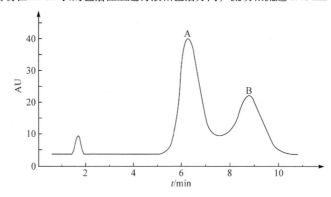

根据图回答和计算：(1)组分 A 和 B 在固定相中所消耗的时间；(2)组分 A 和 B 的保留时间；(3)两组分的保留因子；(4)两峰的分离度；(5)柱的平均塔板数；(6)平均塔板高；(7)要获得 1.75 的分离度，需要多长的柱？

(t'_A=4.6 min，t'_B=8.1 min；t_A=6.3 min，t_B=9.8 min；k_A=3.7，k_B=4.8；R=1.72；$n_{平均}$=246；$H_{平均}$=0.101 cm；L=26 cm)

21. 采用内标法测定某天然产物中两成分 A、B 的含量，选用化合物 S 为内标和测定相对定量校正因子标准物。(1)分别称取 S 和纯 A、B 180.4 mg、188.6 mg、234.8 mg，用溶剂在 25 mL 容量瓶中配制三元标样混合物，进样 20 μL，洗出 S、A、B 相应色谱峰面积积分值为 48 964、40 784、42 784，计算 A、B 对 S 的相对定量校正因子 f'；(2)称取测定样品 622.6 mg，内标物(P) 34.00 mg，与(1)相同溶剂、容量瓶、进样量，得到 P、A、B 峰面积分别为 32 246、46 196、65 300，计算组分 A、B 的含量。

$$(f'_A = 1.255,\quad f'_B = 1.490;\quad w_A = 34.33\%,\quad w_B = 57.61\%)$$

22. 毛细管的总长为 25 cm，进样端到检测器的柱长为 21 cm，分离电压为 20 kV，采用硫脲作为标记物，其出峰时间为 1.5 min，试计算电渗流的大小(用电渗淌度 μ_{eo} 表示)。

$$(2.9 \times 10^{-4}\, \text{cm}^2 \cdot \text{V}^{-1} \cdot \text{s}^{-1})$$

第15章 核磁共振波谱法

15.1 核磁共振基本原理

1946年，美国科学家布洛赫(Bloch)和珀塞尔(Purcell)分别发现处于射频的电磁波能与暴露在强磁场中的磁性原子核相互作用，引起磁性原子核在外磁场中发生磁能级的共振跃迁，从而产生吸收信号，他们把这种原子对射频辐射的吸收称为核磁共振(NMR)。核磁共振和红外光谱、紫外-可见光谱一样是微观粒子吸收电磁波后在不同能级上跃迁，但引起核磁共振的电磁波能量很低，不会引起振动或转动能级跃迁，更不会引起电子能级跃迁。根据核磁共振图谱上吸收峰位置、强度和精细结构可以研究分子的结构。现在，根据核磁共振原理研制的各种核磁共振仪其应用范围已大大扩展，在有机物结构分析、化学反应动力学、高分子化学、医学、药学、生物学等领域都有广泛的应用。

15.1.1 原子核的自旋运动与磁矩

原子核的自旋是核磁共振理论中一个最基本的概念，是原子核的自然属性。实验证明，一些原子核无自旋现象，而另一些原子核有自旋现象(图15-1)。具有自旋的原子核会产生自旋角动量(P)，又因原子核有电荷，故会产生相应的磁矩μ。磁矩与角动量之间有如下关系：

$$\mu = \gamma P \tag{15-1}$$

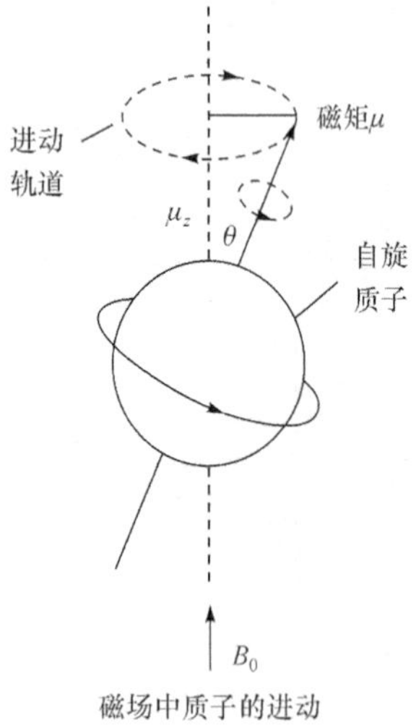

式中，γ为磁旋比。不同的核具有不同的磁旋比，它是磁性核的一个特征常数。例如，质子的$\gamma_H = 2.68 \times 10^8\ \mathrm{T}^{-1} \cdot \mathrm{s}^{-1}$(特[斯拉]$^{-1}$·秒$^{-1}$)，^{13}C核的$\gamma_C = 6.73 \times 10^7\ \mathrm{T}^{-1} \cdot \mathrm{s}^{-1}$。注意$\gamma$值可正可负，这是由核的本性所决定的。

根据量子力学原理，核的自旋角动量是量子化的。P的数值与自旋量子数I的关系如下：

$$P = \sqrt{I(I+1)}\frac{h}{2\pi} \tag{15-2}$$

I可以为0、1/2、1、3/2，…。很明显，当$I = 0$时，$P = 0$，即原子核没有自旋现象。只有当$I > 0$时，原子核才有自旋现象和自旋角动量。

将式(15-2)代入式(15-1)可得

$$\mu = \gamma \frac{h}{2\pi}\sqrt{I(I+1)} \tag{15-3}$$

图15-1 原子核的自旋运动

进动轨道
磁矩μ
μ_z
θ
自旋质子
B_0
磁场中质子的进动

式(15-3)说明核磁矩μ的值可由核的自旋量子数I决定。实验证明，自旋量子数I与原子的质量数(A)及原子序数(Z)有关，如表15-1所示。从表中可以看出，质量数和原子序数均为偶数的核，自旋量子数$I = 0$，即没有自旋现象。当自旋量子数$I = 1/2$时，核电荷呈球形分布于核表面，它们的核磁共振现象较为简单，是目前研究的主要对象。属于这一类的主要原子核有 $_1^1H$、$_6^{13}C$、$_7^{15}N$、$_9^{19}F$、$_{15}^{31}P$。其中研究最多、应用最广的是 ^1H 和 ^{13}C 核磁共振谱。

表 15-1 自旋量子数与原子的质量数及原子序数的关系

质量数 A	原子序数 Z	自旋量子数 I	自旋核电荷分布	NMR 信号	原子核
偶数	偶数	0	—	无	$_6^{12}C$，$_8^{16}O$，$_{16}^{32}S$
奇数	奇或偶数	$\dfrac{1}{2}$	球形	有	$_1^1H$，$_6^{13}C$，$_7^{15}N$，$_9^{19}F$，$_{15}^{31}P$
奇数	奇或偶数	$\dfrac{3}{2},\dfrac{5}{2},\cdots$	扁平椭圆形	有	$_8^{17}O$，$_{16}^{32}S$
偶数	奇数	1, 2, 3	伸长椭圆形	有	$_1^1H$，$_7^{14}N$

15.1.2 核磁矩的空间量子化和核磁共振的条件

1. 核磁矩的空间量子化

若无外磁场，由于核的无序排列，不同自旋方向的核不存在能级差别。若将有自旋现象的原子核放入场强为 B_0 的磁场中，在外磁场的作用下将发生空间量子化，即核磁矩按一定方向排列。由于磁矩与磁场相互作用，核磁矩相对外加磁场将有不同的取向(图 15-2)。按照量子力学原理，它们在外磁场方向的投影是量子化的，可用磁量子数 m 描述。m 可取下列数值：

$$m = I, I-1, I-2, \cdots, -I$$

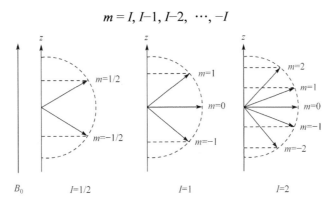

图 15-2 核磁矩相对外加磁场的不同取向

自旋量子为 I 的核在外磁场中可有 $(2I+1)$ 个取向，每种取向各对应有一定的能量。在外磁场的作用下，原来简并的能级现在按照不同的 m 值发生能级分裂，称为塞曼分裂。对于具有自旋量子数 I 和磁量子数 m 的核，量子能级的能量可用式(15-4)确定：

$$E = -\frac{m\mu}{I}\beta B_0 \tag{15-4}$$

式中，B_0 为以 T 为单位的外加磁场强度；β 是一个常数，称为核磁子，等于 5.049×10^{-27} $J \cdot T^{-1}$；μ 为以核磁子为单位表示的核的磁矩，质子的磁矩为 2.7927β。

^1H 在外加磁场中只有 $m = +\dfrac{1}{2}$ 及 $m = -\dfrac{1}{2}$ 两种取向，前一种取向与外磁场同向，能量较低，

后一种取向与外磁场方向相反，能量较高。这两种状态的能量分别为

当 $m = +\dfrac{1}{2}$ 时

$$E_{+\frac{1}{2}} = -\frac{m\mu}{I}\beta B_0 = -\frac{\frac{1}{2}\mu\beta B_0}{\frac{1}{2}} = -\mu\beta B_0$$

当 $m = -\dfrac{1}{2}$ 时

$$E_{-\frac{1}{2}} = -\frac{m\mu}{I}\beta B_0 = -\frac{\left(-\frac{1}{2}\right)\mu\beta B_0}{\frac{1}{2}} = +\mu\beta B_0$$

其高低能级的能量差则由式(15-5)确定：

$$\Delta E = E_{-1/2} - E_{+1/2} = 2\mu\beta B_0 \tag{15-5}$$

式(15-5)表示的是 ^1H 核在磁场中由低能级向高能级跃迁时所需的能量。$I = 1/2$ 时核自旋能级裂分与磁场 B_0 的关系如图 15-3 所示。一般来说，自旋量子数为 I 的核，其相邻两能级之差为

$$\Delta E = \mu\beta\frac{B_0}{I} \tag{15-6}$$

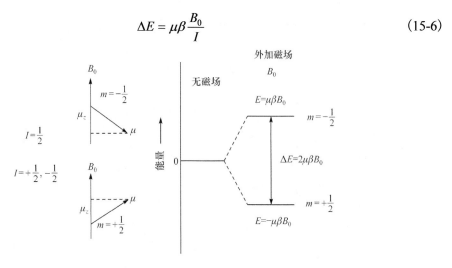

图 15-3　$I = 1/2$ 时核自旋能级裂分与磁场 B_0 的关系

2. 核磁共振的条件

在磁场中的磁性核，核自旋产生的磁场将与外磁场发生作用。由于该作用不在同一方向，因此磁性核一面自旋，一面其自旋轴又以一定的角度围绕外磁场方向做回旋运动(图 15-1)。该磁性核的运动称为拉莫尔(Larmor)进动。拉莫尔进动有一定的回旋频率 ν。当射频的频率正好等于自旋进动频率时，自旋核就会吸收射频，从低能级跃迁至高能级，这种现象称为核磁共振现象。

显然，发生核磁共振时，自旋核的跃迁能量必然等于射频辐射的能量，即如果以射频照射处于外磁场 B_0 中的核，且射频频率 ν 恰好满足下列关系时

$$hv = \Delta E \quad \text{或} \quad v = \mu\beta\frac{B_0}{Ih} \tag{15-7}$$

处于低能级的核将吸收射频能量而跃迁至高能级。这就是发生核磁共振现象的条件。由式(15-7)可推得如下结论：

(1)对自旋量子数 $I = 1/2$ 的同一核来说，因磁矩 μ 为一定值，β 和 h 又为常数，所以发生共振时，照射频率 v 的大小取决于外磁场强度 B_0 的大小。在外磁场强度增加时，为使核发生共振，照射频率也应相应增加；反之，则减小。例如，若将 ^{1}H 核放在磁场强度为 1.4092 T 的磁场中，发生核磁共振时的照射频率必须为

$$v_{共振} = \frac{2.7927 \times 5.049 \times 10^{-27} \times 1.4092}{\frac{1}{2} \times 6.626 \times 10^{-34}} \approx 60 \times 10^6 (\text{Hz}) = 60(\text{MHz})$$

如果将 ^{1}H 放入场强为 4.69 T 磁场中，则可知 $v_{共振}$ 应为 200 MHz。

(2)对 $I = 1/2$ 的不同核来说，若同时放入一固定磁场强度的磁场中，则共振频率 $v_{共振}$ 取决于核本身的磁矩的大小。μ 大的核，发生共振时所需的照射频率也大；反之，则小。例如，^{1}H 核、^{19}F 核、^{13}C 核的磁矩分别为 2.79β、2.63β、0.70β，在场强为 1 T 的磁场中，其共振时的频率分别为 42.6 MHz、40.1 MHz、10.7 MHz。

(3)同理，若固定照射频率，改变磁场强度，对不同的核来说，磁矩大的核，共振所需磁场强度将小于磁矩小的核。例如，$\mu_H > \mu_F$，则 $B_H < B_F$。表 15-2 给出了 ^{1}H 及 ^{13}C 在不同外磁场强度下的进动频率。

表 15-2 ^{1}H 及 ^{13}C 在不同外磁场强度下的进动频率

B_0/T	^{1}H 核/MHz	^{13}C 核/MHz
1.4092	60	15.085
2.3487	100	25.143
4.4974	200	50.286
7.0461	300	75.429

15.1.3 核自旋能级分布和弛豫过程

1. 核自旋能级分布

如前所述，^{1}H 核的 $I = 1/2$，在没有外磁场作用时，核自旋的空间取向是杂乱的，它们的矢量和等于零，不出现宏观磁化矢量，^{1}H 核的两种自旋状态($m = +1/2$，$-1/2$)的分布概率是相等的。但在外磁场作用下，核自旋绕磁场进动，无序的空间取向过渡到有序的空间取向，核自旋空间取向与塞曼能级相对应。达到热平衡时，核处于高、低能级核数的比例服从玻尔兹曼分布：

$$\frac{N_j}{N_0} = e^{\frac{\Delta E}{kT}} \tag{15-8}$$

式中，N_j 和 N_0 分别为处于高能级和低能级的氢核数；ΔE 为两种能级的能量差；k 为玻尔兹曼常量；T 为热力学温度。例如，温度为 300 K、磁场强度为 1.049 T 的磁场中，高能级与低能级的 ^{1}H 核数之比为

$$\frac{N_j}{N_0} = e^{-\frac{\Delta E}{kT}} = 0.999\,99$$

即处于低能级的核数仅比处于高能级的核数多十万分之一。若以合适的射频照射处于磁场的氢核，氢核吸收外界能量后由低能级跃迁到高能级，其净效应是吸收，产生共振信号，即核磁共振信号就是靠这极微弱过量的低能级氢核产生的。如果随着核磁共振吸收过程的进行，高能级的核不能通过有效途径释放能量回到低能级，则低能级的核数将越来越少，一定时间后，$N_j = N_0$，此时不会再有射频的吸收，核磁共振信号也随之消失，这种现象称为"饱和"。根据玻尔兹曼分布，提高外磁场强度并降低工作温度可减少 N_j / N_0 值，提高核磁共振信号的灵敏度。

2. 弛豫

在外磁场作用下，核自旋空间取向由无序向有序过渡，自旋系统磁化矢量逐渐增加直到达到热平衡状态。如果自旋系统受到某种外界作用（如射频场作用），磁化矢量就会偏离平衡位置。当外界作用停止后，自旋系统这种不平衡状态不能维持下去，而是会自动恢复平衡状态，这种恢复过程需要一定的时间。自旋系统从不平衡状态向平衡状态的恢复过程称为弛豫，有两种重要的自旋弛豫过程：自旋-晶格弛豫和自旋-自旋弛豫。

自旋-晶格弛豫又称纵向弛豫，即处于高能级的核自旋体系将能量传递给周围环境（晶格或溶剂），自己回到低能级的过程。弛豫过程所需时间通常用半衰期 T_1 表示，T_1 是高能级寿命和弛豫效率的度量，T_1 越小，弛豫效率越高。固体试样的 T_1 值很大，液体、气体试样的 T_1 值很小，一般约为 1 s。自旋-晶格弛豫在 ^{13}C 的核磁共振波谱中有很重要的作用。

自旋-自旋弛豫又称横向弛豫，即处于高能级的核自旋体系将能量传递给邻近低能级同类磁性核，自己回到低能级的过程。与自旋-晶格弛豫中核自旋体系将能量传递给晶格不同，自旋-自旋弛豫只是同类磁性核自旋状态的能量交换，不会引起系统总能量的改变，其半衰期用 T_2 表示。固体试样中各核的相对位置比较固定，有利于自旋-自旋之间的能量交换，故 T_2 很小，一般为 $10^{-5} \sim 10^{-4}$ s；液体、气体试样的 T_2 值约为 1 s。

15.2　核磁共振波谱仪

核磁共振波谱仪是研究有机化合物和无机化合物的重要工具。按扫描方式不同，核磁共振波谱仪可以分为两大类：经典的连续波（CW）波谱仪和现代的脉冲傅里叶变换（PFT）波谱仪。前者是用连续的射频场（旋转磁场）作用到核系统上，观察到核对频率的响应信号。后者则用射频脉冲作用到核系统上，观察到核对时间的响应信号。脉冲法有较高的灵敏度，测量速度快，但需要进行快速傅里叶变换，技术要求较高。目前使用的绝大多数为脉冲傅里叶变换波谱仪。

15.2.1　连续波核磁共振波谱仪

核磁共振仪的扫描方式有两种：一种是保持频率恒定，线性地改变磁场，称为扫场法；另一种是保持磁场恒定，线性地改变频率，称为扫频法。许多仪器同时具有这两种扫描方式。扫描速度的大小会影响信号峰的显示。速度太慢，不仅增加了实验时间，而且信号容易饱和；

相反，扫描速度太快，会造成峰形变宽，分辨率降低。实际上多采用扫场法。

图 15-4 是连续波核磁共振波谱仪示意图。它主要由以下五部分组成：

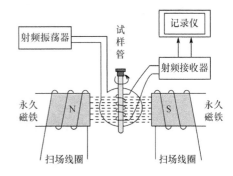

图 15-4　连续波核磁共振波谱仪示意图

（1）磁铁体。它的作用是提供一个稳定的高强度磁场。

（2）扫描发生器。在一对磁极上绕制一组磁场扫描线圈，用以产生一个附加的可变磁场，叠加在固定磁场上，使有效磁场强度可变，以实现磁场强度扫描。

（3）射频振荡器。它提供一束固定频率的电磁辐射（通常为 60 MHz 或 100 MHz），用以照射样品。高分辨波谱仪要求有稳定的射频频率和功能，为此仪器通常采用恒温下的石英晶体振荡器得到基频，再经过倍频、调频和功能放大得到所需要的射频信号源。为了提高基线的稳定性和磁场锁定能力，必须用音频调制磁场。为此，从石英晶体振荡器中得到音频调制信号，经功率放大后输入探头调制线圈。

（4）吸收信号检测器和记录仪。检测器的接收线圈绕在试样管周围。当某种核的进动频率与射频频率匹配而吸收射频能量产生核磁共振时，便会产生一信号。记录仪自动描记图谱，即核磁共振波谱。

（5）试样管。直径为数毫米的玻璃管，样品装在其中，固定在磁场中的某一确定位置。整个试样探头迅速旋转，以减少磁场不均匀的影响。通常扫描一张氢谱的时间是 250 s，试样浓度为 5%～10%，需要纯样品 15～30 mg，可采用重复扫描-累加平均的方式提高信噪比。

为了提高磁场强度，出现了超导核磁共振波谱仪。通常的永久磁铁和电磁铁，其磁场强度<2.5 T；而超导磁体(铌钛或铌锡合金等超导材料制备的超导线圈，在低温 4 K 处于超导状态)，其磁场强度>10 T，并且磁场稳定、均匀。

15.2.2　脉冲傅里叶变换核磁共振波谱仪

连续波核磁共振波谱仪通过扫频或扫场的方法找到共振吸收条件，以获得核磁共振波谱。这种工作方式的最大缺点是效率低。而脉冲傅里叶变换核磁共振波谱仪不是通过扫场或扫频产生共振，它是采用恒定的磁场，用一定频率宽度的射频强脉冲照射试样，激发全部待观测的核，以获得全部的共振信号。其组成主要包括超导磁体、射频脉冲发射系统、核磁信号接收系统和用于数据采集、储存、处理及谱仪控制的计算机系统(图 15-5)。脉冲傅里叶变换核磁共振波谱仪测定速度快，除可进行核的动态过程、瞬变过程、反应动力学等方面的研究外，还易于实现累加技术。

在脉冲傅里叶变换核磁共振波谱仪上，一个覆盖所有共振核的射频能量的脉冲将同时激发所有的核，当被激发的核回到低能态时产生一个自由感应衰减(FID)信号，它包含所有的时间域信息，经模/数转换后通过计算机进行傅里叶变换得到频(率)谱。实验中按照仪器操作规程设置谱仪参数，如脉冲倾倒角和与其对应的脉冲强度、脉冲间隔时间、数据采样点(分辨率)、采样时间等。采集足够的 FID 信号，由计算机进行数据转换，调整相位使尽可能得到纯的吸收峰，用参照物校正化学位移值，用输出设备输出谱图。

脉冲核磁共振比连续波核磁共振去掉了移相器，增加了脉冲程序器用来产生不同宽度、不同间隔的窄脉冲，以控制射频电磁场的发射和接收。在脉冲程序器作用下，射频电磁场只在短时间内作用于样品,随即关闭。射频接收器在射频电磁场作用于样品时不接收射频信号,当脉冲射频场结束时,射频接收器接收带有核自旋系统的自由感应衰减或自旋回波信息的射频信号。因此,脉冲程序器对射频发射器和接收器来说相当于单刀双掷开关。

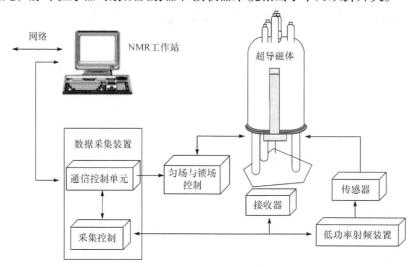

图 15-5　脉冲傅里叶变换核磁共振波谱仪的主要组成

核磁共振信号(峰)可提供四个重要参数:化学位移值、谱峰多重性、偶合常数值和谱峰相对强度。处于不同分子环境中的同类原子核具有不同的共振频率,这是由于作用于特定核的有效磁场由两部分构成:由仪器提供的特定外磁场以及由核外电子云环流产生的磁场。处于不同化学环境中的原子核,由于屏蔽作用不同而产生的共振条件差异很小,难以精确测定其绝对值,故实际操作时采用一个参照物作为基准,并精确测定样品和参照物的共振频率差(化学位移)。核磁共振信号的另一个特征是它的强度。在合适的实验条件下,谱峰面积或强度正比于引起此信号的质子数,因此可用于测定同一样品中不同质子或其他核的相对比例,以及在加入内标后进行核磁共振定量分析。

核磁共振波谱是非常有用的结构解析工具:化学位移值提供原子核环境信息;谱峰多重性提供相邻基团情况以及立体化学信息;偶合常数值可用于确定基团的取代情况;谱峰强度(或积分面积)可确定基团中质子的个数等。一些特定技术,如双共振实验、化学交换、使用位移试剂、各种二维谱等,可用于简化复杂图谱、确定特征基团以及确定偶合关系等。

对于结构简单的样品,可直接通过氢谱的化学位移值、偶合情况(偶合裂分的峰数及偶合常数)及每组信号的质子数确定,或通过与文献值(图谱)比较确定样品的结构,以及是否存在杂质等。与文献值(图谱)比较时,需要注意一些重要的实验条件,如溶剂种类、样品浓度、化学位移参照物、测定温度等的影响。对于结构复杂或结构未知的样品,通常需要结合其他分析手段(如质谱等)才能确定其结构。在定量分析方面,与其他核相比,^{1}H 核磁共振波谱更适用于定量分析。

值得注意的是,做分析试样实验时,除熟悉核磁共振理论外,还应多了解样品的性质,并严格遵守操作规程,正确操作仪器。不正确的样品制备、谱仪调整及参数设置将导致谱图数据的分辨率和灵敏度降低,甚至给出假峰和错误数据。

15.3　化 学 位 移

15.3.1　化学位移的定义

1. 屏蔽效应

式(15-7)反映的核磁共振条件仅仅是对"裸露"的原子核，即理想化的状态而言的。事实上，原子核往往有核外电子云，其周围也存在其他原子，这些周围因素即所谓化学环境是否会对核磁共振产生影响？1950 年迪金森(Dickinson)和普罗克特(Proctor)发现，磁性核的共振频率不仅取决于外磁场强度和核磁矩，还受到化学环境的影响。产生这种影响的主要原因是核外电子对核的屏蔽效应。

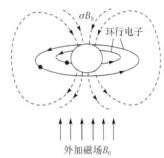

图 15-6　核外电子对核的屏蔽效应

假设一个孤立原子，核外电子云的分布是球形对称的。当它处于外磁场 B_0 中时，电子云被极化，产生一个感应电子环流，根据楞次定律，电子环流产生一个方向与 B_0 相反的感应磁场，使核实际感受到的磁场小于外磁场 B_0，这种现象称为屏蔽效应(图 15-6)。

由于分子中处于不同化学环境中的质子，核外电子云的分布情况也各异，因此不同化学环境中的质子，其受到的屏蔽作用也有所不同。此时，质子实际受到的磁场强度 B 应等于外加磁场 B_0 减去其外围电子产生的次级磁场，而次级磁场的大小又正比于所加的外磁场强度，故质子真正感受到的有效外磁场强度 B 可表达为

$$B = B_0 - \sigma B_0 = B_0(1-\sigma) \tag{15-9}$$

式中，σ 称为屏蔽常数，它与原子核外的电子云密度及所处的化学环境有关，而与外磁场无关。电子云密度越大，屏蔽程度越大，σ 值也大，共振所需的磁场强度越强。反之亦然。

因此，氢核发生核磁共振的条件是

$$\nu_{共振} = \mu\beta\frac{2B}{h} = \mu\beta\frac{2B_0(1-\sigma)}{h} \tag{15-10}$$

或

$$B_0 = \frac{\nu_{共振}h}{2\mu\beta(1-\sigma)} \tag{15-11}$$

2. 化学位移及其表示

对于同种核来说，当其所处的化学环境不同时，由于磁屏蔽效应，核实际感受到的磁场并不相同，因而共振频率也不尽相同，其谱线将出现在谱图中的不同位置。这种由屏蔽作用引起的共振时磁场的强度的移动现象称为化学位移。

因化学位移的数值相比共振频率和外磁场强度是一个很小的值，要精确测量其绝对值相当困难，故在实际测量中都是采用相对化学位移。在实际应用中常用一种参考物质作标准，以试样和标准的共振频率(ν_x 和 ν_s)或磁场强度(B_x 和 B_s)的差值与所用仪器的频率 ν_0 或磁场强度 B_0 的比值 δ 表示。δ 表示的虽是相对位移，但其值极小，故应用时还需将相对差值再乘以 10^6，即

$$\delta = \frac{\nu_x - \nu_s}{\nu_0} \times 10^6 = \frac{\Delta\nu}{\nu_0} \times 10^6 \qquad (15\text{-}12)$$

或

$$\delta = \frac{B_x - B_s}{B_0} \times 10^6 \qquad (15\text{-}13)$$

^{1}H 核磁共振测量化学位移选用的标准物质是四甲基硅烷 $[(CH_3)_4Si，TMS]$，它有以下优点：①TMS 分子中 12 个氢核所出的化学环境完全相同，在谱图上是一个尖峰；②TMS 的氢核所受的屏蔽效应比大多数化合物中的氢核大，共振频率最小，规定 TMS 的化学位移 $\delta = 0$，其他氢核的化学位移一般在 TMS 的一侧；③TMS 具有化学惰性；④TMS 易溶于大多数有机溶剂中；⑤沸点很低 (27 ℃)，容易去除，有利于样品回收。采用 TMS 标准测量化学位移，对于给定核磁共振吸收峰，不管使用 60 MHz、100 MHz、200 MHz、还是 300 MHz 的仪器，δ 值都是相同的。大多数质子峰的 δ 为 1~12。而对于水溶性样品，常用 3-三甲基硅基丙酸钠-d_4(TSP) 或 2，2-二甲基-2-硅戊基-5-磺酸钠(DSS)，其化学位移值也非常接近于零。DSS 的缺点是其三个亚甲基质子有时会干扰被测样品信号，适合用作外参考。

早期文献中用 τ 表示化学位移值，δ 与 τ 的关系可用式(15-14)表示：

$$\delta = 10 - \tau \qquad (15\text{-}14)$$

TMS 的信号若用 δ 表示时为 0，则用 τ 表示时为 10。

15.3.2　影响化学位移的因素

化学位移是由核外电子云产生的对抗磁场所引起的，因此凡是使核外电子云密度改变的因素都能影响化学位移。影响因素有内部的，如相邻基团或原子的电负性和磁各向异性效应等；外部的如溶剂效应、氢键的形成等。

1. 相邻基团或原子的电负性

当被研究的氢核附近有电负性的原子或基团时，氢核的电子云密度将降低，其影响程度与原子或基团的电负性有关。例如，一些电负性基团，如卤素、硝基、氰基等，具有强烈的吸电子能力，它们通过诱导作用使与其邻接的核的外围电子云密度降低，从而减少电子云对该核的屏蔽，使核的共振频率向低场移动。一般来说，在没有其他影响因素存在时，屏蔽作用将随相邻基团或原子的电负性的增加而减小，而化学位移(δ)随之增加。表 15-3 给出了几种 CH_3X 中氢核化学位移与元素电负性的关系。

表 15-3　CH_3X 中氢核化学位移与元素电负性的关系

化学式	CH_3F	CH_3Cl	CH_3Br	CH_3I	CH_3—H	TMS
电负性	4.0	3.1	2.8	2.5	2.1	1.8
δ	4.26	3.05	2.68	2.16	0.23	0.0

2. 磁各向异性效应

质子在分子中所处的空间位置不同，其屏蔽作用不同的现象称为磁各向异性效应。其原因是电子构成的化学键在外磁场的作用下将产生一个各向异性的次级磁场，从而使得某些位置上的氢核受到屏蔽效应，而另一些位置上的氢核受到去屏蔽效应。

1) 双键的各向异性效应

双键的 π 电子在外加磁场的诱导下形成电子环流，从而产生次级磁场(图 15-7)。可将分子中的不同区域分为屏蔽区和去屏蔽区。屏蔽区为感应磁场与外磁场方向相反的区域；去屏蔽区为感应磁场与外磁场方向相同的区域。而双键上的氢处于去屏蔽区，所以吸收峰出现在低场。烯烃的 $\delta = 4.5\sim5.7$，醛上的氢 $\delta = 9.4\sim10$。

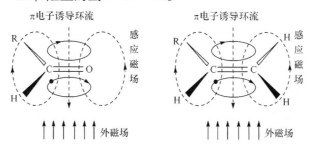

图 15-7　双键的各向异性效应

2) 三键的各向异性效应

三键的 π 电子以键轴为中心呈对称分布，在外磁场的诱导下，π 电子可以形成绕键轴的电子环流，从而产生次级磁场(图 15-8)。在键轴方向上下为屏蔽区，与键轴垂直方向为去屏蔽区。

3) 苯环的各向异性效应

苯环有 6 个 π 电子形成大 π 键，在外磁场的作用下形成上下两圈 π 电子环流，产生次级磁场(图 15-9)。在苯环平面上下电子云密度大，形成屏蔽区，而环平面各侧电子云密度低，形成去屏蔽区。

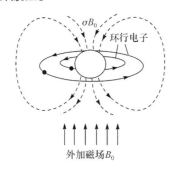

图 15-8　三键的各向异性效应

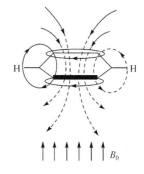

图 15-9　苯环的各向异性效应

3. 氢键和溶液的影响

键合在杂原子上的质子易形成氢键，而氢键对质子的化学位移影响是非常敏感的。当分子形成氢键时，氢键中质子的信号明显地向低场移动，化学位移 δ 变大。一般认为这是由于形成氢键时，电子云移向与质子形成氢键的原子上，远离质子，使得质子上的电子屏蔽减少，共振频率移向低场。

氢键形成情况与温度、浓度及溶剂的极性有关。因此，对于分子间形成的氢键，化学位移的改变也与溶剂的性质及浓度有关。通常同一试剂在不同溶剂中由于受到不同溶剂分子的作用，化学位移发生变化，称为溶液效应。

在惰性溶剂的稀溶液中，可以不考虑氢键的影响。这时各种羟基显示它们固有的化学位移。但是，随着浓度的增加，它们会形成氢键。例如，在极稀的甲醇溶液中，平衡向非氢键方向移动，故羟基中质子的化学位移范围为 0.5~1.0；而在浓溶液中，化学位移值却为 4.0~5.0。对于分子内形成的氢键，其化学位移的变化与溶液浓度无关，只取决于它自身的结构。

由于溶剂的影响，在核磁共振波谱分析中一定要注明是在什么溶剂条件下测得的化学位移值。

4. 氘代溶剂的干扰峰

溶解样品的氘代试剂总有残留氢存在。在 ^1H NMR 谱图解析中，要能辨认其吸收峰，排除干扰。常用的核磁共振波谱测定用氘代溶剂及其残留质子信号的化学位移见表 15-4。

表 15-4 氢谱测定中常用的溶剂

溶剂名称	分子式	残留质子信号 δ/ppm	可能残留的水峰 δ/ppm*
氘代氯仿	$CDCl_3$	7.26	1.56
氘代甲醇	CD_3OD	3.31	4.87
氘代丙酮	$(CD_3)_2CO$	2.05	2.84
氘代二甲亚砜	DMSO-d_6	2.5	3.33
氘代乙腈	CD_3CN	1.94	2.13
氘代苯	C_6D_6	7.16	—
重水	D_2O	—	4.79
氘代二氧六环	二氧六环-d_8	3.55	—
氘代乙酸	CD_3CO_2D	2.05, 8.5*	—
氘代三氟乙酸	CF_3CO_2D	12.5*	—
氘代吡啶	C_5D_5N	7.18, 7.55, 8.70	4.80
氘代 N, N-二甲基甲酰胺	DMF-d_7	2.77, 2.93, 8.05	—

*活泼质子的化学位移值是可变的，取决于温度和溶质的变化。

15.3.3 化学位移与结构的关系

关于化学位移与结构的关系，前人做了大量的实验，并总结成表。表 15-5 给出了部分特征质子的化学位移范围。

表 15-5 部分特征质子的化学位移范围

基团质子	化学位移 δ/ppm	基团质子	化学位移 δ/ppm
RCH_3, R_2CH_2, R_3CH	0.9~1.8	H—NR_2	1~3
H—C—C=C	1.5~2.6	H—C—C=O	2.0~2.5
H—C≡C	1.8~3.1	H—Ar	6.5~8.5

续表

基团质子	化学位移 δ/ppm	基团质子	化学位移 δ/ppm
H—C—Ar	2.3~2.8	H—C—C≡N	2.1~2.3
H—C—NR₂	2.2~2.9	H—C—Cl	3.1~4.1
H—C—Br	2.7~4.1	H—C—O	3.3~3.7
C=C (H, H)	4.5~6.5	R—C=O (H)	9~10
H—OR	0.5~5	H—OAr (分子内氢键)	10.5~12.5 (10.5~15.5)
H—OCR (O)	10~13	R₂C=CO—H	15.0~16.0

15.4　自旋偶合与自旋系统

15.4.1　自旋偶合和自旋分裂

化学位移是磁性核所处化学环境的表征，但同一分子中核磁间的相互作用，虽然不影响化学位移，却对峰形有重要影响，因此能够提供有关化学结构的重要信息。

两个核的核自旋产生的核磁矩通过化学键中的成键电子传递的间接相互作用称为自旋-自旋偶合，简称自旋偶合。而由自旋偶合引起共振峰分裂，从而使谱峰增多的现象称为自旋-自旋分裂，简称自旋分裂。

从用低分辨率和高分辨率核磁共振仪所测得的乙醇(CH_3—CH_2—OH)核磁共振谱图可看出(图 15-10)，乙醇出现三个峰，它们分别代表—OH、—CH_2—和—CH_3，其峰面积之比为 1：2：3。而在高分辨率核磁共振谱图中，能看到—CH_2—和—CH_3分别分裂为四重峰和三重峰，而且多重峰面积之比接近整数比。—CH_3的三重峰面积之比为 1：2：1，—CH_2—的四重峰面积之比为 1：3：3：1。

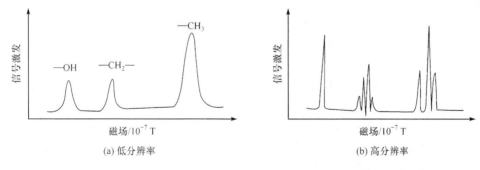

(a) 低分辨率　　　　　　　　　(b) 高分辨率

图 15-10　乙醇的核磁共振谱图(60 MHz)

氢核在磁场中有两种自旋取向，用 α 表示氢核与磁场方向一致的状态，用 β 表示与磁场方向相反的状态。乙基中的两个氢可以与磁场方向相同，也可以与磁场方向相反。它们的自旋组合一共有四种(αα, αβ, βα, ββ)，但只产生三种局部磁场。亚甲基所产生的这三种局部磁场要影响邻近甲基上的质子所受到的磁场作用，其中αβ和βα两种状态(Ⅱ)产生的磁场恰好互相抵消，不影响甲基质子的共振峰，αα(Ⅰ)状态的磁矩与外磁场一致，很明显，这时要使甲基质子产生共振所需的外加磁场较(Ⅱ)时为小；相反，ββ(Ⅱ)磁矩与外磁场方向相反，因此要使甲基质子发生共振所需的外加磁场较(Ⅱ)为大，其大小与(Ⅰ)的情况相等，但方向相反。这样，亚甲基的两个氢产生三种不同的局部磁场，使邻近的甲基质子分裂为三重峰。由于上述四种自旋组合的概率相等，因此三重峰的面积比为 1:2:1。

同理，甲基上的三个氢可产生四种不同的局部磁场，反过来使邻近的亚甲基分裂为四重峰。根据概率关系，可知其面积比近似为 1:3:3:1。

自旋偶合和自旋分裂通常有如下规律：

(1)分裂的峰数由邻近核的数目 n 决定，遵循 $n+1$ 重峰规律。当 $I=1/2$ 时，谱峰分裂数为 $n+1$，称为"$n+1$ 规律"。分裂峰之间的面积(或强度)之比遵守二项式 $(a+b)$ 展开各项系数比的规律。如果某组 ${}^1H$ 核邻近有两组偶合程度不等的 ${}^1H$ 核，其中一组有 n 个，另一组有 n'个，则这组 ${}^1H$ 核受相邻两组 ${}^1H$ 核自旋偶合作用，谱线分裂成 $(n+1)(n'+1)$ 重峰。

(2)一组氢核多重峰的位置以化学位移值为中心左右对称，并且各分裂峰间距相等。

(3)分子中化学位移相同的氢核称为化学等价核，化学位移相同核磁性也相同的核称为磁等价核。磁等价核之间虽有偶合作用，但无分裂现象，在核磁共振谱图中为单峰。只有磁不等价的氢核之间才能发生自旋偶合分裂。氢核磁不等价的情况有：①化学环境不相同的氢核；②与不对称碳原子相连的—CH₂—上的氢核；③固定在环上的—CH₂— 上的氢核；④单键带有双键性质时，会产生磁不等价氢核；⑤单键不能自由旋转时，也会产生磁不等价氢核。

值得注意的是，磁等价核必定化学等价，但化学等价核并不一定磁等价，化学不等价必定磁不等价。磁等价核的特点可概括为：组内核化学位移相等；与组外核偶合的偶合常数相等；在无外核干扰时，组内虽偶合，但不分裂。在解析核磁共振谱图时，必须弄清某组质子是化学等价还是磁等价，这样才能正确分析图谱。

15.4.2　偶合常数

自旋偶合产生峰的分裂后，两峰间的间距称为偶合常数，用 J 表示，单位为 Hz。J 的大小表示偶合作用的强弱。与化学位移不同，J 不因外磁场的变化而改变；同时，它受外界条件如溶剂、温度、浓度变化等的影响也很小。

偶合常数 J 是核磁共振波谱分析中一个很重要的参数，它有以下特点：

(1)J 值的大小与磁场强度 B_0 无关，J 值的大小主要取决于原子核的磁性和分子结构及构象。它是化合物分子结构的属性。

(2)简单自旋偶合体系的 J 值等于多重峰的间距，但复杂自旋偶合体系的 J 值则需通过复杂的计算求得。

(3)由于偶合作用是通过成键的价电子传递的，因此 J 值的大小与两个(组)氢核之间的键数有关。随着键数的增加，J 值逐渐变小。一般来说，间隔 4 个单键以上时，J 趋近于零，即此时的偶合作用可以忽略不计。

(4)两组氢核相互偶合的 J 值必然相等。

(5)通常氢核相互偶合的 J 值其变化范围很大，为 1～20 Hz。通过双数键偶合的 J 值为负值，用 ^2J、^4J、…表示，使用时用绝对值；通过单数键偶合的 J 值为正值，用 ^1J、^3J、…表示。^1H 与 ^1H 的偶合常数可分为同碳偶合常数、邻碳偶合常数、远程偶合常数、芳香族及杂原子偶合常数等。

　　由于偶合常数 J 反映了化合物分子结构的属性，因此可根据偶合常数 J 值的大小及变化规律推断分子的结构和构象。目前已有大量偶合常数 J 与结构关系的实验数据可供结构分析时参考。表 15-6 给出了若干典型氢核自旋偶合常数 J 的绝对值。

表 15-6　若干典型氢核自旋偶合常数 J 的绝对值

类型	J_{HH}/Hz	类型	J_{HH}/Hz
（同碳 CH₂）	12～15	$H—C≡C—H$	2～3
$H—C—C—H$	6～8	（共轭二烯 C=C—C=C）	10
$H—C—C—C—C—H$	0	（苯环）	$J_{1\text{-}2}$=6～10 $J_{1\text{-}3}$=1～4 $J_{1\text{-}4}$=0～2
（烯烃 C=C）	顺式 7～11 反式 12～19	（吡啶）	$J_{2\text{-}3}$=4.9～5.7 $J_{2\text{-}4}$=1.6～2.6 $J_{2\text{-}5}$=0.7～1.1 $J_{2\text{-}6}$=0.2～0.5 $J_{3\text{-}4}$=7.2～8.5 $J_{3\text{-}5}$=1.4～1.9
$H—C—O—H$	3～6	（呋喃）	$J_{2\text{-}3}$=1.6～2.0 $J_{2\text{-}4}$=0.6～1.0 $J_{2\text{-}5}$=1.3～1.8 $J_{3\text{-}4}$=3.2～3.8
（酮 —C—C—，含C=O）	2～3	（噻吩）	$J_{2\text{-}3}$=4.9～6.2 $J_{3\text{-}4}$=3.4～5.0 $J_{2\text{-}4}$=1.2～1.7 $J_{2\text{-}5}$=3.2～3.7

15.4.3　自旋系统

　　分子中几个核发生自旋偶合作用的独立体系称为自旋系统。为了解析核磁共振谱图，人们通常需要了解被研究的波谱属于哪种自旋系统，以便计算化学位移和偶合常数。

　　自旋系统按偶合的强弱分为一级偶合和高级偶合。通常规定 $\Delta v/J>10$ 为一级偶合(弱偶合)，$\Delta v/J<10$ 为高级偶合(二级偶合或强偶合)。前者遵循 $n+1$ 规律，属一级图谱；后者不遵循 $n+1$ 规律，属高级图谱。根据偶合的强弱，可以把核磁共振谱分为若干体系。其命名规则如下：强偶合的核以 ABC…KLM…或 XYZ 等相连的英文字母表示，并称为 ABC…多旋体系；弱偶合的核以 AMX…等不相连的英文字母表示，并称为 AMX…多旋体系。磁等价的核可以用完全相同的字母表示，如 A_2、B_3 等。只化学等价而不磁等价的核则以 AA′、BB′等符号表示。

一般来说，一级图谱有如下特征：

(1)核间干扰弱，$\Delta\nu/J>10$。

(2)多重峰的峰高比为二项式的各项系数比。

(3)多重峰通过其中点作对称分布，其中间位置即为该组质子的化学位移。

(4)多重峰的裂距为偶合常数。

(5)多重峰的数目由相邻原子中磁等价的核数 n 确定，其计算式为 $(2nI+1)$。对于氢核来说，自旋量子数 $I=1/2$，其计算式可写成 $(n+1)$。在乙醇分子中，亚甲基峰的裂分数由邻近的甲基质子数确定，即 3+1 = 4，为四重峰；甲基质子峰的裂分数由邻近的亚甲基质子数确定，即 2+1= 3，为三重峰。

(6)裂分峰的面积之比为二项式 $(x+1)^n$ 展开式中各项系数之比。

对于复杂分子，其形成的谱图过于复杂，以致难于辨认和解释，为此往往要求对谱图进行简化。简化的方法有：加大仪器的磁场强度、去偶法、加入位移试剂等。加大磁场强度是一种有效的处理方法。偶合常数 J 是不随外磁场强度的改变而变化的。但是，共振频率的差值 $\Delta\nu$ 却随外磁场强度的增大而逐渐变大。因此，加大外磁场强度，可以增加 $\Delta\nu/J$ 的值，直到 $\Delta\nu/J>10$，即可获得便于解析的一级图谱。这就是超导核磁共振仪得以产生的原因。

去偶法是对某些或全部偶合作用加以屏蔽使谱图简化的一种方法。去偶方法很多，如质子宽带去偶、偏共振去偶等。质子宽带去偶也称噪声去偶。在测定 ^{13}C 谱时，采用另一强的射频照射 ^1H 核，该射频的功率通常为 2～10 W，其射频的中心频率在 ^1H 核共振区中间，频率宽度为 1000 Hz。在该射频的照射下全部 ^1H 核去偶，即 $^{13}C\text{-}^1H$ 偶合信号消失，从而使每种磁等价碳核的共振信号都变成单峰，于是被测有机化合物的碳骨架结构就变得十分清晰。

上述质子宽带去偶完全除去了 $^{13}C\text{-}^1H$ 偶合信号，虽然 ^{13}C 谱易于识别，但也失去了很多重要的结构信息。偏共振去偶技术可以弥补这一不足。偏共振去偶与质子宽带去偶类似，也是采用另一强的射频照射 ^1H 核，但其射频的中心频率不在 ^1H 核共振区中间，而是移到比 TMS 的 ^1H 核共振频率高 100～500 Hz 的共振区中。这样，与 ^{13}C 核直接相连的 ^1H 核的偶合作用得以保留，而 ^{13}C 核与邻近 ^1H 核的偶合作用仍被除去，即消除了弱的 $^{13}C\text{-}^1H$ 偶合。此法可得到甲基四重峰、亚甲基三重峰、次甲基双峰等。

同一分子中有些质子化学环境相似，化学位移很接近，以致吸收峰重叠。在不增加外磁场强度的情况下，通过加入一种试剂[镧系元素中铕(Eu)和镨(Pr)的化合物]与被测物形成配合物，从而影响质子外围电子密度，改变化学位移，使原来重叠的吸收峰分开，谱图较易辨认。这种可以改变质子化学位移的试剂称为位移试剂。应该指出，在使用 Eu^{3+} 或 Pr^{3+} 配合物测定核磁共振谱时，为了避免溶剂与被分析试样之间对金属离子的配位竞争，一般应采用非极性溶剂，如 CCl_4、$CDCl_3$、C_6D_6 等。

15.5　核磁共振碳谱

在 C 的同位素中，只有 ^{13}C 有自旋现象，存在核磁共振吸收，其自旋量子数 $I=1/2$。大多数有机化合物的分子骨架由碳原子组成，用 ^{13}C 核磁共振研究有机分子的结构显然是十分理想的。但 ^{13}C 的天然丰度仅为 1.1%，且 ^{13}C 核的磁旋比 γ 约是 ^1H 核的 1/4，含碳化合物的核磁共振信号很弱。核磁共振的灵敏度与 γ^3 成正比，所以 ^{13}C NMR 的灵敏度仅相当于 ^1H NMR

灵敏度的 1/5800[1.1%×(1/4)³]。采用连续波扫描方式，即使配合使用计算机对信号进行储存、累加，记录一张有实用价值的谱图也需要很长的时间及消耗大量的样品。并且 ^{13}C 与 ^1H 之间存在偶合(^1J-^4J)，裂分峰相互重叠，给谱图解析带来了许多困难。

　　尽管 Lauterbur 在 1957 年就首次观测到核磁共振碳谱信号，但直到 20 世纪 70 年代脉冲傅里叶变换核磁共振波谱仪(PFT-NMR)问世，核磁共振碳谱(^{13}C NMR)的工作才迅速发展起来。随着计算机技术的不断更新发展，核磁共振碳谱的检测技术和方法也在不断地改进和增加，如去偶技术的发展使 ^{13}C NMR 测试变得简单易行。目前，PFT-^{13}C NMR 已成为阐明有机分子结构的常规方法，广泛应用于涉及有机化学的各个领域，在结构测定、构象分析、动态过程讨论、活性中间体及反应机理的研究等方面都展现了巨大的应用价值，成为化学、生物和医药等领域不可缺少的测试方法。

15.5.1　核磁共振碳谱的特点

　　(1)化学位移范围宽。

　　^1H NMR 常见化学位移 δ 范围为 0~10，^{13}C NMR 常见 δ 范围为 0~120，约是 ^1H NMR 的 20 倍。这极大消除了不同化学环境下碳原子的谱线重叠，大大提高了分辨能力。

　　(2)偶合常数大。

　　由于 ^{13}C 天然丰度低，与它直接相连的碳原子也是 ^{13}C 的概率很小，故在碳谱中一般不考虑 ^{13}C-^{13}C 偶合，而碳原子常与氢原子连接，它们可以相互偶合，这种 ^{13}C-^1H 偶合常数的数值很大，一般为 125~250 Hz。这种偶合并不影响 ^1H NMR 谱，但在碳谱中是主要的。

　　(3)弛豫时间长。

　　^{13}C 核的 T_1 明显大于 ^1H 核的 T_1。通常 ^1H 核的 T_1 为 0.1~1 s，而 ^{13}C 核常为 0.1~100 s，且与 ^{13}C 核所处的化学环境密切相关。因此，对 ^{13}C 核的 T_1 进行测定分析，可得到其所在分子内的结构环境信息。

　　(4)谱峰强度不与碳原子数成正比。

　　体系只有在平衡状态，即符合玻尔兹曼分布时，谱峰强度才与该峰共振核数目成正比。由于 ^{13}C 核 T_1 较长，共振峰通常都是在非平衡状态下观测的，并且不同基团上的碳原子弛豫时间不同，因此 ^{13}C NMR 的谱峰强度通常不与产生该峰的碳核数目成正比。

15.5.2　^{13}C NMR 的去偶技术及 NOE 增强

　　在 ^{13}C NMR 谱中，^1H 对 ^{13}C 的偶合是普遍存在的，且 ^1J 值范围宽至几十到几百赫兹，加之 ^2J-^4J 的存在，虽能给出丰富的结构分析信息，但谱峰相互交错，给谱图解析带来了极大的困难。偶合裂分的同时，又大大降低了 ^{13}C NMR 的灵敏度。通常采用去偶技术解决这些问题。

1. 质子宽带去偶

　　质子宽带去偶谱也称为质子噪声去偶谱，是最常见的碳谱。这是一种双共振技术，记作 $^{13}C\{^1H\}$。这种异核双照射的方法是用射频场(B_1)照射各种碳核，使其激发产生 ^{13}C 核磁共振吸收的同时，附加另一个射频场(B_2，又称去偶场)，使其覆盖全部质子的共振频率范围，且用强功率照射使所有的质子达到饱和，则与其直接相连的碳或邻位、间位碳感受到平均化的环境，从而使质子对 ^{13}C 的偶合全部除去，结果得到相同环境的碳均以单峰出现(非 ^1H 偶合谱除外)的 ^{13}C NMR 谱。

2. 偏共振去偶

偏共振去偶是在测定碳谱时，采用一个频率范围很小、比质子宽带去偶功率弱很多的射频场(B_2)，其中心频率不在氢核的共振区中间(如在 TMS 的高场 0.1～1 kHz)，与各种质子的共振频率偏离。结果使 ^{1}H 与 ^{13}C 在一定程度上去偶，而直接相连的 ^{1}H 偶合作用仍保留，此时的偶合常数称为表观偶合常数 J^r。J^r 与 ^1J 的关系如下：

$$J^r = {}^1J \frac{\Delta \nu}{\gamma B_2 / 2\pi} \tag{15-15}$$

式中，$\Delta \nu$ 为质子共振频率与照射场频率的偏移值；γ 为 ^{1}H 核的磁旋比；B_2 为照射场的强度。根据$(n+1)$规律，在偏共振去偶谱中，^{13}C 裂分为 n 重峰，表明它与$(n-1)$个质子直接相连。偏共振去偶谱中的单峰(s)为季碳的共振吸收，双峰(d)为叔碳，三重峰(t)为仲碳，四重峰(q)为伯碳。

15.6　一维核磁共振谱图解析

15.6.1　一维核磁共振氢谱

1. 氢谱的特点

核磁共振氢谱(^{1}H NMR)是发展最早、研究最多、应用最广的 NMR 谱，这与氢谱独特的优势是密不可分的。首先，质子的磁旋比较大，天然丰度为 99.98%，其核磁共振信号的灵敏度是所有磁性核中最大的；其次，质子是有机化合物中最常见的原子核，^{1}H NMR 在有机化合物结构解析中最常用。^{1}H NMR 谱图中，化学位移 δ 反映质子的化学环境，是一个重要的信息。谱峰强度的精确测量则有赖于谱线的积分面积，谱线积分面积与其代表的质子数成正比，这是 ^{1}H NMR 谱提供的另一个重要信息。谱图中有些谱峰还会呈现出多重峰形，这是自旋-自旋偶合引起的谱峰分裂，是 ^{1}H NMR 谱提供的第三个重要信息。化学位移、积分面积和偶合常数是有机化合物定性和定量分析的主要依据。

2. 氢谱解析步骤

1)识别干扰峰及活泼氢峰

解析一张未知物的 ^{1}H NMR 谱，要识别溶剂的干扰峰，识别强峰的旋转边带，识别杂质峰，识别活泼氢的吸收峰。

2)推导可能的基团

解析 ^{1}H NMR 之前，若已知化合物的分子式，应先计算不饱和度，判断是否可能含有苯环、C=O、C=C 或 N=O 等。然后，根据组峰的积分高度计算出各组峰的质子最简比，最低积分高度的峰至少含有 1 个氢(杂质峰除外)。若积分简比数字之和等于分子式中氢数目，则积分简比代表各组峰的质子数目之比。再利用$(n+1)$规律和向心规则判断相互偶合的峰。最后根据各组峰的 δ 值、质子数及峰形，判断可能的自旋系统及识别某些特征基团。

3)确定化合物的机构

综合以上分析，根据化合物的分子式、不饱和度、可能的基团和相互偶合的情况，推导出可能的结构式，并验证所推导的结构式是否合理。

3. 氢谱解析实例

^1H NMR 谱提供了化学位移、偶合常数和积分面积等信息，解析谱图就是合理地利用这些信息，正确地推导出与谱图相关的化合物的结构。图 15-11 为苯丙酮的核磁共振谱图。$\delta=0$ 的吸收峰是标准试样 TMS 的吸收峰。

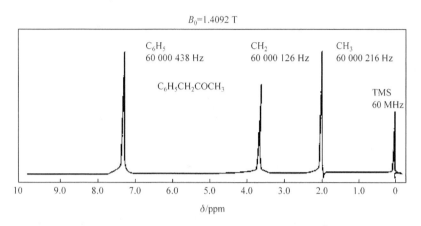

图 15-11　苯丙酮的核磁共振谱图

从质子核磁共振谱图可以得到如下信息：

(1)吸收峰的组数，说明分子中化学环境不同的质子有几组。

(2)质子吸收峰出现的频率，即化学位移，说明分子中的基团情况。

(3)峰的分裂个数及偶合常数，说明基团间的连接关系。

(4)阶梯积分曲线高度，说明各基团的质子数比。

核磁共振谱图上吸收峰下面所包含的面积与引起该吸收峰的氢核数目成正比，吸收峰的面积一般可用阶梯积分曲线表示。积分曲线的画法是由低磁场移向高磁场，而积分曲线的起点到终点的总高度(用小方格数或厘米表示)与分子中所有质子数成正比。当然，每一个阶梯的高度则与相应的质子数成正比。由此可以根据分子中质子的总数，确定每一组吸收峰质子的绝对个数。

例 15-1　某化合物分子式为 C_7H_9N，^1H NMR 谱如下，其中 3.85 ppm 的峰可以被 D_2O 交换，推导其可能结构。

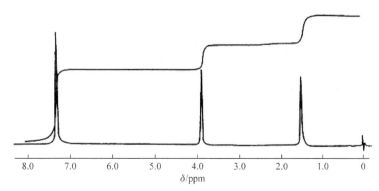

解　分子式 C_7H_9N，不饱和度 $\Omega=4$，化合物可能含有一个苯环或一个吡啶环或三个双键加一个环；由低

场至高场，积分简比为 5∶2∶2，其数字之和与分子式中氢原子数一致，故积分简比等于质子数之比。

$\delta 7.29(s, 5H)$ 为芳环上氢，单峰烷基单取代；$\delta 3.85(s, 2H)$ 可以被 D_2O 交换，为活泼氨基氢；$\delta 1.52(s, 2H)$ 为亚甲基氢。

综合以上分析，化合物分子结构为

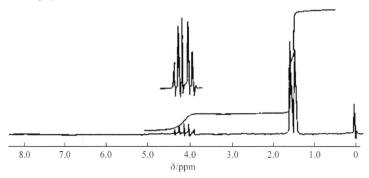

例 15-2 分子式为 C_3H_7Cl 的化合物的 $^1H\ NMR$ 谱如下，推导其可能结构。

解 分子式 C_3H_7Cl，不饱和度 $\Omega = 0$，化合物没有不饱和键；由低场至高场，积分简比为 1∶6，其数字之和与分子式中氢原子数一致，故积分简比等于质子数之比。

$\delta 1.51(d, 6H)$ 为两个甲基氢；$\delta 4.11(sept., 1H)$ 为—CH 上氢，相对低场与 Cl 相连。

综合以上分析，化合物分子结构为

$$H_3C-\underset{\underset{Cl}{|}}{C}HCH_3$$

例 15-3 某化合物 $C_4H_8O_2$ 的 $^1H\ NMR$ 谱如下，推导其可能结构。

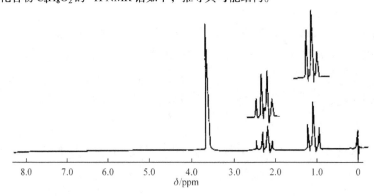

解 分子式 $C_4H_8O_2$，不饱和度 $\Omega = 1$，化合物可能含有 C=C 或 C=O 键；积分简比为 3∶2∶3，其数字之和与分子式中氢原子数一致，故积分简比等于质子数之比。

$\delta 1.2(t, 3H)$ 三重峰和 $\delta 2.3(q, 2H)$ 四重峰为—CH_2CH_3 相互偶合峰，$\delta 3.6(s, 3H)$ 为—CH_3 上氢低场移动，说明与电负性基团相连，推测为—O—CH_3 结构。

综合以上分析，化合物分子结构为

$$H_3C-\overset{H_2}{C}-\overset{\overset{\textstyle O}{\|}}{C}-OCH_3$$

例 15-4 试对照结构 $H_3C-\overset{\overset{\textstyle O}{\|}}{C}-\overset{H}{N}-\!\!\!\!\bigcirc\!\!\!\!-O-\overset{H_2}{C}-CH_3$ 指出下图中各个峰的归属。

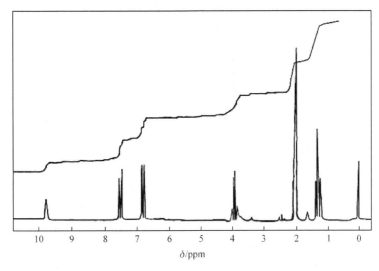

解　由积分线可知 H 分布(由右至左)

	3H	3H	2H	4H	1H
δ/ppm	~1.3	~2	~4	~7	~10
	三重峰	单峰	四重峰	双二重峰	单峰
峰归属	—CH₃	CH₃CO—	—CH₂CH₃ 中的—CH₂—	⬡	—NH—

15.6.2　一维核磁共振碳谱

1. 碳谱解析步骤

(1) 由分子式计算出不饱和度。

(2) 分析 ^{13}C NMR 的质子宽带去偶谱, 识别杂质峰, 排除其干扰。

(3) 由各峰的 δ 值分析杂化情况, 此判断应与不饱和度相符合。

(4) 由偏共振去偶分析与每种化学环境不同的碳原子直接相连的氢原子的数目, 识别伯、仲、叔、季碳, 结合 δ 值, 推导出可能的基团及与其相连的可能基团。

(5) 综合以上分析, 推导出可能的结构, 进行必要的经验计算以进一步验证结构。

2. 碳谱解析实例

例 15-5　分子式为 $C_6H_{12}O$ 两种异构体(A、B)的 ^{13}C NMR 谱及偏共振去偶信息如下。红外光谱表明二者均无羰基的振动吸收带, 推导并验证其结构。

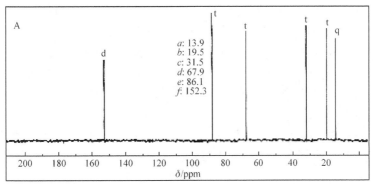

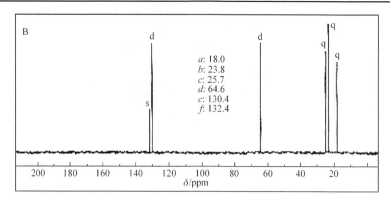

解 由分子式可知,不饱和度 $\Omega=1$。既然分子中无羰基存在,则分子中应该有一个碳碳双键或环状结构。图 A 给出的 6 条谱峰代表了分子中 6 种化学环境不同的碳,表明分子中无对称因素存在。化学位移表明分子中有 4 种 sp^3 杂化的碳,2 种 sp^2 杂化的碳。偏共振去偶信息表明分子中有 1 个 CH_3、4 个 CH_2、1 个 CH,质子数之和与分子式相符,这意味着分子中无活泼氢存在。$\delta 67.9$ ppm 的 CH_2 应与氧相连,$\delta 86.1$ ppm 的 CH_2 和 $\delta 152.3$ ppm 的 CH 应为 sp^2 杂化的碳,表明分子中有末端烯,且=CH 与氧相连,p-π 共轭,导致 $>C=$ 高场位移,氧原子的诱导效应导致 CH=低场位移。

综合以上分析,异构体 A 的可能结构为

$$
\begin{array}{cc}
\overset{H}{\underset{H}{\Large \diagdown}} \overset{86.1}{C} = \overset{}{C} \overset{H}{\underset{\overset{152.3}{\quad} O\text{—}CH_2\text{—}CH_2\text{—}CH_2\text{—}CH_3}{\diagup}} & \overset{67.9 \quad 31.5 \quad 19.5 \quad 13.9}{}
\end{array}
$$

由异构体 B 的 ^{13}C NMR 谱(图 B)可知,分子中有 6 种化学环境不同的碳,其中 2 种为 sp^2 杂化的碳。由偏共振去偶信息可知,分子中有 1 个与氧原子相连的活泼氢,2 个 sp^2 杂化碳中 1 个季 C、1 个 CH,表明为三取代烯基,即存在 $>C=CH-$ 基。烯碳的化学位移值表明,二者均不与电负性氧原子相连。分子中 4 种 sp^3 杂化的碳为 3 个 CH_3、1 个 CH,无 CH_2 存在。$\delta 64.6$ ppm 的 CH 应与氧原子相连,即分子中存在 $\overset{H}{\underset{}{}}>C$—OH 基。

综合以上分析,异构体 B 的结构应为

$$
\begin{array}{c}
\overset{18.0}{CH_3} \\
\overset{23.8}{CH_3}
\end{array}
C = C
\begin{array}{c}
\overset{132.4}{} \quad H \\
\overset{130.4}{} \quad \underset{64.6}{CH}\text{—}\underset{25.7}{CH_3} \\
\quad\quad | \\
\quad\quad OH
\end{array}
$$

以上结构还可以通 ^1H NMR 谱的信息进一步证实。

15.7　核磁共振技术的应用

虽然自然界中具有磁矩的同位素有 100 多种,但迄今为止,只研究了其中较少核的共振行为。除 ^1H 谱外,目前研究最多、应用最广的是 ^{13}C 谱,其次是 ^{19}F 谱、^{31}P 谱和 ^{15}N 谱。

核磁共振方法适用于液体、固体。如今的高分辨技术还将核磁共振用于半固体及微量样品的研究。核磁共振谱图已经从过去的一维谱图(1D)发展到如今的二维(2D)、三维(3D)甚至四维(4D)谱图,陈旧的实验方法被放弃,新的实验方法迅速发展,它们将分子结构和分子间的关系表现得更加清晰。

核磁共振谱能提供的参数主要有化学位移、质子的裂分峰数、偶合常数以及各组峰的积分高度等。这些参数与有机化合物的结构有着密切的关系。因此,核磁共振谱是鉴定有机、金属有机以及生物分子结构和构象等的重要工具之一。此外,核磁共振谱还可用于定量分析、相对分子质量的测定及化学动力学的研究等。

1. 结构鉴定

核磁共振波谱与红外光谱一样,有时仅根据本身的图谱即可鉴定或确认某化合物。对比较简单的一级图谱,可用化学位移鉴别质子的类型,它特别适合鉴别如下类型的质子:CH_3O—、CH_3CO—、CH_2=C—、Ar—CH_3,CH_3CH_2—、$(CH_3)_2CH$—、—CHO、—OH 等。对复杂的未知物,可以配合红外光谱、紫外光谱、质谱、元素分析等数据,推定其结构。

2. 定量分析

积分曲线高度与引起该组峰的核数成正比。这不仅是对化合物进行结构测定时的重要参数之一,也是定量分析的重要依据。用核磁共振技术进行定量分析的最大优点是,不需引进任何校正因子或绘制工作曲线,即可直接根据各共振峰的积分高度的比值求得该自旋核的数目。在核磁共振谱线法中常用内标法进行定量分析。测得共振谱图后,内标法可按式(15-16)计算 m_s:

$$m_s = \frac{A_s M_s n_R}{A_R M_R n_s} m_R = \frac{\dfrac{A_s}{n_s} M_s}{\dfrac{A_R}{n_R} M_R} m_R \tag{15-16}$$

式中,m 和 M 分别为质量和相对分子质量;A 为积分高度;n 为被积分信号对应的质子数;下标 R 和 s 分别代表内标和试样。外标法计算方法同内标法。当以被测物的纯品为外标时,则计算式可简化为

$$m_s = \frac{A_s}{A_R} m_R \tag{15-17}$$

式中,A_s 和 A_R 分别为试样和外标同一基团的积分高度。

3. 相对分子质量的测定

在一般碳氢化合物中,氢的质量分数较低。因此,单纯由元素分析的结果来确定化合物的相对分子质量是较困难的。如果用核磁共振技术测定其质量分数,则可按式(15-18)计算未知物的相对分子质量或平均相对分子质量:

$$M_s = \frac{A_R n_s m_s M_R}{A_s n_R m_R} \tag{15-18}$$

式中各符号的含义同前。

4. 在化学动力学研究中的应用

研究化学动力学是核磁共振波谱的一个重要方面,如研究分子的内旋转、测定反应速率常数等。虽然用核磁共振技术难以观察到分子结构中构象的瞬时变化,但是通过研究核磁共振谱对温度的关系,可以获得某些动力学信息。例如,在室温时,N,N-二甲基乙酰胺中有部分双键性质,因此阻碍了 N—C 键的活化能,N—C 键便可以自由旋转。根据出现一个峰时的温度,可以计算该过程的活化自由能。

^{13}C 核磁共振谱和 ^1H 核磁共振谱相比有其优越性,^1H 谱只能提供分子"外围"结构信息,

而 ^{13}C 谱可以获得有机化合分子骨架物的结构信息。例如，^{13}C 谱可直接得到羰基(C=O)、氰基(C≡N)和季碳原子等信息。另外，^{1}H 谱的化学位移范围约为 20，而 ^{13}C 谱的化学位移达 200 以上，比 ^{1}H 大 10 倍以上，因此在 ^{13}C 谱中，峰间重叠的可能性较小。例如，对于相对分子质量为 200～400 的化合物，往往可以观测到各个碳的共振峰。

思考题与习题

1. 产生核磁共振的条件是什么？

2. 什么是化学位移？它是如何产生的？影响化学位移的因素有哪些？

3. 一个自旋量子数为 5/2 的核在磁场中有多少种能级？各种能级的磁量子数取值为多少？

4. 下列原子核中，哪些核无自旋角动量？为什么？

$$^7_3Li，^4_2He，^{12}_6C，^{19}_9F，^{31}_{15}P，^{16}_8O，^1_1H，^2_1D，^{14}_7N$$

5. ^{13}C NMR 谱与 ^{1}H NMR 谱相比有什么优点？

6. 简述自旋-自旋裂分的原理。

7. 三个不同质子 A、B 和 C，它们的屏蔽系数大小次序为 $\sigma_B > \sigma_A > \sigma_C$。在相同的磁场强度下，它们共振频率的大小次序如何？

8. 按照一级图谱的偶合裂分规律，预测下列化合物的核磁共振谱图(包括化学位移大约值、裂分峰数及强度比、各组峰的相对积分面积)。

(1) $C_2H_5OC_2H_5$；(2) $CH_3COCH_2CH_3$；(3) CH_3CH_2CHO；(4) CH_3CH_2COOH；

(5) $(CH_3)_2CHCl$；(6) $C_6H_5CH_2OH$；(7) $ClCH_2CH_2CH_2Cl$；(8) $CH_3CHBrCHBrCH_3$。

9. 下列化合物中，比较 H_a 和 H_b，哪个具有较大的 δ 值？为什么？

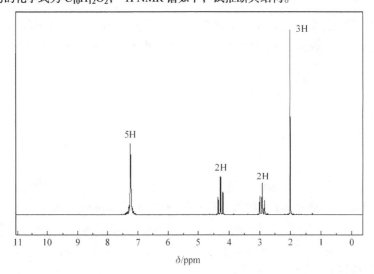

10. 某化合物的化学式为 $C_{10}H_{12}O_2$，^{1}H NMR 谱如下，试推断其结构。

$$(C_6H_5CH_2CH_2OOCCH_3)$$

11. 某化合物的化学式为 $C_{10}H_{12}O_2$，^1H NMR 谱如下，试推断其结构。

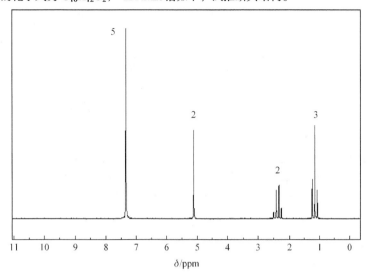

$(C_6H_5CH_2OOCCH_2CH_3)$

12. 试根据下列谱图确定化合物 $C_{10}H_{13}NO_2$ 的结构。

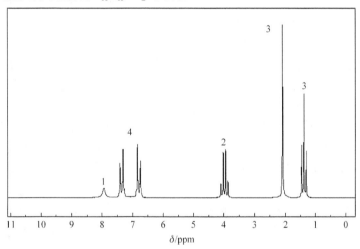

$(CH_3CONHC_6H_4OCH_2CH_3)$

第16章 质 谱 法

16.1 概 述

在化合物结构分析中，质谱法不仅灵敏度高，而且可以给出化合物的相对分子质量和分子式，推测化合物的结构，是鉴定化合物的重要手段。目前质谱法已广泛用于有机合成、石油化工、生物化学、天然产物、环境保护等研究领域。特别是色谱与质谱的联用，为有机混合物的分离、鉴定提供了快速、有效的分析手段。

16.1.1 基本原理

质谱法（mass spectrometry，MS）是用电场和磁场等作用将运动的离子，包括带电荷的原子、分子或分子碎片、分子离子、同位素离子、碎片离子、重排离子、多电荷离子、亚稳离子、负离子和离子-分子相互作用产生的离子，按它们的质荷比（离子质量与所带电荷数之比，m/z）分离后进行检测的一种化学分析方法。

实现质谱检测的具体方法是，使试样中各组分电离生成不同质荷比的离子，经加速电场的作用形成离子束，进入质量分析器，利用电场和磁场发生相反的速度色散，离子束中速度较慢的离子通过电场后偏转大，速度快的偏转小；在磁场中离子发生角速度矢量相反的偏转，即速度慢的离子依然偏转大，速度快的偏转小；当两个场的偏转作用彼此补偿时，它们的轨道便相交于一点。与此同时，在磁场中还能发生质量的分离，这样就使具有同一质荷比而速度不同的离子聚焦在同一点上，不同质荷比的离子聚焦在不同的点上，将它们分别聚焦而得到质谱图，即按照离子质荷比大小依次排列的谱图。最后根据质谱图确定离子质量。

在质谱图中，横坐标表示离子的质荷比（m/z）值，从左到右质荷比的值增大，对于带有单电荷的离子，横坐标表示的数值即为离子的质量；纵坐标表示离子的强度，通常用相对强度来表示，即把信号最强的离子强度定为100%，称为基峰，其他离子的强度以与基峰的相对百分数表示。

根据质谱图提供的信息可以进行多种有机物及无机物的定性和定量分析、相对分子质量测定、复杂化合物的结构分析、样品中各种同位素比的测定及固体表面的结构和组成分析等。

16.1.2 质谱仪的组成

质谱仪一般由以下四部分组成：

（1）进样系统：按电离方式的需要，将样品送入离子源的适当部位。当色谱与质谱联用时，进样系统则由它们的界面（interface）代替。

（2）离子源：离子源是样品分子的离子化场所，某些离子会在离子源中裂解成碎片离子。

（3）质量分析器：利用电磁场（包括磁场、磁场和电场的组合、高频电场和高频脉冲电场等）的作用，将来自离子源的离子束中不同质荷比（m/z）的离子按空间位置、时间先后或运动轨道稳定与否等形式进行分离并加以聚焦。

(4)检测器：用来接收、检测和记录分离后的离子信号。

为避免离子与分子之间的碰撞，质谱仪必须在高真空条件下工作，离子源和质量分析器的压力通常分别为 $10^{-5} \sim 10^{-4}$ Pa 和 $10^{-6} \sim 10^{-5}$ Pa。质谱仪之所以需要维持这样的真空度，其目的是为了避免离子与气体分子的碰撞。一般情况下，进样系统将待测物在不破坏系统真空的情况下导入离子源，离子化后由质量分析器分离再检测；计算机系统对仪器进行控制、采集和处理数据，并可将质谱图与数据库中的谱图进行比较。图 16-1 为质谱仪的组成示意图。

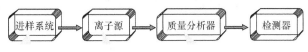

图 16-1　质谱仪的组成示意图

1. 进样系统

进行质谱分析时，先要将分析样品送入离子源。进样系统将样品引入离子源时，既要重复性非常好，还要不引起离子源真空度降低。对进样系统的要求是：①在质谱分析的全过程中，能向离子源提供稳定的样品，并保证样品质谱峰达到应有强度的稳定度；②进样过程中，尽量减少样品分解、分馏、吸附和冷凝等不良现象；③进样系统的时间常数小；④易于安装、操作，便于操作。通常将样品导入质谱仪可分为直接进样和通过接口两种方式。

2. 离子源

离子源的作用是使被分析的物质电离成带电的正离子或负离子，并使这些离子在离子光学系统的作用下会聚成有一定几何形状和一定能量的离子束，然后进入质量分析器被分离。离子源的结构和性能与质谱仪的灵敏度和分辨率有密切的关系。样品分子电离的难易则与其分子组成和结构有关。对离子源的主要要求是：①离子流强度能满足测量精度的要求；②离子束发散角小；③离子流稳定性好；④电子利用率高；⑤工作压力范围宽。

常见的离子化方式有两种：一种是样品在离子源中以气体的形式被离子化；另一种是从固体表面或溶液中溅射出带电离子。在很多情况下进样和离子化同时进行。各种离子源的基本特征如下。

1)电子轰击电离

电子轰击电离(EI)是用高能电子束从试样分子中撞出一个电子而产生正离子(M+ $e^{-} \longrightarrow$ $M^{+} + 2e^{-}$)以及碎片离子。M 为待测分子，M^{+}为分子离子或母离子。碎片离子是指分子中某些化学键断裂而产生的质量较小的带正电荷的碎片。大多数质谱法只研究正离子，气化的样品分子进入离子化室后，受到由钨或铼灯丝发射并加速的电子流的轰击产生正离子。离子化室压力保持在 $10^{-6} \sim 10^{-4}$ mmHg。轰击电子的能量大于样品分子的电离能，使样品分子电离或碎裂。

电子轰击电离质谱能提供有机化合物最丰富的结构信息，操作方便，电子流强度可精密控制，电离效率高，结构简单，控温方便，所形成的离子具有较窄的动能分散，所得的质谱图重现性好。其裂解规律的研究也最为完善，已经建立了数万种有机化合物的标准谱图库可供检索。其缺点在于不适用于难挥发和热稳定性差的样品。

2) 化学电离

化学电离(CI)是引入一定压力的反应气进入离子化室，反应气在具有一定能量的电子流的作用下电离或裂解。生成的离子与反应气分子进一步反应或与样品分子发生离子分子反应，通过质子交换使样品分子电离。常用的反应气有甲烷、异丁烷和氨气。化学电离通常得到准分子离子，如果样品分子的质子亲和能大于反应气的质子亲和能，则生成[M+H]$^+$，反之则生成[M−H]$^+$。根据反应气压力不同，化学电离源分为大气压、中气压(0.1~10 mmHg)和低气压(10^{-6} mmHg)三种。大气压化学电离源适用于色谱和质谱联用，检测灵敏度比一般的化学电离源高两三个数量级。低气压化学电离源可以在较低的温度下分析难挥发的样品，并能使用难挥发的反应试剂，但是只能用于傅里叶变换质谱仪。

3) 快原子轰击

将样品分散于基质(常用甘油等高沸点溶剂)制成溶液，涂布于金属靶上送入快原子轰击(FAB)离子源中。将高能量的中性原子束(如氩)对准靶上样品轰击。基质中存在的缔合离子及经快原子轰击产生的样品离子一起被溅射进入气相，并在电场作用下进入质量分析器。若用离子束(如铯或氙)取代中性原子束进行轰击，所得质谱称为液相二次离子质谱(LSIMS)。

此法优点在于离子化能力强，可用于极性强、挥发性低、热稳定性差和相对分子质量大的样品及 EI 和 CI 难于得到有意义的质谱的样品。FAB 比 EI 容易得到较强的分子离子或准分子离子；不同于 CI 的一个优势在于其所得质谱有较多的碎片离子峰信息，有助于结构解析。

此法缺点是对非极性样品灵敏度下降，而且基质在低质量数区(400 Da 以下)产生较多干扰峰。FAB 是一种表面分析技术，需注意优化表面状况的样品处理过程。样品分子与碱金属离子加合，如[M+Na]和[M+K]，有助于形成离子。这种现象有助于生物分子的离子化。因此，使用氯化钠溶液对样品表面进行处理有助于提高加合离子的产率。在分析过程中加热样品也有助于提高产率。

在 FAB 离子化过程中，可同时生成正、负离子，这两种离子都可以用质谱进行分析。样品分子若带有强电子捕获结构，特别是带有卤原子，可以产生大量的负离子。负离子质谱已成功用于农药残留物的分析。

4) 场电离和场解吸

场电离(FI)离子源由距离很近的阳极和阴极组成，两极间加上高电压后，阳极附近产生高达 10^7~10^8 V·cm^{-1} 的强电场。接近阳极的气态样品分子产生电离形成正分子离子，然后加速进入质量分析器。液体样品(固体样品先溶于溶剂)可用场解吸(FD)实现离子化。将金属丝浸入样品液，待溶剂挥发后把金属丝作为发射体送入离子源，通过弱电流提供样品解吸所需能量，样品分子即向高场强的发射区扩散并实现离子化。FD 适用于难气化、热稳定性差的化合物。FI 和 FD 均易得到分子离子峰。

5) 大气压电离源

大气压电离源(API)是液相色谱-质谱联用仪最常用的离子化方式。常见的大气压电离源有三种：大气压电喷雾电离(APESI)、大气压化学电离(APCI)和大气压光电离(APPI)。APESI是从去除溶剂后的带电液滴形成离子的过程，适用于容易在溶液中形成离子的样品或极性化合物。因具有多电荷能力，所以其分析的相对分子质量范围很大，既可用于小分子分析，又可用于多肽、蛋白质和寡聚核苷酸分析。APCI 是在大气压下利用电晕放电使气相样品和流动相电离的一种离子化技术，要求样品有一定的挥发性，适用于非极性或低、中等极性的化合物。由于极少形成多电荷离子，分析的相对分子质量范围受到质量分析器质量范围的限制。APPI 是用紫外灯取代 APCI 的电晕放电，利用光化作用将气相中的样品电离的离子化技术，适用于非极性化合物。由于大气压电离源是独立于高真空状态的质量分析器之外的，故不同大气压电离源之间的切换非常方便。

6）基质辅助激光解吸电离

基质辅助激光解吸电离（MALDI）是将溶于适当基质中的样品涂布于金属靶上，用高强度的紫外或红外脉冲激光照射实现样品的离子化。此方式主要用于分子质量达 100 000 Da 的大分子分析，仅限于作为飞行时间分析器的离子源使用。

7）电喷雾电离

电喷雾电离（ESI）是随着液相色谱-质谱联用技术的发展而出现的一种电离技术。样品溶液从一根加有上千伏电压的不锈钢毛细管中喷出，在电场的作用下形成带高度电荷的雾状小液滴。当雾滴通过一个逆向的热氮气帘时，雾滴中的溶剂逐渐挥发。随着溶剂的挥发，雾滴体积变小，导致其表面电荷的密度不断增大。当电荷之间的排斥力足以克服液滴的表面张力时，液滴发生分裂。溶剂的挥发和液滴的分裂如此反复进行，最后得到带电荷的离子。ESI-MS 一般只出现分子离子 $[M]^+$ 或 $[M+H]^+$、$[M+Na]^+$、$[M+S]^+$（S 为溶剂）等，以及得失多个质子的 $[M\pm nH]^{n\pm}$ 多电荷离子簇。

对于某些化合物，如生物大分子，ESI 还能形成多电荷离子。由于质谱测定的是质荷比而非直接测定相对分子质量，所以以多电荷的形成对扩大质谱所能测定的相对分子质量范围特别有意义。

8）电感耦合等离子体电离

等离子体是由自由电子、离子和中性原子或分子组成，总体上呈电中性的气体，其内部温度高达几千至一万度。样品由载气携带从等离子体焰炬中央穿过，迅速被蒸发电离并通过离子引出接口导入质量分析器。样品在极高温度下完全蒸发和解离，电离的百分比高，因此几乎对所有元素均有较高的检测灵敏度。由于该条件下化合物分子结构已经被破坏，所以此法仅适用于元素分析。

3. 质量分析器

质量分析器将带电离子根据其质荷比加以分离，并记录各种离子的质量数和丰度。质量分析器的两个主要技术参数是所能测定的质荷比的范围（质量范围）和分辨率。质量分析器的主要类型有：磁质量分析器、四极杆质量分析器、离子阱质量分析器、飞行时间质量分析器、傅里叶变换离子回旋共振质量分析器。

1）扇形磁质量分析器

离子源中生成的离子通过扇形磁场和狭缝聚焦形成离子束。离子离开离子源后，进入垂直于其前进方向的磁场。不同质荷比的离子在磁场的作用下，前进方向产生不同的偏转，从而使离子束发散。不同质荷比的离子在扇形磁场中有其特有的运动曲率半径，通过改变磁场强度，检测依次通过狭缝出口的离子，从而实现离子的空间分离，形成质谱。图 16-2 为磁质量分析器示意图。

扇形磁质量分析器可以分为单聚焦磁质量分析器和双聚焦磁质量分析器。

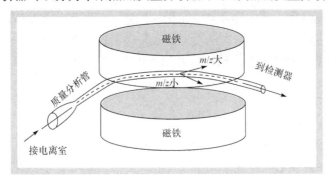

图 16-2 磁质量分析器示意图

a. 单聚焦磁质量分析器

离子源中产生的离子被电场加速后，进入磁场。离子的动能为

$$(1/2)\,mv^2 = zU$$

磁场中带电离子做圆周运动，离心力=向心力，有

$$mv^2 / R = BU$$

曲率半径

$$R = \frac{1}{B}\sqrt{\frac{2Um}{z}}$$

因此，离子在磁场中的轨道半径 R 取决于 m/z、B、U，当磁场强度 B 恒定，改变加速电压 U，可以使不同 m/z 的离子进入检测器。

由于方向聚焦，即质荷比相同、入射方向不同的离子会聚，对于 m/z 相同而动能(或速度)不同的离子不能聚焦，因此这种磁质量分析器分辨率不高，一般为 5000。影响分辨率的主要因素是离子束离开离子枪时的角分散和动能分散，因为各种离子是在电离室不同区域形成的。

b. 双聚焦磁质量分析器

双聚焦磁质量分析器如图 16-3 所示。在单聚焦磁质量分析器中，离子源产生的离子在进入加速电场之前，其初始能量并不为零，且各不相同，因此具有相同质荷比的离子，由于初始能量的差异，通过质量分析器后并不能完全聚焦在一起。为解决离子能量分散问题，提高分辨率，出现了双聚焦磁质量分析器。

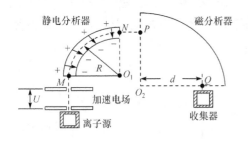

图 16-3 双聚焦磁质量分析器示意图

双聚焦是指同时实现方向聚焦和能量聚焦。在磁场前面加一个由两个扇形圆筒组成的静电分析器，外电极上加正电压，内电极上加负电压。在某一恒定电压下，加速的离子束进入静电场，不同动能的离子具有不同的运动曲率半径，只有运动曲率半径适合的离子才能通过狭缝，进入磁质量分析器。磁质量分析器则对质荷比相同而能量不同的离子束进行再一次分离。双聚焦磁质量分析器的分辨率可高达 150 000。

2) 四极杆质量分析器

四极杆质量分析器因其由四根平行的棒状电极组成而得名。离子束在与棒状电极平行的轴上聚焦，一个直流固定电压(DC)和一个射频电压(RF)作用在棒状电极上，两对电极之间的电位相反。对于给定的直流电压和射频电压，特定质荷比的离子在轴向稳定运动，其他质荷比的离子则与电极碰撞湮灭。将直流电压和射频电压以固定的斜率变化，可以实现质谱扫描功能。图 16-4 为四极杆质量分析器示意图。

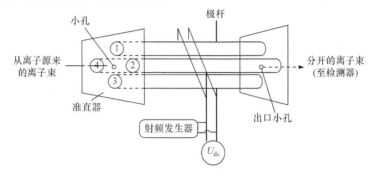

图 16-4 四极杆质量分析器示意图

四极杆质量分析器的分辨率和 *m/z* 范围与磁质量分析器大体相同，其极限分辨率可达 2000，典型的约为 700。其主要优点是传输效率较高，入射离子的动能或角发散影响不大；其次是可以快速地进行全扫描，而且制作工艺简单，仪器紧凑，具有质量轻、体积小、造价低廉等优点，常用在需要快速扫描的 GC-MS 联用及空间卫星上进行分析。

3) 离子阱质量分析器

离子阱质量分析器由两个端盖电极和位于它们之间的类似四极杆的环电极构成。端盖电极施加直流电压或接地，环电极施加射频电压，通过施加适当电压就可以形成一个势能阱(离子阱)。根据射频电压的大小，离子阱可捕获某一质量范围的离子。离子阱可以储存离子，待离子累积到一定数量后，升高环电极上的射频电压，离子按质量从高到低的顺序依次离开离子阱，被电子倍增器检测。目前离子阱质量分析器已发展到可以分析质荷比高达数千的离子。离子阱在全扫描模式下仍然具有较高的灵敏度，而且单个离子阱通过时间序列的设定就可以实现多级质谱(MS^n)的功能。离子阱质量分析器结构简单、成本低且易于操作，广泛用于 GC-MS 联用装置。图 16-5 为离子阱质量分析器示意图。

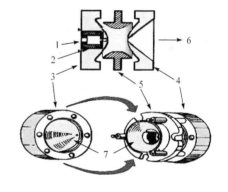

图 16-5 离子阱质量分析器示意图
1. 离子束注入；2. 离子闸门；3、4. 端盖电极；
5. 环电极；6. 至电子倍增器；7. 双曲线

4) 飞行时间质量分析器

具有相同动能、不同质量的离子，因其飞行速度不同而分离。如果固定离子飞行距离，则不同质量离子的飞行时间不同，质量小的离子飞行时间短而首先到达检测器。各种离子的飞行时间与质荷比的平方根成正比。离子以离散包的形式引入质谱仪，这样可以统一飞行的起点，依次测量飞行时间。离子包通过一个脉冲或一个栅系统连续产生，但只在一特定的时间引入飞行管。新发展的飞行时间质量分析器具有大的质量分析范围和较高的质量分辨率，尤其适合蛋白等生物大分子分析。图 16-6 为飞行时间质谱仪示意图。

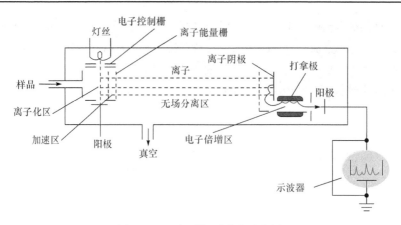

图 16-6　飞行时间质谱仪示意图

5)傅里叶变换离子回旋共振质量分析器

当气态离子进入一个强磁场中时,离子将沿与磁场垂直的环形路径做回旋运动,其回旋频率ω_c可用下式表示:

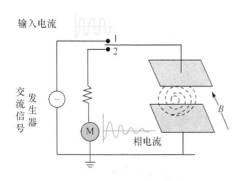

图 16-7　傅里叶变换离子回旋共振质量分析器原理示意图

$$\omega_c = \frac{U}{r} = \frac{zeB}{m}$$

ω_c 只与 m/z 的倒数有关。

当变换电场频率和回旋频率相同时,离子稳定加速,运动轨道半径越来越大,动能也越来越大。当电场消失时,沿轨道飞行的离子在电极上产生交变电流。对信号频率进行分析可得出离子质量。将时间与相应的频率谱利用计算机经过傅里叶变换形成质谱。其优点是分辨率很高,质荷比可以精确到千分之一道尔顿。图 16-7 为傅里叶变换离子回旋共振质量分析器原理示意图。

16.1.3　质谱仪的性能指标和应用

1. 质量测定范围

质量测定范围是指质谱仪能进行分析的样品的相对原子质量(或相对分子质量)范围,通常采用原子质量单位 u 度量(^{12}C)。在非精确测量场合,常采用原子核中所含质子和中子的总数即“质量数”表示质量的大小,其数值等于其相对质量的整数。

测定气体用的质谱仪,一般质量测定范围为 2~100,而有机质谱仪一般可达几千。现代质谱仪甚至可以研究相对分子质量达几十万的生化样品。

2. 分辨本领

分辨本领是指质谱仪分辨相邻质量数离子的能力。定义为:两个相等强度的相邻峰(质量分别为 m_1 和 m_2)间的峰谷不大于峰高的 10%时,则可认为两峰已分开,其分辨率 R 为

$$R = \frac{m_1}{m_2 - m_1} = \frac{m_1}{\Delta m}$$

式中，m_1、m_2 为质量数（$m_1 < m_2$）。

两峰质量相差越小，要求仪器分辨率越大。峰质量数小时，分辨率也较小。实际工作中，很难找到相邻的峰高相等、峰谷又为峰高的 10% 的两个峰。可任选一单峰，测其峰高 5% 处的峰宽 $W_{0.05}$ 当作 Δm，此时分辨率 $R = m/W_{0.05}$。

如果峰是高斯型的，上述两式计算结果一样。质谱仪的分辨本领与离子通道半径 r、加速器和收集器狭缝宽度、离子源的性质和质量等因素有关。

一般 R 在 10 000 以下称为低分辨仪器，R 为 10 000～30 000 称为中分辨仪器，R 在 30 000 以上称为高分辨仪器。

3. 质量测量精度

质量测量精度是指离子质量测定的精度，一般对质量数为几百的离子，测量误差应<0.003u。

16.2 质谱中的离子类型和质谱裂解

16.2.1 质谱中的离子类型

阳离子一般有分子离子、单纯裂解离子、重排裂解离子、复合离子、同位素离子和多电荷离子等。

1. 分子离子

有机分子失去一个电子所得的离子称为分子离子，其质荷比是该化合物的相对分子质量，用"M^+"表示。有机化合物分子离子都是奇电子离子，位于高质荷比端。由其精确质量数可计算出化合物的分子式。

分子离子是由各种元素的最丰同位素组成，质谱中相对分子质量是由最丰同位素原子的质量数相加计算的。例如，CH_3Cl 按照元素周期表上的相对原子质量计算其相对分子质量为：$12.01+1.008\times3+35.54=50.484$。但已知 C 有同位素 ^{12}C、^{13}C；H 有同位素 ^1H、^2H；Cl 有同位素 ^{35}Cl、^{37}Cl，而且轻同位素都是最丰同位素，故 CH_3Cl 分子离子峰由 $^{12}C^1H_3^{35}Cl$ 组成，m/z 为 50。

分子离子的质量奇偶性受氮律的支配：

(1)分子中只含 C、H、O、S、X 元素时，相对分子质量 M 为偶数。

(2)若分子中除上述元素外还含 N，则含奇数氮时相对分子质量 M 为奇数，含偶数氮时相对分子质量 M 为偶数。

2. 单纯裂解离子

分子离子或其他碎片离子经过共价键的单纯开裂失去一个自由基或一个中性分子后形成的离子即为单纯裂解离子。

值得注意的是，裂解时并不发生氢原子转移或碳骨架的改变。一个含奇电子的离子单纯开裂后失去一个自由基得到一个含偶电子的离子碎片；若失去中性化合物，则得到奇电子离子。例如

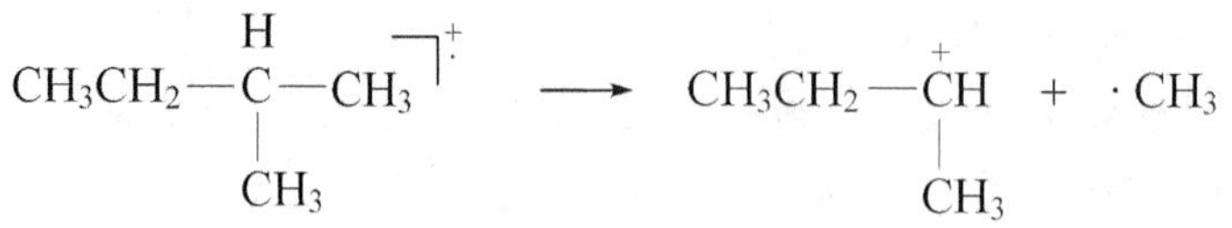

$$CH_3CH_2 - \overset{\overset{\displaystyle H}{|}}{\underset{\underset{\displaystyle CH_3}{|}}{C}} - CH_3 \Big]^{+\cdot} \longrightarrow CH_3CH_2 - \overset{+}{\underset{\underset{\displaystyle CH_3}{|}}{CH}} + \cdot CH_3$$

一个含偶电子的离子若单纯开裂后失去自由基碎片，则得到一个含奇电子数的离子碎片；若失去中性化合物，则得到偶电子离子。例如

$$CH_3CH_2CH_2 \Big]^+ \longrightarrow CH_2CH_2 \Big]^{+\cdot} + \cdot CH_3$$

$$CH_3CH_2CH_2 \Big]^+ \longrightarrow CH_3^+ + H_2C=CH_2$$

3. 重排裂解离子

离子经过重排而产生另一个离子时，一般要脱去有偶数个电子的中性分子。

奇数个电子的离子重排时，新的离子一定含有奇数个电子；偶数个电子的离子重排时，新的离子一定含有偶数个电子。也就是说，重排裂解前后母离子与子离子的电子奇偶性不变，质量奇偶性的变化与重排裂解前后母离子与子离子中氮原子的变化有关。

母离子与子离子中氮原子的个数不变或失去偶数个氮原子，质量奇偶性不变；若失去奇数个氮原子，则质量奇偶性变化。因此，根据离子的质量与电子奇偶性的变化就可以判断离子是否由重排产生。例如

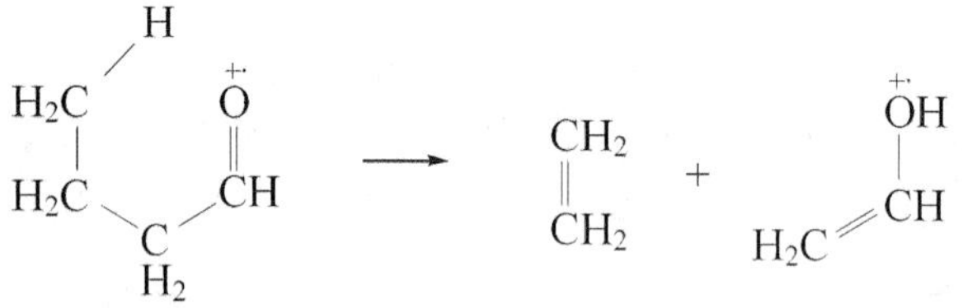

m/z 72　　　　　　　　　　　　　　*m/z* 44

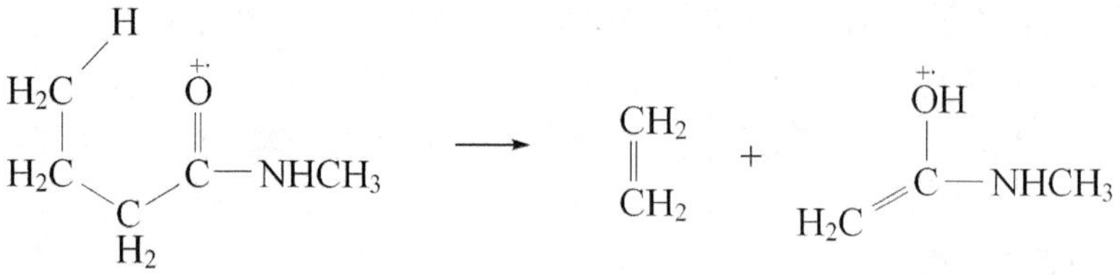

m/z 101　　　　　　　　　　　　　*m/z* 73

4. 复合离子

在离子源中，分子离子与未电离的分子互相碰撞发生二级反应形成复合离子(complex ion)。复合离子有 *M*+1 峰，即(M+H)$^+$；也有(M+F)$^+$峰，其中 F 表示碎片离子质量数。不要将复合离子峰误当作分子离子峰。

5. 同位素离子

在组成有机化合物的十几种常见元素中，有几种元素具有天然同位素，如 C、H、N、O、S、Cl、Br 等。因此，在质谱图中除了最轻同位素组成的分子离子所形成的 M$^+$峰外，还会出现一个或多个重同位素组成的分子离子峰，如(M+1)$^+$、(M+2)$^+$、(M+3)$^+$等，这种离子峰称

为同位素离子峰，对应的 m/z 为 $M+1$、$M+2$、$M+3$。人们通常把某元素的同位素占该元素的原子百分数称为同位素丰度(表 16-1)。

表 16-1 有机化合物中常见元素的天然同位素丰度

同位素	相对丰度/%	峰	同位素	相对丰度/%	峰
^1H	99.985	M	^{32}S	95.00	M
^2H	0.015	M+1	^{33}S	0.76	M+1
^{12}C	98.893	M	^{34}S	4.22	M+2
^{13}C	1.107	M+1	^{36}S	0.02	M+4
^{14}N	99.634	M	^{35}Cl	75.77	M
^{15}N	0.366	M+1	^{37}Cl	24.23	M+2
^{16}O	99.759	M	^{79}Br	50.537	M
^{17}O	0.037	M+1	^{81}Br	49.463	M+2
^{18}O	0.204	M+2			

氯和溴的重同位素天然丰度大，所以含有氯和溴的分子的同位素峰相当强。硫、硅的重同位素天然丰度较大，所以含有硫、硅的分子的同位素峰较强。

离子中如果只考虑一种元素的两种同位素，用公式 $(a+b)^m$ 可以计算出含不同同位素离子大致的丰度比。可利用公式 $(a+b)^m(c+d)^n$ 计算两种元素的同位素离子丰度比。

例 16-1 已知 Cl 同位素丰度比为 $^{35}Cl:^{37}Cl = 100:32.5$，只考虑 Cl 同位素的影响，计算 $CHCl_3$ 同位素的丰度比。

解 Cl 同位素丰度比：$^{35}Cl:^{37}Cl = 100:32.5 \approx 3:1$，即 $a = 3$，$b = 1$，$m = 3$

$$(a+b)^3 = a^3 + 3a^2b + 3ab^2 + b^3 = 27 + 27 + 9 + 1$$

设 $CH^{35}Cl_3$ 的相对分子质量为 M，$M=118$，同位素丰度比为

$$M:(M+2):(M+4):(M+6) = 27:27:9:1$$

例 16-2 碎片离子 $^+\cdot CCl_2$ 的质荷比可为 m/z 82、84 和 86，计算同位素离子的丰度比。

解
$$(a+b)^2 = a^2 + 2ab + b^2 = 9 + 6 + 1$$

同位素离子丰度比约为

$$m/z\ 82 : m/z\ 84 : m/z\ 86 = 9:6:1$$

6. 多电荷离子

有些化合物可能失去两个电子或更多的电子而成为多电荷正离子。质谱是按照离子的质荷比 m/z 记录下来的，因此这类离子峰当在其质量除以电荷数的值处出现，质荷比不一定是整数。

16.2.2 质谱裂解规律

1. 质谱裂解表示法

质谱裂解反应可以用裂解反应式表达。

1)正电荷表示法

偶电子离子(even-electron ion, EE)用"+"表示，奇电子离子(odd-electron ion, OE)用"+·"表示。正电荷一般留在分子中杂原子、不饱和键 π 电子系统和苯环上。例如

$$CH_2 = \overset{CH_2}{\underset{\overset{|}{O}-R}{}} \quad CH_2 = \overset{+}{\underset{\overset{|}{H}}{C}} - \overset{+}{C}H_2$$

苯环电荷可表示如下：

正电荷的位置不十分明确时，可以用[ ]$^+$或[ ]$^{+\cdot}$表示。

$$[R-CH_3]^{+\cdot} \longrightarrow [R]^+ + CH_3\cdot$$

如果碎片离子的结构复杂，可以在式子右上角标出正电荷。

判断碎片离子含偶数个电子还是奇数个电子，有下列规律：

(1)由 C、H、O、N 组成的离子，N 原子数为偶数(零)时，偶质量数离子则必含奇数个电子，奇质量数离子则必含偶数个电子。例如，$(CH_3)_3C^{+}$ (m/z 57)含偶数个电子，$(CH_3)_4C^{+\cdot}$ (m/z 72)含奇数个电子。

(2)由 C、H、O、N 组成的离子，N 原子数为奇数时，偶质量数离子则必含偶数个电子，奇质量数离子则必含奇数个电子。例如，$CH_2 = NH_2^{+}$ (m/z 30)含偶数个电子，$CH_3CH_2NH_2^{+\cdot}$ (m/z 45)含奇数个电子。

2)电子转移表示法

共价键的断裂有下列三种方式：

均裂

$$X \overset{\frown\frown}{} Y \longrightarrow X\cdot + Y\cdot$$

异裂

$$X \overset{\frown}{} Y \longrightarrow X^+ + \ddot{Y}^-$$

半异裂

$$X-Y \longrightarrow X + \cdot Y \longrightarrow X^+ + \cdot Y$$

X+·Y 表示共价键被电子流轰击失去一个电子，留下一个电子在 σ 轨道上。通常用单箭头表示一个电子的转移；用双箭头表示一对电子的转移。

2. 裂解方式及机理

1)偶电子规则

离子裂解应遵循下列"偶电子规则"：

(1)奇电子离子→偶电子离子+自由基(一般由简单裂解得到)。

(2)奇电子离子→奇电子离子+中性分子(一般重排裂解得到)。

(3)偶电子离子→偶电子离子+中性分子(一般重排裂解得到)。

(4)偶电子离子→奇电子离子+自由基(一般简单裂解得到,非常罕见)。

2)影响离子丰度的主要因素

峰的强度反映该碎片离子的多少,峰强表示该种离子多,峰弱表示该种离子少。影响离子丰度的主要因素如下。

a. 键的相对强度

化学键首先从分子中最薄弱处断裂,含有单键和复键时,单键先断裂。最弱的是 C—X 型(X= Br、I、O、S),该键易发生断裂。

b. 产物离子的稳定性

这是影响产物离子丰度的最重要因素。产物的稳定性主要考虑正离子,还要考虑脱去的中性分子和自由基。稳定正离子的形成一般是由于共轭效应、诱导效应和共享邻近杂原子上的电子使正电荷分散。脱去稳定的中性分子的反应也容易进行。

在含杂原子的化合物中,主要的离子稳定形式是杂原子中未成键轨道电子的共享,如乙酰基离子

$$H_3C — \overset{+}{C} = O \longleftrightarrow H_3C — C \equiv \overset{+}{O}$$

或共振稳定,如烯丙基阳离子

$$H_2C = C — \overset{+}{C}H_2 \longleftrightarrow H_2\overset{+}{C} — C = CH_2$$
$$\quad\quad\; | \quad\quad\quad\quad\quad\quad\quad\quad\;\; |$$
$$\quad\quad\; H \quad\quad\quad\quad\quad\quad\quad\quad\; H$$

c. 原子或基团相对的空间排列(空间效应)

空间因素影响竞争性的单分子反应途径,也影响产物的稳定性。需要经过某种过渡态的重排裂解,若空间效应不利于过渡态的形成,重排裂解往往不能进行。

d. 史蒂文森(Stevenson)规则

在奇电子离子经裂解产生自由基和离子两种碎片的过程中,有较高的电离电势(IP)的碎片趋向保留孤电子,而将正电荷留在电离电势值较低的碎片上。

$$A^+ + \dot{B} \longleftarrow A — \overline{B}^{\vec{+}} \longrightarrow \dot{A} + \overset{+}{B}$$

e. 最大烷基丢失

在反应中心有多个烷基时,最易失去的是最大烷基自由基。

$$
\begin{array}{c}
\quad CH_3 \\
\quad | \quad\quad \urcorner^+ \\
C_2H_5 — C — C_4H_9 \\
\quad | \\
\quad H
\end{array}
\longrightarrow
\begin{array}{c}
\quad CH_3 \\
\quad | \\
C_2H_5 — C^+ \\
\quad | \\
\quad H
\end{array}
>
\begin{array}{c}
CH_3 \\
| \\
\overset{+}{C} — C_4H_9 \\
| \\
H
\end{array}
> C_2H_5 —
\begin{array}{c}
\overset{+}{C} — C_4H_9 \\
| \\
H
\end{array}
> C_2H_5 —
\begin{array}{c}
CH_3 \\
| \\
C — C_4H_9 \\
\underset{+}{|} \\
\end{array}
$$

3. 质谱裂解方式

1)简单开裂

一个共价键发生断裂。例如

$$
\begin{array}{c}
\quad\quad 15 \\
H_3C \vdash CH_2\overset{+}{Y}
\end{array}
\longrightarrow \dot{C}H_2 + CH_2 = \overset{+}{Y}
$$

按照麦克拉弗蒂(McLafferty)的观点,简单裂解的引发机制有三种:

(1) α裂解。自由基引发，发生均裂或半异裂，反应的动力是自由基强烈的配对倾向。

(2) i 裂解。诱导裂解，用符号 i(inductive) 表示。电荷引发的裂解，发生异裂，其重要性小于α裂解。

(3) σ裂解。没有杂原子或不饱和键时，发生 C—C 键之间的σ键断裂，第三周期以后的杂原子与碳之间的 C—Y 键也可以发生σ裂解。

有机化合物中的简单开裂介绍如下。

a. 饱和烃

饱和烃只能发生σ裂解。由奇电子离子裂解，得到一个偶电子离子和一个自由基。

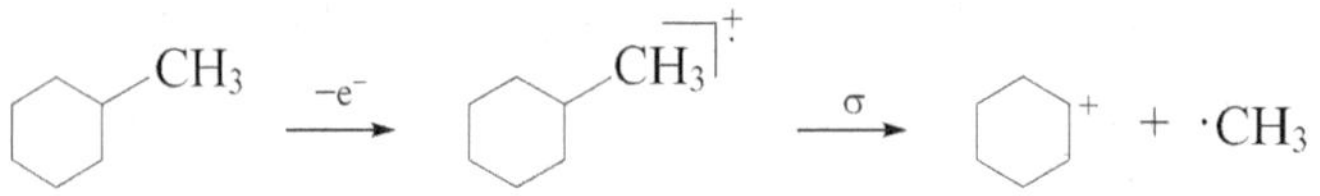

b. 不饱和烃和芳烃

在含双键的化合物中，在双键的 C_α—C_β键断裂经常发生α裂解，得到一个烯丙基正离子，这种开裂称为烯丙基裂解。

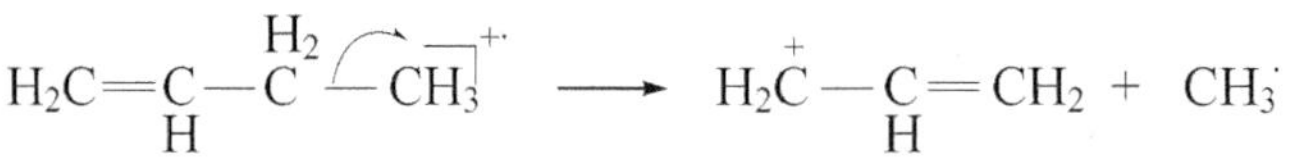

含侧链的芳烃，在侧链的 C_α—C_β键也常发生类似的α裂解，称为苄基裂解。

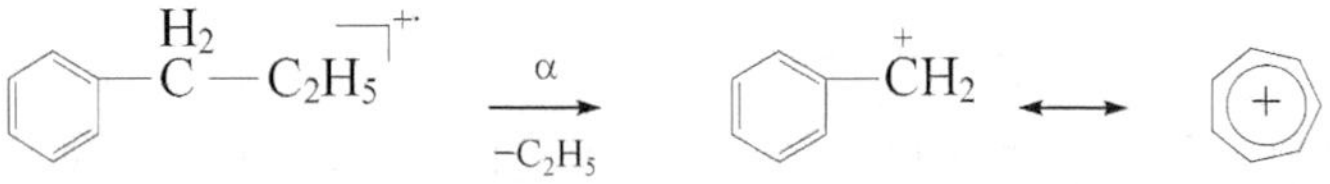

c. 含有孤对电子的杂原子化合物

正电荷自由基优先定位于杂原子上，再引发一系列裂解反应。如果发生的是半异裂或均裂，称为α断裂；如果发生的是异裂（一对电子转移），称为诱导 (i) 断裂。对如下杂原子化合物：

$$R-\overset{H_2}{C}-\overset{+\cdot}{X}$$

当 X=SR′、SiR'_3 或 OR′时，可发生α断裂

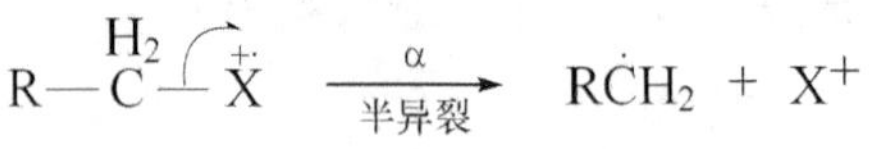

当 X=卤素、OR、SR 时，可发生 i 断裂

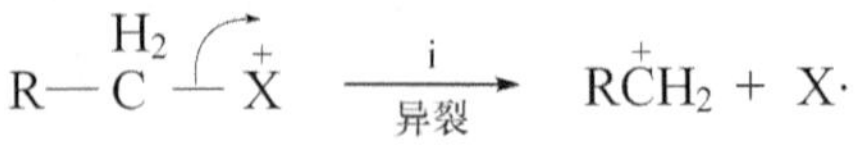

由正电荷引发的异裂 i 裂解可分为奇电子离子型和偶电子离子型。裂解通式如下：

$$\text{奇电子离子} \xrightarrow{\text{i裂解}} \text{正电荷离子+自由基}$$

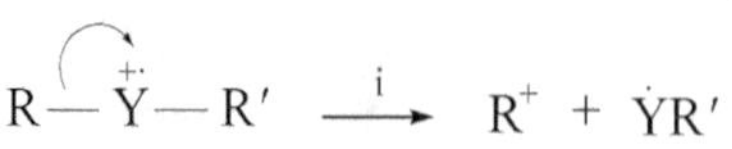

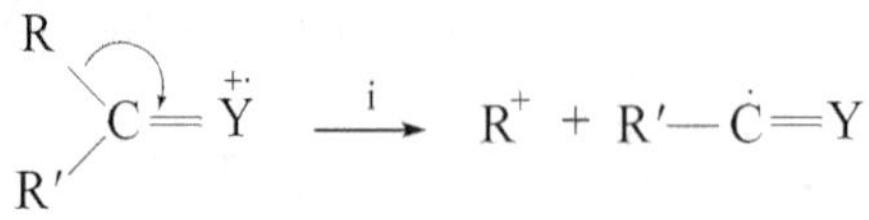

偶电子离子 $\xrightarrow{\text{i裂解}}$ 正电荷离子+中性碎片或分子

$$R \overset{+}{-} YH_2 \xrightarrow{\text{i}} R^+ + YH_2$$

$$R \overset{+}{-} Y = CH_2 \xrightarrow{\text{i}} R^+ + Y = CH_2$$

含杂原子的化合物最易发生的是"均裂"为特征的α裂解。

$$R \overset{H_2}{-} C \overset{+}{-} \overset{\cdot\cdot}{Y} \xrightarrow{\alpha} H_2C = \overset{+}{Y} + R\cdot \qquad Y=OH, OR, NH_2$$

在简单开裂中,当可能丢失的几个基团具有类似的结构时,总是优先丢失较大基团而得到较小的正离子碎片("最大的烷基游离基优先失去"原理)。

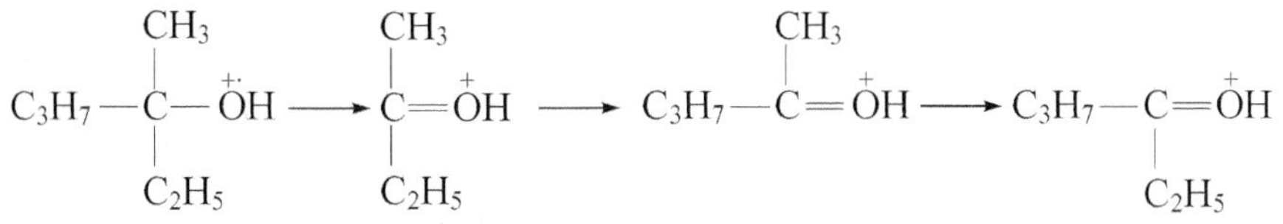

m/z 73, 100%　　　　　m/z 87, 50%　　　　　m/z 101, 10%

在简单开裂中,若失去的是一个自由基,则一个奇电子离子开裂得到一个偶电子离子,电子的奇偶性在反应前后不一致。若失去一个中性分子,开裂前后离子相同。

2) 重排开裂

在共价键断裂的同时,有氢原子的转移。一般有两个键发生断裂,少数情况下发生碳骨架重排。一般重排开裂前后离子电子奇偶性不发生变化(并不完全都是这样)。

a. 自由基引发的重排反应

γ-H 重排到不饱和基团上并伴随发生 C_α—C_β 断裂。典型的代表是麦氏重排,可表示如下:

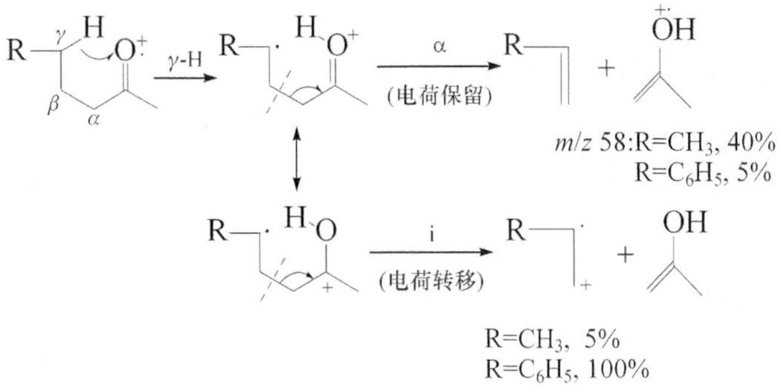

m/z 58:R=CH₃, 40%

R=C₆H₅, 5%

R=CH₃, 5%

R=C₆H₅, 100%

当满足下列两个条件时,便可发生麦氏重排:①含有不饱和键;②与不饱和键相连的γ-C上有氢原子。可产生这种重排的化合物有酮、醛、酯、酸、酸酐和其他含羰基的衍生物、碳酸酯、磷酸酯、亚硫酸酯、亚胺、肟、腙、烯、炔、腈和苯环化合物。例如

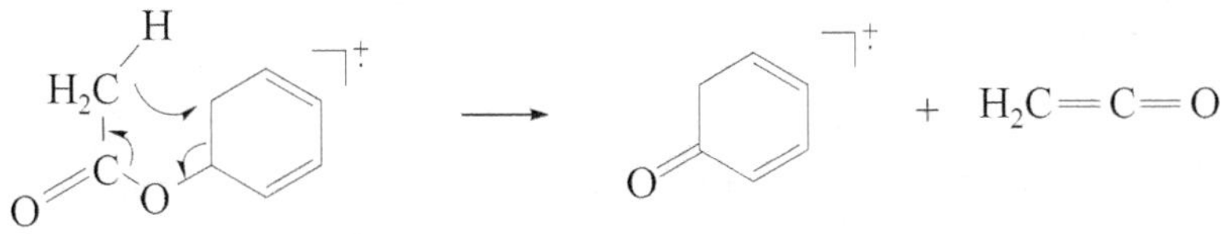

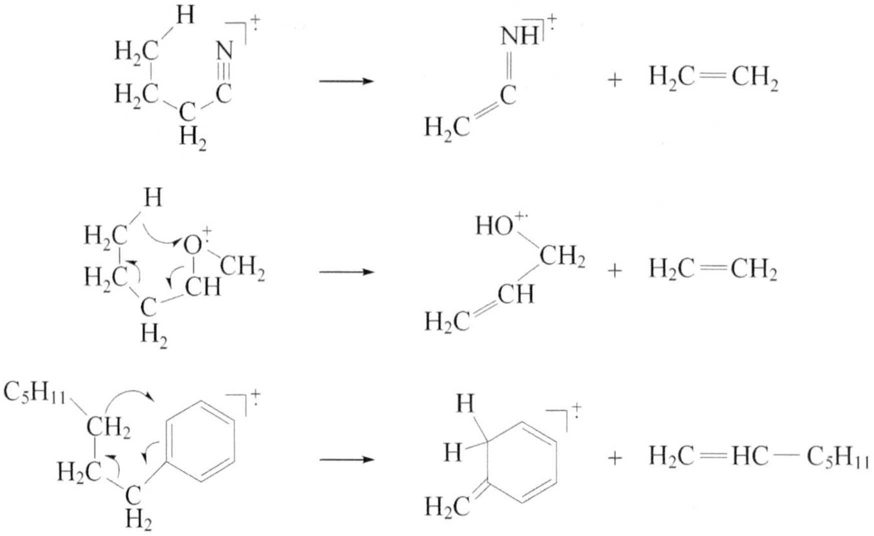

由单纯开裂或重排产生的碎片离子，如果符合麦氏重排的两个条件，也能发生麦氏重排。

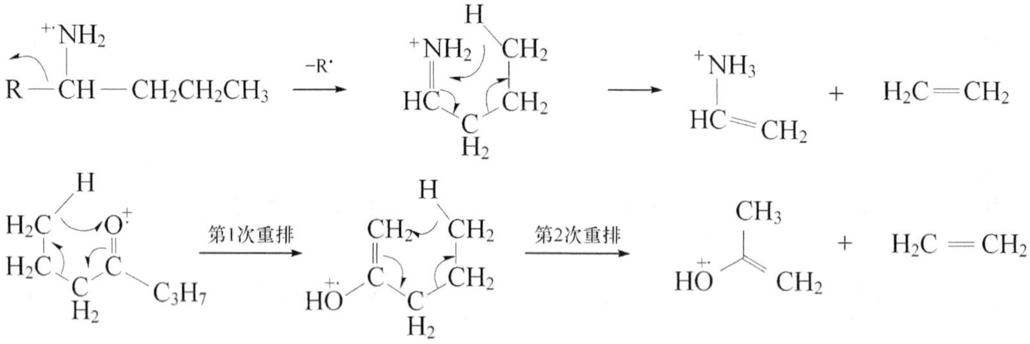

第1次重排　　第2次重排

b. 氢原子重排到饱和杂原子上并伴随邻键断裂

一个氢原子转移到杂原子上，发生一个电荷定位引发的反应，即杂原子的一个键断裂形成 $(M—HYR)^+$ 离子或 HYR^+ 离子。

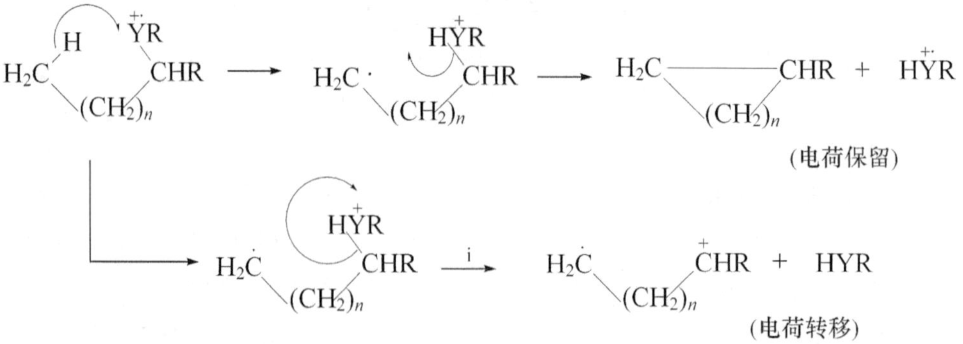

（电荷保留）

（电荷转移）

反应可能经过六元环、四元或五元或其他环状过渡态。产生的含杂原子的碎片对电荷的争夺力很弱，使得电荷转移更为普遍。电荷转移反应对电负性原子团有利。电离能较高的饱和小分子，如 H_2O、C_2H_4、CH_3OH、H_2S、HCl 和 HBr，常以这种方式丢失。

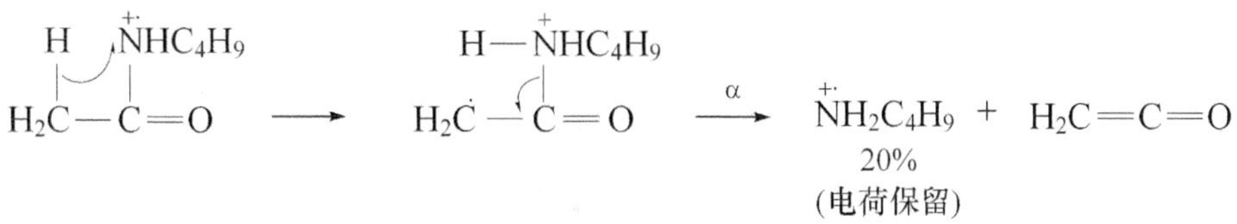

卤代烃(Cl、Br)通过四元、五元环过渡态，氢原子向卤素迁移，消除卤化氢。

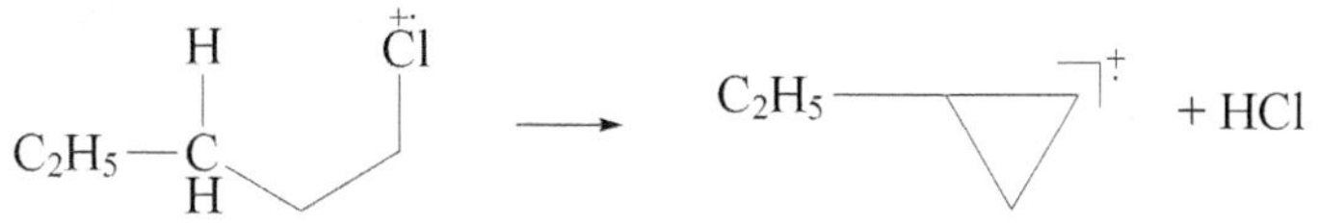

具有适当结构的邻位取代苯可发生重排反应——邻位消去。

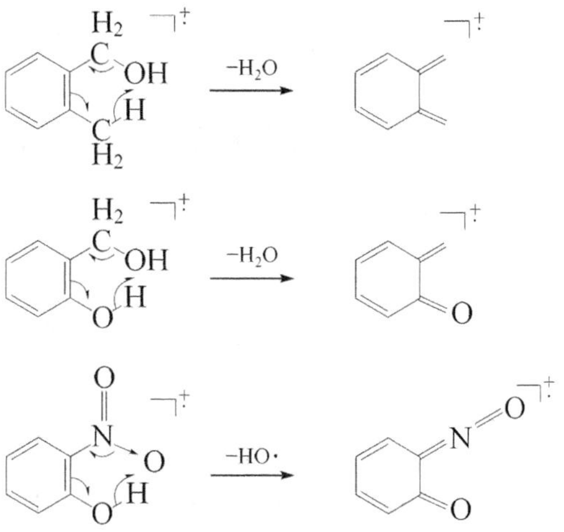

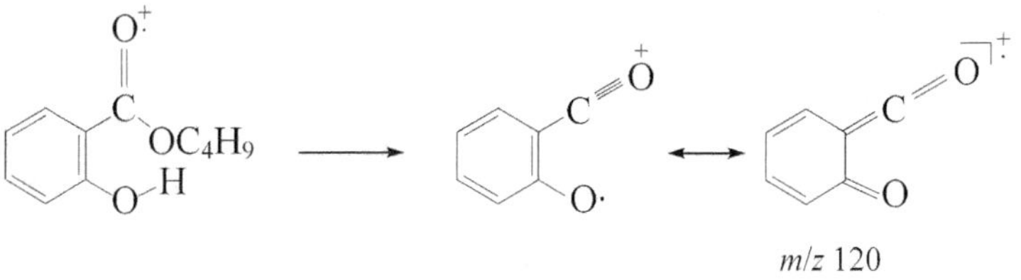

由于氢重排到饱和杂原子上，再使邻位键断裂，经常是脱去一个小分子。脱去的小分子多是 H_2O、H_2S、NH_3、CH_3COOH、CH_3OH、$CH_2=C=O$、CO、CO_2、HCN 等。这种重排前后的电子奇偶性也不变。

c. 消除重排

消除重排(elimination rearrangements，RE)的特点是随着基团的迁移同时消除小分子或自由基碎片，反应与氢重排相似，只是迁移的不是氢而是一种基团，也称"非氢重排"。

在消除重排中，消除的中性碎片通常是电离能较高的小分子或自由基，如 CO、CO_2、CS_2、SO_2、HCN、CH_3CN 和 CH_3 等。

d. 正电荷引发的重排反应

在伯、仲、叔碳原子上有 OH、NH_2 或 SH 时，会发生α裂解，而产生的碎片离子如果能形成四元环过渡状态，就会发生下面的重排：

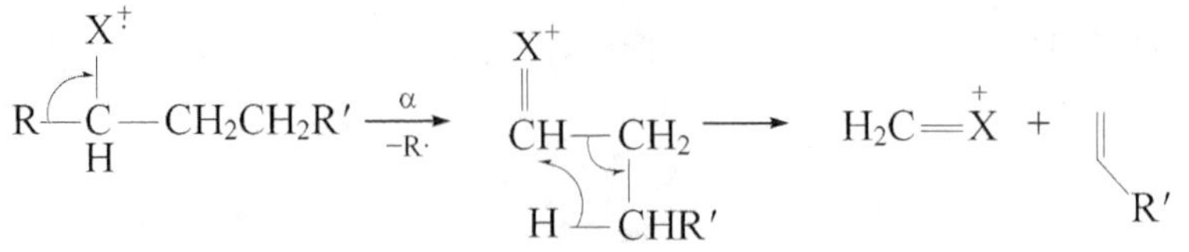

3）环裂解——多中心断裂

在复杂的分子中，裂解反应涉及一个以上的键的断裂称为多中心断裂。

a. 一般的多中心断裂

一个环的单键断裂只产生一个异构离子，m/z 不变，要产生一个碎片离子必须断裂两个键。

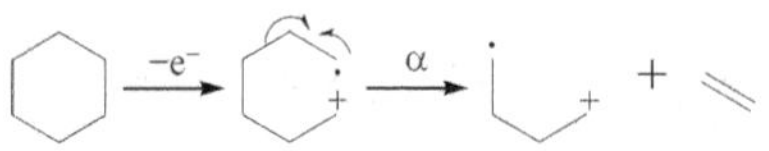

其裂解产物一定是一个奇电子离子，在反应过程中未成对电子与邻近碳原子形成一个新键，同时该 α-碳原子的另一键断裂。

一般的环状化合物常发生简单断裂和氢重排相互组合的多键断裂。

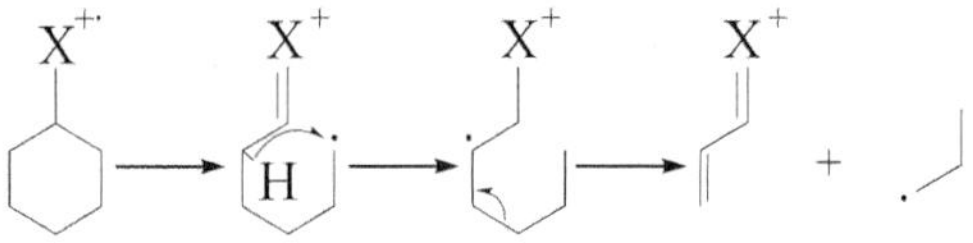

X=O, OH, OR, NH, NH$_2$, NR$_2$

b. 逆第尔斯-阿尔德开裂

逆第尔斯-阿尔德（retro Diels-Alder，RDA）开裂是以双键为起点的重排，是第尔斯-阿尔德反应的逆反应。在脂环化合物、生物碱、萜类、甾体和黄酮等化合物的质谱上经常可以看到由这种重排产生的碎片离子峰。

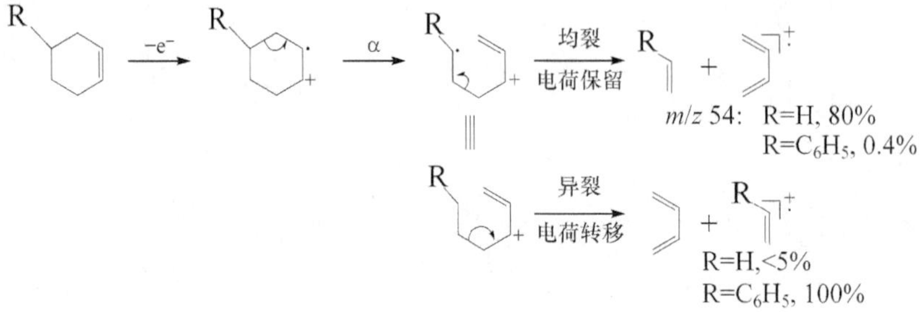

m/z 54：R=H, 80%
R=C$_6$H$_5$, 0.4%

R=H,<5%
R=C$_6$H$_5$, 100%

16.3 各类有机化合物的质谱

16.3.1 烃

1. 烷烃

烷烃的质谱有下列特征：

（1）直链烷烃的 M 常可观察到，其强度随相对分子质量增大而减少。

（2）$M-15$ 峰弱，因为长链烃不易失去甲基（CH$_3$，m/z 15）。

（3）直链烷烃有典型的系列离子（C$_n$H$_{2n+1}$）$^+$（29、43、57、…），其中 m/z 43（C$_3$H$_7$）$^+$和 m/z

57$(C_4H_9)^+$峰总是很强(基峰)。除此之外,还有少量的$(C_nH_{2n-1})^+$(27、41、55、…)。支链烃往往在分支处裂解形成的峰强度较大,且优先失去最大烷基。图 16-8 为正十二烷的质谱图,图 16-9 为7-甲基十三烷的质谱图。

(4)环烷烃的 $M^{+\cdot}$ 峰一般较强。环开裂时一般失去含两个碳的碎片,所以往往出现 m/z 28$(C_2H_4)^+$、m/z 29$(C_2H_5)^+$和 M–28、M–29 的峰。

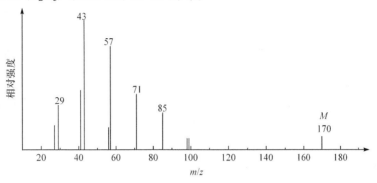

图 16-8　正十二烷的质谱图

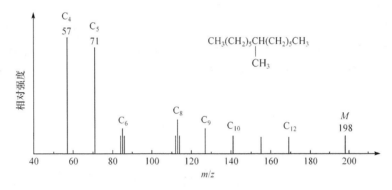

图 16-9　7-甲基十三烷的质谱图

2. 烯烃

烯烃的质谱有下列特征:

(1)分子离子峰明显,强度随相对分子质量增大而减弱。因为烯烃易失去一个 π 电子。

(2)烯烃质谱中最强峰(基峰)是双键 β 位置 C_α—C_β键断裂产生的峰(烯丙基型裂解)。带有双键的碎片带正电荷。

$$H_2\overset{+}{C}\!-\!\overset{\cdot}{C}H\!-\!\overset{\overset{\displaystyle H_2}{|}}{C}\!-\!R' \longrightarrow H_2\overset{+}{C}\!-\!\overset{\overset{\displaystyle |}{\underset{\displaystyle H}{}}}{C}\!=\!CH_2 + \cdot R'$$

$$m/z\ 41$$

出现 m/z 41、55、69、83 等$(C_nH_{2n-1})^+$系列的离子峰。长链烯烃还有$(C_nH_{2n+1})^+$。

(3)烯烃往往发生麦氏重排裂解,产生 C_nH_{2n} 离子。

(4)环己烯类发生逆第尔斯-阿尔德裂解。图 16-10 为 1-十二烯的质谱图。

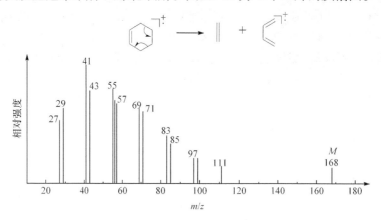

图 16-10　1-十二烯的质谱图

3. 芳烃

芳烃的质谱有下列特征：

(1)分子离子峰明显，M+1 和 M+2 可精确量出，便于计算分子式。

(2)带烃基侧键的芳烃常发生苄基裂解，产生七元环的䓬鎓离子(tropylium ion) $m/z =$ 91(往往是基峰)。若基峰的 m/z 比 91 大 $n×14$，则表明苯环 α-碳上另有烷基取代，形成了取代的䓬鎓离子。例如

䓬鎓离子可进一步裂解形成环戊烯基离子 $^+C_5H_5$ (m/z 65)和环丙烯基离子 $^+C_3H_3$ (m/z 39)，质谱上出现明显的 m/z 39 和 65 的峰。

(3)带有正丙基或丙基以上侧链的芳烃(含 γ-H)经麦氏重排产生 $C_7H_8^{+ \cdot}$ (m/z 92)：

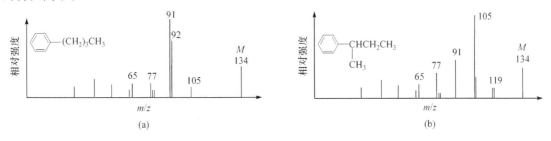

(4)芳烃侧链α裂解可以产生 m/z 77(苯基$^+C_6H_5$)、78(苯重排产物)和 79(苯加 H)的离子峰，进一步得 m/z 51 的离子。

$$C_6H_5^+ \xrightarrow{-HCCH} C_4H_3^+$$
$$\quad m/z\,77 \qquad\qquad\quad m/z\,51$$

图 16-11(a)和(b)分别为丁基苯和仲丁基苯的质谱图，m/z 39、51、65、77、78 等为苯环的特征离子。

图 16-11　丁基苯(a)和仲丁基苯(b)的质谱图

16.3.2　羟基化合物

1. 醇

醇的质谱有下列特征：

(1)分子离子峰很弱或消失。

(2)所有伯醇(甲醇例外)及高相对分子质量仲醇和叔醇易脱水形成 $M-18$ 峰。

(3)当含碳数大于 4 时，开链伯醇可同时发生脱水和脱烯，产生 $M-46$ 的峰。例如

(4)羟基的 C_α—C_β键容易断裂，形成极强的 m/z 31 峰($CH_2{=}O^+H$，伯醇)，m/z 45 峰($MeCH{=}O^+H$，仲醇)或 $45+14n$ 峰，m/z 59 峰($Me_2C{=}O^+H$，叔醇)或 $59+14n$ 峰。

叔醇　$R-\overset{\underset{\displaystyle R''}{|}}{\underset{}{\overset{\displaystyle R'}{|}}{C}}-\overset{+}{O}H \longrightarrow \overset{\underset{\displaystyle R''}{|}}{C}=\overset{+}{O}H \quad + \quad \cdot R$

$$m/z\ 59+14n$$

(5)在醇的质谱中往往可观察到 m/z 19(H_3O^+)的强峰。

图 16-12 是 3-甲基-3-庚醇的质谱图。

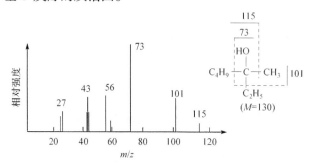

图 16-12　3-甲基-3-庚醇的质谱图

2. 酚和芳香醇

酚和芳香醇的质谱有下列特征：

(1)酚和芳香醇的 $M^{+\cdot}$ 峰很强。酚的 $M^{+\cdot}$ 峰往往是它的基峰。

(2)苯酚的 $M–1$ 峰不强，而甲苯酚和苄醇的 $M–1$ 峰很强：

对甲苯酚离子　　　　　　　　　　　　苄醇离子

(3)苯酚可失去 CO、HCO。苯酚在没有其他取代基的情况下，可发生氢重排断裂，然后经 α 裂解、i 裂解形成 $M–CO$、$M–HCO$ 的碎片离子。

$M–CO$　　　　$M–CHO\ m/z\ 65$

16.3.3　卤化物

卤化物的质谱有下列特征：

(1)脂肪族卤化物 $M^{+\cdot}$ 峰不明显，而芳香族的明显。

(2)含 Cl 和 Br 的化合物同位素峰是很特征的。含一个 Cl 的化合物，$(M+2)$ 峰：M 峰 $\approx$ 1 : 3；含一个 Br 的化合物，$(M+2)$ 峰：M 峰 $\approx$ 1 : 1。

(3)含有两个 Cl 或两个 Br 或同时含一个 Cl 和一个 Br 的化合物,质谱中出现明显的$(M+4)$

峰。因此，由同位素峰 $M+2$、$M+4$、$M+6$ 等可估计试样中卤素原子的数目。卤化物质谱中通常有明显的 X、$M–X$、$M–HX$、$M–H_2X$ 峰和 $M–R$ 峰。

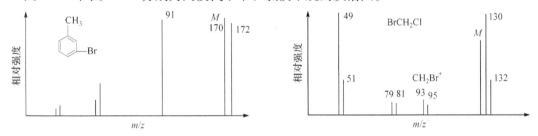

图 16-13 和图 16-14 分别为间溴代甲苯和氯溴甲烷的质谱图。

图 16-13　间溴代甲苯的质谱图　　　　图 16-14　氯溴甲烷的质谱图

16.3.4　醚

醚的分子离子裂解方式与醇相似。

(1) 脂肪醚的 $M^{+\cdot}$ 很弱但可观察出来，芳香醚的 $M^{+\cdot}$ 峰较强。

(2) 脂肪醚主要按下列三种方式裂解：

(i) C_α—C_β 键裂解。

正电荷留在氧原子上，取代基团大的优先丢失。例如

$$CH_3CH_2 \overset{\text{H}_2}{-}\overset{+\cdot}{C}-OCH_2CH_3 \longrightarrow H_2C\overset{+}{=}O-CH_2CH_3 + \dot{C}H_2CH_3$$

$$m/z\ 59\ 51\%$$

$$CH_3CH_2C\overset{+\cdot}{-}OCH_2-CH_3 \longrightarrow CH_3CH_2CH_2\overset{+}{O}CH_2 + \dot{C}H_3$$

$$m/z\ 73\ 4\%$$

这样的裂解通常导致形成 $m/z = 45$、59、73 等相当强的峰，而且还可以进一步裂解。

$$CH_2CH_2-\overset{+}{O}=CH_2 \longrightarrow H_2C=CH_2 + H_2C\overset{+}{=}OH$$

$$m/z\ 31$$

(ii) O—C_α 键裂解。

这样的裂解导致形成 m/z = 29、43、57、71 等峰。

$$R\!-\!\overset{\;\;+\cdot}{O}\!-\!R' \xrightarrow{\text{异裂}} RO\!\cdot\; +\; R'^{+}$$

(iii) 重排 α 裂解。

这样的裂解导致形成比不重排的 α 裂解碎片少一个质量单位的峰，如 m/z = 28、42、56、70 等。

$$R\!-\!\overset{+\cdot}{\underset{|}{C}}\!-\!\overset{}{O}\cdots \overset{CH_2}{\underset{H}{C}}\!\cdots\! CHR' \longrightarrow R\!-\!\overset{}{\underset{|}{C}}\!-\!OH\; +\; \overset{\overline{CH_2}^{+}}{\underset{CHR'}{\big|}}$$

(3) 芳香醚只发生 O—C_α 键裂解。例如

$$\text{C}_6\text{H}_5\!-\!\overset{+\cdot}{O}\!\!-\!CH_2CH_3 \xrightarrow{\text{均裂}} \text{C}_6\text{H}_5\!=\!O^{+}\; +\; \cdot CH_2CH_3$$

$$\text{C}_6\text{H}_5\!-\!\overset{+\cdot}{O}\!\!-\!CH_2CH_3 \xrightarrow{\text{异裂}} \text{C}_6\text{H}_5^{+}\; +\; \cdot OCH_2CH_3$$

$$\text{C}_6\text{H}_5\!-\!\overset{+\cdot}{O}\!\!-\!CH_2 \xrightarrow{\text{重排}} \text{C}_6\text{H}_5\!-\!OH\; +\; \overset{CH_2}{\underset{CH_2}{\big\|}}{}^{+}$$

16.3.5 醛、酮

醛和酮的质谱有下列特征：

(1) 醛和酮的 $M^{+\cdot}$ 峰都明显。

(2) 脂肪族醛、酮中，主要碎片峰之一是由麦氏重排裂解产生的离子。

$$\begin{array}{l}H_2C\cdots H\\ \quad\;\;\overset{+\cdot}{O}\\ H_2C\quad \|\\ \quad\; C\!-\!C\!-\!R\\ \quad\; CH_2\end{array} \longrightarrow \begin{array}{l}CH_2\\ \|\\ CH_2\end{array} +\; \begin{array}{l}\overset{+}{OH}\\ \|\\ H_2C\!=\!C\!-\!R\end{array}$$

醛：R=H, m/z 44

酮：R=烃基, m/z 58,72,86 等

酮类发生这种裂解时，若 R≥C_3，则可再发生一次重排裂解，形成更小的碎片离子，如 R=C_3。

$$\begin{array}{l}H\overset{+}{O}\quad \overset{H_2}{C}\\ \quad C\!-\!\!-\!CH_2\\ \|\quad\quad\;\;|\\ CH_2\quad CH_2\\ \quad\quad\; H\end{array} \xrightarrow{\text{二次重排}} \begin{array}{l}H\overset{+}{O}\quad CH_2\\ \;\;C\\ \;\;|\\ \;\;CH_3\end{array} +\; \begin{array}{l}CH_2\\ \|\\ CH_2\end{array}$$

(3) 醛、酮易在羰基碳发生裂解。

醛类的羰基碳上的裂解：

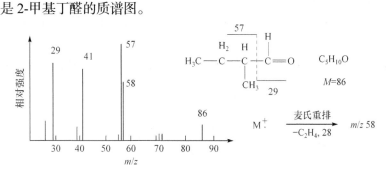

脂肪醛的 $M-1$ 峰强度一般与 M^+ 峰近似，而 m/z 29 往往很强。芳香醛则易产生 R^+($M-29$)，因正电荷与苯环共轭而致稳。

酮类发生类似裂解，脱去的离子碎片是较大的烃基。

也可能发生异裂导致形成烃基离子。

芳香酮在羰基碳发生裂解最终导致产生苯基离子。

m/z 105(基峰)

(4) 其他有利于鉴定醛的碎片离子峰是 $M-18$($M-H_2O$)、$M-28$($M-CO$)。

(5) 环状酮可能发生较为复杂的裂解(但仍以酮基 α 裂解开始)。

图 16-15 是 2-甲基丁醛的质谱图。

图 16-15 2-甲基丁醛的质谱图

16.3.6 羧酸

羧酸的质谱有下列特征：

(1)脂肪羧酸的 $M^{+\cdot}$ 峰一般可看到。羧酸最特征的峰是 m/z 60 的峰,由麦氏重排裂解产生;m/z 45 峰($^{+}CO_2H$)通常也很明显。低级脂肪酸常有 $M-17$(失去 OH)、$M-18$(失去 H_2O)和 $M-45$(失去 CO_2)峰。

$$HO \quad O^{+\cdot} \quad \text{...} \quad m/z\ 60(基峰)$$

(2)芳香羧酸的 $M^{+\cdot}$ 峰相当强,其他明显峰是 $M-17$、$M-45$ 峰,由重排裂解产生的 $M-44$ 峰也往往出现。邻位取代的芳香羧酸可能发生重排失水形成 $M-18$ 峰。例如

$$m/z\ 136 \quad \xrightarrow{-H_2O} \quad m/z\ 118(M-18)$$

图 16-16 为戊酸的质谱图。

图 16-16　戊酸的质谱图

16.3.7　羧酸酯

羧酸酯的质谱有下列特征:

(1)直链一元羧酸酯的 $M^{+\cdot}$ 峰通常可观察到,且随相对分子质量的加大($C>6$)而增强。芳香羧酸酯的 $M^{+\cdot}$ 峰较明显。

(2)羧酸酯的强峰(有时为基峰)通常来源于下列两种类型的羰基碳上的裂解:

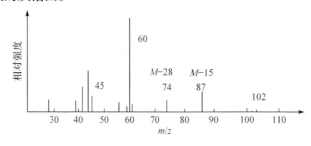

$m/z=15,29,43,57$等
$M-45,M-59$等

$m/z=59,73,87$等
$M-29,M-43$等

$m/z=31,45,59$等
$M-43,M-47$等

$m/z=43,57,71$等
$M-31,M-45$等

(3) 由于麦氏重排, 甲酯可形成 $m/z = 74$, 乙酯可形成 $m/z = 88$ 的基峰。例如

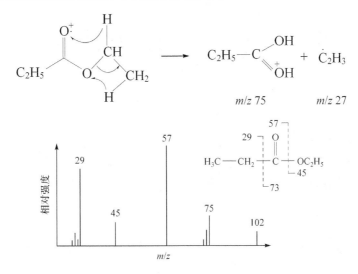

(4) 羧酸酯也可能发生双氢重排裂解, 产生质子化的羧酸离子 $m/z = 61$ 碎片峰。

图 16-17 是丙酸乙酯的质谱图, 其裂解方式如下:

图 16-17　丙酸乙酯的质谱图

16.3.8　胺

胺的质谱与醚的质谱有某些相似:

(1) 脂肪开链胺的 $M^{+\cdot}$ 峰很弱, 或者消失。脂环胺及芳香胺 $M^{+\cdot}$ 峰较明显。低级脂肪胺、芳香胺可能出现 $M-1$ 峰(失去 H)。

(2) 与醇一样, 胺最重要的峰是 $C_\alpha—C_\beta$ 裂解得到的峰。在大多数情况下, 这种裂解离子往往是基峰:

$$m/z = 30, 44, 58, 72, 68 \text{等}$$

(3) α-碳无取代的伯胺 $R—CH_2NH_2$ 可形成 m/z 30 的强峰($CH_2=N^+H_2$)。有时仲胺及叔胺由于二次裂解和氢原子重排也能形成 m/z 30 峰, 不过较弱。

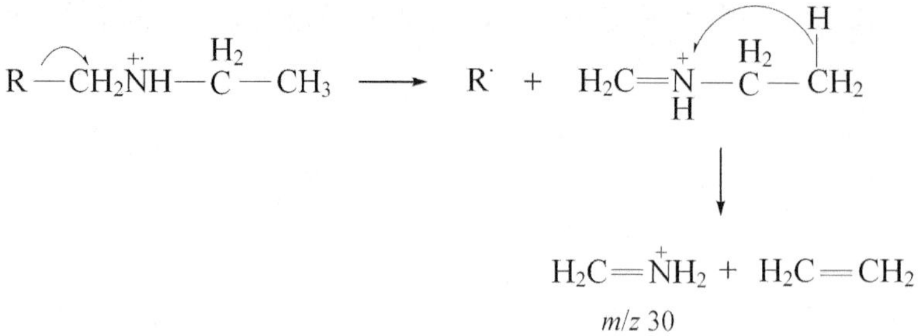

$$m/z\ 30$$

(4) 脂环胺和芳香胺可能发生 N 原子的双侧α裂解。

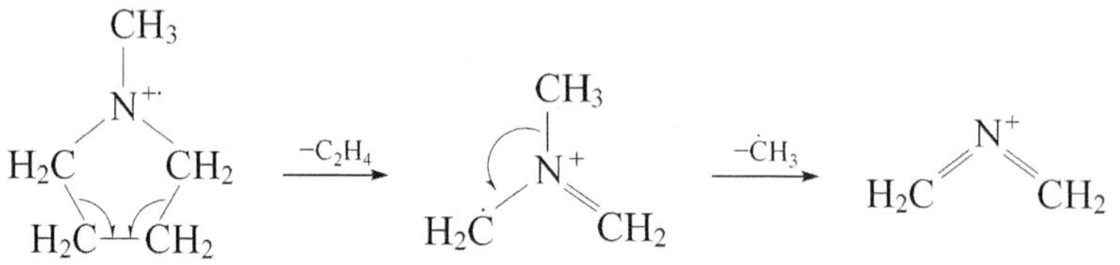

(5) 胺类极为特征的峰是 m/z 18($^+NH_4$)峰。醇类也有 m/z 18(H_2O^+)峰，但两者不难区别，在胺类中质量数 18 与 17($^+NH_3$)峰的比值远大于醇类的比值。

16.3.9 酰胺

酰胺的质谱与羧酸相似。

(1) 酰胺的 $M^{+\cdot}$ 峰(含一个 N 原子的为奇数质量)一般可观察到。

(2) 与羧酸一样，酰胺的最重要碎片离子峰(往往是基峰)是羰基碳α裂解产物。

(3) 凡含有 γ-H 的酰胺通常发生麦氏重排，致使 m/z 59 为主要峰。

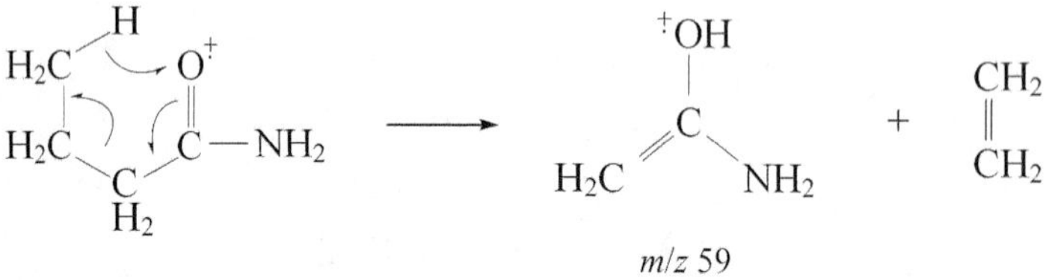

$$m/z\ 59$$

(4) 长链脂肪伯酰胺也能在羰基的 C_β—C_γ 发生裂解，产生较强的峰 m/z 72(无重排)或 m/z 73(有重排)。

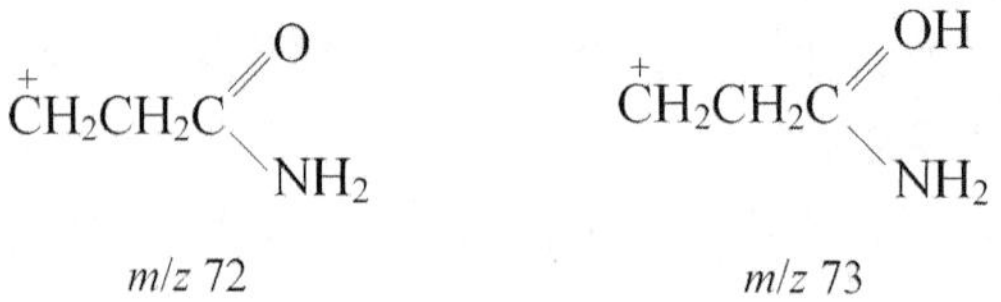

$$m/z\ 72 \qquad\qquad m/z\ 73$$

(5) 四个碳以上的伯酰胺也产生 m/z 44 的强峰，其来源于羰基的α裂解或 N 的 C_α—C_β 裂解，这正与胺的裂解类似。

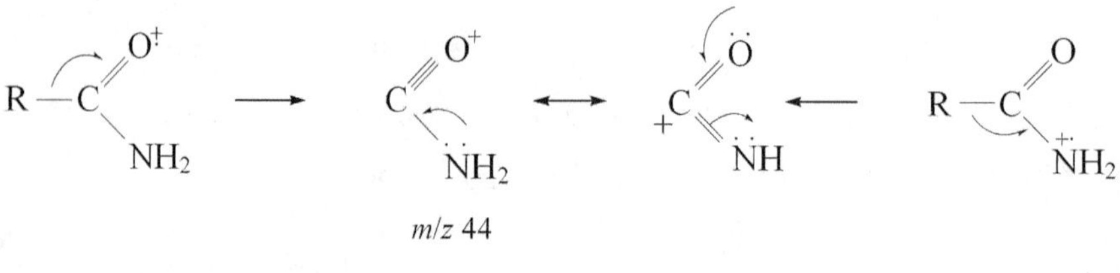

$$m/z\ 44$$

图 16-18 是 N,N-二乙基乙酰胺的质谱图,其裂解方式如下:

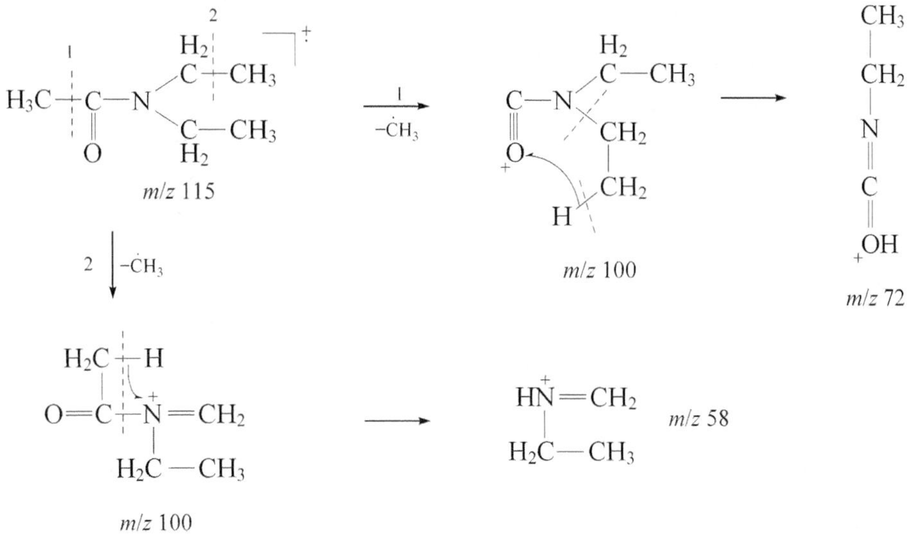

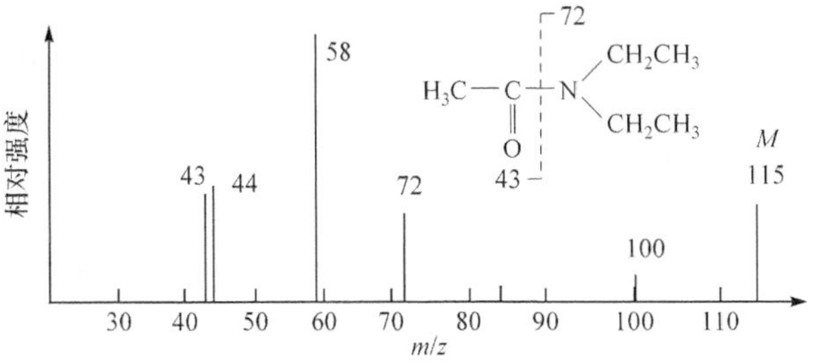

图 16-18 N,N-二乙基乙酰胺的质谱图

16.3.10 腈

腈的质谱有下列特征:

(1)高级脂肪腈 $M^{+\cdot}$ 峰往往不明显。增大样品量或增大离子化室压力可增强 $M^{+\cdot}$ 峰,M+1 峰也可看到。

(2)腈的质谱中 M-1 峰明显,有利于鉴定此类化合物,脱氢碎片离子由于下列共轭效应而致稳:

含一个 N 原子的腈,这个峰质量数为偶数。有 40、54、68、82 等一系列偶质量数峰出现,由碳链的不同处单纯断裂形成。

(3)$C_4 \sim C_{10}$ 的直链腈产生 m/z 41 的基峰(CH_3CN^+ 或 $CH_2{=}C{=}N^+H$),是因为发生了麦氏重排裂解。

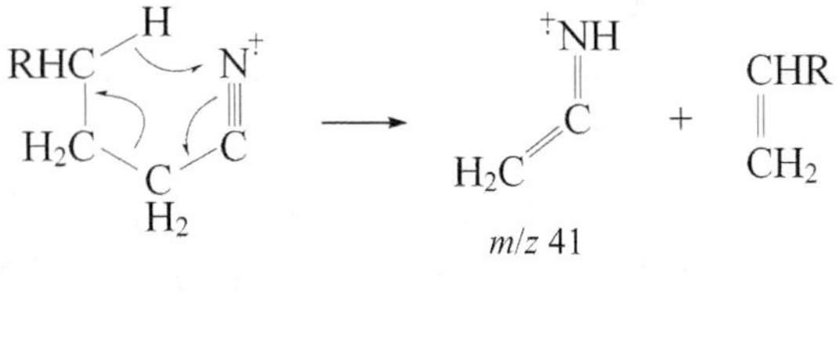

16.3.11 硝基化合物

硝基化合物的质谱有下列特征：

(1)脂肪族硝基化合物一般不显 $M^{+\cdot}$ 峰。

(2)强峰出现在 $m/z\ 46(NO_2^+)$ 及 $30(NO^+)$。

(3)高级脂肪族硝基化合物的一些强峰是烃基离子($C—C$ 键断裂产生)，另外还有 γ 氢原子的重排引起的 $M–OH$、$M–(OH+H_2O)$ 和 $m/z\ 61$ 的峰。

(4)芳香族硝基化合物显出强的 $M^{+\cdot}$ 峰，此外显出 $m/z\ 30(NO^+)$ 及 $M–30(M–NO)$、$M–46$ $(M–NO_2)$、$M–58$ 等峰。例如

16.4 质谱的解析

16.4.1 分子离子峰的识别和相对分子质量的测定

测定有机物结构时，第一步工作就是测定它的相对分子质量和分子式。分子离子峰的稳定性取决于分子结构，分子离子如果不稳定，质谱上就不出现分子离子峰。有机化合物分子离子峰的稳定性顺序为：芳香化合物>共轭链烯>烯烃>脂环化合物>直链烷烃>酮>胺>酯>醚>酸>支链烷烃>醇。对一个纯化合物质谱，作为一个分子离子的必要但非充分条件是：①必须是图谱中最高质量端的离子(分子离子峰的同位素峰及某些配离子除外)；②必须是奇电子离子；③必须能够通过丢失合理的中性碎片，产生图谱中高质量区的重要离子。

质谱中出现的质量最大处的主峰是分子离子峰还是碎片峰，可根据以下几点判断：

(1)注意质量数是否符合氮规则。

(2)与邻近峰之间的质量差是否合理。一般认为分子离子和碎片峰差 4～14、21～25、37、38、50～53、65、66 等是不合理的丢失。

(3)注意 $M+1$ 峰：某些化合物(如醚、酯、胺、酰胺、腈、氨基酸酯和胺醇等)的质谱上分子离子峰很小，或者根本找不到，而 $M+1$ 的峰却相当大。这是配离子，其强度可随实验条

件而改变。在分析图谱时要注意，化合物的相对分子质量应该比此峰质量小 1。

(4)注意 M-1 峰：有些化合物没有分子离子峰，但 M-1 的峰较大。某些醛、醇或含氮化合物往往发生这种情况。

常见由分子离子丢失的碎片及可能来源见表 16-2。

表 16-2　常见由分子离子丢失的碎片及可能来源

碎片离子	丢失的碎片	可能来源
M-1, M-2	$H\cdot$, H_2	醛、醇等
M-15	$\cdot CH_3$	侧链甲基、乙酰基、乙基苯等
M-16	$\cdot NH_2$, O	伯酰胺、硝基苯等
M-17, M-18	$\cdot OH$, H_2O	醇、酚、羧酸等
M-19, M-20	$\cdot F$, HF	含氟化合物
M-25	$\cdot C\equiv CH$	炔化物
M-26	$CHCH$, $\cdot CN$	芳烃、腈
M-27	$\cdot CHCH_2$, HCN	烃类、腈
M-28	CH_2CH_2, CO	烯烃、丁酰基类、乙酯类、醌类
M-29	$\cdot C_2H_5$, $\cdot CHO$	烃类、丙酰类、醛类
M-30	NO, CH_2O	硝基苯类、苯甲醚类
M-31	$CH_3O\cdot$, $\cdot CH_2OH$	甲酯类、含 CH_2OH 侧链
M-32	CH_3OH	甲酯类、伯醇、苯甲醚类
M-33	$H_2O + CH_3\cdot$, $HS\cdot$	醇类、硫醇类
M-34	H_2S	硫醇类、硫醚类
M-35, M-36	$Cl\cdot$, HCl	含氯化合物
M-41	$\cdot C_3H_5$	丁烯酰、脂环化合物
M-42	C_3H_6, $\cdot CH_2CO$	丙酯类、戊酰基、丙基芳醚
M-43	$\cdot C_3H_7$, $CH_3CO\cdot$	丁酰基、长链烷基、甲基酮
M-44	CO_2	酸酐
M-45	$C_2H_5O\cdot$, $\cdot COOH$	乙酯类、羧酸类
M-47, M-48	$CH_3S\cdot$, CH_3SH	硫醚类、硫醇类
M-56	C_4H_8	戊酮类、己酰基等
M-57	$\cdot C_4H_9$, $C_2H_5CO\cdot$	丙酰类、丁基醚、长链烃
M-59	$C_3H_7O\cdot$	丙酯类
M-60	CH_3COOH	羧酸类、乙酸酯类
M-61	$CH_3^{\cdot}C(OH)_2$	乙酰酯的双氢重排
M-61, M-62	$C_2H_5S\cdot$, C_2H_5SH	硫醇类、硫醚类
M-79, M-80	$Br\cdot$, HBr	含溴化合物
M-127, M-128	$I\cdot$, HI	含碘化合物

16.4.2 分子式的确定

利用质谱测定分子式有两种方法：①同位素峰相对强度法（也称同位素丰度比法），该法适用于低分辨质谱仪；②高分辨质谱法求分子式。

1. 同位素峰相对强度法

1）查拜农表法

有机化合物一般由 C、H、O、N、S、F、Cl、Br、I、P 等元素组成。其中除了 F、I、P 外，其余元素都有重同位素。化合物含重同位素的峰出现在比全部由轻同位素组成的分子离子高 1 或 2 或更多质量单位处，即所谓同位素峰。用 $M+1$、$M+2$ 等表示比分子离子高 1 或 2 质量单位处出现的峰。这些同位素峰的强度与分子中含该元素的原子数目及该重同位素的天然丰度有关。

分子式不同，$M+1$ 和 $M+2$ 的强度百分数就不同。因此，由各种分子式可计算出这些百分数；反之，当这些百分数计算出来后，即可推定分子式。表 16-3 为一些重同位素与最轻同位素天然丰度相对比值。

表 16-3 一些重同位素与最轻同位素天然丰度相对比值*

重同位素	^{13}C	^{2}H	^{17}O	^{18}O	^{15}N	^{33}S	^{34}S	^{37}Cl	^{81}Br	^{29}Si	^{30}Si
轻同位素	^{12}C	^{1}H	^{16}O	^{16}O	^{14}N	^{32}S	^{32}S	^{35}Cl	^{79}Br	^{28}Si	^{28}Si
相对丰度	1.11	0.015	0.04	0.20	0.37	0.80	4.4	32.5	98.0	5.1	3.4

*以最轻同位素的天然丰度当作 100%，求出其他同位素天然丰度的相对百分数。

2）计算法

重同位素 $A+1$、$A+2$ 对 $M+1$、$M+2$ 的贡献有几种情况：元素 F、P 和 I 无同位素，对 $M+1$、$M+2$ 峰的丰度无贡献；^{37}Cl、^{81}Br 对 $M+2$ 峰有大的贡献；^{30}Si、^{34}S 对 $M+2$ 峰也有较明显贡献；^{18}O、^{13}C 对 $M+2$ 峰有较小的贡献。影响 $M+1$ 峰丰度的杂原子是 ^{29}Si、^{33}S，此外 ^{13}C、^{15}N 也有贡献。重同位素含量太小的可以忽略不计。例如，^{17}O 只有 0.04%，对 $M+1$ 的贡献可以忽略不计。

同位素的强度与分子中含该元素的数目及该同位素峰的天然丰度有关，关系式为

$$(a+b)^m = a^m + ma^{m-1}b + \frac{m(m-1)}{2!}a^{m-2}b^2 + \frac{m(m-1)\cdots(m-k+1)}{k!}a^{m-k}b^k + \cdots + b^m$$

（1）如果分子中只含有 C、H、O、N、F、P、I，通用分子式为 $C_xH_yO_zN_w$。

$M+1$ 峰丰度可以只考虑 ^{13}C、^{15}N，忽略 ^{2}H 和 ^{17}O 的贡献；$M+2$ 峰丰度可以只考虑 ^{13}C、^{18}O 的贡献。分子离子 M 的相对丰度为 100 时，^{13}C 对 $M+1$ 相对丰度的贡献为 $1.1x$；^{15}N 对 $M+1$ 相对丰度的贡献为 $0.37w$；^{13}C 对 $M+2$ 相对丰度的贡献可由统计规律作近似计算，为 $(1.1x)^2/200$；^{18}O 对 $M+2$ 的贡献为 $0.20z$。所以

$$M+1 \text{ 相对丰度} = 100 \times RI(M+1)/RI(M) = 1.1x + 0.37w$$

$$M+2 \text{ 相对丰度} = 100 \times RI(M+2)/RI(M) = (1.1x)^2/200 + 0.20z$$

式中，RI 为相对强度。

(2) 化合物中若除 C、H、O、N、F、I、P 外还含 s 个硫原子时，设分子式为 $C_xH_yO_zN_wS_s$，则除了上述同位素外，还要考虑 ^{33}S、^{34}S 的贡献。分子离子 M 的相对丰度为 100 时

$$M+1 \text{ 相对丰度} = 1.1x + 0.37w + 0.8s$$

$$M+2 \text{ 的相对丰度} = (1.1x)^2/200 + 0.20z + 4.4s$$

(3) 化合物若含 Cl、Br 之一，它们对 $M+2$、$M+4$ 的贡献可按 $(a+b)^n$ 的展开系数推算；若同时含 Cl、Br，可按 $(a+b)^n(c+d)^m$ 的展开系数推算。

例 16-3 某化合物的部分数据如下，求分子式。

m/z	58	59	71	72	73	74
RI	100	3.9	0.36	19.0	31	1.9

解 (1) 确定 $M^{+\cdot}$ 峰。m/z 73 为 $M^{+\cdot}$ 峰较合理 (73–58=15)，按氮规则该分子式中应含有奇数个氮。

(2) 数据归一化。

$$m/z \ 73\,(M) \qquad\qquad 100$$

$$m/z \ 74\,(M+1) \qquad\qquad 1.9 \div 31 \times 100\% = 6.13$$

(3) 确定碳原子数。$M+1$ m/z 74 除 ^{13}C 的贡献外，还应有 ^{15}N 贡献，所以有：$6.13 = 1.1x + 0.37w$ 的关系式。设 $w=1$，则 $x=5$，分子式为 $C_5N\,(M=74)$，显然不合理。若分子式为 $C_4H_{11}N$，其不饱和度 $\Omega=0$，该式组成合理，又符合氮规则，所以它应是该化合物的分子式。

2. 高分辨质谱法求分子式

用高分辨质谱仪通常能测定每一个质谱峰的精确相对分子质量，从而确定化合物的实验式和分子式。例如，分辨率 $R = \dfrac{m}{\Delta m} > 10\,000$，采用精确相对原子质量计算相对分子质量，不同分子式的相对分子质量是不同的。例如

分子式	$C_3H_5N_2O$	$C_4H_5O_2$	C_4H_5S	$C_4H_9N_2$	C_5H_9O	$C_5H_{11}N$	$C_3H_5N_2O$
相对分子质量	85.0402	85.0290	85.0111	85.0766	85.0715	85.0891	85.0402

当以 $^{12}C = 12.000\,000$ 为基准，各元素原子质量严格来说不是整数。例如，根据这一标准，氢原子的精确质量数不是刚好 1 个原子质量单位 (u)，而是 1.007 825；氧 ^{16}O 的精确质量数是 15.994 915。因此，分子式 $C_3H_5N_2O$ 的相对分子质量为

$$M = 12 \times 3 + 1.007\,83 \times 5 + 14.003\,07 \times 2 + 15.994\,92 = 85.0402$$

用高分辨质谱仪则可测得小数点后 3～4 位数字，质谱仪分辨率为 ±0.006，能符合这准确数值的可能分子式数目大为减少，若再配合其他信息，即可从这少数可能化合物中判断出最合理的分子式。目前，高分辨质谱仪均与计算机联用，由计算机根据每峰的精确质量计算出各元素的组成。

16.4.3 质谱解析的程序

质谱解析的大致程序如下：

(1) 确认分子离子峰及 $M+1$、$M+2$ 等峰，求出 $M+1$、$M+2$ 对 $M^{+\cdot}$ 峰的相对强度值。按上面的方法计算分子式 (也可根据高分辨质谱数据或相对分子质量和元素分析结果决定分子式)，并计算出不饱和度。

(2)找出主要的离子峰(一般指相对强度较大的离子峰)，并记录这些离子峰的质荷比(m/z值)和相对强度。同时，可根据前面所讨论的各类化合物的质谱特征、裂解规律分析这些主要离子峰的归属。

(3)对质谱中分子峰或其他碎片离子峰丢失的中性碎片的分析也极有助于图谱的解析。一旦确定了分子峰，就不难推算所失中性裂片的质量，将计算结果与常见中性碎片进行对比，将知道它为何种裂片。表16-4为由分子离子丢失碎片推测可能的结构。

表16-4　由分子离子丢失碎片推测可能的结构

离子	失去的碎片	可能存在的结构
$M-1$	H	醛、胺、腈等
$M-15$	CH_3	甲基取代物
$M-17$	OH	醇、羧酸等
$M-18$	H_2O	醇类、芳香酸(邻位有取代)
$M-28$	C_2H_4，CO，N_2	烯、炔、酮、酯、胺等
$M-29$	$\cdot C_2H_5$，$\cdot CHO$	醛、乙基取代物
$M-30$	HCHO，$\cdot NO$	重排峰、硝基或亚硝基化合物
$M-31$	$\cdot OCH_3$，$\cdot CH_2OH$	甲基醚、甲酯
$M-33, 34$	$\cdot SH$，H_2S	硫醇
$M-35, 36$	$\cdot Cl$，HCl	含氯化合物
$M-42$	C_3H_6，$CH_2{=}C{=}O$	酸、酯等的麦氏重排
$M-43$	$\cdot C_3H_7$，$CH_3CO\cdot$	甲基酮、丙基取代物
$M-45$	$\cdot OC_2H_5$，$\cdot COOH$	羧酸、乙酯类
$M-60$	CH_3COOH	乙酸酯

(4)用MS-MS找出母离子和子离子，或亚稳扫描技术找出亚稳离子，把这些离子的质荷比读到小数点后一位。根据$m^*=(m_2)^2/m_1$找出m_1和m_2两种碎片离子，由此判断裂解过程，从而有助于了解官能团和碳骨架。

(5)配合UV、IR、NMR和化学方法等提出试样的结构式。最后将所推定的结构式按相应化合物裂解的规律，检查各碎片离子。表16-5为主要离子峰的来源和归属。

表16-5　主要离子峰的来源和归属

离子 m/z	来源和归属	离子 m/z	来源和归属
29、43、57、71	$^+C_nH_{2n+1}$	30	$CH_2{=}N^+H_2$，^+NO
39、51、65、77	苯环开裂产物	31	$CH_2{=}O^+H$，$^+OCH_3$
91	苄基苯的断裂	43	$CH_3C{=}O^+$，$C_3H_7^+$
92	取代苯麦氏重排	45	$^+OC_2H_5$，$CH_3O^+{=}CH_2$

(6)已知化合物可用标准图谱对照来确定结构是否正确。确认新化合物的结构，必要时用合成此化合物的方法来确证。

16.4.4 质谱解析实例

例 16-4 某化合物的质谱图如下所示，由谱图推导其结构。

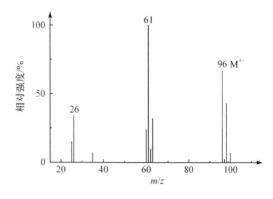

m/z	RI	m/z	RI
25	15	63	32
26	34	96	67
35	7.0	97	2.4
60	24	98	43
61	100	99	1.0
62	9.9	100	7.0

解 由 m/z 96∶98∶100 的强度比为 67∶43∶7.0 ≈1∶2/3∶1/9,分子中应含有两个 Cl 原子。96−35×2=26。分子除 2 个 Cl 外，应含有 2C、2H，分子式为 $C_2H_2Cl_2$，不饱和度 $\Omega=1$，不可能存在环，应存在 C≡C 结构。结构式可能为

(1) CHCl=CHCl   (2) CH_2=CCl$_2$

由 m/z 26 峰，为 $M-70\,(M-Cl_2)$ 产生，与(1)相符；而(2)中两 Cl 连在同一碳上，脱去 Cl_2 是不可能的。
各主要峰的来源：

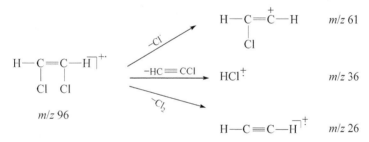

例 16-5 某化合物的质谱如下所示，由谱图推导其结构。

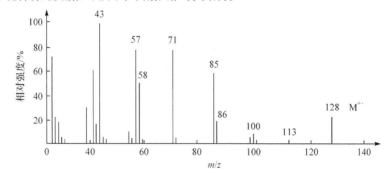

解 m/z 128 与邻近的峰 m/z 113(−15)、100(−28)、m/z 99(−29)，丢失合理，可认为 128 是 $M^{+\cdot}$，质量数为偶数，分子中不含或含偶数 N，因无明显的含 N 特征峰(m/z 30、44、…)，可确定不含 N。由 m/z 43 基峰、57、71、85、99 等系列峰，应为 C_nH_{2n+1} 或 $C_nH_{2n+1}CO$ 系列峰。

由 m/z 58、86、100 峰的存在，可认为是 γ-H 的麦氏重排峰，分子中应含有不饱和键，因无明显的 C=C 双键和苯环特征峰，也无 $M-1$、$M-45$、$M-OR$ 等峰存在，可排除为烯、芳环、醛、酸、酯的可能性，可认为是脂肪酮类化合物。由 $M-28\,(m/z\ 100)$ 峰，可确定分子中存在 $CH_3CH_2CH_2CO$ 结构，再由 $M-42\,(m/z\ 86)$ 峰，分子中还存在

$$CH_3CH_2CH_2CH_2CO \quad 或 \quad (CH_3)_2CHCH_2CO$$

结合相对分子质量 128，可能的结构式为

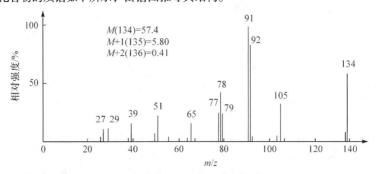

(1) 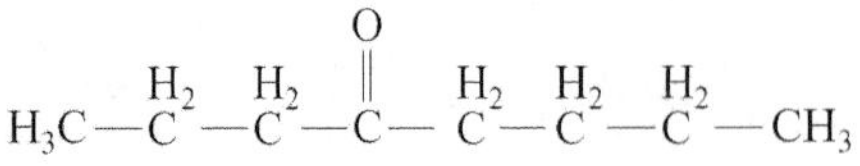 的结构式

(2) 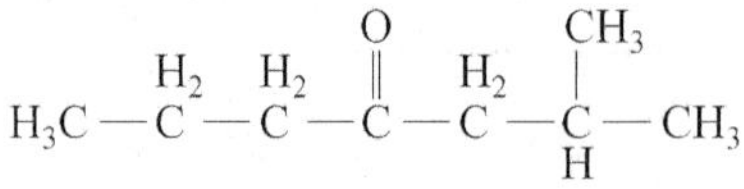 的结构式

由 m/z 113 $(M-15)$ 峰判断，式(2)更为合理。

主要碎片峰的来源或归属如下：

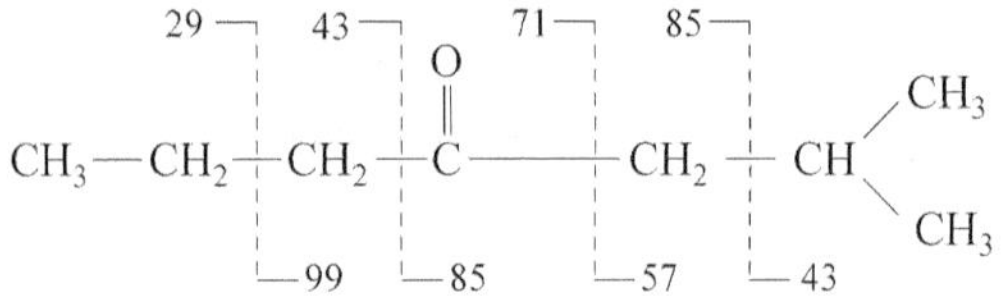

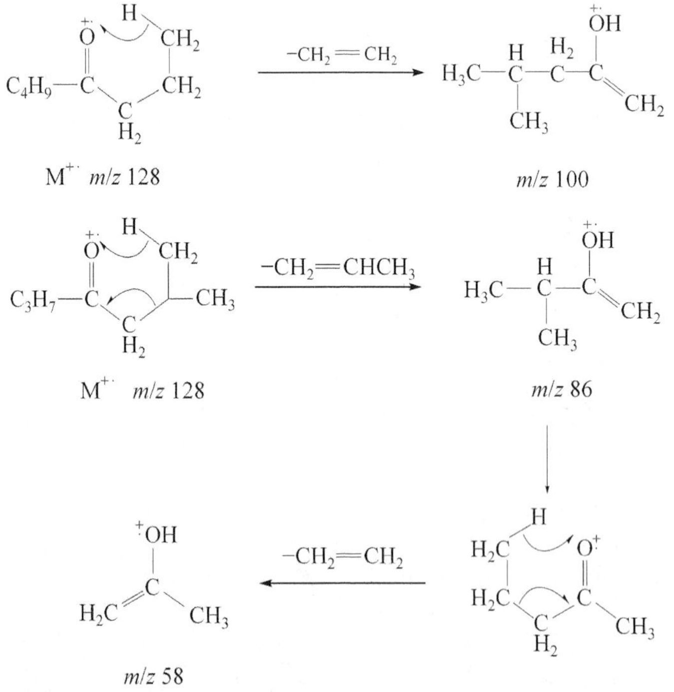

例 16-6　某化合物的质谱如下所示，由谱图推导其结构。

解　确定分子式：最高质量数峰 134 的强度较大，与邻近峰的质量差为 $M-1$、$M-29$ $(m/z\ 105)$、$M-42$ $(m/z\ 92)$ 等均合理，可确定 $RI(M+1)/RI(M)=10.1\%$，$RI(M+2)/RI(M)=0.71\%$，$n_C \approx 10.1/1.08 \approx 9$，$n_O = (0.71-9^2 \times 1.08^2/200)/0.2 \approx 1$，$n_H = 134-12 \times 9-16 = 10$。因此，分子式为 $C_9H_{10}O$，不饱和度 $\Omega = 5$。

分析质谱：

m/z	归属	存在的结构单元
39, 51, 65, 77	苯环碎片	C_6H_5-
91（基峰）		（苄基 CH_2-R）
92		（苯乙基 CH_2-CH_2-Y-H）
105		

m/z 105 与 m/z 134（$M^{+\cdot}$）之差为 29，分子中有 1 个 O，再由 M–1 峰的存在，丢失的应是·CHO。因此，结构式为

各主要峰的来源或归属：

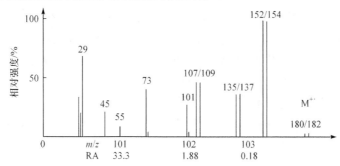

例 16-7　某化合物的质谱如下所示，由谱图推导其结构。

解　180 与 182、152 与 154、107 与 109 均为 1∶1，说明分子中含有 1 个 Br；而 m/z 101 与 $M^{+\cdot}$ m/z 180 质量差 79，恰好是分子丢失 Br 原子，估算 101 中所含 C、O 数：

$$n_C =(1.88\times100/33.3)/1.1\approx5, \quad n_O\approx2, \quad n_H=101-12\times5-16\times2 =9$$

分子式为 $C_5H_9O_2Br$，不饱和度 $\Omega=1$。由 m/z 45、M–28、M–45、M–73 峰，分子中应存在乙酯结构，有如下

两种排列：

(1) $Br-\underset{H_2}{C}-\underset{H_2}{C}-\underset{\underset{\|}{O}}{C}-O-\underset{H_2}{C}-CH_3$ 　　(2) $H_3C-\underset{\underset{H}{|}}{\overset{\overset{Br}{|}}{C}}-\underset{\underset{\|}{O}}{C}-O-\underset{H_2}{C}-CH_3$

质谱中 $M-15$ 峰不明显，式(1)应更为合理。

各峰的来源：

$$BrC_2H_4-\underset{\underset{O}{\nwarrow}}{\overset{+O}{C}}\underset{CH_2}{\overset{H}{\diagdown}}CH_2 \quad \xrightarrow{-CH_2=CH_2} \quad BrC_2H_4-\underset{\underset{\|}{O}}{C}\overset{+OH}{}$$

m/z 152/154

16.5 质谱联用技术

16.5.1 串联质谱

1. 概述

两个或更多的质谱连接在一起，称为串联质谱。该方法是 20 世纪 70 年代后期迅猛发展起来的，是指用质谱进行质量分离的质谱技术(mass separation-mass spectra characterization)。它有几种称呼，如质谱-质谱法(MS-MS 或 MS/MS)、串联质谱、二维质谱法、序贯质谱。其基本原理是研究母离子和子离子的关系，让大的离子进一步裂解，获得裂解过程及离子组成的信息。

实现 MS-MS 有两种方法：空间串联式和时间串联式。空间串联式：质谱仪的质量分析器头尾串联起来，组成 MS-MS 联用仪，在两个质量分析器中间安置一个碰撞室，用第一个质量分析器作为分离手段，选出要研究的离子，送入碰撞室使其与惰性气体或选定的分子发生碰撞，用第二个质量分析器分析碰撞后的"子离子"。

离子阱质谱(又称三维四极离子阱，IT-MS)和傅里叶变换离子回旋共振质谱仪(FTICR-MS)都可以只用一个质量分析器，实现时间串联式的 MS-MS。

MS-MS 最基本的功能包括能说明 MS 中的母离子与 MS^2 中的子离子之间的联系。根据 MS 和 MS^2 的扫描模式，如子离子扫描、母离子扫描和中性碎片丢失扫描，可以查明不同质量数离子间的关系。母离子的碎裂可通过以下方式实现：碰撞诱导解离、表面诱导解离和激光诱导解离。不用激发即可解离则称为亚稳态分解。

MS-MS 在混合物分析中有很多优势。当质谱与气相色谱或液相色谱联用时，即使色谱未能将物质完全分离，也可以进行鉴定。MS-MS 可从样品中选择母离子进行分析，而不受其他物质干扰。

2. 常用的联用技术

1) 气相色谱-质谱联用(GC-MS)

气相色谱的流出物已经是气相状态，可直接导入质谱。由于气相色谱与质谱的工作压力相差几个数量级，开始联用时在它们之间使用了各种气体分离器以解决工作压力的差异。随着毛细管气相色谱的应用和高速真空泵的使用，现在气相色谱流出物已可直接导入质谱。

2）液相色谱-质谱联用（HPLC-MS）

液相色谱-质谱联用的接口前已论及，主要用于分析 GC-MS 不能分析或热稳定性差、极性强和相对分子质量高的物质，如生物样品（药物与其代谢产物）和生物大分子（肽、蛋白、核酸和多糖）。

3）毛细管电泳-质谱联用（CE-MS）和芯片-质谱联用（chip-MS）

毛细管电泳适用于分离分析极微量样品（纳升体积）和特定用途（如手性对映体分离等）。毛细管电泳流出物可直接导入质谱，或加入辅助流动相以实现与质谱仪相匹配。微流控芯片技术是近年来发展迅速，可实现分离、过滤、衍生等多种实验室技术于一块芯片上的微型化技术，具有高通量、微型化等优点，目前也已实现芯片和质谱联用，但尚未商品化。

4）超临界流体色谱-质谱联用（SFC-MS）

常用超临界流体二氧化碳作流动相的 SFC 适用于小极性和中等极性物质的分离分析，通过色谱柱和离子源之间的分离器可实现 SFC 和 MS 联用。

5）等离子体发射光谱-质谱联用（ICP-MS）

由 ICP 作为离子源和 MS 实现联用，主要用于元素分析和元素形态分析。

MS-MS 在药物领域有很多应用。子离子扫描可获得药物主要成分、杂质和其他物质的母离子的定性信息，有助于未知物的鉴别，也可用于肽和蛋白质氨基酸序列的鉴别。

在药物代谢动力学研究中，对生物复杂基质中低浓度样品进行定量分析，可用多反应监测（multiple reaction monitoring，MRM）消除干扰。例如，分析药物中某特定离子，而来自基质中其他化合物的信号可能会掩盖检测信号，用 MS_1-MS_2 对特定离子的碎片进行选择监测可以消除干扰。MRM 也可同时定量分析多个化合物。在药物代谢研究中，为发现与代谢前物质具有相同结构特征的分子，使用中性碎片丢失扫描能找到所有丢失同种功能团的离子，如羧酸丢失中性二氧化碳。如果丢失的碎片是离子形式，则母离子扫描能找到所有丢失这种碎片的离子。

16.5.2 气相色谱-质谱联用分析技术

色谱是一种很好的分离手段，可以将复杂混合物中的各组分分离，与定性和结构分析手段——质谱联用，可以确定一个纯组分是什么化合物及其结构。

气相色谱-质谱联用仪组成框图如图 16-19 所示。其中，气相色谱仪分离样品中各组分，起样品制备的作用；接口把气相色谱流出的各组分送入质谱仪进行检测，起气相色谱和质谱之间适配器的作用，由于接口技术的不断发展，接口在形式上越来越小，也越来越简单；质谱仪对接口依次引入的各组分进行分析，成为气相色谱仪的检测器；计算机系统则交互式地控制气相色谱、接口和质谱仪，进行数据采集和处理。

通常从毛细管色谱柱流出的成分可直接引入质谱仪的离子化室，但从填充柱流出的成分必须经过分子分离器，降低气压并浓缩样品。在分子分离器中，来自气相色谱仪的载气和样品组分经一小孔喷射进入喷射腔中，样品组分的分子质量较大，将在惯性作用下继续直线运动，因而进入捕捉器并被引入离子源。载气由于质量较小，扩散速率较快，容易被真空泵抽走。必要时可使用多次喷射，经分子分离器之后，50%以上的样品组分被浓缩并进入离子源，

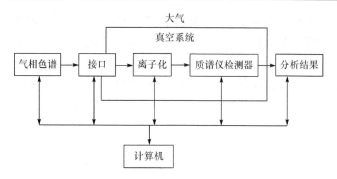

图 16-19　气相色谱-质谱联用仪组成框图

并且压力由 1.0×10^5 Pa 降至 1.3×10^{-2} Pa。图 16-20 为喷射式分子分离器示意图。图 16-21 为色谱-四极杆质谱仪结构示意图。

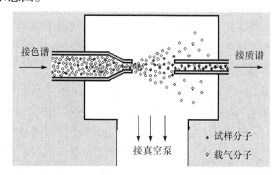

图 16-20　喷射式分子分离器示意图

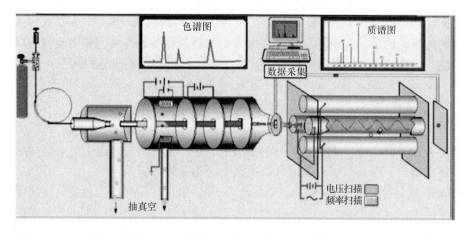

图 16-21　色谱-四极杆质谱仪结构示意图

与其他气相色谱法相比，气相色谱-质谱联用有如下优点：

(1)气相色谱-质谱联用增加定性参数，定性分析可靠。气相色谱-质谱联用不仅与气相色谱法一样能提供保留时间，而且还能提供质谱图，质谱图、分子离子峰的准确质量、碎片离子峰强比、同位素离子峰等使气相色谱-质谱联用定性远比气相色谱法可靠。

(2)气相色谱-质谱联用是一种通用的色谱检测方法，其灵敏度远高于其他气相色谱法。通常灵敏度至少高 1 个数量级。

(3)虽然采用气相色谱仪的选择性检测器能对一些特殊的化合物进行检测，不受复杂基质的干扰，但难以用同一检测器同时检测多类不同的化合物而不受基质的干扰。而在气相色谱-质谱联用中，由于采用离子色谱、选择离子检测等技术，可降低化学噪声的影响，提高信噪比。

值得注意的是，在气相色谱法中，经过一段时间的使用，某些检测器需要清洗。而在气相色谱-质谱联用中，检测器不常需要清洗，最常需要清洗的是离子源。离子源是否清洁是影响仪器工作状态的重要因素。

思考题与习题

1. 质谱中的离子化方法有哪些？各有什么特点？

2. 分子离子峰是如何识别的？

3. 质谱中有哪些离子峰？

4. 下列化合物哪些能发生 RDA 重排？试写出重排过程及主要碎片离子的 m/z 值。

(1) 　　(2) 　　(3) 　　(4)

5. 质谱测得 A、B、C 三种化合物的分子离子峰的 m/z 均为 150，其 $M+1$、$M+2$ 相对于 M^+ 强度的百分比如下：

A. m/z	B. m/z	C. m/z
151$(M+1)$ 10.0	151$(M+1)$ 5.6	151$(M+1)$ 10.8
152$(M+2)$ 0.8	152$(M+2)$ 98.0	152$(M+2)$ 5.0

查拜农表，推测其分子式。

6. 化合物 A 的质谱图如下，推导其结构。

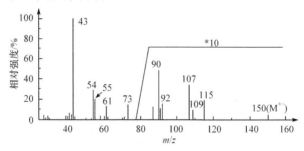

7. 鉴别下列质谱图是苯甲酸甲酯($C_6H_5COOCH_3$)还是乙酸苯酯($CH_3COOC_6H_5$)，并说明理由及峰的归属。

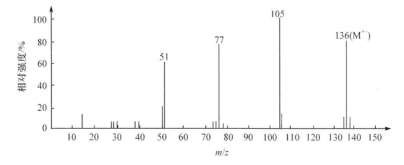

8. $C_6H_{12}O$ 三种异构体的质谱如下，推导其结构。

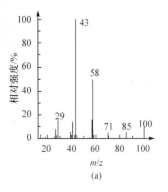

(a)

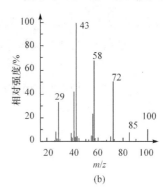

(b)

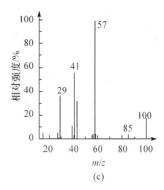

(c)

9. $C_5H_{10}O_2$ 三种异构体的质谱如下，推导其结构。

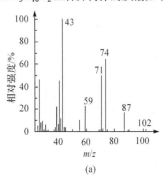

(a)

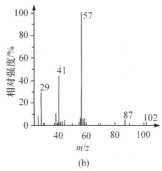

(b)

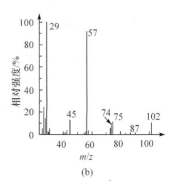

(b)

10. 某化合物的质谱图如下，试推测其结构并说明峰归属。

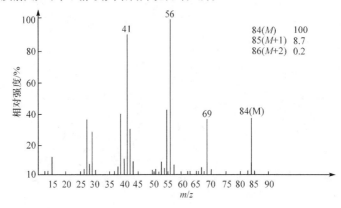

84(M)	100
85(M+1)	8.7
86(M+2)	0.2

第17章 其他仪器分析方法简介

17.1 热 分 析 法

17.1.1 概述

热分析(thermal analysis)是近代仪器分析领域中的一个重要分支,它是指在程序温度控制下,测量物质的物理性质与温度关系的一类技术。根据所测定物质的性质不同,国际热分析及量热学联合会将热分析方法分为9类17种(表17-1)。本章主要介绍目前应用最广泛的三种方法,即热重法、差热分析法和差示扫描量热法。

表 17-1 热分析方法分类

物理性质	热分析方法
质量	热重法
	等压质量变化测定
	逸出气检测
	逸出气分析
	放射热分析
	热微粒分析
温度	差热分析法
	升温曲线测定
热量	差示扫描量热法
尺寸	热膨胀法
力学特性	热机械分析
	动态热机械法
声学特性	热发声法
	热传声法
光学特性	热光学法
电学特性	热电学法
磁学特性	热磁学法

17.1.2 热重法

1. 基本原理和仪器

热重法(thermogravimetry,TG)是指在程序控制温度下,连续测量物质的质量与温度关系的一种技术。用于进行热重法分析的仪器的核心部件是热天平。热天平是一台高灵敏度的微量天平,由加热炉、分析天平和记录仪三部分组成。一般加热炉的温度由程序控制器控制,记录仪附数据处理系统。用热重法进行分析的依据是在程序控制温度下由热天平连续记录得到的热重曲线(TG 曲线)。它是物质的质量和温度的关系曲线，曲线的横坐标为温度或时间，纵坐标为质量或质量分数(%)。有时为了准确判断样品的分解温度，对热重曲线进行处理，得到相应的微分热重曲线(DTG 曲线)。DTG 曲线是质量随温度或时间的变化率与温度或时间的关系曲线。图 17-1 为 $CaC_2O_4 \cdot H_2O$ 在受热过程中的 TG 曲线(a)和 DTG 曲线(b)。

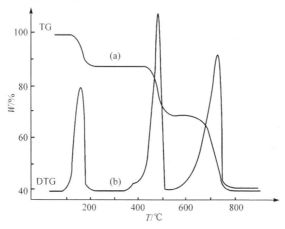

图 17-1　$CaC_2O_4 \cdot H_2O$ 在受热过程中的 TG 曲线(a)和 DTG 曲线(b)

由图 17-1 可知，TG 曲线上每出现一个台阶，在 DTG 曲线上就出现一个峰，峰点与台阶拐点所对应的温度一致，而 DTG 曲线中峰的面积和 TG 曲线中与该台阶相连的两个平台间的距离一样可表示相应的质量变化。由于相距太近的几个台阶可能连在一起不易分辨，因此 DTG 曲线在检测的灵敏度和准确度方面比 TG 曲线更具优势。例如，图 17-2 中钙、锶、钡的一水合草酸盐的 TG 曲线在 100~250 ℃只出现一个台阶，而在此温度范围内其 DTG 曲线上出现了三个峰，虽然没有完全分开，但也可看出钙、锶、钡的一水合草酸盐是在不同温度下失去其结合水的。

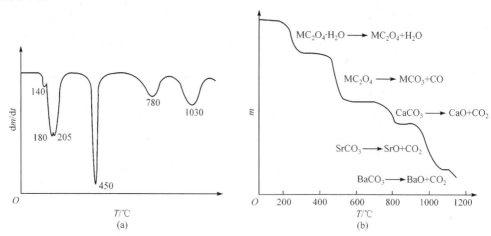

图 17-2　钙、锶、钡的一水合草酸盐的 DTG 曲线(a)和 TG 曲线(b)

根据热重曲线可以判断试样的热稳定性和纯度，并且利用失重率等数据还可以研究试样的热分解机理以及每一步的分解产物。例如，由图 17-1 中 $CaC_2O_4 \cdot H_2O$ 在受热过程中的 TG 曲线和 DTG 曲线可知，随着温度的升高发生了三次失重，由 DTG 曲线中峰的面积或 TG 曲线中与各台阶相连的两个平台间的距离可求得相应的失重率分别为 12.5%、19.3%和 30.3%。这些数据恰好相当于 1 mol $CaC_2O_4 \cdot H_2O$ 失去 1 mol H_2O、1 mol CaC_2O_4 分解逸出 1 mol CO 和 1 mol $CaCO_3$ 分解失去 1 mol CO_2 时所对应的失重率，由此可推导出 $CaC_2O_4 \cdot H_2O$ 热分解反应的过程如下：

$$CaC_2O_4 \cdot H_2O = CaC_2O_4 + H_2O \tag{17-1}$$

$$CaC_2O_4 = CaCO_3 + CO \tag{17-2}$$

$$CaCO_3 = CaO + CO_2 \tag{17-3}$$

此外，利用热重法还可以测定样品中水的含量，并根据其逸出温度的不同区分是游离水还是结合水，确定相应的干燥条件。

2. 影响热重曲线的因素

由于测量过程中体系的温度在不断地变化，因此热重法是一个动态的测试技术。客观上存在多种因素影响质量和温度测量的准确性，归纳起来主要包括仪器因素、实验所选择的参数以及样品和环境气氛。

1）仪器因素

进行热重分析时，热天平和盛放样品的坩埚是影响热重曲线的重要因素。其中，热天平的灵敏度是一个重要参数。灵敏度越高，测试所需用样品量越少，中间化合物的质量平台越清晰，相应的失重率的准确度也越高。

坩埚是盛放样品的容器，它的大小、几何形状及材质对分析结果也有一定的影响。一般选用传热快、材质轻、与样品及反应产物无反应活性的坩埚。

2）实验所选择的参数

在分析过程中，升温速率和炉内气氛等实验条件和实验参数的选择对实验结果有很大的影响。由于加热炉一般是经由坩埚传导对试样进行加热的，因此在炉子与试样之间存在一定温差。升温速率越快，加热炉与试样之间的温差也越大，结果导致热重曲线的起始温度与终止温度均偏高。热重法测定时一般采用的升温速率为 $5 \sim 10$ ℃ $\cdot$ min^{-1}。在实际工作中应根据实验目的选择不同的升温速率。

炉内气氛有静态与动态两种，一般采用动态。气氛可以是惰性气氛(氮气、氦气)、还原气氛(氢气、一氧化碳)或氧化气氛(氧气、空气)。图 17-3 是 $CaC_2O_4 \cdot H_2O$ 在 N_2 和 O_2 两种气氛中的热重曲线，由图可知，在两种气氛中反应都分三步进行，并且第一步的分解温度也相同，但后两步反应所对应的分解温度却不同。这是因为，第一阶段发生的反应为

$$CaC_2O_4 \cdot H_2O = CaC_2O_4 + H_2O \tag{17-4}$$

此时 N_2 和 O_2 都相当于惰性气体，只起到带走试样分解所产生的水蒸气的作用，不影响反应。

第二阶段发生的反应为

$$CaC_2O_4 = CaCO_3 + CO \tag{17-5}$$

此时 N_2 仍相当于惰性气体，只起到带走试样分解所产生的 CO 的作用，不影响反应。而在氧气气氛中，因 O_2 与试样分解所产生的 CO 发生氧化反应，反应又为放热反应，使尚未分解的 CaC_2O_4 温度升高，加快了 CaC_2O_4 的分解速率，造成了 CaC_2O_4 在 O_2 气氛中的分解温度比 N_2 气氛中低。最后

$$CaCO_3 = CaO + CO_2 \tag{17-6}$$

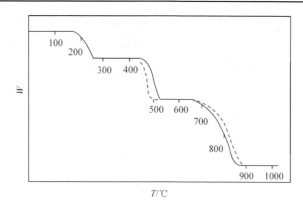

图 17-3　$CaC_2O_4 \cdot H_2O$ 在 N_2（实线）和 O_2（虚线）两种气氛中的热重曲线

这也是可逆反应，TG 曲线在 N_2 和 O_2 中应该相同却略有差别，这是由于第二步反应在 N_2 和 O_2 中的分解速率不同。

3）样品对 TG 曲线的影响

样品的用量、粒度及装填的状态都对 TG 曲线有一定影响。样品用量越多，其内部温差就越大，对于导热性差的样品其影响更为显著。此外，由于热重法所研究的反应大多涉及气体的参与或产生，样品用量太多也不利于气体的扩散。一般来说，样品量过多均会使样品的实际温度偏离程序温度，从而造成 TG 曲线位置的改变。样品的粒度对传热及气体的扩散也有较大影响。粒度越小，比表面积越大，对传热和气体的扩散越有利。因此，为了保证分析结果的准确度并得到重现性好的热重曲线，在分析时样品量宜少，粒度要小，样品应装填成均匀的薄层，操作尽量一致。

热重法的主要应用对象是在温度变化的情况下涉及质量变化的样品。很多样品在受热过程中发生的变化并不涉及质量变化（如熔化、玻璃化转变等），因此就不能用热重法进行研究，这也是热重法的局限性。

17.1.3　差热分析法

1. 基本原理和仪器

差热分析（differential thermal analysis，DTA）法是依据在程序控制温度下样品和参比物之间的温度差异与温度的关系而建立起来的分析方法。参比物是在实验温度范围内不发生任何热效应的物质，它的热导率和热容应与试样非常接近，参比物的温度和程序温度同步。

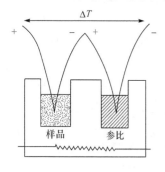

图 17-4　经典差热分析系统
示意图

用于进行差热分析的仪器称为差热分析仪，其主要由样品支撑系统、气氛调节系统、加热和温度控制系统、温差测量和记录系统几个部分组成。如图 17-4 所示，将装有相等质量的样品和参比物的样品池和参比池分别放在金属块中与其相匹配的空穴中，在程序控制下进行加热或冷却，样品和参比物之间的温差则由两个反向串联的分别与样品池和参比池相接触的热电偶测定。热电偶产生的电动势与样品和参比物之间的温差成正比。

在程序控制温度下连续记录得到的样品（s）与参比物（r）之间的温差 ΔT 与样品温度 T_s 的关系曲线称为差热曲线（DTA 曲线），它是进行差热分析的依据。当样品和参比物在炉中相同条件下均匀受热时，若二者均无任何热效应，则二者温度相等，温差为零，在差热曲线上表现为水平的基线。如果样品发生熔化等吸热过程，则在样品完全熔化以前样品都将持续吸收热量而温度不再上升，因而导致其温度(T_s)低于参比物的温度(T_r)，即产生的温差$\Delta T(=T_s-T_r)$为负值，在 DTA 曲线上表现为向下的峰；反之，若样品发生放热过程，则在 DTA 曲线上就会出现一向上的峰。典型的 DTA 曲线如图 17-5 所示。峰的位置和方向表示样品所发生热变化的温度和类型，可用于定性分析；峰面积的大小可用于估算样品吸收或放出的热量的大小，它与样品的含量成正比，是进行定量分析的依据。目前 Sadtler 研究室和 Mackenzie 已分别出版了近 2000 种物质的 DTA 曲线和差热分析数据的穿孔卡片，可用作分析时的参考。

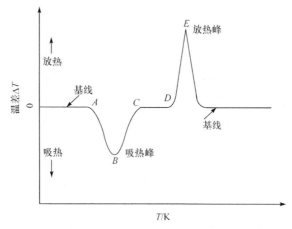

图 17-5　典型的 DTA 曲线

差热分析由于具有方法简单、样品用量少、适用范围广等优点，在食品、化工、医药、地质、建筑和环保等领域得到了非常广泛的应用，特别适用于各种相变和晶形转变过程的研究，具有其他方法所无法比拟的优势。

2. 影响差热分析的因素

与热重法相比，影响差热分析的因素更为复杂，除了仪器因素（包括加热炉的形状、尺寸，坩埚材料及大小，热电偶位置等）、实验条件（包括升温速率、炉内气氛及压力的影响）和样品（样品的用量、粒度及装填的状况和均匀性）外，参比物的选择也非常重要。

1）仪器因素

仪器因素主要包括加热炉的形状、尺寸，坩埚材料及大小，热电偶位置等。与热重法相同，差热分析时一般选用传热快、材质轻、与样品及反应产物无反应活性的坩埚。除此之外，还要求用于盛放样品的坩埚和用于盛放参比物的坩埚尽可能地相近。尽管仪器出厂时厂家都进行了认真的安装调试，但在使用过程中会发生一些变化，如不同材质热电偶的温度电势特性不同，热电偶的接点变化等都会使温度指示值发生偏差。因此，使用时应对仪器的温度进行校正，才能获得准确的温度值。

2）实验条件

实验条件主要包括升温速率、炉内气氛及压力的影响。与热重法相同，升温速率越快，加热炉与样品之间的温差也越大，结果导致发生相应热效应的起始温度与终止温度均偏高。除此之外，提高升温速率还能使 DTA 曲线上的峰形变尖锐，单位时间内产生的热效应增加，但相邻峰的分辨率会降低。

炉内气氛及其压力对 DTA 曲线的影响主要是气氛对样品及其反应的影响。一般它对涉及气相的可逆反应影响较大，而对不可逆反应和熔融、晶形转变、结晶等并不涉及气相的转变几乎无影响。

3）样品

样品对 DTA 曲线的影响主要是指样品的用量、粒度及装填的状况对传热的影响。一般来说，样品量增加，峰面积增加，但会使样品内部与加热炉的温差增大，反应时间延长，使峰位向高温方向移动。样品量小，曲线上峰的分辨率高，基线漂移小，但样品量过小，有时会使本来很小的峰漏检，影响方法的灵敏度。样品的粒度和装填的状况对 DTA 曲线也有一定的影响，一般应尽量采用均匀的小颗粒样品，并且装填均匀。

4）参比物

在差热分析中，参比物选择的合适与否对分析结果的影响很大。一般要求参比物在使用温度范围内是热惰性的，并且其比热容和热传导率应与样品的尽量相近，否则就会引起基线漂移，甚至在 DTA 曲线上出现相应的峰，影响样品的分析结果。目前常用的参比物主要有 Al_2O_3、石英、硅油和聚苯乙烯等。

有时为了制备不同浓度的样品或防止样品的烧结，需要将参比物以一定的方式加入样品中，以改变样品与环境气氛间的接触状态，调节样品的热导率等，此时参比物也称为稀释剂。稀释剂应不与样品发生反应，否则会影响 DTA 曲线。

综上所述，在测试 DTA 曲线时，应认真调试仪器、严格控制实验条件，才能保证实验结果的准确可靠和良好的重现性。

17.1.4　差示扫描量热法

1. 基本原理和仪器

差示扫描量热法（differential scanning calorimetry，DSC）是在程序控制温度下，测量输入到样品和参比物的功率差与温度关系的一种技术。

差示扫描量热法根据其测量技术，一般分为功率补偿型和热流型两种。一般 DSC 主要是指功率补偿型，即样品在加热过程中无论是吸热或放热，都要求与参比物之间的温度差处于动态零位平衡状态。也就是说，样品在加热过程中发生的热量变化应及时输入电能加以补偿，以使样品和参比物的温度保持相同。只要记录电功率的大小，就可知道样品吸收或放出的热量的多少。这时记录得到的补偿能量的曲线称为差示扫描量热曲线，即 DSC 曲线，其形状与 DTA 曲线很相似，但其纵坐标是热流率 dH/dt（单位时间内的焓变）。此外，由于差示扫描量热法测量的是样品为保持与参比物温度相同所需的热量随温度或时间的变化，因此在 DSC 曲线上吸热峰向上，放热峰向下，峰的方向恰好与 DTA 曲线上的相反。

功率补偿型差示扫描量热仪有两个控制系统，其中一个用于控制温度，以使样品和参比物按设定的程序升温或降温；另一个用于补偿试样和参比物之间所产生的温差。差示扫描量热仪与一般的差热分析仪的另一个区别是它的样品和参比物分别具有各自独立的加热器。因此，当样品因吸热或放热而导致其与参比物温度（设定温度）发生偏离时，便可通过调节这两个加热器补偿热量使二者温度相等，同时求出热流率（dH/dt）。

差示扫描量热法和差热分析法都是基于样品和参比物在程序温度控制下由于样品发生的

热效应而导致二者温度不同来进行分析的方法，两种方法的应用也非常相似，几乎所有涉及吸热或放热的物理或化学变化都可用这两种方法研究。但由于差示扫描量热技术的灵敏度、准确度和重现性相对差热分析法都较好，因此应用更为广泛。目前，差示扫描量热法已在化学、材料、药学等领域得到了广泛应用，特别是在熔点和热容的测定、药品鉴别、纯度测定、稳定性考察以及复方制剂中相互作用的考察方面有其独特之处。

例如，邵伟等应用差示扫描量热法研究甘草酸钾与复方扑热息痛的相互作用，结果表明甘草酸钾与扑热息痛、扑尔敏之间无相互作用，可以配伍。图 17-6 和图 17-7 分别为甘草酸钾(PG)与扑热息痛(PAA)以及甘草酸钾与扑尔敏(CM)的 DSC 曲线。

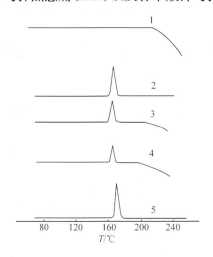 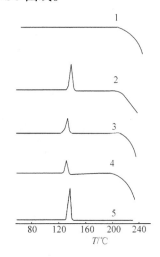

图 17-6　甘草酸钾与扑热息痛的 DSC 曲线　　　图 17-7　甘草酸钾与扑尔敏的 DSC 曲线
1. PG；2. PG-PAA(1∶5)；3. PG-PAA(1∶1)；　　　1. PG；2. PG-CM(1∶5)；3. PG-CM(1∶1)；
　　4. PG-PAA(5∶1)；5. PAA　　　　　　　　　　　　4. PG-CM(5∶1)；5. CM

2. 影响差示扫描量热法的因素

由于 DSC 和 DTA 两种方法非常相似，都以样品和参比物在程序温度控制下由于样品发生的热效应而导致二者温度不同为基础，因此两种方法的影响因素也很相似，主要的影响因素有升温速率、炉内气氛以及样品的性质等。但 DSC 受这些因素的影响相对 DTA 来说一般较小，特别是基于曲线下的面积进行分析时，几乎不受影响，这也是 DSC 得到快速发展和广泛应用的重要原因。

有时在实际工作中为了解决一些较为复杂的问题，只用一种热分析技术不能提供足够的信息，此时可采用同步热分析或热分析与质谱或傅里叶变换红外光谱等其他方法联用的技术来获得满意的分析结果。目前利用同步热分析仪只需一次实验即可得到 TG 和 DTA 或 DSC 两种信息，不仅大大节省了时间，而且两种方法可以互相补充、互相印证，消除了两次实验由于样品的不均匀性或仪器及操作条件变化对结果可能造成的影响，特别是对于一些不易得到的量很少的样品更为重要。

热分析方法由于具有样品用量少、操作简单等优点，现已作为药品质量控制的方法之一，在美国药典与英国药典中均已有收载。

17.2　电子能谱法

17.2.1　概述

电子能谱法(electron spectroscopy)是目前最有用的固体表面分析技术之一,它是通过研究一定能量的单色光或电子束与物质相互作用后被激发出的电子的特性进行分析的一种多技术集合的总称,主要包括 X 射线光电子能谱法(X-ray photoelectron spectroscopy,XPS)、紫外光电子能谱法(ultraviolet photoelectron spectroscopy,UPS)和俄歇电子能谱法(Auger electron spectroscopy,AES)。

X 射线光电子能谱法用 X 射线激发样品,可激发出原子或分子的内层电子,根据被激发出的光电子的能量和强度可进行各种原子或分子的鉴别。

紫外光电子能谱法采用紫外光作为激发源,可激发出原子或分子的外层价电子,通过测定被激发出的电子的能量可求得原子或分子的电离能,当采用高分辨紫外光电子能谱仪时可得到分子振动的精细结构,因此是研究振动结构的有效方法。

俄歇电子能谱法是用具有一定能量的电子束或 X 射线作为激发源,测量样品被激发后发射出的二次电子(原子内层的一个电子被高能 X 射线或电子束逐出后,此内层空穴被较外层的电子填入,多余能量传递给另一电子,并使其发射,这种二次发射的电子即为二次电子)中与入射电子能量无关而本身具有确定能量的俄歇电子峰为基础的分析方法。由于俄歇电子产额随原子序数的增大而下降,因此主要适用于轻元素(原子序数小于 32 的元素)的分析。

三种方法的主要区别是激发源不同,在实际工作中应用范围也不同。其中,X 射线光电子能谱法对化学分析最有用,又称为化学分析电子能谱法(electron spectroscopy for chemical analysis,ESCA)。本节主要介绍 X 射线光电子能谱法的基本原理、仪器及应用。

17.2.2　X 射线光电子能谱法的原理及应用

X 射线是高能电子的减速运动或原子内层轨道电子跃迁所产生的短波电磁辐射。X 射线为波长 $0.005 \sim 10$ nm 的电磁波。在 X 射线光电子能谱法中,常用波长为 $0.01 \sim 2.5$ nm。根据 X 射线与物质原子之间的相互作用所建立起来的分析方法统称为 X 射线分析法。按 X 射线与物质原子之间相互作用的机理不同,可将 X 射线分析法分为 X 射线吸收法、X 射线衍射分析法、X 射线荧光光谱法及 X 射线光电子能谱法等。X 射线光电子能谱法是以 X 射线作为激发源的电子能谱法。它与吸收、荧光等光谱法的区别在于它是通过分析一定能量的单色光或电子束与物质相互作用后被激发出的电子的特性来研究待测物,而后者是基于光和物质相互作用后光的特性进行分析。

当以 X 射线作为激发源照射样品时,光子的能量可被物质吸收,从而导致分子或原子中的内层电子脱离原子成为自由电子,即光电子,这种现象称为光电离作用或光致发射。若入射光的能量一定,则由爱因斯坦(Einstein)关系式可知

$$E = h\nu = E_b + E_k + E_r \tag{17-7}$$

式中,E_b 为相应电子的结合能或电离能;E_k 为发射出的光电子的动能;E_r 为发射出光电子时传递给原子或分子的反冲动能。

由于反冲动能很小,计算时一般都可忽略,因此

$$h\nu = E_b + E_k \tag{17-8}$$

$$E_b = h\nu - E_k \tag{17-9}$$

由此可知，测得发射出的光电子的动能 E_k 后，便可求得相应电子的结合能或电离能 E_b。根据被激发出的光电子的能量（E_b 或 E_k）大小，以能量分布为横坐标，相对强度为纵坐标，就可得到 X 射线光电子能谱。

光电子的 E_b 或 E_k 与原子种类和原子所处的化学环境有一定联系，可以作为定性分析的依据，用来研究分子中原子的价态、所处的化学环境及分子结构等。尽管每种元素都有一系列结合能不同的光电子能谱峰，但由于不同元素的特征峰很少发生重叠，因此 XPS 可用于多元素同时分析。光电子的相对强度表示这种能量的电子数目的多少，即相应元素含量的多少，与原子数量成正比，可用于定量分析。

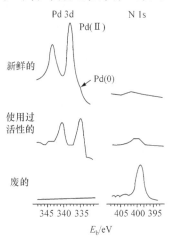

由于 XPS 的取样深度很浅，一般都在 30 nm 以内，样品本体对表面元素的检测影响较小，因此它是一种表面分析方法，特别适用于物体表面的元素及结构分析。例如，图 17-8 是一种钯催化剂失活前后的 XPS 谱图。由图可见，新鲜的催化剂表面上钯的谱峰很明显，氮的谱峰很弱。使用一段时间后催化剂表面上的钯峰变弱，氮峰增强。最后完全失活的废催化剂的钯峰消失而氮峰明显。此结果表明催化剂失活是由于表面吸附了含氮化合物。

此外，XPS 还是一种超灵敏的无损分析技术，分析所需样品约 10^{-8} g，绝对灵敏度可达 10^{-18} g，因此近年来在化学、生物和材料等领域的应用得到了快速发展。

图 17-8　一种钯催化剂在不同情况下的 XPS 谱图

17.2.3　X 射线光电子能谱仪

X 射线光电子能谱仪由超高真空系统、激发源、样品室系统、电子能量分析器及检测器、放大和记录系统组成。由于紫外光电子能谱仪和俄歇电子能谱仪与 X 射线光电子能谱仪除激发源不同外其他部分基本相同，因此配备不同激发源可使一台能谱仪具有多种功能，这也是近年来光电子能谱仪制造的重要发展趋势之一。

1. 超高真空系统

X 射线光电子能谱仪的激发源、样品室、电子能量分析器、检测器等都应与超高真空系统连接，以保证光电子在到达电子能量分析器并进入检测器的整个飞行过程中不与途中的其他粒子碰撞而改变自身的能量。此外，较高的真空度也有利于降低活性残余气体的分压，防止杂质峰的产生。X 射线光电子能谱仪系统内气体压力一般小于 10^{-6} Pa。

2. 激发源

X 射线光电子能谱仪的激发源是 X 射线源。X 射线的谱带宽度是影响分辨率的重要因素，在 X 射线光电子能谱仪中一般采用镁、铝等较轻金属元素作阳极的 X 射线管作为激发源，并采用分光晶体使光源单色化以进一步提高分辨率。一般经过单色器后 X 射线的能量宽度都在 0.3 eV 以内。若把光源换成紫外光源或电子枪，则可进行紫外光电子能谱或俄歇电子能谱研究。

3. 样品室系统

样品室系统主要包括样品预处理系统、进样系统和样品室三部分。X 射线光电子能谱分析的主要对象是固体样品。样品可以是具有确定表面的块状样品或粉末等。样品应用真空加热法或离子溅射法进行预处理，以保证样品表面的光洁度。样品表面电荷应采用接触放电或低能电子枪中和等方法消除。样品室应尽可能靠近激发源和电子能量分析器的入口狭缝，使发射的电子以最大效率进入电子能量分析器和检测器。样品室可同时放置几个样品，既可对样品进行多种分析，又可对样品进行加热、冷却、蒸镀和刻蚀等处理。为保证换样过程中系统的真空度，一般依靠真空闭锁装置采用差分抽气方式进样。

4. 电子能量分析器

电子能量分析器是 X 射线光电子能谱仪的核心，其作用是把不同能量的电子分开，使其按能量顺序排列成谱。常用的电子能量分析器为静电式能量分析器，主要有半球式和筒镜式两种，分别如图 17-9 和图 17-10 所示。其原理都是通过改变系统的电位差，使不同能量的电子依次到达检测器，从而达到对不同能量的光电子进行分离和检测的目的。一般半球式电子能量分析器的分辨率较高，而筒镜式的灵敏度较高。

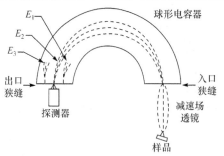
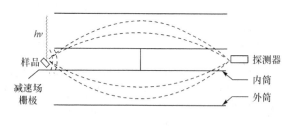

图 17-9　半球式电子能量分析器工作原理示意图　　图 17-10　筒镜式电子能量分析器工作原理示意图

5. 检测、放大和记录系统

在 X 射线光电子能谱仪中，从原子或分子产生并经能量分析器出来的光电子流很小，一般需要采用单通道电子倍增器或多通道倍增器等脉冲计数电子倍增器进行放大检测。单通道电子倍增器使电子在倍增器内壁上连续碰撞，产生倍增的二级电子，最终可达原信号的 $10^6 \sim 10^8$ 倍，单通道电子倍增器体积小，结构简单，噪声低，质量轻。多通道倍增器是由多个微型单通道电子倍增器组合在一起制成的一种大面积检测器，又称多阵列检测器，是一种高效检测器。

17.3　拉曼光谱法

17.3.1　概述

当用一束波长比样品粒径小得多的单色光照射样品时，该入射光可能被样品分子散射。如果在与入射光垂直方向观察，则会发现散射光谱中除有一条与入射光频率相同的强谱线外，在其两侧还有数条对称排列但强度较弱的谱线。波长没有发生改变的前一散射光通常称为瑞利散射光，而后者频率发生改变的散射光则称为拉曼散射光。在拉曼散射光谱中，频率比入射光低的谱线称为斯托克斯线；频率比入射光高的谱线则称为反斯托克斯线。一般斯托克斯线比反斯托克斯线强。

斯托克斯线或反斯托克斯线的频率与入射光的频率差称为拉曼位移，它们在数值上是相等的。拉曼位移与分子的振动或转动能级差相对应，而与入射光频率无关，因此利用拉曼光谱中各谱线的拉曼位移可以研究分子结构。拉曼谱线的强度与入射光的强度及样品分子的浓度成正比，据此可进行定量分析。

拉曼效应早在 1923 年就被发现，在其后一段时间内拉曼光谱法曾成为研究分子结构的主要手段，但因拉曼散射谱线的强度太弱，其深入应用受到限制。直到 20 世纪 60 年代激光问世并引入拉曼光谱仪作为激发光源之后，拉曼光谱法才得到很大的发展。目前，拉曼光谱法与红外光谱法相结合已广泛应用于物质的鉴定和分子结构的研究，并发展了共振拉曼光谱法、表面增强拉曼光谱法、快速扫描拉曼光谱法及非线性拉曼光谱法等一系列新技术。

17.3.2 拉曼光谱仪

拉曼光谱仪有色散型拉曼光谱仪和傅里叶变换拉曼光谱仪两类。

色散型拉曼光谱仪主要由光源、样品池、单色器、检测器以及记录和输出装置等部分组成。光源发出的光经前置单色器选出不同波长的激发线通过样品池和单色器。检测器在与入射光垂直方向测量透过单色器色散后的散射光，最后进行记录得到拉曼光谱。

1. 光源

由于拉曼效应很弱，而拉曼光谱的强度与入射光强成正比，因此高功率激光器的使用可以大大提高拉曼光谱的强度，从而提高分析的灵敏度。现代拉曼光谱仪基本上都采用激光作为光源。与普通光源相比，激光不仅强度高、灵敏度高、所需样品量少，而且其单色性好，得到的拉曼散射光谱较简单、易于解析。此外，由于激光是偏振光，比较容易测定退偏比(垂直于入射偏振光的散射光强度与平行于入射偏振光的散射光强度之比)，可用于分子对称性研究。紫外光能量较高，容易导致试样的分解，因此拉曼光谱法多使用可见光源，如主要波长为 632.8 nm 的 He-Ne 激光器以及主要波长为 488.0 nm 和 514.5 nm 的 Ar^+ 激光器。有时为避免荧光对拉曼光谱的干扰，可使用近红外光源。

2. 样品池

样品池的作用一是使光源聚集在样品上产生散射，二是收集由样品产生的拉曼散射光并使其聚焦在其后单色器的狭缝上。因此，为了提高散射光的强度，样品放置方式非常重要。由于气体的散射效率低，一般放置在多重反射气槽或激光源的共振腔内，以提高它的拉曼强度。液体样品量较多时常使用常规的样品池，量少时可用毛细管样品池。若样品沸点较低、易挥发，则样品池应加盖或封闭毛细管。体积较大的棒状、块状或片状固体可直接测定，粉末样品可放入玻璃样品管或压片后测定。

激光光源强度高，可使拉曼散射光的强度大大增强，提高了分析的灵敏度，但同时也增加了样品分解的可能性。因此，为防止样品分解常采用样品旋转技术。采用样品旋转技术不仅能防止样品分解，而且还能提高分析的灵敏度。

3. 单色器

单色器是拉曼光谱仪的心脏，要求最大限度地降低杂散光且色散性能好。在光源与样品池之间通常加一前置单色器(或称激光滤光系统)，以滤去激光器等离子线，并选出一定波长的激发线用于照射样品。在样品池之后，一般采用双光栅单色器，有时为得到高质量的拉曼光谱图还需使用第三单色器。

4. 检测器

由于拉曼位移与入射光的波长无关，拉曼光谱法多用可见光研究分子的振动能级结构，此时可用光电倍增管和光子计数器等光电检测器进行检测。有时为避免荧光对拉曼光谱的干扰使用近红外光源，此时可使用 InGaAs 检测器。若灵敏度要求较高，则需使用液氮冷却的锗二极管检测器，但费用较高。

此外，由于去偏振度是研究分子对称性的重要依据，在拉曼光谱仪中一般都带有检偏振器等测量去偏振度的装置。

傅里叶变换拉曼光谱仪和傅里叶变换红外光谱仪的结构非常相似，主要由光源、样品池、干涉仪、检测器及计算机等部分组成。但干涉仪与样品池的排列顺序不同，在傅里叶变换拉曼光谱仪中干涉仪位于样品池之后。此外，由于涉及的波长范围不同，分束器等光学部件所采用的材料也不同，在傅里叶变换拉曼光谱仪中多采用石英分束器。

与色散型拉曼光谱仪相比，傅里叶变换拉曼光谱仪具有扫描速度快、分辨率高、波长精度好、无荧光干扰等优点。

17.3.3　拉曼光谱法与红外光谱法的比较

由于拉曼谱线的数目、位移和谱带强弱直接与分子的振动和转动有关，因此拉曼光谱和红外光谱一样都属于分子的振转光谱，可以研究分子结构。图 17-11 是 1，3，5-三甲基苯的红外光谱(a)和拉曼光谱(b)。从图中可以看出，它们的红外光谱与对应的拉曼光谱峰位十分相似，有些峰的红外吸收频率与拉曼位移相同；但二者的差异也非常显著，不仅一些峰的相对强度相差较大，而且还有一些峰只出现在一种谱图中。这是因为拉曼活性(产生拉曼散射)和红外活性(产生红外吸收)是不同的。红外活性取决于分子振动过程中是否发生偶极矩的变化，振动时偶极矩变化越大，吸收强度就越大。而拉曼活性取决于分子振动时极化率(极化率是表征分子中电子云变形的难易程度，在数值上等于单位电场强度所感应的电偶极矩)是否发生变化，拉曼谱线的强度正比于诱导偶极矩的变化。若分子在振动过程中偶极矩和极化率都有变化，则在红外光谱和拉曼光谱中将同时出现谱带。

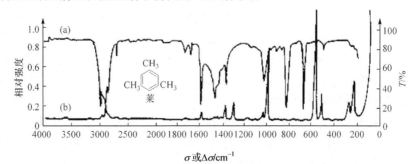

图 17-11　1，3，5-三甲基苯的红外光谱(a)和拉曼光谱(b)比较

　　一般来说，非极性基团的振动和分子的全对称振动是拉曼活性的，极性基团的振动和分子的非对称性振动是红外活性的。例如，—C≡C—、—S≡S—、—N≡N—及 O=C=O 的对称伸缩振动在红外光谱中通常是不存在或很弱的，但其拉曼线却很强。而—OH、—C=O 等强极性基团在红外光谱中有强吸收带，而在拉曼光谱中却没有明显反映。一般的有机化合物都具有一定的对称性，因此在红外光谱和拉曼光谱中都有反映。此外，也有少数分子的振动，如乙烯分子的扭曲振动，既没有偶极矩的变化，也没有极化率的改变，在红外光谱和拉曼光谱中都没有反映。由此可见，利用拉曼光谱法与红外光谱法研究分子结构时各有特点，可互相补充、互相验证，从而得到更完整、更准确的信息。

　　此外，因为水在红外光区有很强的吸收带，且对大多数红外窗体材料有腐蚀作用，故做水溶液的红外光谱很困难。但拉曼光谱用可见光作光源，并且水的拉曼散射很好，因此可用水作溶剂，样品制备和测量十分方便，并且大大扩展了其应用范围。

17.3.4　拉曼光谱法的应用

　　拉曼位移与分子的振动或转动能级差相对应，而与入射光频率无关，因此利用拉曼光谱中各谱线的拉曼位移可以进行定性分析和分子结构研究。如前所述，拉曼光谱法与红外光谱法各有特点，可互相补充、互相验证，二者相结合对结构判断十分有利。现已编有供查阅的有机化合物中各基团的特征频率和不同结构中基团的拉曼位移和去偏振度表、拉曼散射和红外吸收强度表以及一些标准图谱等。获得样品的拉曼散射光谱后，即可对照进行判断分析。

　　图 17-12 是分子式为 $C_6H_6OCl_2$ 的化合物的红外光谱(a)和拉曼光谱(b)。由图可见，两种光谱在 1795 cm^{-1} 处都有一个特征的酰氯谱带，但拉曼光谱在 1898 cm^{-1} 处多出一个取代环丙烯衍生物的特征峰，根据分子式可判断其结构式为

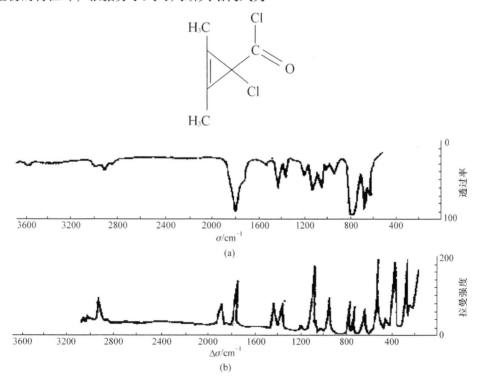

图 17-12　分子式为 $C_6H_6OCl_2$ 的化合物的红外光谱(a)和拉曼光谱(b)

　　利用拉曼光谱与红外光谱相对照，很容易鉴别顺反异构体。由于不同结构的碳链以及环的大小不同在拉曼光谱中都有明显反映，因此烷烃和环烷烃的测定也是拉曼光谱的重要应用之一。根据拉曼位移还可确定苯环上取代基的位置。此外，拉曼光谱在高聚物、生物大分子以及无机体系的研究方面也有较好的应用。

　　拉曼谱线的强度与入射光的强度及样品分子的浓度成正比，据此可进行定量分析。但由于拉曼散射光的强度太低，仅为入射光强度的 $10^{-8} \sim 10^{-7}$ 倍，虽然采用激光作为激发光源可使拉曼效应大大增强，但拉曼谱线的强度仍然比较弱，进行定量分析的灵敏度比较低。近年来，人们为了提高拉曼散射光的强度，已研究出共振拉曼光谱法和表面增强拉曼光谱法等新技术，当将共振拉曼技术与表面增强拉曼技术联用进行定量分析时，其检出限可达 $10^{-12} \sim 10^{-9} \, mol \cdot L^{-1}$。

思考题与习题

　　1. 从 TG、DTA 及 DSC 曲线上分别可以获得哪些信息？
　　2. 影响 TG、DTA 及 DSC 曲线的因素有哪些？
　　3. 试比较差热分析法及差示扫描量热法的异同。
　　4. 简述电子能谱法的原理及应用。
　　5. 什么是拉曼散射和拉曼位移？
　　6. 试比较拉曼光谱法和红外光谱法。

参 考 文 献

北京大学化学系仪器分析教学组. 1997. 仪器分析教程. 北京: 北京大学出版社

常建华, 董绮功. 2005. 波谱原理及解析. 2版. 北京: 科学出版社

陈义. 2000. 毛细管电泳技术及应用. 北京: 化学工业出版社

陈玉英. 2006. 药学实用仪器分析. 北京: 高等教育出版社

达世禄. 1999. 色谱学导论. 2版. 武汉: 武汉大学出版社

邓勃. 2003. 应用原子吸收与原子荧光光谱分析. 北京: 化学工业出版社

邓延倬, 何金兰. 1996. 高效毛细管电泳. 北京: 科学出版社

恩斯特 R R, 博登豪森 G, 沃考恩 A. 1997. 一维和二维核磁共振原理. 毛希安译. 北京: 科学出版社

高鸿, 等. 1987. 仪器分析. 南京: 江苏科学技术出版社

高小霞, 等. 1986. 电分析化学导论. 北京: 科学出版社

宫为民. 2005. 分析化学. 2版. 大连: 大连理工大学出版社

海洛夫斯基 J. 1984. 极谱学基础. 汪尔康译. 北京: 科学出版社

何锡文. 2005. 近代分析化学教程. 北京: 高等教育出版社

华东理工大学化学系, 四川大学化工学院. 2003. 分析化学. 5版. 北京: 高等教育出版社

华中师范大学, 陕西师范大学, 东北师范大学. 2001. 分析化学(上、下). 3版. 北京: 高等教育出版社

黄德培, 沈子琛, 吴国梁, 等. 1982. 离子选择电极的原理及应用. 北京: 新时代出版社

江祖成, 田笠卿, 陈新坤, 等. 1999. 现代原子发射光谱分析. 北京: 科学出版社

李克安. 2005. 分析化学教程. 北京: 北京大学出版社

李熠, 赵静, 薛晓峰, 等. 2007. 超高效液相色谱法同时检测蜂胶中的12种活性成分. 色谱, 25: 857-860

李余增. 1987. 热分析. 北京: 清华大学出版社

梁晓天. 1982. 核磁共振高分辨氢谱的解析和应用. 北京: 科学出版社

林炳承. 1996. 毛细管电泳导论. 北京: 科学出版社

林树昌, 曾泳淮. 1994. 分析化学(仪器分析部分). 北京: 高等教育出版社

林树昌. 1993. 溶液平衡. 北京: 北京师范大学出版社

刘密新, 罗国安, 张新荣, 等. 2002. 仪器分析. 北京: 清华大学出版社

刘文杰. 2013. 仪器分析. 北京: 化学工业出版社

刘约权. 2006. 现代仪器分析. 2版. 北京: 高等教育出版社

刘志广, 张华, 李亚明. 2007. 仪器分析. 2版. 大连: 大连理工大学出版社

刘志广. 2008. 分析化学. 北京: 高等教育出版社

卢佩章, 戴朝政, 张祥民. 1997. 色谱理论基础. 2版. 北京: 科学出版社

陆明刚. 1986. 化学发光分析. 合肥: 安徽科学技术出版社

麦克拉弗蒂 F W. 1999. 质谱解析. 3版. 王光辉, 姜龙飞, 汪聪慧译. 北京: 化学工业出版社

孟凡昌, 蒋勉. 1997. 分析化学中的离子平衡. 北京: 科学出版社

孟凡昌, 潘祖亭. 2005. 分析化学核心教程. 北京: 科学出版社

孟令芝, 龚淑玲, 何永炳, 等. 2003. 有机波谱分析. 武汉: 武汉大学出版社

牟世芬, 刘克纳. 2000. 离子色谱方法及应用. 北京: 化学工业出版社

宁永成. 2010. 有机波谱学谱图解析. 北京: 科学出版社

彭崇慧. 1982. 酸碱平衡的处理(修订版). 北京: 北京大学出版社

蒲国刚, 陆明刚, 罗思泉, 等. 1988. 仪器分析原理. 合肥: 中国科学技术大学出版社

齐美玲. 2012. 气相色谱分析及应用. 北京: 科学出版社

祁景玉. 2006. 现代分析测试技术. 上海: 同济大学出版社

沈其丰. 1988. 一维核磁共振碳谱. 北京: 北京大学出版社

施良和. 1985. 凝胶色谱法. 北京: 科学出版社

石杰. 2003. 仪器分析. 2 版. 郑州: 郑州大学出版社

司文会. 2005. 现代仪器分析. 北京: 中国农业出版社

斯科格 D A, 韦斯特 D M. 1980. 仪器分析原理. 2 版. 上海: 上海科学技术出版社

孙凤霞. 2004. 仪器分析. 北京: 化学工业出版社

孙汉文. 2002. 原子光谱分析. 北京: 高等教育出版社

孙毓庆, 胡育筑. 2006. 分析化学. 2 版. 北京: 科学出版社

孙毓庆, 胡育筑. 2007. 液相色谱溶剂系统的选择和优化. 北京: 化学工业出版社

汪聪慧. 1987. 质谱解析. 北京: 化学工业出版社

王彤, 赵清泉. 2003. 分析化学. 北京: 高等教育出版社

魏福祥. 2007. 仪器分析及应用. 北京: 中国石化出版社

魏培海, 曹国庆. 2007. 仪器分析. 北京: 高等教育出版社

吴采樱, 曾昭睿. 1990. 现代毛细管柱气相色谱法. 武汉: 武汉大学出版社

武汉大学. 2006. 分析化学(上册). 5 版. 北京: 高等教育出版社

武汉大学. 2007. 分析化学(下册). 5 版. 北京: 高等教育出版社

武汉大学. 2016. 分析化学(上册). 6 版. 北京: 高等教育出版社

徐秋心. 1992. 实用发射光谱分析. 成都: 四川科学技术出版社

许国旺, 等. 2004. 现代实用气相色谱法. 北京: 化学工业出版社

许金钩, 王尊本. 2006. 荧光分析法. 3 版. 北京: 科学出版社

薛华, 李隆弟, 郁鉴源, 等. 1994. 分析化学. 2 版. 北京: 清华大学出版社

严宝珍. 1995. 核磁共振在分析化学中的应用. 北京: 化学工业出版社

严辉宇. 1985. 库仑分析. 北京: 新时代出版社

杨孙楷, 苏循荣, 林竹光. 2000. 仪器分析实验. 厦门: 厦门大学出版社

杨铁金. 2007. 分析样品预处理及分离技术. 北京: 化学工业出版社

俞汝勤. 1980. 离子选择性电极分析法. 北京: 人民教育出版社

张锡瑜. 1996. 化学分析原理. 北京: 科学出版社

张云. 2003. 分析化学. 上海: 同济大学出版社

张振芳, 高汉宾. 2008. 核磁共振原理与实验方法. 武汉: 武汉大学出版社

张正奇. 2006. 分析化学. 2 版. 北京: 科学出版社

周良模, 等. 1998. 气相色谱新技术. 北京: 科学出版社

朱若华, 晋卫军. 2006. 室温磷光分析法原理与应用. 北京: 科学出版社

邹汉法, 刘震, 叶明亮, 等. 2001. 毛细管电色谱及其应用. 北京: 科学出版社

邹汉法, 张玉奎, 卢佩章. 1998. 高效液相色谱法. 分析化学丛书: 第三卷, 第三册. 北京: 科学出版社

And R D, Zare R N, Yan C, et al. 1998. Advances in capillary electrochromatography: Rapid and high-efficiency separations of PAHs. Anal Chem, 70: 4787-4792

Bard J, Faulkner L R. 2000. Electrochemical Methods: Fundamentals and Applications. 2nd ed. New York: John Wiley & Sons

Eiceman G A, Torresdey J G, Dorman F, et al. 2006. Gas chromatography. Anal Chem, 78: 3985-3996

Gary D C. 2004. Analytical Chemistry. 6th ed. New York: John Wiley & Sons

Guichard N, Ogereau M, Falaschi L, et al. 2018. Determination of 16 antineoplastic drugs by capillary electrophoresis with UV detection: Applications in quality control. Electrophoresis, 39(20): 2512-2520

Harris D C. 2003. Quantitative Chemistry Analysis. 6th ed. New York: W. H. Freeman and Company

Harvey D. 2000. Modern Analytical Chemistry. New York: McGraw-Hill

Kellner R, Mermet J-M, Otto M, et al. 1998. Analytical Chemistry. Weinheim: Wiley-VCH

Kellner R, Mermet J-M, Otto M, et al. 2001. 分析化学. 李克安, 金钦汉, 等译. 北京: 北京大学出版社

Li Z, Huang J, Yang B, et al. 2018. Miniaturized gel electrophoresis system for fast separation of nucleic acids. Sensors and Actuators B, 254: 153-158

Prichard E, Barwick V. 2007. Quality Assurance in Analytical Chemistry. New York: John Wiley & Sons, Ltd Publishing

Robards K, Haddad P R, Jackson P E. 1994. Principles and Practice of Modern Chromatographic Methods. New York: Academic Press

Scott R P W. 1995. Techniques and Practice of Chromatography. New York: Marcel Dekker

Silverstein R M, Webster F X, Kielme D. 2005. Spectrometric Identification of Organic Compounds. 2nd ed. New York: John Wiley & Sons

Skoog D A, West D M, Holler F J, et al. 2013. Fundamentals of Analytical Chemistry. 9th ed. Boston: Cengage Learning Publishing

附　录

附表 1　离子的活度系数

离子	$\mathring{a}/(10^{-12}\ \mathrm{m})$	离子强度/(mol · L^{-1})						
		0.001	0.0025	0.005	0.01	0.025	0.05	0.1
H^+	900	0.967	0.950	0.933	0.914	0.88	0.86	0.83
Li^+	600	0.965	0.948	0.929	0.907	0.87	0.84	0.80
$CHCl_2COO^-$, CCl_3COO^-	500	0.964	0.947	0.928	0.904	0.865	0.83	0.79
Na^+, ClO_2^-, IO_3^-, HCO_3^-, $H_2PO_4^-$, Ac^-, HSO_4^-, $H_2AsO_4^-$, CH_2ClCOO^-	400	0.964	0.947	0.927	0.901	0.855	0.82	0.78
OH^-, F^-, SCN^-, HS^-, ClO_3^-, ClO_4^-, IO_3^-, BrO_3^-, MnO_4^-	350	0.964	0.947	0.926	0.900	0.855	0.81	0.76
K^+, Cl^-, Br^-, I^-, CN^-, NO_2^-, NO_3^-, Rb^+, Cs^+, NH_4^+, Tl^+, Ag^+, $HCOO^-$, H_2Cit^-	300	0.964	0.945	0.925	0.899	0.85	0.80	0.76
Mg^{2+}, Be^{2+}	800	0.872	0.813	0.755	0.69	0.595	0.52	0.45
Ca^{2+}, Cu^{2+}, Zn^{2+}, Sn^{2+}, Mn^{2+}, Fe^{2+}, Ni^{2+}, Co^{2+}, $H_2C(COO^-)_2$	600	0.870	0.809	0.749	0.675	0.57	0.48	0.40
Sr^{2+}, Ba^{2+}, Cd^{2+}, Hg^{2+}, S^{2-}, $S_2O_4^{2-}$, Pb^{2+}, WO_4^{2-}, CO_3^{2-}, SO_3^{2-}, MoO_4^{2-}, $HCit^{2-}$	500	0.868	0.805	0.744	0.67	0.555	0.465	0.38
Hg_2^{2+}, SO_4^{2-}, $S_2O_3^{2-}$, CrO_4^{2-}, HPO_4^{2-}	400	0.867	0.803	0.740	0.66	0.545	0.445	0.355
Al^{3+}, Fe^{3+}, Cr^{3+}, Sc^{3+}, Y^{3+}, La^{3+}, In^{3+}	900	0.738	0.632	0.54	0.445	0.325	0.245	0.18
Cit^{3-}	500	0.728	0.616	0.51	0.405	0.27	0.18	0.115
PO_4^{3-}, $Fe(CN)_6^{3-}$	400	0.725	0.612	0.505	0.395	0.25	0.16	0.095
Th^{4+}, Zr^{4+}, Ce^{4+}, Sn^{4+}	1100	0.586	0.455	0.35	0.255	0.155	0.10	0.065
$Fe(CN)_6^{4-}$	500	0.57	0.425	0.31	0.20	0.10	0.048	0.021

附表 2　弱酸弱碱的解离常数

酸	化学式	pK_{a_1}	K_{a_1}	pK_{a_2}	K_{a_2}	pK_{a_3}	K_{a_3}
氢氟酸	HF	3.18	6.6×10^{-4}				
亚硝酸	HNO_2	3.29	5.1×10^{-4}				
次氯酸	$HClO$	7.52	3.0×10^{-8}				
氢氰酸	HCN	9.21	6.2×10^{-10}				
亚砷酸	$HAsO_2$	9.22	6.0×10^{-10}				
硼酸	H_3BO_3	9.24	5.8×10^{-10}				
过氧化氢	H_2O_2	11.74	1.8×10^{-12}				
硫酸	H_2SO_4			2.00	1.00×10^{-2}		

酸	化学式	pK_{a_1}	K_{a_1}	pK_{a_2}	K_{a_2}	pK_{a_3}	K_{a_3}
铬酸	H_2CrO_4	0.74	1.8×10^{-1}	6.50	3.2×10^{-7}		
亚磷酸	H_3PO_3	1.30	5.0×10^{-2}	6.60	2.5×10^{-7}		
亚硫酸	H_2SO_3	1.90	1.3×10^{-2}	7.20	6.3×10^{-8}		
焦硼酸	$H_2B_4O_7$	4.0	1.0×10^{-4}	9.00	1.0×10^{-9}		
碳酸	H_2CO_3	6.38	4.2×10^{-7}	10.25	5.6×10^{-11}		
氢硫酸	H_2S	6.89	1.3×10^{-7}	14.15	7.1×10^{-15}		
硅酸	H_2SiO_3	9.77	1.7×10^{-10}	11.8	1.6×10^{-12}		
焦磷酸	$H_3P_2O_7$	1.52	3.0×10^{-2}	2.36	4.4×10^{-3}	6.60	2.5×10^{-7}
磷酸	H_3PO_4	2.12	7.6×10^{-3}	7.20	6.3×10^{-8}	12.36	4.4×10^{-13}
砷酸	H_3AsO_4	2.19	6.5×10^{-3}	6.96	1.1×10^{-7}	11.49	3.2×10^{-12}
一氯乙酸	$CH_2ClCOOH$	2.86	1.4×10^{-3}				
甲酸	$HCOOH$	3.74	1.8×10^{-4}				
乳酸	$CH_3CH(OH)COOH$	3.89	1.3×10^{-4}				
苯甲酸	C_6H_5COOH	4.21	6.2×10^{-5}				
乙酸	CH_3COOH	4.74	1.8×10^{-5}				
苯酚	C_6H_5OH	10.00	1.0×10^{-10}				
草酸	$H_2C_2O_4$	1.22	5.9×10^{-2}	4.19	6.4×10^{-5}		
氨基乙酸	$^+H_3NCH_2COOH$	2.35	4.5×10^{-3}	9.60	2.5×10^{-10}		
邻苯二甲酸	$C_6H_4(COOH)_2$	2.95	1.1×10^{-3}	5.41	3.9×10^{-6}		
水杨酸	$C_6H_5(OH)COOH$	3.00	1.0×10^{-3}	13.10	7.9×10^{-14}		
酒石酸	$[CH(OH)COOH]_2$	3.04	9.1×10^{-4}	4.37	4.3×10^{-5}		
琥珀酸	$(CH_2COOH)_2$	4.21	6.2×10^{-5}				
抗坏血酸	$C_6H_8O_6$	4.30	5.0×10^{-5}	9.82	1.5×10^{-10}		
柠檬酸	$C(CH_2COOH)_2(OH)COOH$	3.13	7.4×10^{-4}	4.77	1.7×10^{-5}	6.40	4.0×10^{-7}
乙二胺四乙酸	$(HOOCCH_2)_2NCH_3^+$— $CH_3^+N(CH_2COOH)_2$	0.9 pK_{a_1} / 2.67 pK_{a_4}	0.1 / 2.1×10^{-3}	1.6 pK_{a_2} / 6.1 pK_{a_5}	3.0×10^{-2} / 6.9×10^{-7}	2.00 pK_{a_3} / 10.26 pK_{a_6}	1.0×10^{-2} / 5.5×10^{-11}

碱	化学式	pK_{b_1}	K_{b_1}	pK_{b_2}	K_{b_2}	pK_{b_3}	K_{b_3}
乙胺	$C_2H_5NH_2$	3.37	4.3×10^{-4}				
甲胺	CH_3NH_2	3.38	4.2×10^{-4}				
二甲胺	$(CH_3)_2NH$	3.92	1.2×10^{-4}				
乙醇胺	$HOCH_2CH_2NH_2$	4.49	3.2×10^{-5}				
氨	NH_3	4.74	1.8×10^{-5}				

续表

碱	化学式	pK_{b_1}	K_{b_1}	pK_{b_2}	K_{b_2}	pK_{b_3}	K_{b_3}
三乙醇胺	$N(CH_2CH_2OH)_3$	6.26	5.5×10^{-7}				
羟胺	NH_2OH	8.04	9.1×10^{-9}				
吡啶	C_5H_5N	8.74	1.8×10^{-9}				
六亚甲基四胺	$(CH_2)_6N_4$	8.85	1.4×10^{-9}				
苯胺	$C_6H_5NH_2$	9.38	4.2×10^{-10}				
乙二胺	$H_2NCH_2CH_2NH_2$	4.07	8.5×10^{-5}	7.15	7.1×10^{-8}		
联氨	$H_2N\text{—}NH_2$	6.01	9.8×10^{-7}	14.89	1.3×10^{-15}		

附表3　常见的酸碱缓冲溶液

缓冲溶液	酸	共轭碱	pK_a
氨基乙酸-HCl	$^+H_3NCH_2COOH$	NH_2CH_2COOH	$2.35(pK_{a_1})$
一氯乙酸-NaOH	$CH_2ClCOOH$	CH_2ClCOO^-	2.86
邻苯二甲酸氢钾-HCl	邻苯二甲酸(COOH,COOH)	邻苯二甲酸(COOH,COO⁻)	$2.95(pK_{a_1})$
甲酸-NaOH	$HCOOH$	$HCOO^-$	3.74
HAc-NaAc	HAc	Ac^-	4.74
六亚甲基四胺-HCl	$(CH_2)_6N_4H^+$	$(CH_2)_6N_4$	5.15
NaH_2PO_4-Na_2HPO_4	$H_2PO_4^-$	HPO_4^{2-}	$7.20(pK_{a_2})$
三乙醇胺-HCl	$^+HN(CH_2CH_2OH)_3$	$N(CH_2CH_2OH)_3$	7.77
三羟甲基甲胺-HCl	$^+H_3NC(CH_2OH)_3$	$H_2NC(CH_2OH)_3$	8.21
$Na_2B_4O_7$-NaOH	H_3BO_3	$H_2BO_3^-$	9.24
NH_3-NH_4Cl	NH_4^+	NH_3	9.26
乙醇胺-HCl	$^+H_3NCH_2CH_2OH$	$H_2NCH_2CH_2OH$	9.50
氨基乙酸-NaOH	H_2NCH_2COOH	$H_2NCH_2COO^-$	$9.60(pK_{a_2})$
$NaHCO_3$-Na_2CO_3	HCO_3^-	CO_3^{2-}	$10.25(pK_{a_2})$
Na_2HPO_4-NaOH	HPO_4^{2-}	PO_4^{3-}	$12.36(pK_{a_3})$

附表4　常见的标准缓冲溶液

标准缓冲溶液	pH 标准值(25 ℃)
饱和酒石酸氢钾($0.034\ mol\cdot L^{-1}$)	3.557
$0.05\ mol\cdot L^{-1}$邻苯二甲酸氢钾	4.008
$0.025\ mol\cdot L^{-1}\ KH_2PO_4$-$0.025\ mol\cdot L^{-1}\ Na_2HPO_4$	6.865
$0.01\ mol\cdot L^{-1}$硼砂	9.180
饱和氢氧化钙	12.454

附表 5　常见的酸碱指示剂

指示剂	变色范围 pH	颜色		pKHIn	浓度
		酸色	碱色		
甲酚红	0.2～1.8	红	黄	1.0	0.1%的20%乙醇溶液
百里酚蓝	1.2～2.8	红	黄	1.65	0.04%水溶液
甲基橙	3.1～4.4	红	黄	3.4	0.1%的20%乙醇溶液
溴酚蓝	3.1～4.6	黄	紫	4.1	0.1%的20%乙醇溶液或其钠盐水溶液
溴甲酚绿	4.0～5.6	黄	蓝	4.9	0.1%的20%乙醇溶液
甲基红	4.4～6.2	红	黄	5.2	0.1%的60%乙醇溶液或其钠盐水溶液
溴甲酚紫	5.2～6.8	黄	紫	6.4	0.1%的20%乙醇溶液
溴百里酚蓝	6.2～7.6	黄	蓝	7.3	0.1%的20%乙醇溶液
中性红	6.8～8.0	红	黄橙	7.4	0.1%的60%乙醇溶液
酚红	6.7～8.4	黄	红	8.0	0.1%的60%乙醇溶液或其钠盐水溶液
酚酞	8.0～9.6	无	红	9.1	0.1%的90%乙醇溶液
百里酚酞	9.4～10.6	无	蓝	10.0	0.1%的90%乙醇溶液

附表 6　常见的混合酸碱指示剂

指示剂溶液的组成	变色点 pH	颜色		备注
		酸色	碱色	
一份 0.1%甲基黄乙醇溶液 一份 0.1%亚甲基蓝乙醇溶液	3.25	蓝紫	绿	pH 3.4 绿 pH 3.2 蓝紫
一份 0.1%甲基橙水溶液 一份 0.25%靛蓝二磺酸钠水溶液	4.1	紫	黄绿	
三份 0.1%溴甲酚绿乙醇溶液 一份 0.2%甲基红乙醇溶液	5.1	酒红	绿	
一份 0.1%溴甲酚绿钠盐水溶液 一份 0.1%氯酚红钠盐水溶液	6.1	黄绿	蓝紫	pH 5.4 蓝紫，5.8 蓝，6.0 蓝带紫，6.2 蓝紫
一份 0.1%中性红乙醇溶液 一份 0.1%亚甲基蓝乙醇溶液	7.0	蓝紫	绿	pH 7.0 紫蓝
一份 0.1%甲酚红钠盐水溶液 三份 0.1%百里酚蓝钠盐水溶液	8.3	黄	紫	pH 8.2 玫瑰色，8.4 清晰紫色
一份 0.1%百里酚蓝 50%乙醇溶液 三份 0.1%酚酞 50%乙醇溶液	9.0	黄	紫	从黄到绿再到紫
两份 0.1%百里酚酞乙醇溶液 一份 0.1%茜素黄乙醇溶液	10.2	黄	紫	

附表 7　常见配合物的稳定常数(18~25 ℃)

配体	金属离子	$I/(\text{mol} \cdot \text{L}^{-1})$	n	$\lg\beta_n$
NH₃	Ag^+	0.5	1, 2	3.24, 7.05
	Cd^{2+}	2	1, …, 6	2.64, 4.75, 6.19, 7.12, 6.80, 5.14
	Co^{2+}	2	1, …, 6	2.11, 3.74, 4.79, 5.55, 5.73, 5.11
	Co^{3+}	2	1, …, 6	6.7, 14.0, 20.1, 25.7, 30.8, 35.2
	Cu^+	2	1, 2	5.93, 10.86
	Cu^{2+}	2	1, …, 5	4.31, 7.98, 11.02, 13.32, 12.86
	Ni^{2+}	2	1, …, 6	2.80, 5.04, 6.77, 7.96, 8.71, 8.74
	Zn^{2+}	2	1, …, 4	2.37, 4.81, 7.31, 9.46
Br⁻	Ag^+	0	1, …, 4	4.38, 7.33, 8.00, 8.73
	Bi^{3+}	2.3	1, …, 6	4.30, 5.55, 5.89, 7.82, —, 9.70
	Cd^{2+}	3	1, …, 4	1.75, 2.34, 3.32, 3.70
	Cu^+	0	2	5.89
	Hg^{2+}	0.5	1, …, 4	9.05, 17.32, 19.74, 21.00
Cl⁻	Ag^+	0	1, …, 4	3.04, 5.04, 5.04, 5.30
	Hg^{2+}	0.5	1, …, 4	6.74, 13.22, 14.07, 15.07
	Sn^{2+}	0	1, …, 4	1.51, 2.24, 2.03, 1.48
	Sb^{3+}	4	1, …, 6	2.26, 3.49, 4.18, 4.72, 4.72, 4.11
CN⁻	Ag^+	0	1, …, 4	—, 21.1, 21.7, 20.6
	Cd^{2+}	3	1, …, 4	5.48, 10.60, 15.23, 18.78
	Co^{2+}		6	19.09
	Cu^+	0	1, …, 4	—, 24.0, 28.59, 30.3
	Fe^{2+}	0	6	35
	Fe^{3+}	0	6	42
	Hg^{2+}	0	4	41.4
	Ni^{2+}	0.1	4	31.3
	Zn^{2+}	0.1	4	16.7
F⁻	Al^{3+}	0.5	1, …, 6	6.13, 11.15, 15.00, 17.75, 19.37, 19.84
	Fe^{3+}	0.5	1, …, 6	5.28, 9.30, 12.06, —, 15.77, —
	Th^{4+}	0.5	1, 2, 3	7.65, 13.46, 17.97
	TiO^{2+}	3	1, …, 4	5.4, 9.8, 13.7, 18.0
	ZrO^{2+}	2	1, 2, 3	8.80, 16.12, 21.94
I⁻	Ag^+	0	1, 2, 3	6.58, 11.74, 13.68
	Bi^{3+}	2	1, …, 6	3.63, —, —, 14.95, 16.80, 18.80
	Cd^{2+}	0	1, …, 4	2.10, 3.43, 4.49, 5.41
	Pb^{2+}	0	1, …, 4	2.00, 3.15, 3.92, 4.47
	Hg^{2+}	0.5	1, …, 4	12.87, 23.82, 27.60, 29.83

配体	金属离子	$I/(\mathrm{mol \cdot L^{-1}})$	n	$\lg\beta_n$
PO_4^{3-}	Ca^{2+}	0.2	CaHL	1.7
	Mg^{2+}	0.2	MgHL	1.9
	Mn^{2+}	0.2	MnHL	2.6
	Fe^{3+}	0.66	FeHL	9.35
SCN^-	Ag^+	2.2	1, …, 4	—, 7.57, 9.08, 10.08
	Au^+	0	1, …, 4	—, 23, —, 42
	Co^{2+}	1	1	1.0
	Cu^+	5	1, …, 4	—, 11.00, 10.90, 10.48
	Fe^{3+}	0.5	1, 2	2.95, 3.36
	Hg^{2+}	1	1, …, 4	—, 17.47, —, 21.23
$S_2O_3^{2-}$	Ag^+	0	1, 2, 3	8.82, 13.46, 14.15
	Cu^+	0.8	1, 2, 3	10.35, 12.27, 13.71
	Hg^{2+}	0	1, …, 4	—, 29.86, 32.26, 33.61
	Pb^{2+}	0	1, 2, 3	5.1, —, 6.4
OH^-	Al^{3+}	2	4	33.3
			$Al_6(OH)_{15}^{3+}$	163
	Bi^{3+}	3	1	12.4
			$Bi_6(OH)_{12}^{6+}$	168.3
	Cd^{2+}	3	1, …, 4	4.3, 7.7, 10.3, 12.0
	Co^{2+}	0.1	1, 2, 3	5.1, —, 10.2
	Cr^{3+}	0.1	1, 2	10.2, 18.3
	Fe^{2+}	1	1	4.5
	Fe^{3+}	3	1, 2	11.0, 21.7
			$Fe_2(OH)_2^{4+}$	25.1
	Hg^{2+}	0.5	2	21.7
	Mg^{2+}	0	1	2.6
	Mn^{2+}	0.1	1	3.4
	Ni^{2+}	0.1	1	4.6
	Pb^{2+}	0.3	1, 2, 3	6.2, 10.3, 13.3
			$Pb_2(OH)^{3+}$	7.6
	Sn^{2+}	3	1	10.1
	Th^{4+}	1	1	9.7
	Ti^{3+}	0.5	1	11.8
	TiO^{2+}	1	1	13.7
	VO^{2+}	3	1	8.0
	Zn^{2+}	0	1, …, 4	4.4, 10.1, 14.2, 15.5

配体	金属离子	$I/(mol \cdot L^{-1})$	n	$\lg\beta_n$
乙酰丙酮	Al^{3+}	0	1, 2, 3	8.60, 15.5, 21.30
	Cu^{2+}	0	1, 2	8.27, 16.34
	Fe^{2+}	0	1, 2	5.07, 8.67
	Fe^{3+}	0	1, 2, 3	11.4, 22.1, 26.7
	Ni^{2+}	0	1, 2, 3	6.06, 10.77, 13.09
	Zn^{2+}	0	1, 2	4.98, 8.81
柠檬酸	Ag^+	0	Ag_2HL	7.1
	Al^{3+}	0.5	$AlHL$	7.0
			AlL	20.0
			$Al(OH)L$	30.6
	Ca^{2+}	0.5	CaH_3L	10.9
			CaH_2L	8.4
			$CaHL$	3.5
	Cd^{2+}	0.5	CdH_2L	7.9
			$CdHL$	4.0
			CdL	11.3
	Co^{2+}	0.5	CoH_2L	8.9
			$CoHL$	4.4
			CoL	12.5
	Cu^{2+}	0.5	CuH_2L	12.0
		0	$CuHL$	6.1
		0.5	CuL	18.0
	Fe^{2+}	0.5	FeH_2L	7.3
			$FeHL$	3.1
			FeL	15.5
	Fe^{3+}	0.5	FeH_2L	12.2
			$FeHL$	10.9
			FeL	25.0
	Ni^{2+}	0.5	NiH_2L	9.0
			$NiHL$	4.8
			NiL	14.3
	Pb^{2+}	0.5	PbH_2L	11.2
			$PbHL$	5.2
			PbL	12.3
	Zn^{2+}	0.5	ZnH_2L	8.7
			$ZnHL$	4.5
			ZnL	11.4

配体	金属离子	$I/(\mathrm{mol \cdot L^{-1}})$	n	$\lg\beta_n$
	Al^{3+}	0	1, 2, 3	7.26, 13.0, 16.3
	Cd^{2+}	0.5	1, 2	2.9, 4.7
	Co^{2+}	0.5	CoHL	5.5
			CoH_2L	10.6
		0	1, 2, 3	4.79, 6.7, 9.7
	Co^{3+}	0	3	~20
	Cu^{2+}	0.5	CuHL	6.25
			1, 2	4.5, 8.9
草酸	Fe^{2+}	0.5~1	1, 2, 3	2.9, 4.52, 5.22
	Fe^{3+}	0	1, 2, 3	9.4, 16.2, 20.2
	Mg^{2+}	0.1	1, 2	2.76, 4.38
	Mn^{2+}	2	1, 2, 3	9.98, 16.57, 19.42
	Ni^{2+}	0.1	1, 2, 3	5.2, 7.64, 8.5
	Th^{4+}	0.1	4	24.5
	TiO^{2+}	2	1, 2	6.6, 9.9
	Zn^{2+}	0.5	ZnH_2L	5.6
			1, 2, 3	4.89, 7.60, 8.15
	Al^{3+}	0.1	1, 2, 3	13.20, 22.83, 28.89
	Cd^{2+}	0.25	1, 2	16.68, 29.08
	Co^{2+}	0.1	1, 2	6.13, 9.82
	Cr^{3+}	0.1	1	9.56
磺基水杨酸	Cu^{2+}	0.1	1, 2	9.52, 16.45
	Fe^{2+}	0.1~0.5	1, 2	5.90, 9.90
	Fe^{3+}	0.25	1, 2, 3	14.64, 25.18, 32.12
	Mn^{2+}	0.1	1, 2	5.24, 8.24
	Ni^{2+}	0.1	1, 2	6.42, 10.24
	Zn^{2+}	0.1	1, 2	6.05, 10.65
	Bi^{3+}	0	3	8.30
	Ca^{2+}	0.5	CaHL	4.85
		0	1, 2	2.98, 9.01
	Cd^{2+}	0.5	1	2.8
	Cu^{2+}	1	1, …, 4	3.2, 5.11, 4.78, 6.51
酒石酸	Fe^{3+}	0	3	7.49
	Mg^{2+}	0.5	MgHL	4.65
			1	1.2
	Pb^{2+}	0	1, 2, 3	3.78, —, 4.7
	Zn^{2+}	0.5	ZnHL	4.5
			1, 2	2.4, 8.32

续表

配体	金属离子	$I/(\text{mol} \cdot \text{L}^{-1})$	n	$\lg\beta_n$
	Ag^+	0.1	1, 2	4.70, 7.70
	Cd^{2+}	0.5	1, 2, 3	5.47, 10.09, 12.09
	Co^{2+}	1	1, 2, 3	5.91, 10.64, 13.94
	Co^{3+}	1	1, 2, 3	18.70, 34.90, 48.69
	Cu^+		2	10.8
乙二胺	Cu^{2+}	1	1, 2, 3	10.67, 20.00, 21.0
	Fe^{2+}	1.4	1, 2, 3	4.34, 7.65, 9.70
	Hg^{2+}	0.1	1, 2	14.30, 23.3
	Mn^{2+}	1	1, 2, 3	2.73, 4.79, 5.67
	Ni^{2+}	1	1, 2, 3	7.52, 13.80, 18.06
	Zn^{2+}	1	1, 2, 3	5.77, 10.83, 14.11
	Ag^+	0.03	1, 2	7.4, 13.1
硫脲	Bi^{3+}		6	11.9
	Cu^+	0.1	3, 4	13, 15.4
	Hg^{2+}		2, 3, 4	22.1, 24.7, 26.8

附表 8　氨羧螯合剂类配合物的稳定常数（18～25 ℃，$I = 0.1 \text{ mol} \cdot \text{L}^{-1}$）

金属离子	$\lg K$					NTA	
	EDTA	DCyTA	DTPA	EGTA	HEDTA	$\lg\beta_1$	$\lg\beta_2$
Ag^+	7.32			6.88	6.71	5.16	
Al^{3+}	16.3	19.5	18.6	13.9	14.3	11.4	
Ba^{2+}	7.86	8.69	8.87	8.41	6.3	4.82	
Be^{2+}	9.2	11.51				7.11	
Bi^{3+}	27.94	32.3	35.6		22.3	17.5	
Ca^{2+}	10.69	13.20	10.83	10.97	8.3	6.41	
Cd^{2+}	16.46	19.93	19.2	16.7	13.3	9.83	14.61
Co^{2+}	16.31	19.62	19.27	12.39	14.6	10.38	14.39
Co^{3+}	36				37.4	6.84	
Cr^{3+}	23.4					6.23	
Cu^{2+}	18.80	22.00	21.55	17.71	17.6	12.96	
Fe^{2+}	14.32	19.0	16.5	11.87	12.3	8.33	
Fe^{3+}	25.1	30.1	28.0	20.5	19.8	15.9	
Ga^{3+}	20.3	23.2	25.54		16.9	13.6	
Hg^{2+}	21.7	25.00	26.70	23.2	20.30	14.6	
In^{3+}	25.0	28.8	29.0		20.2	16.9	
Li^+	2.79					2.51	

| 金属离子 | lgK | | | | | NTA | |
	EDTA	DCyTA	DTPA	EGTA	HEDTA	lgβ_1	lgβ_2
Mg^{2+}	8.7	11.02	9.30	5.21	7.0	5.41	
Mn^{2+}	13.87	17.48	15.60	12.28	10.9	7.44	
Mo(V)	~28						
Na$^+$	1.66						1.22
Ni^{2+}	18.62	20.3	20.32	13.55	17.3	11.53	16.42
Pb^{2+}	18.04	20.38	18.80	14.71	15.7	11.39	
Pd^{2+}	18.5						
Sc^{3+}	23.1	26.1	24.5	18.2			24.1
Sn^{2+}	22.11						
Sr^{2+}	8.73	10.59	9.77	8.50	6.9	4.98	
Th^{4+}	23.2	25.6	28.78				
TiO^{2+}	17.3						
Tl^{3+}	37.8	38.3				20.9	32.5
U^{4+}	25.8	27.6	7.69				
VO^{2+}	18.8	20.1					
Y^{3+}	18.09	19.85	22.13	17.16	14.78	11.41	20.43
Zn^{2+}	16.50	19.37	18.40	12.7	14.7	10.67	14.29
ZrO^{2+}	29.5		35.8			20.8	
稀土元素	16~20	17~22	19		13~16	10~12	

注：EDTA，乙二胺四乙酸；DCyTA(CyDTA，CDTA)，环己二胺四乙酸；DTPA，二乙三胺五乙酸；EGTA，乙二醇双(2-氨基乙醚)四乙酸；HEDTA，*N*-羟乙基乙二胺三乙酸；NTA，氨三乙酸。

附表9　EDTA 的 lg$\alpha_{Y(H)}$值

pH	0	0.1	0.2	0.3	0.4	0.5	0.6	0.7	0.8	0.9
0	23.64	23.06	22.47	21.89	21.32	20.75	20.18	19.62	19.08	18.54
1	18.01	17.49	16.98	16.49	16.02	15.55	15.11	14.68	14.27	13.88
2	13.51	13.16	12.82	12.50	12.19	11.90	11.62	11.35	11.09	10.84
3	10.60	10.37	10.14	9.92	9.70	9.48	9.27	9.06	8.85	8.65
4	8.44	8.24	8.04	7.84	7.64	7.44	7.24	7.04	6.84	6.65
5	6.45	6.26	6.07	5.88	5.69	5.51	5.33	5.15	4.98	4.81
6	4.65	4.49	4.34	4.20	4.06	3.92	3.79	3.67	3.55	3.43
7	3.32	3.21	3.10	2.99	2.88	2.78	2.68	2.57	2.47	2.37
8	2.27	2.17	2.07	1.97	1.87	1.77	1.67	1.57	1.48	1.38
9	1.28	1.19	1.10	1.01	0.92	0.83	0.75	0.67	0.59	0.52
10	0.45	0.39	0.33	0.28	0.24	0.20	0.16	0.13	0.11	0.09
11	0.07	0.07	0.06	0.05	0.04	0.03	0.02	0.02	0.01	0.01

附表 10 金属离子的 $\lg\alpha_{M(OH)}$ 值

金属离子	$I/(\text{mol}\cdot\text{L}^{-1})$	pH													
		1	2	3	4	5	6	7	8	9	10	11	12	13	14
Ag(I)	0.1											0.1	0.5	2.3	5.1
Al(III)	2					0.4	1.3	5.3	9.3	13.3	17.3	21.3	25.3	29.3	33.3
Ba(II)	0.1													0.1	0.5
Bi(III)	3	0.1	0.5	1.4	2.4	3.4	4.4	5.4							
Ca(II)	0.1													0.3	1.0
Cd(II)	3									0.1	0.5	2.0	4.5	8.1	12.5
Ce(IV)	1~2	1.2	3.1	5.1	7.1	9.1	11.1	13.1							
Cu(II)	0.1								0.2	0.8	1.7	2.7	3.7	4.7	5.7
Fe(II)	1									0.1	0.6	1.5	2.5	3.5	4.5
Fe(III)	3			0.4	1.8	3.7	5.7	7.7	9.7	11.7	13.7	15.7	17.7	19.7	21.7
Hg(II)	0.1			0.5	1.9	3.9	5.9	7.9	9.9	11.9	13.9	15.9	17.9	19.9	21.9
La(III)	3									0.3	1.0	1.9	2.9	3.9	
Mg(II)	0.1											0.1	0.5	1.3	2.3
Ni(II)	0.1									0.1	0.7	1.6			
Pb(II)	0.1							0.1	0.5	1.4	2.7	4.7	7.4	10.4	13.4
Th(IV)	1				0.2	0.8	1.7	2.7	3.7	4.7	5.7	6.7	7.7	8.7	9.7
Zn(II)	0.1									0.2	2.4	5.4	8.5	11.8	15.5

附表 11 铬黑 T 和二甲酚橙的 $\lg\alpha_{In(H)}$ 值和理论变色点的 pM_t 值

1. 铬黑 T

pH	红	$pK_{a2}=6.3$	蓝		$pK_{a3}=11.6$	橙		稳定常数
		6.0	7.0	8.0	9.0	10.0	11.0	12.0	
$\lg\alpha_{In(H)}$		6.0	4.6	3.6	2.6	1.6	0.7	0.1	
pCa_t(至红)				1.8	2.8	3.8	4.7	5.3	$\lg K_{CaIn}=5.4$
pMg_t(至红)		1.0	2.4	3.4	4.4	5.4	6.3		$\lg K_{MgIn}=7.0$
pMn_t(至红)		3.6	5.0	6.2	7.8	9.7	11.5		$\lg K_{MnIn}=9.6$
pZn_t(至红)		6.9	8.3	9.3	10.5	12.2	13.9		$\lg K_{ZnIn}=12.9$

2. 二甲酚橙

pH	黄				$pK_{a4}=6.3$		红		
	0	1.0	2.0	3.0	40	4.5	5.0	5.5	6.0
$\lg\alpha_{In(H)}$	35.0	30.0	25.1	20.7	17.3	15.7	14.2	12.8	11.3
pBi_t(至红)		4.0	5.4	6.8					
pCd_t(至红)						4.0	4.5	5.0	5.5
pHg_t(至红)							7.4	8.2	9.0

pH	黄					$pK_{a4}=6.3$	红		
	0	1.0	2.0	3.0	4.0	4.5	5.0	5.5	6.0
pLa_t(至红)						4.0	4.5	5.0	5.6
pPb_t(至红)				4.2	4.8	6.2	7.0	7.6	8.2
pTh_t(至红)		3.6	4.9	6.3					
pZn_t(至红)						4.1	4.8	5.7	6.5
pZr_t(至红)	7.5								

附表 12　标准电极电位(18～25 ℃)

半反应	$\varphi^\ominus/V$
$F_2(g) + 2H^+ + 2e^- \rightleftharpoons 2HF$	3.06
$O_3 + 2H^+ + 2e^- \rightleftharpoons O_2 + H_2O$	2.07
$S_2O_8^{2-} + 2e^- \rightleftharpoons 2SO_4^{2-}$	2.01
$H_2O_2 + 2H^+ + 2e^- \rightleftharpoons 2H_2O$	1.77
$MnO_4^- + 4H^+ + 3e^- \rightleftharpoons MnO_2(s) + 2H_2O$	1.695
$PbO_2(s) + SO_4^{2-} + 4H^+ + 2e^- \rightleftharpoons PbSO_4(s) + 2H_2O$	1.685
$HClO_2 + 2H^+ + 2e^- \rightleftharpoons HClO + H_2O$	1.64
$HClO + H^+ + e^- \rightleftharpoons 1/2\,Cl_2 + H_2O$	1.63
$Ce^{4+} + e^- \rightleftharpoons Ce^{3+}$	1.61
$H_5IO_6 + H^+ + 2e^- \rightleftharpoons IO_3^- + 3H_2O$	1.60
$HBrO + H^+ + e^- \rightleftharpoons 1/2\,Br_2 + H_2O$	1.59
$BrO_3^- + 6H^+ + 5e^- \rightleftharpoons 1/2\,Br_2 + 3H_2O$	1.52
$MnO_4^- + 8H^+ + 5e^- \rightleftharpoons Mn^{2+} + 4H_2O$	1.51
$Au(III) + 3e^- \rightleftharpoons Au$	1.50
$HClO + H^+ + 2e^- \rightleftharpoons Cl^- + H_2O$	1.49
$ClO_3^- + 6H^+ + 5e^- \rightleftharpoons 1/2\,Cl_2 + 3H_2O$	1.47
$PbO_2(s) + 4H^+ + 2e^- \rightleftharpoons Pb^{2+} + 2H_2O$	1.455
$HIO + H^+ + e^- \rightleftharpoons 1/2\,I_2 + H_2O$	1.45
$ClO_3^- + 6H^+ + 6e^- \rightleftharpoons Cl^- + 3H_2O$	1.45
$BrO_3^- + 6H^+ + 6e^- \rightleftharpoons Br^- + 3H_2O$	1.44
$Au(III) + 2e^- \rightleftharpoons Au(I)$	1.41
$Cl_2(g) + 2e^- \rightleftharpoons 2Cl^-$	1.3595
$ClO_4^- + 8H^+ + 7e^- \rightleftharpoons 1/2\,Cl_2 + 4H_2O$	1.34
$Cr_2O_7^{2-} + 14H^+ + 6e^- \rightleftharpoons 2Cr^{3+} + 7H_2O$	1.33
$MnO_2(s) + 4H^+ + 2e^- \rightleftharpoons Mn^{2+} + 2H_2O$	1.23
$O_2(g) + 4H^+ + 4e^- \rightleftharpoons 2H_2O$	1.229
$IO_3^- + 6H^+ + 5e^- \rightleftharpoons 1/2\,I_2 + 3H_2O$	1.20

半反应	$\varphi^{\ominus}/V$
$ClO_4^- + 2H^+ + 2e^- \rightleftharpoons ClO_3^- + H_2O$	1.19
$Br_2(水) + 2e^- \rightleftharpoons 2Br^-$	1.087
$NO_2 + H^+ + e^- \rightleftharpoons HNO_2$	1.07
$Br_3^- + 2e^- \rightleftharpoons 3Br^-$	1.05
$HNO_2 + H^+ + e^- \rightleftharpoons NO(g) + H_2O$	1.00
$VO_2^+ + 2H^+ + e^- \rightleftharpoons VO^{2+} + H_2O$	1.00
$HIO + H^+ + 2e^- \rightleftharpoons I^- + H_2O$	0.99
$NO_3^- + 3H^+ + 2e^- \rightleftharpoons HNO_2 + H_2O$	0.94
$ClO^- + H_2O + 2e^- \rightleftharpoons Cl^- + 2OH^-$	0.89
$H_2O_2 + 2e^- \rightleftharpoons 2OH^-$	0.88
$Cu^{2+} + I^- + e^- \rightleftharpoons CuI(s)$	0.86
$Hg^{2+} + 2e^- \rightleftharpoons Hg$	0.845
$NO_3^- + 2H^+ + e^- \rightleftharpoons NO_2 + H_2O$	0.80
$Ag^+ + e^- \rightleftharpoons Ag$	0.7995
$Hg_2^{2+} + 2e^- \rightleftharpoons 2Hg$	0.793
$Fe^{3+} + e^- \rightleftharpoons Fe^{2+}$	0.771
$BrO^- + H_2O + 2e^- \rightleftharpoons Br^- + 2OH^-$	0.76
$O_2(g) + 2H^+ + 2e^- \rightleftharpoons H_2O_2$	0.682
$AsO_2^- + 2H_2O + 3e^- \rightleftharpoons As + 4OH^-$	0.68
$2HgCl_2 + 2e^- \rightleftharpoons Hg_2Cl_2(s) + 2Cl^-$	0.63
$Hg_2SO_4(s) + 2e^- \rightleftharpoons 2Hg + SO_4^{2-}$	0.6151
$MnO_4^- + 2H_2O + 3e^- \rightleftharpoons MnO_2 + 4OH^-$	0.588
$MnO_4^- + e^- \rightleftharpoons MnO_4^{2-}$	0.564
$H_3AsO_4 + 2H^+ + 2e^- \rightleftharpoons HAsO_2 + 2H_2O$	0.559
$I_3^- + 2e^- \rightleftharpoons 3I^-$	0.545
$I_2(s) + 2e^- \rightleftharpoons 2I^-$	0.5345
$Mo(VI) + e^- \rightleftharpoons Mo(V)$	0.53
$Cu^+ + e^- \rightleftharpoons Cu$	0.52
$4SO_2(水) + 4H^+ + 6e^- \rightleftharpoons S_4O_6^{2-} + 2H_2O$	0.51
$HgCl_4^{2-} + 2e^- \rightleftharpoons Hg + 4Cl^-$	0.48
$2SO_2(水) + 2H^+ + 4e^- \rightleftharpoons S_2O_3^{2-} + H_2O$	0.40
$Fe(CN)_6^{3-} + e^- \rightleftharpoons Fe(CN)_6^{4-}$	0.36
$Cu^{2+} + 2e^- \rightleftharpoons Cu$	0.337
$VO^{2+} + 2H^+ + e^- \rightleftharpoons V^{3+} + H_2O$	0.337
$BiO^+ + 2H^+ + 3e^- \rightleftharpoons Bi + H_2O$	0.32
$Hg_2Cl_2(s) + 2e^- \rightleftharpoons 2Hg + 2Cl^-$	0.2676

半反应	$\varphi^{\ominus}/V$
$HAsO_2 + 3H^+ + 3e^- \rightleftharpoons As + 2H_2O$	0.248
$AgCl(s) + e^- \rightleftharpoons Ag + Cl^-$	0.2223
$SbO^+ + 2H^+ + 3e^- \rightleftharpoons Sb + H_2O$	0.212
$SO_4^{2-} + 4H^+ + 2e^- \rightleftharpoons SO_2(水) + 2H_2O$	0.17
$Cu^{2+} + e^- \rightleftharpoons Cu^+$	0.159
$Sn^{4+} + 2e^- \rightleftharpoons Sn^{2+}$	0.154
$S + 2H^+ + 2e^- \rightleftharpoons H_2S(g)$	0.141
$Hg_2Br_2 + 2e^- \rightleftharpoons 2Hg + 2Br^-$	0.1395
$TiO^{2+} + 2H^+ + e^- \rightleftharpoons Ti^{3+} + H_2O$	0.1
$S_4O_6^{2-} + 2e^- \rightleftharpoons 2S_2O_3^{2-}$	0.08
$AgBr(s) + e^- \rightleftharpoons Ag + Br^-$	0.071
$2H^+ + 2e^- \rightleftharpoons H_2$	0.000
$O_2 + H_2O + 2e^- \rightleftharpoons HO_2^- + OH^-$	-0.067
$TiOCl^+ + 2H^+ + 3Cl^- + e^- \rightleftharpoons TiCl_4^- + H_2O$	-0.09
$Pb^{2+} + 2e^- \rightleftharpoons Pb$	-0.126
$Sn^{2+} + 2e^- \rightleftharpoons Sn$	-0.136
$AgI(s) + e^- \rightleftharpoons Ag + I^-$	-0.152
$Ni^{2+} + 2e^- \rightleftharpoons Ni$	-0.246
$H_3PO_4 + 2H^+ + 2e^- \rightleftharpoons H_3PO_3 + H_2O$	-0.276
$Co^{2+} + 2e^- \rightleftharpoons Co$	-0.277
$Tl^+ + e^- \rightleftharpoons Tl$	-0.3360
$In^{3+} + 3e^- \rightleftharpoons In$	-0.345
$PbSO_4(s) + 2e^- \rightleftharpoons Pb + SO_4^{2-}$	-0.3553
$SeO_3^{2-} + 3H_2O + 4e^- \rightleftharpoons Se + 6OH^-$	-0.366
$As + 3H^+ + 3e^- \rightleftharpoons AsH_3$	-0.38
$Se + 2H^+ + 2e^- \rightleftharpoons H_2Se$	-0.40
$Cd^{2+} + 2e^- \rightleftharpoons Cd$	-0.403
$Cr^{3+} + e^- \rightleftharpoons Cr^{2+}$	-0.41
$Fe^{2+} + 2e^- \rightleftharpoons Fe$	-0.440
$S + 2e^- \rightleftharpoons S^{2-}$	-0.48
$2CO_2 + 2H^+ + 2e^- \rightleftharpoons H_2C_2O_4$	-0.49
$H_3PO_3 + 2H^+ + 2e^- \rightleftharpoons H_3PO_2 + H_2O$	-0.50
$Sb + 3H^+ + 3e^- \rightleftharpoons SbH_3$	-0.51
$HPbO_2^- + H_2O + 2e^- \rightleftharpoons Pb + 3OH^-$	-0.54
$Ga^{3+} + 3e^- \rightleftharpoons Ga$	-0.56
$TeO_3^{2-} + 3H_2O + 4e^- \rightleftharpoons Te + 6OH^-$	-0.57
$2SO_3^{2-} + 3H_2O + 4e^- \rightleftharpoons S_2O_3^{2-} + 6OH^-$	-0.58

续表

半反应	$\varphi^{\ominus}/V$
$SO_3^{2-} + 3H_2O + 4e^- \rightleftharpoons S + 6OH^-$	−0.66
$AsO_4^{3-} + 2H_2O + 2e^- \rightleftharpoons AsO_2^- + 4OH^-$	−0.67
$Ag_2S(s) + 2e^- \rightleftharpoons 2Ag + S^{2-}$	−0.69
$Zn^{2+} + 2e^- \rightleftharpoons Zn$	−0.763
$2H_2O + 2e^- \rightleftharpoons H_2 + 2OH^-$	−8.28
$Cr^{2+} + 2e^- \rightleftharpoons Cr$	−0.91
$HSnO_2^- + H_2O + 2e^- \rightleftharpoons Sn + 3OH^-$	−0.91
$Se + 2e^- \rightleftharpoons Se^{2-}$	−0.92
$Sn(OH)_6^{2-} + 2e^- \rightleftharpoons HSnO_2^- + H_2O + 3OH^-$	−0.93
$CNO^- + H_2O + 2e^- \rightleftharpoons CN^- + 2OH^-$	−0.97
$Mn^{2+} + 2e^- \rightleftharpoons Mn$	−1.182
$ZnO_2^{2-} + 2H_2O + 2e^- \rightleftharpoons Zn + 4OH^-$	−1.216
$Al^{3+} + 3e^- \rightleftharpoons Al$	−1.66
$H_2AlO_3^- + H_2O + 3e^- \rightleftharpoons Al + 4OH^-$	−2.35
$Mg^{2+} + 2e^- \rightleftharpoons Mg$	−2.37
$Na^+ + e^- \rightleftharpoons Na$	−2.71
$Ca^{2+} + 2e^- \rightleftharpoons Ca$	−2.87
$Sr^{2+} + 2e^- \rightleftharpoons Sr$	−2.89
$Ba^{2+} + 2e^- \rightleftharpoons Ba$	−2.90
$K^+ + e^- \rightleftharpoons K$	−2.925
$Li^+ + e^- \rightleftharpoons Li$	−3.042

附表 13 某些氧化还原电对的条件电位

半反应	$\varphi^{\ominus}/V$	介质
$Ag(II) + e^- \rightleftharpoons Ag^+$	1.927	$4\ mol \cdot L^{-1}\ HNO_3$
$Ce(IV) + e^- \rightleftharpoons Ce(III)$	1.74	$1\ mol \cdot L^{-1}\ HClO_4$
	1.44	$0.5\ mol \cdot L^{-1}\ H_2SO_4$
	1.28	$1\ mol \cdot L^{-1}\ HCl$
$Co^{3+} + e^- \rightleftharpoons Co^{2+}$	1.84	$3\ mol \cdot L^{-1}\ HNO_3$
$Co(乙二胺)_3^{3+} + e^- \rightleftharpoons Co(乙二胺)_3^{2+}$	−0.2	$0.1\ mol \cdot L^{-1}\ KNO_3 + 0.1\ mol \cdot L^{-1}\ 乙二胺$
$Cr(III) + e^- \rightleftharpoons Cr(II)$	−0.40	$5\ mol \cdot L^{-1}\ HCl$
$Cr_2O_7^{2-} + 14H^+ + 6e^- \rightleftharpoons 2Cr^{3+} + 7H_2O$	1.08	$3\ mol \cdot L^{-1}\ HCl$
	1.15	$4\ mol \cdot L^{-1}\ H_2SO_4$
	1.025	$1\ mol \cdot L^{-1}\ HClO_4$
$CrO_4^{2-} + 2H_2O + 3e^- \rightleftharpoons CrO_2^- + 4OH^-$	−0.12	$1\ mol \cdot L^{-1}\ NaOH$
$Fe(III) + e^- \rightleftharpoons Fe^{2+}$	0.767	$1\ mol \cdot L^{-1}\ HClO_4$
	0.71	$0.5\ mol \cdot L^{-1}\ HCl$

续表

半反应	$\varphi^{\ominus\prime}/V$	介质
$Fe(III) + e^- \rightleftharpoons Fe^{2+}$	0.68	$1\ mol \cdot L^{-1}\ H_2SO_4$
	0.68	$1\ mol \cdot L^{-1}\ HCl$
	0.46	$2\ mol \cdot L^{-1}\ H_3PO_4$
	0.51	$1\ mol \cdot L^{-1}\ HCl\text{-}0.25\ mol \cdot L^{-1}\ H_3PO_4$
$Fe(EDTA)^- + e^- \rightleftharpoons Fe(EDTA)^{2-}$	0.12	$0.1\ mol \cdot L^{-1}\ EDTA\quad pH=4\sim6$
$Fe(CN)_6^{3-} + e^- \rightleftharpoons Fe(CN)_6^{4-}$	0.56	$0.1\ mol \cdot L^{-1}\ HCl$
$FeO_4^{2-} + 2H_2O + 3e^- \rightleftharpoons FeO_2^- + 4OH^-$	0.55	$10\ mol \cdot L^{-1}\ NaOH$
$I_3^- + 2e^- \rightleftharpoons 3I^-$	0.5446	$0.5\ mol \cdot L^{-1}\ H_2SO_4$
$I_2(水) + 2e^- \rightleftharpoons 2I^-$	0.6276	$0.5\ mol \cdot L^{-1}\ H_2SO_4$
$MnO_4^- + 8H^+ + 5e^- \rightleftharpoons Mn^{2+} + 4H_2O$	1.45	$1\ mol \cdot L^{-1}\ HClO_4$
$SnCl_6^{2-} + 2e^- \rightleftharpoons SnCl_4^{2-} + 2Cl^-$	0.14	$1\ mol \cdot L^{-1}\ HCl$
$Sb(V) + 2e^- \rightleftharpoons Sb(III)$	0.75	$3.5\ mol \cdot L^{-1}\ HCl$
$Sb(OH)_6^- + 2e^- \rightleftharpoons SbO_2^- + 2OH^- + 2H_2O$	−0.428	$3\ mol \cdot L^{-1}\ NaOH$
$SbO_2^- + 2H_2O + 3e^- \rightleftharpoons Sb + 4OH^-$	−0.675	$10\ mol \cdot L^{-1}\ KOH$
$Ti(IV) + e^- \rightleftharpoons Ti(III)$	−0.01	$0.2\ mol \cdot L^{-1}\ H_2SO_4$
	0.12	$2\ mol \cdot L^{-1}\ H_2SO_4$
	−0.04	$1\ mol \cdot L^{-1}\ HCl$
	−0.05	$1\ mol \cdot L^{-1}\ H_3PO_4$
$Pb(II) + 2e^- \rightleftharpoons Pb$	−0.32	$1\ mol \cdot L^{-1}\ NaAc$

附表 14　微溶化合物的溶度积常数（18~25 ℃，$I=0$）

化合物	K_{sp}	pK_{sp}	化合物	K_{sp}	pK_{sp}
AgAc	2×10^{-3}	2.7	$Al(OH)_3$(无定形)	1.3×10^{-33}	32.9
Ag_3AsO_4	1×10^{-22}	22.0	$As_2S_3^{1)}$	2.1×10^{-22}	21.68
AgBr	5.0×10^{-13}	12.30	$BaCO_3$	5.1×10^{-9}	8.29
AgCl	1.8×10^{-10}	9.75	$BaC_2O_4 \cdot H_2O$	2.3×10^{-8}	7.64
AgCN	1.2×10^{-16}	15.92	$BaCrO_4$	1.2×10^{-10}	9.93
Ag_2CO_3	8.1×10^{-12}	11.09	BaF_2	1×10^{-6}	6.0
$Ag_2C_2O_4$	3.5×10^{-11}	10.46	$BaSO_4$	1.1×10^{-10}	9.96
Ag_2CrO_4	2.0×10^{-12}	11.71	$Bi(OH)_3$	4×10^{-31}	30.4
AgI	9.3×10^{-17}	16.03	$BiOOH^{2)}$	4×10^{-10}	9.4
AgOH	2.0×10^{-8}	7.71	BiI_3	8.1×10^{-19}	18.09
Ag_3PO_4	1.4×10^{-16}	15.84	BiOCl	1.8×10^{-31}	30.75
Ag_2S	2×10^{-49}	48.7	$BiPO_4$	1.3×10^{-23}	22.89
AgSCN	1.0×10^{-12}	12.00	Bi_2S_3	1×10^{-97}	97.0
Ag_2SO_4	1.4×10^{-5}	4.84	$CaCO_3$	2.9×10^{-9}	8.54

化合物	K_{sp}	pK_{sp}	化合物	K_{sp}	pK_{sp}
$CaC_2O_4 \cdot H_2O$	2.0×10^{-9}	8.70	$Hg_2(CN)_2$	5×10^{-40}	39.3
CaF_2	2.7×10^{-11}	10.57	Hg_2CrO_4	2.0×10^{-9}	8.7
$Ca_3(PO_4)_2$	2.0×10^{-29}	28.70	Hg_2I_2	4.5×10^{-29}	28.35
$CaSO_4$	9.1×10^{-6}	5.04	Hg_2S	1×10^{-47}	47.0
$CaWO_4$	8.7×10^{-9}	8.06	Hg_2SO_4	7.4×10^{-7}	6.13
$CdCO_3$	5.2×10^{-12}	11.28	$Hg_2(OH)_2$	2×10^{-24}	23.7
$CdC_2O_4 \cdot 3H_2O$	9.1×10^{-8}	7.04	$Hg(OH)_2$	3.0×10^{-26}	25.52
$Cd_2[Fe(CN)_6]$	3.2×10^{-17}	16.49	$HgS(红)$	4×10^{-53}	52.4
$Cd(OH)_2(新析出)$	2×10^{-15}	14.7	$HgS(黑)$	2×10^{-52}	51.7
CdS	8×10^{-27}	26.1	$MgCO_3$	3.5×10^{-8}	7.46
$CoCO_3$	1.4×10^{-13}	12.84	MgF_2	6.4×10^{-9}	8.19
$Co_2[Fe(CN)_6]$	1.8×10^{-15}	14.74	$MgNH_4PO_4$	2×10^{-13}	12.7
$Co[Hg(SCN)_4]$	1.5×10^{-6}	5.82	$Mg(OH)_2$	1.8×10^{-11}	10.74
$Co(OH)_2(新析出)$	2×10^{-15}	14.7	$MnCO_3$	1.8×10^{-11}	10.74
$Co(OH)_3$	2×10^{-44}	43.7	$Mn(OH)_2$	1.9×10^{-13}	12.72
$Co_3(PO_4)_2$	2×10^{-35}	34.7	$MnS(无定形)$	2×10^{-10}	9.7
$\alpha\text{-}CoS$	4×10^{-21}	20.4	$MnS(晶形)$	2×10^{-13}	12.7
$\beta\text{-}CoS$	2×10^{-25}	24.7	$NiCO_3$	6.6×10^{-9}	8.18
$Cr(OH)_3$	6×10^{-31}	30.2	$Ni(OH)_2(新析出)$	2×10^{-15}	14.7
$CuBr$	5.2×10^{-9}	8.28	$Ni_3(PO_4)_2$	5×10^{-31}	30.3
$CuCl$	1.2×10^{-6}	5.92	$\alpha\text{-}NiS$	3×10^{-19}	18.5
$CuCN$	3.2×10^{-20}	19.49	$\beta\text{-}NiS$	1×10^{-24}	24.0
$CuCO_3$	1.4×10^{-10}	9.86	$\gamma\text{-}NiS$	2×10^{-26}	25.7
CuI	1.1×10^{-12}	11.96	$PbBr_2$	4.0×10^{-5}	4.41
$CuOH$	1×10^{-14}	14.0	$PbCl_2$	1.6×10^{-5}	4.79
$Cu(OH)_2$	2.2×10^{-20}	19.66	$PbClF$	2.4×10^{-9}	8.62
Cu_2S	2×10^{-48}	47.7	$PbCO_3$	7.4×10^{-14}	13.13
CuS	6×10^{-36}	35.2	$PbCrO_4$	2.8×10^{-13}	12.55
$CuSCN$	4.8×10^{-15}	14.32	PbF_2	2.7×10^{-8}	7.57
$FeCO_3$	3.2×10^{-11}	10.50	PbI_2	7.1×10^{-9}	8.15
$Fe(OH)_2$	8×10^{-16}	15.1	$PbMoO_4$	1×10^{-13}	13.0
$Fe(OH)_3$	4×10^{-38}	37.4	$Pb(OH)_2$	1.2×10^{-15}	14.93
$FePO_4$	1.3×10^{-22}	21.89	$Pb(OH)_4$	3×10^{-66}	65.5
FeS	6×10^{-18}	17.2	$Pb_3(PO_4)_2$	8.0×10^{-43}	42.10
$Hg_2Br_2^{3)}$	5.8×10^{-23}	22.24	PbS	8×10^{-28}	27.1
Hg_2Cl_2	1.3×10^{-18}	17.88	$PbSO_4$	1.6×10^{-8}	7.79
Hg_2CO_3	8.9×10^{-17}	16.05	$Sb(OH)_3$	4×10^{-42}	41.4

化合物	K_{sp}	pK_{sp}	化合物	K_{sp}	pK_{sp}
Sb_2S_3	2×10^{-93}	92.7	$Sr_3(PO_4)_2$	4.1×10^{-28}	27.39
$Sn(OH)_2$	1.4×10^{-28}	27.85	$SrSO_4$	3.2×10^{-7}	6.49
$Sn(OH)_4$	1×10^{-56}	56.0	$Ti(OH)_3$	1×10^{-40}	40.0
SnS	1×10^{-25}	25.0	$TiO(OH)_2^{4)}$	1×10^{-29}	29.0
SnS_2	2×10^{-27}	26.7	$ZnCO_3$	1.4×10^{-11}	10.84
$SrCO_3$	1.1×10^{-10}	9.96	$Zn_2[Fe(CN)_6]$	4.1×10^{-16}	15.39
$SrCrO_4$	2.2×10^{-5}	4.65	$Zn(OH)_2$	1.2×10^{-17}	16.92
$SrC_2O_4 \cdot H_2O$	1.6×10^{-7}	6.80	$Zn_3(PO_4)_2$	9.1×10^{-33}	32.04
SrF_2	2.4×10^{-9}	8.62	ZnS	2×10^{-22}	21.7

1) 为反应 $As_2S_3 + 4H_2O \rightleftharpoons 2HAsO_2 + 3H_2S$ 的平衡常数。

2) $K_{sp} = [BiO^+][OH^-]$。

3) $(Hg_2)_mX_n$ 的 $K_{sp} = [Hg_2^{2+}]^m[X^{-2m/n}]^n$。

4) $TiO(OH)_2$ 的 $K_{sp} = [TiO^{2+}][OH^-]^2$。

附表 15　化合物的相对分子质量

化合物	M_r	化合物	M_r	化合物	M_r
Ag_3AsO_4	462.52	BaC_2O_4	225.35	$Ca(NO_3)_2 \cdot 4H_2O$	236.15
$AgBr$	187.77	$BaCl_2$	208.23	CaO	56.08
$AgCl$	143.32	$BaCl_2 \cdot 2H_2O$	244.26	$Ca(OH)_2$	74.09
$AgCN$	133.89	$BaCrO_4$	253.32	$Ca_3(PO_4)_2$	310.18
Ag_2CrO_4	331.73	BaO	153.33	$CaSO_4$	136.14
AgI	234.77	$Ba(OH)_2$	171.34	$CdCO_3$	172.42
$AgNO_3$	169.87	$BaSO_4$	233.39	$CdCl_2$	183.32
$AgSCN$	165.95	$BiCl_3$	315.34	CdS	144.47
$Al(C_9H_6NO)_3$	459.43	$BiOCl$	260.43	$Ce(SO_4)_2$	332.24
$AlCl_3$	133.34	$CH_2ClCOOH$	94.50	$Ce(SO_4)_2 \cdot 4H_2O$	404.30
$AlCl_3 \cdot 6H_2O$	241.43	CH_3COOH	60.05	$CoCl_2$	129.84
$Al(NO_3)_3$	213.00	CH_3COONH_4	77.08	$CoCl_2 \cdot 6H_2O$	237.93
$Al(NO_3)_3 \cdot 9H_2O$	375.13	CH_3COONa	82.03	$Co(NO_3)_2$	182.94
Al_2O_3	101.96	$CH_3COONa \cdot 3H_2O$	136.08	$Co(NO_3)_2 \cdot 6H_2O$	291.03
$Al(OH)_3$	78.00	CO	28.01	CoS	91.00
$Al_2(SO_4)_3$	342.15	CO_2	44.01	$CoSO_4$	155.00
$Al_2(SO_4)_3 \cdot 18H_2O$	666.43	$CO(NH_2)_2$	60.06	$CoSO_4 \cdot 7H_2O$	281.10
As_2O_3	197.84	$CaCO_3$	100.09	$CrCl_3$	158.36
As_2O_5	229.84	CaC_2O_4	128.10	$CrCl_3 \cdot 6H_2O$	266.45
As_2S_3	246.04	$CaCl_2$	110.98	$Cr(NO_3)_3$	238.01
$BaCO_3$	197.34	$CaCl_2 \cdot 6H_2O$	219.08	Cr_2O_3	151.99

化合物	M_r	化合物	M_r	化合物	M_r
CuCl	99.00	$H_2C_2O_4 \cdot 2H_2O$	126.07	$K_4Fe(CN)_6$	368.34
$CuCl_2$	134.45	HCl	36.46	$KFe(SO_4)_2 \cdot 12H_2O$	503.25
$CuCl_2 \cdot 2H_2O$	170.48	HF	20.01	$KHC_2O_4 \cdot H_2O$	146.14
CuI	190.45	HI	127.91	$KHC_2O_4 \cdot H_2C_2O_4 \cdot 2H_2O$	254.19
$Cu(NO_3)_2$	187.56	HIO_3	175.91	$KHC_4H_4O_6$	188.18
$Cu(NO_3)_2 \cdot 3H_2O$	241.60	HNO_2	47.01	$KHC_8H_4O_4$	204.22
CuO	79.55	HNO_3	63.01	$KHSO_4$	136.17
Cu_2O	143.09	H_2O	18.02	KI	166.00
CuS	95.61	H_2O_2	34.02	KIO_3	214.00
CuSCN	121.63	H_3PO_4	98.00	$KIO_3 \cdot HIO_3$	389.91
$CuSO_4$	159.61	H_2S	34.08	$KMnO_4$	158.03
$CuSO_4 \cdot 5H_2O$	249.69	H_2SO_3	82.08	KNO_2	85.10
$FeCl_2$	126.75	H_2SO_4	98.08	KNO_3	101.10
$FeCl_2 \cdot 4H_2O$	198.81	$Hg(CN)_2$	252.62	$KNaC_4H_4O_6 \cdot 4H_2O$	282.22
$FeCl_3$	162.20	$HgCl_2$	271.50	K_2O	94.20
$FeCl_3 \cdot 6H_2O$	270.30	Hg_2Cl_2	472.09	KOH	56.11
$FeNH_4(SO_4)_2 \cdot 12H_2O$	482.19	HgI_2	454.40	K_2PtCl_6	486.00
$Fe(NO_3)_3$	241.86	$Hg(NO_3)_2$	324.60	KSCN	97.18
$Fe(NO_3)_3 \cdot 9H_2O$	404.00	$Hg_2(NO_3)_2$	525.19	K_2SO_4	174.27
FeO	71.84	$Hg_2(NO_3)_2 \cdot 2H_2O$	561.22	$MgCO_3$	84.31
Fe_2O_3	159.69	HgO	216.59	MgC_2O_4	112.32
Fe_3O_4	231.55	HgS	232.66	$MgCl_2$	95.21
$Fe(OH)_3$	106.87	$HgSO_4$	296.65	$MgCl_2 \cdot 6H_2O$	203.30
FeS	87.91	Hg_2SO_4	497.24	$MgNH_4PO_4$	137.31
Fe_2S_3	207.88	$KAl(SO_4)_2 \cdot 12H_2O$	474.39	$Mg(NO_3)_2 \cdot 6H_2O$	256.41
$FeSO_4$	151.91	KBr	119.00	MgO	40.30
$FeSO_4 \cdot 7H_2O$	278.01	$KBrO_3$	167.00	$Mg(OH)_2$	58.32
$FeSO_4 \cdot (NH_4)_2SO_4 \cdot 6H_2O$	392.14	KCl	74.55	$Mg_2P_2O_7$	222.55
H_3AsO_3	125.94	$KClO_3$	122.55	$MgSO_4 \cdot 7H_2O$	246.47
H_3AsO_4	141.94	$KClO_4$	138.55	$MnCO_3$	114.95
H_3BO_3	61.83	KCN	65.12	$MnCl_2 \cdot 4H_2O$	197.91
HBr	80.91	KSCN	97.18	$Mn(NO_3)_2 \cdot 6H_2O$	287.04
HCN	27.03	K_2CO_3	138.21	MnO	70.94
HCOOH	46.03	K_2CrO_4	194.19	MnO_2	86.94
H_2CO_3	62.02	$K_2Cr_2O_7$	294.18	MnS	87.00
$H_2C_2O_4$	90.03	$K_3Fe(CN)_6$	392.24	$MnSO_4$	151.00

化合物	M_r	化合物	M_r	化合物	M_r
$MnSO_4 \cdot 4H_2O$	223.06	$NaNO_3$	84.99	$SbCl_3$	228.12
NH_3	17.03	Na_2O	61.98	$SbCl_5$	299.03
$(NH_4)_2CO_3$	96.09	Na_2O_2	77.98	Sb_2O_3	291.52
$(NH_4)_2C_2O_4$	124.10	$NaOH$	40.00	Sb_2S_3	339.72
$(NH_4)_2C_2O_4 \cdot H_2O$	142.11	$NaSCN$	81.07	SiF_4	104.08
NH_4Cl	53.49	Na_3PO_4	163.94	SiO_2	60.08
NH_4HCO_3	79.06	Na_2S	78.04	$SnCl_2$	189.62
$(NH_4)_2HPO_4$	132.06	$Na_2S \cdot 9H_2O$	240.18	$SnCl_2 \cdot 2H_2O$	225.65
$(NH_4)_2MoO_4$	196.03	Na_2SO_3	126.04	$SnCl_4$	260.52
NH_4NO_3	80.04	Na_2SO_4	142.04	$SnCl_4 \cdot 5H_2O$	350.60
$(NH_4)_3PO_4 \cdot 12MoO_3$	1876.59	$Na_2S_2O_3$	158.11	SnO_2	150.71
$(NH_4)_2S$	68.14	$Na_2S_2O_3 \cdot 5H_2O$	248.18	SnS	150.77
NH_4SCN	76.12	$NiCl_2 \cdot 6H_2O$	237.69	$SrCO_3$	147.63
$(NH_4)_2SO_4$	132.14	NiO	74.69	SrC_2O_4	175.64
NH_4VO_3	116.98	$Ni(NO_3)_2 \cdot 6H_2O$	290.79	$SrCrO_4$	203.61
NO	30.01	NiS	90.76	$Sr(NO_3)_2$	211.63
NO_2	46.01	$NiSO_4 \cdot 7H_2O$	280.86	$Sr(NO_3)_2 \cdot 4H_2O$	283.69
Na_3AsO_3	191.89	P_2O_5	141.94	$SrSO_4$	183.68
$Na_2B_4O_7$	201.22	$PbCO_3$	267.21	$TlCl$	239.84
$Na_2B_4O_7 \cdot 10H_2O$	381.37	PbC_2O_4	295.22	U_3O_8	842.08
$NaBiO_3$	279.97	$PbCl_2$	278.11	$UO_2(CH_3COO)_2 \cdot 2H_2O$	424.15
$NaCN$	49.01	$PbCrO_4$	323.19	$(UO_2)_2P_2O_7$	714.00
Na_2CO_3	105.99	$Pb(CH_3COO)_2$	325.29	$Zn(CH_3COO)_2$	183.47
$Na_2CO_3 \cdot 10H_2O$	286.14	$Pb(CH_3COO)_2 \cdot 3H_2O$	379.33	$Zn(CH_3COO)_2 \cdot 2H_2O$	219.50
$Na_2C_2O_4$	134.00	PbI_2	461.01	$ZnCO_3$	125.39
$NaCl$	58.44	$Pb(NO_3)_2$	331.21	ZnC_2O_4	153.40
$NaClO$	74.44	PbO	223.20	$ZnCl_2$	136.29
$NaHCO_3$	84.01	PbO_2	239.20	$Zn(NO_3)_2$	189.39
NaH_2PO_4	119.98	Pb_3O_4	685.60	$Zn(NO_3)_2 \cdot 6H_2O$	297.48
Na_2HPO_4	141.96	$Pb_3(PO_4)_2$	811.54	ZnO	81.38
$Na_2HPO_4 \cdot 12H_2O$	358.14	PbS	239.26	ZnS	97.44
$NaHSO_4$	120.06	$PbSO_4$	303.26	$ZnSO_4$	161.44
$Na_2H_2Y \cdot 2H_2O$	372.24	SO_2	64.06	$ZnSO_4 \cdot 7H_2O$	287.55
$NaNO_2$	69.00	SO_3	80.06		

附表 16　元素的相对原子质量

原子序数	符号	名称	英文名称	相对原子质量	原子序数	符号	名称	英文名称	相对原子质量
1	H	氢	hydrogen	1.008	35	Br	溴	bromine	79.904
2	He	氦	helium	4.002 602	36	Kr	氪	krypton	83.798
3	Li	锂	lithium	6.94	37	Rb	铷	rubidium	85.467 8
4	Be	铍	beryllium	9.012 183 1	38	Sr	锶	strontium	87.62
5	B	硼	boron	10.81	39	Y	钇	yttrium	88.905 84
6	C	碳	carbon	12.011	40	Zr	锆	zirconium	91.224
7	N	氮	nitrogen	14.007	41	Nb	铌	niobium	92.906 37
8	O	氧	oxygen	15.999	42	Mo	钼	molybdenum	95.95
9	F	氟	fluorine	18.998 403 16	43	Tc	锝*	technetium	[98]
10	Ne	氖	neon	20.179 7	44	Ru	钌	ruthenium	101.07
11	Na	钠	sodium	22.989 769 28	45	Rh	铑	rhodium	102.905 50
12	Mg	镁	magnesium	24.305	46	Pd	钯	palladium	106.42
13	Al	铝	aluminium	26.981 538 5	47	Ag	银	sliver	107.868 2
14	Si	硅	silicon	28.085	48	Cd	镉	cadmium	112.414
15	P	磷	phosphorus	30.973 762 00	49	In	铟	indium	114.818
16	S	硫	sulfur	32.06	50	Sn	锡	tin	118.710
17	Cl	氯	chlorine	35.45	51	Sb	锑	antimony	121.760
18	Ar	氩	argon	39.948	52	Te	碲	tellurium	127.60
19	K	钾	potassium	39.098 3	53	I	碘	iodine	126.904 47
20	Ca	钙	calcium	40.078	54	Xe	氙	xenon	131.293
21	Sc	钪	scandium	44.955 908	55	Cs	铯	cesium	132.905 452 0
22	Ti	钛	titanium	47.867	56	Ba	钡	barium	137.327
23	V	钒	vanadium	50.941 5	57	La	镧	lanthanum	138.905 47
24	Cr	铬	chromium	51.996 1	58	Ce	铈	cerium	140.116
25	Mn	锰	manganese	54.938 044	59	Pr	镨	praseodymium	140.907
26	Fe	铁	iron	55.845	60	Nd	钕	neodymium	144.242
27	Co	钴	cobalt	58.933 194	61	Pm	钷*	promethium	[145]
28	Ni	镍	nickel	58.693 4	62	Sm	钐	samarium	150.36
29	Cu	铜	copper	63.546	63	Eu	铕	europium	151.964
30	Zn	锌	zinc	65.38	64	Gd	钆	gadolinium	157.25
31	Ga	镓	gallium	69.723	65	Tb	铽	terbium	158.925 35
32	Ge	锗	germanium	72.630	66	Dy	镝	dysprosium	162.500
33	As	砷	arsenic	74.921 595	67	Ho	钬	holmium	164.930 33
34	Se	硒	selenium	78.971	68	Er	铒	erbium	167.259

原子序数	符号	名称	英文名称	相对原子质量	原子序数	符号	名称	英文名称	相对原子质量
69	Tm	铥	thulium	168.934 22	94	Pu	钚*	plutonium	[244]
70	Yb	镱	ytterbium	173.054	95	Am	镅*	americium	[243]
71	Lu	镥	lutetium	174.966 8	96	Cm	锔*	curium	[247]
72	Hf	铪	hafnium	178.49	97	Bk	锫*	berkelium	[247]
73	Ta	钽	tantalum	180.947 88	98	Cf	锎*	californium	[251]
74	W	钨	tungsten	183.84	99	Es	锿*	einsteinium	[252]
75	Re	铼	rhenium	186.207	100	Fm	镄*	fermium	[257]
76	Os	锇	osmium	190.23	101	Md	钔*	mendelevium	[258]
77	Ir	铱	iridium	192.217	102	No	锘*	nobelium	[259]
78	Pt	铂	platinum	195.084	103	Lr	铹*	lawrencium	[262]
79	Au	金	gold	196.966 569	104	Rf	𬬻*	rutherfordium	[268]
80	Hg	汞	mercury	200.592	105	Db	𬭊*	dubnium	[268]
81	Tl	铊	thallium	204.38	106	Sg	𬭳*	seaborgium	[271]
82	Pb	铅	lead	207.2	107	Bh	𬭛*	bohrium	[272]
83	Bi	铋	bismuth	208.980 40	108	Hs	𬭶*	hassium	[270]
84	Po	钋*	polonium	[209]	109	Mt	䥑*	meitnerium	[276]
85	At	砹*	astatine	[210]	110	Ds	𫟼*	darmstadtium	[281]
86	Rn	氡*	radon	[222]	111	Rg	𬬭*	roentgenium	[280]
87	Fr	钫*	francium	[223]	112	Cn	鿔*	copernicium	[285]
88	Ra	镭*	radium	[226]	113	Nh	鉨*	nihonium	[284]
89	Ac	锕*	actinium	[227]	114	Fl	𫓧*	flerovium	[289]
90	Th	钍*	thorium	232.037 7	115	Mc	镆*	moscovnium	[288]
91	Pa	镤*	protactinium	231.035 88	116	Lv	𫟷*	livermorium	[293]
92	U	铀*	uranium	238.028 91	117	Ts	鿬*	tennessium	[294]
93	Np	镎*	neptunium	[237]	118	Og	𫠎	oganesson	[294]

注：括号内为放射性元素最长寿命同位素的相对原子质量或质量数，带*的是放射性元素。